未名译库·经济伦理学译丛

经济伦理与价值观

Business Ethics and Values

Individual, Corporate and International Perspectives

个人、公司和国际透视

[美] 柯林斯·菲舍尔(Colin Fisher) 艾伦·洛维尔(Alan Lovell) 著 范宁 译

第二版

北京大学出版社
PEKING UNIVERSITY PRESS

著作权登记号:01-2003-7651

图书在版编目(CIP)数据

经济伦理与价值观:个人、公司和国际透视(第二版)/(美)柯林斯·菲舍尔(Colin Fisher),艾伦·洛维尔(Alan Lovell)著;范宁译. —北京:北京大学出版社,2009.4

(未名译库·经济伦理学译丛)

ISBN 978-7-301-15143-3

Ⅰ. 经… Ⅱ. ①菲… ②洛… ③范… Ⅲ. 经济学:伦理学 Ⅳ. B82-053

中国版本图书馆 CIP 数据核字(2009)第 053302 号

书　　名:经济伦理与价值观——个人、公司和国际透视(第二版)

著作责任者:〔美〕柯林斯·菲舍尔(Colin Fisher)　艾伦·洛维尔(Alan Lovell)　著　范　宁　译

责 任 编 辑:张晓蕾　陈　莉

标 准 书 号:ISBN 978-7-301-15143-3/F·2174

出 版 发 行:北京大学出版社

地　　　址:北京市海淀区成府路 205 号　100871

网　　　址:http://www.pup.cn

电　　　话:邮购部 62752015　发行部 62750672　编辑部 62750112
出版部 62754962

电 子 邮 箱:pw@pup.pku.edu.cn

印　刷　者:北京宏伟双华印刷有限公司

经　销　者:新华书店

787 毫米×1092 毫米　16 开本　29 印张　685 千字

2009 年 4 月第 1 版　2009 年 4 月第 1 次印刷

定　　　价:60.00 元

《未名译库》出版前言

百年来，被誉为最高学府的北京大学与中国的科学教育和学术文化的发展紧密地联系在一起。北大深厚的文化积淀、严谨的学术传统、宽松的治学环境、广泛的国际交往，造就了一代又一代蜚声中外的知名学者、教授。他们坚守学术文化阵地，在各自从事的领域里，写下了一批在中国学术文化史上产生深远影响的著作。同样，北大的学者们在翻译外国学术文化方面也做出了不可估量的贡献。

1898 年 6 月，早在京师大学堂筹办时，总理衙门奏拟的《京师大学堂章程》第五节中就明确提出"开设编译局……局中集中中西通才，专司纂译"。1902 年 1 月，光绪发出上谕，将成立于 1862 年，原隶属于外务部的同文馆归并入大学堂。同年 4 月，京师大学堂管学大臣张百熙奏请光绪，"推荐精通西文，中学尤有根底"的直隶候补道严复，充任译书局总办，同时又委任林纾为译书局笔述。也在这一年，京师大学堂成立了编书处，任命李希圣为编书处总纂。译书局、编书处的成立和同文馆的并入，是北京大学全面翻译外国图书和从事出版活动的开始，也是中国大学出版活动的开始。1902 年，是北京大学出版社的创设之年。

辛亥革命以前，京师大学堂就翻译和出版过不少外国的教科书和西学方面的图书。这批图书成为当时中国人睁眼看世界的重要参考书。从严复到蔡元培、蒋梦麟、胡适等校长执掌北大期间，北大更是以空前的热忱翻译了大量的外国作品。二三十年代商务印书馆出版的汉译世界名著丛书及万有文库中的许多译者来自北大。百年来，在北大任教过的严复、林纾、蔡元培、鲁迅、周作人、杨昌济、林语堂、梁实秋、梁宗岱、朱光潜、冯至、曹靖华、金克木、马坚、贺麟、洪谦、宗白华、周一良、齐思和、唐钺、刘振瀛、赵萝蕤、杨周翰、郭麟阁、闻家驷、罗大冈、田德望、吴达元、高名凯、王力、袁家骅、岑麒祥等老一辈学者，以及仍在北大任教的季羡林、杨业治、魏荒弩、周辅成、许渊冲、颜保、张世英、蔡鸿滨、厉以宁、朱龙华、张玉书、范大灿、王式仁、陶洁、顾蕴璞、罗芃、赵振江、赵德明、杜小真、申丹等老中青三代学者，在文学、哲学、历史、语言、心理学、经济学、法学、社会学、政治学等社会科学与人文科学领域里，以扎实的外语功力、丰厚的学识、精彩的文笔译介出了一部又一部外国学术文化名著，许多译作已成为传世经典。在他们的译作中体现了中国知识分子对振兴中华民族的责任和对科学文化的关怀，为我们的民族不断地了解和吸收外国的先进文化架起了一座又一座的桥梁。

值此北大出版社建立 100 周年之际，我社决定推出大型丛书《未名译库》(Weiming Translation Library)。译库为大型的综合性文库。文库以学科门类系列及译丛两种形式出版。学科门类系列包括：哲学与宗教系列、文学与艺术系列、语言与文字系列、历史与考古系列、社会学与人类学系列、传播与文化系列、政治学与国际关系系列、经济与管理系列等；译丛为主题性质的译作，较为灵活，我社即将推出的有《经济伦理学译丛》、《新叙事学理论译丛》、《心理学译丛》等。《未名译库》为开放性文库。未名湖是北大秀丽风光的一个象征，同时也代表了北大"包容百川"的宽广胸襟。本丛书取名为"未名译库"，旨在继承北大五四以来"兼容并包"的学术文化传统。我们将在译库书目的选择(从古典到当下)和译者的遴选上(不分校内校外)体现这样一种传统。我们确信，只有用人类创造的全部知识财富来丰富我们的头脑，才能够建设一个现代化的社会。我们将长期坚持引进外国先进的文化成果，组织翻译出版，为广大人民服务，为我国现代化的建设服务。

由于我们缺乏经验，在图书的选择与翻译上存在不少疏漏，希望海内外读书界、翻译界提出批评建议，把《未名译库》真正建成一座新世纪“学术文化图书馆”。

《未名译库》编委会

2002年3月

目　录

第二部分　个人对伦理问题的反应

第三部分 组织对伦理问题的反应

第四部分 国际背景

导 论

经济伦理学是一门重要学科，关于伦理思想的辩论已有上千年历史，这些思想涉及人类实践与活动本质的信念。经济伦理作为应用伦理学的一个特别领域以及作为一门学问的诞生是后来的事——大约可追溯到20世纪20年代〔洛维尔(Lovell)〕。

企业是大多数人在其中度过他们大部分生命时光的竞技场，而且一些跨国公司的经营规模使它们对世界事务(不仅是经济事务)的影响力比某些政府更大。因此企业的行为，无论被判断为“好”还是“坏”，都会对组织内外的许多人产生影响。于是，将企业行为的消极作用最小化，不仅是经济领域的大事，也是人类政治和社会领域的一件大事。

然而，给本来或许复杂和动态的问题或情境简单地贴上“好”与“坏”的标签，是粗糙的、过分简单化的。我们常常被迫面对两难选择，我们面临的选择包含正反两方面因素。写作本书是为了让读者能够了解这些复杂情况的伦理支撑，也让读者在任何境遇下都能确定证据的天平会偏向何方。

我们在写作本书第一版时，正值安然破产和世通欺诈案刚刚拉开帷幕。在此第二版杀青之际，安然高官仍在受审，而世通首席执行官伯尼·埃博斯(Bernie Ebbers)已被定罪，罪名是主导了这家公司一起涉案金额高达110亿美元的会计欺诈。判决尚待宣布，但此项犯罪将使他面临长达84年的铁窗生涯。然而即便如此，对于那些曾经是世通公司供应链上的大小公司、员工、投资者和其他相关群体或个人来说，也难以抚慰他们所受的伤害。许多人失去生计，随后不可避免地陷入感情混乱和痛苦的深渊。如果没有伦理支撑，人类经济领域的活动不可能久长。互不信任、徇私舞弊、姑息养奸、坑蒙拐骗犹如流沙，在流沙上面不可能建起任何经济体制的大厦。

与许多别的书不同，我们用很大精力从个人层面来关注和思考经济伦理问题，同时也并未忽略从公司层面上去关心和讨论经济伦理的必要性。我们关注个人的理由是：最终，以企业名义采取的行动其实都将由一群人或单独的个人做出决策。这不是否认企业能够具有某 xviii
种人格形式，即我们所谓的伦理文化，这种企业文化能够通过叙事、神话、传奇和艺术品而得以传承。关于这个议题，我们将在第一章探讨。企业外的人将集体或单独地感受到这些行动和文化的作用。正是由于这些原因，我们才如此关注个人。

我们研究方法的第二个特点是强调经济伦理学中富有争议的核心问题。从本质上讲，这门学科缺乏事实，它是理论、信念和论点的总和。但是这门学科的重要性不会因此受到丝毫削弱，相反，我们深信它具有极其深刻的重要意义。由于经济伦理发端于论辩，我们需要帮助读者树立信心，去理解各式各样的伦理观点与立场。即使一些论据被判定为虚弱或具有欺骗性，但大多数有伦理异议的情境同时也是争议性观点的辩论论坛。在讨论争议性问题时，不可避免地需要辩论与论证，而我们相信，一本讨论经济伦理学的书籍其主要目的应该是发展论证的技巧，也就是所谓的修辞的技巧。

在书中我们未敢提倡任何特定观点或立场，诚恐成为虚伪的说教者。然而在最后一章有一份我们的声明，这是我们试图澄清书中所提问题和论点、影响经济伦理观的一种方式。

这也是一项提议，旨在指出一条可行的前进道路。

我们想在本书中说明的是特定问题的伦理制高点。关于这个问题，存在一些针锋相对的看法，但是各种观点不大可能有同样的效力或价值。我们的目标是为读者提供必要的知识，使您能在渗透于经济活动的许多不同而复杂的问题上，形成您自己理由充分的论点和具有伦理含义的立场。

我们每个人在不同情境中的观点和行为可能受诸多因素影响，如，别人的支持、需要我们供养的人、因这个问题惹麻烦的风险、权力在谁手里以及我们各自的价值观等。我们慷慨地把时间用来讨论我们书名中提及的价值观，因为我们相信，价值观是理解伦理推理和道德行为的重要元素。价值观可以是过滤器和触发器，能激起人们对具有伦理异议的情境做出反应，我们用整整一章详细探讨价值观的本质及作用。然而，我们没有提出某些价值优于另一些价值的主张。这个结论应该由我们每个人自己得出。作为作者，我们的任务是帮助读者对伦理情境进行分析、阐释、提出诘问，我们的任务不是规定读者应该如何看待伦理情境。

我们对论点的强调解释了此书的另一特点。如您所期望的，我们为您提供了一本经济伦理教材所应具备的基本材料，此外，我们还提出了受质疑和有争执的新论点。所以，写作此书的意图不在于使其成为一本准确无误的权威参考书（虽然我们尽力使资料标准规范，论述权威）。此书旨在提供思想、见解和激励，促进读者独立思考，从而达到抛砖引玉的目的。

本书是为大学生和研究生构思设计的，二者均可从中各取所需。伦理理论和伦理推理
xix 的资料对大学生和研究生都有裨益。提供这些理论资料，是为了使读者能够在就经济伦理问题的特定观点展开正反论证时拥有充分的信息资源。大学生在思考不同伦理立场和理论时，其可借鉴的商业经验往往受限。于是，我们为例证如何应用各种伦理理论，提供了大量的案例研究。研究生可能喜欢参照自己处理或了解复杂经济伦理情境的经验，将书中的案例研究加以扩充。案例研究的作用有二：第一，实际应用伦理理论与论点，使这些论点更加易于接受和理解。第二，案例研究用事实证明了腐败、欺诈或其他不道德行为可能会带来极大的痛苦和折磨，由此毫不含糊地彰显了经济伦理与个人和社会的相关性。

在每一章里，除案例研究外，还要求读者完成一些小任务，或对质疑做出回答。我们在每章末尾都配有“快速复习测验”，有时是客观题型，要求你在给出的选项中选出正确答案，有些是常规简答题。作为补充，我们还就小组活动提出了一些简要建议。

本书为适应大学课程和研究生课程的需要，提供了极为丰富翔实的资料，因而是大班讲座和小班研讨的有益的补充，使对这一学科的探讨超越了两种课型单独所能企及的深度和广度。读者应该请求导师为您指点本书的哪些部分对你特别重要，并弄清通过对此书部分章节的学习，你会在哪些方面扩充自己在大班讲座或小班研讨中无法延伸触及的深度。对于研究生和实习经理，本书应有助于他们反思个人和组织的经验教训。

读者通过学习本书应在以下方面受益：

- 全面回顾标准/古典伦理理论，新的视角将使你在面临组织环境的挑战时能够应对自如；
- 本书图文并茂，为你提供经济伦理学的概览与来龙去脉，是进行研究的极为有用的辅助手段；
- “定义框”对关键词做了显著强调和解释；
- “承上启下框”指出了本书某个部分讨论的伦理理论与本书在别处提出的相关应用或论点的联系；

- 真实的案例研究将抽象理论融入实际背景，有助于展开和进行辩论；
- 模拟和练习鼓励你对自己的价值观和伦理标准进行反思；
- 小组活动和研究班学习使学习变得生动活泼；学科的学术理论和具体问题融会贯通，富有挑战意义且激动人心；
- 作者提出建议，希望影响和改善经济伦理观。此建议使书中讨论的许多问题和论点中的一种变得“更有意义”，也为辩论提供了一种范式。

本书结构

本书分成四大部分，每个部分从不同角度阐述了经济伦理。

第一部分　经济伦理问题：是什么？为什么重要？

这是开头部分，该部分各章节是本书的铺垫。

第一章：**经济伦理与价值观**。本章作用相当于场景设置，提出了一系列问题，为随后的专章讨论做准备。本章一开始提出，人们能够通过叙事媒介，创立、维系和交流价值观，接着提供了第一个经济伦理案例，随后进行利益相关者理论的探讨，然后介绍了四大公司理论，其中每一种理论都有其关于构成伦理行为的假设的理论基础。本章结束时回顾了其他讨论伦理问题的方法，如描述法、规范法和反思法。

第二章：**经济伦理议题**。本章的目的是从重大议题转向具体议题。作者用“示意图”确定了在经济活动、组织和管理中发现的伦理和道德问题的范畴。详细的案例研究使你可以清晰地理解许多遍布全书的问题。

第三章：**伦理理论及其应用方法**。第二章已向读者介绍了一系列伦理议题，本章描述那些可以用来分析伦理问题的正式伦理理论和原则。它们多半源自西方哲学史（其他哲学在第十一章涉及）。由于这方面的理论很少与经济有关，所以本章详论了这些理论对于组织及组织中的个人所蕴含的意义。

第二部分　个人对伦理问题的反应

我们的研究方法的一个特点是，从个人视角来思考经济伦理问题。这部分由第四章至第七章组成，每一章阐述这个大专题下的一个重要问题。

第四章：**工作场所的个人价值观**。本章的主题是价值观，这个问题涉及诸多方面。本章为在第五章更集中地讨论个人价值观的应用作了铺垫，介绍并讨论了关于价值观的五种截然不同的观点，使读者能对相关议题有全面透彻的理解。

第五章：**价值观与启发式策略**。我们已经在第四章介绍了个人价值观，这一章将讨论在受到伦理挑战的情境中，人怎样才可以全面透彻地思考。我们认为，当个人在复杂的伦理情境中挣扎搏斗时，个人价值观可以被视为过滤器，通过这个过滤器，伦理情境中凡是受到质疑的元素都被滤掉（同时还有别的滤器，如权力感知、他人支持等）。试探是一种“认知捷径”，使我们可以按照逻辑理性的取向去处理至少在个人眼里看来是复杂、难以定义和不完全的信息。

第六章：**个人对伦理问题的反应**。我们在这里讨论个人可以怎样定义一个伦理情境，即怎样为它“贴标签”。“贴标签”涉及的两个主要方法是归类与个别化，而个人的价值观将极大地影响个人做出选择。譬如，在归类法所描述的情境中，有人认为那个问题是一个遵守组织制定的核心价值的问题，或者，是一个有关忠诚的问题。而情境的个别性可以使那人认为自己的归类不正确。正是情境的细节使人们对问题展开辩论：该问题应归类于什么价值范畴？或者，应否将其单列为独立的价值范畴？

第七章：**举报人？证人？** 这是第二部分的末章，本章思考伦理行为，特别是这类员工的伦理行为：他或她极其反感组织的做法，以致在通过正规组织渠道解决问题的努力失败后，会向组织内部或外部的另一个人披露自己的担忧。

第三部分 组织对伦理问题的反应

这一部分我们将焦点转移到组织层面的分析，本部分也讨论了公司的伦理义务和问责交代问题。

第八章：**公司责任、公司治理及公司公民**。这三个彼此关联的主题是我们从组织层面看待经济伦理时首先要关注的问题。“公司治理”一词指旨在确保实现公司目标的组织内部和外部构造。从理论和法律上讲，其目的是股东财富最大化。备受瞩目的公司丑闻，如麦克斯韦尔通讯公司（Maxwell Communications）和国际信贷商业银行（BCCI），以及安然（Enron）、世界通讯公司（Worldcom）、帕玛拉特（Parmalat）和全球跨越公司（Global Crossing）等的丑闻，提出了大量有关公司治理的深层次问题。然而，对于许多只关心与自己切身利益攸关的股东利益的人来说，这些辩论只不过是一些抢眼的噱头。人们用“公司责任”和“公司公民身份”等术语延伸了这一论点：公司的责任不仅是关心股东利益最大化。我们通过案例研究和其他范例作为媒介，对这些论点的伦理基础做了探究。

第九章：**可持续性与负责任的企业**。在这一章中，我们从多个视角对可持续性，包括（但是不局限于）环境可持续性问题进行了思考。我们辩论了以下问题：一、当前人们更喜欢用市场“经济”手段来解决温室气体排放问题；二、人们在为应对可持续企业和可持续社会的挑战而制定政策时，其假定是：人类行为的基本支撑是伦理利己主义。

第十章：**伦理的一致性：守则、标准、文化、领导与公民权利**。在这一章中，我们讨论了更多正式机制，这些机制被组织用来建立和维护特定的合乎伦理的实践，并鉴别不可接受的实践。其中最常见的机制是行为守则和伦理规范。这些守则和规范可以由组织制定，并应用于组织内部程序和环境。不过，也有外部机构制定的行为守则和伦理规范，他们有时候也与大公司合作，因为这些守则和规范与这些公司有关。但有时候不需要大公司的合作。

第四部分 国际背景

本部分讨论国际语境中的经济伦理，但是在最后一章，即第十三章，我们重新回到用个人的视角来思考国际语境和公司语境中的经济伦理问题。

第十一章：**全球和地方价值观及国际商务**。价值观和文化是多样化的，这听起来像是陈词滥调。但是对于在各种不同文化背景中苦心经营的国际组织来说，若想不触犯各种各样的敏感问题、价值观和法律，承认“差别”十分重要。本章洞悉和比较了西方与亚洲——尤其是中印两国——的经营环境。

第十二章：**全球化与国际商务**。“全球化”一词具有煽动性——通常是消极的。我们全面探讨了在全球范围经营的公司所面临的问题：公司代表积极发展力量的潜力；但是公司的介入也使许多担心公司权力和行为的人忧心忡忡。

第十三章：**道德主体性和改善经济伦理之刍议**。本章的作用远不止"总结"。一方面我们回顾了许多在前面章节中讨论过的问题、论点和理论，同时提出了对"全球化"的忧虑，而且，我们进一步提出了有关改善经济伦理的初步建议。后者显得颇为大胆和冒险，因为这些建议有点像规则，仿佛意味着"我们最有权威"。所以我们在建议前面加了一个形容词"初步"。总之，本章阐述了两个对于笔者来说很重要的问题。第一，将我们在本书强调和讨论过的关键问题整合到一个连贯的逻辑框架中。第二，提供了一个所有辩论和争论都围绕其展开和深入的框架。

教师和学生可从本书网站获得各种支持学习的资料：www.pearsoned.co.uk/fisherlovell。

致　谢

承蒙允许使用受版权保护的资料，谨对以下各方致谢：

图 1.1、1.2、1.3 和 1.4 引自《经济伦理是值得的吗？》(Webley，S. and More，E.，2003，*Does Business Ethics pay?*，London，Institute of Business Ethics，www.ibe.org.uk)经版权人允许；图 6.1 引自《管理中的道德困境》(Fisher，C. M. and Rice，C.，1999，Managing messy moral matters，in Leopold，J.，Harris，L. and watson，T. J. eds，*Strategic Human Resources*，*Principles*，*Perspectives and Practices*，London，Pearson Education)，经培生教育出版社(Pearson Education)允许；图 11.1 引自《文化的后果》(Hofstede，G.，2001，*Culture's Consequences*，2nd，London，Sage，p. 377)，经版权人 Hofstede，G. 允许；表 4.1 引自《人类价值观的本质》(Rokeach，M.，1973，*The Nature of Human Values*，New York：The Free Press)，修改后使用，经自由出版分社(The Free Press)允许；表 8.1引自《卫报 GC》，2001 年 4 月 27 日，第 2 页(*Guardian GC*，27 April 2001，P. 2)，经版权人卫报有限公司(Guardian Newspapers Limited)允许；表 10.2 部分摘自强生集团(Johnson & Johnson)收集整理的相关资料，经强生集团允许，部分选自《英国公务员守则》，获版权所有者英国政府出版局(the controller of the HMSO)和苏格兰女王书简局(the Queen's Printer for scotland)允许；表 11.5 引自《与影子搏斗：同亚洲华人和印度人生意网竞技》(Haley，G. T. and Haley，U. C. V.，1998，Boxing with shadows：competing effectively with the overseas Chinese and the overseas Indian business networks in the Asian arena，*Journal of Organizational Change Management*，Vol. 11，No. 4，pp. 301—320，表 111)，经版权人允许；活动 3.10 引自《经济伦理准则在决策中的作用》(Carroll，C. B. Principles of business ethics：their role in decision making，in *Management Education*，Vol. 128，No. 8，p. 21)，经版权人 MCB 大学出版社(MCB University Press)允许。

得克萨斯仪器公司的伦理快速测评系统引自德州仪器公司 TI.com，版权所有：德州仪器公司 2002 年，引用获公司允许；泰勒·弗兰西斯“僧侣毒病与小白菊病”选自《公共部门的资源配置：公共服务管理的价值、重点与市场》(Fisher，C. M.，1998，*Resource Allocation in the Public Sector*：*values*，*priorities and markets in the management of public services*，London：Routledge)和安妮塔(Anita Roddick) 2001 年 7 月 13 日的《致卫报信》。

蒙金融时报有限公司(Financial Times Limited)允许，我们得以使用以下材料：

案例研究 2.3：大医药公司与会下金蛋的鹅，《金融时报》2001 年 4 月 26 日；案例研究 2.5：间谍陷阱，《金融时报》2000 年 8 月 22 日；案例研究 2.7：人才市场的大致公平，《金融时报》2001 年 5 月 4 日；案例研究 2.9：国内新闻：医药权威推迟对使用贝塔干扰素做出决定：国家临床优化研究院决定待大选后再做定夺，激起多样硬化症协会的愤怒，《金融时报》2000 年 12 月 23 日；案例研究 2.10：伦敦警察局种族歧视盛行，《金融时报》2000 年 12 月 14 日；案例研究 2.11：更新轨道，《金融时报》2001 年 5 月 9 日；案例研究 2.16：30 年掘成无底洞，《金融时报》2004 年 2 月 20 日，公司版；案例研究 2.22：选举后超市面临更严格的审查,《金融时报》2001年4月11日;案例2.26:警察出击队对付动物权利极端活动分子,FT.com,《金融时报》2001年4月27日;以及激进分子袭击客户,亨廷顿四面楚歌,《金融时报》2001年7月18日;第13章主要文章:贪婪与欺骗,《金融时报》2005年4月9日。*

我们无法找到有些材料的版权所有者的线索。若有人能帮助我们获得有关方面的信息,我们将非常感谢。

* 收入本书时,我们对案例名和内容进行了部分改动。——译者注

第一部分

经济伦理问题:是什么?为什么重要?

第一章　经济伦理与价值观

学习成果

阅读完本章并完成相关活动后，读者应能：

- 在人和组织处理伦理、道德问题的方法中，识别善、悲、喜、讽、闹等元素。
- 阐释利益相关者理论的基本特点。
- 评价坚持经济伦理的经济方面的理由及其主张的有效性。
- 介绍各种关于商业、组织和管理的道德地位的论点。

故事与经济伦理

学习经济伦理始于故事。家庭和社会总是通过叙事来说明和巩固自己的价值感、正义感和公平感。商业和组织也如此。在组织堂皇的业务通讯上能够读到这方面的故事：员工的善举，他们自愿在劣势群体里工作；组织给自己所在社区谋福利。然后有更多八卦：嫉妒和怨恨、腐败与时弊、谎言与歪曲，仿佛是被工作或权威人物打断的一集集情景剧。

查尼亚瓦斯卡(Czarniawaska，2004：21)指出，在欧洲古典传统中，有四种生动地叙述故事的形式——传奇剧、悲剧、喜剧和讽刺剧。其中的每一种都有自己的修辞特点，每一种都能表达各种不同的经济伦理问题。 4

定　义

修辞法

暗喻

用一事物比喻另一不同事物。称一个组织中的全体雇员为“资产”便是一个暗喻。如果你说起一位首席执行官，说“她是商界领袖中的布兰森”，这是在用暗喻，是把她比作英雄的一种手法。这种手法也可以称为“省叙”。运用省叙，人的注意力被吸引到某一点——这位首席执行官是女的，而布兰森是男的——你假装忽略了这一点。作为一种话里有话的反讽形式，这个省叙可以用来批评这位首席执行官。

转喻

直接用比喻事物或品质去代替本体事物。主持董事会时，主席坐在椅子上。椅子是用来比喻他们的事物，所以他们也被称为椅子。* 在悲剧中，只需一个比喻就能破坏一个人的完美；一个好人常因自己部分的行为或品格而被贬低。

---

* 在英文中，“chair”既表示椅子，也表示(会议的)主席。——译者注

提喻

用一个事物的局部来代表其整体。商人穿着套装，所以商人的这一特征便被用来代表商人及其角色作用了。别人用套装来喻指他们，譬如，“套装今天会来我们这儿检查吗?”套装也是商人用来展示自己形象的工具。在喜剧中，提喻表达出野心与现实之间的滑稽和装腔作势。穿戴的时髦能突出着装人的呆傻。

反讽

用含蓄的褒义词来表达其反面的意义，从而达到使本义更加幽默的效果。常用来挖苦和嘲笑。因此，反讽是大部分讽刺的基础。

传奇故事以此为依据：个人为实现某个高尚目标的孤身求索，这个目标因为人类内在的善(即使有时被掩盖起来)才有实现的可能。从前的贵格英雄，如，约瑟夫·朗特里(Joseph Rowntree)为模范工人修建工厂和村庄，或者更现代的英雄，如，安妮塔·罗迪克(Anita Roddick)与命运抗争，将销售美容产品变为一个美丽的过程，都是最好的榜样。这些英雄成了伦理管理的特色品牌的暗喻。

悲剧讲的是行为得体的人，挑战命运，结果给自己带来不幸。揭发者揭露公司的坏行为，却因此失去家庭、居所和生计。他们的故事最能说明问题。悲剧的基础是转喻，如在电影《中国综合征》(*The China Syndrome*，Bridges，1979)中，杰克·雷蒙(Jack Lemmon)饰演一家发生故障的核电站的工程师，在进行试验时，他是唯一感受到振动的人。“振动”在这里，就是“转喻”，用来代替即将发生的灾难。

喜剧是关于人类缺陷、弱点何以使皆大欢喜的幸福结局的实现变得困难重重的故事。
5 已经开始在新的国家经营、却感到与新国家格格不入的公司，经常将自己一体化的尝试搞砸，这种情形便具有强烈的喜剧根源。在西方，大多数是男士经商，有人在生意敲定后，将双脚跷在写字台上，以此表示正经事儿已经结束，大家可以轻松了。他们露出鞋底，结果冒犯了阿拉伯生意伙伴，自己还蒙在鼓里。这可能具有一定喜剧效果。在此，肮脏的鞋底就是提喻，是商人的一个局部，代表一个健康的人身上不健康的局部。

讽刺就是说反语。通过将人的言行进行对比，或者通过定义说话的语境，可以明白说话人是在说反语。当企业被指控

- 未能照管好顾客，因为它没有关上自由企业先驱号的舱门(见页边码第 328 页)，或者
- 未能照顾好员工，如在博帕尔(Bhopal)事故中，由于该市美国联合碳化公司的毒气泄漏造成两万人死伤(见页边码第 469 页)(如果程序、管理和维修是严格的，泄露本来能够避免)，或者
- 未能保护好环境，比如石油公司被控大肆掠夺尼日尔三角洲(见页边码第 475 页)，

这时候，组织常常回答说，他们损害的对象和主体其实是他们最关心的对象和主体。由此，他们将自己变成了被讽刺的对象。人们于是把这样的声明拿来当笑料。在电影《给我超大号》(*Super Size Me*)中，摩根·斯普尔洛克(Morgen Spurlock，2004)拿自己身体做试验，在长达一个月的时间里只吃麦当劳的产品，以检验麦当劳关于其食物本质上对健康无害的声称。当然，这样的饮食给他的身体带来了有害无益的变化(这是反讽)。

承上启下

在案例研究 2.23 中，讨论了由电影《给我超大号》引发的伦理问题(见页边码第 91—92 页)。

一般说来，在经济伦理中如同在日常生活中一样，

- 在传奇与讽刺之间，或
- 在悲剧与喜剧之间

很难找到平衡点。

这些紧张与冲突就是经济伦理问题背后的叙事动力。传奇中的英雄转眼间变成讽刺作家的嘲讽对象。照字面意义讲，有时候在英雄与恶人的斗争中，英雄可能因力不所及而失败，也可能确信自己果真魔力在手。1999 年，在盛产石油的尼日利亚三角洲一个叫“埃格伯苏”(Egbesu)集团的激进分子开始了暴力袭击运动，反对石油公司对家乡的掠夺(Ibeanu，2000:28)。据说，他们的符咒能使他们刀枪不入。英雄此时可能变得滑稽可笑，而恶人开始显得比较仁慈。 6
悲剧可能产生了喜剧元素，这令人感到不舒服。正如马克思(Marx，1963:1)指出，历史有着惊人的相似之处，“第一次是悲剧，第二次则是闹剧”。同样，喜剧可能变成悲剧。组织无能的喜剧与悲剧的差别仅在于机会的把握。如果组织运气好，那么大家可以嘲笑那是无能，但有时候如果运气不再，那么故事便成了悲剧。2004 年 12 月(Harding，2004)，德里精英学校的一名男生用新手机拍摄下自己与女友口交的一段录像并向人炫耀。没想到几天之内这段录像片就被放到 Bazee.com*(印度版 eBay.com，实际上也属于 eBay.com)上出售。公司察觉后立即将其拿下，但已经在印度引起轩然大波，一个原本以低俗的品味看有轻度喜剧效果的事件变得严重了。这个男孩被送上少年法庭并被校方开除。Bazee.com 网站首席执行官，美国公民阿弗尼什·巴贾杰(Avnish Bajaj)被捕，并被投入臭名昭著、人满为患的提哈监狱。至少对于三个人来说，原本的“热闹一下”却以惨痛的悲剧收场。印度议会对此事展开辩论，人民党谴责此事件是美国“干涉”的结果。轮到美国政府对巴贾杰先生的监禁表示严重关切了。据说，如此羞辱一名美国公民的人格，使即将成为国务卿的康多莉萨·赖斯(Condoleeza Rice)狂怒。印度软件行业协会呼吁立即释放巴贾杰先生。

看来，构成经济伦理主题的事件和问题的表现形式可以是不同的，有时是传奇，有时是悲剧，有时是喜剧，而有时则是讽刺剧。由此可见，故事是一种良好的机制，通过这个机制我们可以研究和理解经济问题。如果我们能够理解这些故事中的情节怎样导致了善或恶的结局，我们就能建立一个直观的知识，知道如何才能促使好的结局多于坏的结局。或至少，这些故事可以缓解或帮助我们理解并接受我们面临的两难选择的困境(Kirk，1974:83)。

案例研究 1.1

《印度斯坦时报》，2004 年 11 月 29 日，星期一

我正在印度新德里一家饭店的房间里写本章的这一部分内容时，一份报纸被从我房间

---

* 资料显示为 baazee.com 网站，而不是书中的 bazee.com。后同。——译者注

门缝塞了进来。报纸上有大量和经济伦理有关的故事。头版故事是一个**传奇**:主角是企业家兼慈善家—理查德·布兰森爵士(Sir Richard Branson)。据传他参加了新德里的一个宴会。在这个宴会上人们为儿童教育慈善事业筹集了4,500万卢比。布兰森在宴会上说,创造财富当然好,但是企业更要从多途径回报社会。也是据报道,第二天,印度政府也许允许布兰森个人买了一家国内航空公司的股票,尽管根据海外直接投资规则,不应准许他自己的航空公司——维珍航空购买。

另一则故事是**悲剧**:前高等法院法官有可能因收受贿赂、操纵判决和偏袒行贿人而受到
7 指控。这是一个悲剧,因为一名受命伸张法律正义的法官,尽管其初衷是秉公执法,但最终屈服于外界压力,身败名裂。

具有讽刺意味的是,博帕尔事故20年后,美国科学家正在提议在有控制的实验条件下,重新制造毒气泄漏。他们特别想发现那次泄漏中除已知的化学物质外,是否还释放了一氧化碳和氰化氢这类化学物质。具有讽刺意义的是,当死伤者只是印度人的时候,美国人一直甘愿忽略当时有可能泄漏了这两种气体。但是到了2004年,当恐怖分子可能用这种气体袭击美国公民的时候,了解真相突然变得重要起来。《印度斯坦时报》报道说,印度科学家已从自己对受害者的临床研究中得知真相:那次泄漏确实释放了这些物质。这篇报道也像是讽刺剧(从技术上讲,不该称之为讽刺剧,只是因为一个不幸的巧合,它成了讽刺剧),因为同日英国广播公司世界新闻(*BBC World*)报道,大赦国际(Amnesty International)的报告谴责联合碳化公司和印度政府未给予事故受害者应有的赔偿。

有一篇报道堪称**喜剧**。这篇报道说大雾如何导致航班延误,造成德里机场旅客们不快。如果防雾系统按计划运行,这样的事情本来不应该发生。机场管理部门为缓解和转移旅客的不快,特提供了一个德里古迹图片长廊来款待这些旅客。对此,《印度斯坦时报》温和地取笑了机场管理者。表面上看来这是全心全意为旅客服务,但其实是他们没有能力解决问题的反映("如果外国游客看完了所有图片后,为等待航班,仍须打发时间,又该怎么办?")。这便产生了戏剧性的效果。这表明官僚主义对顾客的蔑视(我到达机场时,发现的确有若干图片,不过观看者除了我没别人)。

报上还有另一则故事表明,需要有第五种戏剧形式——闹剧。闹剧的修辞特点是夸张,即故意"言过其实"达到傻里傻气的地步。拉鲁·帕拉萨·雅达夫(Laloo Prasad Yadav)是印度政界臭名昭著的人物(Dalrymple,1999:10—25)。当他因贪污腐败而坐班房时,其妻替任比哈邦首席部长。2004年新国民政府成立时,拉鲁被任命为铁道部长。据报道,他与部里同事、90年代的铁道部长拉姆·韦拉斯·帕萨万(Ram Vilas Pasuan)彼此心怀芥蒂。二人都垂涎这份能吃回扣的美差。在一次比哈邦首府巴特那的群众集会演讲中,拉鲁说:"那段时间(帕萨万任部长期间),他挣了很多钱。我要把这些全都写成文件公之于众。他现在麻烦大了。"闹剧的要素是:一、老鸹嫌猪黑——自己不觉得;二、政府部门对十年来能用白纸黑字证明的腐败行为没有采取任何行动;三、一个自称占领了道德制高点的政客,却不道德地泄露官方机密文件,以达到击败政治对手的目的。

8 **活动 1.1**

挑选一份日报或周刊,尽量找出其中涉及经济伦理问题的故事。依次将每个故事读完,并确定故事中是否含有传奇、悲剧、喜剧、讽刺和闹剧的元素。

有一个经久不衰的经济伦理故事，讲述组织在追求利润时面临的一个道德困境，即公共义务与自身利益的冲突。企业只应该在自己的社会和环境责任与企业主的经济利益相吻合的时候才承担社会和环境责任吗？在这种情况下，他们是企业主故事中的英雄，却是所有别人的故事中的坏人。或者，他们是否应该阻止组织对社会和环境造成伤害，即使超越法律规定，哪怕那样做会直接伤及企业主的利益？在这种情况下，英雄与坏人的角色恰好颠倒了过来。

2004 年亚洲海啸后，许多澳大利亚公司向救援基金捐款。澳大利亚持股人协会发言人斯蒂芬·马修斯(Steven Matthews)批评这些公司说，他们的善举并未得到审批。言外之意，这些公司不应该在无望得到回报的情况下给予这些捐赠。

> 持股人并未委托董事会以这种方式花钱。[ ] 商界有对海啸灾区捐款的责任，尤其是那些在亚洲有活动的企业。[ ] 只要这些企业依赖那里的市场，给予救援捐赠就可能对持股人有利。
>
> (ABC News Online，2005a)

事后，该协会总裁力图通过澄清这份声明来减弱公众的鄙视。他解释道，澳大利亚持股人协会并不反对公司捐赠，“因为受害地区和经济尽快得到恢复符合所有人的利益”。但是公司应该对持股人披露他们的捐赠额(ABC News Online，2005b)。一些电视评论员无情地指出，有些大公司迅速向灾区捐赠现金和物品是企图使人们将自己的品牌与人道主义善举联系起来，产生品牌效应(Simpson，2005)。

这个故事阐释的问题是：是否有必要在组织承担了社会和环境责任后，再去证明一个经济案例中的行动是对社会和环境负责的行动？这个问题将在下一节讨论。

坚持经济伦理的经济方面的理由 9

追求利润的私人组织应该承担超越法律要求的社会和道德责任吗？他们这样做是因为这样做正确，还是因为这样做有回报？这可以被视为一个道德两难困境；从很多方面讲，这也确实是经济伦理的核心问题。如果行为负责而又讲道德的公司果真比那些投机取巧、行为恶劣的公司为投资人带来更好的回报，那么有关组织的行为应否良好端正这一哲学问题便成为多余。行为良好端正的英雄公司真能赢得回报吗？他们历经磨难是否赢得了或已经建立起了与投资人的一种成功、长期的关系，并且达到了公司财务业绩的顶峰，即，照民间故事的说法，是娶了公主并登了基(Czarniawaska，2004：78)？若干人试图回答这个问题。

有些明智的观点认为，恶劣的公司行为对经营有害。假定行为恶劣的公司会失去顾客的尊敬，从而失去销路和赢利能力，则这个假定是合乎逻辑的。糟糕的形象会抵消公司为建立品牌形象而使用的大笔经费。相反，如果一家公司使人联想到良好的行为、使用可再生资源、不在发展中国家的工厂里使用童工，还为员工提供良好的培训和发展机会，这个形象应该有利于产品销售。这是公平贸易运动的动力之一。

公平贸易标签

公平贸易(亦称另类贸易)运动始于20世纪60年代末,旨在给予第三世界的小型农场主和工匠们较好的劳动回报。一般而言,小规模生产者无法进入第一世界的市场,而且由于这些人很多,购买他们产品的人却相对较少,所以他们只能得到如果在发达国家销售其产品可得收入的一小部分。而且,由于大大增加基础产品附加值的加工和包装多半不是在原产地发展中国家完成,而是在发达国家中完成,所以情况变得更糟。现阶段,一些大的非政府组织,如英国牛津饥荒救济委员会(Oxfam)开始在他们的商店,以对生产者有利的价格代销第三世界的产品。他们还鼓励建立合作商店、信联社以及地方加工厂,这些都会为生产者增加产品价值。

20世纪80年代,一位荷兰牧师在教会设立的非政府组织的支持下,与墨西哥小规模咖啡生产者合作,他们意识到在"公平贸易"的标签下销售咖啡可能有营销优势。公平贸易标签的开发意味着公平贸易产品不仅可以在慈善商店和族群商店买到,而且可在主流超市和零售商店买到(IRC,1998)。在比利时进行的调查(de Pelsmacker et al.,2003)将咖啡购买者分为四个人群:

10 - 公平贸易热衷者——占抽样10%的人愿意并且有时候的确会加价购买公平贸易咖啡。
- 公平贸易喜好者——占抽样40%者倾向于购买公平贸易产品,通过有效的营销手段,能够鼓励他们购买这些产品。
- 时尚爱好者(24%)和品牌爱好者(25%)完全不受公平贸易标签影响。

随着公平贸易标签商品的范围扩大到茶叶、蜂蜜、巧克力和服装等,调查人员得出结论说,这些商品的市场潜力和赢利空间还很大。

2002年,英国的消费合作社宣布将使自己拥有的所有巧克力品牌成为公平贸易商品。这被视为一个重大改变,这样它能溢价销售其产品和提高销售量。吉百利史威士公司(Cadbury Schweppes,2004)对此持不同观点,它指出通过公平贸易制度出售的可可只占世界销量的千分之一,这种销售制度是在现行市价上再加上社会额外补贴付给生产者。这样做的一个原因是,公平贸易通过生产合作社效果最佳,而在生产国这种合作社还非常少。他们还提出,如果多数生产者都能得到社会补贴,这将导致可可过剩,最终导致可可价格跳水。他们的方法是直接与生产者一起制订计划,改善农场主的效益,使他们能增加自己作物的价值。

然而,这些良好行为的利益是没有保障的。被坏名声玷污的商标极有可能影响消费者的购买决定,但是不大可能影响商业购买者,因为后者首先评价买卖是否划算,然后再评价社会责任感。恶劣的公司行为一旦传出去只会贬低声誉,而良好的行为则会提高公司声誉。许多公司有公关部和公司交流部门,负责对有损自己品牌名誉的事情防微杜渐。公布坏行为,需要发现不道德行为并将其公之于众;要将荣誉给予那些按某种伦理标准得分高的公司,也需要有衡量好行为的方法。衡量标准有社会绩效、伦理绩效和环境绩效,但是设计这些标准主要是为了满足伦理投资团体的需要,而不是消费者和购买者的需要。

定　义

衡量公司的社会、伦理和环境绩效的手段

有许多标准的衡量手段——确切地说是指数——可以用来评定企业的社会和环境绩效。

富时社会责任指数(FTSE4Good)：计算该指数时须参考涵盖以下三方面的多个因素：

- 致力于环境的可持续发展
- 发展与利益相关者的积极关系
- 赞成和支持《世界人权宣言》

这些因素有时候但并非永远是可衡量的。还需要判断一家公司是否遵守国际伦理标 11
准。专家小组的成员根据公司绩效共同决定公司有无资格成为样本股。

- **道琼斯持续发展指数**(Dow Jones Sustainability Indices)

道琼斯持续发展指数跟踪致力于长期可持续发展的公司的财政业绩，对那些愿意投资于有道德诉求的公司，并公开宣扬可持续发展价值观的人，该指数是他们的投资指南。

- **社会-伦理风险管理评级**(SERM rating)：对积极管理未来风险的公司进行评级。未来风险如滥用人权、贿赂和腐败、物质环境恶化、新技术的负面影响及许多其他因素。
- **伦理投资调查机构**(EIRIS)

伦理投资调查机构在世界范围内对公司进行调查，向那些希望进行伦理投资的人提供信息。这是慈善机构，由教会和慈善组织于1983年成立，他们不愿意将自己的钱投入有伦理问题的公司。

这些指数都具有专业性，包含检查和测试，以确保其中的判断切实有效；但是更加千真万确的事实是：这些指数更像是裁决，而不是衡量社会和环境后果的工具。

韦布里和摩尔(Webley and More，2003)为经济伦理是否得到了回报这个问题寻求经验解答。他们面临的技术问题是，并不存在量度伦理绩效的唯一和绝对的标准。他们愉快地承认自己不得不选择代替的量度标准，这些标准可以表明一家公司的行为是否合乎伦理，是否保护环境，但不给出是否已达标的结论性证据(评论员窃笑：安然过去常因其伦理政策受到表彰)。韦布里和摩尔选择了以下的量度标准：

- 一家公司是否发布了在过去五年里经过修改的伦理规范。
- 公司的社会—伦理风险管理评级。
- 公司在《今日管理》(*Management Today*)的"英国最受爱戴公司"调查中的评级，此调查由诺丁汉商学院迈克尔·布朗(Michael Brown)执行。

他们的分析显示，凡有伦理规范的公司在社会伦理风险管理评级和"英国最受爱戴公司"排行榜中都得到了较好的评级。因此，为简化程序，他们只需审查有伦理规范的公司的财务绩效是否比没有伦理规范的公司更好就行了。

可以预料，当韦布里和摩尔(Webley and More，2003)开始只考虑如何衡量公司的财务绩效时，他们的任务变得比较容易了。可以充当量度标准的指标很多，他们选择了：

12 ● 市场增加值(MVA)——是市值与股东若干年间投入资本(净资产)的差额,即,企业变现价值与原投入资本之间的差额。

● 经济增加值(EVA)——这是投资者从企业所得的与其若投资于其他同等风险的项目的所得的差额。换句话说,这是投资于特定企业的机会成本。

● 市盈率(P/E ratio)——指公司当时股价与每股赢利的比率。

● 投资回报率(ROCE)——公司资本投资效益及赢利能力的比率,衡量投入一家公司的资本为资本所有者赢得的回报。

他们对公司伦理表现与其财务表现之间关系的调查结果由图1.1、图 1.2、图 1.3 和图 1.4 显示。

他们为了做调查,从富时社会责任指数 350 强中选择了两组大型企业,每组近 50 家。结果显示,抽样中制定了伦理规范的公司(在社会-伦理风险管理评级与“英国最受爱戴公司”表上的得分都高于没有伦理规范的公司)虽然在 1997～2000 年期间连续四年获得较好的市场增加值和经济增加值,但其间没有伦理规范的公司获得的投资回报率高于有伦理规范的公司。到了 2001 年,没有伦理规范的公司排名退后,而那些有伦理规范的公司的绩效则较好。调查期间,有伦理规范的公司的市盈率比没有的公司稳定。调查显示:有伦理规范的公司、进行非财务性风险管理的公司(如用社会—伦理风险管理标准衡量)以及被同行认为信誉好的公司,与较高和较稳定的财务回报有很强的相关性。

1. 有伦理规范与产生较多增加值有一致性吗?

英国主要挂牌公司年平均经济增加值(EVA)

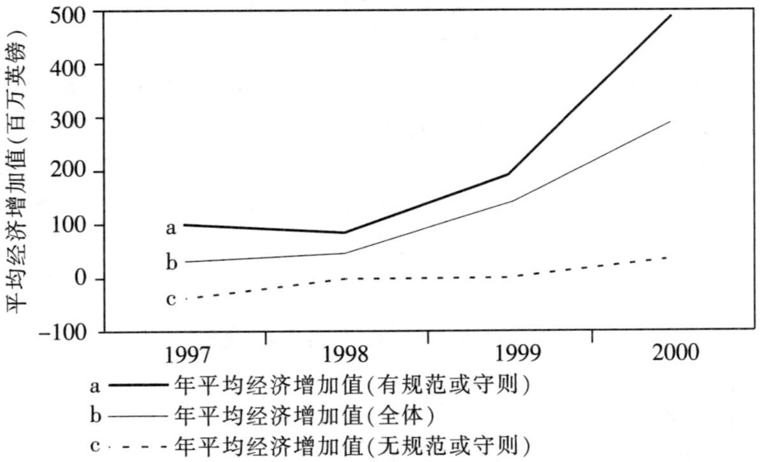

图 1.1 经济伦理是否得到了回报:增加了价值吗?

(来源:Webley and More, 2003)

2. 有伦理规范与市场增加值有一致性吗？

英国主要挂牌公司年平均市场增加值(MVA)

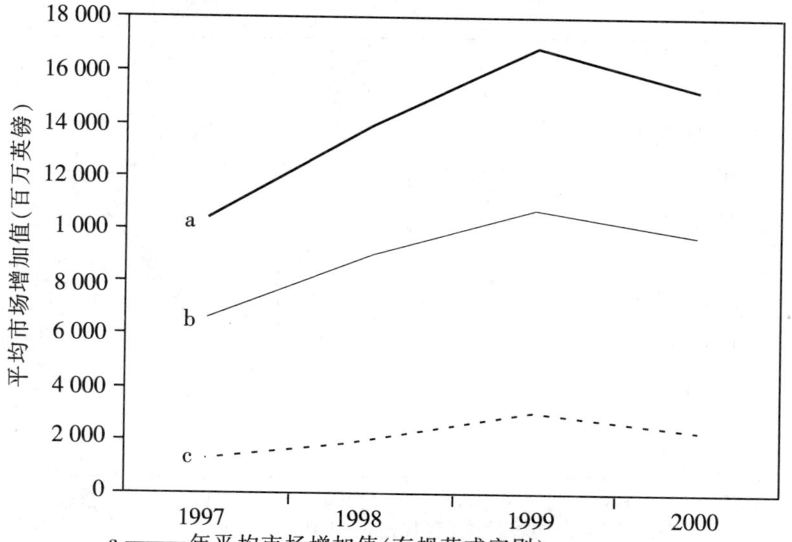

a —— 年平均市场增加值(有规范或守则)
b —— 年平均市场增加值(全体)
c - - - 年平均市场增加值(无规范或守则)

图 1.2 经济伦理是否得到了回报：增加了市场价值吗？

(来源：Webley and More，2003)

3. 有伦理规范与投资回报改善有一致性吗？

英国 42 家主要挂牌公司投资回报率(ROCE)

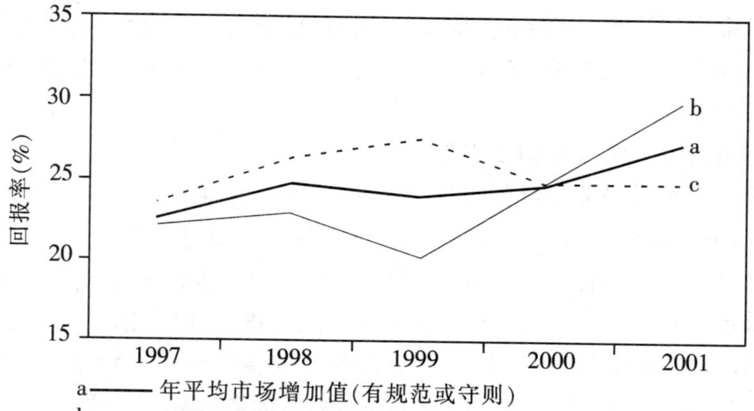

a —— 年平均市场增加值(有规范或守则)
b —— 年平均市场增加值(全体)
c - - - 年平均市场增加值(无规范或守则)

图 1.3 经济伦理是否得到了回报：改善了投资回报率吗？

(来源：Webley and More，2003)

14 **4. 有伦理规范与更稳定的市盈率有一致性吗?**

英国 42 家主要挂牌公司年市盈率(P/E)

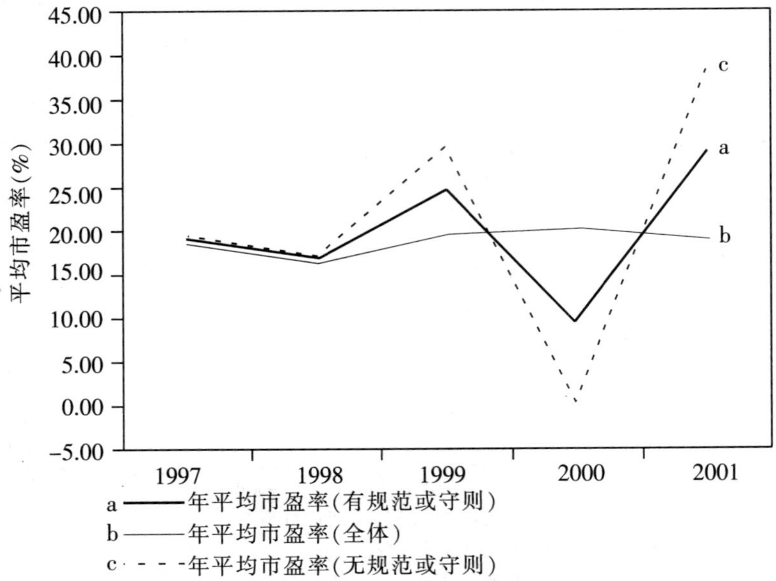

图 1.4 经济伦理是否得到了回报:增加了市盈率吗?

(来源:Webley and More, 2003)

然而,这未必从经济角度证明了经济伦理存在的理由。统计学上的关联不等于合乎伦理的经营实践是财务改善的原因,它也可能是由某个别的尚未考虑到的因素造成。

莫尔(Moore,2001)对英国八家零售超市公司的财务和社会绩效作了一项为期三年的调查。他发现了多个统计相关关系,但是由于抽样规模小,只有一个具有统计学意义。公司的社会绩效用伦理投资调查机构(EIRSIS,见页边码第 11 页)提出的 16 因素指数来衡量。其统计相关关系为:

- 社会绩效随着财务业绩改善而变得较糟。
- 但是如果用社会绩效与前三年的财务业绩相比,则成正相关。
- 成立时间久的公司在社会绩效方面比成立不久的公司做得好。
- 大公司在社会绩效方面比小公司好,这项发现具有统计学意义。

这些发现暗示,导致财务改善的并不是良好的社会绩效,应该把因果关系颠倒,也就是说,财务状况良好的公司发现自己有些钱可以行善及改善社会和环境绩效。执行这些政策
15 需要时间,因此有三年时滞。不能期待经济伦理研究所的调查能够识别这种时滞,因为其关键指标——是否有伦理规范——不是一个会随年度波动的指标,而莫尔使用的指数则会随年度波动。这一从财务到社会的因果关系方向被称为“可用资金假设”(Preston and O'Bannon,1977)。然而,关注新的社会项目,使公司将目光从赚钱这一主要目标转移开。注意力的分散,加上这些社会项目耗资巨大,造成财务业绩变坏。作为回应,公司将转而致力于提高财务绩效。超市行业业内评论人士预计,随着森宝利连锁超市(Sainsbury)和玛莎百货(Marks & Spencer)财务业绩的下滑,他们在社会和环境方面的努力也将减少。

这些评论人士还思考了社会、环境绩效是否可能与消费者的社会阶级有关的问题(Moore and Robson,2002:27)。大型连锁特易购(Tesco)和莫里森(Morrison)公司服务对

象的(平均)社会经济地位较低,他们不大可能有意识地关切社会和环境,因此公司在这方面领头将没有优势。在森宝利和玛莎百货购物的消费者群社会经济地位较高,对自然、社会环境保护考虑的可能比较周到。如果发现这些百货公司没有充分考虑可持续发展问题,这些消费者可能会联合抵制它们。

后来进行的一项调查(Moore and Robson,2002:28—29),在16个社会绩效指标(而不是像第一次调查那样用汇总结果)与扩大了的财务业绩指标之间作了更详细的统计分析,他们发现在营业额增长与以下各排名之间存在统计意义上的负相关:

- 任务书比较;
- 女经理比例比较;
- 环境政策;
- 环境管理系统;
- 总的社会绩效。

总之,这表明社会绩效随公司营业额增长而恶化。反过来,营业额随社会绩效改善而下降。这就支持了上面讨论时提到的"社会绩效会危及财务绩效",但并不佐证"利润丰厚的公司愿意将部分利润用于社会绩效",尽管如上所示,这正是理查德·布兰森爵士希望他们做的。当然,这些结果只适用于一个行业——零售和超市行业。

虽然在良好的社会绩效或伦理经营实践与丰厚经济回报之间有关联,但是不确定促进利润增长的是否是良好的社会绩效。或许情况正相反。这个结论未必说明从组织的立场看 16
应该全然无视经济伦理关怀问题。也许在主动、有意寻求创造更美好的社会和环境方面,没有一个成功的财务案例。但这不等于说公司不应力求最大限度地减少不道德或不正当经营的代价。如果一家公司或政府部门因过失或违法行为导致损害而受到起诉,公司可能会为事件本身和法庭判决付出惨痛的代价。明智的做法是努力避免那些可能为之付出高昂代价的行动和实践。这种管理叫做风险管理。一家公司如果能够证明,其风险管理程序为识别潜在的失当行为或问题已经采取了一切合理的防范措施,并尽一切合理努力以避免这种失当行为或问题,那么,即使这样的问题或失当行为真的发生并对他人造成了伤害,公司也会获得合法辩护。

所以,不幸的是(但笔者甚感幸运,否则我们不得不就此搁笔了),经济伦理是否具有经济价值或理由,这一点并不清楚。不过根据自卫原则,对组织的不合伦理或失当行为进行财务风险管理应该有经济价值或理由。那么,我们必须求助于其他方式来决定公司和组织是否应该采取合乎伦理和负责任的行动。这就回到下面的问题:公司和组织应该为谁的利益服务?他们应该为广大的社会利益服务?还是应该为社会中特定群体的利益服务?如果是后者,他们应该为哪些群体服务?这是我们即将回答的问题。

利益相关者理论

承上启下

利益相关者理论是本书的一个关键和反复出现的主题,因为伦理学关心对人的伤害或对人的利益。由于不同的人受同一行动的影响不同,所以考虑这些不同影响——有些好,有些坏——就十分重要。最简便的方法是运用利益相关者理论。第二章、第八章和第十二章将运用与讨论这个理论。

如果我们接着讨论叙事暗喻，那么我们必须知道故事中的人物是谁。利益相关者理论提供经济伦理学的一个答案。由于对利益相关者理论有各种不同解释，所以更确切地说不是一种利益相关者理论而是多种利益相关者理论。不过这些理论都有一个共性，即任何一个组织都有若干可以界定的群体，他们在该组织的行动中拥有某种利益或利害关系。关于一种风险或利害关系的构成有更多歧义。大家很清楚，股东、所有者——如果有——在一个组织中拥有合法利益。其员工也拥有合法利益。在另一个极端，那些想通过虚假垃圾邮件
17 骗取客户银行账户细节的电邮骗子显然想拥有攻击银行账户的利益，但是那不是合法的利益。所以这个议题分为三个方面：

- 一个组织对其利益相关者是否负有责任或义务？如果有，其责任或义务是什么？一个利益相关群体可能有合法利益的事实本身并不等于这个组织欠它什么，而是存在各种可能性。从一个极端讲，一个组织可能有责任按照利益相关者群体的要求行事。如果这个群体是社会全体，由于社会通过立法表达其意愿，所以组织应该服从这个社会。在这个层次之下，利益相关者可以有权参与组织决策，如果员工如期完成组织的目标和决定，这是可以接受的。这不适用于司法制度对其法庭受审者的义务。利益相关群体在重大决策制定出来之前拥有商议权。如果不这样，那么至少该群体可以期待组织向他们解释决策理由和决策内容。从另一个极端讲，这个组织对这个利益相关群体可能什么也不欠。
- 在两个或两个以上利益相关者提出互不相容的要求时，组织应该如何在自己对他们的义务之间做出决定？在决定应该优先考虑哪个利益相关群体时，组织应该用什么判断标准？公共事业组织所用的标准是一个庸俗标准：哭闹的最厉害的孩子有奶吃。这里涉及一个有趣的问题。如果顾客不是人而是物或者思想〔社会学行话称之为行动元(actants)〕——如河流、自然保护区、精神，又该怎么办？如何赋予这些东西以声音？答案可以很简单：它们的声音就是支持每项特定事业的游说集团的声音。不过这里存在一个问题。有研究表明，当游说集团过分激怒他们试图影响的组织时，回敬他们的将不是倾听而是拒不接受。如果环境保护主义事业的声音过于好斗和煽动，那么即使这项事业本身比其支持者的行动更值得赞赏，有关组织却可能对问题充耳不闻。
- 哪些合法利益可以证明一个人群应该被视为某组织正当的利益相关者？人们经常提出的一个衡量标准是：凡受某个组织行动影响的人群都是利益相关者。但是这将使一家贸易公司的竞争者在其活动中发出声音，因为他们的业绩会受到这个公司业绩的影响，而这似乎不公平。

经济伦理的主题是尝试回答上面这三个问题。我们在下一节要思考现代西方资本主义社会给出的四种不同答案——即四种不同的观点。

18 商业和组织伦理

本节讨论四大公司理论，以及这些理论对于优先考虑各种利益相关者的需要和道德主体性的实施的假定和含义。

> **定 义**
>
> 在组织内部，**道德主体性**是个人不担心就业、晋升而自主行使道德判断**与行为**的能力。

我们在这里所说的组织，是指为既定结果或目标的实现，而创建的人力资源和其他资源的配置结构，以协调一系列工作活动。在这里，我们不区别一个组织是否是营利组织、是否是公共部门或是慈善、志愿机构。虽然由于各个组织的类型不同，人们对问题的体验强度会有很大不同，但是我们讨论的问题大体上是不分部门或行业的(但也不排除这种可能性)。

随着章节的展开我们将明白，公共部门中的组织不会不受经济条件乃至经济目标的影响。同样，日益强大的舆论强烈主张，营利组织应该对更广大的公民负起更大责任，而不是仅局限于对持股人负责。尽管私人部门与公共部门、营利与非营利之间的区别近年来已变得不大泾渭分明，但是我们不认为所有的组织都是同一回事，也不认为一个组织所在的经济部门与自己运行于其中的伦理、政治、经济和社会局限无关。在营利部门，对绩效不佳的处罚或制裁可能愈加明显和严厉，但是可以认为，由于某些公共部门要求管理者必须实现的目标太多太复杂，致使这种背景下的管理工作成为一种非常苛刻和承担伦理重负的任务。虽然每种观点都假定组织的关系主要——如果不仅——受市场动力调节，但是“市场”作为唯一的调节机制，其受依赖的程度是不同的。

表 1.1 提供了四种观点的图示，突出的要点是：不同命题和假设都可以支持基于市场的资本主义经济。

在表 1.1 的四个类别中，对以下关系做了不同假设：

- 组织与国家的关系；
- 组织与员工的关系；
- 组织与其各利害相关群体(即除员工群体外)的关系。

我们需要弄清这些观点，因为这有助于我们辨析商业语境中道德主体性的潜能，以及我 21
们各自在商业语境中实施道德主体性所遇到的限制。

除“古典自由主义”外，其余类别都是各种理论、思想和实践的混合。克劳奇和马奎德(Crouch and Marquand,1993)说到社团主义理论时指的是“莱茵河派”(Rhenish)。后者是指一种特定的(德国式)分析研究市场资本主义经济的方法，但两位作者的思考范围已超越德国，将非英美式市场经济的更广大类别纳入了讨论范围。虽然，看起来德国方式与日本方式、瑞典方式有着重大差异，但我们还是把它们归为一类，代表一种更能彰显社团主义的方法，通过这种方法，国家和员工明显介入个体组织的经营，已成为一种得到认可的实践。

这并不是说英美式经济发展方法可以被简单划归为“古典自由主义经济”。不论各届英美政府持何种说法，在这两个国家，政府常常为了克服所谓市场失败而必须介入经济运行。然而，英美两国共同的信念倾向于政府较少干预或最大限度地减少对经济的干预，倾向于靠市场促进组织间的协调。

下面将更深入地探讨四大公司理论及其对组织道德行为的含义。

表 1.1　公司理论及其伦理含义

议　题	古典自由主义	多元主义(甲和乙)	社团主义	批判主义
分　类	1. 对其主张者而言，这是世间唯一的游戏规则，不仅最有效，而且最合乎伦理。 2. 对他人而言，“纯粹”的模式必须通过干预加以调节，以实现(a)最大限度减少短期行为，或(b)纠正权力失衡现象。 3. 对他人而言，新古典模式是腐朽的怪物，它是隐藏权势者利益的伪装。	1. 甲：在公司决策中提倡利益相关者观点，决策会议上必须有重要利益群体代表出席。 2. 乙：在思考行动和决策的伦理和社会意义时，经理个人的考虑举足轻重。利益相关群体不必出席决策现场。	指德国、瑞典和日本等国的企业关系(虽各自取向有所不同)。高级决策部门在代表股东利益的同时，也代表员工和非股权融资者的利益，有时还代表国家利益。	包括从描绘组织的本来面目而非应有面目的描述理论到批判理论——描绘受制于资本主义需求或管理主义(二者并不相同)的组织世界的理论。两种取向都反映了充满道德忧虑的肮脏世界，有别于其他三种类别。
公认目标数	一个，即满足股东的需求。	多个，反映众多利益相关者的观点，虽然现行机制存在问题。	混杂，包括股东、员工和非股权融资者的观点，虽然企业的长期经济利益占支配地位。	多个，通过组织内各结盟或权势集团特别是经济利益反映出来。
财务目标的地位	被视为组织的主要或唯一目的，因为财务目标将反映资源利用的效率。	重要，但并不凌驾于其余考虑之上。决策时，伦理和多重利益相关者的观点都要权衡。	重要，但英美企业更注重决策的中长期财务含义，而非一般意义的财务目标。	在竞争激烈的市场或危机时期，很可能成为组织的主导，但不是唯一的考虑。在相对稳定时期，其他考虑将占据重要和主导地位。

续 表

(个人及公司)伦理行为的意义	根据国内法、国际法的定义，被视为必须具备的最低和最高的商业道德。认为新古典主义是唯一能够在经济和社会协调中体现个人利益优先原则的理论。	哀叹组织视经济取向为唯一的或至高无上的的东西。	没有明显证据表明对经济伦理的考虑在企业决策中起了更重要作用，不再唯股东利益，为更广大社会着想的观点在决策中起作用的可能性在加大。	是界定组织声誉的一个重要但可变的因素。将由组织内外的有权势的个人或集团的权力来塑造。
经理的角色	被描述为职能主义者、技术员和价值中立者。	甲：经理直接接触各部门利益集团，将对决策产生影响。乙：经理个人必须将某种社会的伦理规范融入决策中。	组织结构反映：员工代表、非股权融资者、有时是政府代表，连同股东利益，均正式参与企业决策会议。	复杂的，必须满足对立和往往互斥的利益，包括经理的自身利益。
员工地位	是组织用来寻求满足其股东利益的资源。	员工代表组织内部一个重要的利益相关群体，虽然不能忽略经济方面的考虑。	员工代表权能在某些高层决策委员会得到保障，如在德国的监督委员会。	在资本主义生产模式下运作，不同组织的员工利益不同，这取决于个人或人群的权势。
价值观	竞争被视为反抗权力不均衡的堡垒。利润最大化行为有助于有效配置资源。	价值取向本质上是为社会的，但实际决策人的观点将发挥重要作用。	股东、员工、非股权融资者(可能是政府)的价值观可能起主导作用。	许多个人的和公司价值观相互作用的结合体。批判理论者从中挑出支撑资本主义的价值观。
组织内部道德主体性的可能性	作为消费者、选择者的个人是个性化的道德主体性，但个人作为道德主体出卖自己劳力时却很麻烦，社会原子化似乎是这种个人主义的必然归宿，而这被许多人视为导致疏离感和道德沦丧的原因。	甲：多样性观点使可能性增大，但组织的中长期生存力将成为关心的重点。 乙：与甲非常相似，但经理个人的信心和完善成为关键问题。	由于组织(如企业)内的监管部门有员工代表，可能性似比自由主义经济论的可能性大。但是经济方面的考虑将起主导作用。	经验证明，在组织事务本可令人满意的情况下，压抑道德主体性可能不仅是次要、孤立、失常的现象。批判论者认为这些问题是资本主义的必然结果。

古典自由主义经济方法

古典自由主义公司理论将组织置于一种经济体制之内，这种经济体制由无数相互联系但在法律上分离的部分组成，在这个体制中，许多部分之间的关系根据自由交换来界定。货币的作用是便利交换，是经济体系齿轮上的润滑油。亚当·斯密(Adam Smith)所谓"看不见的手"是推动大规模单个交易的力量。他的观点是，由于没有任何个体的人或公司能够影响价格，所以是交易结果以及将供方与消费者吸引到市场的价格在反映人们的愿望。这是主张"自由"市场伦理的有力依据，提出这种主张的作者有米尔顿·弗里德曼(Milton Friedman)、弗里德利希·冯·哈耶克(Friedrick von Hayek)和艾恩·兰德(Ayn Rand)等。摆脱了政府强迫的个体选择被视为影响经济和社会发展的唯一伦理因素。

上文提到的自由市场的三位提倡者中，兰德的名气可能最小，虽说她的主张似乎一直很有影响。据说她是时下最受美联储主席艾伦·格林斯潘青睐的著述者。弗里德曼主张企业除法定义务外不应再承担政府的或社会的义务。在第八章我们将深入讨论他的这一观点，同时我们还会再花些时间来讨论兰德的一些重要思想——市场是经济和社会协调的基础。

22 艾恩·兰德1905年生于俄罗斯，21岁时移民美国，时值1917年布尔什维克革命的第九个年头，也是随即爆发的内战的第四个年头。兰德到美国后干过各种报酬低廉的粗活。她说："我艰难挣扎，打零工养活自己，直到我能够靠写作赚钱。没有谁接济过我，我也从来没有想过谁有义务接济我。"兰德认为，人是"一种英勇的生命，自身的幸福便是其生命的道德目的，创造性成就是其高尚的活动，而理性，是唯独人才具有的品质。"

有关她过去的这些碎片有助于我们理解那些可以诠释一个人对重大问题所持的哲学观点的因素。兰德主义(兰德追随者语)拒绝任何其他政府形式，而只承认政府保护个人权力的最起码形式才是正当的，如警察、法院和国防部队。所有其他职能能够也应该最好借助市场调节手段由"人民"来行使，"人民"也可以选择是否为这些职能买单。

案例研究 1.2

生活经历与哲学

鲍曼(Bauman，1994)将纳德·洛格斯图(Knud Logstrup)和莱昂·谢斯托弗(Leon Shestov)两位哲学家作了对比。洛格斯图在哥本哈根过着闲适优雅的生活，他这样写人性，"我们相互信任，这是人类生命的特点……只是在一些特殊情况下，我们才不信任陌生人……我们基本上彼此相信对方的话；我们基本上彼此信任"(Bauman，1994：1)。相反，谢斯托弗一生在沙皇政府和反沙皇的政府两种统治下备受残酷迫害，因此他对人性的看法是悲观的，他将个人描绘成易受打击的人，必须随时准备遭受背弃。"我们对所有邻居都存有戒心……我们如此可怜、软弱、容易堕落和毁灭！我们怎么可能不感到害怕?"(Bauman，1994：2)。

兰德的哲学观点被称为客观主义。客观主义有三大要素：

1. "**理性**是人的(原文如此)唯一知晓手段"，即，只有通过客观理性的过程才能认识现实中的事实。客观理智始于感知，继之以逻辑法则。客观主义否认神存在，因为神的存在至今缺乏经验证明。而在美国，一些最坚定的自由市场的鼓吹者却来自有政治势力的宗教团体。

2. **合理的私利**是客观的道德规范。客观主义否认利他主义(即,为他人服务是最大的善),认为利他主义是无益和不合逻辑的人性特征。只要不损害他人利益,个人一定会追求自己的幸福。这与伊萨·伯林(Isaiah Berlin)所谓两种自由形式之一的消极自由如出一辙,它是一种"摆脱束缚"的理论方法,这种理论方法赋予人们免受他人——包括政府——干预 23
的自由权利。

3. **自由放任的资本主义**是客观的社会制度。必须认识到,自由放任的资本主义在其鼓吹者看来是一种社会制度,而不只是经济制度。这是一个重要议题,对这种方法持批评意见的人一致反对这种制度,尽管这些反对者对于如何做出回应持不同观点。一些反对者赞成推翻资本主义伦理与实践,而另一些反对者则愿意保留市场体制的框架,但要为市场规定适当的边界和伦理正当性。后者以和瓦尔泽(Waltzer,1983)一类的著者为代表,下面将讨论此问题。

定　义

自由放任　不受限制之意。"自由放任的资本主义"指即使在出现不均衡或明显失灵的时期也"让市场做出选择"。人们相信,"市场"会随着时间推移(按照自然法则或经济学达尔文主义观点)进行自我纠错。人们认为,最终不是外部干预,而是自我纠错才是所有相关各方的最佳选择。

当今自由主义经济学家热衷于短视地去关注竞争。这种对待竞争的态度应受到批判,因为它忽略了经济系统的另外两大要素:

- 指令(权力、高压和特权作用于经济关系的程度),以及
- 变化(资本主义影响变化且自身也受变化影响的方式)。

资本主义的这三大要素——竞争、指令和变化——具有伦理和道德的含义,而我们在此强调指出,三者是相互关联的,不能简单地将它们彼此割裂开来。然而,古典自由主义观点避开这些争论,提出了自己的设计。在他们的设计中,公司的经营——包括公司内部运作以及公司与外部环境互动的方式——被视为是价值中性的。

在经济行为的简单竞争模式里,人们期望管理者行为方式反映所谓经济理性。这种规范理论在描述的严密方面受到挑战,由是出现了另外的公司理论。新古典经济观的支持者承认,实际操作很可能围绕首选的规范发生变化,但是经济理性是组织应该为之奋斗的目标。他们认为,那些最接近规范立场的组织将会成长壮大,竞争者要么必须做出相似的反应,要么在经济的藤蔓上枯萎。

社团主义方法 24

社团主义不否认竞争性市场力量是首要的,但主张组织在制定某些决策时,应避免只从股东利益出发,而从一系列更广阔的利益出发。这些更广阔的利益是员工代表、债券相关利益方、债务融资人、有时是国家的利益。人们主张扩大决策基础,而看来这样做也为公司某些问题的决策提供了一种更长远的观点(Crouch and Marquand,1993:3)。

> 制度作为整体具有平衡力，它能用短期效率的损失来交换在协同适应与社会安宁方面的收益，这是英美传统上最关注的问题。制度将其非凡的成就归功于它的这种平衡能力……在一个高技能——或未来的高技能——的经济中，协同适应和社会安宁乃是一种公益品，为此，在严谨的配置效率方面付出高昂代价，是值得的。

在这种理论方法中反映的包容性超越了古典自由派的股东倾向的排他性——这是绝大多数英美公司信奉的观点。证据显示，社团主义方法避免了——或至少最大限度减少了——自1960年以来世界贸易因短期经济调节而可能导致的许多恶果。这并不是说，德国、瑞典和日本这些国家（社团主义观点的典型）在世界经济活动中能够对重大变动产生免疫，但是，这些国家的确避免了严重的经济挫折，因而最大限度减小了失业水平的上升，客观上增强了社会凝聚力。许多亚洲国家的经济，包括日本，在20世纪90年代末期经历的严重低迷，主要是这些国家的经济结构性因素造成的，并不是日本更倾向于社团主义市场协调手段的弱点使然。

一些国家选择社团主义方法，是否是因其更有可能带来经济稳定并由此带来社会稳定，体现在公民和员工个人身上的更明显价值只是一种附带利益；或者，采用这种方法的基本原理是否已被颠倒（即，社团主义方法的伦理观被说成是采用这种方法的主要理由）。这些对于我们的讨论都不重要。与我们讨论相关的是，"古典自由主义经济"和"社团主义"两种理论方法都能引证伦理理由，说明各自主张的经济和社会制度的优越性。前者能够做到这一点，因为它首先强调的是个体选择理念，后者则是因为其重视社会凝聚力，渴望避免或最大限度减少经济纠错和衰退时期社会动乱与困顿对个人生活的影响。

多元主义观点

有两种主要的多元主义观点。第一种观点（被称为多元主义观点甲）关注被选举或被任命的公司董事会成员（在可能情况下）是否能够代表广大利益相关者的利益。这是对社团主
25 义观点的发展，但是所牵涉的利益相关群体更广大。社团主义方法在上述国家中，已明显形成适当规模，但是两种多元主义观点目前仅是作为争议和辩论存在，并非实际存在。像英国美体小铺这类公司多半是证明规则的例外。

从多元主义观点甲来看，利益相关群体必须做得更多，而不只是为自己特定的既得利益辩护。他们应代表社会的利益。显然，社会利益能在多大程度上被充分代表，这得依赖于利益相关群体的构成。所以，古典自由经济观认为个体决策的潜意识力量表达了社会偏好，比较而言，多元主义观点甲则认为，社会偏好的声音是由利益相关群体或公司董事会或委员会发出的。

第二种多元主义观点（多元主义观点乙）并不争论在公司决策过程中利益相关群体代表必须到场的可能性，因为这既不是先决条件，也不是主要论据的组成成分。第二种多元主义观点认为，通过关注和承认公司决策更广大的社会意义，可以调节经济理性，这些因素由个人决策者来权衡。多元主义观点乙可以用一个序列表示，卡松（Casson，1991）等作者位于该序列的一极，麦克拉干（Maclagan，1998）、麦克拉干与施奈尔（Maclagan and Snell，1992）和施奈尔（Snell，1993）位于序列的另一极。

卡松等人认为，最好的经济体制是市场经济的竞争体制，但是依赖纯粹的经济理性，将其作为对个体行为的唯一解释，这样做既天真也无用。为了与经济学原理保持相关性，

卡松认为必须承认：是推动力对行为做出解释，不是经济理性对行为做出解释。

> 如果经济学要成功地处理文化因素，那么必须克服这些专业偏见。这就是经济学尽管有其技术优势……但没有为分析社会问题作出更大贡献的主要原因。
>
> (Casson,1991:21—22)

古典自由经济学派坚持一种社会学家所谓“社会化不足”(即，不能典型地代表真实人类行为的复杂性和可变性)的人类行为观点。多元主义观点乙主张不仅应该承认日常市场条件这个现实，而且还要接受人类行为更加社会化的假定。虽然市场经济被视为产生组织协调的基础，但是人们也承认在市场内部存在结构性问题和麻烦，如，竞争者之间的力量不平衡、生产者与消费者之间信息不对称、资本(所有者)反复无常的本性。公司决策者必须具有更强的责任感、伦理观和人道精神。

伊兹欧尼(Etzioni,1988)与卡松理论一脉相承，但较少有卡松的含蓄的工具主义。他从道德视角解释了追求短期利润以外的动机存在的原因。在下面的引文中，伊兹欧尼用了“义
务论”一词。在任何关于经济伦理的讨论中，这都是一个关键词，我们将在第三章对此进行 26
深入探讨，在这里仅给出一个简短的定义，使您理解伊兹欧尼的这一观点。

定　义

义务论　是分析道德行为的方法论，它相信道德推理和道德行为应受普遍化原则支配，而普遍化原则不考虑可能存在道德两难困境的语境。

> 这里提出的“我—我们”的义务论范式不是假定经济社会基本上是竞争的社会，因而经济参与者(主要是公司)基本上是受制于自己无力控制的“市场”(垄断者被看做是例外和失常)，而是假定经济参与者之间的权力差异是先天的，已经嵌入结构，并深深地影响着他们的关系。我们将看到，权力差异的获得既依靠实施经济权力(在经济体制内，一些参与者对另一些参与者拥有的直接权力)，也依靠施加政治权力(在经济体制内，一些参与者对另一些参与者拥有的间接权力，是前者通过操纵政府进行有利于自己的干预而获得的)。这些根本不同的假定构成了这里所指的“我—我们”范式(一种较大的义务论范式)。“我—我们”范式一词突出了如下假设：(一)个体在一定的社会背景下行动，(二)该社会背景对于个体的行动不可或缺，是最重要的，(三)社会背景的影响不一定是整体强加的。相反，社会背景在很大程度上被视为一个人生存的合法的和主要的部分，个人是这个整体的一个组元……此处提出的义务论思维范式假定人们至少在某种意义上已介入了社会(新古典派的说法是“交出主权”)，这是一种身份认同感，是对价值观的承诺，一种“我们彼此互为成员”的感觉。
>
> (Etzioni,1988:5)

伊兹欧尼接着说：

> 此处探讨的问题，远远超出了构成经济和其他事务的决策理论的技术、概念问题的范围。我们争论的是人性：我们有多么明智？在我们个体和集体行为中，道德、情感和社会纽带起到了什么作用？
>
> (Etzioni,1988:xii)

沿着这个序列移动，经过伊兹欧尼，我们朝主张多元主义观点乙的立场靠近，他们认为，比古典自由主义经济学所要求的更广义的伦理观才是值得追求的，甚至才是基本的。他们的理由是，社会作为整体，需要能在复杂形势下理解并行使道德判断的组织决策者
27 (Maclagan，1996，1998；Snell，1993)。这些著述者认为，管理实践本质上是一种培养个人道德修养的道德实践，是在一个复杂而富有挑战的竞技场(经济组织)里进行的。

于是，我们的多元主义序列便从卡松等——他们赞成承认人类实际行动和本能的决策理论，以便使经济理论更贴切、更现实——转向麦克拉干和施奈尔等人的观点，即认为经济决策包含道德因素是正当的，因为社会作为整体提出了伦理要求。

批判的观点

批判的观点由许多关于人和集体行为的不同理论组成，包括：组织政治学(Simon，1952，1953，1955)、预期理论(Vroom，1964)、用模糊和虚伪作为管理工具(Brunsson，1986，1989)、协同理论(Cyert and March，1992)、剥削理论(Marcuse，1991)、需求层次理论(Maslow，1987)、组织中的权力与身份(Knights and Willmott，1999)以及管理者个人为应对管理生涯可利用的战略资源(Watson，1994)。这还远远不是一份详尽的目录，不过通过这些著述，我们可以大致了解那些解释组织内部实际行为的理论。这些理论研究共同呈现了组织生活画面，其复杂、混乱程度远非古典自由经济学派所能接受的。行为理论和批判理论不是规范理论(即事物应该如何的理论，如古典自由主义的经济学观点)，而是人们所谓的描述理论，即事物实际表现如何的理论。然而，行为理论家与批判理论家各自的意图是不同的。

行为理论家的立场是超道德的，因为，与自由主义经济、社团主义和多元主义观点不同，行为理论没有为自己的理论建设提出最好的伦理基础。但是行为理论可以突出强调那些值得称赞、有争议或完全不道德的行为。行为理论犹如组织的窗口，让我们能透过它们观察组织内部各级员工在面临复杂职业道德情境时会有何种反应和行为。譬如，你知道一位朋友或同事因家境非常困难，非法将一个小玩具(公司产品)带回家给了孩子。如果某个情境的道德规范不分明，或者如果涉及未来就业、晋升前途的权力失衡使道德主体性遭到损害，那么发生这类事情可能在同事之中、在理念上引起“忠诚分裂”。

虽然批判理论家们都公开承诺社会变革，发誓把雇员从资本主义枷锁中解放出来。但是批判理论家们所做的分析各不相同[例如，福柯观点(例，Mckinley and Starkey，1998)和
28 新马克思主义观点(例，Alvexon and Willmott，1996)]，他们对于用以取代市场经济社会的最佳形式没有取得一致意见。不过，哈贝马斯(Habermas，其思想在第三章讨论)概括了制定一个能被社会接受的经济关系体系所必需的条件。

权限边界或公平领域

人们担忧基于市场的关系会变成一切社会和人际关系的基石，若干作者撰文表达了这一担忧。沃尔泽尔(Walzer，1983)写道：

> 人们可以将市场设想为一个没有边界的领域，一个未划区域、不受限制的城市——因为金钱是阴险诱人的，市场关系具有扩张性。一个激进的放任自由的经济犹如一个

> 极权主义国家，它侵吞一切其他领域，主宰一切分配过程。这种经济会把一切社会利益转化为商品。这就是市场帝国主义。
>
> (Walzer，1983：119—120)

基茨(Keats，1993)接受沃尔泽尔的思想，并指出：

> 仿佛他们(自由派经济学家)的理论能量都已被用来展示市场的优点，以致没有余力来解决一个富有争议的首要问题：什么界定了“经济”领域的性质和范围？在这个领域里，市场和政府被视为主要的竞争对手。
>
> (Keats，1993：7)

沃尔泽尔提出解决这个问题的方法，他认为应将社会生活视为一系列领域，这些领域包含社会生活的诸要素。其中一个领域是经济领域。在经济领域中，市场被视为最有效的调节机制，竞争是组织协调的最可防御的形式。虽然市场、契约和竞争被视为适当的调节元素，但是它们的相关性基本上被局限在该领域中。在代表非经济人际关系的领域内，我们发现信任、关怀、福祉、分担(享)、友谊、闲暇，乃至利他主义(虽然沃尔泽尔并不特别强调这个)等理念。沃尔泽尔的观点与德国哲学家黑格尔(Hegel，1770～1831)的早期理论有某些相似之处。黑格尔也用“领域”这一概念来解释社会世界(Singer，1983)。黑格尔论及国家、家庭和公民社会诸领域，沃尔泽尔认为还应该补充考虑经济领域。

麦克迈勒(McMylor)对于从封建社会发展而来的市场资本主义发表了评论，他认为，非市场社会的发展是一个过程，通过这一过程，经济发展从“其他控制框架的桎梏中”走出，向市场社会的某个形态运行，此时

> 经济不再被包埋了。市场意味着，在某种意义上经济活动被区分到各个独立的体 29
> 制领域，不再受制于其他领域的规范。个体的经济行为人于是不再受“非经济”因素干涉，得以自由地追求经济私利。
>
> (McMylor，1994：100)

从道德观点看，将人类世界分成独立的诸领域，会带来一个问题：这也许表明，这些领域的独立可能发展到如此程度，以至于允许不同形式的行为在各自领域大行其道。在别的领域内不可接受的行为在某个领域内却可能被接受或至少被容忍。有人认为，这等于承认，当人们处于“经营状态”时，有时候采取行动(或他们感到自己需要采取行动)的方式是他们在私人生活中和与人共处时不会采取的行动方式。沃尔泽尔承认这点并提出，“领域”不应被视为完全自治的和独立的。相反，他描绘各领域之间的动态关系，指出某些社会生活的领域会发生转换，某个领域的范围和重要性可能会经历兴衰起落。由是，边际冲突将随时发生：

> 适用于不同领域的各种原则不是彼此融洽的，由此产生的行为模式及感觉彼此也是如此。福利制度与市场、办公室与家庭、学校与国家按照不同的原则运作：所以他们会产生冲突。
>
> (Walzer，1983：318)

不过，沃尔泽尔接着说，“不同的原则必须适合一种单一文化”(Walzer，1983：318)。这是个难题，除非这种单一文化承认差异、承认多元文化。置身如此纷繁复杂的观点中，智慧便成为重要的调节因素，但这种智慧必须是活跃的智慧，也就是说，它永远处于通过对话与辩论显现的状态。按照这种观点，变化的动力只有通过极苛刻的过程才能被认识、讨论，从

而走向成熟。但必须强调，如果普通政体逃避参与这些活动，那么这个过程将受到活跃群体和声音的“社会俘获”。

> 定　义
>
> **社会俘获**　用来描述一种机制，如，一个委员会、一个管制机构或一种政治程序。这种机制是为监督某方面社会生活而建立的，但又反过来被自己监视或控制的部门利益所支配或严重受制于种种部门利益。于是，创立这种机制的初衷往好处讲是被抵消了，往坏处讲是被完全被扭曲了。

30 为最大限度降低政治、经济和社会制度中社会俘获的风险及其他扭曲影响，必须有一个活跃的公民集体，集体中的公民准备关心乃至参与有关人生诸领域——平等、正义——的微观和宏观辩论。黑格尔提到辩证法，即为了展开及(可能的话)解决观点和矛盾的分歧所必需的辩论和论证过程。在苏格拉底的教诲中能发现辩证法，在柏拉图讲解其导师的哲学中也能找到辩证法。比利格(Billig，1996)吁请重新重视修辞的整体效果，将修辞视为对辩论和论证的回归，而不是当代社会对此词常赋予的贬义，因为文明社会的发展进步必须依靠这样的机制和程序。

经济领域边界的界定

正如调节经济与社会的交互作用的机制一样，“无形之手”是竞争性市场的基本法则，它是超道德的，即价值中性的。虽然有人会吞咽市场的苦果，如失业或血本无归，但这种后果并非市场的初衷。这只是构成自由市场的大量交易导致的非故意后果。20 世纪 70 年代至 80 年代的著名政治家基斯·约瑟夫从男爵(Sir Keith Joseph)是哈耶克和弗里德曼(Hayek and Friedman)的忠实信徒。正如希拉斯和莫里斯(Heelas and Morris，1992：19)所言：

> 约瑟夫认为，为有效实现资源的平等分配而制定的政策不仅具有强制性并威胁到个人自由，而且是反生产的，会导致一系列负面后果(经济的、心理的、道德的和政治的)……自由权应该主要由市场上信奉利己主义的消费者来行使，这里所说的市场包括政治的、教育的和医药的“市场”。

普朗特(Plant，1992)研究的题目是，市场是医疗服务最恰当的调节机制。他探讨了人体器官自由市场存在的可能性，以及在非志愿、公共服务组织中市场调节取代服务伦理的正当性。在谈及人体器官市场问题时，普朗特(Plant，1992：91)说：

> 从严格意义的资本主义市场原则来看，很难理解为什么不应该有这样一个市场存在。市场范围显然相当广阔。在血液和血液制品、肾、精子、代孕诸方面都可能存在市场。

普朗特认为，从市场观点看，至少有三项原则赞成这样一个市场存在：

(1) 有明确的需求。 31

(2) 当前的捐赠体制未能满足需求。

(3) 人体器官的所有权明晰，且捐赠如不符合捐赠者个人利益，捐赠者不会捐赠。

尽管有人为这种市场鸣锣开道，但是缺乏(看来将继续缺乏)广泛的公众支持。普朗特认为，公众对人体器官自由市场存在的不情愿态度反映了一个由社会划分的界线——界定市场机制适用的范围，而该市场目前被划在界线外。

当回应"血液应被视为商品，因此应该引入私人血库，以提高供血过程的生产率"的观点时，迪特姆斯(Titmuss, 1970)推进了关于血液捐赠服务的市场化与商业化的研究：

> 其实，这些作者[ ][1]是在通过一个经济案例来反对利他主义"垄断"血液和人体器官供应。他们希望把人们从责任良心中解脱出来。虽然他们的论点是用价格弹性和利润最大化这些语言来表述的，但是对人性价值和一切"社会服务"机构具有深远意义……这里提出的道德议题超越了定价理论和市场的运作。
>
> (Titmuss, 1970:159)

迪特姆斯对英国献血服务商业化的更广泛含义表示担忧。迪特姆斯问道，志愿和无偿献血反映出来的利他主义如果被商业化关系取代，那么，什么可以填补原先被现存制度内化的社区意识占据的空间?

> 没有永恒的互惠表达。社区赠予纽带一旦断裂，结果将不是价值中性的状态。留下的真空极有可能被敌意和社会冲突填补，这是另一语境讨论的后果……增长最大化的神话可能取代社会关系的成长。
>
> (Titmuss,1970:199)

迪特姆斯讨论了经济和金融的四项评判标准。为了集中讨论经济学家(他批评的焦点)愿意承认的那些方面，他的讨论没有包括更广和无法定量的社会、伦理和哲学问题。这四项标准是：

(1) 经济效益。

(2) 行政效率。

(3) 价格——针对病患的单位成本。

(4) 纯度、效力和安全性——即单位质量。

> 这四项标准，商业化血液市场都未能达到。然而荒谬的是……血液供应制度越是 32
> 商业化(因而也越浪费、越无效、越危险)，国民生产总值就越膨胀。这个后果的部分原因是统计学所谓的"转化"——将外部成本极其低廉的无偿服务(志愿献血者、义工、无偿时间)"转化"为一种外部成本更昂贵的可衡量的有偿活动。
>
> (Titmuss,1970:205)

本章讨论至此，已经论证了下述主张，即，市场体制是：

- 唯一能保护个体自由行使个人选择权的经济和社会防御体系，这种体系允许经济和社会关系的发展不受政府强制和干预。这是自由主义经济观点。
- 一种比别的经济体制更可取的体制，但是它需要小心呵护，必要时随时修正，以确保这

---

① 原文如此，详见理查德·迪特姆斯《生命赠予》(*Richard Titmuss*, *Gift of Life*)。——译者注

种经济体制能符合更广义的社会目标。这种观点融合了社团主义与多元主义的观点。

- 一种本质上腐朽的制度，它让人类陷入彼此争斗，少数精明者支配大众的生存机会。这是批判主义观点。

我们讨论了伦理在经济生活中的位置以及经济在生活伦理中的位置。

描述法、规范法和反思法

人们常常提到讨论伦理问题的两种方法——规范法和描述法。规范的讨论涉及指导我们思想和行动的规范和原则。规范论证尤其关心如何能够证明这些规定性主张的合法性或有效性。描述性讨论关注“实然”而非“应然”问题。伦理学的描述方法说明特定人群的价值观和伦理观，并试图解释这些价值观是如何产生的。这种方法将分析价值体系，以寻找规范以及规范之间的冲突。在经济伦理这种跨越哲学和社会学的交叉学科里，“规范”一词有些令人费解。在社会学里，“规范”指的是一个群体或社会的规范。这个词既是描述性的——其规范是某个特定群体的规范，也是规范性的——它们界定那个群体的对与错。在哲学里，“规范的”和“描述的”互为反义词。在本书，“规范的”一词将取其哲学含义。

许多经济伦理教科书采用规范法。这类教科书承认经济中的伦理困难，尝试讨论应该
33 用什么方法来解决这些伦理困难，然后，提出解决方案或一系列原则。本书采纳的不是规范法和规定法，而是描述分析法，试图描述组织中的人们如何解释面临的伦理问题和如何对这些问题做出反应。本书没有对管理者和组织所面临的许多伦理两难困境和问题提出解决方案，然而，通过提出其他人对伦理问题的思考和反应，通过为读者提供相应工具，我们恳切希望本书将使你具有分析问题并得出自己结论的能力。

本书旨在带给我们谈论经济伦理的第三种方法——思考和反省法。思考，意味着对伦理问题进行慎思。反思是指对自己的价值观和人格进行反省。所以，本书试图帮助你检讨自己的立场和思想。通过对本书和其他书刊材料的深思，可以部分达到这一目的。但这仅是替代学习，即通过观察他人的经验实现的学习。只有当你用自己的价值观质疑自己的行为时，当你用自己的经验质疑你的价值观时，才能实现反思学习。

思　考

本书关心的一个问题是组织内部存在道德主体性与伦理行为的可能性。在任何关于经济伦理的定义中都含有诚信这一概念。斯里瓦斯特娃和库珀里德（Srivastva and Cooperrider，1988）论述了诚信在一般组织生活中，尤其在管理决策上的重要性，不过两位作者强调未来前途难料，只有通过对话、思考、学习、宽容与智慧，才能找到前进的方向。

> 管理诚信具有对话性。管理诚信不只是拥有道德和价值观；诚信涉及发现或创立价值观的过程。职业道德主义是盲目的服从，而诚信则代表对建设人类价值观表示“发自内心的赞同”。从这个意义上讲，组织不应被视为一个刚愎自用的封闭结构，而应被视为永恒变化的状态。对话使纯粹的交互活动转化为参与、交流和相互移情。因此，管理诚信是对狭隘个人主义的突破，是基于无畏的信任，即，信任真正的对话和理解能够带给我们的东西——既是新的责任，也是对对方新的回应形式。
>
> （Srivastva and Cooperrider，1988：7）

严重依赖社会的辩证转化的理念有一个很大的弱点，即，相关的程序将遭遇“社会俘获”风险。最大限度减小这种可能性的最佳机会在于，我们都应该自重且相信，在塑造我们的社会时，我们个人的声音是算数的。

我们以一种有保留的乐观语气结束本书第一章。斯佩曼(Spaemann，1989)拒绝承认良 34
心要么是纯粹本能，要么只是教养的作用，他说：

> 每个人都有向善的倾向，这是一种官能，借助这个官能我们分辨善与恶。
>
> (Spaemann，1989:62—63)

但是斯佩曼接着说，良心需要哺育和滋养——为了让它茁壮成长和成熟，要向它示范善行。若做不到这点，良心的健康会因发育阻滞而“矮化”。斯德豪斯(Seedhouse，1988)在讨论英国保健中日益注重“经济心智”，而以牺牲“个人优先权”为代价的时候，提到了“矮化”一词。斯佩曼和斯德豪斯将个人视为质疑“经济利益第一”的核心。然而，读者将在第七章看到，良心常常成为维持组织与个人关系的牺牲品。

使伦理问题成为组织中合法、生动的辩题，这是一种发展。汉娜·鄂兰(Hannah Arendt，引自 Bauman，1994)认为，任何这样的发展都应将个人置于核心。鄂兰写道：“没有规则可循……犹如前所未有的事物并无规则一样”。鲍曼继续道，

> 换言之，不是别人，正是道德人本人必须担负起自己的道德责任。
>
> (Bauman，1994:14)

本书旨在让读者了解一些影响现代社会的这一关键要素——经济伦理的各种可能性的重要议题。

小　结

本章讨论的要点如下：

- 经济伦理问题能够由故事加以例证；这些故事有时表现为传奇剧、悲剧、讽刺剧、喜剧，有时表现为闹剧。
- 许多著述者和组织认为，公司采取合乎伦理和负责的行为有经济价值或理由，这二者之间存在相关性。但是负责的公司是因为自己的善举才赢利，还是因其赢利花得起钱，才能成为负责的好公司，这个问题不容易证明。
- 运用利益相关者理论能够透彻理解许多经济伦理问题。
- 关于组织及其在市场体制中的作用是否合乎伦理这个问题，古典自由主义、社团主义、 35
多元主义和批判主义提出了四种不同的观点。
- 对古典自由主义模式的怀疑鼓励组织中的个人发挥其道德主体的作用。道德主体需要反思什么是对，什么是错，需要在组织中努力为善。

快速复习测验

1. “道德主体性”是什么意思？
2. 艾恩·兰德被誉为客观主义的创始人。客观主义的三个核心要素是什么？
3. 人们批判新自由主义经济学“社会化不足”，这是什么意思？

4. 关于组织内部伦理行为的“规范的”理论与“描述的”理论的区别在哪里？

典型作业与简述

1. 对于在社会、伦理和环境三方面表现负责的公司，有没有切实有效的“经济价值或理由”？

2. 比较和对照本章概述的利益相关者介入经济决策的四种方法（古典自由主义、多元主义、社团主义和批判主义）。

3. 一家公司应如何决定哪些利益群体应该被看待为利益相关者，哪些不应该？

4. 通过研究叙述经济伦理的故事，我们能够对当前的经济伦理问题有什么了解？

36 小组活动 1

采用德尔菲法（Delphi）分析成为伦理组织的理由。

德尔菲法是一种对疑难问题进行优先排序和预测并由此形成一致意见的技术。在这里，我们将用此法来回答以下问题：

为什么组织应该选择合乎伦理和对社会负责的行为？

该练习需要把学习班分成 5～8 人小组。然后每个小组按以下步骤进行活动。

1. 针对问题“为什么组织应该选择合乎伦理和对社会负责的行为?”每个人设想尽可能多的理由。将每个理由写在一张粘纸片上，把它们叠在一起。

2. 然后，每人将粘纸片随机贴在一块题板上。

3. 各组将粘纸片集中、分类，将类似观点集中，直至全部粘纸片归类为 5～6 个理由。

4. 然后，各组在一页纸上写一个简单问卷，列出 5～6 个理由，要求受调查者按照其重要性为每个理由记分。用百分比记分，百分数越大，理由越重要。复印问卷（你也可以制做一张电子数据表）。

5. 小组各成员独立完成问卷。

6. 合计得分，算出平均分，向全组呈示结果。

7. 然后，小组各成员用全组平均得分完成一张新问卷。

8. 个人积分，小组反馈信息，重复这一过程，直至全组就这 5～6 个理由的记分和重要性排序达成或接近一致意见。

9. 然后，你再决定组织应该选择合乎伦理和对社会负责的行为的原因。

10. 小组讨论：你们确认的论点与本章介绍的论点有哪些异同？

37 推荐网站

主　题	网站提供者	网　址
经济伦理学普通网站，有文章、公司伦理规范、资源等	沙龙·索尔格（Sharon Soerger）	http://www.web-miner.com/busethics.htm#additional%20

伦理学的经济案例	世界经济论坛(World Economic Forum)	http://www.weforum.org/site/knowledgenavigator.nsf/content/_S3576
新闻摘要,提供最新的有用的经济伦理故事	经济伦理研究所(Institute of Business Ethics)	http://www.ibe.org.uk/ethicsnews.html
利益相关者理论的调查研究网站,包括利益相关者理论的参考书目。		http://www.mgmt.utoronto.ca/~stake/Articles.htm http://www.mgmt.utoronto.ca/~stake/index.htm
富时社会责任指数主页	伦敦金融时报指数(FTSE)	http://www.ftse.com/ftse4good/index.jsp
道琼斯持续发展指数主页	道琼斯 STOXX 有限公司(Dow Jones STOXX Ltd)	http://www.sustainability-index.com/
伦理投资调查机构主页	伦理投资调查机构(Ethical Investment Research Service, EIRIS)	http://www.eiris.org/index.htm

38 # 第二章　经济伦理议题

学习成果

阅读完本章并完成相关活动后，读者应能：

- 描述在管理、商业和组织中出现的各种伦理和道德问题。
- 区别伦理、道德、法律意义上的坏行为，并评价某个具体错误行为的严重性。
- 分析在管理、商业和组织中典型的伦理、道德问题的复杂后果与动机。

引　言

本章中心议题是确定经济与管理领域的伦理议题的范围和种类。本章包含许多案例研究，所以是全书最长的一章。读者在接触理论问题之前如果有具体案例作参考，理解理论问题会比较容易。由于从下一章开始讨论理论问题，所以，本章安排了大量的案例研究。这些案例研究也是其他章节的参考资料。没有必要读完本章所有案例研究，只需阅读你感兴趣的案例研究，或者只读那些你感到有必要对其中提出的普遍性问题进行深思的内容。为了更加便于讨论，我们将本章分成五个部分。

- 一、经济伦理议题示意图
- 二、崇善
- 三、创造公平竞争环境，仁慈
- 四、防止对他人冷漠
- 五、制恶

39 ## 一、经济伦理议题示意图

如果要阐述各种不同的经济伦理问题，我们需要一个示意图，在示意图中用坐标系来揭示各问题彼此间的关系。在实践中，经济伦理问题被分为不同的专业领域，由具有各种不同知识背景的学者和顾问来主导。

- 公司社会责任(CSR)——由社会政策专家和环境保护主义者主导
- 公司治理——主要由律师和会计主导
- 公司权利与义务——律师
- 可持续性——环境保护主义者
- 伦理投资——市场分析师
- 就业权利与人权——人力资源管理专家和律师
- 公平贸易与国际贸易调控——经济学家

- 风险管理——会计师
- 信誉管理——营销和公共关系专家

我们不打算在以上次领域对问题进行再分类，因为这会妨碍我们使用整体研究法，而这是研究经济伦理问题时的通用方法。我们的示意图将使用两个坐标：

- 道德层次——从恶到善。
- 合法、非法和正义。

善与恶

符号矩阵

符号矩阵，即逻辑方阵（Parsons，1999）自古以来被哲学家用作逻辑分析的工具。20 世纪，经格雷马斯（Greimas，1987）的再创造，成为分析叙事结构的工具。我们将用它来确定有关经济伦理问题的叙事的结构。该方法由钱德勒（Chandler，2001）在英国推广。所有符号矩阵分析由一个关键主题开始，然后对必须发端于这个主题的三种关系进行布局（见图 2.1）。由于我们在讨论伦理学，我们的符号矩阵将从善的概念开始。

40

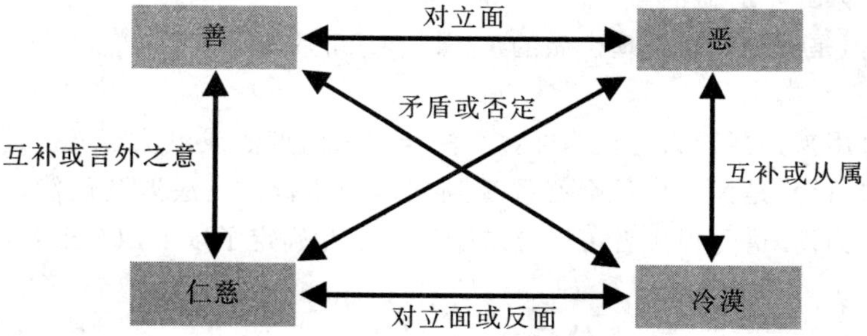

图 2.1　符号矩阵分析："善"的概念

第一类关系是对立的。如果我们从善开始，它的反面是恶。这两个词汇都有自己的矛盾——第二种关系。在逻辑矩阵中，对立和矛盾不是同一个东西。矛盾通过用特殊性和实用性来否定形式的和普遍的措辞而发生。譬如，诗人埃德娜·圣·文森特·米蕾（Edna St Vincent Millay）的名言"我爱人类，但是我仇恨人。"换言之，从形式上和普遍意义上讲，米蕾赞许人类，但是她不喜欢个人有时候表现出的令人厌恶的地方或人的多变性，这与她赞许人类的信念发生矛盾。如果善被否定，我们就只剩下善的缺失，这不同于恶；它可以仅仅是冷漠。但是与"恶"相连的冷漠则代表第三种关系——互补，因为"只要好人袖手旁观，邪恶就能凯旋"，这句名言（可能有误）据传出自埃德蒙·伯克（Edmund Burke）。冷漠会纵容恶，但还不是恶的全部。冷漠——用逻辑方阵中的术语——从属于恶。现在剩下最复杂的关系，它是"恶"的矛盾体，否定之否定。如果我们离开恶，我们就会剩下仁慈（具体体现在"首先不伤害"原则中）。这是冷漠的对立面。仁慈生善而避恶，但仁慈本身并不构成善。仁慈仅在于避免伤害，其本身与行善无关。

符号矩阵按善良顺序，确定了对与错的四个级别，它们是：

- 善，
- 仁慈，
- 冷漠，
- 恶。

这四个类别形成了从善到恶的层次，是表 2.1 的第一维度，用来例证和解释企业、组织、经理以及任何受其影响者所面临的各种伦理问题。从善到恶的尺度也可以从不同视角来看。从道德行动方面讲，对尺度上“善”的那一端应该鼓励或规定，而对“恶”的一端则必须惩
41 罚或禁止。有些著述者（Vardy and Grosch，1999；Taylor，2001）对伦理与道德作了区分，以强调这一对比。伦理要求人们专注于做好事，讨论什么是人类的美好生活。与伦理不同，道德所关心的是正义，即关心防止不公正行为及让不公正行为复归公正。在这里，伦理被认为是起改进作用的，而道德则被认为是起判断作用的。基督徒的“十戒”（The Ten Commandments）代表道德，而“八福音”（Beatitudes）则代表伦理。“十戒”详细规定了不可违反的规范，如谋杀或通奸（Deuteronomy，6）。“八福音”是耶稣训众时宣扬的美德，包括温柔、怜恤、清心和调停（Matthew，5）。

合法、非法和正义

表 2.1 的第二个维度根据以下类别划分：

- 做起来合法但法律并不规定要做的事；
- 根据法律必须或不必做的事；
- 以及，违法但是有充分正当理由做的事（如，要求正义）。

以上类别可用来判断行为的正确性。合法与非法由刑法或民法定义。刑事犯罪行为是极其严重的犯罪行为，是为保护社会必须受到起诉的罪行。民法涉及赔偿，（因民事侵权行为或违反合同行为而）遭受损失者可以寻求赔偿。由此确定了以下四个组合：

1. 有益、合法但并非法律义务的行为

有些行为可能引发伦理问题，因为虽然这些行为有益且合法，但是人们不采取这些行动，因为法律未规定人们必须这样做。问题是：尽管没有法律义务，人和企业是否应该采取这些行动？

2. 错误且违法的行为

下面这类伦理和道德问题的产生是因为一个行为既错误又违法。这种行为犯了“双重诅咒”，所以为伸张正义应受到谴责。然而，有些行为，虽然许多人认为应该列入此类，但一些人可能认为那些行为既非错误，也不违法。

3. 合法但未必正义的行为

另一类包含的是合法的，但同时又是有争议的坏行为。许多妨碍经营和管理的道德和伦理问题归属此类。它们反映了第一章提出的一个大问题：企业除对股东承担由所有权产
43 生的义务外，是否还应承担道德义务？米尔顿·弗里德曼（Milton Friedman，1970）非常精辟地指出，私人企业除服从法律和满足股东的要求外，没有任何其他伦理义务。

表 2.1 重大经济伦理议题的例证案例

伦 理 ←——→ 道 德 定义美好人生								禁止恶行
	善 采取积极行动行善或制止伤害		仁 慈 避免伤害，支持行善，但不采取积极行善行动		冷 漠 漠视被人伤害或对他人的伤害，漠视他人权利		恶 采取伤害行动，不采取制止伤害的行动	
	社会发展与关注	社会责任与支持	互 惠	公 平	撒谎与不诚实	欺骗和自私	威吓与没有社会责任	伤害及不考虑社会与环境
合法但不是法律义务	案例研究 2.1：全国基金，页边码第48页	案例研究 2.3：南非抗艾滋药物及专利权，页边码第51页	案例研究 2.6：为员工职业培训买单，页边码第58页	案例研究 2.9：为多样硬化症患者提供新药，页边码第64页	案例研究 2.13：英美烟草公司、诺丁汉大学和名誉教授，页边码第75页			
合 法	案例研究 2.2：英国制糖公司与周日卡车送货，页边码第49页	案例研究 2.4：发展中国家的童工，页边码第53页	案例研究 2.7：肥得流油的总裁们，页边码第60页 案例研究 2.8：石油公司与2000年燃油危机，页边码第62页	案例研究 2.11：英国铁路系统：轻重缓急、利润及治理，页边码第67页	案例研究 2.15：对税务局省略事实真相，页边码第77页	案例研究 2.19：医院保留死婴器官，页边码第85页	案例研究 2.21：医院顾问医生，页边码第88页 案例研究 2.22：超市如何对待自己的供货链，页边码第89页	案例研究 2.25：凡世通轮胎召回事件，页边码第93页 案例研究 2.23：《给我超大号》促销，页边码第91页
违 法				案例研究 2.10：伦敦警察局歧视警员，页边码第65页	案例研究 2.12：壳牌虚报储油量，页边码第72页 案例研究 2.14：乔纳森·艾肯特事件，页边码第76页	案例研究 2.16：帕玛拉特的兴衰，页边码第79页 案例研究 2.17：布莱克勋爵与霍林格国际公司，页边码第81页 案例研究 2.18：英国烟草公司被控走私香烟，页边码第83页	案例研究 2.20：英航和维珍大西洋航空，页边码第86页	案例研究 2.24：性骚扰，页边码第92页
非法但正义	案例研究 2.5：戴维·沙伊勒揭发军情五处内幕，页边码第55页							案例研究 2.26：亨廷顿生命科学研究中心，页边码第94页

42

承上启下

米尔顿·弗里德曼是一位经济学家，是参与经济伦理讨论的重要人物之一。他的观点在第八章讨论。

可以从若干视角来批判弗里德曼的立场。所罗门(Solomon，1993)对弗里德曼的批判基于亚里士多德(Aristotle)的美德思想(见页边码第101页)。他指出，那种认为企业只关心"账本底线"的看法是不正确的。而且，他认为这种错误的思想已产生了许多对大众隐瞒真相的错误暗喻。受贪婪和利润驱使并自诩为竞争江湖独行侠的牛仔承包人，便是其中一个暗喻。所罗门认为，其实，经济活动的目的是为社区带来繁荣与福祉。如果人们严格区隔自己的经济活动与个人生活，这一目的就无法实现。人是社会动物，如果他们在经济活动中只顾追逐个人私利，那么人的社会需求就会被忽视。假如劳动生活使人必定联想到做苦力，而不是从个人生活与社会生活中能够得到的那种快乐，问题的严重性便会加剧。亚里士多德所谓的美德源自那种在沉闷的工作与快乐的个人生活两个极端之间发现合理均衡的能力。

> 亚里士多德的经济伦理观的底线是：我们必须摆脱"账本底线"思维，而把经济活动视为美好生活的重要部分，经济活动使你生活富足、与他人和睦相处、享有自尊感以及那种能引以为荣的归属感。
>
> (Solomon，1993：104)

《百年通谕》(*Centesimus Annus*，John Paul II，1991)所宣扬的罗马天主教观点对弗里德曼伦理观提出了宗教异议。《百年通谕》主张，人类拥有卓越的才华——为他人和上帝服务的能力。必须在这一语境下理解资本主义和对利润的追求。

> 教会承认利润的合法地位，因为利润表明一家公司营运良好。当一家公司赢利时，这意味着生产力的要素得到了正确利用，相应的人性需求得到了应有的满足。但是赢利能力不是一家公司状况的唯一指征。有可能出现这种情况：为了维持公司的财务状况，反而让构成公司最宝贵资产的人备受屈辱、丧失尊严……事实上，一家公司的目的不仅是赢利，正是由于人们以社区的形式生存，才能以各种方式满足个人本身的基本需求，并以某个群体的形式为全社会服务。
>
> (John Paul II，1991：第35节)

44 壳牌石油这类大企业正在采纳一些会计形式，企图在传统财务会计与对环境可持续性和社会公平的关怀之间达到某种平衡。这就是所谓三重底线财务管理，它为可能会彼此相克的财务、社会和环境的产出和绩效提供了测评手段。这种类似平衡记分卡的思想是为了弄清财务成功是否只能以牺牲社会和环境为代价才能获得。确定公司在环境质量和社会公平方面绩效的测评手段是一个技术性难题。对许多可能的测评指标及财务绩效进行比较，这是在做评判，并不是做会计运算(Elkington，1999)。

承上启下

"三重底线报告"的概念将在第九章(页边码第371—372页)中详细讨论。

从合法但不合乎伦理的管理和经济行为中产生的问题都反映出对弗里德曼观点的这种批评。

4. 正义但违法的行为

最后的这个类别常常引起争议,涉及可能违法但从道德或伦理上讲又是有益的行为。这就涉及一个永恒的问题——什么时候能说一条法律是不道德的,什么时候违反或反抗该条法律是正当的。反对自己不赞成的法律,这在一个民主体制内是可接受的;只有当一个人从参与活动变为不服从的时候,才出现伦理问题。这个两难困境具有双重性。

第一个问题是界定能够为违抗法律辩护的条件或环境。在民主制度中,如果你一般地承认一个政府的权力,这是否意味着你绝不可以违反其某一条法律?政治义务不消灭道德义务。这就像"以良心的名义拒绝服兵役者"的情况,拒服兵役的人拒绝在一场战争中当兵打仗。但是在拒绝服从法律之前,这个人需要审慎考虑和权衡自己的政治义务与道德义务(Raphael,1970:115—116)。通常,如果国家寻求实现公正和共同利益,而且,如果法律是依照法制并经大多数人同意通过的,那么就存在有利于服从法律的推定。相反,如果法律武断,国家不公正,就会做出相反推定。莱昂斯(Lyons,1984:214)认为,这个推定应该是:一个合法制度不会自然而然地受到尊重,而应该去赢得尊重。然而格林内沃(Greenawalt,1987:222)指出,没有明确的规则指导人们,在什么时候违法才是适当的。

第二个问题是违抗的性质,其性质可从公民消极不服从一直延伸到直接暴力行动。甘地在反抗英国统治印度的运动中实行消极抵抗。他的信念是,人民应该不服从不道德的法律,但是当法律对此制裁时,应该实行不抵抗。他的"非暴力抵抗与不合作主义" 45
(Satyagraha)理念基于印度毗湿奴教教义中的不杀生(或非暴力)和苦行价值(Brown,1972:6)。他相信消极抵抗将最终使当局感到羞愧,进而改正不公正的做法。这很像天主教会的立场。

在另一个极端,一些无政府主义者和其他激进团体主张,如果有充分理由,那么,财产伤害——有时候甚至是人身伤害——是正当合理的。我们将在案例研究 2.26 中看到,一些动物权利激进分子主张,某些医药公司进行活体解剖是邪恶的,这意味着针对那些公司、公司雇员和支持者的暴力行动是正当合理的。

确定什么时候针对某个组织的暴力为合理正当,这类似于主张什么样的条件可以使一场战争变成正义战争。自圣·奥古斯丁(St Augustine)时代起,正义战争的概念便是神学家关心的问题。圣·托马斯·阿奎那(St Thomas Aquinas)制定了检验 13 世纪的战争是否正义的重要标准:

- 战争必须由一个合法当局宣告(权威原则)。
- 理由必须是正当的(正当的理由)。
- 那些诉诸战争的人必须试图惩恶扬善(目的正确)(D'Entreves,1965:159)。
- "适当的战争手段"(手段适当)这一检验标准要求遵守战争规则,将诉诸武力的可能性减至最小。同时还要求在冲突结束时应建立和平。这一检验标准是后来补上的。

20 世纪似乎应该再补充一条规定:解决问题的一切其他手段均已用尽,才能诉诸暴力。

在考虑反对组织的暴力行动——不是国家之间的战争——的正义性问题时,第一条标准并不适用。如果人们谴责的不道德行为碰巧是合法的,这时,不能期望国家会采取反对公司的行动，然而这条标准也警示我们：那些不是以合法团体名义实施的暴力行动，正在被危险地合法化。允许自封合法的团体有权定义谁是恶人，然后对其动武，这可能会导致法西斯主义的偏执。有时候民间协会或非政府组织，如绿色和平组织，主动充当了这种合法化的角色。

好斗的动物权利激进分子活动的理由能够说明其他评判标准的作用。即使理由是正义的，但是狭隘地一心摧毁声称的恶，而不是创造和平的解决方案，这就违背了规则，即暴力应
46 该服务于持久和平的建立。这个运动的策略也不符合“最大限度减少使用武力和遵守‘战争规则’”的标准。动物权利激进分子的行为包括恐吓那些与活体解剖有间接关系的“平民”，如投资者和银行家。这也违背了格林沃特(Greenawalt,1987:235)对不服从法律的考虑：法律反对的与被违反的法律关系密切。用暴力行动来伸张动物的权利，不符合最后那项标准，因为在民主社会，永远有你可以采取的非暴力抗议手段。和平主义者当然反对正义战争的概念。他们会宣称，由于暴力会产生暴力，所以为了制止邪恶而使用暴力永远是不正当的。

自苏联倒台以来，俄罗斯商界为我们提供了一个围绕可能非法但正义的行为的实例。俄罗斯的企业盛行偷税漏税(不仅是合法避税)。企业为逃避纳税义务而做假账，他们从不显示账面利润，在纳税日前几天将企业收入转移到第三方企业，为员工提供贷款和保险以减少应纳税收入等。这种操作明显违法，但是，米洛维奇和雷切尔(Meirovich and Reichel, 2000)的报告指出，他们就俄经理人员对这种操作的看法所作调查显示，在40名受访者中有36人认为这种操作合乎伦理，其余4名持中立态度，认为这种操作既不合乎伦理也不是不合乎伦理。他们支持这种观点的论据是：

- 俄罗斯企业的法律与环保条件严峻，如果企业交纳占其所有利润90%的税收，企业将无法生存；
- 政府自身腐败无能，浪费缴纳的税款并监守自盗。因此，企业不把钱交给政府，而是通过使经济增长，把钱直接给予社会大众。

当然，也有合适的反驳论点，如，私营机构的不法行为进一步鼓励了腐败体制的发育。而且政府在税收方面的损失阻碍其满足俄罗斯人民的许多社会急需。

承上启下

俄罗斯政府与尤科斯石油公司(Yukos)之战对这个问题有启迪意义。我们将在页边码第471页描述该事件。一些人认为政府迫使大公司纳税的企图是正当的，这样做可以使社会大众受益。另一些人认为这是政府企图将主要工业企业重新收归国有，并剥夺寡头政客——在私有化过程中因购买国有企业而暴富的商人——日益增长的政治权力。

47 **案　例**

表2.1参照刚才讨论的两个层面，列出了一些经济中的新问题。表格中放入案例(将在本章后面介绍)的依据是，从字面上看，它们是善、仁慈、冷漠，还是恶的代表？案例中的行为是超越法律、遵守法律、违法，还是非正义但又合法？表格中的定位没有指控案例中人或组织的意思。我们按一定坐标将各个案例放入表格，不是因为它们是好、坏行为的权威解释，而是因为这样做能迫使我们提出有关合法、道德和伦理的问题。

二、崇　善

社会发展

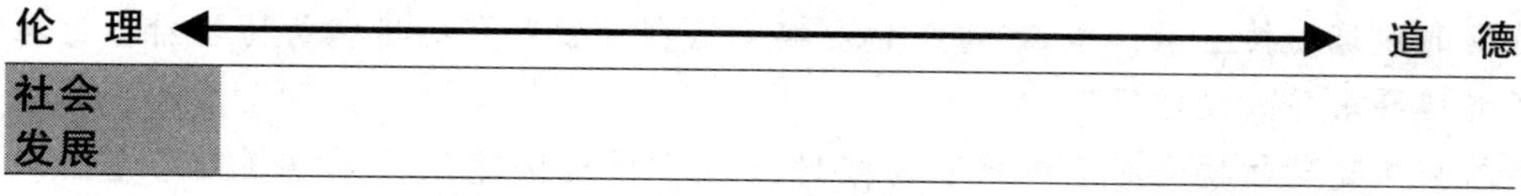

社会发展的定义是:由一个组织或公司为改善社会的社会、经济、文化或环境条件而采取的行动。在较早时期,这种行动可能被称为慈善活动。安德鲁·卡耐基(Andrew Carnegie),这位19世纪移民美国的苏格兰穷人,为我们树立了典范。他建立了一个工业帝国。当他卖掉企业时,他被认为是世界上最富有的人。他慷慨解囊,特别热衷于建立公共图书馆,他在讲英语的国家总共建立了2509个公共图书馆。他认为图书馆十分重要,因为图书馆能够起到帮助穷人参与社会的作用,他把这个社会看成是一个论功行赏的社会,人们通过学习能够建功立业。他也把图书馆看做一种手段,像他这样的移民正因为有了图书馆,才能够了解这个被自己选择为家园的国家。

1985年至2000年间,英国的公司的行善助人比例(税前慈善捐赠百分比)从0.10%上升至0.40%(全部统计资料来自Moore,2003)。该比率的增幅比之前十年快得多。英国的公司协会"百分比俱乐部"承诺将税前利润的5%用于善事,不过尚无会员达到这一目标。美国有一种社会契约,规定公司可用较高慈善捐款抵消部分所得税,所以美国的捐赠平均水平是英国的五倍,不过美国的行善比例现在呈下滑趋势。

公司的社会发展活动不必直接与其经营活动发生联系。但即使如此,也可以认为组织希望通过善举来间接改善自己的商誉。经济的动机与慈善的动机几乎永远混杂在一起,但 48
是这不应有损于发展活动的价值。其他如非政府组织(NGOs)则把社会发展视为其根本目标。

"公司公民"有时候被用作社会发展的代名词。譬如,英国航空公司(British Airways)将其公司公民的责权目标定义为"成功地参与我们为之效力的社会,绝不以牺牲社会利益为代价"(British Airways, 2000:26)。在其所有活动中,英国航空公司专注于教育,为学校管理者提供培训,还在希思罗开办社区学习中心。英航向英国奥委会和残奥会提供赞助,在旅游方面,因为千年穹顶(但在这一项目上,英航的名声也许并未因其慷慨解囊而得到好报)和伦敦眼(大概为英航赢得了极大声誉)提供的赞助金而广受瞩目。该公司还在报告中盛赞其员工主动积极为非洲和印度次大陆儿童开展的慈善活动。

第一个案例研究介绍一个组织正在寻求对社会问题做出反应的方式,案例研究提出的问题是:慈善是否一定出于利他主义,或者,给予社会利益的目的是否出于策略考虑?

案例研究2.1

全国基金

建筑物协会是互助组织,由其顾客拥有。这说明建筑物协会的起源是自助组织,建立这种组织是为帮助人们购买自己的房屋。20世纪90年代以及21世纪伊始，出现了建筑协会的非互助化运动。这是一个把协会转化为股票上市公司(plc)的过程。新的股票上市公司将新公司的股份给予协会先前的所有者(顾客)，作为他们失去所有者资格的补偿。新的所有者要么持有这些新股份，要么卖掉这些股份。如果他们卖掉这些新股份，便可以发一笔意外之财。他们会因为那笔自己未曾支付任何代价的股份而得到一笔现金，只不过他们曾在那个特定的建筑物协会里储蓄，或者从协会接受抵押贷款。有些建筑物协会希望维持现状。但顾客迫切要求并敦促非互助化。

英国全国建筑物协会希望维持互助体制。1997年全国建筑物协会创立了全国基金会，使之变成协会的慈善捐赠渠道。凡1997年11月之前加入建筑物协会的会员自动成为该基金会会员，并同意将自己未来改变付款方式的权力转让给基金会。这意味着如果协会未来进行非互助化或被人接管，那么任何一种原来由协会会员收取的款项，将随之转移到该基金会，用来建立一项慈善捐赠基金。坦率地讲，这意味着会员将根本不会得到什么意外之财。许多1997年之前就加入协会的会员也同意成为基金会成员。

49 基金会使用社会、协会工作人员和会员的捐款支持英国全国性计划，其中包括伦敦的时间银行(Time Bank)的一项计划。参与这项计划的人所付出的时间和技能被存储起来，当他们自己需要帮助时，能够使用这些存储的时间和技能。该基金还支持野外历险训练等领域的计划、支持听力障碍者，支持落后地区的体育，提供社区信息服务。基金会2001年优先考虑的项目是“新一代倡议”，这个项目是为了帮助父母们面对抚育孩子的问题。

(进一步的信息来源：www.nationwidefoundation.org.uk)

讨论活动 2.1

协会利用基金作为达到维系其互助体制的手段，是否贬低了其活动的价值？

案例研究2.2：一家公司因与其经营所在地的乡村社区产生矛盾而被指控。虽然公司的计划是合法的，但是它还是决定撤销这项计划，因为人们反对这项计划，认为该计划可能会破坏东盎格鲁乡村的周末生活模式。

案例研究 2.2

英国制糖公司与周日卡车送货

东盎格鲁是甜菜产区，每年连续五个月的时间，大家都在为甜菜奔忙，因为届时必须把收获的甜菜运到英国制糖公司各工厂加工。多年来，英国制糖公司与英国全国农场主联盟有一个协定，每周送货时间为五天半，星期六下午和星期天不得用卡车送货。乡村居民接受载着甜菜的重型大卡车从村中隆隆而过的现实，因为甜菜是他们乡村生活中不可分割的部分。2000年，英国制糖公司企图减少每天上午在工厂门前排成长龙的卡车，决定将每周送货时间改为七天，并且已经与全国农场主联盟达成协议。决定一出，立即遭到强烈抗议。一位受害村庄的居民说：“他们有事可干是好事，但是卡车的噪音太大了。我们只想他们一个礼拜给我们留下一天半清静时间。”用马车运送甜菜的承运人在彼得伯勒集会，反对卡车七天送货的决定。一位马车承运人说：“当星期天早上人们正在虔诚礼拜时，甜菜大货车从乡村教堂前隆隆而过，想想那是什么情景。这根本不行——我们不干。”这场反对增加运货时间的活动一直持续了几周，英国制糖公司最后宣布他们决定中止与全国农场主联盟达成的那项七天送货的协议。

（来源：Moore，2000；Bradley，2000；Pollitt and Ashworth，2000）

讨论活动 2.2 50

英国制糖公司放弃了一周七天卡车送货的效率及收益，这个决定正确吗？

社会责任

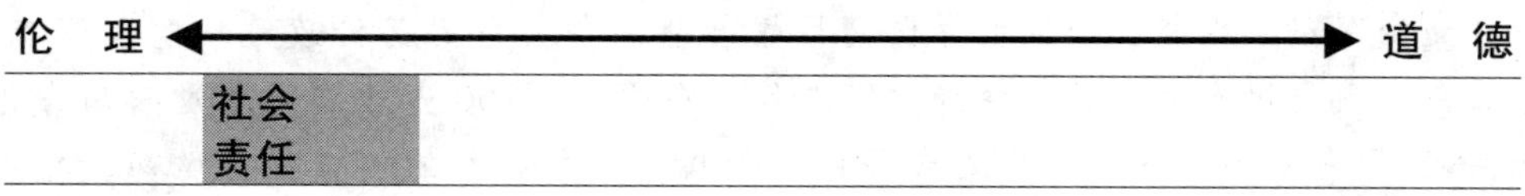

在本章，“社会责任”的词义比“社会发展”狭窄。它可以被定义为：组织按照社会、环境的高标准来从事经营活动。社会责任与社会发展的区别在于，社会责任不规定组织超越自身的经济目的去从事慈善活动。而且，社会责任影响的领域比社会发展影响的领域少。社会责任不包括社会和文化公益，而它们对社会发展则是适当的。社会责任对于组织很重要，“因为，即使不相干的坏事也可能会在利益相关人群中毁灭性地打击组织声誉”（Arthur Andersen and London Business School，1999）。许多大公司须介绍自己作为对社会负责的组织的表现；详见英国石油公司的商业政策的社会与环境报告（BP，2001）。

一种对社会负责的裁员方法，其性质可以说明区别社会责任与社会发展的若干因素。有人可能认为，裁员，尤其是大规模裁员，是道德错误，因为裁员会伤害个人、家庭和社区。反驳的论点是：家庭和社区福利不是公司或组织关心的问题。还有一个可能的辩护理由是：一些人失业，但保住了更多人的工作和生计。社会责任将表明一种中间立场，它认为裁员可以是正当的，但是一个负责任的组织会不厌其烦地帮助那些因裁员而受害的人们。也许需要外聘顾问，为那些失业者提供咨询和就业忠告。也可能需要建立机构或基金，以鼓励向受害地区招商引资，或帮助那些被裁人员创办自己的公司。社会责任是一种义务，它将组织的行动和决定所造成的间接伤害减小到最低程度。

下一个案例说明，专断的公众舆论和政府意见将一个组织保护自己专利权的行为视为对社会不负责任。媒体全面监督的压力变得如此巨大，致使公司因声誉受到威胁而蒙受的经济损失比公司因专利权受到威胁所蒙受的经济损失更为惨重。

案例研究 2.3 51

南非抗艾滋药物及专利权

南非艾滋病肆虐，因而急需治疗这种疾病的药品。其中一种叫环丙沙星（Ciprofloxican）的药，南非公共健康部门购买时，每片需要向研制该药并拥有专利权的公司支付 52 美分。而从印度进口低价翻版的这种抗艾滋药每片只需 4 美分。南非公共健康部门为购买这些药物背上了沉重负担，南非政府提议通过一项新法，允许进口比较便宜的翻版药。世界最大药商向南非政府提起诉讼，声称他们的产权和专利权因此受损。然而，这家制药公司于 2001 年 5 月在南非高等法庭即将审理此案时撤诉。

下面这篇文章选自《金融时报》(*Financial Times*)，是对其中一家主要的制药公司执行总裁的采访，我们可从中了解他们的观点。

病人奄奄待毙，急需药品治疗。世界最大制药公司的抗艾滋药物价格昂贵，但他们要将卖药的钱投入新药的研究当中。目前，这些公司正因其药价昂贵、病人难以问津而遭到前所未有的谴责。这些公司认为这是大事，希望再次引起公众高度关注。“你可以杀鸡取卵，”普菲泽尔公司(Pfizer)执行总裁汉克·麦金奈尔(Hank McKinnell)在说到降低药价的要求时如是说，“你今天可以痛快享用，但是明天你的橱柜将空空如也。”

麦金奈尔先生坚决捍卫世界医药巨擘普菲泽尔公司的药价政策。他也很清楚，非洲正在上演一场人道主义和经济的灾难片。在那里，2700 万非洲人艾滋病病毒化验呈阳性，但只有一小部分人拿得到或买得起价格已大打折扣的西方抗艾滋药。在一次采访中，麦金奈尔先生指出，抗艾滋药是在 20 世纪 80 年代初由研究人员首先研发成功。他说，截至 1987 年，还仅有一种治疗手段。现在已有 64 种药进入临床，100 种正处于研发阶段。麦金奈尔先生问：“1981 年那会儿，正确的做法是什么？那时候你说药价太高，取消研究的激励机制吗？那样做帮不了患者和他们的家人。”

但是许多人相信，这是一场制药业绝不会获胜的争论。这些公司正在以高达 90% 的折扣向南非提供抗艾滋药，但是他们面临的呼声是：降价幅度再大些吧！理由是，对于几乎所有艾滋病病毒呈阳性的患者或他们的政府来说，药价仍然高不可攀。与此同时，在印度和泰国这些国家的医药公司则正在非法生产廉价的翻版西药，并许诺以极小代价挽救成千上万人的生命。在美国有一种推测：用不了多久，病人便会失去耐心，拒绝支付高达 10 倍的价钱去治疗艾滋病。不论他们向哪个方向发展，麦金奈尔先生及其同事们将因其对不同洲的人命的不同定价而受到指责。

52 普菲泽尔公司的首席执行官承认，面对前所未有负面宣传浪潮，行业似乎已不知如何回应。改变这种状况是他的一个新任务。本月他成为行业最具权威的游说集团“美国药品研究与制造商协会”主席。制药公司冷不防遭受此沉重打击。他们的药价政策在次撒哈拉非洲也受到批评，虽然他们一直在审慎地研究全球价格与专利政策。

美国联邦和州监管部门一直在调查向医生和消费者售药的营销弊病。有权有势的华盛顿政客们已提议修订让廉价翻版药得以轻易上市的美国专利法。麦金奈尔先生说，与此同时，印度一些公司已在游说世界贸易组织保护他们违反专利法的资格，并将此款写入涉及知识产权的《世贸协议》。他对此表示难以苟同：“印度公司靠偷窃我们的技术，已赚了数十亿美元，而且这不仅发生在印度，也发生在全世界任何能逃脱惩罚的地方。”

他相信制药业已经使世人确信它是真诚地想救助需要的人，尤其在非洲。上周在一场备受瞩目的争论中，39 家制药厂放弃了他们对南非政府侵害专利权的起诉。负面宣传是决定撤诉背后的一个重要因素，公司也摆脱了灾难性的官司纠缠。麦金奈尔先生说，制药公司一直在努力寻求与救援机构、非政府组织和当地政府的合作，以改善分销现状。

“不幸的是，我们发展得不够快，”他说，“现在我们意识到，如果我们不开口子，我们将继续成为问题一方……我想我们已经成功地在变成解决问题的一分子。”

但是对于那些再低价格也无法承受的国家，药价仍然太高。麦金奈尔说，答案是与机构和政府建立起一种引进资源的伙伴关系。“假如唯一的问题是药价太高，你只好作罢。但是行业一直精明地将这个东西拿到桌面下。当药品免费或仅按成本价出售时，问题是什么？这是整个国家的意愿，这是销售问题，这是给患者治病。”换句话说，制药公司已经把价格砍掉了90%，而其余的事情和药物运输，是其他人的责任。

（来源：A. Michaels, *Financial Time*, 26 April 2001。版权属于金融时报有限责任公司，引用得到允许；McGreal, 2001; Clark and Borger, 2001）

主要药业公司开始在发展中国家削减抗逆转录病毒的药价。葛兰素史克（Glaxo SmithKline）药业公司2003年三次下调主要药品价格。一些大公司也开始与印度基因药厂取得谅解，并开始授予南非的基因药厂生产许可（Dyer，2003a）。一些正规机构如南非竞争 53
委员会（South African Competition Commission）认为，国际公司通过索要高价正在破坏竞争规则，并胁迫当地制药公司购得基因生产许可（Dyer，2003b）。这个问题上的任何进展都得益于机构投资者，他们担心制药业名声不好会降低其在工业化国家索要溢价的能力。辩论的焦点更多变成采取措施反对抗艾滋病。例如，南非政府花了很长时间同意一项计划，免费提供抗逆转录病毒药物，2004年因为受到批评，该项计划被搁置（Degli Innocenti and Reed, 2004）。

讨论活动 2.3

“于人类有益的医药知识不应成为私人财产。”你认为其论据是什么？

下一个案例研究提出了与案例研究2.3类似的问题，为什么一家公司要承担法律规定之外的责任。

案例研究 2.4

发展中国家的童工

为生产销往西方国家的廉价产品，一些多国公司在他们第三世界的工厂里使用童工。这已成为20世纪90年代和新千年头十年的一个国际性问题。联合国《儿童权利公约》和联合国劳工组织《职场环境基本原则和权利宣言》（United Nations，1989）谴责了使用童工的行为。耐克因在东南亚使用童工的问题而成为众矢之的。

阿迪达斯—所罗门集团是一家运动装零售商和制造商。集团的许多鞋由六家越南工厂制造。这些工厂并非集团直接所有，而是属于一些台湾地区的企业。工厂全部实现现代化，明亮、宽敞并配备了工作所必需的基本设施。

1998年足球世界杯赛期间，阿迪达斯开始意识到童工问题，那时有人称阿迪达斯的足球是由巴基斯坦锡亚尔科特的童工缝制的。作为回应，阿迪达斯设立了一个社会与环境事务部，并制定了名为《雇用标准》（SOE, Standards of Engagement）的行为规范，在规范中陈述了其关于童工的立场：

供货伙伴不得雇用15岁（或依照制造商所在国法律，不得低于14岁）以下儿童为工人，换言之，不得雇用低于制造商所在国规定的完成义务教育的年龄(一般高于15岁)。

54 在越南，当地经理们做出决定，规定18岁为最低雇用年龄。该项决定不仅比公司的全球政策更严厉，而且比越南法律还强硬，越南有关法律明文规定，儿童在15岁或16岁之前，即在接受义务教育期间不得从事全日制工作。

采用一种更严格的伦理姿态的理由不一定完全出于利他主义。当地经理们急于避免负面宣传，由于确定儿童年龄有困难，所以将安全边际提高两年，使他们非故意雇用童工的可能性变小。当地经理们还提出自己的理由：严酷的鞋类生产线不适合18岁以下的人。

对越南工厂劳工现状的检查发现，在某工厂3500名工人中，有12名14岁至15岁女孩，其中大多数在该厂已干了一年至三年。她们靠出示自己姑姨、姐妹的假身份证获得工作。此外还有130名16岁至17岁员工。雇用后面这组人显然是合法的。

本地工厂管理部门决定向年龄较小那一组的儿童提供一项两年全日制教育计划，计划在这组儿童上学期间继续付给他们基本工资。该教育计划还向年龄较大的那一组童工提供一笔半工半读费。该公司热衷于坚持按《雇用标准》办事，因为它很看重与阿迪达斯的合约，该公司80%的产品为阿迪达斯生产。这项教育计划是在设在美国的联合国非政府组织对劳工实况做了初步检查之后实施的，教育计划的经费由本地工厂管理部门承担。联合国出面能够鼓励该公司向那12名女童支付教育经费。通常情况下，工厂只会解雇这些孩子，让他们去上学。

一位越南教师在厂房隔壁一间设备不错的教室里教这12名女童。上午上课很正规，下午要求孩子们回教室自习。下午的要求没有变成现实，孩子们午饭后就不见了踪影。工厂决定在厂内对孩子实施教育的原因是他们担心如果把这些孩子送到正规学校，他们会逃学，然后在别的工厂找工作。这些孩子相信她们进了"天堂"，上学念书还能得到报酬，这等离谱的好事简直叫人无法相信。没有记载别的工人是怎么想的。

(来源：Winstanley, Clark and Lesson, 2001)

讨论活动 2.4

当公司发现自己的供货商违反公司政策使用童工时，你认为他们应该采取什么行动？

55 下一个案例研究介绍有关社会责任的一个新侧面：当雇员知道雇主的行为不负责任时，你认为这位雇员在何时违背为雇主保密的义务才算适当？

承上启下

这个现象也被称为揭发内幕，将在第七章详细讨论。

案例研究 2.5

戴维·沙伊勒揭发军情五处内幕

戴维·沙伊勒(David Shayler)是军情五处(MI5)前雇员。他宣称该处曾密谋行刺利比亚总统。随后，沙伊勒逃往法国。英国政府曾数次企图将他从法国引渡回来，但均未成功。后来他自己决定回英国。他在抵达英国时被捕并受到指控。作为军情五处的一员，他曾在《1920年官方保密法案》(Official Secrets Act 1920)上签字，这意味着他终生不得泄露官方机密。对揭发者提供某种有限保护的《公共利益披露法案》(The Public Interest Disclosure Act，页边码第199页)并不适用于安全机构。沙伊勒有意利用《1998年人权法案》为自己辩护，该法案是《欧洲人权公约》(European Convention on Human Rights)在英国法律中的具体体现。该法案明文规定表达自由的权利，而且假如法庭宣布某一具体立法——如《官方保密法案》——与《1998年人权法案》相左，政府必须考虑修正相关法律。下面一篇选自《金融时报》的重要文章提出了一些问题。

《金融时报》载文：

> 此事令英国间谍机关首脑们大伤脑筋。三年前，前秘密特工戴维·沙伊勒宣称安全部门曾企图刺杀利比亚总统穆阿迈尔·卡扎菲(Muammar Gadaffi)。随后，他逃往巴黎。外交大臣罗宾·库克(Robin Cook)说他的这一宣称"纯属子虚乌有"。昨日，沙伊勒先生一回到英国即遭逮捕。根据《1920年官方保密法案》，只有当他关于曾受雇的情况属实而不是捏造的时候，他才会因涉及卡扎菲事件而被判有罪。
>
> 当局似乎已经避免了这一麻烦，他们的办法是指控他未经授权的披露以及在安全部门工作时犯的其他错误和不当言行。即使如此，该案仍表明间谍机关首脑们在处理那些说得太多的前间谍时非常棘手。在詹姆士·邦德(James Bond)的世界，解决办法很简单——采用某种不大光彩的手段，如引爆一支雪茄或一头鲨鱼。
>
> 而在间谍小说之外的世界，当局则面临更艰难的选择。他们可以宣布泄密的特工是为了金钱出卖灵魂。但是随后可能陷入泥沼。假如当局起诉这个间谍犯有重大泄密罪，这无异于承认他宣称的东西真实可信；假如他们指控一个技术上违规的人，则又显得他们下手太重；假如他们对这名间谍的泄密展开全面调查，那么即使证明他的陈述是伪造的，也会让自己显得欲盖弥彰。
>
> 显然，必须让特务机关保密。但是只有当特工部门的行为遵守法律和公民自由原则时，这种保密才能以和平民主的方式维持下去。这就要求他们比其近几十年的实际表现更加公开。而且，11年前为监督他们而设立的议会委员会应该对其进行更加严格的审查。 56
>
> 在目前这个案子里，有关当局必须证明他们并没有同这名间谍达成什么肮脏交易，比如，许诺对他从轻发落，以换取他的沉默。沙伊勒先生如真地泄露了重大机密——如当局表面上所认为的那样，那么他必须面对严厉的起诉，不管他的辩护会多么令人难堪。
>
> 同样，警方目前正在对他对安全部门的指控进行调查取证，他们必须设法证明安全部门的做法是适当的。沙伊勒先生的谴责最终也许会不了了之，或者被大肆夸张。但是如果有关当局严厉起诉沙伊勒先生，那么人们一定会假定他对安全部门不利的声称是值得予以严肃调查的。
>
> (来源：*Financial Times*，22 August 2000。引用获版权人同意)

沙伊勒先生于2002年8月被告上法庭。他因未经雇主同意传递情报而受到指控。他自称无罪，但是被认定有罪并被判六个月监禁。他提出上述，其理由是，自己的行为符合公共利益。但是他的这一上述被法庭和上议院驳回。

讨论活动 2.5

1. 戴维·沙伊勒的揭发正当吗?
2. 英国当局指控戴维·沙伊勒的行为是对社会负责任的行为吗?

三、创造公平竞争环境,仁慈

互　惠

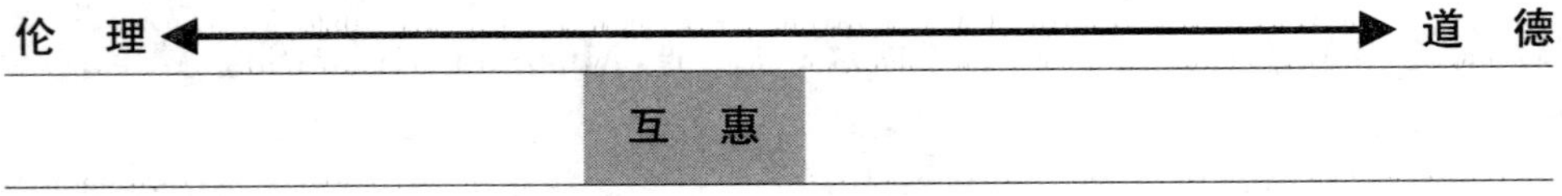

如果不做好事、不好自为之是不负责任的行为,那么自私则是损人利己。本节讨论人
57 类的利己或利他行为倾向。自私是人类的行为规范——这一假设的理由可能靠不住。对昆虫和动物进化的研究暗示,利他主义、牺牲自己以利他者,可能是进化选择的结果。"互惠"一词也许比"利他"更恰当,因为个体期望这种行为可以为近亲带来某种未来利益——假如不是为了个体自身。一种互惠的形式叫亲缘选择。这解释了在蚂蚁、蜜蜂和黄蜂中发现的利他行为。研究表明,这些物种中的个体为了供养蜂后(蚁后),也就是自己的姐妹大量繁殖后代而放弃了自己的繁殖机会。它们通过这种行为,使与自己基因相似的后代总数增加。这一特征在蜜蜂、蚂蚁和黄蜂中表现得尤其显著,因为它们单倍体性质的遗传系统意味着它们与自己的姐妹而不是与自己的后代关系更密切。在动物进化中,互惠回报还可能是成功进化的等位基因(遗传特性)。杜盖金(Dugatkin,2000)等提出一个有争议的观点,他认为对动物和昆虫利他行为的研究,可以为改善人类合作提供思路。当然,只有当"骗子"(那些只受惠而不回报的个体)最终受到"惩罚",这种利他行为才会发展。人们常通过博弈论经典案例"囚徒困境"来研究这个问题。

只有当参与者连续地参与活动且是骗子受到惩罚时,才能避免囚徒困境。在这种情况下,参与者必须不断会面,使信任得以发展。根据这个分析,在缺乏信任的地方或者如果人们不认为与被自己自私行为伤害的人在同一社区,这时候就会发生自私行为。

以下案例可以进一步说明这类问题。案例 2.6 中出现的利他主义是因为所有参与者都是同一社区成员,而且利他行为有机会得到回报。但是即使在这种情境下,解释者发现,也很难确定受惠者是否一定会对利他行为做出回报。

定　义

囚徒困境　设想两囚犯一同杀了人，被警察抓起来，分别关在两间牢房。自杀人以来，两人一直不能通话，警方对两人进行隔离审讯，确保他们无法串供。警方没有充分证据给他们定谋杀罪，但可以定他俩共同犯有非法持有武器罪。两个囚犯在隔离受审期间均有两个选择：或者招供，或者沉默。根据量刑的实际惯例，每一种选择的后果如图 2.2 结局表所示。

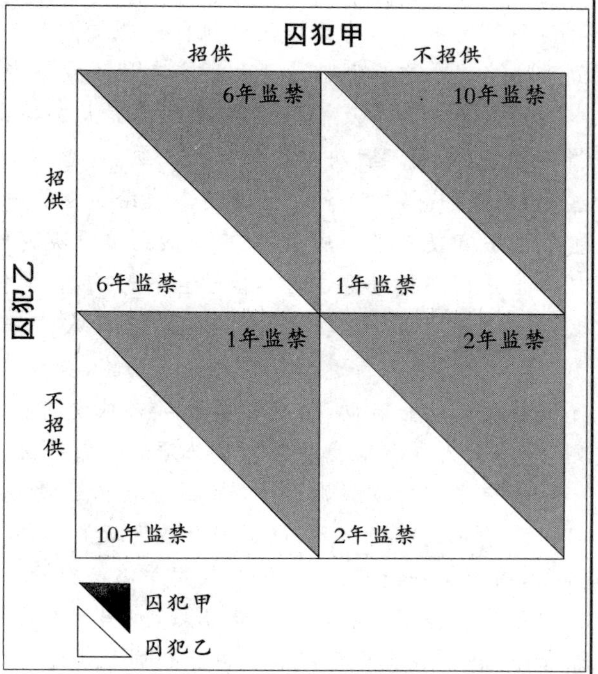

图 2.2　结局表

讨论 2.1 结局表

假如两囚犯都招供，将因谋杀罪，每 58
人被判处 6 年监禁。假如两囚犯都保持沉默，则警方将因证据不足而只能判他们非法拥有武器罪，这样，每人将被判处 2 年监禁。这对于两人均是最佳选择。但是，如果他们其中一人与警察达成交易而招供，那么他本人可能只被判处 1 年监禁，而另一个保持沉默的囚犯将得到最大惩罚——10 年监禁。两个囚犯谁也不知道对方会做什么，因为他俩不能互通信息。假如两囚犯都感到可以信任对方，那么他们谁也不会招供，因此他俩顶多各判 2 年监禁。但是，如果其中一人保持沉默，而另一个“背叛”并招供，那么保持沉默的一方将被重判 10 年监禁。假如一名囚犯感到自己信不过另一名囚犯，那么最好的赌注就是招供，最重判 6 年监禁。但是如果他不招供，则最重可能判 10 年监禁。这就是囚徒困境——他俩是否能因为充分信任对方而选择不招供，为双方带来最佳结局。

案例研究 2.6

为员工职业培训买单

本案例研究摘自对一位会计师事务所合伙人的访谈，这位合伙人负责对新员工进行职业培训。

待人公正、公平，这总是有意义的，但这是个非常主观的问题。我作为负责培训的合伙人，每当有人过不了考试，麻烦事儿无疑就找上门来了。我们不得不对此做出决定，要么终止与这些人的合同，要么一切认赔。不错，有一系列解决方案，但是我认为永远没有一个对或错的答案。呃，几周前我们遇到一个情况，我们有两个学生，考同一门功课，成绩很相似，都没有及格。

其中一名学生这一年是舒舒服服地瞎混过来的，但他是一个聪明小子。另一个是女孩，
59 非常用功，但仍然不够好。这时候你会很犯难：您瞧，有人认为应该再给克莱尔一次机会，因为她这么努力。有的人认为你应该善待克里斯，因为他人很聪明，而且他更有价值，对我们更有用。有的人认为你应该对他俩一视同仁。有的人认为应该允许他们接着再考下去，直到及格为止。有人则认为要和所有考试不及格者终止合同。

所以当有人不及格的时候，我主要是从公司角度做出决定，而不是进行道德判断。我觉得不管怎样，同意我决定的都只是少数，一些人认为应该对那些不及格者更严厉一些，另一些人则认为应该对他们手下留情。我给了他俩一周的学习假，并支付了他们的考试费，这样他们的假期便多了一周半，还有了大约200英镑的学费。这个决定很冒险，很为难。

但是你还得考虑这对其他学生的影响，你向他们发出了什么信息。在接下来的一年里，我会陷入困境，因为我当负责培训的合伙人才一年多。考试成绩明摆在那儿，我认为不够好，而这主要是因为过去一直允许不及格，虽然我反复说了在特定情况下，我将跟那些考试不及格的人终止合同，但这种事五年来从没有在这里发生过。我迟早必须这么做一次。否则，就没有人再相信我的话。我必须这么做一次。困难在于：必须有一个人为此付出代价。

所有人都知道规则，但谁都不会相信这些规则。星期一当我和他俩谈话时，我心情很坏。那个比较聪明的人，就是那个最贪玩的人，我没有同他终止合同。我真的好想跟他终止合同，因为第一是他活该，第二是想杀鸡给猴看。……我之所以没有跟他终止合同……唯一的原因……是因为我当时心情不好，我当时担心很坏的情绪会影响我做决定。要是我当时情绪好，我想我也许已经跟他解除合同了。

（来源：作者采访调查）

讨论活动 2.6

如果这位负责培训的合伙人不对不及格的培训生手下留情，他本来可以更好地满足公司的（自利）需要，你认为他为什么要采取利他主义行动？

在下一个案例研究中，很明显，报酬极高的老总们感到他们没有必要以利他主义的方式对待大多数员工，因为他们自视甚高，自认为精英，是为数甚少的世界级执行总裁之一。这就是市场观点。这种观点认为，在国际市场上，总裁们有资格随便开价，薪酬想要多高就多高。只有当市场开放和公平时，这个观点才成立。第二个支持总裁高薪的观点是，只要总裁能保证组织良好的业绩，就有正当理由得到高薪。两个商学院的研究人员（Erturk et al.,
60 2004，转引自 Caulkin，2004）对金融时报富时指数100家公司执行总裁的薪酬进行了调查。该调查报告称，1978年9月至2002年3月间，这些公司执行总裁的薪酬增加了536.9%，但是纯利润仅增长118.9%。与此同时，执行总裁与员工的平均薪酬的差别拉大。目前执行总裁的平均薪酬是普通员工的50倍，而20年前只有9倍。写作案例研究2.7时，正值总裁薪酬首次成为公众关心和辩论的问题之时。

案例研究 2.7

肥得流油的总裁们

《金融时报》文章：《人才市场里的大致公正》

玛萨百货总裁卢克·范德维德(Luc Vandevelde)去年拒绝了 81.6 万英镑(120 万美元)奖金。此举不大可能激起许多人跟风。尽管其姿态并非空前，但也算不同寻常了。美国和欧洲近期市场低迷，导致数千雇员遭到裁减，但是，总裁们几乎没有显出任何悲悯倾向。妨碍他们为下岗职工分忧解难的原因不光是贪婪。那些拒绝金钱的人是在冒险戳穿总裁们的一个重要谎言：他们的报酬并非由他们本人控制，他们只是不由自主、满怀感激地接受这份厚礼。

当新闻报道说某某公司领导自己付给自己一笔数额惊人的薪酬时，多数总裁的反应是愤慨。他们指出，高级主管的薪酬不是自定的。决定这事儿的是工资薪酬委员会。工资薪酬委员会严格调查市场，了解总裁的业务状况，调查研究现行薪酬标准，批准一笔奖金或红利，总裁必须实现预定目标，才能拿到这些奖金。总裁拒绝接受这笔钱的举动，等于不理会委员会深思熟虑的决定。

英国铁轨公司前总裁杰拉德·柯伯特(Gerald Corbett)和另几家公司已放弃奖金的头儿们是在特殊情况下那么做的。柯伯特先生在 1999 年帕丁顿火车相撞事故后放弃了 10 万英镑奖金，在这次事故中有 31 人死亡。就连范德维德先生的自我牺牲也事出有因。玛萨百货宣布，他受到媒体严厉批评，当时零售干得一团糟，持股人和员工怨声载道。他是在这种情况下放弃奖金的。但是范德维德不会因此饿肚子。去年玛萨百货从法国零售商普罗莫德集团挖走范德维德时，曾奖励他价值 200 万英镑的股票。而今年的奖金与其说是取消，不如说是推迟给付。玛萨百货说了，明年将送给他 35.2 万英镑的股票，如果达到特定目标，还要外加相同数额的现金。

位于阿肯色州小石城的数据库管理公司——阿克休姆公司的总裁查尔斯·摩根(Charles Morgan)最近摆出更高姿态。摩根先生决定，他不想失去员工，他认为很难在经济恢复后再找到这样的员工。于是，他推行一项规定：凡年薪超过 25000 美元的员工工资一律砍掉 5%，公司以股票作为补偿。摩根之后又提出，员工可以选择自愿再降 15%的工资，以换取职工股 61
购股权。摩根先生身先士卒，率先自降薪酬 20%。“阿克休姆的文化是与公司共命运”，公司说，“广大员工一直同甘苦，共患难”。然而，摩根的美国同行们对他做出牺牲的提议反应漠然。珀尔迈耶咨询公司宣布，总裁的薪酬去年涨了 16%，公司首脑平均总薪酬达 1090 万美元，破了纪录。去年美国薪酬最高的总裁施约翰·里德(John Reed)赚了 2.93 亿美元、现已辞去花旗集团董事长和副总裁职位。根据标准普尔和《商业周刊》的调查，在他之后的是花旗集团现总裁杉迪·威尔(Sandy Weill)，薪酬为 2.249 亿美元。位居第三的是美国在线—时代华纳的杰拉德·列文(Gerald Levin)，薪酬为 1.638 亿美元。之后是思科的约翰·钱伯斯(John Chambers)，薪酬 1.573 亿美元。孟科斯合伙人公司搜集的数据显示，英国去年薪酬最高的总裁是逻捷克信息技术集团的总裁马丁·瑞德(Martin Read)，其薪酬为 2740 万英镑。

这些综合工资是否确实反映了总裁们的才能？或者，这是薪酬委员会借此为自己捞取好处的结果？毕竟，薪酬委员会往往由来自各公司的现任或退休总裁组成。通过批准高额薪酬，不单是关照了朋友，他们自己的收入不也顺势水涨船高了吗？总裁们，尤其是英国的总裁们私下里对此颇不以为然：认为这反映了一种红眼病文化，是对他们的偏见。他们指出，对足球球星和流行歌星的巨额报酬提出的质疑要少得多。

但话不能这么说。以曼联球星戴维·贝克汉姆(David Beckham)为例，欧洲最好的俱乐部愿以高薪吸纳他。曼联不得不出高价留他。在国际市场上寻求人才的运作在此显而易见。决定贝克汉姆薪酬的委员会并不是由加里·莱因克尔(Gary Lineker)、迈克尔·欧文斯(Michael Owen)和齐达内(Zinedine Zidane)等组成。

薪酬专家认为，对于总裁的争夺，特别在美国，同样也是很激烈的。人力资源公司威廉·墨塞尔的高级薪酬顾问耶尔·陶伯尔(Yale Tauber)说："我们市场紧缺那种能在全球范围内管理跨国企业的高级主管。"陶伯尔先生指出，总裁薪酬的趋势一定程度上由企业的业绩走向决定。他的咨询公司调查了350家企业，这些企业的净收益平均增长8.9%，总裁的总薪酬增长10%；25%排名最后的公司净收益下降22%，其总裁的薪酬仅降低3.2%。陶伯尔先生承认，薪酬并未严格按业绩来定，"不过这一切也反映了某种大致公正"。失业员工可能不会有这种感觉，但是，这几乎不可能使他们的老板难为情，他们的老板不会因此放弃更多——范德维德先生除外。

(来源：M. Skapinker, www. FT. com, 2001年5月4日。引用经版权所有人——金融时报有限公司允许)

62 **讨论活动 2.7**

总裁们是否有自私倾向？

案例研究2.8提出的问题，是在国家危机时期，公司是否有为了国家，不顾自己的道德义务。

案例研究 2.8

石油公司与2000年燃油危机

英国2000年7月发生石油危机。自营卡车司机、小型运输公司业主和农场主联手反对高价石油(在英国，消费税决定石油批量价格)。布热德主义者(Poujadist)在一次抗议中，用移动电话建立了一个支持网络，支持者封锁了国家的储油库，卡车组成的抗议队伍以缓慢的速度在公路上抗议示威，引起严重的交通阻塞。任何现代国家都依赖内燃机，抗议造成的燃油短缺预示着混乱将很快降临。英国国家卫生署发出红色警戒，组织无法正常运营。人们担心食品将无法送到超级市场。

政府对此措手不及。首相宣布24小时内将恢复正常，但没有兑现，于是寻找替罪羊，指责国际石油公司只顾牟取私利。政府坚持石油公司应该采取强硬措施，结束封锁，确保将燃油运到全国加油站。石油公司反驳道，自己没有责任拿员工生命安全当儿戏。他们不会命令司机强行通过警戒哨，这很危险，他们可能因此受到伤害。有政客怀疑他们与抗议者秘密勾结。据报道，在封锁一个炼油厂的抗议者与厂里的管理层之间，有"亲密的同志关系"；甚至达到这种地步：炼油厂餐厅派人给抗议者端茶送水，送熏肉三明治(Weaver, 2000)。石油公司声称，零售每升只赢利1便士，而如果抗议导致消费税减少，只可能对行业有利。燃油运输已经外包给小型独立公司和自营司机(有些人是被石油公司解雇再聘,以减少报酬)。这些人对自己卡车用油的价格怨气冲天。石油公司无法采取有效行动迫使这些司机结束封锁。《观察家报》的主笔认为,石油公司过分关心股东回报最大化,实行临时供货制,减少储油,这意味着一旦出现危机,将没有缓冲余地。有人认为,公司应对社会负起更大的责任,因为他们经营的资源攸关社会运行。

随着人们开始在超市抢购,封锁行动神速解散——如同它神速聚拢一样。首相说,他不 63
会迫于压力降低燃油税。

(来源:*Observe*, 2000 年 9 月 17 日)

定　义

布热德主义　是一种政治信仰,得名于皮埃尔·布热德(Pierre Poujade),20 世纪 50 年代法国小店主。布热德主义反对国家干预税收,反对对避税进行调查或对小商业者实施管制,还反对大公司和大规模劳动组织。

讨论活动 2.8

石油公司是否应对维持国家的燃油供应承担道德义务?

公　平

伦　理 ◀————▶ **道　德**

公　平

公平所关心的,是在人与人之间或实体之间成比例地进行资源分配。资源可以是货币、尊重或一个社区可在其成员间进行分配的任何财富。亚里士多德认为,在一个秉持分配正义的体制中,至关重要的是比例适当。他认为这是一个代数问题,在这个代数式中,至少有四项:两个人,两个份额。在公正的分配中,第一人与第一份之比等于第二人与第二份之比。如果弗雷德的价值是珍妮的两倍,那么珍妮那一份应是弗雷德的一半。这时,两个比率将是相等的。算法没有错,但问题是该如何评定这两位相关者的价值。亚里士多德说,应通过评价他们的德行确定。但是他承认,人们定义德行的方式各有不同。

> 赞同民主的人用自由来衡量德行,寡头政客用财富来衡量德行,另外一些人根据出身来进行判断,那些相信"最佳"法则的人则依据道德和智力资质行事。
>
> (Aristotle,1976:146)

这不排除别的可能性。马克思根据需求来衡量德行:"各尽所能,按需分配"(Marx and Engels, 1962:24)。也许还有人用人格来衡量德行并坚持认为,既然在这方面人人平等,那么每个人也应该得到相等的份额。

公平这一伦理论题关心对人的德行的衡量是否适当,人的德行与份额之比同别人的德 64
行与份额之比是否公平。本节用案例研究来例证这些争论。案例研究 2.9 的焦点是需求,2.10 的焦点是人格,2.11 则对比了股东利益与消费者利益。

案例研究 2.9

为多样硬化症患者提供新药

多样硬化症是一种让人衰弱的不治之症。一种叫贝塔干扰素的新药对该病有缓解作用，但每位患者为此一年须花 1 万英镑。英国国家临床优化研究院对该药进行了审查，想发现该药是否具有临床和经济理由，值得英国全国卫生署推广。那些深受病痛折磨的患者和支持患者的游说团体认为，不准患者使用该药的做法不公平。下面这篇原载于《金融时报》的文章论及关于此事的一些政见和有关人员的愤慨。

《金融时报》文章：

全国临床优化研究院已经推迟对使用贝塔干扰素做出决定，至少要到明年七月才能再议。延迟决定，使有关方面可以建立一种经济模型，让公众了解该药的成本与效益。延迟决定激起多样硬化症协会的激烈反对，该协会谴责研究院搁置决定是为了确保在大选日之后再作商议。协会总裁彼得·卡迪(Peter Cardy)用"“糟透了”、“震惊”和“骇人听闻”等词语来描述这次延迟决定，因为贝塔干扰素和另一种治疗多样硬化症的药物已被研究院审查近一年了。

贝塔干扰素制造商德国先灵公司(Shering)前常务董事麦克·瓦伦斯(Mike Wallance)说：“我感到震惊。你不得不去揣测这些人究竟在要什么花招。我为那些备受多样硬化症折磨的人感到无比遗憾，他们的希望随着全国临床优化研究院的程序而升起，破灭，又升起，又破灭。”

研究院开头判断多样硬化症药物不具成本效益，只应向那些已经在用药的人供应。由于诉求很多，研究院正在重新考虑决定。但是研究院不喜欢德国先灵和美国倍捷科技(Biogen)所提供的经济模型。仲裁委员会称倍捷科技建立的模型“有缺陷”，该公司声称，如果把病人和护理者所失去的工作日成本考虑进去的话，他们的药可以说是省钱的。先灵已提交一个新模型，告诉研究院，这个模式对市场反应灵敏，鉴定委员会成员说，这一情况使研究院难以解释自己反对模式结论的理由。

因此，委员会已经决定建立自己的模型——这样可能迫使制药商揭示结果背后的更多假设。卡迪先生说，“无法理解全国临床优化研究院为何到现在才决定改变对这些药物成本效益的看法”。他要求卫生大臣艾伦·米尔顿(Alan Milburn)“剔除全国临床
65 优化研究院中的不称职者”。研究院总裁安德鲁·狄龙(Andrew Dillon)说：“与成本效益有关的证据对鉴定这些药品至关重要。”“以证据为依据和看似公正，这两点是研究院最重要的指导思想”。而延迟决定也是为多样硬化症患者的利益着想。鉴定委员会原先说，这些药品需要大幅降价才可能实现成本效益。狄龙先生说，决定什么该进入研究院模型的程序，以及对其结果的调试和鉴定将是透明的。结果会全部公开，欢迎利益相关者届时予以评论。

(来源：D. Pilling and N. Timmins, *Financial Time*, 2000 年 12 月 23 日，引用经版权所有人——金融时报有限公司允许。其余材料来自 Barlow, 2001; NICE, 2001 and 2002)

2002 年，全国临床优化研究院决定不推荐贝塔干扰素作为治疗多样硬化症的

药物。

讨论活动 2.9

关于是否向多样硬化症患者提供这些药物的决定应该仅仅基于临床依据吗？或者，是否也应该考虑对成本-效果的评价？强大的游说集团应该对这样的决定施加什么影响？

下一个案例研究提出了现存的不公正歧视问题。在 20 世纪最后的三十年里，这是经济和组织生活中伦理关怀的主要方面。在英国，自《种族关系法》(The Race Relations Act)在 1975 年通过以来，种族歧视一直被视为非法。《性别歧视法案》(The Sex Discrimination Act)于 1975 年生效，1986 年修正和扩大。《薪资平等法案》(The Equal Pay Act)于 1975 年生效，1984 年修正。1995 年《议会法案》(Act of Parliament)视歧视残疾人为非法。目前正就年龄歧视进行广泛辩论，但截至笔者写书时，尚未将其定为非法。

案例研究 2.10

伦敦警察局歧视警员

伦敦警察局因一起严重种族歧视事件而备受瞩目。负责对史蒂文·劳伦斯(Stephen Lawrence)被杀事件进行调查的麦克费尔森(McPherson)在报告中指责警方存在制度性种族主义。下文摘自《金融时报》2000 年的一篇从伦理角度报道，伦敦警察局内部存在对少数族裔警员的种族歧视问题的文章。

《金融时报》文章：

> 根据种族平等委员会前主席赫尔曼·欧斯里(Herman Ouseley)的一份内部报告，种族主义在伦敦警察局仍普遍存在。赫尔曼·欧斯里现是警察局一名高级顾问。
>
> [ ]经过为期 4 个月的调查，赫尔曼爵士在报告中指出，白人警官声称，政府在种族 66 问题上的过敏反应将破坏他们打击犯罪的能力。但是报告也提到，黑人、亚裔和其他少数族裔警员抱怨该组织的各级机构都存在种族歧视。
>
> 报告中提到，"绝大部分警员似乎认为种族主义问题被不必要地夸大和过分强调了"。然而对非白人警官的采证"却强烈证实的确存在制度性种族主义"。
>
> 所以，黑人不愿在新警员征召中提出申请，造成警员招募危机，而政府的征召目标是截至 2009 年征召 6500 名黑人和其他少数民族裔警官。这一目标显然实现不了。"照目前少数民族征召比例来看，再过 50 年也实现不了。"赫尔曼爵士说。
>
> 非白人警官认为伦敦警察局"在抵赖，并随时处心积虑地假装他们那里并不存在种族主义问题和其他排挤形式。他们(少数民族裔警官)认为，封闭的网络、小圈子里的私人关系和社会关系可以把臭味相投者塞进委任小组和评审委员会，这些组织反对平等，反对一视同仁"。
>
> (来源：J. Burns and R. Shrimsley, *Financial Times*, 2000 年 12 月 14 日，引用经版权所有人——金融时报有限责任公司允许)

歧视问题后来集中在阿里·迪扎伊(Ali Dizaei)警长一案上。阿里·迪扎伊出生于伊朗，是伦敦警察局具有少数族裔背景的最高级警官之一。1999 年，他成为负责肯辛顿警察局警务的警官。伦敦警察局使他成为一次名为“曝光”的秘密侦查行动的对象，他因涉嫌毒品和嫖娼受到犯罪嫌疑调查。这是一次针对单人的最昂贵的调查。他于 2001 年被停职，最终被指控企图滥用公正程序、执法犯法和谎报开支。2003 年 4 月，宣布对他滥用公正程序的指控不成立，他被裁无罪。同年 9 月，撤销对他谎报开支的起诉。他的律师宣布，起诉是“政治迫害”，是“奥维尔式的起诉”运动(Tait,2003)。

在结束违法诉讼程序之际，伦敦警察局对迪扎伊启动了一个处罚程序。2003 年，九项指控成立，开始调查。随后，全国黑人警察协会呼吁少数族裔抵制加入伦敦警察局。这是一
67 个沉重打击，因为警察局急于增加少数族裔警官比例。调查尚未完成，内政大臣就敦促迪扎伊与伦敦警察局达成和解。仲裁调停咨询机构从中达成一笔交易：迪扎伊承认他的行为远不符合“一名警官应该达到的标准”，他同意不将其雇主推上就业法庭。作为回报，他得到 80,000 英镑赔偿，伦敦警察局宣布恢复其名誉，允许其恢复工作(BBC News, 2004a)。全国黑人警察协会结束抵制。但是，警察投诉局(PCA)感到不快，因为处罚程序的正常过程尚未结束，各方便私下达成了协议。警察投诉局主席表示：

> 就处罚程序而言，应对每一位警官一视同仁——我们不能够因为一位警官是资深黑人警官，因为在警察局有种族关怀，便让他得到特殊待遇。
>
> (来源：BBC News,2004b)

伦敦警察局抵制了要求，继续对迪扎伊执行处罚程序，2004 年 3 月，警察投诉局指示伦敦警察局采取处罚行动。然而，警察投诉局接着被一个叫做独立警察投诉委员会(IPCC)的新机构取代。他们对此事做了复议，也对私下交易表示不满，但认为继续执行处罚程序不符合公众利益。他们认为如果能够举证指控迪扎伊的罪行，则任何惩罚都不会过分。但他们指出，迪扎伊本人已经认错，并且表示将接受“长官训话”，因此他们撤销继续进行处罚程序的指示(IPCC,2004)。由另一个警察机关对曝光行动进行的独立调查还在继续。

讨论活动 2.10

即使消除歧视的努力正在导致士气和警务削弱，是否也应该优先考虑消除这种歧视？某项处罚条例的正式以及公正的程序可能变成一种歧视性手段吗？

英铁公司(Railtrack)忽视英国铁路系统的经营，案例研究 2.11 讨论英国铁道公司在处理同利害相关者——尤其是流动公众——与股东利益的关系时是否公平。

案例研究 2.11

英国铁路系统：轻重缓急、利润及治理

2001 年 5 月，经营基础设施的英国铁道公司(Railtrack)发布其财务结果，亏损超过预
68 期，达 5.34 亿英镑。主要是由于 2000 年哈特费尔德(Hatfield)火车相撞事故后更新永久轨道的费用所致。尽管那一年损失惨重，但是公司还是向持股人支付了红利。据认为，这是因为公司还需要在未来筹措数百万英镑投资铁路系统，所以不得不保住金融市场的信心。

下面是《金融时报》的一篇头版文章。

不容置疑，利润与安全在铁路运营中彼此冲突。哈特费尔德脱轨事故正式调查报告草案揭露出一系列管理和工程漏洞。

1996 年私有化以后，经营基础设施的英国铁道公司的最高总裁们过分关注股东的眼前利益，过分忽视铁路维修。这本是预料中事。因为虽然铁路监管部门设定了改善基础设施的目标，但从铁路维修中每节省一英镑就意味着股红增加了 1 英镑。

假如这种节约是由额外效率产生，英国铁道公司是有权利保住这些结余资金的。然而调查显示，公司缺乏管理和技术能力，铁路保养规则不严，而且由于层层转包导致沟通极差。那次致命脱轨事故之后引入的新管理制度承认过去的失败，在改正管理问题方面已取得一定进展。但是还需要采取更广泛的补救措施。公司必须遵循一套新的激励机制，应该更加清楚自己是依靠政府大量补贴的公用事业部门。

公司在私有化时，决定修改用于汽油、电力和电讯行业的管理模式。这就允许公司在制定价格时有一种激励——通过提高效率赚取额外利润。

现在看来，这对于铁路显然是个坏模式——部分原因是安全的重要性及成本远远高于预测，部分原因是行业的分割结构使不正常赢利有了可乘之机。如果英国铁道公司因安全隐患而关闭某一条线路，它必须向列车运营公司支付罚金。

监管应该向美国模式靠近。这需要更严格的监督，从而保证用"公平的"回报率取代原来的赢利动机——前提是公司经营正当。但也存在弊端：效率的激励机制被削弱，而且当回报确定后，管理者又可能进行过度投资。

但是由于英国铁道公司未能让持股人、市场和公众信服公司正确权衡利润与维修经费之间的关系，所以未来必须在监管方面加大力度。

（来源：头版文章，*Financial Times*，2001 年 5 月 9 日。引用经版权所有人——金融时报有限责任公司允许）

本案提出的问题是，作为文明生活必不可少的公用事业，其伦理意义是否与其他产品和劳务有所不同。根据一份调查(Brigley and Vass，1997：164)，在英国受管制的公用事业中，一些董事长认为公用事业的伦理义务与其他产品和劳务没有什么两样，他们还认为私有化的公用事业公司所承担的伦理义务与任何私人公司的伦理义务不应有任何不同。

2001 年英国铁道公司宣告破产，由政府重新接管。由于该公司股票几成废纸，导致众 69
多投资者对政府不满，持股人要求得到补偿。政府予以反驳，说纳税人的钱不会用来分担股东拙劣投资的恶果。

后继机构叫铁路网公司(Network Rail)，是一家非营利公共利益公司，它没有持股人，但是拥有 116 个成员。成员在公司中没有财务利益，不收股红和资金。按照公司的规定，成员应该确保"按照公司治理的高标准来进行经营管理"(House of Commons，2004)。2/3 的成员为公众成员，由公司指定的成员选拔小组从 1200 名申请者中指定或选出。因此公众成员是由公司任命的。一些公众成员代表特殊利益集团，如皇家残障与康复协会(Gosling，2004)。此外，他们还代表关键行业的股东、实际经营铁道服务的专营权者以及铁路事业和铁路资产经营者，他们照料车辆与车站等财产。议会交通委员会(House of Commons，2004：第 59 节)指出，这种结构不会产生出针对公众利益的有力的问责机制。

我们也担心行业成员实际上是自我任命的。这些成员包括[铁路网的]承包人，虽然成员可能会对公司承担义务，但是彼此间也有可能出现利益冲突。而且，公众成员由公司董事会任命，他们代表的只不过是他们自己。

没有财务利益的成员是否会对董事有充分影响，人们对此非常怀疑。铁路监管者认为成员们不会有降低成本的动机。这个结果是否反映在利益相关者之间，以及在利润要求与安全等其他要求之间，其影响力可以达到较好的平衡？这个问题尚有争议。如果这个论点正确，那么铁路网的治理也许是一种强大有力的治理新模式。

讨论活动 2.11

公用事业公司业主的利益与消费者的利益之间公正的平衡是什么？英国铁道公司的方法正确吗？铁路网这种没有利益相关者的结构会起到恢复平衡的作用吗？

70 四、防止对他人冷漠

撒　谎

撒谎是错的；但是，在日常生活中撒谎并非总是错的。是否接受谎言，部分取决于制造谎言的环境。伪证——在法庭上宣誓后的撒谎——是不可接受的，且是一种应该受到严惩的罪行。但正如卡尔在一篇经典文章中所言（Carr，1968），虚张声势——商业谈判语境中的撒谎——是可接受的。在这样的语境中，撒谎也许充其量是在令人不快的真相中添枝加叶而已。

> **定　义**
>
> 温斯顿·丘吉尔在一次关于南非中国劳工的演讲中用了“用语不准确”这个短语。“用语不准确”并非真是撒谎的委婉表达。他认为，虽然劳工的合同可能不正当或不健全，但仍不能把劳工归类为奴隶，这样归类就“有几分用语不准确的危险”。美国政治家亚历山大·黑格（Alexander Haig）有句名言是“这不是撒谎，这是用语不准确”。

撒谎应否受到严责，可能还取决于谎言的性质。完全说假话总是比无法全部讲真话更坏。英国政府的一位内阁大臣绝妙地对说他撒谎的暗示提出了反对。他声称，自己只不过“省略了事实真相”而已。当经理们不得不保密时，他们常发现做到这一点很难。比如当他们知道有了裁员计划，但是按规定，在做出决议和正式公布之前不得走漏风声，这时候他们会感到很难。他们对自己员工的忠诚与自己对公司的承诺发生了冲突。利益冲突是专业人员和政府官员的一个特有问题，因为他们的判断应该不受私人或对方利益左右。他们对于任何这样的冲突都应该坦然。如果帮助被裁减人员重新就业的招聘顾问既从新职介绍服务组织又从安置冗员的公司那里收费，就会受到怀疑。诺兰委员会（Nolan Committee，1995）的公职生活七项原则致力于确保私人或部门利益不会使公共利益事务决策者形成偏见。

71

定　义

诺兰原则是

无　私

公职人员应根据公众利益行动，不得为个人或亲友谋求经济利益或其他利益。

廉　洁

公职人员不得受外界个人或组织影响其公职行为的经济因素或其他因素的驱使。

客　观

公职人员在执行公务（包括人事任命、授予合同或推荐个人获奖）时，应择优选择。

责任感

公职人员必须为自己的行政决策和从政行为对公众负责，必须随时接受任何适当的监督。

公　开

公职人员应尽量公开自己所有的决策和行为，对每项决定做出合理解释，只有确实是为了保证更广泛的公众利益时，才限制信息的公开。

诚　信

公职人员有义务申报任何与公共职责相关联的私人利益，并采取措施维护公共利益，解决相关冲突。

表　率

公职人员应该以身作则，在宣传和贯彻公职人员履行公务的基本原则中发挥表率作用。

对谎言的另一个检验标准是谎言的目的。人们对可以接受的谎言有许多种叫法，其中包括无伤大雅的谎言和无恶意的谎言，撒这种小谎是为了避免冒犯他人或引起他人悲痛。不是所有管理者都认可这类谎言，例如，在一次访谈中一位经理对我们说：

> 我认为对我来说，最重要的是诚实。可是常有这样的时候，经理们也许在为某一个理由做事，却必须告知员工们是为了另一个理由这么做，这使我很为难。类似这种情况会令我感到，而且也确实感到相当困难。你不能对员工说你没有得到工作是因为你的表现与我们的要求不完全相符或其他真实原因；对此所给的理由往往是相当模糊的，而不是明确地直面真正的理由。

谎言牵涉故意欺骗；如果没有这种故意，就不存在谎言。我们在对话中用到的修辞手 72
段，譬如夸张（“我太饿了，可以吞下一匹马”）和暗喻（“那人是只猪”），不会让人们相信我们真是那个意思。广告是五花八门的公司欺骗消费者的公共区域。一个典型的例子是，英国广告审查局对维珍列车公司（Virgin Trains）的批评。他们在广告中宣称自己的所有车票都是半价，而其附加条款却意味着许多车票并不是半价（Milmo，2001）。

案例研究 2.12

壳牌虚报储油量

在皇家荷兰/壳牌公司(Royal Dutch/Shell),准确地说是集团公司,温情脉脉的面纱下是超大、失控、诡秘和隐匿。现在该公司正因此而受到指控,指控聚焦于壳牌虚夸石油及天然气储备量的谎言上。

问题始于20世纪90年代后期。储备取代率(RRR)是石油行业观察人士使用的一个数据。壳牌的储备取代率为行业最差。壳牌发现新的石油储备的速度不够快。经理们认为,有关新储油“登记”政策对他们制约太严。当时的管理方式是利用“解题”小组提出激进和有创意的解决方案,而壳牌建立了四个这样的小组来改善开采和生产性能,当时的负责人菲利普·沃茨爵士(Sir Phillip Watts)贯彻执行了新的储备登记政策。在壳牌1998年年报中有一段“1998年改进了评估方法”的简短说明,储备取代率由此提高了40%,公司董事长由于改善了董事会的工作而受到奖励。壳牌采纳的奖励制度是,用关键绩效指标来衡量高层管理者的绩效,由此决定其酬劳。决定酬劳的是数字和目标,而不是评委们周而复始的评议。

2001年,美国证券交易委员会(SEC)公布了评定新油田商业价值的新政策。这一政策将用来确定新发现油田是否足以被算作石油储备。壳牌登记的澳大利亚、挪威和尼日利亚的储备量不符合美国证券交易委员会的新政策。但是,壳牌内部维持高储备取代率的压力很大,而对储备量数据进行内部审核的把关不严,对这方面数据的审计是由一名工程师兼职的,他连一名助手也没有。

很清楚,壳牌若干高层执行官在2002年已觉察到这个问题,但未向外界公开。主要原因是高级管理者,尤其是菲利普·沃茨(被提升为董事长)与范·德·韦杰威(Walter Van de Vijver,首席执行官)长期不和。范·德·韦杰威认为菲利普·沃茨对业绩的评估有失公正,于是向后者发了一份电子邮件称,“我对于虚报我们的石油储备量以及我们业绩下滑的程度感到厌倦。我们账面上的储备量太离谱、太乐观,这些问题需要处理”。

73 2004年1月9日,壳牌通过其投资者关系负责人通知,他们已经将储备量等级降低20%,也就是39亿桶石油。市场对此不悦,壳牌股票市值降低了29亿英镑。由于该通知并非由菲利普·沃茨爵士本人发布,投资者怨气冲天。这些压力导致后来沃茨和范·德·韦杰威一同下台。最初报道说沃茨离职系经双方一致同意,后来承认他受到逼迫。不过,他得到了100万英镑的违约赔偿。来自皇家荷兰的范·德·维尔(Jeroen Van der Veer)成为新的董事会主席。一些商业传媒发表负面评论说,新主席是知情人,不过考虑到壳牌集团英荷派别之摩擦,知情人更有可能将这次任命视为一次荷兰政变。财务经理7月辞职,人们认为毫无疑问她应该对财务失当负责,但是对她是否有效遵守了会计管理,则心存疑虑。

壳牌辩称,它与美国证券交易委员会在储备量核算标准的差异主要体现在技术上。他们指出,修正储备量不等于石油不在那里,他们估计虚报的石油储量中,有85%确实就在那里。壳牌内部控制的方法是以风险评估为依据,是为了管理而不是为了根除那些实现公司目标的风险。2004年9月,菲利普·沃茨爵士宣布,他计划在金融服务与金融法庭(针对金融服务局决策的申诉法庭)上质疑英国金融服务局(FSA)。他声称,他受到来自金融服务局的不公正对待,他们在报告中含沙射影地批评他,没有给他申辩机会(Hosking,2004)。

壳牌的审计委员会进行了自查，是由外部会计师进行的。英国和美国有舆论压力，认为应进行独立调查。英国指控壳牌公司未及时报告对股价造成冲击的问题和消息，违反了股市管理条例。英国金融服务局像美国证券交易委员会一样开始了调查。

壳牌积极配合调查。2004 年 8 月，金融服务局对公司罚款 1700 万英镑，美国证券交易委员会对其罚款 6629 万英镑。金融服务局指责壳牌犯了“前所未有的严重过失”，未建立起应有的内部控制，未能阻止误导性消息向市场传播。在与美国证券交易委员会的协议中，壳牌不承认有任何不法行为，但同意花费 300 万英镑用于制定更好的内部制度。对壳牌的这些正式处罚也许才刚刚开始，因为美国代理各种养老基金的律师们，正吵嚷着要共同起诉壳牌。那些养老基金相信，错误的消息使他们蒙受巨大经济损失。壳牌可能是第一批感受到《萨班斯—奥克斯利法案》(Sarbanes-Oxley Act)压力的公司。美国在安然、世通案件之后通过了该法案。根据该法案条款，壳牌公司高级管理者就 2002 年年报曾签署一项声明：“据我了解，本年报不含有任何与重大事实不符的陈述。”

皇家荷兰壳牌有着不同寻常但非独一无二的结构，也就是说它是一家双重上市公司。
这意味着壳牌集团是作为一个组织在运转，而在法律上它又是两个组织：皇家荷兰石油公司 74
(总部设在荷兰并在荷兰股票交易所挂牌上市)和壳牌运输贸易公司(总部设在伦敦并在伦敦股票交易所挂牌上市)。两家公司都是母公司。皇家荷兰的持股人多数是荷兰人以及在美国的美国存托股份持有人(ADR)。这两家母公司之间的关系受一系列法律合约制约。英荷壳牌石油公司组建于 1907 年，由壳牌(创建于 1833 年，始时为向博物学家售卖海贝的商铺)与皇家荷属东印度岛石油钻井开凿公司联合组成。根据合约，皇家荷兰控制集团资产 60%，壳牌贸易公司控制其余 40%。

皇家荷兰与壳牌运输公司不进行经营，而是拥有两家控股公司——壳牌石油 N. V. 公司和壳牌石油有限公司——的股份，两家控股公司在全世界拥有大批为集团经营的公司。两个母公司各有一个董事会(皇家荷兰还有一个监察委员会)。联合集团由执行董事委员会(CMD)实行监督。执行董事委员会成员由母公司董事会任命。在这样一个结构中，有些问题上显然会产生紧张和冲突，譬如，谁的影响最大？谁来监察和负责这个组织遵守法律与合同的情况？皇家荷兰似乎是势力最大的合伙人，它的监察委员会控制着基金会，这些基金会持有具有投票权但无经济利益的“优先股票”。这使监察委员会不仅能够控制对两个公司董事会的候选人提名，而且能顺理成章地控制执行董事委员会的候选人提名。界定合并公司的合资协议从形式上讲并不涵盖执行董事委员，因此执行董事委员会对母公司资产不具有正式权威。

投资者抱怨，皇家荷兰/壳牌公司使持股人难以得到来自集团的信息和影响集团的政策。加上集团的分权结构导致严重的职权下放，这就产生了内部控制的有效性问题。话虽这么讲，集团具备所有大公司都有的保证良好治理的配套政策、伦理规范和经营准则。经济学家(通过优先股票这类手段)对这种双重上市公司内部所有权与内部控制之间的冲突做了研究。一些经济学家建议，当内部(这里指荷兰董事会)拥有很强的投票实力时，他们靠这种实力巩固自己的地位和对抗外界利益(如持股人)。这个倾向本身使持股人难以对公司追究责任，不过人们同样可以说，由于皇家荷兰/壳牌公司的体制使经理人拥有较小所有权和较大投票权，从而促成了一种强大而灵活的公司文化。

石油储备量的重新评估导致人们要求改变皇家荷兰/壳牌的公司治理，以杜绝此类问题再度发生。

75 壳牌现在已转变为单一董事会治理结构。2005 年壳牌宣布英国壳牌获得有史以来的最大利润,这主要归因于 2004 年油价上涨。

[来源:Doran and Mansell (2004),Gompers et al. (2004),Harrington(2004),Harris and Michaels(2004),Morgan(2004),Plender(2004),Shell Group(2004),*The Guardian* (2004a and 2004b),Watchman(2004)]

讨论活动 2.12

- 在你看来,壳牌撒谎了吗?
- 如果你认为壳牌撒了谎,可能是什么原因导致他们撒谎?
- 是不是因为报道了管理机构对壳牌的惩罚,所以就说这是一篇好的新闻报道?
- 壳牌持股人为什么对公司治理问题如此气愤?
- 如果需要,改变公司治理应从哪些方面入手?

拒绝坚持自己的信仰,可以认为是一种自我欺骗。尽管一个人根据自己的伦理观对组织的行为持反对态度,但仍然认为自己有充分理由继续保持与组织的联系,此时,就产生了自我欺骗。

案例研究 2.13

英美烟草公司、诺丁汉大学和名誉教授

诺丁汉大学为建立国际性"社会责任中心",从世界第二大烟草公司英美烟草公司(BAT)那里接受了 380 万英镑的资助。这份礼物当然绝无非法成分,但是许多个人和集团认为这是错误的。原因是,诺丁汉大学正致力于对癌症的研究,其部分资金是由医疗慈善机构提供的。人们认为诺丁汉大学同时再接受一家其产品正在导致癌症的公司的资助,这是很不恰当的。

理查德·史密斯(Richard Smith)是《英国医药杂志》(*British Medical Journal*)的一名编辑,也是诺丁汉大学医学新闻学专业的不取报酬的荣誉教授。他相信诺丁汉大学接受英美烟草公司的钱是一个"严重错误"。在对《英国医药杂志》读者的调查中,他征求读者们对自己是否应该辞去诺丁汉大学职位的意见。在 1075 张投票中,84%的人说该大学应该把钱退了,54%的人说如果该大学不退钱,史密斯教授则应该辞职。后面这个数据比预计的更接近半数,这是因为有人主张教授应该继续留在诺丁汉大学,在内部据理力争。教授真的辞职了,这既因为他说过他要遵守调查的结果,也因为他坚信诺丁汉大学的行动是错误的。

(来源:Meikle,2001)

76 讨论活动 2.13

对于你认为不公正的问题,应该隐忍屈从,来日再做计较,还是应该立场鲜明、奋起反对?

案例研究 2.14 具有古希腊悲剧的特点。乔纳森·艾特肯(Jonathan Aitken),在其从业

早期曾公开维护新闻自由，却在巴黎里兹大饭店傲慢地逍遥了一个周末后，受到报应。有报道说他是在寻求宣泄。

定　义

傲慢、报应、宣泄

前两个词代表希腊悲剧的主题，第三个词是观众的观戏体验。**傲慢**是一种狂妄自大；**报应**是一种无法逃避的应有惩罚；而**宣泄**则是释放恐惧体验的强烈情感，虽然这种体验只是通过舞台来表现。

连接点

这个故事是个悲剧，但同时媒体和读者又视其为喜剧，并从中感到愉悦。关于叙事在伦理学中的类型和作用，见第一章，页边码第3—5页。

案例研究 2.14

乔纳森·艾特肯事件

乔纳森·艾特肯是20世纪50年代报业大亨比弗布鲁克男爵(Lord Beaverbrode)的侄孙，曾是一名记者，于1992年成为约翰·梅杰(John Major)内阁成员。1993年他下榻巴黎里兹大饭店。《卫报》盯上了他的这次造访，想打听一位内阁部长为什么住进奢侈豪华的大饭店，却由别人买单。艾特肯说，他在这里下榻是自己付账单。他撒了谎。但是当时没有证据说明他在撒谎。《卫报》对此穷追不舍，艾特肯说他将"用真理之剑与新闻界的猎奇嗜好和歪曲事实的癌症"抗争……艾特肯以诽谤罪起诉《卫报》。他劝说妻女撒谎，证明他关于自费的谎言。当出示的文件显示他在法庭上宣誓后撒谎时，他的所谓诽谤起诉随即一败涂地。1998年他被判滥用司法程序与伪证罪，1999年被送进班房。

为什么在这么一件小事上撒谎呢？艾特肯与沙特王室成员长期保持联系，并染指沙特 77
阿拉伯的军火交易。《卫报》报道说：

> 我们知道艾特肯先生那个周末在巴黎的事与价值数百万英镑军火交易密切相关，与此事有关的是他的密友萨伊德·阿亚斯(Said Ayas)，还有沙特王室成员。这事闹得沸沸扬扬，对于艾特肯先生、沙特人以及政府来说都是毁灭性的。
>
> 用撒谎来保护商业机密，导致作伪证。谣传艾特肯先生计划在18个月服刑期满后当一名牧师，但他本人辟了谣。他确实在哈佛学习神学。目前看来他似乎可以做一个鼓动人心的餐后演讲者，演讲"从权力到监狱——我的监狱之旅"之类的题目。

(来源：Harding，1999；*Guardian*，1999；Wilson，1999)

讨论活动 2.14

如果你处在艾特肯的位置，你当时会怎么办？

许多与撒谎有关的问题，如下一个案例研究所示，涉及未能全部讲真话，而并非说假话。

案例研究 2.15

对税务局省略事实真相

本案例研究节选自对一家私人公司财务经理的采访。

大多数伦理问题都围绕着对税收及税务局所作的披露。问题是我们应不应该披露全部重要事实？其次，当我们讨论与税收有关的事情时，应不应该找出充分理由，即使我们知道理由并不充分？规则是："只要我们有一点证据，我们就会拿来当例子——不管多么勉强。"只要我们有一个可争辩的立场，我们就不会难为情。

我刚刚同一个人谈起一个问题……其实，还是与税收有关，我们谈论的问题是，我们应不应该在这个关键时刻把一封信交给税务局。披露这封信可能对我们有害，稍微有点害处，而且，我们就要开会了，会议上可以解决这个问题，那么，我还需要现在就把信交给他（税收检查员）吗？这只是个时间问题。如果我不把信交给他也能解决问题，我就自己解决。

这只是与税收筹划有关，与我们实际上已经做成的一笔交易的原因有关，但这可能使税收当局无法自圆其说。虽然不大可能，但你不想引起确定花时间研究了这个问题
78 的人的疑心。不管怎么说，税收总是滞后的，所以我为什么不应该推迟寄信？我们有可能在七月开会。我会视情况而定，如果他们仍然需要这封信，我们就给他们。其实就是因为知道我们到时候要开会，我们才能够这样支吾搪塞。

（来源：本书作者所作的调查采访）

讨论活动 2.15

在哪种情况下不告知全部真相是正确的？

欺　骗

这一类别的伦理议题关心的是遵守规则。然而在组织中的许多人看来，重要的问题是，违规带来的利益是否足够大，被逮住的几率是否足够低，以致值得你去冒险？在公司层面和作为个人慎思这两方面，均可以进行这种伦理考虑。

违反规则不总是使违规者受益。在官僚主义制度下，违反规则常常是为了保护那些本来会受到制度严厉制裁的人。我们在调查中遇到一个例子：一家为超市生产食品的工厂，其生产线上有一位工人患糖尿病，直到出事那天，他对自己的饮食一直不在意。结果在工作时他感到低血糖发作，就拿了生产线上的产品来吃，这使他没有晕倒。但他因此受到被解雇的威胁，因为公司规定，凡偷盗公司财物者将被立即解雇。管人事的人认为该员工行为愚蠢，但又认为解雇他有失公正，便没有照规则办事。

然而，在许多案例中，有些人却纯粹出于损人利己的目的违规和撒谎。“帕玛拉特的兴衰”便是最新最大的一个例子。作为主要股东的坦齐家族损害债券持有人和其他投资者利益，为自己捞取利益。

案例研究 2.16 79

帕玛拉特的兴衰

1961 年，卡里斯托·坦齐(Calisto Tanzi)创办了帕玛拉特(Parmalat)灭菌牛奶厂，向意大利帕尔玛城供应牛奶。那是一个起点，现在它已经发展成为多国公司，是一家食品和乳业上市公司。直到 2003 年 12 月，坦齐为首的这家公司在五大洲 30 个国家 146 家工厂里拥有 36200 名员工。2003 年 12 月，帕玛拉特虽有 42 亿欧元流动资金，但不能偿付到期的 1.5 亿欧元债务。坦齐因债务辞去公司董事长。接着美洲银行宣布，帕玛拉特所称其子公司邦拉特在开曼群岛拥有的 295 万欧元账户纯属子虚乌有，且帕玛拉特账户上存在 490 万欧元[1]的黑洞。帕玛拉特遂寻求破产保护，意大利总理西尔维奥·贝卢斯科尼(Silvio Berlusconi)听到丑闻后称，“简直难以置信”，但是他发誓拯救这家意大利第八大公司(CNN International，2003)。

随后发现，该公司的财务黑洞高达 148 亿欧元。凯普纳(Kapner，2004a)对这个丑闻有一篇综述。

《金融时报》：

> 调查人员努力重建导致欧洲最轰动的财务欺诈案的那些事件。虽然已经开始有了一幅较为清晰的画面，但是仍然不能准确地知道黑洞怎么变大、坦齐家族和高层经理们究竟鲸吞了多少。
>
> 虽然调查人员和债权人希望在开曼群岛、瑞士、摩纳哥、列支敦士登、马耳他和美国的银行账户中发现“坦齐财宝箱”，但实际上，所有失踪的钱全被公司的全球经营烧得灰飞烟灭了。
>
> 为隐瞒损失，帕玛拉特炮制了假账单、公司间假信贷和假银行账户，包括在纽约美洲银行 44 亿欧元的巨额虚构账户。调查人员和熟悉该集团的人相信，欺诈始于 20 世纪 70 年代，那时帕玛拉特通过从国企收购大批亏损牛奶加工厂而得以迅速扩大。
>
> 帕玛拉特常常为那些急于保住工作、选票和巩固市政金库的当地政客赞助太多的钱款。一位前主管说：“牛奶利润不高。如果你购买十几家亏损厂而且不能让任何一家歇业，因为那是跟政客们做的交易，那么你除了做假账外，没有别的办法。”
>
> 1988 年继续亏损，那时董事长卡里斯托·坦齐轻率地向美国卡夫食品公司提到出卖事宜，并否认关于债务问题的传言。1990 年，帕玛拉特进行了重大增资。之后，公司在拉美，尤其在巴西进行了剧烈扩张和疯狂收购。为了筹钱收购，帕玛拉特依靠美国的银行发行大量债券。据一位熟悉该地区情况的前主管说，帕玛拉特再次过度支出。根据正在意大利坐班房的帕玛拉特前首席财务官乌斯托·托纳(Fausto Tonna)的证词，从 20 世纪 90 年代中期到 2001 年，帕玛拉特每年亏损3.5 亿～4.5 亿欧元。在此期间，帕 80

---

① 原文如此：“€4.9m”。

玛拉特账上利润为 9.26 亿欧元。

南美分支机构每年亏损至少达 5000 亿里拉(2.58 亿欧元)。根据一份逮捕令,托纳先生已告诉审讯者,帕玛拉特斯帕(SpA)(意大利分支机构)的巨额亏损也达 2000 亿~3000 亿里拉。本周对帕玛拉特和帕尔玛旅游公司的八名前主管发布了逮捕令。帕尔玛旅游公司由坦齐家族拥有,是一个赚不到钱的旅游休闲集团。

(来源:A hole dug over 30 years, *Financial Times*, 2004 年 2 月 20 日。引用经版权所有人——金融时报有限公司允许)

该公司似乎一直坚持这样的经营原则:在保证公司的长期生存上,当地政客的影响比赢利更重要。这被证明是错误的。因为无论如何,他们是在别国而不是在意大利应用这种制度。《金融时报》的调查显示,"为在中、南美洲建立影响",帕玛拉特 2001 年曾考虑一笔交易:购买几近破产的尼加拉瓜银行,但未成交(Barber and Parker,2004)。

一封写给《金融时报》的信称,帕玛拉特的补助欧洲农民的政策(因此造成 1990 年代末每年损失达 3.5 亿~4.5 亿欧元)的收效堪与欧盟共同农业政策媲美。他指出,农民接受的补助,并未掏欧洲纳税人腰包,因为财政压力主要由帕玛拉特的债券持有人负担了。所以农民好过了,纳税人也好过了,消费者也没有损失(Carter,2004)。

当公司为此政策付出高昂代价并遭受重大损失之际,坦齐家族——除坦齐本人外还有若干成员现已被捕——采用许多手段意欲掩盖亏损,保护身家利益。帕玛拉特财务欺诈的一个手法,是将帕玛拉特公有资金转移到家族控制公司,如帕尔玛旅游公司(Kapner and Minder, 2004)。同时,他们也采用精明老到的合法手段,在与一家名为布库纳诺(Buconero, 意大利语"黑洞")的银行达成的一笔交易中,这家银行以"投资"形式将 1.17 亿欧元借款流向帕玛拉特,以换取帕玛拉特公司的净利润。以投资代替借款可使帕玛拉特的借款成本显得比实际小,从而掩盖负债(ExecutiveCaliber, 2004)。公司不时靠撒谎和伪造蒙混过关。当审计员问到美洲银行开曼群岛分行的钱时,他们收到来自银行的回复,证实账户确实存在,但这其实是由帕玛拉特总部伪造的。

意大利法院于 2004 年决定,因丑闻逮捕的 29 人、美洲银行意大利分支机构、均富(Grant Thornton)和德勤(Deloitte)会计师事务所等均不得在快捷审理程序下进行审理,因此,审判将可能持续若干年(Kapner,2004)。2004 年 10 月预审听证开始,届时将决定在帕玛拉特一案中谁将因何故而受到起诉。

81 讨论活动 2.16

新制度主义理论主张社会应该具有关于正式和非正式的规则、价值观和可接受的行为方式的模板;而且,处于那种社会中的组织应该嵌合于且有机地嵌合于那些制度的模板。这一过程的学术名称叫"异种同形"。帕玛拉特的故事能用这一理论来解释吗? 能不能认为,帕玛拉特讨好政客的经营方式反映了 20 世纪 60 年代意大利一家小公司的制度世界,而当帕玛拉特变成一家巨型多国公司后,继续那种经营方式将会危及公司生存?

下一个案例给我们讲述了一个类似的故事,但是其历史与动机很大程度上不同于帕玛拉特案例中的历史与动机。

案例研究 2.17

布莱克勋爵与霍林格国际公司

2004 年年初，克罗斯港的康拉德·布莱克勋爵(Sir Conrad Black)是霍林格国际公司的董事长兼首席执行官，该公司总部设在美国，拥有包括英国《每日电讯报》和美国《芝加哥太阳时报》在内的多家报纸。

集团的结构复杂。霍林格国际有限公司是一家管理监督集团资产与经营的控股公司。霍林格有限公司(一家加拿大注册公司)持有霍林格国际 18.2%的股份；而霍林格有限公司的 80%由布莱克勋爵私有的莱维斯通公司(Ravelstone)持有。该结构的一大特色是，霍林格有限公司虽然只拥有霍林格国际的一小部分，却拥有 68%的投票权。这种事情是可能的，因为霍林格国际拥有双类股权结构。由霍林格有限公司持有的股份为超级投票股，所持有的每一股都拥有多于普通股几倍的投票权。这种所有权与控制权之间的差异使布莱克得以掌控总公司及董事会的任命权。

这种情形导致布莱克勋爵与霍林格国际的其余董事不和。2003 年，布莱克勋爵丢掉霍林格国际首席执行官职位，但继续任董事长。然而，布莱克勋爵于 2004 年 1 月宣布，他与巴克莱兄弟(Barclay brothers)达成出售《每日电讯报》的协议。此举使霍林格国际的普通股持有人从这次出售中无利可图。消息一宣布，危机一触即发。"无利害关系"董事会成员质疑这笔交易，遂成立公司审查委员会，对这次交易严加审查。布莱克勋爵做出回应，他运用其所控制的利益，通过书面同意而绕开了其他持股人，同时对公司章程进行了修改。新章程废除了审查委员会，并对董事会的行动自由作了限制。布莱克勋爵被告上德拉华法庭，他输掉了官司。

几经较量后，霍林格国际的董事会对布莱克勋爵与霍林格国际相关的商事活动做了详 82
细调查。调查由美国证券交易委员会(SEC)前主席理查德·布雷登(Richard Breeden)主持。2004 年 9 月公布了调查结果《布雷登报告》。报告指责布莱克勋爵有"信托滥用"与欺诈行为。根据布雷登报告，截至 2003 年，布莱克在六年间已从公司拿走 2.23 亿英镑——相当于公司全部调整后净收入的 95.2%。据称，这笔钱大多数是以高得离谱的管理费和报销费的形式向布莱克及其亲信支付的。布莱克勋爵及其亲信对报告的指责提出反对，他聘请法务会计师处理案件，并辩称，不存在所谓不端行为，他的行动是经过董事会审批同意的。

其中一个指控是，布莱克勋爵和前首席营运官拉德勒先生(Radler)违反对公司持股人的信托义务，唆使霍林格国际通过布莱克勋爵私有的莱维斯通公司向自己支付不合理管理费用。此事是导致布莱克勋爵丢掉首席执行官的原因：2003 年，人们发现他索要的过高管理费竟达 3200 万美元——他后来将这笔钱退还了霍林格国际。其中有些费用付给了在巴巴多斯注册的空壳公司，巴巴多斯免征股息红利税，且只收 2.5%所得税。"不完全支付"是布莱克在 1999～2001 年间采用的一个特别手段。当霍林格国际希望出售一个出版公司的时候，布莱克及其同伙向公司索要与意向买家签订非竞争协议的手续费，理由是这份协议保证他们不参与购入产权的竞争。《布雷登报告》认为这是一种利益冲突，因为作为霍林格国际的董事会成员，布莱克有责任将公司资产的售价最大化。如果没有达成非竞争交易，那么(作为不收购资产的补偿)付给布莱克的费用就可能变成较高买价支付给霍林格国际。

《布雷登报告》对布莱克的第二个主要指控是，布莱克和拉德勒及其家族将霍林格国际当成了自家的“存钱罐”。公司为他们的奢侈花销、住房开支和私人旅游买单。公司为拉德勒配了一架价值1160万美元的私人飞机，为布莱克租赁了湾流IV型公务机，租期一年，租金300万～400万美元。2000～2003年间，这些飞机的开支为2300万美元。报告中还提到两项更打眼的款项：公司为布莱克太太生日宴会买单43000美元，给她买手袋送礼花费2436美元。

为霍林格国际、霍林格有限公司和莱维斯通公司担任审计的毕马威会计师事务所(KPMG)未在起初就管理费和非竞争合同是否违反布莱克勋爵对霍林格国际的信托义务等问题，向公司审计委员会提出质疑。不过，2003年年末，毕马威这么做了，并于12月辞去为这几家公司担任审计的工作。

一些与康拉德·布莱克有过工作接触和社会交往的记者认为，布莱克是一位智慧和学者
83 型男人，他在关系到自己报纸的编辑事务方面处理得体。有人认为他在引领加拿大报纸的复兴。笔名为塔基(Taki，2004)的记者写道：

> 康拉德·布莱克买下了垂死的《每日电讯报》公司，将它转变成了为我们保守派信奉的价值而战斗的强大武器。他是一位伟大的经营者，而更重要的，他是一个有着美好愿景的人。应该尽快恢复他和他夫人的好名声。
>
> 布莱克在1999年被授予英国贵族称号，为接受这个荣誉，加拿大总理要求他放弃加拿大公民身份。布莱克也是一位慷慨的主人。
>
> [来源：Burt (2004)，Hollinger international Inc. (n. d.)，Investor Responsibility Research Centre (IRRC) (2004)，Paris et al. (2004)，Parker (2004)，Rees-Mogg (2004)，Rubin (2004)，*Observer*，(2004)]

讨论活动 2.17

- 一个贪婪的人可能是有着美好愿景的人和公司领袖吗？
- 双类股权结构和“超级股份”可能产生伦理问题吗？
- 康拉德·布莱克是霍林格国际公司合格有效的所有者吗？他能随心所欲地处置自己的财产吗？
- 在这样的公司里，少数股东有无权利或应该享有什么权利？
- 你曾经对自己的开支做过手脚，或用组织的资源来假公济私吗？

案例研究 2.18

英美烟草公司被控走私香烟

1997年，人们发现世界香烟市场有一个怪现象。当人们拿全球的出口额与进口额进行比较时，发现1/3的商品库存总量无账可查。原因很清楚：卖出的香烟有1/3是走私品。调查者和记者指控英美烟草公司沆瀣一气走私烟草，并把走私香烟的销售额列入公司的战略计划。他们并不是指控英美烟草公司雇员在未缴纳消费税的情况下真地将香烟携带出境，而是指控他们将香烟卖给那些他们明知会逃税的分销商。这个结论是根据对英美烟草公司内部文件的调查而得出的，那些内部文件作为法律案件的结果在美国和英国被公开。

英美烟草公司在其单据中用了一系列的委婉表达取代“走私”，如DNP(未付税)、GT(一般贸易)和过境货物等。合法货物叫DP，指关税已付。一份文件摘录可证明这一过程。84
这份文件包含对1995年在哥伦比亚英美烟草公司与飞利浦莫里斯烟草公司之间的一场争端的记录，争端由一个叫贝尔蒙特(Belmont)的香烟商标所有权引起。一份备忘录提出一项临时计划，即“启用一个DP新商标，同时在一般贸易渠道保留贝尔蒙特商标”，以备英美烟草公司在输掉官司时采用。通过一般贸易渠道销售贝尔蒙特的麻烦是“公司不能通过广告来支持贝尔蒙特”。为一种通过非正规渠道进口的产品做广告可能引起税收当局怀疑。

英美烟草公司副主席肯尼斯·克拉克(Kenneth Clarke)，这位曾负责英国烟草税的前财政部长对发表在《卫报》上的批评做出了反应。他指出，走私是烟草业的一个大问题。香烟是易于运输的高价值货物，再加上高关税税率和邻国之间的税差，这些都会刺激人们走私香烟。他指出，英美烟草公司永远愿意与旨在粉碎走私的政府合作。他补充道：

然而，如果政府不打算追根溯源，不解决治本的问题，我们这些从事国际贸易的企业就会面临两难困境。如果对我们品牌的需求得不到满足，消费者要么转而购买我们竞争者的产品，要么假冒产品将会暴增。最近我们已在我们的亚洲市场上发现这一现象。如果政府不愿采取行动或行动不力，那么我们将采取完全合法的行动，使我们的品牌在合法市场和走私市场上，与竞争对手的品牌同时出现。

下议院卫生委员会议员和议会议员奥德里·维斯(Audrey Wise)谈到了有关英美烟草公司的政策：

> 假如曾经有过哪个案例在字面上合法，而又明显违背法律精神的话，那么这里就有一个典型。走私货物是非法货物，所以如果你故意在知情的情况下使你的货物成为走私货物，那么你事实上就是走私者的共犯。

(来源：Center for Public Enquiry，2000；Clarke，2000；Maguire，2000)

讨论活动 2.18

企业应该为遵守法律条文和法律精神而甘愿被置于竞争劣势吗？

下一个案例研究提出许多伦理问题。其中一个问题是：医生应不应该利用人们对法律和规章制度的无知来“欺骗”那些惨遭丧子之痛的父母？

案例研究 2.19

医院保留死婴器官 85

在英国，当婴儿死亡后，验尸官可以要求进行尸检以发现死因。为了对导致婴儿死亡的疾病进行研究，医院也可经父母同意，提出尸检要求。尸检后，常将孩子的器官取下保留，用于研究或教学。医生们便错误推定，同意验尸官尸检即等于允许医生保留这些器官。在其他案例中，法律仅规定父母不应反对。多年来，英国医院已采集了5万件死婴器官。公众对此一无所知。更严重的是，这些婴孩的父母并不知道器官已被偷割。即使父母同意尸检，他们也不一定知道医院可以摘取并保留这些器官。父母并未得到机会在完全知情的情况下充分认同这种做法。肯尼迪教授指出，这是“由职业傲慢滋生的一种欺骗形式，它无视或根本不承认父母的观点和声音”。

这个问题因阿尔德尔海伊医院(Alder Hey hospital)事件而被公开,成为“爆炸”新闻。该医院范·维尔森教授(van Velzen)对保留器官着魔。关于阿尔德尔海伊医院的《瑞德芬调查报告》(The Redfern Report)指出,范·维尔森教授曾命令非法保留儿童器官,且伪造记录,没有制作标本目录。对这一典型的非法活动的认定引发了一系列调查,从而揭露出许多医院都存在着有关保留人体器官的谎言文化。那些相信已经埋葬了孩子的父母提出要求,允许他们将孩子被摘取的器官也下葬,这等于在父母沉痛的伤口上再撒把盐。

新闻报道的冲击导致了更严格的器官保留规定,公众不情愿就不可以保留器官。研究人员开始抱怨很难获取用于实验的人体组织,而这已经妨碍了对癌症的研究。因为很难获取用于研究乳腺癌和前列腺癌的人体组织,医药公司正在将临床研究部门从英国转移到欧洲。

(来源:Anon. ,2001;Boseley,2001a;Boseley,2001b;Redfern Report, 2001)

讨论活动 2.19

一般情况下(而不是指范·维尔森教授的特殊行为),如果医生因职业关系未经同意保留人体器官,这属于合乎伦理但违法的行为案例吗?

86 五、制　恶

威　逼

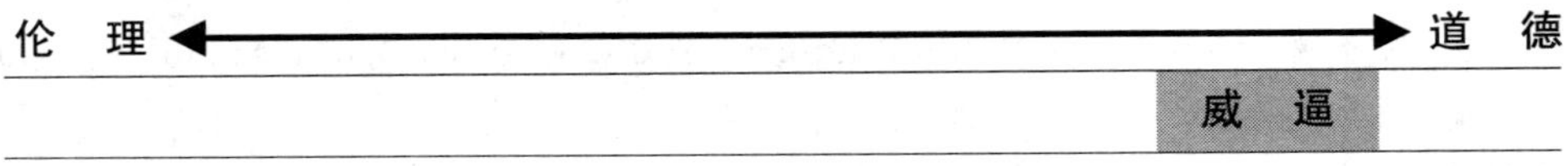

在组织中,威逼是虐待、羞辱或哄骗他人的一种权力滥用。与可能会涉及身体伤害的学校操场上的威逼不同,组织中的威逼更可能是社会性的威逼。有些威逼可能太琐细或短促,不足以构成问题。但是琐细与重大的分界线在哪里?在协商的时候,“正当维护”越过哪一点就变成“不当侵犯”?人们对可以接受的行为和不可接受的行为的不同认知使得这个问题变得更难。同样的行为,在下属眼里也许是来自监管人员的骚扰,而在团队领导看来那可能叫领导有方。

对于威逼问题的一个答案是:允许受害者为威逼下定义。如果有人说他们受到了强者的威逼,那么他们就是受到了威逼。只要我们接受这一点,就赋予了弱者反抗强者的权力。如果用法律术语来说明这个问题,即让被告而不是受害者来承担举证的责任。被告将不得不自证其无罪。这当然与法律习惯相左,因为法律惯例是:在被告被证明有罪之前,被告是无辜的。

下面案例也许看似与威逼无关,但这是一个某企业利用其优势地位控制其代理商行为的例子。案例提出的问题是:专断的市场营销实践什么时候会越界变成非法?

案例研究 2.20

英航和维珍大西洋航空

英国航空公司(British Airways)和英国维珍大西洋航空公司(Virgin Atlantic)多年来一直竞争激烈。1993 年维珍航空曾指控英国航空用"肮脏勾当"阻碍顾客购买维珍航空的机票。在随后的诽谤诉讼中,英国航空向维珍董事长理查德·布兰森(Richard Branson)赔偿 61 万英镑结案。维珍在美国法庭开始其诉讼程序,寻求英国航空就其不公正和违法的营销行为做出赔偿。

维珍指控的核心是,英国航空作为两家航空公司中大得多的一家,利用自己在市场中的优势地位向旅行社施压,兜售机票。他们只需在旅行社完成售票定额后支付一定佣金以及给予包机折扣,就能达到他们的目的。到几乎没有英国航空公司竞争者的目的地旅行的顾客,如果在有许多其他航空公司的地区购买英航联运机票,还会得到更多折扣。1997 年 11 月,维珍正式向欧洲委员会控告英国航空公司以上"违法"行为违背《罗马条约》第 86 条—— 87
滥用市场优势地位。

1998 年英国航空公司在其内部刊物《英航新闻》(*BA News*)中指控维珍大西洋航空公司用了类似英航受到指控的那些营销技术。同年 11 月英航董事长柯林·马歇尔爵士(Sir Colin Marshell)向理查德·布兰森道歉,并销毁了《英航新闻》那一期的全部册子。

1999 年,欧洲委员会(the European Commission)向英国航空公司罚款 450 万英镑,理由是英航运作的那个"忠诚计策"是反竞争的。竞争委员会说:"在共同体法律中明文规定,拥有优势地位的供应商不能向消费者和分销商提供激励机制,使其对自己保持忠诚度,以便实现独霸市场的目的"。英国航空宣布它将提出申诉。同年 10 月,纽约一位法官否决了维珍大西洋航空公司向英国航空公司提出的索赔。一位律师指出,在美国的法律中并不存在所谓"优势地位公司"这一概念。

1999 年年末,英国航空公司那种售票行为在欧盟看来违法,而在美国却是合法的。

(来源:Anon.,1997;Skapinker,1998;Anon.,1999a;Anon.,1999b)

这则故事进入了商业神话集,理查德·布兰森则尽力使故事不失新奇;特别是在 1994 年的版本(Gregory and Rufford,1994)中,他被描绘成一名英雄,一位"商界小飞侠"和一位"泪眼蒙胧的科林斯"(Tilney,2000)(不幸的是,科林斯的含义有一大堆:从"热心体育的暴发户"、"赶时髦的男人"到"优雅和懂得享受的人")。维珍于 2000 年再版此书。2003 年,当英航宣布停飞协和时,理查德·布兰森寻求从英航那里接管协和的运营。英航宣布他的干预是在制造"噱头",而布兰森则回敬道,英航的做法令人想起它在"过去倒霉日子"里干的那些肮脏勾当(Done,2003)。

两家公司的不和也产生了商业效应。飞往印度的航线便是一例。往返印度—英国的商业航班长期受到双边条约的限制,所以直达航线供不应求。2004 年,两国达成新的交易:将航班次数从一周 19 次增至 40 次。根据旧条约,英航掌握全部航班的权利,而维珍根据印航协定,仅提供往返德里的有限服务。由于英航申请了全部 21 项,而维珍申请了 18 项,所以英国民航局为新的服务引入了竞争机制(Done,2004)。英航得到 7 项,维珍 10 项,中部航空 4 项。

讨论活动 2.20

公司威逼与个人威逼一样普遍吗？公司威逼更像是伦理错误，还是属于个人威逼？

88 下一案例涉及组织内部的强势个体滥用优势的问题。

案例研究 2.21

医院顾问医生

下面是一篇采访节选，采访对象是一家医院的会计师。

我肯定，通过媒体你将知道政府今年新增经费五六亿英镑，用于缩短(病患等候治疗的)候诊名单。对于一家医院来说，这意味着工作量短期内陡增，使你措手不及，来不及增添人手。你们得真正讨论如何解决问题了：要么让现有员工加班，要么找些临时工来帮忙。并且，我们还没有证实这笔款项是不是经常性的，虽然有可能是经常性的。但是由于我们没有得到具体保证，所以医院不大愿意与雇员签订开口合同。

我们接下来面临许多问题，其中之一是外科顾问医生的问题。许多(如果不是全部)外科顾问医生都有私人业务，有些外科顾问医生说："没错，我会完成这些额外工作，但条件是你必须给我这样那样的报酬。"他们往往根据自己私人业务的收费标准开价。我认为他们是在逼迫医院当局同意他们的条件。他们如愿以偿……除英国国民健康服务系统的工作外，他们或许愿意扩大工作范围，但那是开展私人行医业务。他们的立场是，如果你要我额外增加在国民健康服务系统中的工作，从理论上讲，至少得给我某种补偿，让我的收入接近原先在外面干私活的水平。

这使我不安。我认为这有失公道。如果我们医院没有愿意加班的护士，那么我们就不能做手术，因为手术需要的是一组人，既有外科大夫，也有护士。当然护士没有选择，他们不能干私活，不能挣外快，因为他们没有那样的资格。对，我想我敢肯定，不管你对谁讲，他们都会懂得在医院里是顾问医生说了算。只有他们才敢拍桌子。为什么他们能那么干？他们那样做是对的吗？请不要误会，我不是说医院里所有外科大夫都是这副德性，但他们中的绝大多数采取的姿态是完全错误和没有理由的。我知道有一次外科大夫开会讨论这个问题时，有位外科顾问医生说，他认为任何一位外科顾问医生都不该因为多干了活而多拿钱，因为他们钱已挣得够多了。有些办法可能管用，因为从理论上讲，你也许可以不理睬那些采取极端姿态的人，但是这得看他们是不是医院里的顶梁柱，这得看医院管理层是不是愿意奋起跟他们较真。

(来源：调查访谈录)

89 讨论活动 2.21

顾问医生是在合法行使他们的市场支配权，还是在恃才威逼医院管理层？

下一个案例研究中进行威吓的是一个组织，而不是个人或一个群体。

案例研究 2.22

超市如何对待自己的供货链

近年来人们对英国大型超市连锁施加影响的问题批评很多。在这些批评中,有的是指控它们利用寡头力量使消费品价格居高不下,有的是指控它们通过建立大型城外店铺,迫使顾客驾车前往城外购物,对环境造成破坏。竞争委员会对以上若干批评意见作了调查后发现,市场存在竞争,利润也不过分。然而,他们赞成这样的看法:大型超市确实对那些受制于超市供应链的农场主和小公司有威逼行为(按我们的说法,不是他们的)。以下文章节选自《金融时报》,文中列举了其中一些意见。

《金融时报》:

食品供应商与零售商的关系将再次备受瞩目。与此同时,大臣们希望在超级市场与供货商之间实施新的业务守则,以便强制取缔一些极端经营行为——如零售商强行调低合同追溯价格,一份竞争委员会的报告这样建议道。

业务守则的草案由英国公平贸易局与超级市场共同起草,目前正与食品供应商进行磋商,食品供应商已表明了自己的不满。业务守则没有对受到竞争委员会批评的一些做法——如要求供应商支付商店的整修成本或员工招待顾客的成本——叫停,而是建议零售商不应该"无理"要求供货商负担费用。但是政府官员们希望业务守则经过磋商后将变得具有权威性。一位英国政府的官员说:"业务守则必须具有权威性。必须结束竞争委员会批评的那些做法,而不是仅在口头上表示不希望那样的事发生。如果对于新业务守则没有信心,未来的政府可能不得不考虑新的立法。"自由民主党农业发言人柯林·布里德(Colin Breed)相信业务守则不会鼓励供货商大胆抵制超级市场。"继续进行下去的唯一明智的方法是委任一位不会受制于超市的零售商独立监管人。"他说。

该行业也可接受下议院贸易与行业委员会的监督。委员们赞扬通过激烈竞争降低食品价格,但是他们说,供应链下端的供货商往往为此付出代价。委员会主席马丁·奥尼尔(Martin O'Neill)说,在对农业生产按计划进行广泛调查之时,可能会为一个行业 90
带来某种机会。他说:"我希望这次调查将引发对以下问题的大辩论——零售的未来,以及像保护消费者权益那样保护消费者的选择。"

当然,零售商们倾向于回避那些直接针对其角色作用的质询,虽然他们异口同声地说他们很愿意参加有关供货链的任何广泛调查。质询和调查将耗费时日、费用昂贵,还可能使股价下挫。许多零售业分析师认为,不断对超市利润说三道四,极有可能损害该行业,使其容易遭受海外掠夺者的影响。"人们一会儿哀叹英国最大的服装和超市连锁商马狮公司(Marks and Spencer)已风光不再,再也无法赚到数十亿英镑了,一会儿他们又抱怨说英国零售巨头特易购公司(Tesco)赚得太多。他们究竟想不想这个国家拥有一个成功的零售业?"

(来源:R. Bennett and S. Voyle, *Financial Times*, 2001 年 4 月 11 日。引用经版权所有人——金融时报有限公司允许)

讨论活动 2.22

供货链合伙关系是作为一种较好的供货合同管理新方法提出来的，这种关系容易被滥用吗？其倾向如何？如果确实被滥用，怎样防止这种倾向？

伤　害

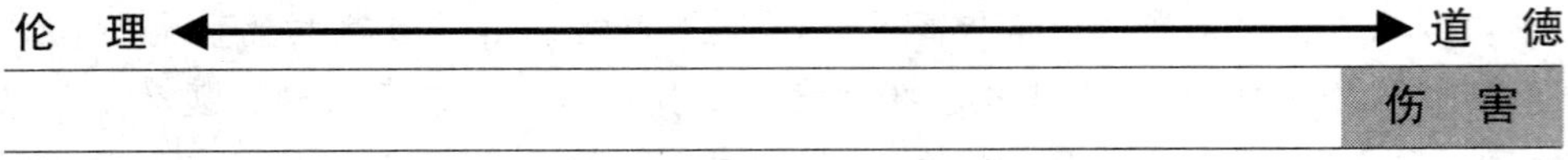

这个范畴涉及对个人、动物、机构、组织或环境造成伤害的问题。其中一个争议点是，如果伤害行为的整体结果是好的，那么可否接受一定程度的伤害？另一个争议点关心的是，如何对特定行为造成的伤害和带来的好处进行准确预测？令世人瞩目的布兰特史帕尔储油平台(Brent Spar)事件就需要做这种判断。将弃置的平台设施沉入深海是否安全？拖至陆上拆毁是否更好？这些都成为争论焦点。最后决定将布兰特史帕尔储油平台拖至陆上拆毁。问题解决后不久，环保组织——绿色和平组织承认自己夸大了深海沉没方案对海洋生态环境可能产生的潜在危害。

很多例子说明了组织内部或组织对个体雇员造成的伤害。下面是有关案例研究。

91 案例研究 2.23

《给我超大号》促销

电影《给我超大号》(*Super Size Me*)由摩根•斯普尔洛克(Morgan Spurlock)执导，他以纪录片形式，拿自己的身体做实验，记录了自己连续30天只吃麦当劳食物的后果。一个正常人的饮食会不会这样单一？这是这部影片引发的伦理问题的核心。美国的法庭曾在2002年考虑过这个问题。14岁的阿什利•佩尔曼(Ashley Perelman)和19岁的贾兹林•布兰德里(Jazlyn Bradley)都是胖人，遭遇了许多与肥胖相关的健康问题。她们也常常光顾麦当劳餐厅，于是她们把麻烦归咎于麦当劳，并把它告上法庭。法官指出，这是个人责任与公众健康的冲突，他认为，两位姑娘具有充分知晓能力和理性，应该意识到不节制地大饱口福会对自己造成伤害。法官驳回两位女士的诉状，但是这并不意味着麦当劳就万事大吉了(United States District Court, Southern District of New York, 2003)。他指出，在某些情况下，能证明麦当劳应对导致顾客健康问题的肥胖负责。如果餐厅没有鼓励人们贪吃麦当劳，并且提供了正确的营养信息，那么，如果消费者仍然决定沉溺于麦当劳超大号产品，那是消费者的问题。然而，如果事实证明有餐厅故意鼓励消费者吃掉对身体有害的超大套餐，"近因"则可能确立。许多美国饭店鼓励顾客贪食，提出顾客若能再加吃一块牛排，他们便会提供免费甜点。如果能证明麦当劳员工在鼓励顾客一次吃掉大大超过身体需要的麦当劳产品，那么法院裁决可能会大不一样。法官评论道：

> 原告未能证明，麦当劳有广告鼓吹可以一日三餐吃它的食品而不会有不良后果，而如果原告能够在修正的诉状中充实自己的论点，可以确定麦当劳产品含有某种顾客通常无法认知的危险，麦当劳则应对顾客承担责任。
>
> (United States District Court, Southern District of New York, 2003:12,17)

该评论一定是触发斯普尔洛克制作影片的原因,影片中,斯普尔洛克的实验规则是这样的:

(1) 菜单里的每种食物都至少吃一次。

(2) 只吃麦当劳销售的食物,包括饮料。

(3) 只要麦当劳服务员主动提出要他选择另加炸薯条和饮料的超大套餐,他就必须接受。

开始时,他感觉良好、健康、体形清瘦;他特别请来记录和证实他身体状况的医生为他检查了身体。30 天后,他的体重增加 35 磅,肝脏严重损伤,有了全部成瘾症状:痉挛、胸痛、头 92 痛。此外,他还有气无力。可以认为,他后来的一些症状可能是因拍片的需要而加重了。一位评论人士指出,

> 显然,他的健康状况越恶化,对他的事情的好处越大。[ ][1]当他的医生告诉他,他的肝功正受到损伤,必须立即停止实验时,他没有听从医生的劝告;不过,我们猜得出,他正偷着乐呢。
>
> (Wilson,2004:17)

影片起到了成功的批判作用,麦当劳感到有必要在英国各大报纸登载广告,洗刷自己,声称对这种不均衡的饮食不负责任;还说没有任何一位正常人会成天只吃他们的产品。他们指出,在麦当劳就餐如果只是均衡饮食的一部分,是不会给人带来伤害的。他们也指出,他们在菜单里也介绍了健康选择。虽然其他人指出,如果吃了色拉调料,那么,这些套餐的卡路里与汉堡的卡路里一样多。一个专门为还击该片观点而建立的网站(www.supersizeme-thedebate.co.uk)突出了这一信息。然而他们确实停止推销超大号套餐了。威尔逊如此结束她的影评,

> 餐饮巨人顶多也只能指责斯普尔洛克"不负责任"地吃了它太多的产品。
>
> (Wilson, 2004:17)

讨论活动 2.23

(1) 应该在哪种程度上保护人们不因自己的无知和意志薄弱而受到伤害?

(2) 在世界其他地区是否有遵循美国先例的诉讼文化?那是坏事吗?

案例研究 2.24

性骚扰

本案例研究摘自一份调查采访。

> 我本人没有亲身经历过这种事情,但是我的一个好友在伦敦一家大机构的副董事长手下当秘书,她感到自己正在受到骚扰。唔,她正在受到骚扰,而当她当真向人事部门述说此事时,他们却说:"哦,没错,你很可能是对的,我们以前也接到过类似投诉,但 93 我们这个组织里谁也不能开除这位副董事长。我们愿意帮你另外找份工作。"他们对这位女士深表同情,但只能为她换个工作,因为他们心里明白,除此以外他们还能干什么

---

[1] 原文如此。——译者注

呢？无论这位女士怎么申诉，这个机构都不会站在她这一边，那位副董事长可能会受到一些责备，但最终不会下台，而她则不能在他手下干活儿……有时候你知道你不得不选择这样的解决办法。幸好我从来没有陷入那种困境，你明知不大对劲儿，可是……

（来源：本书作者所作的调查采访）

讨论活动 2.24

如果不敢奋起反抗案例研究中提到的那种行为，长此以往，后果会怎样？

下一个案例描述的是由公司不作为可能造成的伤害，不过在本案例中，两家公司中究竟谁该对导致的伤害负责，对此尚存争议。案例也提出了如下问题：什么时候可以或应该对由公司冷漠造成的伤害追究民事责任及刑事责任？我们将在第八章讨论这个问题。

案例研究 2.25

凡世通轮胎召回事件

2000 年 8 月，福特公司(Ford)和凡世通公司(Firestone)宣布召回 650 万个用于福特探索者越野车(SUV)的问题轮胎。此次召回轮胎限于凡世通在伊利诺州迪卡托(Decatur)出厂的产品，不包括其他产地生产的轮胎。这些轮胎存在的缺陷是在高温下极易发生胎面脱离。这一缺陷可能造成车辆失控，进而导致翻车事故。这种事故在美国已致使 180 人死亡，700 人受伤。

评论员断言，凡世通知道不仅是迪卡托工厂质量系统出了毛病，而且这个问题普遍影响凡世通所有的福特探索者越野车轮胎。据称，凡世通只是在用同样危险的轮胎替换有隐患的轮胎，因此他们根本不是在解决问题，在把事情办好。

由于福特和凡世通都想推卸导致车毁人亡的事故的责任，所以情况变得愈加复杂。福特指责凡世通，而凡世通则认为是福特探索者车型的设计存在缺陷。在一篇事故报告中，凡世通承认自己应该承担部分责任，但同时指出，福特曾建议，轮胎充气压力应大大低于最大允许值(以克服探索者的设计缺陷)，而这一建议使轮胎温度增高，也增加了胎面脱落的可能性。福特在其《问题原因报告》中声称，翻车事故不是由设计问题引起的，而充气不足也不是助因。2000 年，有关这一问题的争论一直在继续，并成为国会听证题目。

94 5 月 22 日，凡世通宣布它将结束与福特的近百年关系，不再充当福特的供货伙伴。同日，福特宣布自己正在召回的 1300 万只轮胎将造成 21 亿美元损失。前一天，福特因担心产品在生产线上已经受损而召回了 47000 只轮胎——此事与凡世通问题不相干。

此事件给福特带来的烦恼与福特斑马车(Pinto)在 20 世纪 70 年代给福特带来的烦恼不相上下。福特斑马是仓促投产的车型，在进行车尾抗撞击测试时，发现该车型低于对比车型的同类标准。由于油箱位置问题，斑马车有潜在危险：撞车时油箱可能穿孔，进而导致汽车爆炸。福特作了成本效益分析。他们原先估计，如果因设计缺陷导致伤亡事故，人们可能会提出合法要求，但由此而产生的成本将低于插入一个保护挡板的成本。斑马车的设计在 1971～1978 年间没有改变，而消费者也没有被告知这一潜在危险。在 1976～1977 年间，有 13 辆斑马车因尾部被撞而发生爆炸。依法赔偿的费用大大高于改造成本，1978 年，该车型被召回并装上了保护挡板。

（来源：Turner，2001；Firestone Tire Resource Center，n. d.；Bowe，2001）

讨论活动 2.25

福特对汽车安全的态度在过去 20 年间改变了吗？

下面一个案例研究所关心的问题是，为阻止组织实施伤害，什么时候违法可能是正确的？该案例研究集中讨论动物的道德地位问题，对伤害的定义提出了质疑。

案例研究 2.26

亨廷顿生命科学研究中心

或者因为法律是不道德的，或者因为为防止某种更大伤害不得不违反法律，在这样的情形下采取违法行动是否适当？这是本案例研究关心的焦点。本案例研究涉及亨廷顿生命科学研究中心。这是一家利用实验室动物进行药物实验的公司。该公司的活动受到政府有关部门的严密监管，其所做的实验是合法的。

动物权利激进分子认为，用动物进行药物实验是残忍的和不道德的。该案例提出了一个难以回答的问题：动物是否有权利？传统观点是动物并不享有道德地位或权利，因为它们没有理解力。这种答案显然意味着动物将继续活受罪。这种论点也许认为理应将实验引起的痛苦减至最小，但这并不一定意味着实验本身不正当，尤其当实验目的是在通过开发更好 95
的药物和治疗方法而使人类成为受益者时。围绕这一问题的争论并非本文讨论的重点，详情可查阅特斯特尔（Tester，1991）和斯克鲁顿（Scruton，2000）的文章。当人们宣称权利的存在时，他们可能仅在表现情绪主义。这只是在宣布，你说它正确仅仅是因为你觉得它正确。道德判断变成了对某个情境的主观情绪反应。

动物权利激进分子相信，自己为制止活体解剖而诉诸暴力或威胁使用暴力是正当的。亨廷顿生命科学研究中心的股东及其经理和雇员一直受到恐吓。这些激进分子威胁要确认股东身份并向他们提出抗议。各机构持股人最终决定中止向亨廷顿生命科学研究中心投资，一些经纪人建议持股人受激进分子威胁后立即卖掉股票。亨廷顿生命科学中心的两位做市商也撤出，这使投资者很难交易其股票。公司对此做出回应，提议设立一种极少使用的股权结构，让投资者采用匿名方式投资，以免受到恐吓。英国金融监管局打算在其有关规定中包含一项持股人代理服务计划。

政府已感到必须采取行动，以保护合法企业。《金融时报》载文对此作了描述：

> 当局于星期四提升了反对动物权利激进分子的行动，一个警察出击队和一个高等级委员会已着手工作。采取行动的目的是为防止针对各医学研究公司、客户和投资人的暴力袭击。警方宣布，出击队的"目标是那些正在策划并参与严重刑事犯罪活动的动物权利极端活动的头目"。
>
> 该出击队将从各警力中抽调警官，在国家犯罪缉捕队领导下工作，目的是防止药物测试机构——亨廷顿生命科学研究中心的董事、工作人员和客户遭到袭击。在过去一年中，激进分子焚烧亨廷顿生命科学中心的汽车、向工作人员寄发恐吓信、袭击公司常

务董事布里安·卡斯(Brian Cass)。没有一人因参与这些袭击而被捕。

警官协会否认警方在处理动物权利激进分子时行动迟缓。警官协会"不愿说(出击队)组建太迟,我们感到现在才是采取行动的正确时机"。出击队将与新的政府委员会保持联络,这个政府委员会包括五位大臣,委员会主席是杰克·斯特劳(Jack Straw,时任内政大臣)。委员会将配合政府的反动物权利激进分子行动。内政大臣星期四视察了位于剑桥的亨廷顿的实验室,他说:"我们不会容许一小撮犯罪分子威胁研究机构和公司的企图得逞。"大约 15 名抗议者站在门外,但拒绝面见内政大臣。"阻止亨廷顿残杀动物"小组的格利戈·阿维利(Grey Avery)说,该行动小组根本没有介入暴力袭击活动。

(来源:F. Guerrera,www.FT.com,2001 年 4 月 27 日,*Financial Times*,2001 年 7 月 18 日,引用经版权所有人——金融时报有限责任公司允许)

96 讨论活动 2.26

你认为在哪种情况下,为终止一种非正义行为而违法或抗法是正当的?

思　考

本章综述了与管理及组织生活有关的伦理和道德问题。有些问题可以从表 2.1 中列举的案例研究中显现出来。其中许多问题已经在经济和组织领域中引起麻烦和辩论,这些问题涉及有争议的、错误的,但是合法的行为,覆盖了从伦理到道德的范围。以错误、违法的行为为中心的议题主要涉及道德问题而不是伦理问题。反之,从有益、合法但非法律义务的行为中产生的议题,则大多位于表 2.1 的伦理一端。大多数有争议和最不寻常的问题是那些非法却合乎伦理道德的行为。

所有案例研究都有争议性,每一个宣称某个行为违法或错误的主张都可能被置疑。正如沃森(Watson,2002:455)所言,伦理的模糊性和伦理的困境在组织和管理生活中不可避免。

小　结

本章讨论了以下几个要点:

- 公司和组织的主要品德是:
- 做好事
  —社会发展
  —社会责任
- 仁慈
  —互惠
  —公平

- 主要的恶是:
- 漠视对他人的伤害
  —撒谎、不诚实

—欺骗、自私

- 实施伤害

  —威逼、对社会不负责任

  —损害社会和环境

- 以上各个标题下的议题均可提出有关什么是对和什么是错的问题。在许多情况下，凡 97
是对的也就是合法的，但未必是法律义务。在另一些情况下，正确的不一定合法。反过来讲，法律所允许的未必正确。
- 伦理问题不容易明确归类，它们看似两难选择的困境。在这种困境中，各方都有对自己有利的论点，但困境中的主角却只能持有和表述一种观点。

快速复习测验

1. 囚徒困境是关于……

   (a) 如何克服坐牢的无聊

   (b) 解释人面临的一种两难困境：他们知道为了自己的利益应与他人合作，但是他们又信不过别人

   (c) 解释利他主义是进化压力下的自然结果的一种理论

2. 比较英美两国公司的行善比例，前者比后者

   (a) 高

   (b) 低

   (c) 差不多

3. 下面的哪些歧视目前在英国是非法的？

   (a) 性别歧视

   (b) 对残障者的歧视

   (c) 年龄歧视

4. 诺兰原则是……

   (a) 帮助英国公务员避免利益冲突的指南

   (b) 关于美国主管薪酬的指南

   (c) 关于医院保留人体器官的指南

典型作业与简述

1. 一家公司的行为在某种意义上是合法的，但在有些人眼里却是不道德的。在什么情况下为阻止公司的这一行为而违法是正确的？

2. 有人主张公司的行为应该对社会负责，但公司并没有对社会发展作出贡献的义务。就这个命题展开讨论。

3. 撒谎有程度之分吗？在经营和管理实践中某些形式的撒谎是可以接受的吗？

4. 应该视双类股权结构（有些股票每股投票权比例重于其他股票）为非法吗？用新近的案例说明你的理由。

98 小组活动 2

在表 2.1 中将问题明确归类并非易事。一个问题可能牵涉若干伦理和道德问题。譬如,它可以说明资源分配不公平,也可以解释为撒谎和威逼。我们还可以讨论究竟哪种归类最合适。对案例事实的不同解读,可能会得出对行动是否违法的不同的初步判定。

在课堂上鉴别当前媒体正在讨论的经济伦理议题,尽你最大能力确认这些议题涉及的事情真相,讨论有关议题应划归表 2.1 上的哪一类才最恰当。必要时可以把问题的各个不同方面在不同位置标示出来。

参阅建议

P. W. F. Davies (ed.)(1997), *Current Issues in Business Ethics*, London: Routledge, 对当代经济伦理问题做了一个很好的回顾;D. Winstanley and J. woodall (2000), *Ethical Issues in Contemporary Human Resource Management*, London: Macmillan, 对人力资源管理中的伦理问题是一个很有用的指南。

推荐网站

主　题	网站提供者	网　址
经济伦理资源:标题与议题	克里斯·麦克唐纳(Chris MacDonald):加拿大伦理学网站	http://www.ethicsweb.ca/resources/business/topics.html
当前经济伦理问题的资料与更新	经济与人权中心:非营利慈善组织的网站,旨在促进经济中人权议题的讨论	http://www.business-humanrights.org/Home
大部分属订购业务,也提供有关经济伦理的新闻稿	伦理投资研究服务(EIRIS)	http://www.eiris.org/Pages/TopMenu/News.htm
经济伦理问题的优秀纪实报道	裘安帝在线,由记者发起的关注经济伦理议题的网站	http://www.jonentine.com/business_ethics.htm

第三章　伦理理论及其应用方法 99

学习成果

阅读完本章并完成相关活动后，读者应能：

- 比较四种伦理理论。
- 描述不同的伦理理论在经济、组织和管理中的含义。
- 将理论应用于经济、组织和管理领域的伦理议题。

引　言

第二章提出了可能影响经济、组织和管理者的一系列伦理议题，同时列举了一些相关案例供读者思考。本章将为你提供进行伦理思考的工具，便于你分析这些伦理议题。我们把这些工具叫做伦理理论，因为它们是关于应该如何思考伦理问题的法则体系。这些工具可以帮助你将自己对伦理问题的本能反应提升到对伦理问题的系统分析。然而，这些理论并不能提供一种便利的解决方案。其中一个原因是，理论很多，但在特定情况下应运用哪些理论，这一点不那么容易确定。第二个原因在于这些理论是一般理论，在具体情况下应如何应用或解释，这点并不总是十分清晰。许多世纪以来，其中一些理论一直是哲学辩题。这一事实意味着对于这些问题不存在一致见解或最后定论。也许，最好是将这些理论视为证明你对某个问题所持立场是合理的手段，而不是最后或权威解答的源泉。

伦理理论示意图 100

由于有许多伦理理论，所以我们用示意图（图 3.1）来划分和表示这些理论。该示意图根据帕特里克和奎恩（Petrick and Quinn，1997：48）绘制的示意图编制。此处需要注意的是，与所有 2×2 四方格一样，图 3.1 是一个简图，目的是让你一目了然。示意图未表现作者深邃微妙的思想，因为在四分格中无法实现这一点。

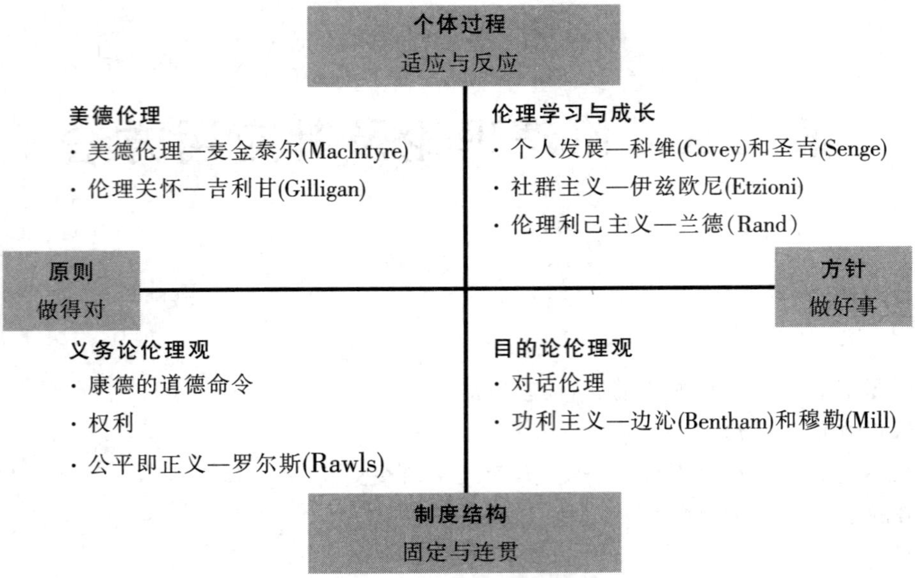

图 3.1 伦理理论框架图

图 3.1 中横轴上的两要素是方针和原则，这两个词取自德沃金(Dworkin，1977:22)论权利的著作。

- **方针** 指为实现未来目标，一般指改善某些经济、政治或社会面貌而采用的方法或行动路线。
- **原则** 指一种需要遵循的标准，不是因为它将使经济、政治或社会形势得以改善和发展，而是因为它是公平或正义或别的道德层面的一种规定。

图 3.1 左边的伦理理论根据预定原则和标准决定什么是对与错，不关心行动后果——“即使天崩，亦应行义”，这是《罗马法》的一句名言，1772 年被英国曼斯菲尔德勋爵(Lord Mansfield)在一个有关奴隶制的法律案件中引用。图 3.1 右边的理论认为我们衡量事物正当性的根据是，该事物是否将我们带入或使我们接近一种理想状态。图 3.1 纵轴上的两个对照点分别是个体伦理和制度伦理。图上半部分的理论强调个体通过获得判断力和自我认
101 知而使自身和所属群体发展的责任。图下半部分的理论关心的是发展制定一种固定结构与体制，它既独立于我们但又决定我们的原则并支配我们的伦理观念。

美德伦理

我们首先来关注图 3.1 左边的理论和伦理观点，这是基于原则的伦理观点。这并不意味着图 3.1 右边的伦理立场是无原则的，绝非如此。此处的“原则”指信念——遵循特定的行为方针，不受当事者左右或不因可能产生的后果而改变。对于采取这些方法可能导致的后果的这种漠视态度，就是它们有时候被归类于“非后果论”立场的原因。你将看到有时候这会导致尴尬和危险的局面。

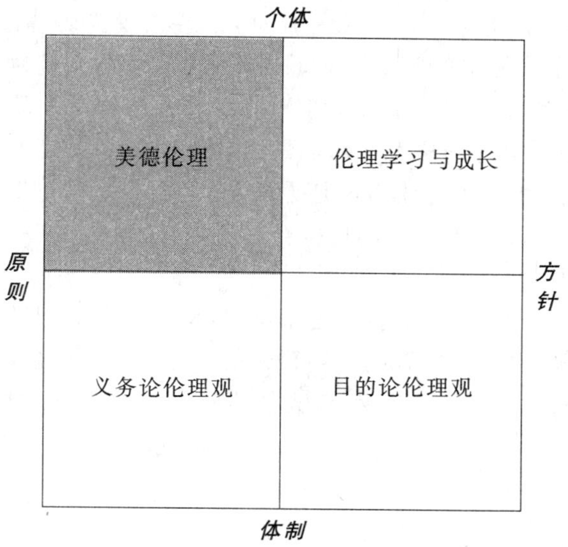

美德不是“终极目的”，而是“手段”。它们是个人品质，这种品质是个人度过美好、高尚或“幸福”人生的基础。尽管美德的概念随时间改变，然而说起美德，最容易使人想到的还是亚里士多德。他在世于公元前 384～322 年间，是古希腊最杰出的哲学家。道德人生的特征不仅本身经历了重大改变，而且用以描述具体特征的术语的含意也是差异的根源。

希腊语“因理性、积极的生活所带来的幸福”(eudaemonia)可译为“幸福”。然而，如麦金泰尔(MacIntyre，1967)指出的，该词在希腊语中其实含有行为得体、生活殷实的意思。在古希腊，其用法与享乐主义的幸福观无关，而与个人的行为有关，因而也与别人对这个人的感 102
觉有关。后者是个人幸福的基本要素。“美好人生”过去和现在仍然与“完整人生”联系密切，而且把个人置于社会语境之中。即使亚里士多德时代，社会结构等级森严，但在社会和政治精英内部，依然存在强烈的整体归属感。

反映其时代思想的亚里士多德十分推崇“伟大灵魂的人”。如你看到的，“伟大灵魂的人”所显示的美德，当时被视为美德的最高境界。在古希腊，同等的人的看法对于一个人的自我价值感至关重要。尽管个人是亚里士多德关注的焦点，但个人只是社会中的一个个体。麦金泰尔(MacIntyre，1967，1987)等社会评论家认为，自 18 世纪以来，自由主义一直将个人置于社会之外。在后面这种语境中，社会，说得好听，是各个部分的总和；说得直白些，正如玛格里特·撒切尔(Margret Thatcher)的名言：“根本不存在什么社会。”

美德伦理不是一个规则体系，而是一组个人特征，如果有了这些特征，将确保个人有可能在任何复杂的伦理情境中都能做出正确抉择。于是，对于受困于某种复杂伦理情境中而希望美德伦理成为其行动指南的个人来说，他们会问：“处于这样情境，一个有德行的人会做什么？”

亚里士多德的老师柏拉图确定了四种美德：智慧、勇敢、节制和正义。在亚里士多德看来，正义是最重要的美德，不过，他详述了许多可被视为美德的个人品质。这类品质如大方(有德行的金钱观)；耐性(有德行的反应——不被小事激怒)；友善(健全人格的善良德行)；大气、诚实、淡泊名利与机智。必须强调，这些美德并不被视为具有同等价值。原初的柏拉图式美德被视为是实现“美好”人生的重要品质，而其他美德则被视为文明生活的重要元素。为了理解美德的本质，我们必须理解美德是如何修炼成的，所以，我们在此引入“中道”(mean)这一概念。

对亚里士多德来说，在考虑人的个人品质时，那些被视为美德的个人品质反映在其和谐、中道的行为中。因而，在讨论人面临危险或重大挑战时的反应时，我们可以设想两个相对立的极端：一端是怯懦，另一端是鲁莽（如表 3.1）。这两种个人品质（亚里士多德所谓的“性情”）均不可取，因为这两个极端都有可能最终导致有害后果。面对危险，“高尚”或有“伟大灵魂的人”（在古希腊，人们永远认为这是男性）必将克服自身恐惧（即压抑怯懦感），但同时应避免鲁莽，因为鲁莽很可能减少成功机会。所以，这里需要一个中间点。在这个语境中，这个中道或性情，被称为“勇气”。

亚里士多德还认为谦逊（亚里士多德用来指“尊敬”或“羞耻感”）也可能是一种美德，但
103 是他又否认了它是美德，而把它只看成是年轻人的美德，是对年轻人轻举妄动的一种约束，
但他认为有德行的成熟男人不需要谦逊，因为他不应该采取让自己蒙羞的行动。

表 3.1 亚里士多德认可的道德美德[1]

语 境	缺欠之恶	美德（中道）	过度之恶
面临危险及重大的个人挑战	怯懦	勇气	鲁莽
身体愉悦	冷淡（无法感知身体愉悦带来的欢乐）	自制（知道何时、在哪方面自娱）	贪恋
财富	小气	大方（与慷慨有别）	恣意挥霍
金钱	吝啬	大气（懂得如何花钱）	浪费
自我观	懦弱	大气（必要时能感受并表现个人自豪感但不虚荣）	虚荣
自我承认	假谦虚	淡泊（做好事是为了自身利益，而不是为了使个人得到承认）	野心勃勃
受挫	失败主义	耐心	易怒
个人举止	谄媚（阿谀逢迎、奴颜婢膝）	友善	喜吵好斗
表达真诚	自贬	坦诚	自吹、虚夸
社交	愚拙	机智、诙谐	滑稽

在亚里士多德看来，具有“伟大灵魂的人”是大气的，大气的定义是具有恰当的自豪感或自制力（Aristotle，1976：153）。毫不奇怪，在等级森严的古希腊社会，亚里士多德认可的美德只适用于社会精英阶层。麦金泰尔援引麦克迈勒（McMylor，1994）的话说：

> 有些美德只适于达官贵人和上流社会，有些美德不适于穷人，即使这位穷人是自由人。而那些美德在亚里士多德看来是人生的核心。
>
> （McMylor，1994：103）

104 然而，财富并非一个品德高尚的男人的必备品。

> 品德高尚的男人最在意……荣誉；但是他也希望或多或少地拥有财富、权力以及各种时运。
>
> （Aristotle，1976：155）

在讨论对财富的正确态度时，亚里士多德以大方（中道）为美德。小气、吝啬是恶行的一

① 道德美德：亚里士多德将美德（德行）进一步分为理智美德（intellectual virtues）与道德美德（moral virtues）。

个极端，挥霍浪费则是另一个极端。然而，亚里士多德认为这两个相对的极端的不可接受性是不同的。在他看来，挥霍浪费不如小气吝啬那么讨厌。这种认为挥霍浪费略好于小气吝啬的看法有强调仗义疏财之意，但也不是说要视财富如粪土。

大气不等同于自贬或不适当的卑微。这些都被视为几近于恶。虚荣和自夸也是被视为几近于恶。为自己的过去和成就感到骄傲，这不是恶，只有那种不正当的自视过高的行为才不被认可。

> 如果一个人自视甚高，但他对自己的估计确实正确，那么这个人被认为是有高尚品德的；不恰当地估计自己的人才是愚蠢的，而有德行的人是不会表现得愚蠢可笑的。
>
> (Aristotle，1976：153)

这段话的要点是：是别人对你的评价决定了你的行为是虚荣的还是实在的。从某种意义上讲，一个人可能既虚荣又实在，但在亚里士多德看来，虚荣意味着一定程度的表现癖。一个人的成就或社会地位可以赋予表现癖以正当理由。在该语境中，虚荣与实在相对，与个人成就及其社会地位有关。

亚里士多德十分注重对正义的思考，但是古希腊的正义概念不同于我们今天的定义。我们在下文将要深入讨论，尽管大部分伦理观都包含古希腊的正义理念，但是伦理行为的认可标准却是时代的产物。亚里士多德虽然花费不少时间区分不同形式的正义，也只给了正义一个不太精确的定义，他再次强调了“中道”理念。

> 行事不公即一个人的拥有超过其应该拥有。遭受不公，指一个人拥有少于其应该拥有的，而正义是行事不公和遭受不公的“中道”。
>
> (Aristotle，1976：78)

正义，是伦理行为的根基。但是这个理念未得到普遍认同，在有关的论争中看不见妇女的身影，听不到妇女的声音。这一点令人忧虑。

挑战正义优先原则 105

在政治和社会地震的记录中没有提到古代雅典社会中妇女的角色。因此，亚里士多德表述的美德可以说是男性眼中的美德。如果参考心理学家的研究工作，会发现这是一个中肯的意见。譬如，我们后面将讨论劳伦斯·科尔伯格(Lawrence Kohlberg)建立的道德推理框架，他所依据的假定是：一种形式的道德推理是否优于另一种形式的道德推理，其终极考验是正义。在这个框架中，可以用正义作为决定标准，在相互对立的主张间做出艰难选择。科尔伯格在研究期间采用的假设情景呈现了他关于做出选择的研究，但是他没有找到折中方案。根据这种方法，只有一种主张可能成功，其余的都将失败。

科尔伯格的学生吉利甘(Gilligan，1982)不赞同将正义作为道德推理的首要决定因素。在科尔伯格的研究中，很少有女性的道德推理能力强于男性，致使她们未被划入科尔伯格发展阶段的最高层次。吉利甘认为，不应该把这个解释为女性推理水平较低——女性推理水平可能并不低，只是女性的推理形式常常有别于男性。据推测，女性早期的社会化过程(尤其通过观察自己母亲)鼓励她们寻求“中道”，她们不会把过失全部推给一方或另一方，也不把奖赏和赞美只奉送给群体的某一个成员。相反，在决定竞争、比赛或争论的胜负时，会有一种“每个人都有所得”的感觉。采取这种方法要着眼于中长期，也就是说，假如一个家庭打算培养亲和力，必须让各方都有机会得到与付出。在吉利甘看来，所罗门的智慧需要的不仅是应用“非输即赢”的正义来解决家庭争端。吉利甘的观点包含强烈的女性称之为“关怀”的智慧。

最近，南非曼德拉(Mandela)政府建立了“真相与和解委员会”，这是世界上用智慧来伸张正义的最佳范式。该委员会负责调查形形色色的暴行指控，让受害人讲出曾经遭受的痛苦与屈辱，也让个人、警方和军队供出在种族隔离年代对黑人和有色人群犯下的谋杀和其他残暴罪行。由德斯蒙•图图主教(Desmond Tutu)担任主席的“真相与和解委员会”调查审理了大量案件，聆听了千千万万受害者的控诉。他们要加害者供述和举证，但同时让加害者明白自己不会为过去的罪恶受到起诉。人们希望每个案件的真相将因此大白于天下(这对于痛失亲人的人来说是至关重要的一步)，国家将逐渐洗清耻辱。在这一过程中，将会避免潜在的复仇和血腥屠杀。真相与和解委员会的工作是否让每个人都满意已经没有实际意义，它代表着一种理解。正义，如果非要用一种报复形式(以眼还眼)来伸张，那将不符合南非人民的长远利益。

106 吉利甘对道德推理的情景做了研究。她在解释其研究结果时认为，重视“关怀”理念应该如重视正义理念一样。这不是说关怀(人们大多将其解释为“妥协”)产生于“息事宁人”的苟活哲学，相反，“关怀”反映在向前看的态度中，这种态度不仅提供了一种公正的解决冲突的形式(虽然不一定反映亚里士多德或科尔伯格式的“充分”正义)，而且为在主人公之间维持一种建设性关系带来了希冀之光，从而使未来的合作成为可能。这不是否认有时候应该排除其他考虑，细细评说个人功罪，以达到赏罚分明的目的。吉利甘认为，这样一种态度有时候无疑是适当的，但不是普遍真理。

如果我们按照亚里士多德的观点来思考这个问题，则可以采取图 3.2 的“中道”的理念。当进行活动 3.1 时，你也许希望考虑到这一观点。

欠缺之恶	美德/中道	过度之恶
僵硬地遵守	关怀/智慧	姑息

图 3.2　关怀与智慧的美德

变化的美德理念

对美德的定义很大程度依赖于其所形成和所依存的时代。正如麦金泰尔(MacIntyre, 1967:174)所言，

> 运用美德的时候总应顾及既定的社会道德生活面貌，美德必须据此定义和解释自身。

若干世纪过去了，我们能够发现什么应被视为有美德的行为在改变。

- 在荷马(Homer，大约早亚里士多德 400 年，其时充满敌意的对抗)时代，武士是人类美德与功绩的典范。
- 在亚里士多德时代的希腊，雅典城邦相对稳定，由享有特权的雅典绅士所体现的美德是那时最重要的美德。
- 根据西方观点，正如《新约全书》所反映的，基督教的兴起从根本上改变了对美德的定义。与亚里士多德相反，《新约全书》提出的善良形象是富人与权贵不可企及的。唯赤贫者及奴隶(在亚里士多的时代的雅典社会的底层)最高贵，他们比富人更有可能被视为有德行的人。

107
- 随着 18 世纪工业革命的到来，人们发现有些新的个人品质正变得有价值。如，本杰明•富兰克林(Benjamin Franklin)信奉清白、沉默、勤奋、守时、节俭以及许多其他美德，但

是它们通常出于功利主义动机(Mcmylor,1994)。

- 所罗门(Solomon,1993:207—216)认为诚实、公正、信任和顽强(有梦想且孜孜以求之)是现代公司管理者重要的美德。

亚里士多德和基督教有不同的美德观,但二者都认为手段与结果相关。不道德的手段不能因结果善而被证明为正当。如果一个善行的动机是恶,那便不是善行。譬如,为避免受苦而取悦于人。用亚里士多德的话说,有德行的人生应该允许个人发挥最大潜能以实现其目的。而践行美德,可以使这种潜能的发挥成为现实。因此,既要强调手段(美德),也要强调目的(终极善)。根据这一理解,手段与目的之间的关系是内在的,不是外在的。二者均在个人控制之中。

然而,对富兰克林而言,美德依赖于一些具体的功利打算。相比之下,得到社会认可的目的(其词义表达越来越物质化)没有善行重要。要了解什么会被视为美德,必须了解一个时代的价值观、社会结构和关键话语。

许多人难于将伦理与经济融为一体。从富兰克林的美德概念中,我们能找到这个问题的根源。富兰克林所表述的有些美德,可以通过最有效的方式实现:压抑个人权利,如沉默和勤奋。而另一些所谓美德,如守时、清白,主要不是因其惠及当事者个人,而是因这些美德促进了经济和商业效率。因此,尽管目的(守时、清白)对本人有益,但是在亚里士多德看来,不能被视为美德,因为驱动它们的,是对目的的追求,不是对手段的关怀。

活动 3.1

运用一种美德伦理观,简要分析案例 2.14(乔纳森·艾特肯事件)。

1. 你认为哪些美德最重要?

2. 有没有一种你认为是美德的个人品质这里没有论及,而它又可能有助于处理该案例提出的问题?

工具主义的一个问题是:它把人变成手段而非目的。这是伦理哲学发展史上另一位主要人物伊曼纽尔·康德(Immanuel kant)极其关心的问题。

义务论伦理观 108

康德伦理观

康德伦理哲学认为:行动必须受能够普遍化的原则的支配,运用这种原则时不考虑行为后果。此外,只有把行动当作义务执行,不期待报偿,这种行动在道德意义上才是正确的。根据康德的哲学观点,原则存在先天性,也就是说,在某种情境下该做什么,这方面的知识要根据一系列已确立的原则进行演绎推理来决定,是脱离决策细节而独立存在的,或者说,在考虑决策细节之前,便由已确立的原则演绎推理决定了。的确,根据康德伦理观,一项决定的背景与后果没有相关性。人们总以说谎为例来论证康德哲学的不变性。无论在什么情形下说谎都是错的。所以,在康德看来,即使说谎能挽救一条性命,也必须丝毫不差、无一例外地坚持讲真话。

在康德看来,只有纯粹基于义务意识的行动才具有真正的道德价值。康德所谓的“义务”,便是对问题“使道德行为正确的是什么”的回答。义务是围绕“绝对命令”概念被阐述的。

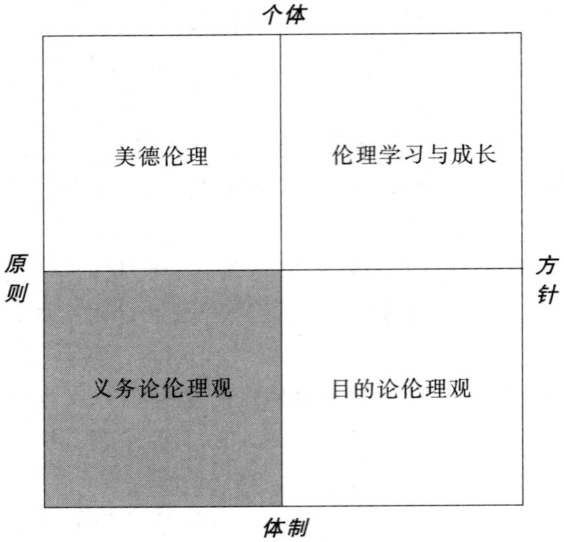

> ## 定　义
>
> **绝对命令**
>
> **绝对**意味着无条件(无例外)。而**命令**意味着指令,或者用康德的话说,是准则。因此,绝对命令是指必须毫无例外一律遵从的命令或准则。如果绝对命令在概念上是可靠和合理的,我们就能让世间所有理性人都愿意遵循这条特定法则。这就是可普遍化的概念。

109 《旧约全书》中的十戒是以绝对命令形式写成的,如,“不可……”,但这些绝对命令的可普遍化程度存在疑问。(我们将在下文讨论“不可杀人”这条戒命。)

康德认为,如果所有理性人,无论是作为行为的执行者还是接受者,或仅仅是观察者,都认为某种行为符合道德,那么这就是普遍化的行为原则。一个人对自己的处境浑然无知是一个令人关注的问题。我们在下面讨论约翰·罗尔斯(John Rauls)的思想时,会再回到这个话题。

“己所不欲,勿施于人”的“道德金规”是一个典型的绝对命令,是一项人们愿意将其普遍化的原则。肖和贝利(Shaw and Barry,1998)从千年来世界六种宗教的经文中确认了可作为语录的金箴训诲。

鲍威(Bowie,1999)为那些根据康德原则而组建的经济组织所提的建议中,有三项准则。

第一项准则是:可普遍化原则使市场交换行为有了道德基础。凡是违背了可普遍化原则的交换行为均为不道德的行为。这看似合理,但是必须记住:按照这条准则,一个允许他人剥削、伤害和欺骗自己的人,也会剥削、伤害和欺骗别人。鲍威讨论该问题时引用了卡尔(Carr,1968)的话,卡尔认为经济规则与道德与其他不同。卡尔说,

> 道德金规,社会理想的价值观,用作经济指导方针是根本不可行的。商人在大部分时间里处心积虑想对别人做的事情,却不希望别人“以其人之道,还治其人之身”……(纸牌)游戏要求不信任对家,它忽视友情,认为至关重要的是狡诈、欺骗、隐瞒实力和企图,而不是善心和坦白。谁也不会因为商业游戏的是非标准有别于我们社会主流的道德传统,而对商业做出更糟的评价。
>
> (Carr,1968:145—146)

持这种态度的还有帕瓦(Pava,1999)。帕瓦在谈及卢瑟尔·乌克拉夫(Roussel-Uclaf)制药公司案及该公司董事长爱德华德·萨其兹(Edouard Sakiz)时,引用了巴达拉克(Badaracco)的话。该案涉及流产药RU486。萨其兹欲将该药打入市场,但是一大帮有权有势的利益集团,包括卢瑟尔·乌克拉夫公司的大部分股东、多国公司赫斯特(Hoechst),均反对销售该药品。赫斯特有一种毒药(Zyklon B),曾在二战期间被纳粹用来屠杀犹太人。从那以后,赫斯特公司便承诺“全心全意致力于维护生命”(Pava,1999:82)。据称,萨其兹采取了一种狡诈迂回的高风险策略,迫使执行委员会在该药品推向市场的问题上投票表决,自己对这项决定则故意投反对票。这样做损害了非常希望该药上市的法国政府的利益,法国政 110
府威胁要将该药的生产权转给别的公司。这迫使卢瑟尔·乌克拉夫公司重新考虑其决定。萨其兹达到了目的,但现在“似乎是在政府的保护下干的”(Pava,1999:83)。帕瓦评述道,

> 萨其兹如愿以偿,他巧妙地避开了公开宣传其真实意图可能招致的危险。巴达拉克认为这种看似虚伪的行为其实是正当的,他说,政府领导者必须遵循一种“特殊的伦理规范”,这种伦理规范有别于他们的私人道德规范,有别于犹太教与基督教共同的伦理观。巴达拉克认为“只有天真的经理才会有别的想法”。
>
> (Pava,1999:83)

用康德哲学观对这种观点进行批驳,将避免后果主义的结论:假如撒谎和欺诈是普遍的行为规范,则经济不可能有效运行。因为康德拒绝将后果考虑纳入伦理议题。而康德哲学的批驳采取的是反证式推理方法——类似绝对命令的断言“永远说谎,永远欺诈”。假如大家总是说谎,总是欺诈,那么根本就不需要听人讲话了。对话甚至语言,将变得毫无意义和多余。所以,“永远说谎,永远欺诈”不可能普遍化。因为绝对命令产生于推演,如果有瑕疵,就会受到置疑。

鲍威的第二项准则是“尊重人性”。人们通常将其理解为人类要善待同胞,视人为目的而非手段。但是,鲍威的准则比这个解释更宽松,而且可能无法实现这一目标。鲍威认为,这项准则是员工雇用的道德依据。员工不再是商品。市场交易的每一位参与者——雇员、供应商以及所有持股人——都应该受到尊重。但是这里有一个先决条件:人不可能尊重商品。如果先决条件不存在,那么这项准则无法实现视人为目的而非手段的既定目标。对该项准则的最终考验是康德式的组织对其产品或劳务的需求急剧下降的反应。迫于人浮于事和经济形势的压力,企业为了生存而采取降低成本的措施,这时候,“人是目的而非手段”的哲学将受到严峻考验。可以对冗员表示尊重,比如,尽可能为他们提供最慷慨的解雇补贴,提供再就业咨询培训和面试技巧辅导等,但是最终,冗员就是冗员,因为他们已经被公司评价为一种(经济上)不合适的资源。他们最终还是手段,而不是目的。

只有在一开始便承认市场经济是这家“康德”式公司的生存背景,才可能解决上面那个难题。所以,我们是在市场动力与经济逻辑许可的范围内讨论康德的理念。在哪种情况下, 111
公司应优先考虑应付金融市场的短期压力以保护公司股价,而不是首先考虑为保护就业水平而接受较低的利润?任何对这种关系的严重偏离,都将要求改变企业与其重要投资者之间的现存制度安排。我们将在本章后面讨论利益相关者理论时深入探究这些问题。

第三项准则的意图是进一步最大限度减少或消除“把人视为手段”的指责。这个观点赞成道德共同体的准则——在工作场所拥有更大民主。例如,根据第一章多元主义的甲种观点,通过让所有雇员参与公司决策,“康德式”公司在面临严重市场滑坡时将寻求最公正的解

决方案，达成一种反映员工意见的“前进道路”。大多数人所赞成的是这个准则还是别的什么准则，这大概就要留给公司来决定了。

贝克(Beck,1959)和鲍威(Bowie,1999)对批判康德伦理绝对命令中的僵化性提出质疑。贝克认为，康德受到批评的部分原因在于他用来阐述其原则时所举的例子(康德认为即使说谎可以挽救一条无辜性命，依然应该讲真话)。有一条出路可以走出这个死胡同：为绝对命令创建等级。这样一来，“永远讲真话”的绝对命令就会在“说谎吧，假如说谎能拯救无辜者性命”的绝对命令的等级之下。根据严格的康德绝对命令理念，是否允许对绝对命令划分这种等级值得争论。为绝对命令划分等级的理念含有逻辑矛盾。假如绝对命令甲有时能被绝对命令乙推翻，那么绝对命令甲不可能是一道绝对命令，因为它不能普遍化。我们将在讨论“初确义务”时回到这个话题，但此刻我们将专注于某些著者和论点，这些著者和论点追求坚守纯粹绝对命令，但也提出了克服其僵化性的方案。

德·乔治(De George,1999)就拿出了一种解决方案。德·乔治所描绘的情景——如何掩护一名被奴隶主追捕的逃亡奴隶——讨论了“讲真话”的绝对命令。德·乔治认为，可以对奴隶主隐瞒实情，让奴隶主失去线索，这并不构成说谎。理由是，无论《土地法》怎么规定，奴隶制都是不道德的。奴隶主被判没有寻求相关信息的合法权利。根据这一解释，若寻求信息者没有寻求某条信息的合法(道德上可接受的)权益，那么隐瞒实情不是说谎。

这种理论认为，向不拥有寻求相关信息的道德合法权益者隐瞒实情，不仅是可以接受的，而且实际上也不算说谎。打听消息者缺乏道德合法性，便没有正当理由要求回答者像对待拥有道德合理权益的人那样讲真话。

112 康德的“讲真话”为绝对命令原则制造了许多问题。上面那些试图解决问题的百折不回的努力并不全都令人信服。无论告知对象是谁，无论说谎的理由多么正当，故意曲解所了解的实情，就是说谎。用纯粹康德哲学观来看，那个隐瞒事情的人除了揭发奴隶的藏身之地外，没有别的选择。然而如果根据普遍化标准来判断，保护无辜者的义务高于不说假话的义务，那么把说真话当作绝对命令一定是出了错。

于是，有关康德讲真话的例子的关键问题变成了这样：是绝对命令原则中有瑕疵，还是把讲真话当作绝对命令错了？虽然康德的确是把讲真话作为绝对命令的例子，但并不意味着这是一个适当或有帮助的例子。假如这个困境的出路就是索性拒绝把讲真话作为绝对命令的例子，那么新的问题又产生了，即：

(a) 可能确立一道绝对命令吗？以及

(b) 为每一道绝对命令考虑至少一个例外，从而使绝对命令可普遍化的声称无效，难道不可能吗？

譬如，你可以建议让“勿夺人性命”成为一道绝对命令。但是，当孩子受到致命威胁而向母亲求救时，母亲的反应会有道德错误吗？杀死攻击者可能是非预谋、甚至是非故意的，但是母亲绝不是丧心病狂的攻击者的对手，她应该如何保护孩子和自己？这不是说杀死攻击者是这个情境中唯一可能的后果，而是说，如果母亲最终刺杀或射杀了攻击者，那么绝对命令“勿夺人性命”的地位是什么？这是一个极端的范例，但是绝对命令是可以普遍化的命令，因此它必须能够经受这些检验。

罗斯(Ross,1930)等著述者已感到有必要发展一种更灵活的原则性思维形式，但仍坚持强调非后果主义理念。罗斯使用了一种叫做初确义务[①]的方法。

> **定 义**
>
> 拉丁语 **prima facie** 的字义是"初次印象"或口语的"表面似乎"。"表面证据"(prima facie evidence)是一个法律术语,指——除非或直到发现相反证据——足以推定事实真相的证据。因此,我们可以把初确义务定义为这样的义务,即,在一个人的实践中应该受到尊重的义务,除非或直到一个不同的、更需遵循的初确义务出现。

于是,虽然赞成初确义务的人会把讲真话视为一种初确义务,但是在一个讲真话很可能 113
导致无辜者死亡的情况下(如,透露一个无辜逃亡者的藏身之地),"为保护一个含冤者而说谎"的初确义务将高于讲真话的义务。

活动 3.2

运用康德哲学观,简要分析案例研究 2.19(医院保留死婴器官)。

1. 你能制定一道适用于该案例的绝对命令吗?
2. 初确义务会更有帮助吗?如果是,它们会是什么?

尽管存在上述的问题,康德与其他赞成"以原则为基础伦理"的人们相信,有一些原则如果以肯定的方式提出来,它们会是社会的基准。由于强调现代社会中的原子化个人,非后果主义者感到基于原则的伦理尤其适合现今社会。后果主义关怀的根本是正义和人权问题。这是我们即将转入的议题。

正义与权利

正义的理念贯穿非后果主义伦理,亚里士多德用了大量时间讨论正义的不同方面。亚里士多德的理解是特别的,他认为有着"伟大灵魂的人"能够受益于自己人生驿站中所经历的一切精彩。尽管如此,人权问题自亚里士多德时代以来已经取得了进步。《联合国人权宣言》(United Nations' Declaration of Human Rights)使人权普遍化,而不是仅限于人类的男性,更不仅仅是少数男性了。虽然亚里士多德可能认定机会不平等是正当的(并且在整个古希腊时期也是可以接受的规范),但是其他人对社会不平等问题却表示了更多的关切。贝利(Barry,1989:3)说:"在柏拉图时代,如在我们现在一样,任何正义理论的中心议题都是为人与人之间不平等关系辩护"。

18 世纪是充满政治动乱的多事之秋,一些涉及法国和美国政治问题的重要著作相继问世。托马斯·潘恩(Thomas Paine,1737~1809)和让·雅克·卢梭(Jean-Jacques Rousseau,1712~1778)的著述赋予了那些奋力从当时法国和美国统治者手中夺权的人们哲学上的正当理由。在英格兰,玛丽·沃斯通克拉夫特(Mary Wollstonecraft,1759~1797)受卢梭和法国革命激励,写出了被赫尔德(Held,1987:79)誉为"最不同凡响的社会政治理论"小册子《女权辩护》(*Vindication of the Rights of Women*)。沃斯通克拉夫特与潘恩和卢梭一样,认为自由与平等是相互交融的。她主张当时关于"人权"的辩论应该包含女权,然而,这显然只是 114

① 初确义务(prima facie obligation):也译"表面的义务",区别于实际义务(actual obligation)。——译者注

极少数人的观点。卢梭本人就轻视女权。佩特曼(Pateman)引用了卢梭在《爱弥尔》(*Emile*)中的评议：

> 女人生来就是取悦并服从男人的……她们必须从开始就带上枷锁……让自己服从他人的意志。
>
> (Pateman,1985:157)

沃斯通克拉夫特的书出版于1792年,可是直到1948年,一人一票原则才最终在英国确立,而瑞士妇女直到1971年才有选举权(Pateman,1985:5)。尽管人权立法方面近来已取得重大进展,但正义在概念与实践方面依然存在着问题。关于人权的辩论还在进行,其中许多辩论涉及经济组织。

对特定领域的政治哲学作一个简要回顾,至少可以让我们感受到人类实践与人际关系中权利概念那骚动绵延的历史。自由平等理念是社会正义的核心要素。我们即将集中(但不仅)讨论哲学家约翰·罗尔斯(John Rawls)以探寻当代思想。不过,我们先介绍自由主义正义与权利论的主要倡导人罗伯特·诺齐克(Robert Nozick,1974)。

自由主义者主张和赞成消极自由观,也就是说,自由主义者所信奉的基本原则是"摆脱束缚"的个人权利。其中最有意义的是摆脱政府在各方面的干涉,但不包括最重要的财产权保护制度,如,保护私有财产的警察和保卫领土的军队。根据自由主义观,除维护财产权外,几乎没有别的合法的政府活动了。个人的财产、才能、体征和智力的差异被认为是"天赋"的,从这个意义上讲,拥有这些东西丝毫不应该归功于社会或政治体制。既然如此,那就没有任何东西能否定其所有者的拥有权,或者这种拥有权的衍生价值。由于拥有或不拥有这些品质或特征而造成的"生活机会"差异,不应被视为政府因企图重新分配某些相关利益而进行干预的正当理由。

在自由主义者看来,只要一个人想做的事在法律允许范围内,那么,没有什么可以阻止这个人去实现自己的愿望。正是基于这一理由,税收(尤其是征收遗产税)成了一个争论不休的难题。根据自由主义观点,税收是政府违反本人意愿、强制从个人那里拿走的经济资源,而政府花费这些资源的方式也许并不满足或符合纳税人个人的愿望或价值观。

诺齐克提出"资格理论"(entitlement theory)一词来表达如下观点:根据自由主义的正义概念,通过合法和公正手段(虽然公正是一个模糊概念)获得的东西不可被夺走。这忽略了一个
115 事实:今天被视为不道德且非法的实践,如奴隶制,并非一直被视为不道德且非法,而在解释形成许多人生活机会的现行财富分配时,它们却代表一个重要因素。值得注意的是,诺齐克在他后来的著述中承认了与使用有问题的方法获得或失去资源相关的议题,他对自己的遗产观作了一点点修正,比如他认为应该"矫正"美洲印第安人历史上遭受的不公正。总之,遗产来源和生活机会仍然是辩论的中心议题。

资格理论试图为财产获得手段蒙上一层面纱,它认为,在接受教育、医疗保健和法律正义等方面的平等机会被剥夺与自由主义的正义概念无关,或者至少应该说,更大的不公是把富人"合法"获得的财产转移给穷人。如果对个人在自由社会能够获得的东西不加任何限制,那么改善自己的生活机会是每个人自己的事。

罗尔斯,正义即公平

罗尔斯的分配正义观与诺齐克不同。罗尔斯于1971年出版了一本书(1999年修订),对

与正义理论相关的辩论产生了重大影响。虽然罗尔斯没有说他的理论是日常决策的实用性理论，但他还是提出了一种规范法，用以确定一个正义的社会在他所描绘的“原初状态”(original position)下会是什么样子。原初状态提供了一个当代政治、社会和经济制度可以与之对比的参照点。我们必须据此决定，作为个人或社会，我们想对“应然”与“实然”这两种状态的差异尝试做些什么。

原初状态是罗尔斯的一个假设，它让我们每个人都可以不受经验和偏见之累，去设想一个“正义的”社会。我们按要求构想一个境况，在这个假设的境况中我们对自己一无所知。在原初状态下，我们不知道自己最终会拥有哪些区别于他人的个性特征(假定我们真的将被赋予某些特征)。此时我们不仅不知道自己最终可能拥有哪些天赋、哪些社会优势或劣势，甚至也不知道我们将身居何处，将受到哪种政治制度的管辖。我们不知道自己的族源；我们不知道自己将享有特权还是被剥夺受教养的权利；我们将聪慧还是愚钝？是男还是女？我们幼时将遭受猥亵还是将拥有田园诗般的童年？我们是高是矮？我们将患有严重先天残障还是将成为一名奥运健将？或者，我们将遇到最糟的还是最好的教育体制？这一切都被置于罗尔斯所说的那个“无知之幕”的背后，我们对此全然不知。

从对自己全然无知的状态出发，我们将回答一系列有关我们喜欢在哪种社会生活之类的问题。按照期待，我们应该运用自己对获得特权和精英地位机会的实际知识，来回答一系列与下列各方面有关的问题：社会、政治或经济管理、保健、教育、社会规范、财富分配与遗产、种族、性别与宗教平等、就业机会等。必须再次强调，我们在原初状态下构建的世界是一个这样的世界：我们不知道我们最终的归属。

面对这一挑战，罗尔斯认为理性人应该采取极大极小值(maximin)[①]策略。这个风险规 116
避策略的运作依据是，研究我们面前每一个选择对象中存在的所有最坏可能性，在确定了所有的最坏可能性后，我们再选择那个坏处最小的可能性。假定我们运气实在不好，我们做出的任何选择都将把我们打入社会的最底层，那么我们就选择那个可能使我们受益最大的方案。下面阐释这种方法。

无知之幕

你现在处于“原初状态”，你将要选择在其中生活的社会制度有封建、独裁、民主和无政府。你可以为自己选择的制度想象出一大堆结果。历史证明，在一个封建国家、独裁或集权国家，那些掌权者过着特权生活，而你也有享受特权生活的可能性。但只有少数人有望享受这种生活，其余人的生活大都很悲惨。在民主制度下，权力分配将充分得多，民主不仅是政治民主，还包含工作场所的民主。虽然享受封建或独裁制度下的奢侈生活方式的机会很小，但作为道德主体，行使自己权利的机会应比在其他社会制度多得多。无政府状态也许具有一定吸引力，但是无政府状态下的不确定性可能最终不会使你动心。记住罗尔斯的预料：你是一个精明的人，属于风险规避型个体。因此，罗尔斯假定，当你考虑面前的选择时，你会做出如下判断：如果你是公众中的普通一员(而且几率是90%～99%)，那么你生活在充分民主的制度下会比较好。

---

① 极大极小值(maximin)：博弈论用语，指在某一博弈中，局中人首先考虑他采取该策略后的最低支付，然后在所有最低支付中选择能得到最大支付值的那个战略。

有一种方法可以使罗尔斯的原初状态理性化，这就是将原初状态视为一种让我们每个人挣脱个人偏见与生活阅历的一种机制。这个机制能使我们摆脱不平等实际现状的枷锁，能够使我们专注于相信不受历史或命运扭曲的分配公正。

根据假定，原初状态中的个人不愿意落入一种令人不快的境遇中。罗尔斯由此提出，有两个指导原则将对每一种抉择的理由做出解释，这两个原则是：

1. 社会的每一个成员将被赋予同样的人权和政治权，以及

2. 社会经济不平等的存在须以满足以下两个条件为前提：(1) 在机会公正平等的条件下，保证所有的职位向所有人开放。(2) 它们必须使以往获益最少的社会底层成员从这种不平等中得到最多的实惠(Barry，1989：184)。

117 罗尔斯提出第二个原则，即差异原则，是因为罗尔斯并不是在主张每个人都可能或应该一样。他承认人之间存在智力、聪明、技能、体能等品质差异。然而，他认为这种对社会属性和天赋特性的专断和随机的分配是不适当的，这造成了有幸拥有聪明、体能、技能等的个人获得成功，而其余不大走运的人则受到伤害。因此，罗尔斯不接受诺齐克的资格理论。如肖和贝利所言：

> 罗尔斯的原则是：只有当经济上的不平等确实在事实上使以往获益最小的人群获益的时候，这种经济不平等才可以存在。
>
> (Shaw and Barry，1998：114)

在讨论个人特征和品质的差异时，罗尔斯认为必须设置适当的权变机制以应对由这些差异引起的问题。这些权变机制是在原初状态下确定的，建立在合作与尊重的基础上。

> 如果我们希望建立的社会制度使任何人若不给予或接受补偿优势，便不能从自己的自然资产的任意分配位置或他在社会的初始位置上获益或受损，那么我们就被导向了差异原则。
>
> (Rowls，1971：101—102)

于是，你将被问及诸如此类的问题：你更喜爱什么样的政治体制、教育制度和公司治理机制？提问之前(此时你对自己的境况仍处于无知状态)，你必须确认需要配置什么机制，以便在进行角色的最后分配时，能够把由社会个体成员之间和社会之间的差异所造成的最坏结果最小化。

你可能会在罗尔斯的理论中察觉出某种“精神分裂”(schizophrenia)，因为第一原则体现了强烈的社会主义平等主义的道德观，而第二原则明确提出基于市场机制的私利驱动行为。罗尔斯一直因这种“前后矛盾”而受到各方质疑。米德(Meade，1973)论道：

> 在我看来，理想社会应该是这样的：在这个社会中，每个公民形成了真正分裂的个性：在市场上表现自私，在投票箱前表现利他……只有通过这种利他的政治行动，社会的“贫困”才可能减轻，社会中的穷人才能减少。
>
> (Meade，1973：52)

罗尔斯也承认，我们可以合理期待大家能够帮助不幸的人，但期望值不能过高，他称这种限制为“限制承诺强度”。罗尔斯承认，这样做，将对处境最不利的人群向比自己更幸运的
118 人提出的要求设置界限。然而，罗尔斯的理论对个体公民的要求确实比自由市场理论家所

提倡的高得多。在罗尔斯看来，亚当·斯密那只“看不见的手”传递了一种枯竭的正义。激励得到承认，不过颇为勉强。正如贝利所言：

> 不平等不是理想的正义，但是……一旦我们承认需要激励，差异原则所允许的不平等就是唯一可接受的不平等了。
>
> (Barry，1989：398)

活动 3.3

运用罗尔斯观点，简要分析案例 2.3（南非抗艾滋药物及专利权）。

现在让我们聚焦当今使用童工的现象，以结束我们关于非后果主义伦理理论的讨论。世界各地使用廉价童工，驱使他们成为劳力，这件事由来已久且令人忧虑。儿童们处在“身不由己”的境地，成为成人（奴役者）的财产，他们的父母有时从奴役者那里得到一定报酬。最坏的例子包括利用儿童卖淫。童工（有时是奴隶）现象在世界一些地区至今依然十分猖獗，许多西方跨国企业因为产品，如名牌时装和休闲装，来自经营血汗工厂的公司而受到严厉批评，这些血汗工厂涉嫌童工问题，但并不只是童工问题。我们讨论过的各种伦理观，如美德伦理观、康德伦理观和罗尔斯观点，如何理解这种现状呢？

- 美德伦理反映的是在任何时代都被视为美德的行为。在这个语境下，我们必须记住：童工并不是从来就被视为社会痼疾的。童工是维多利亚时代生活中的正常现象。如果美德伦理观拒绝使用童工，那么必须明确主张平等，珍爱儿童及保护儿童免受剥削和虐待是高尚德行。由于美德伦理是针对个体人格品质的，所以，周围人对一个人的认知（从而强调社会规范的重要性）对判断其是否是“有德行的人”尤其重要。美德伦理不能让不合乎伦理、不道德的童工现象自动消亡。明确处理成人与儿童的关系，尤其是儿童权益的德行必须存在。
- 康德的伦理观不会含糊不清。尊重同胞，将心比心；己所不欲，勿施于人——这些理念将使剥削行为总的说来——而不只是针对儿童——成为不道德的行为。由于儿童易受伤害这一特性，所以更应该强调这些绝对命令的重要意义。
- 在童工这一语境中，罗尔斯的正义观依靠在原初状态下确定的参数。假定没有任何一 119
位成人在童年时代自愿遭受剥削、掠夺乃至猥亵，那么这些行为就是非正义和不道德的。

以上分析表明有关伦理理论的一系列非后果主义立场。不同的非后果主义观点有程度上的差异，但是它们的伦理推理倾向都与后果主义理论的推理倾向迥然不同。我们现在即将讨论后果主义理论。

伦理学习与成长

下面四方格右上格中的伦理理论认为，方针应该成为判断行为道德性的准绳，但这种目标只能通过间接方式实现，不可能直接通过政令来实现一个遵循伦理规范的组织的建立。执行总裁可以公布一部伦理规范，但这件事本身不会带来执行效力。必须通过鼓励伦理学习的过程才能间接实现这个目标，因为伦理学习的过程能够使人们自己决定采取遵循伦理规范的行动。

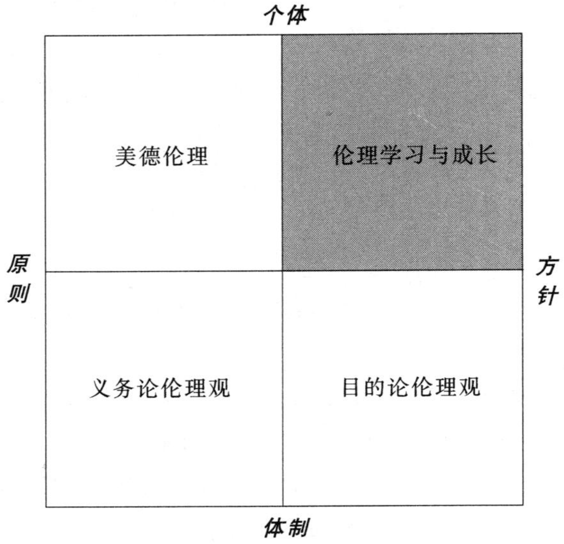

个人的成长与组织的学习

人们怎样才能发展并使自己更有成效？有大量文献甚至一个行业在对此进行探究。斯蒂芬·科维（Stephen Covey，1992）的《高效能人士的七个习惯》（*Seven Habits of Highly Effective People*）是其中一例。他提出的两个主题思想牢固地确立了他在图 3.1 右上格中
120 的地位。他提倡，“人应该一开始就心怀目的”（Covey，1992：97），含有明显方针路线倾向。他还认为，人通过深刻反省的过程培养自己的品德。他区别了品德伦理与人格伦理（Covey，1992：18—21）。品德伦理提出了有效生活的基本原则，如正直、忠诚、谦逊、勇气等。这些原则是人生必须遵守的硬规则。而人格伦理标准提出一种从公共关系理论中吸取的“快速解决办法”，目的是为了树立良好的个人形象，拥有从容与他人周旋的技巧。人们应该专注于品德伦理。

科维（Covey，1992：36）提出在情感、人际关系和品德形成等方面个人成长的“过程原则”。他认为这些过程不能被缩短，一定要经历一些必要阶段，人们才能实现更有效的人生。他认为这些经验不仅适用于个人生活，也适用于工作。他的这本《高效能人士的七个习惯》成了最受经理们欢迎的指南。圣吉（Senge，1990）在其书《第五项修炼》（*The Fifth Discipline*）中强调了个人学习的重要性，他认为这对于学习型组织的发展来说也是必不可少的。他强调，只有这样的组织才会获得成功。在圣吉看来，学习不仅是获悉有用信息的手段，而且是一种道德发展。他用一个生僻的希腊词“心灵的根本转变”（*metanoia*）（Senge，1990：13—14）来描述一个学习型组织应该追求的学习状态。“心灵的根本转变”一词为基督教早期的诺斯底派所用，他们视灵知（gnosis，即知识）为个人对自己与上帝关系的感悟。灵知包括通过对自我的真实认知产生的天生创造力（Pagels，1982：133—134）。圣吉的组织发展观类似于这种视学习为伦理和精神的成长的观点。

> 真正的学习将使人获得人生意义的真谛。通过学习，我们重新创造自己。通过学习，我们重新感知这个世界，感知我们自身与这个世界的关系。通过学习，我们延伸了我们的创造能力，使其成为生命诞生过程的一部分。
>
> （Senge，1990：14）

个人成长和学习不仅是学习如何使用一项新的领导权术或金融、经济的估量技术，而且是一个逐渐感悟自己伦理潜力的过程。学习变成了伦理目标本身。

活动 3.4

用学习型组织的观点，简要分析案例研究 2.25（凡世通轮胎召回事件）。

社群主义

自由主义观点认为个人比社会群体更重要，社群主义的伦理取向是对这种自由主义观点做出的回应。社群主义认为人生来就是社会的，他们只有归属于一个不断成长发展的社会共同体才能实现自己的道德潜力。通过对一个群体的伦理成长作出贡献，人们也成为有 121
伦理道德的个人。这些社会共同体可以根植于场所，如左邻右舍；可以根植于共同的群体记忆，比如移民社区，或者是各式各样的协会，如，高尔夫俱乐部、家长教师联谊会、教会等。社群主义的理念是，不同的社会共同体可以发展各自的价值观和道德原则。福山（Fukuyama，1993）在《历史的终结》（*The End of History*）中指出，自由主义主张民主的自由市场体制是一切社会的正确出路，但把这种主张普遍化的论点是错误的。接受特定论或相对论，对于我们在第十一章讨论国际经济伦理很重要。阿米泰·艾兹欧尼（Amitai Etzioni，1993）是最有影响的社群主义倡导人。

根据社群主义观点，凡是对群体成长及群体对自己负责的潜力加以限制的事物都应该受到谴责。对群体的这种限制可能来自左派，因为他们关心的是建立中央集权的福利国家以解决社会问题。限制也可能来自右派，这些人不明白在一个自由市场体制里，怎能容忍那些扶助家庭的弹性工时、产假和托幼设施等。

社群主义伦理观向企业、组织提出许多问题：

- 企业是否应该千方百计创造一个均质化世界，其中的所有人都消费同样的产品，拥有共同的价值观，而这会使行业的效率最大化？或者，企业是否应该通过产品与经营模式的多样化来满足不同社会为群体的需求？
- 企业和组织应在何种程度上为本地社群的成长和发展作贡献？企业和组织是否应该提供资源和管理技术，以鼓励自己所在社区的自助人群的发展？这种支持应该是慈善性质还是商业赞助的组成部分？从社群主义观点来看，发展“家庭友好”式的就业实践（Elshtain et al.，日期不详）十分重要。这些涉及企业公民身份的问题将在第八章讨论。
- 组织是否应该努力将自己创建成社群？福斯特建筑设计公司长期致力于设计和打造激励社区凝聚力、发展和谐主雇关系氛围的办公楼。他们设计的办公楼里有“街道”、咖啡馆、餐馆、游泳池和游戏区。员工描绘在这样的一栋楼里工作有“宾至如归”之感（Foster，2001：206）。商业竞争对组织的压力意味着这类设施通常被转化成更直接的生产设施。

活动 3.5

运用社群主义观点，简要分析案例研究 2.1（全国基金）。

122 **伦理利己主义**

约翰·斯图尔特·穆勒(J. S. Mill)赞扬那些愿意牺牲个人幸福以换取他人更大幸福的人。伦理利己主义者无法理解这样的行为。他们认为,一个人应该追求自己的利益,依靠自己的理性来完成确认和实现自我最大利益的任务。

伦理利己主义因艾恩·兰德(Ayn Rand,1905～1982)的小说在20世纪风行美国。我们在第一章已经谈及艾恩·兰德。她的伦理观叫做客观主义的伦理观。客观主义强调人的理性思维能力,认为用这种能力来感知世界,就会导向对世界的客观理解。而这种客观理解不会为那种认为一切知识只是意见的怀疑论留下任何空间。该理论的伦理观是,每个人都应该寻求自己的幸福,过一种独立的、有生产价值的生活,在这种生活中,各人的理性判断才是其唯一的指南。客观主义认为主要的美德是独立、正直、诚实、生产价值、交易和自豪感。它鼓励一种强大的自助信念,承认不能或不愿对自己负责的人必将承受后果,他们不应该期待国家或社会解救他们。个人不应该为他人牺牲自己,也不应该指望别人为自己做出牺牲。

我们将通过柯克帕特里克(Kirkpatrick,1994)对广告的辩护来阐释客观主义。他用客观主义理论反驳了社会对广告的批判,即批判广告能够被操纵并具有侵犯性。他的基本论点是自由放任的资本主义是善的,因为根据兰德观点,交易的原则是"唯一符合人的理性的制度"(Kirkpatrick,1994:28)。如果资本主义是善,那么作为资本主义不可或缺的广告也一定是善的。柯克帕特里克认为,把广告视为不道德是一种普遍错误,应归咎于康德。因为受到人脑先天结构的影响,人的理性,不能客观理解现实是康德的看法。若果真如此,那么人的理性将不敌广告的诱惑。他指出康德错了,兰德才是对的。客观知识可能存在,人的理性能够正确评估广告商传达的信息。至于指责广告具有侵犯性,他辩解道,客观事物没有内在价值,例如香烟本身不是坏东西;只是人们使用香烟的方式使其变好或变坏。假如香烟的内在价值不是不道德的,而个人又有自由意志,那么烟草广告商并没有欺诈任何人(Kirkpatrick,1994:80)。

对广告唯一的、必要的限制是制定一部反欺诈的普通法。不然,商人和消费者就变成主观法——即"人(或官僚)治"——的牺牲品,而不是"法治"的遵守者(Kirkpatrick,1994:51)。柯克帕特里克引用丹尼尔·布尔斯丁(Daniel Boorstin)的话说,广告是美国认识论,是美国人了解事物的方式。当然,只有当客观主义被视为客观真理时,柯克帕特里克对广告的辩护才成立。

伦理利己主义的难题是:私利会使个人在多大程度上放弃独立而去适从他人?柯克帕特里克认为遵守普通法应是退让的极限。17世纪时,霍布斯(Hobbes)在其论著中明确了关键问题。人们的才智和力量是非常相似的,所以

123 凡两人欲得同一物而不可,便会彼此成仇。他们的主要目的是自我保护,有时则仅仅是为了享受。为了实现这些目的,他们彼此都力图摧毁或制服对方。

(Hobbes,日期不详:81)

因此,私利会迫使人们

寻求和平,信守和平。如果别人也愿意或更愿意这样做时,一个人为了和平与自卫,会考虑有必要自愿放弃这种拥有一切的权利;他会满足于享有不受他人干涉的自由权,恰如他愿意允许他人享有不受他干涉的自由权一样。

(Hobbes,日期不详:85)

当然，如果用现代经济术语来描述，这个争论涉及一个人或公司会在多大程度上做出理性让步的问题。

活动 3.6

运用伦理利己主义观点，简要分析案例研究 2.21（医院顾问医生）。

目的论伦理观

图 3.1 最后一格的理论是目的论伦理观，结合行为的目的及为实现目的所必需的体制对行为进行分析。体制支配着对实现目的的行为的正当性进行评价的那些方法。这种理论

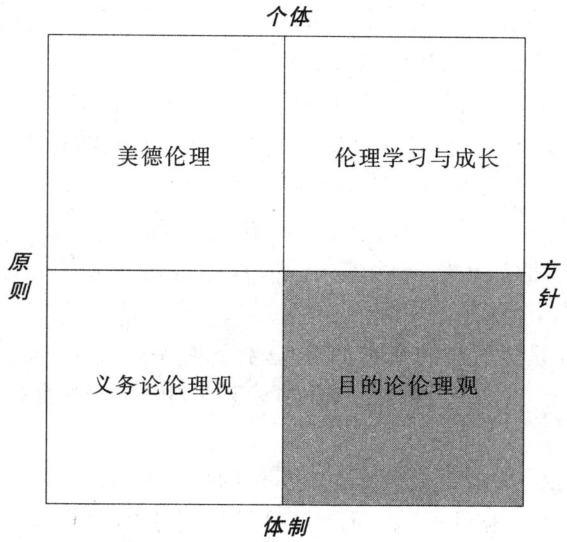

被称为目的论。目的论指行为的正当或善不是这个行为本身固有的特征，是否是正当行为 124
或善行只能由行为的后果来判断。因而这种理论有时被叫做后果论。

对话伦理学

对话伦理学是一种规范方法。伦理问题的最终解决必须要通过理性对话，对话伦理学讨论了对话方式。对话伦理学不规定什么是对与错，但是要确定争辩对错的方式是对还是错。传统的观念认为，争辩或修辞的过程是发现真理的关键。普罗塔哥拉(Protagoras)等认为，任何争论永远都有两个方面(Billig，1996：72)。这意味着对话不可能导致最后真理，因为对任何一个命题而言，永远都既有赞成的，也有反对的。如苏格拉底所述，普罗塔哥拉愿意承认虽然对立的论点都能够被表达，但是一些论点会比另一些更有用。争执和辩论能否导出关于什么是对错的真理或有用的陈述？这些古典理论与法庭辩论的重要性及修辞术的分类密切相关，它们现在仍保留在西方文化中。

一提起现代的方法，人们最容易联想到法兰克福批判理论学派的于尔根·哈贝马斯(Jürgen Habermas)(Pusey，1987)。哈贝马斯继承了康德哲学传统，所以他的理论或许不应该被划在图 3.1 右下框中。但是他认为知识是通过社会交往和对话得以发展的，并非如康德所说的不受社会与文化进程的影响，在这方面与康德决裂。哈贝马斯认为，

通过非强迫的辩论才能理性地解决分歧。在非强迫的辩论中，争论的任何一方都不向另一方施加压力，在这种争论中，只有论证的力量才是重要的。这就要求语言技能，而且也要求批判性地自我反省，在批判性地自我反省中，争论参与者在以下几个层面质疑自己的观点：

- 主客体关系——在这个层面上检验事实陈述的正确性，如检验“资产负债表账面不符”的陈述是否为真。
- 交互主体关系——在进行或倾听一个陈述时，这段陈述便在听者与说者之间建起一种社会关系。在交互主体这个层面上必须质疑一个问题：这种关系是否合法、真诚？如果“资产负债表账面不符”的陈述暗示听者有做假账之嫌，且没有证据，那么这种关系可能是不公平的，尤其当说者是听者的上司的时候。
- 主体与自身的内在关系——在这个层面上，说者必须考虑自己所说的话是否真诚或真实地反映了自己内心的思想和价值观。

这正是哈贝马斯称之为对话的有效性过程。将这些过程应用于组织中将会非常困难。
125 但是一些著述者已在尝试实施这些想法。有些人专注于辩论技巧。施雷尔和格洛本(Schreier and Groeben，1996)着眼于畅销书所给的建议——如何说服、影响他人，哪些表达诀窍是不公正的。他们要求一个专家组将84种辩论技巧划分为四个伦理类别，用以评定辩论是否合适。运用评定结果，他们能够确认一些规则或检验方式是评价一场辩论的伦理意义的标准。下面列举若干例子。

- 形式效力——论证是否逻辑严密？如，不选择那些只支持你论点的事例用作为论证。
- 真诚/真实——论证是否故意歪曲、违背或隐瞒真相？如，歪曲对手的论点或攻其一点，不及其余。
- 内容正义——对待对手不公正，将无法办到的要求强加于人。如，怀有偏见地攻击对手，对对手进行人身攻击或诬蔑，而不是只批判对手的观点。向对手提出相互非斥的要求。
- 程序正义——阻挠对方充分自由地参与辩论。如，不必要地使用专业术语，故弄玄虚，意在搞乱对方，使其犯错。

斯泰因曼和勒尔(Steinmann and Lohr，转引自 Preuss，1999：414)还提议通过对话形成对经济伦理问题的一致意见。他们简化了理想的对话的特点，以之作为评价实际对话的参考，如：

- 公正性
- 无强制性
- 无诱劝性
- 专门技术

宝洁公司(Procter & Gamble)组织了一系列的内部对话，讨论销售非处方感冒药的自我药疗问题，这时候他们有机会将以上指导方针付诸实践。另有人提议了辩论的规则与程序。这种情况在公共政策制定领域尤其常见。菲舍尔(Fischer，1983)用案例说明了如何通过伦理对话，将辩论术应用于公共政策选择的评估程序。他运用了规范逻辑方法，这基于对人们在日常对话和生活中讨论与决定伦理议题的方式的研究。菲舍尔得出结论：尽管缺乏最终的伦理真理，人们还是解决了价值观问题，他们的办法是：利用他们对情况的了解，根据经验知识提出问题再结合类似于律师办案的程序加以解决。

- 他们可能采取的不同立场或行动的后果；
- 他们还可以选择的其他立场或行动；
- 既有的规范、价值和法律； 126
- 事情的真相；
- 先于这些情况事实的环境条件；
- “人类的基本需要”。

人们能够为采取特定行动或立场构建可防御案例。根据一些哲学家的看法，这个方法站不住脚，因为它规定从“实然”描述中得出应然的决定。他们称这不合逻辑。

菲舍尔的回答是，为辩论拟定方针的目的不是为了确立最终价值观，而是通过不是固定在某个永恒价值观中的严谨的程序来形成一个实际的解决方案。

承上启下

这个观点在哲学里被称为“自然主义谬误”（深入讨论见页边码第437页）。菲舍尔从实用主义观点（解释见页边码第161页）出发做了辩答。

至此，我们讨论的问题一直聚焦在如何公正、开放地辩论伦理议题。然而，谁应该在辩论中发出声音？这也是一个同样重要的伦理议题。如果把视线投到利益相关者理论在伦理议题的应用上，我们便能很好地思考这个问题了。利益相关者理论指出，每个组织都能够识别出：

- 受组织行动影响的利益相关群体，
- 能够对组织行动产生影响的利益相关群体，或
- 其福利与组织的行动密切相关的利益相关群体。

也许有必要为识别利益相关者再补充一项合法性标准。怀萨尔（Whysall，2000）指出，商店扒手的得益可能受零售商行动的影响，但那不会使他们成为合法的利益相关者。

唐纳德森和普雷斯顿（Donaldson and Preston，1995）提出了利益相关者管理作用的四种观点。

- 描述——利益相关者理论描述组织是什么，即组织的本质是彼此相连的利益群体契约集合体。
- 工具——即，如果组织采纳利益相关者管理，那么在其他条件相同的情况下，组织将比那些不采纳这种管理的组织更成功。
- 管理——利益相关者理论使管理者能够确定问题的选项和解决方案。

但是支持以上三个作用的是第四个作用，即规范的作用；利益相关者理论能够用来为组 127
织营运制定道德或哲学指导方针，尤其是它会迫使组织对自己行动的影响做出广泛的伦理评价，也就是说，除了考虑组织行动对账户损益的影响，还要考虑组织行动对共同体（社群）的影响。怀萨尔举例说，有些零售商向富有的顾客打折销售在第三世界的血汗工厂中制造的商品。传统的管理方法只考虑公司及其顾客的利益，但利益相关者理论还需考虑经营模式对劳动力、共同体和国家政府的影响，以及对活动者和游说者的影响。

活动 3.7

用利益相关者观点简要分析案例研究 2.11(英国铁路公司:轻重缓急、利润及治理)。

功利主义

功利主义理论将效用,即,最大幸福原则视为道德的根本。功利主义认为增加幸福的行动是对的,而减少幸福的行动是错的。或者,如提出功利主义的 18 世纪的哲学家杰里米·边沁(Jeremy Bentham)所言:

> 最大多数人的最大幸福是道德与立法的根本。
>
> (Bentham,1994:142)

“功利主义”不是由边沁,而是由 19 世纪的约翰·斯图尔特·穆勒(John Stuart Mill)提出的。由功利主义引出的一个很有意思的问题是,“什么是幸福?”绝大多数哲人殚精竭虑地想说明幸福不单指肉体快乐。正如穆勒所说,“宁做不满足的人,不做心满意足的猪”(Mill,1998:140)。较高级的快乐优于较低级的快乐,这是长久以来西方伦理学的一个主题。圣·奥古斯丁(St. Augustine)承认,世俗的快乐本身不是坏事,但世俗的快乐不足以构成美好人生。他认为肉体、物质世界只不过是人生经历的一部分,必须在更大语境中去理解这个部分。在持同样思想的穆勒看来,功利主义并不仅仅与物质和肉体的快乐有关。

功利主义用计算方法研究伦理学。它假定幸福的数量和质量是能够被计算的。边沁(1982)认为幸福具有下列特征,在衡量幸福时应考虑这些方面:

- 强烈度。
- 持续性。
- 128 确定性——产生幸福或痛苦的可能性。
- 范围——受影响的人数。
- 时间的远近(接近性)——眼前的快乐或痛苦还是未来的快乐或痛苦。
- 延展性(繁殖力)——这个行动会带来进一步的快乐吗?
- 纯度——是纯粹的快乐还是夹杂着痛苦的快乐?

在经济语境中人们常常假定,将幸福最大化如同将利润或投资回报最大化。说白了,利润增长将使某些人产生幸福感。但是为了正确应用功利主义原则,人们必须考虑这样的可能性:源自利润增长的快乐是以他人的更大痛苦为代价的。穆勒(Miu, 1998:151)指出,秉持功利主义原则的人大多数时间里只关心一己私利,当这里提到的“人”是一家企业的时候,情况倒不一定如此。

成本效益分析是功利主义天然的工具,因为它不仅计算企业的直接成本和效益,而且也计算外部成本和效益。根据经济学的定义,外部成本和效益是不反映在产品价格中的社会成本和效益,因为“外部”不为组织直接增加积累。当人们吸烟时,他们生病的可能性比不吸烟的人大,因此增加了保健成本。但是保健成本并不反映在香烟的直接成本中,因为医疗费用不由烟草公司支付。然而在美国,烟草公司若在吸烟的有害后果方面误导消费者,法院将判决该公司赔偿国家为治疗由吸烟引起的疾病而支付的成本。这时,外部成本转换成了公司的直接成本。

定 义

成本效益分析 是一种项目评估方法。项目的成本与产出将由此得到确认。如果在一段时期内，一定的投入带来了产出，那么成本和效益就会被计算。如果效益大于成本，则项目投资是理性的。例如对穷国的一项疟疾控制计划进行评估，显然，这是使人民广泛受益的计划。许多生命将得到拯救，人口健康状况将得到改善。但是这些益处是无形的，难以用金钱来衡量。也许会有人认为这样一个项目的成本是容易确定的。确实，有些成本，如劳动力和灭虫剂这类成本是容易计算的，但更多的成本不那么容易计算，譬如，因为更多儿童存活并足够健康，因而需要接受教育，所以教育成本会随之增加。

成本效益分析所依据的前提是计算公式中的两个要素都能用货币形式来衡量。为此， 129
必须设定一些条件。兰布尔等人(Lambur et al.,2003)所作的调查证明了这一点。调查问题：学校营养健康教育计划创造的利益是否比成本大，因为它通过改变儿童的饮食习惯而使他们更健康，更不易患病。这个计划的成本是有形的，可测量的。可以预见的三个主要效益是：

(1) 直接有形效益——储蓄，人们若不改变饮食模式，可能会患病，因而会增加治疗费用。这种效益可以用金钱衡量，因为医疗成本是可知的。

(2) 间接有形效益——额外的经济生产力，通过预防或延缓疾病发作而实现。

(3) 无形效益——这些效益如生活质量改善以及与健康饮食相关的自尊改善。所有的成本效益分析师都只是列出无形效益项，但并不对此进行定量分析。

分析师必须就如何进行分析做出进一步的和技术的选择。有三种选择：

(1) 成本/效益比。这是每支出一英镑/(美元或欧元)产生的效益的货币价值。如果比值大于1，则效益超过成本。

(2) 贴现率。把未来某时的支出和收入按一定的折扣变为现值。因此，在成本效益分析中，必须选择一个比率来折算未来的收入。

(3) 净现值。是指一项计划预期流入的现金的现值与实施这项计划所需的初始现金支出之间的差额，按一定的贴现率折算。这样一切成本和效益都可以用现值来表示。

在这份调查中，人们认为成本/效益比是适当的方法，且发现每支出一美元产生的效益的货币价值为10.64美元。但这种分析中有两个问题：

(1) 计算时必须做出许多假定，省去许多变量，致使人们对结果的有效性存疑。

(2) 从上述案例可看出，虽然成本效益分析显示这笔开支是值得的，但是并不显示能否承担开支，也不显示与其他计划相比，该计划的优先性是什么，除非运用简单标准：优先性只根据成本/效益比来确定，即比率越高，越优先。菲舍尔(Fisher, 1998)认为，确定优先性是一个更复杂的问题。

设计成本效益分析的目的是针对一种功利主义的危险：组织寻求使“某种利益”最大化，而不寻求使“善”最大化。比如，英国国家卫生署代表政府制定了减少候诊名单的目标，旨在
使“某种利益”——收治病患人数——最大化。但是许多医院通过收治患小病的人实现了这 130
一目标，因为小病可以快速廉价地治愈。这些医院把需要长期治疗和难治的病人放在候诊名单后头，显然未能使“善”最大化。

说到公共政策，很明显必须考虑公共功效，而不是仅仅考虑私人功效。克姆(Kemm，1985)在一次讨论食品政策的伦理观时用了功利主义的方法。对通过调节、便利政策(如，对食品进行差别课税)和教育来改变大众饮食习惯中所涉及的伦理问题，克姆很感兴趣。他主张，如果一项政策产生的有益后果比有害后果多，那么这项政策就是合乎伦理的。但是他关于决策者如何分析问题的建议，则清楚地暴露了成本效益分析等技术手段的局限性。

克姆强调了在评定政策后果时主观思维与客观思维之间的内在联系。该过程的三个阶段是：

(1) 确定一个后果内在的好或坏。这是主观价值判断，譬如，在陈述“结肠癌比牙斑糟糕”时，就包含主观价值判断。

(2) 测算实现理想的结果的概率。这是一项科学客观的活动。

(3) 通过估算结果的概率来评定确定性。这是判断问题，而不是测算问题。

说明主观要素可以引用上面第一条中的例子。对人群的功效的关怀使主观判断变得困难。譬如，大多数人的中等利益与少数人的巨大损害相比，孰轻？孰重？薄煎饼强化面粉有益于多数薄煎饼食用者的健康，但是对极少数维生素 D 过敏者来说，这种强化面粉[①]可能会引起严重的维生素 D 中毒。事实上大多数人并未意识到自己是强化粉的受益者，伦理问题可能因此变得更加严重。再举一例，如果食品政策使饮食中的纤维量增加，这将有益于大众，因为增加纤维摄入量可防止憩室炎。但是多数人不懂这个好处，那些因此而患肠胃胀气的人却会怀疑自己已经受害，尽管肠胃胀气并不要紧。

> 多数人会认为，如果能为绝大多数人带来较大利益，可以忽略因此对极少数人造成的极小伤害。
>
> (Kemm，1985：291)

有一种对功利主义的批判是：功利主义与公正不相干。如森(Sen)所言：

> (功利主义的)麻烦在于，个人功效之和的最大化与这个总和的分配毫不相关。
>
> (Barr 引自 Sen，1985：177)

131 如克姆(kemm)列出的后两条那样，预测未来后果是功利主义的普遍困难。如果人们不能准确预测特定行为的后果，那么几乎不值得费力去权衡预期的快乐与痛苦了。常识和墨菲定律(Murphy'Law，凡可能出错的，准会出错)都告诉我们，不可过高估计人的预测能力。心理学有证据表明，人在做预测时过度自信。费朔夫、斯洛维克和李奇顿斯坦(Fischoff，Slovic and Lichtenstein，1977)向人们提出了一系列的知识性问题〔如，苦艾(absinthe)是指(a)烈酒还是(b)宝石?〕，结果发现，当人们百分之百肯定自己给出了正确答案时，其实只有80％的正确机会。

我们到目前为止讨论的功利主义被称为行动功利主义，它计算从某特定行动中获得的纯粹快乐或纯粹痛苦。行动功利主义带来的一个实际问题是：它要求的计算太多太复杂。让我们来考虑一项决定：某公司为降低成本免于破产，应否裁员 25％？表 3.2 展示了需要用到的计算方法。例子是虚构的，数据是编造的，本表的目的是解释所需计算的性质。

---

① 强化面粉(fortifying chapatti flour)：强化了面粉中的维生素 D 含量。

计算的第一步是确定受裁员决定影响的利益相关群体以及他们受影响的方式。下面是各利益相关体做出的选择(不过无疑还可确定其他群体的选择)。

- 公司的持股人。假如公司破产,他们面临投资资金的损失。假如裁员能够挽救公司,那么他们的投资便得到保护,而且他们未来的投资回报甚至会略有提高。但即使公司免于破产,这种情况也会增添他们对公司长远未来的担忧。
- 经理人将不得不决定哪些员工将被解雇,还得亲口告诉员工他们失业的消息。这将引起有些经理的焦虑,因为他们不喜欢给他人造成痛苦。但是有些经理将从这一事件中获得心理提升,因为这将证实他们的自我形象:他们是坚强的经理人,能够做出艰难的决定。
- 那些保住工作的员工会有一种如释重负的感觉,但这也许会被一种内疚感抵消:自己虽保住了工作,但是朋友和同事却丢了饭碗。他们将对长期保住工作缺乏信心。当然,对仍能拿到薪水,他们很高兴。在这些情感的冲击下,他们可能会更努力地工作。
- 被裁减的员工会遭受某种程度的精神创伤,会失去自信。一些人会很快找到更好的新工作,或者发现不为别人打工的另一种生活方式令自己更舒心。这些人会因被裁员而快乐。那些只找到一份更坏、报酬更低的工作的人,或者那些找不到工作的人就只能忍受痛苦了。
- 那些失业者的家人也会受到一些精神和经济方面的冲击。他们会变得更加紧张,而且 133
也没钱去度假以缓解压力。
- 最后,纳税人可能还得为那些失业者支付额外的社会保障金。

下面两项任务包括确认可能受裁员冲击的利益相关群体的人数以及他们受冲击的概率。其中有些群体人数众多。例如,英国有 2,940 万人缴纳所得税,可以肯定(概率 1.0)对于裁员造成的额外的社会保障支出,他们都必将承担一定比例。其他群体较小。在这个虚构的例子中,只有 150 名经理不得不做出裁员决定。虚构的公司中有 80,000 员工,而裁员 25%会导致 20,000 人失业。根据表中估计,被裁员工中的 90%将遭受心理创伤;15%将找到更好的工作;50%会接受一份不如以前的新工作,而 35%将无法重新找到工作(设被裁员工为 100%)。

计算时还需要有快乐和痛苦的测量单位,我们必须发明一个。在保健成本效益分析中,卫生经济学家们创造了一种测量单位,叫"质量调整生命年"(quality adjusted life years—QALYs)(Gudex,1986),用来测量医药和外科手术干预的结果。基于类似原则,我们创造了新的测量单位——JOLLIES(Judged, outcome leverged, Life Improvement Expected Sum,我们承认这有点玩笑性质)。当 JOLLIES 为正数时,表示快乐,数值越大,越快乐。当 JOLLIES 当负数时,表示痛苦。在表 3.2 中,我们对裁员引起的 JOLLIES 进行了测评。有的后果很严重,有的不大严重。例如,因为纳税人很多,所以个人为支付额外社会保障开支不得不多纳的税额很少,少得几乎难以觉察。因此给个人造成的痛苦也很小。

132

表 3.2　功利主义者对一家公司为免遭破产而裁员的效用计算

利益相关者	影响正面(＋)负面(-)	产生影响的概率	每个人的快乐或痛苦(JOLLIES)	可能受影响的人数	强烈度与持续性(1～5)	时间的远近(1～5)	纯度(1～5)	延展性(1～5)	总计(以百万JOLLIES)
持股人	破产得以避免(＋)	0.6	5	2,000,000	2	5	3	1	66
	收入增加(＋)	0.4	3	2,000,000	2	3	4	2	26.4
	担忧公司长远未来(-)	0.7	-2	2,000,000	3	1	2	3	-25.2
经理人	解雇员工带来的心理痛苦(-)	0.7	-20	150	3	5	2	2	-0.0252
	发现自己能做艰难决定的心理受益(＋)	0.3	20	150	2	5	4	4	0.0135
保住工作的员工	如释重负(＋)	0.5	30	60,000	2	5	1	4	10.8
	仍能拿到薪水(＋)	1.0	50	60,000	2	5	1	3	33
	工作更努力(＋)	0.6	5	60,000	3	5	1	3	2.16
	内疚感(-)	0.7	-20	60,000	2	4	3	2	-9.24
	担心未来失业(-)	0.3	-10	60,000	4	1	3	4	-2.16
被裁员工	心理创伤(-)	0.9	-50	20,000	5	5	4	4	-16.2
	迅速找到更好的工作和生活方式(＋)	0.15	100	20,000	3	3	5	4	4.5
	新工作比原工作坏	0.50	5①	20,000	4	2	1	4	0.55
	找不到工作,收入受损(-)	0.35	-100	20,000	5	5	5	5	-14
被裁员工家人	对失业员工的家人造成心理和经济冲击	0.8	-40	50,000	3	5	2	4	-22.4
纳税人	支付额外的社会保障金,收入减少	1.0	-0.001	29,400,000	2	2	3	1	-0.2352
				JOLLIES 的汇总				总计	53.9631

① 原文如此。——译者注

定　义

效用

在经济学里,从一个行动——主要指商品和劳务——中得到的幸福或满足被称为效用。这是我们曾经开玩笑说的"JOLLIES"的正式表述方式,行动的范围比商品和劳务的供给更广泛。效用当然是难以测量的,经济学主要是以能够测量的偏好为基础。说得简单一点,就是虽然没有客观方法可以测量我喝一杯伏特加的幸福感,但是可以测量我的偏好是龙舌兰还是伏特加。所以,我们虽然无法测量饮料带来的幸福的量——这是功利主义要求的,但是可以排列偏好的次序,即使我们不知道分隔偏好的"幸福鸿沟"(happiness gaps)。

另一个解决效用测量问题的经济学方法是用钱作为替代量度单位。换言之,我们可以假定,我们拥有的钱越多,越能使自己处于幸福的位置。这个假定是许多成本效益分析的基础,因为它把不能直接测量的事物纳入了正规经济分析。问题是,人们对幸福感与金钱 134 的确切关系颇有争议。人们普遍认为它们之间不呈直线关系。财富带来的快乐的边际增加量随着财富的增长而减少,而且它们的关系形态也从未得到证明(Lane,1995:276—278)。

需要做的第一步计算是:用受影响者的数量乘以他们受影响的概率,然后再乘以每个人的JOLLIES,以确定由裁员引起的快乐与痛苦的量。但这不是计算的结束。我们知道,快乐与痛苦有着不同的性质(强烈度、持续性、确定性、范围、时间的远近、延展性及纯度。见页边码第127—128页)。快乐和痛苦的初始量必须用这些性质因素进行加权。表3.2中的各性质因素均用5级记分评定,1表示非常低,5表示非常高。试举几例。

- 强烈度与持续性。股东因免于破产清偿而感到宽慰的强烈度和持续性明显,但是随着继续为新的问题操心,他们的宽慰感不会持续多长。而裁员决定对那些被裁人员的心理冲击可能是强烈的、持续的,所以记5分。
- 时间的远近。快乐或痛苦的感觉是立即产生的还是在未来才出现?这是接近度涉及的问题。经理人由于确信自己是坚强的经理而产生的心理受益出现在决策时间附近,相反,裁员的心理冲击只会在家人被裁减后的某个时候才会出现。这里涉及的指导原则类似折现现金流——未来的快乐或痛苦的权重小于立即体验的快乐或痛苦的权重。所以在这个计算中,未来的快乐与痛苦权重较低。
- 纯度。与快乐与痛苦夹杂的程度有关。保住工作的人感到的快乐会与朝不保夕的焦虑相伴,所以纯度得分低。那些被裁员后找到更好工作的人将体验相对纯粹的快乐,所以记5分。
- 延展性。与一个行动带来的未来快乐或痛苦的广度有关。失业者的心理压力在未来可能给他们造成更多问题,所以这个记分应该高,而投资者典型的短视意味着他们得到股红增长的快乐不会为未来带来多大快乐,因为他们渴求着下一次奖励。

在下一步的计算中,JOLLIES的初始总量乘以加权因素之和(为便于计算,再除以一百 135
万)。由于功利主义分析的目的是对行为造成的痛苦总量与快乐总量进行平衡,最后合计为JOLLIES的总数,记住,为得到"净影响",痛苦应记为负JOLLIES。如果结果为正,则快乐大于痛苦，行为合乎伦理；如果总数为负，行为会导致痛苦而不是快乐，此行为不合乎伦理。在表 3.2 中，总数为正数，所以裁员是一个合乎伦理的行为。

在表 3.2 中，我们编写了一个简单的 Excel 表格来进行运算。编写一个小程序提示用户做出判断，然后再运算，这个工作并不太难。但例子也显示了这种伦理方法的局限性。

- 如果将全体利益相关者和一个行动可能对他们造成的全部影响都包括在内，那么数据和计算矩阵会变得很大。例子忽略了一个明显的影响：裁员 20,000 人对当地企业和经济造成的冲击。
- 由于人们不善判断行动的后果，所以第三栏中的概率数字很可能有误。
- 设立快乐和痛苦的测量单位存在许多问题，因为快乐和痛苦在本质上是主观的。先前提到的“质量调整生命年”(QALYs)用了一个“痛苦和变动矩阵”来做评定和大型抽样调查。真实的测量单位如“质量调整生命年”或虚构测量单位如“JOLLIES”只能给出特定事件带来的痛苦或快乐的均值，却不能捕捉个人的体验。
- 测量快乐和痛苦的尺度也是主观的，因此将遇到评分者间的可比性问题；换言之，不同评分者会做出不同的评价。总的问题在于很难得到精确和一致的数据，以便输入和计算。这意味着，每个数字都有很大的边际误差，如果用数列的一端进行运算，算出来的行动可能是合乎伦理的，但如果用另一端的数据进行运算，则可能算出行动是不合乎伦理的。

承上启下

经理人似乎不可能每当必须做出决策时，都去完成这么复杂的计算。但是，心理研究显示，他们采用一种直觉的探试法可以降低决策的复杂性并限制搜集相关信息的量。决策过程中的试探是第五章的主题。

有些著述者尝试通过提议“规则功利主义”来克服这一困难。这种方式关注特定行为规则带来的快乐与痛苦的总量，假如遵守一条规则能够产生最佳结果，那么这条规则就是最佳
136 规则。但是该方法未必使问题变得更简单。人们在遵守“你应该永远信守诺言”这条规则时很可能会有太多的例外，以至于这条规则绝不比行动功利主义简单。

有人进一步批判功利主义含有独裁倾向。我们可以通过 19 世纪初对东印度公司在印度各省的税源和征税机制的辩论，来阐明这一倾向。约翰·斯图尔特·穆勒之父詹姆士·穆勒(James Mill)当时处在辩论的中心，边沁哲学通过他而成为那场辩论的主题。功利主义者认为，东印度公司有责任决定国家税收的最佳花费方式。霍尔特·麦肯奇(Holt Mackenzie)在 1820 年辩道：

> 将国家 9/10 的收入作为公益基金，我想，政府也许理当被视为已承担了以下庄严义务：应该比以往任何时候更充分地考虑自己该如何支配这笔基金，以便使其产生出**最大幸福。**
>
> (Stokes，1959：113)

在这些功利主义者的思想中，存在明显的独裁和家长倾向。这些人相信自己担负着改造印度的使命，而这一使命只能由一个强力政府来实现，他们决定国税该怎么花。功利主义者希望有强权人物出现，此人不仅能够谋算国家的幸福在何处，而且还能采取必要措施实现这一幸福。这样的思想脉络可在边沁本人的著述中找到。边沁在其书中提出，经理人的意志不应被体制的或流行的手段操控(Stokes,1959:72,79)。这种思想脉络也容易在那些把管理变成效用判断的企业和组织中生根。

尽管有很多对功利主义的批评，但其核心思想却常见于经理人员所谈的“经济案例”中。他们的观点是：如果一件事该做，是因为这对企业有利；人们并不总考虑是否对更广大社会有利。

活动 3.8

运用功利主义观点，简要分析案例研究 2.9(为多样硬化症患者提供新药)。

应用伦理理论

伦理理论很多，即使你认为有些理论太琐碎、太玄乎而不愿相信，仍有若干理论可供应用。这就向希望从伦理理论出发思考问题的人提出一个问题：你在思考的时候，应该运用全部或若干理论，还是应该只采用看来最适合解决你手边问题的一种理论？帕特里克和奎恩指出，那些盲目迷恋一种伦理理论观点的经理们“热衷于匆忙下判断”。帕特里克和奎恩断 137
言，在解决完善管理方面的问题时，根本没有“快速解决问题的办法”(Patrick and Quinn,1997:55—56,63)，经理们应该利用图 3.1 四方格中的全部理论，从中吸取富有深刻见解的伦理思想，制定出均衡的伦理决策。

活动 3.9 练习的是一种评价选项的方法，即参考各种伦理观点，对选项做出评价，从而对问题做出回答。练习中的标准以本章讨论过的伦理观为基础。构建这种机制的方法很多，这是一种简单的方法，因为它根据各种伦理原则的重要性及其含义，提出了一系列“是/否”问题。该练习为每一个测评准则的重要性提出了四个衡量标准。

(1) **“触发”标准。**该标准如此重要，以至于单独满足这一项标准便能做出选择，不管它是否符合其他标准。

(2) **“否决”标准。**否决标准能够否决对该标准有负面影响的某个立场或决定，不问该行动或决定多么符合其他标准。但是否决标准并未重要到成为一个行动的唯一触发因素。譬如，一个人可能拒绝一个选项，因其不符合自己的自利标准，但也不会只因为一个选项符合他或她的自利标准就选择它。

(3) **普通标准。**一个值得考虑的标准，但是并不比其他标准更重要。

(4) **拒绝标准。**一个你觉得不应该予以考虑的标准。

框架中需要标记的部分是让你评估一项标准是积极提示你接受还是消极暗示你否决一个提议。

活动 3.9

一种伦理评价框架

议题

例：国际商务中的贿赂和腐败。

你对议题的决定/立场以及你将采取的行动

例：向中间人支付大笔费用，以期得到他的帮助，确保一笔海外大宗交易成交。

说　明

(1) 确认一个你认为是否决项的标准，填 Y 或填 N。

(2) 确认一个你认为是触发项的标准，填 Y 或填 N。

(3) 确认一个你认为是拒绝项的标准，填 Y 或填 N。

(4) 回答每一个问题。肯定回答填＋，否定回答填－。

(5) 忽略你已拒绝的标准。

(6) 合计肯定栏和否定栏中打圈的个数。

138 否决项对你来说是重要的标准，如果你的决定或计划在该项的记号是否定，你就拒绝那项提议，即使总体而言，肯定回答比否定回答多。

触发项对你来说也是重要的标准，以至于如果你的决定在该项的记号是肯定，你将接受这项提议，即使否定回答多于肯定回答。

就你提议的决定和行动计划提出下列问题	拒绝	否决	触发	肯定	否定
美德伦理					
1. **曝光检验**　假如他人（朋友、家人、同事）知道我的决定和计划，我会感觉良好还是糟糕？	Y/N	Y/N	Y/N	＋	－
2. **有德行的中道检验**　通过发现正义、关怀与其他德行之间的平衡，我的决定是有助于还是有损于创造美好人生？	Y/N	Y/N	Y/N	＋	－
义务伦理					
3. **无知之幕/道德金律**　如果我处在那个受我决定和计划影响的人的地位，我会对这个行动持正面看法还是负面看法？	Y/N	Y/N	Y/N	＋	－
4. **普遍化检验**　假如我的决定和计划将成为一个普遍化原则，适用于类似情境中的所有人，甚至我自己，那会是一件好事还是坏事？	Y/N	Y/N	Y/N	＋	－
伦理学习与成长					
5. **社群主义检验**　我的行动和计划将对共同体造成正面的还是负面的影响？	Y/N	Y/N	Y/N	＋	－
6. **自利检验**　该决定和计划符合还是违背我的最大利益？	Y/N	Y/N	Y/N	＋	－
139 **后果伦理**					
7. **后果检验**　关于我的决定和计划的预测后果是正面的还是负面的？	Y/N	Y/N	Y/N	＋	－
8. **对话检验**　关于我的决定和计划的辩论进行得好还是糟？应该参与的人是否都参与了？	Y/N	Y/N	Y/N	＋	－

如果任何一个触发项的记号是肯定——**接受这项决定/行动**。

如果任何一个否决项的记号是否定——**拒绝这项决定/行动**。

否则，在肯定回答多于否定回答时便**接受这项决定/计划**，或者，在否定回答多于肯定回答时，**拒绝这项决定/计划**。

我们现在将用伦理评估框架对问题做出一个可能的分析，不保证它能给出“正确”或令人满意的解决方案。这样的框架的好处是它们使决策者有了规则和评价体系。它们的价值在于其分析过程，而不是它们生成的决定。换句话说，下面的例子仅是某个人对问题的分析，其他人可能会做出不同的分析。但是评估框架可作为一种手段，帮助一群试图就问题达成共识的人们。

有时候，用这种框架得出结论，决策者直觉上会反感，但这至少让他们知道自己最强烈的价值观究竟是什么。根据埃德加·舍恩(Edgar Schein，1985)“价值锚”的概念，人们往往在受到实际问题挑战时，才会意识到自己确实信奉什么。

问题的一个可能的分析

问　题

是否接受国际商务中的贿赂和腐败。

你对问题的决定/立场以及你将采取的行动

为确保一笔海外大宗交易成交而向中间人支付大笔费用，以期获得他的支持。这是和这个国家做生意顺理成章的老规矩。

(1) 确认一个你认为是否决项的标准，圈 Y 或圈 N。

(2) 确认一个你认为是触发项的标准，圈 Y 或圈 N。 140

(3) 确认一个你认为是拒绝项的标准，圈 Y 或圈 N。

(4) 回答每一个问题。肯定回答圈＋，否定回答圈－。

(5) 忽略你已拒绝的标准。

(6) 合计肯定和否定的个数。

否决项对你来说是重要的标准，如果你的决定或计划在该项的记号是否定，你就拒绝那项提议，即使总体而言，肯定回答总数比否定回答多。

触发项对你来说也是重要的标准，以至于如果你的决定在该项的记号是肯定，你将接受这项提议，即使总体而言，否定回答多于肯定回答。

就你提议的决定和行动计划提出下列问题	拒绝	否决	触发	肯定	否定	
美德伦理						
1. 曝光检验　假如他人(朋友、家人、同事)知道我的决定和计划，我会感觉良好还是糟糕？					—	
2. 有德行的中道检验　通过发现正义、关怀与其他德行之间的平衡，我的决定是有助于还是有损于创造美好人生？	Y					
义务伦理						
3. 无知之幕/道德金律　如果我处在那个受我决定和计划影响的人的地位，我会对这个行动持正面看法还是负面看法？					—	
4. 普遍化检验　假如我的决定和计划将成为一个普遍化原则，适用于类似情境中的所有人，甚至我自己，那会是一件好事还是坏事？					—	
5. 社群主义检验　我的行动和计划将对共同体造成正面的还是负面的影响？					—	141

（续　表）

6. 自利检验　该决定和计划符合还是违背我的最大利益？				+	
义务伦理					
7. 后果检验　关于我的决定和计划的预测后果是正面的还是负面的？		Y		+	
8. 对话检验　关于我的决定和计划的辩论进行得好还是糟？应该参与的人是否都参与了？					—

现在我们从“拒绝”栏开始分析。基于界定或贯彻美好人生不是经商的目的，我们在“有德行的中道检验”栏圈Y作为答案，然后再分析其余部分。在“否决”栏，我们选择了“后果检验”，这是因为如果我们认为行贿的决定导致的害处多于益处，那么无论行贿多么符合其余标准，我们都不会行贿。“触发”栏，我们也许应该选择“自利检验”栏，因为如果行贿符合我的最大利益，那么即使对其余标准的回答都是否定的，我们也会接受这个选项。但是我们决定不这么做。

现在我们用各种标准/检验依次进行评价。

- 曝光检验——如果我们行贿，我们会竭力不让朋友和同事（与行动无瓜葛）知道，因为我们对此感到有点羞愧。我们的行动在别人看来不光彩。所以是否定回答。
- 有德行的中道检验——毫不奇怪，我们是正派的人，我们不认为支持腐败是美好人生的表现。我们也不赞成两个极端——一个极端是像清教徒一样拒绝送礼和款待，另一个极端是堂而皇之地行贿——之间的“中庸之道”。但我们并不认为树立美德楷模或促进
142 美好人生是企业的责任。该检验项为拒绝项。
- 无知之幕——我们的竞争对手肯定会认为我们通过行贿得到合同有失公平。假如我们在无知之幕条件下作决定，即不知道自己会是受贿者、行贿者还是一般社会成员，而腐败会损害社会福利，那么我们自然会选择反对贿赂。在这个检验中，回答是否定的。
- 普遍化检验——我们认为行贿变成国际商务中的普遍化规则是一件坏事。因此，对于此项标准，回答是否定的。
- 后果检验——假如我们行贿，将有益于我们公司和多数员工，许多员工将因此保住工作，得到经济利益和社会福利，否则他们将遭裁减。我们正在销售的产品将使购买国受益。也有不利之处，因为我们对该国的腐败助纣为虐，但是这点与好处相比可以忽略。因此，在这项检验中，我们给予了肯定回答。如果回答是否定的，该选项就会被拒绝，没有回旋余地。
- 自利检验——选择“肯定”。如果我们行贿并得到合同，我们的业绩将有丰厚增长，我们的销售前景将大大改观。回答是肯定的。
- 社群主义检验——行贿会增强受贿文化，这对于个人或整个社会的伦理发展都不会有益。回答是否定的。
- 对话检验——选择“否定”。由于这个问题的敏感性，我们与董事们就该标准进行的一切讨论都是杂乱无章、不得要领的。对话既不公开也未包含尽量多的利益相关方。

如果现在合计，我们得到两个正号，五个负号。很明显，我们应该拒绝行贿。如果分析结果是不该行贿，直觉却是应该行贿，那么这意味着我们确实认为，后果检验及自利检验应被归类于触发项。换句话说，由于行贿在两个检验中的记号都是肯定，我们应该忽略其他的

否定回答，选择行贿。

如果你是用这个评估框架而结果正负相抵，你应该重新考虑你在否决栏和触发栏做的决定。假如你不做任何有助于你决定如何行动的改动，也许你应该掷硬币来决定怎么做。

虽然我们宣称这个评估框架方法结合了多种伦理理念，但是你会发现，通过用"拒绝"、"触发"和"否决"等选项作为决定项，我们已排除了一些伦理检验，使我们能够用这个框架做出拒绝或区分先后次序的选择。这将把我们引向一种方法：选择一种伦理理论而忽略其他 143
理论，或者至少将伦理理论进行择优排序。卡洛尔(Carroll，1990)为那些希望比较伦理理论的重要性的人们推荐了一项简单练习(活动 3.10)。他提议的原则既包括思考正确回答方法的规范法，也包括吸引个人接受某个群体的价值观与标准的准则法。绝对命令、道德金律和功利主义伦理都是规范性思考的方法，而披露规则、组织伦理和专业伦理则涉及"一个人希望归属于什么社会群体"的决定。可以认为，这些基于准则的提问就是利益相关者分析的应用。

活动 3.10

为你的伦理原则进行优先排序

这里有许多"原则"，按照对你或你的决策的重要性或相关性，确定前三项原则，标记为1、2、3。然后标记最不相关的为 9、10、11。

原　则	描　述	排　序
绝对命令	除非人人都能一致采纳的行动准则，否则你不应采用它们。	
成规道德	只要不违法，个人应该采取行动以增进自己的私利。	
道德金律	己所不欲，勿施于人。	
快乐主义伦理	怎么快乐怎么做。	
披露规则	自问：你是否介意你的同事、朋友和家人知道你的某个行动或决定？如果披露后，你感觉轻松自在，那么你应该这样行动或决定。	
直觉伦理	做直觉要你去做的事情。	
手段—目的伦理	如果目的合理正当，那么你应该行动。	
强权伦理	你应该利用你的强壮有力给你带来的所有优势，无须尊重一般的社会成规和法律。	
组织伦理	这是一个组织大规模化的时代——应该忠诚于组织。	
专业伦理	你只做可以向由你的同行组成的专家委员会解释的事情。	
功利主义伦理	你应遵循"为最大多数人谋求最大利益"的原则。	

(来源：Carroll，1990)

卡洛尔对活动 3.10 中的原则进行了调查。她发现受调查者将道德金律排在第一，披露 144
规则排在第二。

有些伦理检验方法，如"得克萨斯伦理快速测评"，强调社会对某项伦理决定的接受度，而不强调借以执行这项伦理决定的思维模式在哲学上是否正确。请用快速测评中的问题判定你正打算采取的行动是否正确。

活动 3.11

得克萨斯仪器公司的伦理快速测评(TI Quick Test)

- 这个行动合法吗？

- 这个行动符合我们的价值观吗？
- 如果采取这个行动，你会感觉糟糕吗？
- 报纸会如何报道这个行动？
- 如果你知道这是错的，别做这事！
- 如果对此没有把握，你就提出来。
- 不停地问，直到得出答案。

（来源：Texas Instruments，2001）

思　考

本章介绍了正统的哲学工具，供你在思考伦理问题时使用。但是这些工具不容易掌握。首要的问题是，你打算运用哪些理论？假如所有理论对于一个问题都给出同样的回答，那么不会有任何问题。但显然并非总是这样的结果，而且你很难决定应该忽略哪些理论，也很难判定各种理论的重要程度。即使你选择了某种理论，你也很难将这种理论应用于你所面临的问题。也许正是因为这些问题，使“得克萨斯仪器公司的伦理快速测评”（活动 3.11）显得极具吸引力。它采用的方法把我们引入下一章将要讨论的题目：人们如何做出有关伦理问题的决定？

小　结

本章要点如下：

- 通过如下方式可以最理想地解决工作中的伦理问题：全力以赴地培养有德行、有判断力的人，使他们在面对伦理问题时能做出合乎道德的决定并实施这些决定。
- 145 通过如下方式可以最好地解决工作中的伦理问题：将组织视为由个人组成的网络，这些个人通过个体和集体的体验、思考进行学习并分享这种学习心得。
- 通过如下方式可以最成功地处理工作中的伦理问题：应用那些应该成为我们行动指南的完善的道德准则。
- 通过如下方式可以最成功地处理工作中的伦理问题：预测哪些行动带来的利益最多。

快速复习测验

1. “eudaemonia”是一个经典的希拉词语，指
   (a) 完全合乎伦理的好的生活
   (b) 快乐
   (c) 在两个极端之间没有“黄金中道”(golden mean)
2. 什么叫“无知之幕”？
   (a) 由对话伦理学家提出的辩论技巧
   (b) 遮掩不道德的公司行为的手段
   (c) 用以识别公平正义原则的思想试验
3. 行动功利主义与规则功利主义之间的区别是什么？

(a) 一个根据行动自身带来的乐与苦来判定行动的正确或错误；而另一个则根据遵守不同准则带来的乐与苦的比较

(b) 行动功利主义允许个人决定什么带来最大的快乐，而规则功利主义将此责任归于政府

(c) 没有区别，是虚构术语

4. 哪位作者将美德伦理引入了关于道德的现代辩论？

(a) 阿拉斯代尔·麦金泰尔

(b) 艾恩·兰德

(c) 约翰·罗尔斯

典型作业与简述

1. 简述康德伦理方法与经济和管理的相关性。

2. 用两种不同的伦理观（你可以在美德伦理、康德伦理、罗尔斯正义论或功利主义中间做出选择）讨论发展中国家的工厂使用童工的问题。

3. 有人认为功利主义的重大缺陷在于它只关心利益总量最大化，而不关心这个利益在 146
人与人之间以及群体与群体之间的分配。这是事实吗？

4. 一个组织如何贯彻对话伦理所意含的实践？

小组活动 3

小组讨论。各小组在第二章中选择一个案例研究进行讨论。小组的每个成员再各选一种伦理视角，如功利主义、公平、关怀伦理等，然后从各自的视角出发对所选案例进行分析。最后小组再集中，就有关问题进行辩论。

参阅建议

P. Vardy and P. Grosch(1999), *The Puzzle of Ethics*, London: Fount，是一本介绍主要伦理理论的优秀书籍。Simon Blackburn(2001), *Being Good, A Short Introduction to Ethics*, Oxford: Oxford University Press，对伦理学重大议题有深入浅出的见解。Anne Thomson(1999), *Critical Reasoning in Ethics*, London: Routledge，是一本应用伦理理论的指南书。

推荐网站

主　题	**网站提供者**	**网　址**
伦理学的新进展，该网站提供有关各种主要伦理学理论与观点等资料。这是普通的伦理学网站，不是专业的经济伦理学网站。	由圣地亚哥大学价值学院的L. M. 亨曼（L. M. Hinman）编辑	http://ethics.acusd.edu/values/index.html

	经济伦理资源 各种经济伦理理论与应用方面问题的摘要材料，可找到相关文章和参考资料。	商业开放学习档案（商业开放学习档案项目），英国布鲁内尔大学（Brunel University）	http://sol.brunel.ac.uk/~jarvis/bola/ethics/index.html
147	该网站有有用的学习材料。如果点击“工具箱”（tool-box），一个卡通形象的苏格拉底会给你介绍一些基本的伦理概念。点开“案例与调查”，西蒙娜·德·波伏娃将作为你案例学习的导师。	伦理学与经济研究中心	http://www.ethicsandbusiness.org/whoweare.htm
	艾恩·兰德的官方网站	莱昂纳德·佩科夫（Leonard Peikoff）	http://www.peikoff.com/
	伦敦大学杰里米·边沁（Jeremy Bentham）的自体圣像（保存了经过防腐处理的边沁遗体，虽然头部上过蜡，但因学生未能妥善处理和保存而腐烂）可在伦敦大学学院主楼的南回廊见到，边沁的自体圣像是尊重边沁鼓励后代的遗愿而作，该自体圣像可在网站看到。	伦敦大学	http:ww.ucl.ac.uk/Bentham-Project/index.htm http://www.ucl.ac.uk/Bentham-project/Faqs/auto_where.htm
	美德伦理的测评手段及解释其用法的文章	宾州大学麦克·考利III（Michael Cawley III）、詹姆士·马丁（James Martin）及约翰·约翰逊（John Johnson）	http://www.personal.psu.edu/faculty/j/5/j5j/virtues/VS.html http://www.personal.psu.edu/faculty/j/5/j5j/virtues/Virtue.pdf
	伦理决策框架	马库拉应用伦理学中心	http://www.scu.edu/ethics/practicing/decision/framework.html
	关于伦理决策的打包文件，由华盛顿特区一家非营利组织编制	伦理学资源中心（ERC）	http://www.ethics.org/plus_model.html

第二部分

个人对伦理问题的反应

第四章　工作场所的个人价值观 151

学习成果

阅读完本章并完成相关活动后，读者应能：

- 定义价值观，区别价值观、态度与信仰。
- 分析价值体系的分裂或整合。
- 分析传统主义、现代主义、新传统主义、后现代主义及实用主义的价值观各不相同的原因；思考哪种观点可以解释各自的立场。
- 辩论：将管理者分为有道德的人和坏人过分简单化了；分析：不同的管理角色的伦理风险，并思考他们自认为有哪些危险倾向。
- 辩论：有人提议将伦理领导视为创建组织内部价值共识的一种方式，这是一种对人类价值观本质的天真的看法吗？

引　言

如果不谈价值观，就很难在经济和组织语境中讨论伦理问题。由于伦理学与价值观是本书的核心主题，所以有必要对二者加以区别。

我们认为二者的主要区别在于：伦理学是哲学的一个分支，因而伦理学涉及对与错的正规学术推理，而价值观是指导我们日常生活的常识性信念，往往是理所当然的对错判断。设想你在工作中遇到一种情境，你知道你的经理正在胡乱开支，你必须决定是否采取反对这位经理的行动。伦理学提供了伦理理论的原则和论点，可供你思考此问题时作为参考。与此
不同，你的价值观的情感力量让你有做正确的事情的直觉。当然，你对分析和情感的重视程 152
度是另外一回事。

伦理学和价值观的源头不一样。伦理学源于书本和辩论，书本和辩论提出并验证有关对与错的哲学理论。必须通过学习研究，才可掌握伦理学，而价值观是在日常社会化过程中随意获取的。我们通过与亲友、同事的交往获得价值观。最重要的是，我们有目的地从我们为之效力和归属的组织那里获取价值观。价值观是经验的，不是通过学习研究得来的。雇用我们的组织可能会通过培训课程和公司音像资料，向我们灌输他们的“官方”价值观，但我们不是必须学习这些价值观，如果强制学习，可能会使他们遭受批评。作为组织的一分子，我们只需按规定“接受”、“记住，了解并且消化”这些价值观。如果价值观只是经验的而无须学习，那么它们就必须少而精，且表述简练，这样，社会的全体成员才能理解它们。相反，伦理学不是随随便便就可以掌握的，必须通过学习，因为伦理学更复杂。

伦理学与价值观有部分重叠。价值观在群体和社会中形成、使用和完善，其过程可能受哲学家思辨的影响。同样，关于伦理学的理性对话可能受到隐藏在参辩者观点中的情感暗

流的左右。在一群哲人的社会学习中，遵从群体的规则，比挑战群体可能更让人情绪舒坦。反之，批判性学习和读书可能使人对通过生活获取的价值观提出质疑。但是，区别获得的价值观与学得的伦理观仍然是大有裨益的。

根据上文，价值观是社会的，它们因社会关系而存在并通过社会关系进行交流。洛基奇(Rokeach)将价值观定义为

> 存在于每个社会的关于理想的终极状态的核心思想或认知。
>
> (Rokeach，1973：49)

定　义

价值观　是关于人应该怎样生活以及人应该追求什么目标的核心思想。价值观为一个共同体或社会中的绝大多数人所共有。价值观的表述只是概括的，通常只是单词，如和平、诚实等。由于价值观是概括的，所以它们不能就应该如何评价特定事物给出指导方针。

态度，与价值观一样，对事物做出好与坏的评价。但与价值观不同的是，态度是对特定事物、问题、人、地点及其他做出评价。态度因与特定环境有关，所以比价值观更不确定。

信念即对事物正确与否的认可。这种认可不意味着对事物好或坏的任何判断。

洛基奇的调查问卷很有用，因为它区别了可能影响人们对伦理问题的思考的不同类型的价值观。

153 • 道德价值观——关心人与人之间行为，如，诚实是理想的。
- 能力价值观——关心人对自己行为的评价，如，富有想象力的行为是理想的。
- 个人价值观——关心人自我理想的目标或终极状态，如，内心安宁。
- 社会价值观——关心人对社会终极状态的愿望，例如，世界和平是人们所希望的。

上面列出的前两项关注工具价值，关心人应该如何生活和行动。后两项关注终极价值，关心的是我们应该为之奋斗的目标或目的。表 4.1 列出洛基奇根据抽样调查，得出的美国人的工具价值和终极价值。

表 4.1　美国人的工具价值和终极价值

终极价值	排位（女性）	排位（男性）	工具价值	排位（女性）	排位（男性）
舒适的生活	13	4	抱负	4	2
激动人心的生活	18	18	宽宏大量	5	4
成就感	10	7	能干	12	8
天下太平	1	1	令人愉快	10	12
美好的世界	15	15	干净	8	9
平等	8	9	勇敢	6	5
家庭安全	2	2	宽恕	2	6
自由	3	3	助人	7	7
幸福	5	5	诚实	1	1
内心和谐	12	13	富于想象	18	18
成熟的爱	14	14	独立	14	11
国家安全	11	10	才干	16	15

（续　表）

愉快	16	17	逻辑性	17	16
救助	4	12	爱心	9	14
自尊	6	6	顺从	15	17
社会认可	17	16	礼貌	13	13
真正的友谊	9	11	负责任	3	3
智慧	7	8	自制	11	10

注：1 代表最高价值，15 代表最低价值。

（来源：Milton Rokeach，1973，*The Nature of Human Values*，The Free Press，P. 58。翻印此表获版权所有人许可）

表 4.1 的排位系平均数，每个人对价值的排序不同。比利格指出（Billig，1996：240），洛 154
基奇的价值观是正面的和热忱的。但价值观也可以是负面的。譬如，我们可以一致同意残忍是恶。

活动 4.1

将表 4.1 的两列（终极价值与工具价值）按你的个人偏好重新排序，再与美国人的平均计分（分男女）比较。方法是用你的排序减去美国人的排序（正负不计）。例如，美国男性对平等的排序计分是 9，如果你的计分是 12，则差为 3。然后把所有的差加起来。数字越小，说明我的排序与美国男性的排序越相似。如果差是 0，则两套排序几乎相同（但并非完全相同，只是整体差异已被个别差异彼此抵消）。请朋友或同事也做做这样的排序，比较他们和你的排序。

思考：你与美国人在价值排序上的差异大于还是小于你与朋友之间的差异？

不同组织、不同群体、不同文化和不同国家可以有不同的价值观，伦理理论则是高高在上的。如果一种理论不为普通大众接受，这并不要紧，因为这不影响这个理论的有效性与正确性。伦理理论是否正确，不能够通过民意调查来判断。在企业和组织中，伦理理论告诉人应该怎样做，而人的社会价值观又影响他们的行为，二者之间可能存在尖锐的冲突。这是本书不变的议题。

承上启下

第十一章将探讨在不同国家和社会中，与经济与管理有关的价值观多样性问题。

对价值观的认识

是否存在可应用于经济的规范伦理秩序，这样，我们就能够提出与价值观的本质和作用类似的问题？我们在第一章讨论了关于这个问题的不同观点。用碎片理念来解释价值观的性质可以方便我们提问。“碎片”的思想认为社会上的事物是无序和不连贯的。价值观的碎片理论认为价值观是多变的、形形色色的，是通过不同观点和见解之间的冲突得到表达的。 155
在一个破碎的社会和伦理的世界中，绝无完整可言，只有相互冲撞的不和谐部分。哲学家托马斯·霍布斯于17世纪表达了这一观点。他认为，一个人自身的观点都是不连贯的碎片。

> 甚至同一个人，在不同时间，都会不同：此时他所赞美的善，彼时却被他斥责为恶。由此引起争端、论战，乃至最后爆发战争。
>
> （Hobbes，日期不详：104）

我们已注意到，洛基奇所表达的观点与此相反。他声称，价值观并非支离破碎的，而是简单和整体的。比利格（Billig，1996：240）对一个群体或社会的价值观是单一和完整的观点表示赞同。但是他指出，这使价值观很难应用于某些具体情形。虽然社会对讲真话的重要性和忠诚有明确的观点，但是在有些情境下，这类“单方”可能帮不了多大忙。其原因有二：

（1）在某个具体情况下，讲真话的要求与忠诚的要求可能会产生冲突。如果一位政府发言人讲真话会给那些忠诚的士兵带来危险，那么这位政府发言人是否应该为讲真话而说出军事行动的真相？在这种情况下，价值观的简单性和整体性被破坏了，因为不知道应该运用哪条价值观。

（2）简单和整体的价值观只可以提出总的指南。当需要应付具体情形时，则需要对价值观做出诠释。有没有可能存在这样的情境，人们既可以把诚实解释为不说谎，也可以解释为不全讲真话——就像政客的行为那样？只要这种解释是必要的，原先单一和整体的价值观就变成了碎片。

当简单的价值观因无法对付新环境或者与其他价值观发生冲突而不适用时，组织中可能会出现价值模糊。此时，那些果敢和有决心的人会赢得权力，他们将带来新的价值观和意识形态（Weick，2001：47）。威克认为这是一个意会（sense-making）过程。在意会过程中，人们通过交流与互动来解释并构建关于组织及自己在组织中的作用的观点。从这个视角看，价值观不先于也不脱离于组织生活存在（如洛基奇的观点）；相反，通过组织内部的动态过程，价值观在组织中形成并流行。威克在其较早的著作（Weick，1995）中为意会过程确定了七个特性。通过思考如何从意会过程中形成讲真话（或不讲真话，如操纵绩效测量信息）的价值观，可以阐明这些特性。

- 构建认同。当有人想通过操纵绩效统计数据欺骗别人时，他们必须考虑如何看待自己的问题：他们或者相信自己是有气魄的经理人，因此愿意改变管理信息，使别人对他们的努力有较好的印象；他们或者认为自己是老实人，哪怕真理伤害自己，也坚持真理。
156 - 回顾“意会”。威克认为“意会”发生在人的行动之后。换言之，价值观后于行动，不是先于行动。例如，俄罗斯商人（见页边码第46页）为自己的避税辩解，避税只是因为政府太腐败以至于不能成为税收的守护者，便是最好例证。
- 通过行动完成“意会”。人们通过行动来理解事物的意义。如果决定操纵绩效管理信息，人们会选择一个适合其环境的行动（他们可能不能接受真地篡改绩效数字），但是通过选择欺骗手法（如，隐藏和粉饰糟糕的经营业绩数据），人们改变了环境，创造出可以接受特定欺骗方式的情境。
- “意会”具有社会性。如果人们对同事谈及自己的所作所为，那么这种实践可能通过运用过程而变得可以被接受。人们发现，不同职业群体对于对/错有不同的理解。所以不同的职业群体对于什么是可以接受或不可以接受的行为可能持有不同观点。譬如，一些编程员群体比其他群体更认可违反知识产权的行为（Stylianou et al.，2004），多半因为他们是网络高手，为了便于访问网络，他们淡化了知识产权的观念。

- “意会”是正在进行的。它随着形势变化，例如，若一名编程员因侵犯知识产权而被解雇，那么人们将在讨论中就该问题重新形成自己的立场。
- “意会”聚焦于“提取暗示”。此指在一个组织内的人会关心每日事件流中的某些事件，忽略另一些事件。那些线索变成用来形成观点与采取行动的原始材料。别人的替代性经验(如，那些已知欺骗了绩效管理系统的人究竟正志得意满，还是被发现并受到惩罚)将变成“意会”过程的组成部分。
- “意会”受善辩的驱动。意会是基于个人对风险和利益的评估的过程，而不是基于不可置疑的事实的精细判断过程。换言之是人们进行有预谋的赌博或冒险的过程。当人们决定操纵绩效管理系统时，他们是在冒险，赌这样做的好处将大得足以抵消被逮住和受严惩的坏处。

以上简要评论表明：价值观既可以被认为是意会的动态过程的产物，也可以被认为是某种输入过程的产物。通过这种过程，可以改变组织内部约定的价值观体系。价值观表达了完整(想要一个人人都认可的价值观体系)与碎片(价值观体系被分裂和重组)之间一种潜在的紧张关系。人们对这种紧张关系的回应以及他们对其意会的方式可以归类在五个标题之下：

- 传统主义 157
- 现代主义
- 新传统主义
- 后现代主义
- 实用主义

传统主义价值观

传统主义认为，一个群体——无论是一个作业组、一个组织、一种职业还是一个国家——均由各自拥有的共同价值观来界定，价值碎片的思想因此被看成是诅咒和措辞矛盾。一个群体的价值观源于该群体的传统。在组织内部，这些传统价值观往往被定义为公司创始人的价值观。那些未曾有幸拥有魅力非凡的创始人的企业，有时会虚构一位神话人物，以供公关和广告之需，并用它来充当公司希望呈现的那种价值的源泉〔基普林蛋糕公司(Kipling's Cake)的基普林先生(Mr. Kipling)就是虚构出来的〕。以传统价值观为基石的群体视其传统价值观为一个整体，由于他们只关注内部而不关注外部群体和社会，所以他们感觉不到自己周围的价值观碎片与多元价值观。

这种内视倾向把反质疑确定为传统主义的一个特征。教育与培训被视为获取知识的过程，知识随岁月日臻完善。若质疑这种知识，问为什么应该如此，这是不可接受的。从更深广的历史意义看，18 世纪欧洲启蒙运动时期，思想者的挑战始于经验观察，始于对过去那些因为是宗教和古典范本的陈述而长期被视为不可质疑的真理的研究(Sloan and Burnett, 2004)。凡事不问为什么，会产生这样一种后果：人们所体验的传统主义常常是一种道德传统主义，它定义了什么是可接受的组织内外的行为。美国圣经地带(Bible Belt)[①]依照基督教基本理念经营企业的运动是一个例证。明尼苏达州的河景银行(Riverview Bank)是美国

① 圣经地带(Bible Belt)：指保守的基督教福音派在社会文化中占主导地位的地区。在美国，特指美南浸信会为主流的南部各州。

首家福音教会银行。银行创始人相信此举是一个商业善事,因为再生的基督教徒不抽烟、不赌博、不酗酒、忠于家庭,这一切足以使他们防范信贷风险(Doran,2004)。

定　义

启蒙运动

18 世纪,学者与著述者开始质疑人们长期秉持的真理和信仰,因为它们已经成了教会和希腊哲人典籍的祭品。传统上,人们认为启蒙运动的领袖是伊曼纽尔·康德等欧洲哲学家(见页边码第 108 页)。康德将启蒙运动定义为:启蒙运动就是人类脱离强加于己的不成
158 熟状态。启蒙运动也可见诸文物工作者和业余地质学家的研究。他们开始从我们现在所谓的考古遗址上发现和收集化石、岩石、矿物等。研究考古发现使人们开始对以前接受的说法——厄舍(Ussher)根据圣经推算出神造人发生在公元前 4004 年——产生怀疑。在这样的实践活动中,基于观察的理性分析开始削弱传统主义的文物研究标准,也撼动了《圣经》作为检验真理的权威的地位。启蒙运动也使源自这些的道德受到理性分析的挑战,这类著作有玛丽·沃斯同克拉夫特(Mary Wollstonecraft)的《女权的辩护》(*Vindication of the Rights of Women*,见页边码第 113 页)。

现代主义价值观

现代主义价值观认为,20 世纪——现已是 21 世纪——的特点是价值观破碎。不过,这只是一个过渡阶段,通过理性实践,破碎可以复归整体,形成真正的价值观。那些持此种观点的人相信,价值观是有形的,通过正式的、理性的辩论,可以得到关于价值观的清晰表述与定义。他们接受演绎推理法,认为从基本原理(first principles)出发,经过正确演绎推理,就可得出真理。现代主义相信价值观可通过伦理学研究来确定。例如,于尔根·哈贝马斯(Pusey,1987:78ff.)建构了一种复杂的交往行为理论,该理论定义了如何验证话语的有效性。现代主义将此视为个人的任务。人们认为,通过个人的努力与理性,可以实现道德与技术的进步。

> (现代主义认同)自我发展的理念,它虽然是无根的,却不断向新的高度演进。
>
> (Friedman,1994:39)

至少,其他现代主义者相信,可以将价值观定义和阐释(Kirchenbaum,1977;Smith,1977)为关于组织的使命和核心价值观的理性讨论的开端。

承上启下

哈贝马斯交往行为思想,见页边码第 124—126 页第三章所谓“对话伦理”的总体框架。

哈贝马斯谈论的理性与许多管理者所说的理性不同。前者可被标注为批判和解放理性,而后者是工具理性。工具理性强调一系列既定目标的实现。例如,大部分管理精力都用于资本回报最大化或增加医院床位,而不大考虑这些终极目标本身是否正确。不惜一切代
159 价的增长是否是好事?重视预防保健措施是否可能并不比直接修建较大的医院更好?这些

问题反而被遗忘了。解放或批判理性(Legge,1995:288)提出了这些更深刻的问题,对现代生活中的传统智慧提出挑战,从而使人们意识到那些扭曲自己生活的束缚。两种形式的理性在现代主义观点中都占有一席之地,它们发展了组织和社会可能用来改善和统一自己价值观的那种"认知恰当性"(Giddens,1985:100—101)。

新传统主义价值观

新传统主义价值观强调文化作为调节手段的功能,认为文化可用来调和价值观碎片与社会和组织需要之间的冲突,因为社会和组织需要的不是价值观碎片,而是共同目标和相互理解。新传统主义者看到存在于组织文化和社会文化语境中的价值观;而文化由赋予其特征的价值观定义。他们认为价值破碎的问题可以克服,组织和社会能够拥有统一的价值观。但是这一目标不能通过理性分析来达到,因为理性分析将价值观视为分析的对象而不是共有的神话——这正是新传统主义者对价值观的看法。由于神话表达清楚(无须复杂解释)且能够妙对两难困境,所以神话能够像胶合剂一样,把组织或社会凝聚成整体。这个胶合剂的黏结力时弱时强。新传统主义者一致认为,价值观表现为愿景和神话而不是冷峻的理性,这是克服碎片的关键。这种观点是某种形式的"回归本始"及传统价值观点。历史地看,这可以追溯到彼得斯和沃特曼(Peters and Waterman,1982)的《追求卓越》(*In Search of Excellence*)。此书主张用强调价值观和组织文化来取代现代主义的"分析瘫痪"。那些用这种方法探讨问题的人强调,组织是创造文化的机制,而文化可以改变。这一思想引出如下观念:文化可以是一个重要的杠杆或变量,管理者借此领导或指挥自己的组织。如斯密尔基奇(Smircich)所言:

> 文化是一个组织变量,由此引起的全部研究议程就是(1)如何按特定方式塑造内部文化,以及(2)如何改造文化,使之与管理目标一致。
>
> (Smircich,1983:346)

根据这一观点,可以有意将价值观用作克服价值观破碎和提高组织效率的手段。斯密尔基奇也指出,另一种观点认为,文化对于管理者来讲太复杂,他们没有能力把文化铸成一种理想的形态。

第二种形式的新传统主义可在"新世纪"(New Age)研究救世良方的浪潮和鼓励个人通过拒绝物质主义得到精神成长的哲学中发现。也许可以认为,这与组织的自利格格不入,但是科维(Covey,1992)的研究使许多人同意:对个人成长与组织成长的关怀能够结合起来。

160

承上启下

这些新传统主义观点也在第三章"伦理学习和成长"的小标题下讨论过,见页边码第119—121页。

后现代主义价值观

后现代主义认为在社会和智力世界里没有任何东西是有形的或固定不变的。所以价值观破碎,作为人类处境的一部分被接受。里奥塔(Lyotard,1988:46)的名言是"怀疑元叙事”。这句话的意思是，控制人们生活的那些宏大意识形态体系——如资本主义和共产主义——不再可信。后现代主义认为没有永恒的真理和价值观。我们以为是客观真实的东西其实是通过体现力量与知识关系的对话产生的，在这种关系中，一些事物对话语结果的影响比另一些大。但无论如何，产生的结果都是不确定的，因为我们使用的语言不仅难懂而且传达的也不是单纯明确的信息(Legge，1995：306)。

我们用以表达自己价值观的词语没有固定意义。价值陈述不得不被作为文本来处理和解构。德里达(Derrida)用“延异”来探究语言的无限不稳定性。“延异”有两重含义：一、区分，表示甲与乙的非同一性与差异；二、拖延，即意义的出现总是因语言游戏而被推迟，因为为了解释一个词，你总是需要查找另一个词，而当你用大部头词典查找某一个词时，可能需要错综复杂的前后交叉对照才能搜索到正确的词义。让我们看一则有关公共管理的陈述：

> 为实现对绩效的问责，第一步必须明确目标并制定一种被认可的测量和报告绩效的方法。
>
> (Dallas，1996：13)

这足以使解构主义者大流口水。这个句子中的大多数词语没有明白无误的意义。例如，“问责”只能由与其相关的“层次”、“回应”和“透明度”等词来定义。可以从不同的对话来反观“问责”，如政治问责、审计和会计问责、消费者权益与新闻调查等。如果我们有时间仔细推敲此句，绘制一个语义网，我们会发现这个句子几乎无所不包。

查询意义也许不是无休无止的，但最终的结果可能是混乱的，并不清晰。解构的功能是最后走入死胡同。

161 解构的意图不是为了克服破碎，而只是描绘不稳定、自相矛盾及怀疑状态。从这个观点看，不能期待破碎的价值观还能还原为整体。如哈维(Harvey，1989：45)所批评的那样，后现代主义

> 在变幻莫测的破碎的浊浪中翻滚沉浮，仿佛那就是一切。

后现代主义在政治上的消极状态令哈维感到厌烦：

> 后现代主义的修辞很危险，因为它回避直面政治经济和全球力量的状况……不能没有元理论。
>
> (Harvey，1989：116)

可以称这种后现代主义为“困难的后现代主义”，因为它似乎使世界所急需的经济伦理或其他伦理成为不可能之事。然而，如德里达与本宁顿(Derrida and Bennington，1989：221)所言，批判启蒙方案(试图通过运用理智来提高人类的道德水准)对于解构启蒙方案而言，并不是必需的。不能仅仅因为在试图分析全球力量现状时的言语不当，就说这件事情没有意义。正如古斯塔夫森(Gustafson，2000：648)所言，德里达没有说一切方法与选项具有同等价值，但也不可能存在一种最佳方法。这种后现代主义典型观点的温和表达让后现代主义者开始讨论伦理学话题，但这个问题更适合放在“实用主义”的标题下来讨论。

实用主义价值观

实用主义价值观是美国哲学家理查德·罗蒂(Richard Rorty，1989，1990)的观点。他与后现代主义者一样，怀疑客观真理和固定价值观存在的可能性。对罗蒂而言，问题不是如何

用我们的思想表征或映照真实的世界，而是如何应付它的混沌：

> 评价一切描述（包括人自我描述为实用主义者）的根据是其作为实现目的的功效而非其对描述对象的忠实度。
>
> （Rorty，1992：92）

有用性是解释学的一个概念。如果一个信念能够帮助我们解释其他信念，或反之亦然，那么这个信念就有用。因此信念的辩解是对话式的。在信念的发展过程中，对话是必要的，不是因为对话会把我们引向终极真理，而是因为它能使会话持续下去（Mounce，1997：185—189）。实用主义者采取的路线是，虽然没有能力将我们的价值观建立在宏伟理论——基督教、马克思主义、伊斯兰教或资本主义——的基础上，但这不能阻止人们为过上文明得体的生活而做出明智和实用的安排。罗蒂表达了这一观点：

> 这类元叙事不是必需的。必需的是某种类似公民美德的心理品质——宽容、嘲讽、 162
> 愿意让文化诸领域繁荣，无须庸人自扰地担心他们在文化领域的“共同信念”、他们的统一、他们所暗示的“内在思想”或他们对人类的假定。
>
> （Rorty，1985：168）

罗蒂认为，以调和而非根除共同体内部价值冲突的方式来解决共同体具体和实际的问题，可以解决没有元叙事的问题。

齐格蒙·鲍曼（Zygmunt Bauman，1993）提出所谓的实用伦理观，增加了围绕后现代主义伦理学产生的困惑〔其著作《破碎人生》（*Life in Fragments*，1995）加强了破碎思想在后现代主义中的重要性〕与现代主义的提法一样，他将理性分析技术与技术发展视为经济伦理难题的一部分。组织通过确定规则和规章制度，用官僚手段来处理问题，否定和压制员工彼此间遵循道德准则行事的天然倾向。这样，他们只愿意服从规章制度的较低标准，并不渴望遵循更高的标准。理性对于解决伦理问题的无能为力并不意味着我们不应该继续努力解决这些问题。后现代主义伦理学的贡献在于提出了重要的问题，而不是发现了答案。

古斯塔夫森（Gustafson，2000：652—654）确定了后现代主义的伦理观（不过我们宁愿称之为实用主义伦理观）的许多特征。

- 不把个人价值观和原则从在工作中应用的价值观和原则中分离出来。将一个人的人生分成一系列脱离的单元，这是典型的现代主义方法，它降低了复杂性和模糊性，达到一种表面的条理和秩序感。后现代主义者更愿意勇敢面对个人价值观与工作中的价值观之间的冲突。
- 由于后现代主义者不接受任何宏大的元叙事伦理理论，所以他们不得不关注特殊性与环境问题。这些只能在表达人类恐惧、困惑和期待的故事和神话中才能够得到表达。与脱离实质的抽象概念相比，道德问题的具体阐释是通向伦理认知的更保险的途径。有些人走得太远，以至于建议我们应该重新冥思圣徒的人生，以应付伦理两难困境和紧张不安（Wyschograd，1990：xiii）。中世纪史学家坎特伯里的杰尔瓦西（Gervase of Canterbury）于 12 世纪写道，

  > 对许多人而言，是榜样而不是禁令和戒律，更容易使他们因内心受到感染而避恶行善。
  >
  > （Burtlett，2000：629）

163 - 不相信乌托邦思想。正如鲍曼所表达的，后现代主义思想家以史（尤其是20世纪的历史，甚至更具体地说是大屠杀的历史）为证，说明现代主义相信工具思想和技术发展是错误的。20世纪60年代的人们相信技术发展会导向一个人人都可安享闲适的世界，即使用世俗的标准来看，这种信念也已被证明是错误的。
- 最后，古斯塔夫森认为后现代主义伦理学是一种“节制的求索”。他是指在寻求经济伦理问题的答案时，有一点是肯定的，那就是不可能找到确切答案。

在无根基的伦理体系中生活的人们，可能必须具有无限的幽默与容忍，因为这种情况下会导致价值冲突成为流行病。反讽是有助的，因为人们为实现目标，可能需要在没有元叙事来证明简单行为的正当性时，采取似乎有点天真的行动。让我们援引安伯托·埃柯(Umberto Eco，1985：67)的话来解释这一观点。他在反思自己的畅销小说《玫瑰的名字》(*The Name of the Rose*)时举了一个实用主义情人的例子。这位情人想对自己的恋人说“我爱你”，但他不能说，因为尽人皆知，滥俗的爱情小说已贬低了独特的元叙述价值。即使那正是他想要表达的情感，他也说不出口，因为他觉得那样说话太天真幼稚。但作为实用主义者，他没有就此罢休和打退堂鼓，而是说，“我会像巴巴拉·卡特兰[①]那样说‘我爱你’”。他借此表达了自己的感情，但是其表达方式揭示了他的认知：再也不能通过参照超验价值来证明这种情感了。反讽对实用主义者态度至关重要，通过反讽，简明直接的陈述被打破了。

总而言之，实用主义观点承认在一个良好的组织或社会的终极目标上存在混乱与冲突，并且人们赋予价值的意义随着他们与别人的争辩、讨论而变化和发展。不过实用主义者相信，在对话中使用幽默和反讽，可能使组织或社会变得比较可以忍受。

关于伦理碎片的立场有五种。传统主义者看到的是一个由延续的价值观联合起来的统一世界。另外四种立场都视伦理世界为破裂的碎片，但是对这个感知，它们各自做出了不同的回应。现代主义者相信，通过个体理性的发展，可以恢复整体性。新传统主义者相信，整体性的恢复只能通过重新关切被忽略的价值观。后现代主义者接受不可避免的破裂，并享受这种破裂。实用主义者则学着忍受破裂。下面的练习是为了检验你对五种立场的理解。阅读案例研究4.1。虽然这是一个虚构的案例研究，但许多内容选自经理人的面试题。做完该练习后，试进行讨论活动4.1。

164 案例研究4.1

克丽丝管理能力的发展：一个虚构的故事

克丽丝新近获得社工资格，虽然二十多岁才开始接受培训，但由于之前曾为一个志愿者机构无偿工作，所以她已有较丰富的经验。她在从事第一份工作，即在社区做社工时，满腔激情、干劲十足，这是她在早年的经历和训练中养成的。她喜欢把接受社会照顾的人视为一个整体，她设法尽量多跟他们相处，这样她就能设身处地理解他们。她认为未经照顾对象主动的和完全的同意，不能擅自采取行动，这一点很重要。

若干年后，克丽丝的服务负荷加重，使她难以找到时间与服务对象相处。她常感到泄气，自己不得不缩短跟他们谈话的时间。这种沮丧有时使她减少了对那些自讨苦吃又不识好歹的照顾对象的帮助。尽管有些照顾对象对他们所接受的服务经常不大领情，这并没有

---

① 巴巴拉·卡特兰(Barbara Cartland)：已故英国言情小说家，著有《爱有千钧力》、《虎为媒》等。——译者注

破坏她的根本信念:在为这些人服务时,她必须维护和培养他们的自尊。

又过了几年,克丽丝被提升为队长,负责管理和监督一批工人。她对服务对象的态度稍有改变。她不再花大块时间面对面地为他们工作,她负责把手下员工调配给那些急需服务的人。她对客户的态度变得更加客观,她要确保对所有客户都做出周密、精确和客观的评估,以便首先满足最困难者的急需。

几年后克丽丝被任命为那个县北部地区一个特殊类型客户群的服务部经理。她的新工作有两个重要主题:服务质量(用绩效指标考核)与预算。成本效益成了令她头痛的问题,她必须使她手下的主管们相信自己时刻都在精打细算,这使她开始考虑服务范围是否太宽,是否可以砍掉其中一些服务。部门内有人谈起只提供"高附加值"的服务这个问题。她开始有了这样的看法:更好的信息技术、更多的信息和更理性的决策程序将改善服务效率。她学习工商管理硕士课程,该课程无比强调信息技术与管理科学,这使她相信,部门需要投入更大力量建立一个基于计算机的需求分布和资源配置系统。她开始小打小闹地在自己负责的区域建立起这样一套系统。

又过了几年,克丽丝仍然是服务部的经理,但是横向调动使她开始为另一个客户群服务。调动使她意识到为不同客户群工作的人在职业价值观上存在差异。她认为,不能解决这些差异是部门内部的组织冲突的根源。她开始相信,自己工作范围内的所有人应该认同一种激发和鼓舞全体员工的核心愿景和使命。为达此目的,她组织了几次碰头会。会上,她 165
和主管们为整个服务工作精心制定了若干重大目标和核心价值观。她在先前工作中开发出来的软件已被证明极有价值,但未能找到解决资源配置问题的简易方案。由于这次经历,克丽丝认为,让部门聚焦于某些核心价值观,这种管理方法比过多依靠信息技术系统更好。

几年后,克丽丝愈加认识到这件工作的政治意义。叫得最响的人得利最多。例如,信息技术在优化人力资源中配置的同时引起的问题与它解决的问题一样多。这套系统中一些客户群的优先照顾等级非常低。一些主管认为这是正确的。一位高级经理评论道,这样做将更有效率,但是来自客户亲友的批评游说却非常激烈。

在努力发展核心价值观时,克丽丝开始把这视为一场游戏。人们总是试图掌握用以表达价值观的语言。同样清楚的是,当他们表述核心价值观时,每个人都在赞成的同时保留按自己的方式解释这种核心价值观的权利。人人都精通玩反压迫的文字游戏,但是对于其意义的看法并不一致。确实,开会时,克丽丝发现,他们是在玩兜圈子的文字游戏,"以客户为中心"被视同为服务质量,服务质量接着被定义为提供平等机会,平等机会又被看做是对多元客户做出回应。辩论的结果变成了辩论的起点。有关政策文件的内容丰富的辩论经常导致这样的结果:一切似乎都无法避免混乱。

几年后,克丽丝成了一名高级主管。她对社会服务的热情不减当年,但她对未来的期望不像原来那么雄心勃勃了。她意识到组织里的事务并不总能按部就班、令行禁止。她不再相信更多更好的电脑就能解决组织的管理问题;她也不再认为一份印制精美的任务说明卡片便意味着所有人在实际上都分享了共同价值观。她认为组织其实拥有众多内外利害关系群,管理者的任务是维持亲和。但是这种自嘲意识并不意味着克丽丝已变得愤世嫉俗,虽然她的一些同事确已变得愤世嫉俗了。克丽丝继续努力使一切得到改善,但是方法有所不同。她开始相信"预备—开火—瞄准"的经营之道,也就是说,从小规模试验开始,不用预先把计划考虑得太周密,能用就用,不能用就修改或放弃。不再搞什么总体规划设计。她不再笃信首字母缩略词(如,CFI——客户第一运动)那些套话。真理存在于格言警句而非首字母缩略词。格言是用一个浓缩的句子表述值得牢记的某个基本道德原则。比如,"那些太忙于行善的人往往无暇修身养性"(Gross,1987:197,引泰戈尔语)。格言让你去思考一些重大问题,而缩略词只要你盲从。克丽丝既承认管理角色的破碎性,又承认组织内部价值观的多元性,因此,她变得有些狂躁和抑郁。但克丽丝努力在从事管理服务工作时,保持彬彬有礼和宽容。她的态度是"悲观的一相情愿"。

166 讨论活动 4.1

这个虚构故事暗示,管理者对于价值观问题做出的回应可能随其事业发展而改变。在这个故事里,你能够觉察到克丽丝在哪个时期持有下列各种观点吗?

(a) 传统主义
(b) 现代主义
(c) 新传统主义
(d) 后现代主义
(e) 实用主义

我们将对案例研究 4.1 的虚构故事给出一种解释。你对这个解释可以有不同的理解。社区社工是克丽丝的第一份工作,那时她是一位传统主义者,她已形成一套社工应该如何对待服务对象的价值观。在某种程度上,这些价值观是在她成长过程中,特别是在其从事志愿者工作时,逐渐形成的。社工训练又会强化这些价值观。她所具有的传统价值观与其选择的职业有关。随着工作量的加大,压力日增,她发现越来越难以坚持这些价值观。随后的两份工作是负责确定重点、预算管理以及实现绩效目标。作为回应,她开始采用一种比较现代主义的姿态。她必须假设能够客观测算服务对象的需要,从而可以根据轻重缓急来安排工作,这样才能确保满足最急需服务的人。她将这一观点延伸为一种信念,这样,当由于资源限制,不可能满足所有需求时,关于服务配给的困难决策可以比较容易地被制定出。这一信念是她在攻读管理科学硕士学位时树立的。直到事业的这一阶段,克丽丝一直在同一专业领域工作。她的下一个工作把她带入了不同的领域,她意识到不同群体的价值观和规范不同。再加上得不到解决管理问题所需的更多数据和更好的软件系统,她开始采取新传统主义的姿态,即试图通过制定一套人人都愿"买进"的组织价值观使服务更有效。但是事实证明这比她想象的更困难,因为创造统一的组织文化的企图深深地淹没在组织政治中。克丽丝开始用后现代主义观点看问题,幽默地调侃正在组织中进行的游戏。但是当她成为一名高级主管时,她已经变成了实用主义者,她认为没有对组织问题进行"快速修复"的手段,只能通过继续努力来改善这些问题,虽然进展(每个人都同意那是进展)缓慢而零碎。她觉得,成功在于坚持关心他人和重视礼貌,即使这似乎是一项永无休止的任务。

167 伦理的局限性与管理角色的风险

如前节所论,如果人们可以拥有与其价值观相联系的多种立场,那么不同的人在解决组织伦理问题时会有不同的潜力和弱点。本节要讨论的问题是:一、管理者可以采取五种立场中的一种来解决伦理问题;二、每种立场都有其独特的伦理力量,也有各自的伦理风险和局限性。这种分析不仅针对管理者,也可针对组织中的其他人,但为简要起见,这里将只分析管理者。图 4.1 说明了 12 种管理角色与以下五种立场有着怎样不同的密切度。

- 预言家
- 主观主义者
- 修辞学家
- 沉默主义者，以及
- 平衡器

12 种角色与四种立场的密切度与它们在图中和各种立场的距离成比例。

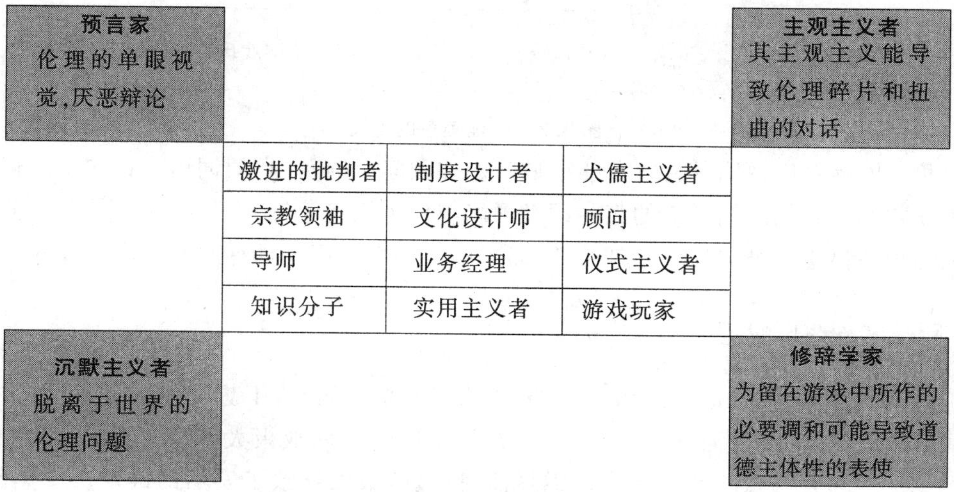

图 4.1　管理者伦理角色的方阵

角色由两个尺度来确定。第一个尺度与个人的信仰有关：个人认为自己生活工作的宽 168
泛的文化环境是整体的还是破碎的。

在这个尺度上有四个阶段——现代主义、新传统主义、传统主义和后现代主义（见本章前面的讨论）。为达到分析目的，实用主义被纳入后现代主义范畴。

第二个尺度与个人的信仰程度有关：个人在多大程度上相信自己的伦理价值观是一个整体还是会发生或大或小的变化。在这个尺度的三个要点中，有两点——原则与方针——取自第三章（见页边码第 100 页），第三个要素是新增的。

- 原则：表示价值观破碎程度低——原则固定不变。
- 方针：表示价值观中度破碎——方针会改变和调整。
- 困局。

尺度上可能有的第三要点——困局，表示个人价值观严重破碎，意味着因多种竞争的价值观或要求而不知所措。根据《牛津英语辞典》1657 年版的释义，“困局”(aporia)是一种修辞手法，说话人用它来表示，他要么在众多问题面前不知如何开始，要么对一个奇怪或含糊的东西不知所措。

因此，“困局”指道德的不确定或混乱，立场的亦真亦假。

这两个尺度可用来定义管理者的 12 种伦理角色（见图 4.2）。在这里，“伦理的”是指有关伦理与道德的学科，不是“善”的同义词。角色不是对人们所持固定立场的描述，而是关于人们根据偏好与环境而可能采纳和放弃的立场之说明。

	原则	方针	困局
现代主义	激进的批判者	制度设计者	犬儒主义者
新传统主义	宗教领袖	文化设计师	顾问
传统主义	导师	业务经理	仪式主义者
后现代主义	知识分子	实用主义者	游戏玩家

图 4.2 管理角色的定义

169 给角色贴标签以说明其特征可能很危险。如顾问、导师一类的词语一词多义，且词义未必一致和相容。我们所用词汇的某些词义可能与角色描述不符。

我们现在讨论五种立场的伦理特征，以了解五种立场可能具有的特定危险倾向。

预言家的伦理局限

预言家想要世界或至少他们的组织按照他们的意志运行，不想受他人建议或提醒的约束。他们的伦理“单眼视觉”如果碰巧是错误或邪恶的，将酿成极大危害。譬如，安然高层领导者制定了一套有创意的会计方法且不容任何质疑，最终导致了安然的破产。安然领导人被认为具有超凡魅力，他们将奢侈浪费的生活方式赐予那些通过选拔的员工，这些成了保护安然领导层免受任何挑战的铜墙铁壁(Moon，2003)。用“预言家”这个暗喻来比喻安然领导人是再贴切不过了，因为，如韦恩(Wheen，2003：276—278)所言，他们经营安然公司就像在经管一家福音教会，其所作所为就像美国电视传教士。安然的首席执行官肯·雷(Ken lay)，则像是卫公理教会的非神职布道者。他们对质疑声充耳不闻——这被看成是人们为股价上涨付出的微小代价。这类管理者可以被贴上制度设计者的标签；设计制度的目的已经被忽略，但是一定得让组织服从制度。

宗教领袖是要求的预言家。形势该怎么变，人们该如何发展，他们都开得有药方。他们要求信徒们“买进”他们提出的特定价值观和原则。宗教领袖提出一揽子商品化的发展道路。这种态度似乎特别倾心于流行时尚。风水提供了最新源泉，宗教领袖从它的精华中汲取管理智慧。例如经营互联网商务的“胜算”公司(Beyond Strategy)，其企业标志和组织哲学就是根据风水原则设定(Beyond Strategy，2001)。

激进的批判者是另一种预言家：他们希望改变世界或起码改变组织，但又不清楚如何改变。他们起劲地抱怨现实，而不是积极设想如何改善现状——更别提付诸行动了。帕克(Parker，1998b：35)在一篇批评经济伦理的文章中指出，这种思想可能导致组织行为的恶化而不是改善。激进的批判者不满现状，但是又拿不出建设性意见，这是他们自身的矛盾。

> 我发现本文余下的问题很难解决，这便是：假如承认上面的所有矛盾，那么留给“经济伦理学”的选项将是什么？而如果拙文就此打住，仿佛我当真有了解决问题的宝典，则完全是不恰当的。
>
> (Parker，1998b：35)

激进的批判者抱怨的理由也许很多，包括反对全球化、女权运动和可持续性。有人说这种对组织价值观的挑战对组织有益，此说法值得商榷。激进批判者的伦理风险在于：这种 170
“魔鬼代言人”①会变得非常狂热。有关这一现象的争议很大。萧娃特尔（Showalter，1997：第 12 章）指出，一些精神病学家和社会工作者把对“邪教虐待”（SRA）的臆测——她怀疑是否确有其事——当做对社会进行激烈批判的手段。在“邪教虐待巡回会议”的研讨班或讨论会上，专业人员与病人“讲述自己关于‘邪教虐待’的故事”（Showalter，1997：180）。20 世纪 90 年代初，英国一些工作人员根据自己对此事的理解而行动，将那些受“邪教虐待”的儿童带离父母，送进教养院。有两个案件备受瞩目，但在随后进行的调查中找不到支持“邪教虐待”指控的证据，与此事有关的社会工作者受到批评（Showalter，1997：172）。这种案例虽然少见，却显示激进的批判者可能会落入的伦理陷阱。

预言家的伦理风险是：他们闭塞言路，不听取质疑与对话，而质疑与对话可以检验他们的批评、他们的救世良方或制度是否正确。

主观主义者的伦理局限

主观主义者是怀疑论者，他们与极少怀疑的预言家相反。对行事方法提出质疑，这表明了他们对世界的接触和参与，然而由于质疑的理由随时变动，他们又被焦虑所困扰。这是萨特的存在主义观点：即认为个人通过自我选择塑造自己，人们“无法超越人类的主观性”。萨特（Sartre，1957：14）的意思是，当我们为自己做出选择时，隐含着我们对别人行为的判断，所以我们不会做出恶的选择。主观主义者的伦理局限性在于，他们不相信有客观的伦理标准存在，认为人人都不得不做出自我选择，而同时承认个人的自我选择中暗含着对他人寄予的期望。他们的反复无常是由他们的个人主义中隐含的集体主义造成的。

我们可以例证这种立场的伦理风险，例如，西方的一些公司在国外做生意时，不知应该对所在国及其文化做出何种反应。主观主义者可能认为给“打点费”是错的，但同时可能觉得在腐败成风的国家做生意要坚持这一原则有点力不从心。当然，他们不甘送礼也许纯属实际考虑，但是我们有更多讲原则的人违背个人价值观顺从当地文化的例子。譬如，霍林斯德和麦克罗娃（Hollinshead and Michailova，2001）报道了西方培训者所承诺的体验式学习如何在保加利亚培训经理时遭遇滑铁卢，还有他们怎样修改自己的培训，使之符合当地的期望。因为主观主义者不愿意将自己的观点强加于人，所以他们常常最终让别人的意见左右了自己。

顾问既没有宗教领袖偏爱的救世良方，也没有文化设计师对公司的关怀。顾问是这样的主观主义者，他们寻求对个人的自我价值观与关注点的理解，并帮助他们确定自己的解决方案。

犬儒主义者是那些对付不了这种存在主义痛苦的主观主义者的典型。 171

正如查德哈里（Chaudhuri，1987：128）所指出的，

> 犬儒主义者竭力用宣泄愤懑来补偿自己因丧失道德勇气而产生的失落感。

---

① 魔鬼代言人（Devil's advocacy）：指专门唱反调、找碴的角色，“视批评为合理”的方法。当有人提案时，会议中会有被指定者专门负责唱反调，扮演“讨厌鬼”的角色。“魔鬼代言人”存在的目的本质上是在群体决策过程中人为地引入冲突，激发群体成员提出不同意见和建议，以减少决策漏洞和失误。——译者注

小组简报会或各级简报会有时会证实这种影响。马钦顿等人(Marchington et al.，1989:26,28)发现，主持这类简报会的管理者可能对这一过程充满怀疑、漠不关心、漫不经心。

参加简报会的人……常常对于(来自最高管理层的)核心信息加以评论，他们要么用很糟糕的例子来传达信息的大意，要么质询这些信息的依据。这样一来，他们便成功地淡化了核心信息对听众应该产生的影响。

甘布尔和凯利尔(Gamble and Kelliher，1999:275)称，简报会通常是失败的：与会者为开会而开会，开会“本来是达到目的的手段，到头来却成了目的”。据报道，犬儒主义可能促成了对听众的不良甚而负面的影响。与其说这可能与犬儒主义有关，还不如说具有现代主义思想的与会者希望在组织中建立起可靠、理性和工具性的交流制度。他们不像激进的批判者那样挑战组织文化；也不像犬儒主义者那样鄙弃组织文化。这样，与会者就站在了制度设计者的立场，把自己夹在激进的批判者与犬儒主义者之间。

主观主义者所承担的伦理风险是不确定的。这可以是一种恣意的主观主义，即人人各行其是。在更复杂的意义上讲，引起这种不稳定的原因是，只希望对自己负责但又承认这行不通。施瓦兹(Schwartz，1998)认为，这解释了彼得·德鲁克(Peter Drucker)对经济伦理思想的排斥。德鲁克认为伦理的责任应由个人承担。伦理责任不可能依靠组织，所以经济伦理规范没有什么意义，因为经济伦理规范减少了对个人应负的责任。但是履行和检验个人责任只能通过共同体内部对话进行。如果个人总是反对集体或共同体的行动，将导致伦理破碎或伦理对话的扭曲。

修辞学家的伦理局限

修辞学家喜欢决胜负的辩论。我们明白在理解“修辞”一词时不应将其视为贬义词(Watson，1994:183)，而应视其为人类不能回避的共同技能。他们在辩论时，允许自己的技能与信念脱节。对他们而言，重要的不是对不对，而是赢不赢。他们装门面，很像后现代主
172 义建筑师修建工厂或超市时用高大滑稽的立面掩饰背后的厂房。经理们要装的门面是绩效图表和年度报告，为了让高管满意，他们必须这么做。尽管经理们连自己都怀疑绩效图表和年报的价值，但这些东西还得由他们炮制出笼。为了保住职位和地位，游戏玩家自吹自擂，夸大自己在组织中的作用(Legge，1995:317—324)。例如，负责(人力资源部)的人装门面的活计是评估研究报告和年度报告，这些材料呈报高管们希望看到的类似“卖座率”和“喜报”的统计数据。人力资源部的人有时会在专业杂志上得到以下规劝：

> 一定要自吹自擂。世上所有的底线一钱不值，除非你能利用它们向企事业兜售和推销你的人力资源服务。
>
> (Lookatch，1991)

由此可见，修辞学家的立场具有独特的伦理风险：嘲弄、忽略事实和撒谎。壳牌迫于形势虚夸其储油估计(见页边码第72页)，便是最近的典型例证。我们为一项前期研究项目作过调查，也可用来例证修辞学家的伦理风险(Fisher，2000:66)。我们采访的是一位主管，他刚被任命为一家零售时装连锁店的人力资源部主任。该公司因招聘中的歧视行为被告上行业法庭。新任人力资源部主任相信这项指控有事实依据，但是在法庭上却成功地为公司作了辩护，因为“你得从内部把事情摆平”。她巧舌如簧，为不公正辩护，并感到这种妥协是必

要的：能够为自己在公司树碑立传，从长期看对改善这类事情有好处。

游戏玩家、仪式主义者和实用主义者在日常工作中经常妥协，犹如不再信仰上帝但仍觉得礼拜仪式过瘾的牧师。仪式主义者看重管理活动，却又怀疑管理的意义。实用主义者在两个欲望之间挣扎：一方面，因为他们知道没有简单的解决办法，所以希望脱离世界；另一方面，他们又希望事情有起色。结果，与仪式主义者和游戏玩家一样，实用主义者可能会冒险让坏事发生。他们可能会丧失自我道德主体感，因为妥协等于将部分责任推诿他人。

沉默主义者的伦理局限

沉默主义者认命自足。这是对伦理问题的一种脱离。信奉沉默主义的经理不会认为对组织内部的恶行做出反应是自己的任务，这是沉默主义者的伦理局限。知识分子的作用也可例证这种伦理风险，沉默主义者愿意坚持原则，同时对语言和价值观缺乏确定感。这种混杂的不稳定性导致他们看重的是内部心智发展的过程本身。这是他们的原则，而这个原则导致他们的游离状态。

> 一般地说，人们应该认为知识分子有一种特立独行的需要，一种对无法形容的崇高的需要，一种超越极限的需要，一种不愿鹦鹉学舌而独立思考、自由表达的需要。不过，不要以为知识分子在满足这种需要时有为社会效劳的目的。
>
> (Rorty，1985：174)

导师的角色具有沉默主义者的特征，但它只允许通过传承传统价值观与世界保持接触。173
导师自视为别人应该效仿的楷模。但是他们并非福音传道士，而那些追随他们的人则通过观察而竞相效仿。

沉默主义者不倾向于用行动反对不道德的组织行为。如果一位沉默主义者不赞同组织的行为，他可能采取的最激烈的行动是辞职。

平衡者

有两种管理角色——文化设计师和业务经理——在四种立场中居中，即位于图 4.1 的中间位置。文化设计师和业务经理处于四个位置的平衡点上。他们的伦理难题是维系均衡。文化设计师如果失去平衡，要么变得更像预言者，要么更像主观主义者。业务经理如果失衡，很可能是要么向沉默主义者转变，要么向修辞学家转变。

譬如，文化设计师竭力博得员工对组织价值观与使命的承诺，但同时又不愿破坏员工个人的价值观。这种企图可能很容易被扭曲，并导致组织价值观变得愈加重要。例如，据资料反映，一些人力资源从业者用汽车维修和保养记录册作暗喻，来解释个人发展规划的目标。

> 与任何产品一样，如果他们[员工]变得落后过时了，不能再满足顾客的要求或不能再提供竞争性产品了，他们就会失去市场份额和吸引顾客兴趣的能力。这种方法也被用来鼓励记“学习日志”——“谁会购买一辆没有维修保养记录的二手车？”
>
> (Floodgate and Nixon，1994)

这种方法存在一个矛盾，它要求员工正视自己的综合胜任能力的局限性并对其负责，然而那些局限是通过与胜任能力框架与核心价值体系的比较来确定的，而胜任能力框架和核心价值体系的设计目的是满足组织的需要，未必一定要满足个人需要。员工为使自己符合这些期待而提升自己，在该过程中，员工可能扭曲或否定自己的价值观和伦理立场。这时，文化设计师呈现预言家的特征。

业务经理一贯代表“敢闯敢干”的变革型领袖的反面典型。担当这类角色的人不可能成为预言家。业务经理的伦理风险源自缺乏抱负。表现形式可能有两种：如果业务经理缺乏献身精神，他们将沦为没有理想、只想保住饭碗的游戏玩家；如果意识到自己无力改善现状，那么他们将变成沉默主义者。

174 这12个角色并未被简单地分成好角色或坏角色。所有角色都有潜在的伦理风险，尽管其危害性不相等。图4.1的逻辑表明文化设计师和业务经理角色的潜在危险比其他角色小。不是说伦理风险一定会变为现实，多数预言家的言行有益而无害；主观主义者的痛苦不会自动伤害他人。我们只是认为不同的角色有自己特定的伦理局限，而我们讨论这个问题的目的是为了确定那些潜在的伦理失误的性质。

活动 4.2

设想一个工作中的情境，或者别的情境，如你所属的俱乐部或协会，此时，你面临一个伦理方面的担忧或问题。在预言家、主观主义者、修辞学家、沉默主义者或平衡者这五种立场中，你认为哪种立场最接近你在当前处境下所持的态度？你曾经避免了这种态度可能使你落入的伦理陷阱吗？

思　考

我们的价值观是我们的伦理依托。可是我们每个人都会发现很难说清自己的价值观究竟是什么。舍恩(Schein，1993)认为，我们每个人都有一个“事业之锚”，一个对我们来说无比重要的价值观，以至于我们宁可丢掉工作或处于某种劣势，也不愿违背它。问题在于，我们也许只有等到自己受到某种危机或困境的考验后，才会确定在我们拥有的众多价值观中，究竟什么是我们的“事业之锚”。在本章我们同时提出，当我们遭遇道德失败时，我们的失败往往带有性情与态度的特征。换言之，重要的不仅是我们的价值观是什么，而且在于那些价值观对我们来说有多重要。在精神分析中，“情感投注”(cathexis)指人对自己价值观可能产生的强烈依恋和倾注，正是这种依恋和倾注在驱使人们的行为(Young，1977)。一个人对某种特定价值观的情感依恋可以有许多形式，特定的价值观是

- 我们信守并且仅用来安排我们个人生活的某个东西(沉默主义者)或
- 我们渴望他人拥有的东西(预言家或现代主义者)或
- 我们毫不置疑的直接真理(传统主义者与新传统主义者)或
- 175 我们为之烦恼和争辩的东西(修辞学家和实用主义者)或
- 我们能在嬉笑怒骂的争论中说服人们的东西(修辞学家和后现代主义者)

所有这些可能性都表明我们与自己价值观的联系不是直截了当的。这暗示，由管理著述提出的想法通常显得过于天真，因为他们相信，高级管理层的任务是宣布一个人人都能接受的使命或价值观体系。人们对自己组织所提倡的价值观做出的反应会很复杂。例如他们可以接受组织提倡的价值观，即使这与他们的个人价值观不同。或者他们可以以嘲弄调侃的态度接受那些价值观，以至于其他人拿不准他们的同意到底是真是假。更普遍的是，他们会同意那些价值观，却怀疑发布这些价值观的高管们是否也已承诺并愿意遵守这些价值观。组织的价值

观得到管理者和员工的真正认可，也许并非坏事。但是安然案例所反映的问题是，过度热情地信奉组织价值观为安然公司蒙上了某种宗教色彩，从而为它埋下祸根。安然案例还提醒我们没有任何特殊理由可以让我们相信：那些爬到管理事业顶峰的人会特别有道德并因此能够成为伦理的表率（或领导）。

人们与他们的价值观及他们组织的价值观的联系是错综复杂的，这种复杂性也对伦理表率（或领导）的价值观提出了质疑。

承上启下

伦理的表率（或领导）将在第十章详细讨论。

如果一个领导者具备了布兰卡和皮尔（Blanchard and Peale，1988）所称的组织领导者的基本美德"5P"：自豪（pride）、耐心（patience）、谨慎（prudence）、恒心（persistence）、洞察（perspective），员工可能会认为这样的领导者是优秀的伦理楷模。但他们不一定效仿领导者到自己也成为楷模的地步或者确定以领导者为榜样。将领导者作为伦理偶像崇拜——这本身可以表明只有那些配当领袖的人和希望拥有这种伦理行为的人才具有这些德行，而且还表明常人是不可能赶上他们的。

人不是单纯地"拥有"价值观。人的价值观取向随境遇和谈话对象的不同而不断地被重新定义和重新调整优先次序。人极少被逼到极端，以致发现自己真正的"价值之锚"（这里借用舍恩的"事业之锚"）。这个分析意味着，相信一个组织应该且能够使人人都接受组织价值观，是被误导了。人们常用"买进"来表示这种接受。这个术语暗示一种有限的参与和约定。你买进某个东西只是因为你认为买它划算，不是因为你认为它正确。

小　结 176

本章要点如下：

- 伦理学代表着解决当前道德问题的一种理智的取向，而价值观则代表一种回应，这种回应基于的信念是人们具有情感依附。在处理经济伦理问题时，这两种理念都需要加以考虑。
- 关于价值观在经济伦理中的作用，有五种观点：传统主义、现代主义、新传统主义、后现代主义和实用主义观点，人们可能持有其中一种观点，他们采取的立场决定了他们对工作中的伦理问题的回应。
- 人们究竟持哪种观点将取决于自己在组织中的从业历史和经验，取决于他们所受的教育和培训。
- 没有必要把组织里的人划分成有伦理的与没有伦理的。所有的经理都有干坏事的潜能，但是诱惑方式以及他们不合乎伦理的活动的性质将取决于他们自视为
  ——预言家
  ——主观主义者
  ——修辞学家，还是
  ——沉默主义者

快速复习测验

1. 哪种变化最慢？
   (a) 意见
   (b) 基本假定
   (c) 态度
2. 实用主义……
   (a) 的选择总是迅速和轻松
   (b) 是忍受客观真理不可能存在的哲学
   (c) 相信公司只应守法而没有伦理责任
3. 什么是元叙事？
   (a) 宏大的伦理信念，如罗马天主教
   (b) 含有道德寓意的民间故事
   (c) 是一个技术性术语，用来表达公司向顾客呈现的自己的身份和历史

177 4. 什么是沉默主义？
   (a) 一种缓解压力的技巧
   (b) 相信沉默的手段能够成为一种有效的领导风格
   (c) 信奉消极沉思与遁世(越远越好！)

典型作业与简述

1. 以洛基奇的调查为例，将传统价值观与产生于“意会”过程的价值观作比较。哪种观点更有助于我们理解价值取向在管理中的作用？

2. 不同立场(传统、现代、新传统、后现代以及实用主义)的人怎样理解价值观在组织中的本质与作用？

3. 如何批判后现代主义关于组织与管理的观点？这种批判合理吗？

4. “人们普遍认为管理层应该界定和公开组织的核心价值观，但这种想法可能会导致太多的问题。”请对此展开热烈讨论。

小组活动 4

莱斯倾向测试(ROT)

该测试方法由我的同事克里斯·莱斯(Chris Rice)设计，目的是让你对自己处理伦理问题的方法保持警觉。该测试区别了享乐主义、道德主义与实用主义。由于未获得统计数据证实，所以测试结果仅供参考。

依次思考下列各框的标题，决定相关标题是否使你想到：

甲——对与错

乙——快乐或痛苦

丙——成功或失败。

再决定你的所选（甲、乙或丙）在你心中的重要性是高、中还是低。

然后在框中相应格中打钩。如果你认为涉及快乐或痛苦的抽奖活动只有中等重要性，则在第一个框的中格内打钩。

完成所有测试框。

178

全国抽奖			
	高	中	低
甲			
乙			
丙			

工　会			
	高	中	低
甲			
乙			
丙			

迈克尔·霍华德①			
	高	中	低
甲			
乙			
丙			

竞　争			
	高	中	低
甲			
乙			
丙			

理查德·布兰森②			
	高	中	低
甲			
乙			
丙			

管　理			
	高	中	低
甲			
乙			
丙			

高等教育			
	高	中	低
甲			
乙			
丙			

曼　联			
	高	中	低
甲			
乙			
丙			

利　润			
	高	中	低
甲			
乙			
丙			

托尼·布莱尔			
	高	中	低
甲			
乙			
丙			

福利国家			
	高	中	低
甲			
乙			
丙			

议　会			
	高	中	低
甲			
乙			
丙			

累计上方各格打钩的总数记入下表。计算三行表格中各行的总分及百分数。百分数显示道德主义、享乐主义和实用主义对回答者的相对重要性。

① 迈克尔·霍华德（Michael Howard）：英国前保守党领袖。

② 理查德·布兰森（Richard Branson）：英国企业家、维珍航空公司老板。

莱斯倾向测试计分

	高(N×3)	中(N×2)	低(N×1)	合 计	%
甲＝道德主义					
乙＝快乐主义					
丙＝实用主义					

与小组同事讨论你的测试结果。

179 参阅建议

米尔顿·洛基奇的《人类价值的本质》(Milton Rokeach,1973, *The Nature of Human Values*, New York: The Free Press)是论述该主题的经典之作,而迈克尔·比利格的《争论与思考》(Michael Billig,1996, *Arguing and Thinking*, A Rhetorical Approach to Social Psychology, Cambridge: Cambridge University Press)在第239—247页提出了相反的观点。全书视角崭新,值得一读,其思想依据是:思维完全是一个辩论过程,在此过程中没有一成不变的观点,只有不断的辩论,我们与自己辩论,也与别人辩论。其重要含义是,虽然人们在特定时刻会有特定结论,但永远没有定论。这一观点对价值取向在经济伦理中的作用(在后面第五章、第六章中讨论)具有重要意义。特里·伊格尔顿不是一位经济伦理的著述者,但是其《后现代主义幻象》(Terry Eagleton,1996, *The Illusions of Postmodernism*, Oxford: Blackwell)对后现代主义作了引人入胜的介绍,这特别切合本章的主题。他认为后现代主义是一种感官能力,一种看世界的特别方式,而不是哲学思想,不过他也幽默地讨论了大量的哲学思想。如果你想读更极端的后现代主义评述(大部分是法语书),那么索卡尔和布里克蒙的《知识欺诈》(Sokal and Bricmont, 2003, *Intellectual Impostures*, London: Profile Books)读起来很痛快。有一本从后现代主义视角探讨管理问题的书籍也十分有趣——吉布森·布瑞尔的《喧嚣:倒退的组织理论》(Gibson Burrel, 1997, *Pandemonium: Towards a Retro-organizational Theory*, London: Sage)。本书特点是你能以常速倒着读。

要想更多地了解社会价值观是如何分裂或整合的,请读乔纳森·弗里德曼的《文化认同与全球过程》(Jonathan Friedman,1994, *Cultural Identity and Global Process*, London: Prestel)。保罗·格利瑟里的《管理价值观》(Paul Griseri,1998, *Managing Values*, London: Palgrare)讨论了价值观对管理的作用。“善用价值观进行管理”之类的书籍多如牛毛。有两本很值得一读:鲁宾德拉·纳什·卡农格、曼纽尔·孟东卡的《领导的伦理尺度》(Rabindra Nath Kanungo and Manuel Mendonca, 1996, *The Ethical Dimensions of Leadership*, London: Sage),史蒂文·考威的《以原则为中心的领导》(*Stephen Covey*,1991, *Principle Centred Leadership*, New York: Summit Books)。

推荐网站

主　题	网站提供者	网　址
后现代主义的资源及链接	罗翰普顿大学	http://www.roehampton.ac.uk/hacs/Links/PoMo.asp
当代哲学、批判理论与后现代主义思想	丹佛的科罗拉多大学	http://carbon.cudenver.edu/~mryder/itc_data/postmodern.html
价值观及道德教育与发展问题的有用的概述	W.休伊特(Huitt, W., 2004),价值观, *Educational Psychology Interactive*。佐治亚,沃道斯特:沃道斯特州立大学	http://chiron.valdosta.edu/whuitt/col/affsys/values.html
一份极简单的个人价值观调查问卷	佛罗里达国际大学	http://www.fiu.edu/~pie/pvquestionnaire.htm

180 第五章　价值观与启发式策略

学习成果

阅读完本章并完成相关活动后，读者应能：

- 解释启发式策略对决策的作用。
- 解释价值观概念以及价值观在思考伦理问题时的作用。
- 思索价值观如何影响人类对伦理问题的思考。

引　言

本章讨论的问题是，人们在实践中如何思考并做出伦理决定。在第二章我们讨论了哲学家与伦理学的著述者们关于人们应该如何思考伦理问题的一些主张。本章主题是启发式策略对人类思考的作用。论点是：人们在形成关于伦理问题的观点时，运用的并不是完全理性的方法，而是启发式策略，从而降低了形成观点或做决策的难度，并简化了围绕任一伦理问题的大量的竞争性的意见与信息。

承上启下

本章的论述基于前一章的内容——讨论个人价值观在伦理决策中的重要作用。

本章对伦理思考的解释带有一定的推测性。本章讨论了人们如何做出有关伦理问题的决定。该讨论基于已确立的思想和新的理论；但这些思想及理论尚未完全应用于伦理思考。对于一本教科书来说，这显得有些异常，所以这里提出的论点有待读者做出自己的判断。

181 ### 定　义

启发式策略　是一种探索或发现的手段，是心理诀窍或拇指法则，人们几乎是在无意识地运用启发式策略来简化决策过程。有了这种认知手段，可以不必搜寻和评价太多选项。该词语还含有如下意义：可以通过试错而不是通过对全部相关信息作系统分析来发现事物规律。

启发式思考

我们通过比较启发式思考与对非伦理问题，如选购轿车的理性决策方式，可以例证启发式思考的观点。如果运用理性的分析方法来做这项决策,你必须经过以下阶段。

- 识别市场上供应的所有轿车。
- 识别你认为重要的全部因素,如费用、可靠性、加速性能、颜色等。
- 用排序法或分配权重,确定以上各指标对你的重要程度。
- 调查市场上供应的每种轿车,依照各项指标给轿车评分。
- 结合轿车在各项指标上的评分和指标的重要性,计算你对各种轿车的满意度,符合较重要指标的轿车,其计分较高。
- 选择在以上计算中得分最高的轿车。

上面描述的方法叫做主观预期效用法。这是因为决策者对以下两个问题的评价是个性化的(主观的):(1)轿车上的重要因素,以及(2)任何一辆轿车实际上提供那种价值的机会(预期)。

显然,这是一个耗时的过程。启发式策略将简化这一过程。在决定购买哪辆轿车的问题上,可能涉及许多启发式策略,这里仅举几例。首先,你可能不会去评价市面上供应的所有轿车,而只会专注于那些通过广告认识的车型。这是有效启发。近因启发有如下意思:你上周末乘坐朋友的新车作了次愉快的旅行,那是你偏爱这种车型的重要因素。你不喜欢紫色,可能意味着你一直考虑的那款紫色轿车似乎有许多让你反感的因素。这就是页边码第 182
184 页解释的光环效应①和触角效应②的例子。经过一个或几个这样的启发后,供你选购的车型范围会大大缩小,于是你便有了具体购买某一辆车的直觉倾向。

让我们继续思考有关伦理问题的决策。本杰明·富兰克林(Benjamin Franklin)于 18 世纪提出用"道德数学"③来决定此类问题(Gigerenzer et al.,1999:76)。这与上述选购轿车的理性分析模式相似。富兰克林把一张纸分成左右两栏:一栏写"赞成",另一栏写"反对",然后确认赞成或反对有关某项具体行动方针的因素。在作进一步考虑时,由于有些赞成或反对因素可以互相抵消,他会删掉他们。如果他认为两个反对因素等于一个赞成因素,他会把这三个因素都删掉。该过程结束时,他便形成了有关应该做什么的均衡的观点。

如果我们用"道德数学"来解决某个伦理问题,我们可能(但未必)会发现:义务论所赞成的,后果论会反对。正当性必须用正义与公平的天平来衡量,而完美的"中道"可能很难发现。如果在思考伦理问题时对潜在互斥的思维方法等同视之,可能导致混乱。有著述者(Kaler,1999)提出,商学院讲授经济伦理("呃,你可以从义务论观点来看待它,也可换个角度从后果论立场来看待它")使这种混乱加剧。有人提出了不同的论点:人们往往不愿意用一大堆伦理观点来看一个问题,而是选择一种观点,然后启发式地运用它。

我们将在本章进一步提出,价值观和情绪能够起到决策启发的作用。我们谨举两例,以证明价值观启发在伦理决策中的作用。

- 第一例用了卫生保健资源配置案例,聚焦优先性设定问题。
- 第二例聚焦正直与忠诚作为决策启发的思想。每个例子都以一项活动为例。

---

① 光环效应(halo effect):又称晕轮效应。是指在观察某个人时,由于对于他的某种品质或特征有鲜明的知觉,从而掩盖了他的其他特征。如面试官可能因个人好恶而被应试者吸引,对应试者持肯定态度。结果是面试官"爱屋及乌",对候选人问题的答案采取很宽容的态度,而不是客观评价答案本身的内容。——译者注

② 触角效应(horn effect):与光环效应相反,面试官可能因个人好恶而对应试者非常挑剔。如果有多个面试官参加面试(如面试小组形式),则这种个人好恶偏见的影响可以消除。——译者注

③ 道德数学(moral algebra):语出本杰明·富兰克林。道德代数能够衡量价值观并将科学带入伦理,赋予某些衡量善与恶的观念以科学含义。——译者注

决策启发式策略

为采取理性的决策方法，人们必须获取和处理大量的必要信息，但是人们并不具备这种能力——这是早已得到公认的观点。赫伯特·西蒙(Herbert Simon，1983)的“有限理性”概念是该思想明确而经典的表述。搜索行为是为决策寻找必要信息和选择方案的过程。有限理性模式为这种搜索限制了范围。西蒙引入了“满意”概念——这是搜索和评价选项、直至找到一个合适方案的过程。他承认，这个解决方案也许不是最佳或最优方案。假如决策者继续对选项进行鉴别和评价，也许会发现更好的选项。但西蒙认为，决策者可能永远找不到最佳方案，即使找到了，他所付出的心理成本和实际成本将超过最佳方案带来的额外好处。
183 西蒙的理论强调，完全理性决策顶多是人的良好愿望，其实人们做决定时，较少使用理性分析，而更多基于试错——这是启发(或试探)的一个定义。

基率忽视

20 世纪 70 年代，卡尼曼、特维尔斯基和斯洛维克(Kahneman, Tversky and Slovic，1982)三人研究了人的判断和决策行为。他们特别调查了人如何估计形势和事件的发生概率或可能性。该项调查用问卷形式进行。下面方框展示了他们的提问范式。

蓝色出租车？绿色出租车？

一辆出租车涉嫌交通肇事逃逸。在城里经营的出租车的颜色有蓝色、绿色两种。为你提供的数据如下：

(a) 城里 85%的出租车是绿色，15%是蓝色。

(b) 一位目击者证实肇事车是蓝色。为检验证词的可靠性，法庭重建当晚事发现场，后得出结论：目击者识别轿车颜色的正确率为 80%，错误率为 20%。

肇事出租车是蓝色而不是绿色的概率有多大？

(来源：Kahneman et al.，1982：156—157)

该案例确认启发式策略(基率忽视)引导人们更多地关注直接信息源(目击者陈述)，忽略背景信息(如两种车型的相对概率)。根据贝氏定理(将两项数据均纳入计算)，导出得到正确答案的概率是 0.41。

定　义

贝氏定律　包含计算概率时的两个信息——前期信息和当前信息。你不必懂数学，但如果有人对此好奇，可上网了解贝氏定律的公式，网址是：http:// faculty. vassar. edu/lowry/bayes. html.

如果你将以下数据输入该公式：

- 出租车为蓝色的概率是 0.15(P(A))，
- 目击者正确辨认出租车为绿色(如果是绿色)的概率是 0.68(P(B|～A)＝0.8×0.85，以及
- 目击者将辨认出租车为绿色(如果是绿色)的概率是 0.12(P(B|A))＝0.15×0.8.

则得出肇事出租车是蓝色的概率为 0.41。

不过，大多数人在回答这个问题时，忽略了(a)点数据，因为他们认为这些资料太笼统，184
与可能的情况相去甚远。他们的答案是80%左右，其根据只是(b)点所给信息。

这样编写调查问题的结果是：如果给回答者一种启发，他会误用或忽视重要信息而给出错误答案。于是人们推断：启发式策略是判断发生偏差和偏见的根源。人们事后可能反对说问题编得太绕弯子，不代表人们在日常生活中所作的判断。如果是这样的话，日常生活中，启发式策略也许并不是导致误差的原因。

其他启发式策略

许多启发式策略是由霍加斯（Hogarth，1980）确定的，这里只探讨其中少数几种方法。近因效应[①]已在上文的购车决策案例中谈及。这种启发式策略导致人们更重视自己最近掌握的信息，忽略从前可能已了解的情况。光环效应与触角效应的启发式策略早已为选拔和招聘专家所熟知。这种启发式导致人们根据个人强烈好恶，仅专注于应试者的某一方面。可能会有这样的事：应试者留着小胡子或穿蓝色仿麂皮鞋。这样一个特征便主宰了招聘专家对应试者个人的全面评价。他们可能认为一个留小胡子的人是靠不住的；或者他们可能认为，穿蓝色仿麂皮鞋的人必定是公司最需要的那种创新者。启发与偏差研究项目确认，判断中存在启发式策略，但暗示它们是一个难题。

目前，由柏林"适应行为认知中心"简称"ABC研究中心（组）"领导的一项调研项目对启发式策略作了重访，他们得出结论：启发式策略非但不会歪曲决策制定，而且是有效和有必要的。该项目的立项目的是"掌握人在有限时间和有限认知局限下决策的真实心态"（Gigerenzer et al.，1999：5）。他们拒绝用理性的主观预期效用模式来解释决策过程，而提出"快速极简启发式"的思想。运用这些规则的目的是限制信息和选项及抉择的搜索范围，最大限度减少所需时间、知识和运算。他们认为，快速极简启发式是最纯粹形式的有限理性。

我们举例说明快速极简启发式的作用。有一种启发式策略叫做识别启发式，适用于以下情境：此时人必须按某个特定标准选取两事物中价值较高者。该识别启发的定义如下："如在两事物中，其中一事物已被认出，而另一事物未被认出，则推断那个已被认出的事物的价值较高"（Gigerenzer et al.，1999：41）。他们在一次试验中问芝加哥大学和慕尼黑大学的学生："圣地亚哥和圣安东尼奥两城市中，哪个城市的居民较多？"64%芝加哥大学学生回答
正确，而慕尼黑大学学生回答正确率为100%。为什么德国学生答得更好？他们听说过圣地 185
亚哥，但未听说过圣安东尼奥。他们运用了再认探试法，他们答对了。美国学生知道这两座城市，无法应用再认探试法，不得不搜肠刮肚，寻找有关正确答案的更多线索。而更多的信息只会把他们搞糊涂。识别启发式策略自然也有逻辑：你更可能认为自己听说过的城市比未听说过的城市大。启发式将这一逻辑作为一项极简单的决策的基础规则。但由于这个逻辑，识别启发式策略不仅简单而且有效。

当然，在许多情况下，由于两个选项均已被识别而不能运用识别启发式。吉仁泽等人（Gigerenzer et al.，1999：第四章）用计算机仿真评价了几个简单启发法，这些简单启发式通

---

① 近因效应（recency effect），指由于最近了解的东西而改变了对某人一贯的看法的心理现象。心理学研究表明，对陌生人的知觉，第一印象的作用更大；而对熟悉的人，对他们的新异表现容易产生近因效应。近因效应也常见于学生交往中，例如两个学生本来相处得很好，甲对乙关怀备至，可是却因最近一次"得罪"了乙，便遭到乙的痛恨，这就属于近因效应。——译者注

过数据搜寻这类情况的解决方案。如在上面介绍的情况，计算机模拟的任务是：决定每一对城市中哪一座城市较大。他们在模拟中设定相关各城市的 10 项提示。其中一项提示是该城市是否是首都。在信息数据库中备有被搜索数据，在该信息数据库中，(如果是首都，则）该项提示记录为正数，因为首都可能比不是首都的城市大，或者，(如果不是首都，则）记录为负数或“不详”。还有一些关于各项提示可靠性（运用该提示而给出正确回答的几率）的补充信息，以及证明该项提示有用的几率（因只有一个城市才是首都，你运用此项提示来辨析各对城市的机会不多）。该模拟对六种搜索策略作了测试，其中前三种所依据的是启发式策略。

(1) 极简策略。从 10 个提示中任选一个。如果你必须在两个城市中做出选择，而其中一个城市在该提示的计分为正，另一个为负，那么选择计分为正数的那个城市为较大城市。否则，继续随机依次尝试这些提示，直到某个提示提供答案为止。

(2) 选择最后策略。选择在最后一次必须做出这种决定时其效果最佳的那个提示。

(3) 选择最佳策略。该策略利用有关提示的可靠性和用处的信息，决定可提供最准确答案的那条提示。

其他三种搜索策略均基于理性模式，它们是：

- 富兰克林规则(Franklin's rule)。
- 戴夫规则(Dawe's rule)。
- 多元回归。

我们在此不对这些策略一一做详细解释。我们只需指出，它们都有一个共同点：在两个城市之间做出选择时，这些策略集合了有关哪个城市较大的全部 10 项提示。相反，启发式策略一次只用一个提示，一旦做出决定，便忽略其他所有提示。

186 **表 5.1 比较启发式策略与理性策略的模拟结果**

策略类型	策　略	节俭性（查询提示的次数）	准确性（正确答案%）
启发式策略	选择最后	2.6	64.5
	极　简	2.8	64.7
	选择最佳	3.0	65.8
理性策略	富兰克林规则	10.0	62.1
	戴夫规则	10.0	62.3
	多元回归	10.0	65.7

（来源：Gigerenzer et al.，1999：87）

模拟结果如表 5.1 所示。模拟结果显示，由于启发式策略给出答案所需的信息比理性策略所需信息少，所以启发式策略不仅效率高，且准确度与理性策略相同。“快速极简启发式”的研究人员把启发式策略视为（普遍）有效的决策策略，这为伦理思考和伦理判断成为一种启发式策略过程提供了可能性。

伦理推理中的价值观启发策略

在这一节，我们想撇开文献中已经确立的东西，讨论如何将快速极简启发法用于解决伦理决策。我们讨论的是：启发式策略在伦理决策中的作用，而价值观是这些策略的基础。

吉仁泽等(Gigerenzer et al.， 1999：30)指出，虽然大部分快速极简启发法涉及识别启发,但是情感和社会规范可能也有启发作用。例如,“模仿你的同仁做出选择”,这种社会规范是有效的启发式策略,你可以不再进一步寻求其他选择了。这种启发式策略用于学术人才招聘可能尤其有效,因为学术机构显然会任用那些他们认为会令同事满意的人才。情感,如怜子之爱,会消除面对浪费的伦理犹豫。如果小孩在夜里惊叫,父母会受情感驱使起床去抚慰孩子。做父母的不会算计这个行为是否会赢得最大功效,也不会去盘算:躺着不起,第二天才能精力更饱满地工作,从而为自己带来更大利益。已确立的四类道德情感(Haidt,2003)一旦受到某些事件激发,将沿特定途径成为行动的触发项或使行动沿一定趋势发展。这些道德情感是:

- 他人的责备——轻蔑、愤怒和反感。
- 自我反应——羞耻、窘迫和内疚。
- 他人的痛苦——怜悯。
- 他人的赞赏——感激和崇高。

如果情感和社会规范能产生启发作用,那么价值观也可发挥这种作用。这是因为价值 187
观与情感和社会规范有密切关系。价值观就像情感,因为人们发现很难解释为什么价值观对自己如此重要;价值观和情感与社会规范的确关系密切(Eden et al.,1979)。与社会规范的关联源于这样的事实:人们在成长和实现社会化的过程中获得价值观。洛基奇(Rokeach,1973:17—18)认为,这些早期形成的价值观使价值观比态度更简明有力地影响着人们。

价值观启发策略的例证

我们来看一项著名的管理开发训练——洞穴救援(Woodcock,1979,1989:81),这个例子可以说明价值观启发策略的作用。在该项练习中,各小组必须决定如何将稀缺资源分配给草图中描绘的那些人。这些人的特征在草图中有一个简单的勾勒。“洞穴救援”需要六名志愿者,他们在心理试验中被要求进入一个被洪水淹没的坑洞。负责这项试验的调查委员会需要一个救援小组。由于洞口狭窄,救援小组到达后一次将只能救出一名受困者。委员会不得不确定救援小组从洞中救出志愿者的顺序。这项练习是研究这种辩论所表达的价值观的一个好机会。

通过观察这项训练可以发现,人们运用自己的首选价值观从草图中挑选自认有用的信息。草图中包含“洞穴救援”练习中每个人的正面和负面信息。为了确定营救顺序的需要,必须删除被救援者数据中的有些信息而使另一些信息变得有用。用到的价值观很多,包括:

- 首先营救那些可能恐慌并妨碍救援者的人,从而使被救人数最大化。
- 首先营救那些社会贡献潜力最大的受困者,从而使社会福祉最大化(功利主义)。
- 首先营救那些拖儿带女、养家糊口的受困者。
- 首先营救最年轻的人,因为年长者已经享受了生存机会。
- 首先营救最有道德的人,然后营救道德上不足取者。

参看志愿者保罗的情况,可以解释价值观启发策略的作用。根据提供给参与者的信息,保罗犯有强暴猥亵罪。但同时,在他的工作笔记中有关于廉价治疗狂犬病的详细记载。用道德标准挑选谁应被救的人们假定:通过阅读工作笔记可以弄懂保罗的这种治疗手段(而且
无论如何他一定有一名懂得并能继续这项研究的助手)。因此可以根据他的行为大胆决定 188
营救他的次序。持功利主义价值观的人认为,由于根本不可能看懂他的工作笔记,所以在作决定时,应该忽略保罗的犯罪活动,专注于他的社会贡献潜力。他们删掉那些阻碍自己应用自己的首选价值观的信息,理性地将其变得无意义。

价值观启发策略如何发挥作用

至此，论点似乎已经明确。价值观是简单而又强烈的信念，如，诚实很重要。有人提议，在制定决策时把价值观当做过滤器，用以减少需要考虑的信息量。价值观可以像快速极简启发式一样限制搜寻行为的总量。吉仁泽等在 1999 年提出三种启发式搜寻策略（见页边码第 185 页），这里再补充一个：选择一个因为符合你的价值观取向而吸引你的提示。

如果人们不改变自己的价值观，那么伦理决定应该是容易的。但实际情况并非如此。伦理问题往往被视为两难困境，不容易解决。比利格（Billig，1996：238—247）说，价值观本身可以是单纯的，但是至少从两方面讲，价值观又是复杂而有争议的话题。

- 首先，涉及对价值观的解释。价值观的简单使其失之空泛。这意味着接下来必须先对价值观做出解释，再将其用于决策。我们可以卫生保健管理为例。该领域的人都赞成病患第一的观点，但不同的卫生保健专家对这一价值观的理解不同。有人认为这意味着改善病患的诊治条件。其他人会认为这意味着使病患有能力掌握自己的治疗和身体状况。还有人会认为这意味着使病患感到身心舒畅。
- 引起价值观争论和冲突的第二个缘由是在任一给定的社会中，价值观冲突的多元性。这一点可通过表 4.1 得到例证。例如，野心可能与诚实相冲突。由于在既定的情境中人们可能无法确定在各种彼此矛盾的价值观中究竟应用哪种价值观，所以伦理问题常常难以得到解决。

遇到伦理问题的人所面临的困难是：应该从许多价值观里挑选哪个价值观应用于特定情境？为此，我们需要回顾吉仁泽等人（Gigerenzer et al.，1999：30）所描述的快速极简启发法。他们提出，人们都有一个心理适应工具箱，里面装满各种只有单一功能的工具。就像机械师设法选择正确的工具修理汽车一样，人们也选择最佳启发式策略帮自己下定决心或采取某项行动。

在下面两节里，我们将探讨运用特定价值观的方法。

189 价值观启发策略与优先性设定

资源配置是优先性设定的一个特定形式，涉及决定什么较重要、什么不太重要。本节试图说明，技术手段不能得出优先性设定问题的正确答案。优先性设定是一个价值观问题。设定优先性的个人必须决定他们将用哪些价值观来确定相对重要性。某个特定优先性设定正确还是错误，取决于对其进行判断的价值观。这使优先性设定成了伦理问题。

本节用一项名为“僧侣毒病与小白菊病”的模拟练习，讨论价值观在制定伦理决策时的启发作用。该项练习根据一个卫生保健管理问题编写。一笔有限预算必须分配给两项卫生保健计划使用，一项是“僧侣毒病”诊治计划，另一项是“小白菊病”诊治计划，这两种都是致命疾病。问题在于决定优先考虑哪项计划。菲舍尔（Fisher，1998）确认了资源配置优先性设定的六个价值观，现列示如下，在本章后面再做界定。

(1) 功效性

(2) 个体需要

(3) 值得性

(4) 均衡性

(5) 公正性

(6) 个人能力与获益

在"僧侣毒病与小白菊病"练习中,你有机会将以上每种价值观应用于你对两项计划的优先性设定。无论你做出何种选择,都将导致资源的差别配置。做完这项模拟练习后,你也 190
许会改变主意。现在做活动 5.1,其中各种价值观将得到运用。

活动 5.1

僧侣毒病与小白菊病:关于公共部门资源配置的价值观诊断工具

介　绍

在该问卷中,设想自己是一名管理者,负责遴选两种疾病,即僧侣毒病和小白菊病的计划。

你有一笔总值 7 万英镑的预算用于这两项计划。该问卷将向你提供一些初始信息,要求你说明你打算如何分配这笔预算。随后各节将为你提供补充信息,针对每条补充信息,你需要对这笔预算的用途进行评论。

- 你将得到的全部信息彼此兼容,即问卷表末尾的信息不会使前面的信息无效。
- 依次回答问题,勿提前做后面的题。
- 做完一节后,勿返回和改变答案。
- 本问卷问题的答案没有"正误"之分,而是你的价值观问题。
- 在分配"僧侣毒病和小白菊病"计划预算时,请采用如下单位:£5,000(£5k),即£0、£5k、£10k 等。

(来源:Fisher,1998)

第一节

下图告诉你,由于对两种疾病的支出标准不同,获救人数也会不同。本图根据帕拉瑟尔苏斯流行病研究院所做的全面调查绘制,因此对资料的准确性无须质疑。将 7 万英镑平均分配给两种疾病计划,可能导致如下结果:

£35k 用于僧侣毒病,被救治人数为	7 名
£35k 用于小白菊病,被救治人数为	59 名
被救治总人数为	66 名

用于两种疾病的支出与获救人数之间的关系图

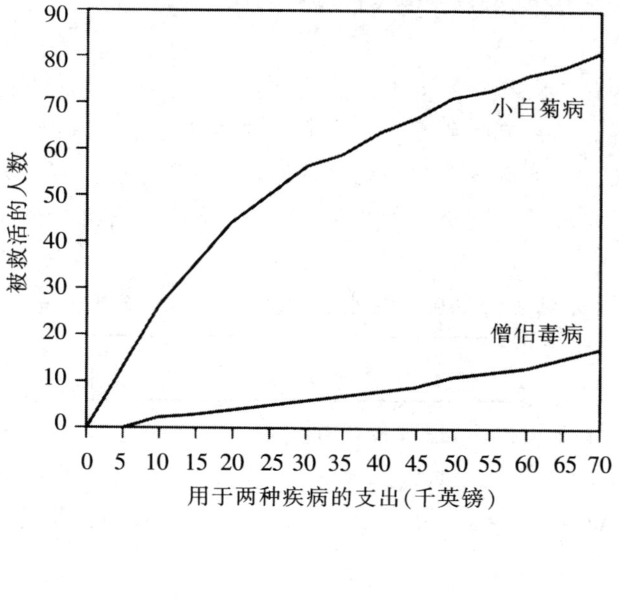

小白菊病和僧侣毒侵袭男女的几率相等，对同年龄、同社会阶层人群也有影响。

191 你认为应将7万英镑中的多少用于僧侣毒病计划？

£

在框中填入你的决定之后，请进入第二节。

第二节

僧侣毒病比小白菊病危险得多。如果人有早期症状而未通过检验得到确诊和治疗，其死亡率可高达百分之百。小白菊病可以致命，但死亡率较小，即使患者未得到确诊和治疗，死亡率也只有57%。

人们对僧侣毒病的了解已取得重大进展，接受治疗后死亡的人数仅为5%。但经过治疗的小白菊病患者，死亡人数为38%。

现假定目前尚无任何资金用于僧侣毒病。你认为应该将7万英镑中的多少用于僧侣毒病计划，多少用于小白菊病计划？将数额填入下表。

僧侣毒病	£
小白菊	£

填入“僧侣毒病”框中的金额等于或少于£10k请进入第三-b节。如果你填入大于£10k，请进入第三-a节。

第三-a节

小白菊病是一种任何人都可能染上的疾病，而具有某些习惯和生活方式的人群则更可能成为僧侣毒病易感人群。

僧侣毒病的另一特点是患者的个性倾向于暴躁：有攻击性、苛刻、忘恩负义。由著名科学家组成的小组对其间相关性作了仔细研究，小组成员、著名科学家圣巴尔蒂最近发表了研究小组的成果：个性与疾病。民间传说对这种关系也有很多的记载。因中世纪僧院①和医院的施赈人员易罹患此病，故将此病命名为僧侣毒病。

掌握这些信息后，你现在认为应该分配多少资金给僧侣毒病计划？

£

把你的决定填入上框中，然后请进入第四节。

192 **第三-b节**

僧侣毒病是一种任何人都可能染上的疾病，而具有某些习惯和生活方式的人群更可能成为该病的易感人群。小白菊病的另一个特点是患者个性的倾向性。他们脾气暴躁：有攻击性、苛刻、忘恩负义。由著名科学家组成的小组对其间关系作了仔细研究，小组成员、著名科学家圣巴尔蒂最近发表了研究小组的成果：个性与疾病。民间传说和维多利亚打油诗对此关系有很多记载。

掌握这些信息后，你现在认为应该在小白菊病计划上分配多少资金？

£

把你的决定填入上面框内后，进入第四节。

---

① 巴恩斯利的亚当(Adam of Barnsley)(1372)：De Nature et Nomine Opus Malleficarum（意大利语）。

第四节

近来，有一部《医药与社会》电视系列节目大肆宣传僧侣毒病患者的问题，僧侣毒病研究协会获得的捐款由此大增。但这笔钱只能用于研究，不能用于检查或治疗病人。有一个代表僧侣毒病受害者的团体颇有影响，他们消息灵通，关注卫生保健消费监督机构要员们的意见。此外，你的组织雇用了若干医务人员做顾问，这些人正利用自己的声望改善僧侣毒病的治疗现状。

这些团体施加压力，认为目前用于僧侣毒病的经费不够，应将更多资金投入该项计划，也就是说，应大于你在前面几节中所赞同的经费比例。

掌握这一新信息后，你认为应该从 7 万英镑中拿出多少用于僧侣毒病计划？

£

把你的决定填入上面框中，然后进入第五节。

第五节

你的研究表明，每一种病患者中可受监控者百分比，即能被确诊和接受治疗的这两种病症受害者比例，如表 5.2 所示。

表 5.2　对患者的确诊和治疗 193

用于检查的经费	小白菊病患者	僧侣毒病患者
金额(千英镑)	确诊百分比(%)	确诊百分比(%)
10	30	5
20	51	10
30	63	15
40	72	20
50	79	25
60	86	30
70	92	40

这意味着，把 1 万英镑用于小白菊病计划、6 万英镑用于僧侣毒病计划，这种经费方案使你治疗两种病患的百分比都能够达到 30%。换句话说，这两种疾病的患者将享有同等接受确诊和治疗的机会。

假设将目前可用的 7 万英镑拨给两种疾病计划的分配比例如下：

小白菊病　4 万英镑

僧侣毒病　3 万英镑

记住这一新数据，你认为应该将 7 万英镑中的多少用于僧侣毒病计划？

£

把你的决定填入上面框内，然后进入第六节。

第六节

也可以把 7 万英镑预算混合用于治疗这两种疾病，而不把这笔资金分别分配给这两项疾病计划。这意味着，有多少前来看病的小白菊病患者和僧侣毒病患者，就治多少，直至这笔经费用完为止。

你会选择这种混合预算方案，即按照谁先来谁先接受治疗的原则工作吗？

请在相应框中打钩，然后进入第七节。

YES	
NO	

194 **第七节**

你现在如何将7万英镑分配到这两项疾病计划？

僧侣毒病 £

小白菊病 £

如果你正在计划把7万英镑的一大半用于小白菊病，请完成下面部分。

你刚刚被告知，你的一位亲友正患僧侣毒病。你现在打算如何分配这笔预算？

僧侣毒病 £

小白菊病 £

如果你正在计划将7万英镑的一大半用于僧侣毒病，请完成下面部分。

你刚刚被告知，你的一位亲友正患小白菊病。你现在打算如何分配这笔预算？

僧侣毒病 £

小白菊病 £

现在为信息评分并做出解释。

对僧侣毒病和小白菊病的评分和解释

填写以下各框，评价你的答案。

第一节

你决定在僧侣毒病计划上投入多少？

£

——如果是零(£0)，你在功效性一栏中记高。

——如果是等于或少于£20k，你在功效性一栏中记中。

——如果多于£20k，你在功效性一栏中记低。

第二节

你决定在僧侣毒病计划上投入多少？

£

——如果是等于或少于£15k，你在个体需要一栏中记低。
——如果多于£15k，少于£35k，你在个体需要一栏中记中。
——如果是等于或多于£35k，你在个体需要一栏中记高。

如果你回答了第三－b 节，不做下框。

第三－a 节 195

你决定在僧侣毒病计划上投入多少？

£

——如果这与你在第二节中的决定相同，在值得性一栏记低。

——如果这比你在第二节中决定用于该病的金额减少 1/3 或 1/3 以下，在值得性一栏记中。

——如果这比你在第二节中决定用于该病的金额减少 1/3 或 1/3 以上，在值得性一栏记高。

如果你回答了第三－a 节，不做下框。

第三－b 节

你在第二节中决定在小白菊病计划上投入多少？
你在第三－b 节中决定在小白菊病计划上投入多少？

£

——如果这两笔金额相同，在值得性一栏记低。
——如果这笔金额比第二节用于该病的金额减少 1/3 或 1/3 以下，在值得性一栏记中。
——如果这笔金额比第二节用于该病的金额减少 1/3 或 1/3 以上，在值得性一栏记高。

第四节

你决定在小白菊病计划上投入多少？

£

——如果这与你在第三－a 节或第三－b 节中用于僧侣毒病的金额相同，在均衡性一栏记低。

——如果这笔金额比你在第三－a 节或第三－b 节所用的金额多£5k，在均衡性一栏记中。

——如果这笔金额比你在第三－a 节或第三－b 节所用的金额多£10k 或£10k 以上，在均衡性一栏记高。

第五、六节

在第五节，你决定在僧侣毒病计划上投入多少？

196

£

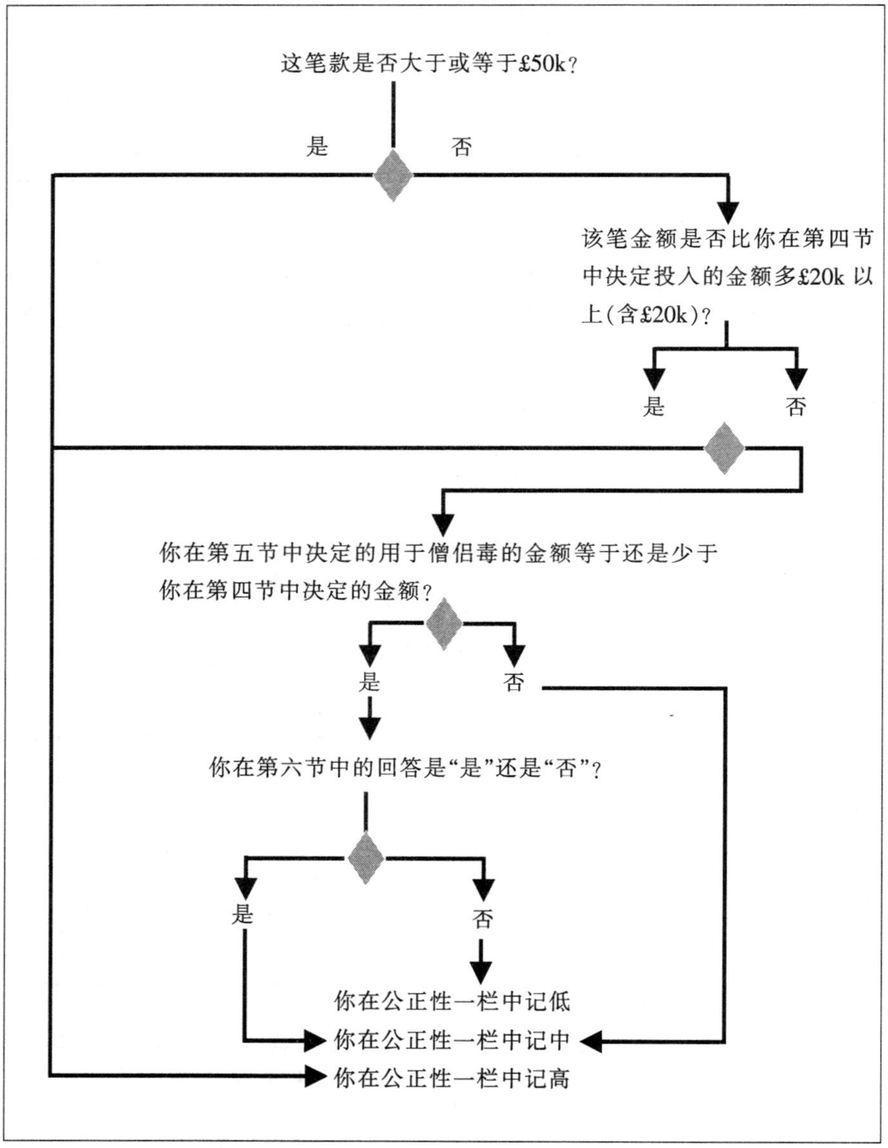

第七节

——如果你根据对你个人的影响来增加用于疾病的金额,则在个人能力与获益栏记高。

——如果你让资金分配保持相同,则在个人能力与获益栏记中。

——如果你减少这笔金额,则在个人能力与获益栏记高。

197 将你的评价记入下表,在相应选项栏内打钩。

价值试探	低	中	高
功效性			
个体需要			
值得性			
均衡性			
公正性			
个人能力与获益			

来源：Fisher，1998

资源配置的价值启发策略

我们将根据为“僧侣毒病与小白菊病”决策者提供的信息，对资源配置的六个价值启发式战略加以解释。

功效性

功效是一种价值观，与资源配置的方式有关，认为资源分配方式应该使公众利益（或服务的有益影响）最大化。功效性价值观重视利益的最大化，是一种功利主义的价值观。

你在“僧侣毒病与小白菊病”第一节里得到的信息，使你有充足理由把功效性作为一种价值观。细看曲线图，我们能清楚看到，在任何一坐标点上，把经费用在小白菊病计划永远比花在僧侣毒病计划上挽救的生命更多。救治最多生命的方案是把全部经费用于救治小白菊病患者，对僧侣毒病分文不予。做出这种决定的人正是在用功效性价值观。不是每个人都能容忍这么做。尽管人们知道，理性地看，任何一笔花在僧侣毒病计划的经费都是以本可救治的小白菊病患者的生命为代价，但他们却做不到对僧侣毒病计划分文不给。因此他们决定用一小部分钱救治僧侣毒病患者。这就意味着，他们不能完全心安理得地用功效性价值观。

功效价值启发式策略在管理理论，尤其是管理科学中有很多运用。在关于健康政策的研究中，质量调整寿命年（QALY）（Gudex，1986）就是这样一种方法。质量调整寿命年（QALY）是一种利益测量手段，用以衡量普通病患在接受医治后所增加的寿命年和生命质量。一旦医疗介入的利益被测量出来，就可以计算医疗成本，从而得出某个治疗级别的成本效益分析。血液透析为每个质量调整寿命年带来的成本为 9075 英镑，而脊柱侧凸手术为每个质量调整寿命年带来的成本为 194 英镑。因此对于任意一笔经费，脊柱侧凸手术产生的利益更大。据皮瑞拉（Pereira，1989）和巴尔德温等（Baldwin et al.，1990）报告，虽然对质量调整寿命年这种功利主义方法的批评如潮，但是许多人仍觉得它很有说服力。

198

承上启下

功效性启发式策略与功利主义的普遍伦理传统有关，已在第三章（页边码第 127—136 页）论及。

个体需要

个体需要是一种价值观，可由“僧侣毒病与小白菊病”第二节所给线索和信息触发。该价值观认为资源配置应与个体需要相称，当然，不同的人群有不同的需要，但是持个人需要价值观的人更愿意把人视为个体。然而，需要与想要或需求不同，一种需要只能由该领域的专家定义，以僧侣毒病和小白菊病为例，其需要是由医生定义的。需要还有如下两个特征：第一，人们能够客观描述它。这意味着，某人有某种需要，但是他可能不了解自己的需要；第二，可以为需要排序，排序的结果使一些需要比另一些需要更紧迫。

在"僧侣毒病与小白菊病"第二节中提供的信息暗示，僧侣毒病患者的需要比小白菊病患者的需要更大。如果得不到救治，僧侣毒病患者比小白菊病患者死亡率大得多。第二节的信息还凸现了个体需要的另一面。人们相信，只要有改善命运的手段和技术，那么我们必须使用这样的手段和技术。在一定医学背景下，人们相信，只要有机会为病患者提供某种利益，就应该尽可能实现这种利益。值得注意的是，我们能使僧侣毒病病患者得到的利益比小白菊病病患者得到的利益更多。因此如果有人相信个体需要价值观，那么他们将决定把更多的经费用于僧侣毒病病患者的治疗。

个体需要作为价值观也存在问题：一心希望得到经费，却不考虑这些经费能否得到。

值得性

我们在活动 5.1 的第三-a 节和第三-b 节里讨论了值得性启发式策略。这种启发式策略用道德标准将人分为两类——值得与不值得。如果按值得性启发策略对资源进行分配，那么最优的配置须给予前者，而不利的配置给予后者。值得性是爱德华时代的理念，这种传统观念认为个人的道德失败和怠惰是一切贫穷与困顿之源。19 世纪工业化造成的个性丧失与社会生活异化不断加剧，这种传统观念开始站不住脚；值得救济的贫困者与不值得救济的贫困者之间存在区别。前者是那些因自身无力控制的社会和经济因素而遭受极端贫困或饥馑的人，后者的失败是自作自受。自爱德华 7 世起，出现了用道德标准将人划分等级的新的可能性。人属于哪个道德类别，既可根据他们是否贪婪、残暴、忘恩负义来划分，也可根据他们是否温顺、谦卑、感恩来划分。最后的道德评判标准是群体成员资格：我们中的一员值得帮助；外人不值得帮助。

199 最近，关于是否资助治疗艾滋病病人的辩论表明，时下依然流行从道德上区分值得救助与不值得救助的界限。有关该课题的学术著述关注对艾滋病受害者的治疗是否具有成本效益(Eastwood and Maynard，1990)。但是有些人，尤其是一些媒体认为，艾滋病患者应该被视为"不大合格"的受治者，因为这些人往往因同性恋行为或吸毒而染上此病，是自作自受。或许，正是值得性的效果诠释了公众对因输血而患病的人和因为同性恋行为而患病的人的不同态度。血友病患者是因为对其原发病的必要治疗而得病的，而同性恋者得病更大可能是因为自己选择的行为而生病。当英国政府最初在补偿血友病患者问题上显得小气的时候，舆论认为这些人应该迅速得到补偿，因为血友病患者是在接受治疗时，使用感染了艾滋病病毒的脏血而导致自己艾滋病病毒呈阳性(Mihil，1990)。一种流行观点是血友病患者值得救治，同性恋者不值得救治，资助计划也受到这种观点的影响。

在"僧侣毒病和小白菊病"中，读者已经得知，你选择将大半预算分配给一种疾病，而那种疾病的患者是一群忘恩负义的凶残之徒。你还被告知，他们今天的下场是他们自作孽的结果。如果被值得性价值观吸引，你就会对这群人缺乏耐心，并决定对他们的治疗投入较少经费。然而，如果你没有这种价值观，你很可能会认为你从这一节中得到的所有信息都与问题不相关，因而决定让预算分配保持不变。

承上启下

值得性价值启发式策略主要与美国的客观主义哲学有一定关系，这种哲学思想与艾思·兰德有关，她的思想已在第三章论及（页边码第122—123页）。该哲学强调个人的道德独立。那些不能接受这种挑战的人不值得救助。

均衡性

均衡启发式策略的辩护者采取一种非常不同的方法。他们把客户视为道德自主主体，客户不是服务的被动接受者，而是资源配置过程中的行动者。简言之，均衡价值观主张，应该倾听与一项决策利益攸关的各方的声音。看重这一观点的人是多元主义者，他们假定存在许多不同观点，并且必须包容这些观点。

均衡启发式策略所关心的是，必须了解某项服务所涉及的众多集团各自不同的感知，努力制定一种和而不同的政策。通过更多地重视与此项服务关系最密切者的观点，最终实现利益融合。人们对有些集团——尤其是对决策者最有影响的集团——的声音会更注意倾听。换句话说，均衡资源的配置应该符合最重大利益集团的期待和渴望。但这种配置又必须满足所有 200 利益集团的最低要求。如果达不到最低要求，那些受轻视的集团将千方百计地突出自己对组织的意义，造成某种局面，使决策者不得不倾听他们的声音。

“僧侣毒病与小白菊病”第四节为那些采纳并实行这一价值观的人提供了足够启示。一些极有权势的利益集团迫使向僧侣毒病计划投入更多资金。接受均衡价值观的人的响应是为项目增加5000—10000英镑。大多数拒绝承认均衡价值观的人完全不理会压力集团的要求。而有些回答者却被所谓的压力集团的威吓所激怒，以至于他们减少用于僧侣毒病的投入，以惩罚那些施压的人。

公正性

公正是人与人之间的公平。公正性价值观强调人人机会平等，强调使每个人平等得到服务或者至少得到平等的机会，这使人们利用任意机制配置稀缺资源成为可能。譬如，在面临太多符合招聘条件的求职者时，有些经理相信，成功挑选候选人唯一的公正办法是抽签。应用公正启发式策略的人关心的是，为消费者和客户提供的服务是否标准化和稳定一致。有关公正的最明确定义可见于中世纪伊斯兰教的一个故事：

> 天堂里有一个孩子和一位成人，两人都是忠实信徒，但那位成人的地位较高。真主解释说，那是因为那位成人已经做了许多善事。于是孩子问真主为什么让自己没来得及做善事就死掉。真主答道，他料到这孩子长大了要成罪人，所以趁早让他夭折。从地狱深处升起一片哭声：“哦，主啊！你为何不让我们在成为罪人之前死去？”
>
> （Russell，1985：89）

真主的行事方法显然是特别的。当人们一个个来到他面前，要他断公道时，他就这样一个个对付他们。由于某种原因，这个孩子被拯救，而众多别的人则没有。地狱的人自然认为真主的这个失误有失公正。因此，必须按照普遍适用的原则秉持公正：要么令所有潜在的罪人都夭折，要么不让任何人夭折。

公正只与获得和机会的平等有关，与结果是否平等无关。“僧侣毒病与小白菊病”第五节的表格显示，如果将 1 万英镑用于僧侣毒病，6 万英镑用于小白菊病，那么 30％的小白菊病患者和 30％的僧侣毒病患者将得到确诊与救治。这是公正的，因为不问患的是什么病，患者接受治疗的机会都是平等的，但这绝不意味着他们都有着同等的康复机会。一些人赞成公正价值观，却不愿意按 10∶60 预算比例来应用公正价值观。于是，“僧侣毒病和小白菊”第六节为应用公正价值启发式策略提供了另一项选择。这一节使你有机会顺其自然地决定
201 对这两种病的治疗的投入，对患者来者不拒，不考虑诊治结果，只管治疗。经费用完后，停止一切治疗。这一选择方案令所有患者按先来后到次序接受治疗，所以对每个人都是一视同仁的，是公正的。

个人能力与获益

个人获益与能力价值启发式策略被用来进行资源配置时，会驱使决策者制定符合决策者利益的决定。这里的利益分为两种不同类型：一种是源自妥当完成工作的自我价值感与自尊感。这意味着，你运用适当方式做出了决定，而且你没有用违反决策者信念的快捷方式。第二种类型与个人利益有关。就这个意义而言，决策者以一种能为自己带来某种物质或个人利益的方式分配资源——这种利益可以是提升自己在组织中的影响、增加专业满足感、某种减轻日常生活负担的东西、现金或一瓶威士忌。个人获益不一定是指为决策者本人捞取好处，因为他们可能在乎自己能成为亲友的靠山，但是，这不意味着决策者做决策的根据是私人利益而非公共利益。

在“僧侣毒病和小白菊病”中，回答问题的人被要求在第七节对这一价值观做出回答。题意是，你的一位亲人正在患一种病，而拨给那种病的经费只占预算的较小部分。显然，如果将较多资金用来检查和治疗那种疾病，你那位亲人康复的机会将更大。如果回答者增加自己亲人所患疾病的资金分配，那么他们是在运用个人获益这一价值观。当然，还有一系列其他因素也能触发这一价值观。譬如，决策者可能对这两种疾病之一拥有研究利益和临床利益。我们认为在回答这部分模拟时人不一定能说实话。我们猜想人只有在身临其境时才会知道究竟该怎么办。不过第七节阐明了如何将这一价值观用于决策制定的问题。

“僧侣毒病和小白菊病”中价值观的启发作用

我们认为，“僧侣毒病和小白菊病”通过人们寻求解决优先性设定问题的方法，例证了价值观何以具有启发决策的作用。虽未证明人们在解决现实问题时利用了价值启发式策略，但提出了一些供你思考的有意义的问题。

在做“僧侣毒病和小白菊病”练习的过程中，有些人运用了若干价值观，并在做完练习时改变了主意。有些人只用一种价值观，例如，他们可能采纳功效性价值观，并在第一节就决定对僧侣毒病计划分文不予，且在做模拟练习时自始至终不偏离这一决定。无论在以上两种情境中人们处于哪种情境，一旦采纳了某一特定价值观，他们便会去搜寻一些相关信息，忽略另一些信息。一个采纳值得性价值观的人会寻找人的道德失败方面的信息，并对此做
202 出反应。一个赞成功效性价值观的人将被第一节的曲线图（活动 5.1）吸引，这幅图提供了信息背景，使他可以计算这两种疾病的成本效益。赞成个人需要价值观的人倾向于拒绝第一节所给的信息，因为那只是统计数据，而除统计数据外，并未提供任何有关个人需要的信息。

价值观的启发作用通过让人选择自己认为对决策有意义的信息来体现。一旦选择了相关信息，决策过程就会变得相对简单。如果有人接受均衡性价值观，而且他们知道最有权威的利益集团需求什么，那么他们会立刻知道该做什么去取悦那些集团。

"僧侣毒病和小白菊病"练习的复杂性源于这一事实：应用不同价值启发策略会导致不同结论。功效性价值观会导致对僧侣毒病计划分文不给。个体需要价值观会导致把大量经费用于僧侣毒病计划。这种两难困境在卫生健康管理上极为常见（见案例研究 2.9）。但我们认为，本章确认的六个价值启发策略可见于任何一种优先性设定或资源配置的决策。如，在制定部门间的预算分配增减决定时，在决定应把谁"裁掉"时，以及在决定对不同的市场分割做出何种反应时，人们都能够发现这些价值启发策略的作用。

正直与忠诚的价值启发策略

现在讨论另外两个价值观。作为价值启发策略，在人们决定对一个伦理问题该怎么想、怎么说或者怎么做的时候，有两个价值观起着重要作用，这就是正直和忠诚。对忠诚或正直的承诺可以启发人们做出在某种情境中应该做什么的决策。但是个人伦理视野的大小，他们体现其忠诚或正直的程度，都可能使启发式决策的过程复杂化，还会影响他们的决策。这些问题都需要更详细的解释。

正直和忠诚的定义

正直的定义：行动基于合理判断，寻求思想与行动的统一。中世纪学者、亚里士多德之后的阿奎那（Aquinas）认为，德行实践要求人应该审慎地、自愿地按照已确立原则和习惯行动（D'Entreves，1965：147—148）。温斯坦利（Winstanley）、伍德尔（Woodall）对这些思想提出如下见解：

> 正直的修养建立在伦理判断和责任感基础上，建立在适当的美德修养的基础上。
> （Winstanley and Woodall，2000：285）

因而，正直的含义是基于具有正义感的人的自我反省和自我意识来界定的。正如斯诺（C. P. Snow）（转引自 Adair，1980：171）的警句所言：

> 给我一个人，此人有些自知之明，并怀有畏惧之心。 203

我们在进行调查访谈时记录的一件事可以例证某种源于正直与忠诚的疑惑和紧张感。受访者是一名高级经理人员，他的公司规定每位管理者必须参加一届研修班。举办这些研修班的目的是为了将具有东方神秘传统的规则应用于现代管理实践。受访男士笃信基督教，他认为研修班的内容违反基督教教义，觉得自己凭良心不该参加这次研修班。他意识到，采取这种正直的立场与他的忠诚感不符。他的忠诚感并非特别指向公司，而是集中指向那些将参加专题研修班的管理团队的其他成员，因为他们认为他是团队的顶梁柱，所以希望他参加这个研修班。这位受访者告诉我们，这事使他深入思考了自己的信仰与对他人的责任之间的关系。他对这个问题的最后立场是，他很希望做到二者兼顾：既符合正直的要求，也满足忠实的要求。他参加了研修班，不过一开始就发表了一项个人声明，表示反对他们将要学习的那些价值观。

与正直相对，忠诚是对一个人、群体或目的的不假思索的效忠。假如忠诚的人反思自己的行动，他们将必然诘问：自己所效忠的是否正确？斯奈尔（Snell，1993：82）这样刻画忠诚的特点：忠诚可以是一种高度严肃的承诺——类似于婚姻，也可以是一种低级的承诺，即，它只要求按照契约办事。在一个要求高度忠诚，但没有发展开放机会（而只有发展开放，才能允许个人发展自己的价值观和伦理推理）的情境中，

> 成员们被期待盲目遵守：一个人必须压抑个性，轻视自己的观点和看法，并且必须接受自己不得不做的事情。
>
> （Snell，1993：82）

有关另一伦理问题的记述可以例证忠诚的盲目性。这个记述由财务部的一位经理提供。当他调到一个新的工作岗位时，他要求一位以前的同事跟自己一起跳槽，在新岗位上助自己一臂之力。这位经理知道，他的那位同事是一个解除了债务的破产人，此人曾经投资不善。财务会计也警告经理说，他怀疑经理的这位同事曾不当使用过公司给他的业务开支信用卡。

我必须考虑到底是揭露他，还是处罚他、要他负责赔偿……或者只有我和会计知道，或者也让别人知道。我知道发生的一切早该让他丢饭碗。我认识他已经多年，他是一个特别
204 勤奋的人，不择手段，有时候还要我。但如果别人替我干活，我就应该公平待人。我不指望别人像机器那样干活……他总是一大早在家里接到部门打去的电话，要他处理棘手的事情，然后他把事情搞定…… 当时儿童代理抚养局（CSA）正在找他麻烦，所以他的日子并不轻松。这一切促使我采取宽容的态度。我也了解他的底细，他可能觉得日子过得有点儿艰难。

经理的那位同事已经用信用卡不正当消费了 600 英镑，经理私下对他提出警告，告诫他在两周内还清不当开销款项，但没有动用处罚程序。这位经理对员工的忠诚是以自己的诚实和正直为代价的。他以为那位同事会报答这分忠诚的感情：

> 我觉得因为他是在替我干活，他会规矩点，也不想牵连我。我想我有资格比陌生人从他那里得到更多的体谅。

然而，在很短时间内，那位同事已在另一家公司找了份薪酬更高的差事，而在临走前的最后几周，他又滥用了信用卡。

> 所以我觉得自己似乎已经仁至义尽…… 他一再那么干，我对他不能再讲义气。许多时候，我回过头来诘问自己最初的判断。我觉得很难凭抽象例子决定我该怎么办，因为大部分事情就靠直觉。我差不多 46 岁了，已经积累了不少经验，我不能肯定我还会这么做。
>
> （调查访谈：我们的重点）

在这篇记述中，忠诚被视为直觉与经验问题，而不是自我反省问题。那种一厢情愿讲义气的冲动可能被本例中那个背信弃义的同事的行为轻易击碎。

伦理视野

组织中的人可能会体验到关于忠诚的冲突，例如，在需要揭发的情境中（De George，1999：248、412—416），人们必须在组织、专业团体、社会与自己和家人之间选择究竟忠于谁。在正直领域内也会产生不大明显的冲突。沃特森（Watson，1998：266）设想的对话把这个问题讲得颇为传神。

戴维：这样吧，为了辩论方便，想象我们创办了一家杀人企业。

柯林：谋杀有限公司。

戴维：行，就这么定了。但是假定我们一切都按照文明和规矩行事。我们可以实行民主管理，相互信赖，人人都有丰厚的报酬、福利、养老金、孩子们的圣诞派 205
对。用类似黑手党的道德规范来凝聚人气。我们刚才所说的一切都是为了使企业成为有道德的企业，然而企业本身不是有道德的企业。谋杀是不道德的，对吧？

列格(Legge)在讨论人力资源管理问题时，对以上的思想实验提出的两难困境作了更正规的表达：

> 如果资本主义被视为或可能被视为合乎伦理，那么人力资源管理也同样有机会。若不如此，很难想象工作中用于管理人的伦理制度竟能产生于一个不道德的经济秩序。
>
> (Legge，1998：166)

以上引文围绕着伦理视野问题表述了两难困境。引文中的情境是否代表了正直与道德？个人对这个问题的评价取决于各自对伦理视野的选择。伦理视野越宽，个人认为这种情境显示正直的可能性越小。如果他们的伦理视野是局部的，只聚焦于组织内部，那么他们认为这些情境显示道德与正直的可能性较大。因此有人提出，对忠诚和正直的感知，以及它们所要求的行动，受主体伦理视野范围的影响。表 5.3 是对伦理视野范围的简要分析。

表 5.3 忠诚和正直的伦理视野

忠诚的限度
忠诚的限度涉及一个人对其所效忠的单位的宽广度，可确定为四个层次。 1. 对自己和家庭的忠诚。代表这种伦理视野的是人们对伦敦东区歹徒所做的道德判断：他们本质是好的，因为他们"对自己的母亲孝顺"。 2. 对一个人选择隶属的群体和协会(公民社会)的忠诚。对此，E. M. 福斯特(Foster，1975)说道："如果要我不得不在背叛国家和朋友之间做出选择，我希望有胆量背叛我的国家。" 3. 对于雇用组织的忠诚。公务员伦理规范是这样陈述的："公务员必须效忠合乎宪法的政府"(英内阁办公室，日期不详)。 4. 对整个社会的忠诚。
正直的限度
正直的限度与一个人活动范围的宽广度有关，在这个活动领域内，人们试图实现其思想与行动的统一。可确定为四个层次。 1. 个人和私有活动领域。 2. 在协会和关系网(民间社团)中个人及公共活动领域。 3. 一个人在就业的公司和组织内的活动领域。 4. 更广大的社会、政治和经济竞技场。

当人们发现自己所属的组织有不道德行为而陷入伦理问题中不知所措时，此时应该首 206
选忠诚还是首选正直？首选哪种伦理视野？二者结合起来，可以确定个人在这种情境下的行为。选择方案如表 5.4 所示。

表 5.4 雇员发现其组织有不道德行为时，根据伦理视野采取的行动的分析

伦理视野	忠 诚	正 直
社 会	为他人福祉牺牲自我 ● 匿名举报	● 公开揭发
民间社团	为表明成员身份和承诺而做出牺牲 ● 撒谎以保护群体 ● 群体成员同意用保持沉默来保护集团	● 群体集体帮助管理层找到正确行事的方法 ● 群体集体揭发组织——一种集体形式的公民不服从
组 织	当替罪羊 ● 主动保持沉默 ● 包庇错误	● 设法阻止并揭发其错误，同时纠正错误
自 我	为维护或加强个人利益或地位做出牺牲 ● 借机捞取个人好处 ● 撒谎以保全自己 ● 为保全自己而诬陷别人 ● 拒绝被组织收买	● 保持沉默——相信不作为就不会有损正直 ● 如果组织不采取正确行动就辞职

在表 5.4 中，第一层伦理视野最宽广，其关怀的是全社会的福祉。在这一层次上，人们视自己为整体的组成部分，是沧海一粟。由于社会的观点或表达形式不是唯一的，所以很难说社会会怎样看待自己的成员。社会多样化使社会成员很难相信社会会把他们看得比沧海一粟更重要。个人是渺小的，但是对社会负有责任，从这样的感觉出发，会产生为更伟大的利益牺牲自我的意愿。忠诚与正直之间的差别在于量，即，在于揭发者为社会整体利益准备冒险遭受多大的个人损失。如果忠于社会，则忠诚者应该揭发组织的不道德行为，但是要匿名秘密进行。正直要求揭发人采取公开立场。忠诚者牺牲光明正大，以便将损失和惩罚减少到最低限度；秉持正直原则的人不这么行事。风险度还取决于揭发者自身的条件。有些
207 公开揭发者采取公开揭发立场所冒的风险比较小，因为他们无须养家糊口，可以不靠雇主的工钱吃饭。

在民间社团的伦理视野层次上，社团成员与社团的关系本身就存在不平衡。社团成员将自己视为所属社团的一分子；而社团则视他们为整体的象征，每一位成员都代表整个社团。对团队工作的普遍态度可以例证这一观点。团队成员只能自视为整个团队的一分子。拜尔滨(Belbin，1981)指出，个体的团队成员没有团队整体重要，因为个体不能完成使团队有效运行所必需的所有角色的任务。反过来，只有当团队将其成员包容于团队统一体，并把成员视为自身象征时，一个团队才有效力。这种认知使人心甘情愿地保护这个如此看重自己的社团，与此同时，由于有一个大的团体作后盾，成员能够把自身觉察到的威胁最小化。在这种情境下，成员对社团表示效忠，这种效忠则鼓励社团对其自身的错误行为保持沉默以保护自己。这一点对于那些视自己与社团只有部分联系的成员是一大利益：他们可以不必为社团的整体利益牺牲自己。另一方面，共同揭发错误行为的群体代表着正直。这种集体责任保护了群体内部的个人。

下一层次是组织的伦理视野。如果员工聚焦在这一层次的伦理视野上，他们相信自己处在一个较广阔的组织视野上，但是组织并不以此相回报；组织只把员工视为一颗小小螺丝

钉。当员工出于正义感,试图说服组织做出正确选择时,他们认为自己与组织是统一和象征的关系。而组织在这种情境下会把员工视为刺儿头,视为可以替换的零件。这个时候这位员工便处于危险之中了。他因窥探了组织的错误行为而成为他们的替罪羊,他会被炒鱿鱼或受到别的惩罚。在这层伦理视野上,员工表达忠诚的方式是主动保护组织,掩盖组织的错误作为,因为他们认为自己与组织血肉相连。然而,组织仍可能因这种帮忙而感受威胁,帮忙掩盖的员工可能最终判断组织做了错事,奋起揭发组织的错误行为,也揭发自己随后掩盖错误的行为。组织对此感到恐惧,可能因此惩罚这名员工,即使他已经表示效忠。在组织伦理视野中,该员工成了组织所犯错误的替罪羊(Fisher,2000a)。《圣经》里那只替罪羔羊没有被杀,而是被逐之荒野。这恰好是现代组织让那些替组织受过者带着组织的污点“走人”的形象。

在伦理视野没有超越自我时,行动的焦点是保护和改善自己的地位。保护自我的正直可以通过两种方式实现。一种是紧守伦理底线,不与任何坏行为沾边。简单地说,对坏行为声称不知或者佯装不知。这种维护正直的取向类似于“伦理封闭”(ethical closure)和“伦理 208
搁置”(ethical bracketing)(Jackall,1988; Kärreman and Alvesson,1999)。假如情境使这一立场产生动摇,那么人们可以维护自我正直——不是通过纠正错误,而是让自己离开旋涡、向组织辞职。如果个人因无法阻止组织的不道德行为而选择退出,那么他为了秉持正义将牺牲物质福利、工作和薪酬。

忠于自己,包括牺牲正直以换取自己的物质利益,在活动 5.2 描述的情境中,则表现为利用自己知情人的有利地位,勒索组织,为个人捞取好处。这些人相信,他们的正直为他们的利己行为赋予了正当理由;而利己行为又赋予正直以合理地位。

总之,首选正直还是首选忠诚,以及首选的某个特定的伦理视野,这些都有某种启发作用。两种选择的结合基本限定了行动选择范围。价值观作为启发手段,起到了缩小和限制搜索行为的作用,使得出结论变得比较容易。如前面所指,对面临这种情境的人来说,问题在于决定应用什么价值观。正直与忠诚是西方社会的流行主题,两者均被视为美德。每一层次的伦理视野都被社会看重。那么,人们应如何从中做出选择?通过完成活动 5.2,你可以至少在模拟条件下弄清自己究竟赞赏哪些价值观。

活动 5.2

两难困境:管理者伦理视野的诊断量表

说明

该诊断量表是迷宫形式的表格。你扮经理一角,必须决定对当前问题做出何种反应。你从第一节开始做决定,每一节都介绍了你所面临的情况,也提供了一系列的行动选择。在你自认为在当时条件下最可能采取的行动旁打钩。然后,顺序完成下面各节。完成诊断量表后,再完成计分表。

第一节

你是某个组织的中层管理者,你必须向董事会一级的经理汇报,你的责任包括管理各运作部门的预算。作为个人培训的一部分,你参加了一个纳税和增值税税负研讨会。根据在会上了解的情况,你认识到组织内部进行多年的一项业务本应缴纳增值税,但从未申报过。你暗中证实了你的怀疑,并确信这是事实。你不知道这项税负未申报是因为无知还是疏忽,也不知道是否出于故意减少税负的企图。不管怎样,这笔未缴税负的金额很大。

209 你会采取下面哪种行动？在你的选项旁边打钩。

选　项	行　动	接着做
1 ☐	保持沉默，不对任何人提起。	第二节
2 ☐	向高级管理层汇报情况，努力说服他们向税务机关披露此事。	第三节
3 ☐	向税务机关发一封你的署名信，向他们报告未申报税项；同时向高层管理者呈送该信的复印件并附解释信。	第四节
4 ☐	你与高层管理者进行了非正式讨论，让他们知道你知道未申报税项这件事，你让他们一直弄不清你是否会向税务机关报告此事，以此换取他们向你保证你在公司青云直上。	第五节
5 ☐	你向税务机关秘密匿名举报这件未申报税项事宜。	第六节
6 ☐	你向高层管理者汇报了未申报税项这件事，并主动表示帮助隐瞒此事。	第三节

第二节

你是一个专业人士发展小组的成员。这是一个私人社团，由有志于个人专业发展并致力于改善公众对专业的完整性的看法的人士组成。第一批成员在上管理研修班的时候组建了这个小组。于是，该小组的许多成员与你一样都在同一个组织内工作。该小组全体成员一致决定，未经小组成员许可，小组讨论内容均应保密。

你参加了一个六周一次的例行会议，在会议尾声“讨论其他问题”时，有几名成员说，你们的组织一直没有申报它一项活动的增值税。小组担心该组织明显缺乏诚信；虽然他们意识到申报该笔税负会给组织造成沉重的经济负担。你与该小组关系良好，对小组有极强的责任感。小组征求你的意见，因为你在小组中十分重要。

210 你会采取以下哪种行动？在你的选项旁边打钩。

选　项	行　动	接着做
1 ☐	要他们对此事保持沉默，因为该组织可能惩罚惹麻烦者——无论内部人员还是外人。	第十四节
2 ☐	代表小组和你个人，将该项未申报税负事宜向高层管理者汇报，努力说服他们向税务机关披露此事。	第三节
3 ☐	告诉小组，对此事保持沉默，你将向高层管理者报告，并努力说服他们将此情况向税务机关公开。有机会则按你对小组所言采取行动。	第三节
4 ☐	要小组成员保持沉默。未向小组汇报自己将采取行动，便向高层管理者提及，并主动表示帮助隐瞒此事。	第三节

第三节

你被要求参加一个高层管理者会议，会议主题是那项未申报税。高层管理者们告诉你，他们决定停止造成这项税负的经营活动，也不向税务机关公开过去的未申报税。他们要求你作为雇员应该效忠和服从组织并支持这项决议。他们要求你在讨论该项税款问题的一份备忘录上签名。

你会采取以下哪个行动？在你的选项旁边打钩。注：你访问此节的次数可超过一次。

选　项	行　动	接着做
1 □ □ □	不同意高层管理者意见，坚持组织应对税务机关说实话。	第八节（如果你在该栏里连打三个钩，则做页边码第 141 页的计分表）
2 □	你不同意高层管理者的决定，经再三磋商无果，你要求辞职。	第九节
3 □	你与高层管理者达成协议，并在备忘录上签名。	第十三节
4 □	你态度暧昧，并指出向税务机关报告是你的义务。你同时暗示，如果你在公司的前景有良好保障，你可在备忘录上签名。	第五节
5 □	你告诉高层管理者，你无法同意他们的决定。你向税务机关发出一封署名信，告知未申报税负事件；同时向高层管理者呈送该信的复印件并附解释信。	第四节
6 □	你在会上消磨时间，会议一结束立即秘密向税务机关匿名举报这件未申报税负事件。	第六节

第四节 211

高层管理者召见你并指出，鉴于不再信任你对组织的承诺，他们希望解除与你的雇用合同，他们愿意对你进行违约补偿。如果你同意接受补偿，公司将不处罚你的违纪，公司认为你违反了公司的保密规定。但是你必须在一项禁止条款上签名。该条款规定你不得同第三方谈论组织的事。

你会采取以下哪种行动？在你的选项旁边打钩。

选　项	行　动	接着做
1 □	拒绝接受提出的交易条件。	第十节
2 □	接受提出的交易条件。	第十一节

第五节

高层管理者决定对你发出的威胁暗示摊牌，要你承诺对税负问题保持沉默，并坚持要你在一份隐瞒税负问题的备忘录上签名。

你会采取以下哪种行动？在你的选项旁边打钩。

选　项	行　动	接着做	
1 □	你同意保持沉默，并在备忘录上签名。	第十三节	
2 □	你不能同意掩盖事实的行为，并提出辞呈。	第九节	
3 □	你在会上消磨时间，会议一结束立即秘密向税务机关匿名举报未申报税负事件。	第六节	
4 □	你告诉高层管理者，你无法同意他们的决定。你向税务机关发出一封署名信，告知未申报税事件；同时向高层管理者呈送该信的复印件并附解释信。	第四节	

212

第六节

税务机关一直就那项未申报税负向高层管理者询问一些麻烦问题。高层管理者很清楚这意味着有人向税务机关泄露了秘密，他们质问并指责你泄密。

你会采取以下哪种行动？在你的选项旁边打钩。

选 项	行 动	接着做
1 ☐	你承认是自己向税务机关告发的，同时提出辞呈。	第十二节
2 ☐	你承认自己已向税务机关告发，但不主动请辞，因为，正如你向高层管理者辩解的那样，面对组织不道德和非法的立场，你只是在做自己应该做的事。	第十节
3 ☐	否认自己泄密。	第四节
4 ☐	你承认自己泄密，也承认向税务机关举报是错的，并主动提出向税务机关写信撤销指控，声称那是场误会。	第十节

第七节

你在组织里前途无量，你期待着青云直上。

练习结束。参见页边码第 216 页的计分表。

213 **第八节**

你与高层管理者们见面，尽力说服他们：一个组织应该讲求诚信，向税务机关公开过去的纳税状况。你的观点是，造成麻烦的那项特定活动的纳税义务存在明显的问题，一旦税务机关知道这个问题，管理条例将会改变。然而，你的意见与高层管理者们信奉的犬儒主义格格不入。

接着做第三节练习。

第九节

如你所知，你是一个专业发展小组的成员。这是一个私人协会，由有志于个人专业发展并致力于改善公众对专业的完整性的看法人士组成。第一批成员在上管理研修班的时候组建了这个小组。于是，该小组的许多成员和你一样都在同一个组织内工作。该小组全体成员一致决定，未经小组成员许可，小组讨论内容均应保密。

该小组知道这项未申报税负。这不奇怪，因为小组许多成员都在组织里工作。他们还知道你已经辞职，而不是采取行动纠正此事。他们跟你争辩，说你这样做不对，他们认为向税务机关申报这项税负才符合职业道德，在你等待离职通知的这段时间里，也许能够帮助他们纠正此事。

你会采取以下哪种行动？在你的选项旁边打钩。

选 项	行 动	接着做
1 ☐	要求他们对此事保持沉默，因为该组织可能对惹麻烦的人（内部人员或外人）打击报复。	第十二节
2 ☐	支持小组决定，向税务机关告知该项税负。你同意与小组成员一起在一封致税务机关的信上签名。	第十二节
3 ☐	要小组成员保持沉默以保护他们自己，并告诉他们，你将向税务机关寄一封签名信，告知这项未申报税负；同时你还会向高层管理者寄去该信的复印件并附解释信。	第十二节
4 ☐	要小组成员保持沉默，但同意向税务机关匿名举报此问题。	第十二节

第十节 214

几个月后，你接到组织的通知，自己成为被裁减人员。表面上看来，这属于组织为降低成本而采取的正常裁员。

接着做第十二节。

第十一节

你一直在寻找一份新工作，发现要得到一份与原先同级的职位的面试很难。你想知道是不是前老板在散布流言，说你不忠实。还好，你有一笔不菲的解雇工资，使你得以维持生活，尚未陷入资金困难。

练习完，参见页边码第216页的计分表。

第十二节

你一直在寻找一份新工作，但发现要得到一份与原先同级的职位的面试很难。你想知道是不是前老板在散布流言，说你不忠实。你的个人财务状况开始陷入绝望。

练习完，参见页边码第216页的计分表。

第十三节

如你所知，你是一个专业发展小组的成员。这是一个私人协会，由有志于个人专业发展并致力于改善公众对专业的完整性的看法的人士组成。第一批成员在上管理研修班时组建了这个小组。该小组的许多成员同你一样都在同一个组织内工作。该小组全体成员一致决定，未经小组成员许可，小组讨论内容均应保密。

你可能意识到，小组知道这项未申报税负，除了你以外，小组还有别的成员也在该组织工作。该小组还知道，你跟高层管理者商定对此事守口如瓶。他们同你争论，认为这是错的。他们无法相信你居然能处之泰然，合谋隐瞒此事。他们说"真没想到你这么差劲"。他们认为，向税务机关报告此事才符合职业道德。他们相信你也许能够帮助他们将这事做个更诚实的了结。

你会采取以下哪种行动？在你的选项旁边打钩。

选　项	行　动	接着做	
1 □	要求他们对此事保持沉默，因为该组织可能对惹麻烦的人（内部人员或外人）打击报复。	第七节	
2 □	支持小组决定，向税务机关告知该项税负。你同意与小组成员一起在一封致税务机关的信上签名。	第十节	215
3 □	要小组成员保持沉默以保护他们自己，并告诉他们，你将向税务机关寄一封签名信，告知这项未申报税负；同时你还会向高层管理者寄去该信的复印件并附解释信。	第十节	
4 □	要小组成员保持沉默，但同意向税务机关匿名举报此问题。	第六节	

第十四节

税务机关一直就那项未申报税负向高层管理者提一些麻烦问题。高层管理者很清楚这是因为有人向税务机关泄密。高层管理者已得出结论：正是你所属的专业发展小组泄的密。他们知道若干骨干员工是该小组成员，而且他们怀疑，该小组的成员义务可能与员工对组织的义务发生冲突。

高层管理者们邀请你参加一个会议并告诉你关于这项未申报税负的问题，还说税务机关正在怀疑他们。他们知道你是这个小组的成员，要你证实他们的怀疑：是该小组泄的密。

你会采取下面的哪种行动？在你的选项旁边打钩。

选　项	行　动	接着做
1 □	否认小组泄密，并声明，据你所知，小组对此事一无所知。	第三节
2 □	你同意这一定是小组泄的密。	第三节
3 □	你同意这一定是小组泄的密，并主动帮助高层管理者掩盖这一事实，你在一份隐瞒存在未申报税负的备忘录上签了名。	第七节
216 4 □	你说你不知道税务机关怎么知道可能存在未申报税负的问题；但是你高兴此问题被公开，并且建议高层管理者对税务机关开诚布公，与他们协商解决此问题。你指出，引起麻烦的那项活动的纳税义务是有明显问题的，税务机关一旦有所觉察，将会改变管理条例。	第六节
5 □	你指出，小组讨论内容需要保密，否则小组不能发挥应有的作用。因此，你不能对小组及其活动作任何评论。	第三节
6 □	你指出，由于小组的保密规定，你不能讨论小组的事情。但是，你主动与小组讨论了此问题，并鼓励他们与组织对话。	第三节

计分表

说明

在下表第二栏打钩注明你完成了哪些小节。在你的行动选择方案号上画圈，把你在每一节中做出的决定表示出来。例如，假如你在第三节采取2号行动选择方案，你则在计分表的第二行第六栏的数字“2”上画圈。做完该作业后，计算各栏被圈数的总和，填入合计行。

节	√如完成	忠诚1	正直1	忠诚2	正直2	忠诚3	正直3	忠诚4	正直4	
1		5	3			6	2	4	1	
2				1	2	4	3			
3		6	5			3	1	4	2	
4								2	1	
5		3	4			1			2	
6						4	2	3	1	
9		4	3	1	2					
13		4	3	1	2					
14				1	6	3	4	2	5	
合计(A行)										
占全部回答的百分比(B行)										

将B行数字移入下表。

解释计分结果 217

	忠实的限度	正直的限度
聚焦社会	忠1	正1
聚焦民间社团	忠2	正2
聚焦组织	忠3	正3
聚焦自我	忠4	正4

关于活动5.2中困境模拟的讨论

用这套练习对商务学院的大学生进行抽样调查，通过研究他们做迷宫测试的选择顺序，我们可以确定他们的伦理视野。在迷宫测试第一节，有半数以上的回答者选择在组织范围内秉持正义，努力说服管理层承认未申报税负，按规矩办事。当管理层最初拒绝让步时，仍有近30%的回答者坚持这一立场。有5.8%的人不怕管理层阻挠而坚持不妥协的立场，继续向他们建议应承认那项未申报税负，结果他们发现自己陷入死胡同无功而返。多数回答者在遭到管理层回绝时，选择坚持自我正义感，向组织提出辞呈。在30名选择辞职的回答者中，有25位随后采取的立场是维护民间社团层次的正义感：受同仁敦促而举报自己组织的违规行为。通过迷宫最普遍的路线是走正直之路而不是忠诚之路，但是伦理视野随形势变化而变化。执行经理与大学生对正直的承诺不会相同。

少数回答者选择走忠诚路线，但改变了忠诚的焦点。19%的回答者最初选择忠实于自 218
己，利用对这项未申报税负的知情，为自己捞取好处。但是在迷宫测试第五节，大多数选择忠实于自己的人，因帮助组织隐瞒事实而转变为效忠组织。

对忠诚和正直的要求，有时是相互冲突的。人们对这种忠诚和正直的承诺例证了价值启发式策略在决定伦理问题时的重要性。

承上启下

第七章将更详细探讨活动5.2中提出的举报问题。

反　思

许多经济伦理教科书不大提及价值观。人们通常把价值观放在公司伦理规范或组织核心价值观的语境中加以讨论。本章指出，当人们决定应该说什么或做什么以便回答某个伦理问题时,价值观对于人的思考过程尤为重要。然而这里存在一个悖论。价值观可用作启发手段来简化决策过程;可是在回答伦理问题时,究竟应该选用哪个价值观又是一个错综复杂的问题。因为在组织或社会内部存在许多价值观,它们都被看重,但又彼此冲突。

本章对价值启发式策略的说明对于人们如何做出有关伦理问题的决定可能提供了很好的描述。这并不意味着这类决策就该如此制定。的确,如果启发式策略更像是一种习惯而非有意识的思想,那么它们也许只是回避复杂的价值观和伦理选择的方法。选择,需要我们思考应该做什么,而不是回忆通常情况下我们是怎么做的。由于身世与经历使然,人们在伦理议题上会采取习惯性立场,因为我们面临的伦理问题中包含新的或不愿面对的事实,我们必须有意识地挑战自己的习惯。这二者之间关系紧张。这是我们将在下一章探讨的问题。

小　结

本章要点如下:

- 理性的和分析的理论解释了应该如何做出决策。
- 启发式策略可以解释人们如何在实践中做出决策。
- 219 启发式策略过去常常被视为偏见与歪曲的根源;快速极简研究计划将启发式策略视为切实有效的决策手段。
- 价值观可能在有关伦理问题的决策中发挥启发作用。
- 价值观能够被用来限制和阻止决策者对信息和选项进行更多的搜寻。
- 在设定优先性及决定如何对组织的错误行为做出反应时,问题在于从许多互斥的价值观中选出那些应该被采纳的价值观。

快速复习测验

1. 什么是启发式策略?
   (a) 头脑用来决策的一种认知手段
   (b) 通过试错做出决策的一种形式
   (c) 决策的五阶段过程
2. 德·吉仁泽与托德认为启发式策略
   (a) 切实有效
   (b) 是错误的根源
   (c) 是一派胡言
3. "伦理搁置"是指
   (a) 使你的决策建立在某些伦理原则上
   (b) 暂时把你的个人价值观搁置一旁不用
   (c) 确保你的个人价值观不会自相矛盾
4. 正直被定义为
   (a) 你的行为基于确定和健康的原则
   (b) 确保你的行动和你的价值观不发生冲突
   (c) 尊重他人

典型作业与简述

1. 比较理性决策模式与启发式决策模式。启发式决策模式可怎样被应用于伦理问题的决策？

2. 忠诚与正直：哪个对企业员工最重要？

3. 参考资源配置的六个价值启发，分析某企业已经做出的一项资源配置决策。 220

4. 情感与价值观对个人的伦理问题决策有何作用？

小组活动 5

《洞穴营救练习》(*Cave Rescue Exercise*)，可以分别在伍德科克(Woodcock, 1979, 1989:81)和菲舍尔(Fisher, 1998)著作附录中找到。该练习的另一版本可在弗兰西斯和杨德合著(Francis and Young, 1979)的书中找到。这两个版本是对一个经典管理游戏的两种诠释，而《人工肾》(*The Kidney Machine*, Jones and Preiffer, 1974)则是此类题目的另一种通俗解读。

参阅建议

如果你对启发式策略在决策中的作用感兴趣，请参阅 *Simple Heuristics That Make us Smart* (G. Gigerenzer, P. M. Todd and the ABC Research Group, 1999, Oxford: Oxford University Press)。有关价值观在管理中的作用，请参阅 *Managing Values* (P. Griseri, 1998, London: Palgrave)。

推荐网站

主　题	**网站提供者**	**网　址**
风险思想关于决策中的一些启发式策略的信息	决策信息中心	http://www.cygnus-group.com/CIDM/risk.html
ABC 的网页	适应行为与认识中心	http://www.mpib-berlin.mpg.de/en/forschung/abc/index.htm

221

第六章　个人对伦理问题的反应

学习成果

阅读完本章并完成相关活动后，读者应能：

- 解释人们对伦理问题的不同回应方式。
- 根据这一理解思考自己对伦理问题的回应。
- 解释伦理思考的类别化与个别化的过程。
- 解释影响人们回应工作中的伦理问题的一系列因素。

引　言

本章讨论人们对工作中的伦理问题的反应。前一章仅仅讨论对伦理问题的思考。对伦理情境的反应不仅明显地涉及对问题的思考，而且超越了思考。人们对伦理问题的反应包括人们说什么、怎样说和怎样做。对反应的选择涉及两大认知过程——类别化与个别化（Billig，1996）。其中，第一个过程需要把问题放进一个类别中，说："这是我处理这个问题的方式。"这些类别往往以价值观为根据。例如，有人会断定，甲问题属于遵守组织制定的核心价值观体系的问题；或者，乙问题属于忠诚问题。但是一个情境的特殊性会使人觉得类别化不是正确的方法。一个问题应根据什么价值观来分类？或者，它是否应该自成一类？引起争论的正是情境中的这些细节。

本章第一部分描述和解释了不同类别的对伦理问题的反应，后面部分探讨的问题是：人们可能不会只采用一种类别，而是可能就一系列彼此冲突的类别同自己或别人争辩。本章
222 后面的活动 6.1 也提出，由于人们意识到了新信息和对问题的不同观点，他们对一个问题的分类方式可能会随时间推移而改变。本章第三节讨论影响人们对问题分类的一系列因素。最后一节小结了整章的论点，让读者有机会对这些论点进行反思。

对伦理问题反应的分类

在这部分，我们将用一个矩阵来描述人们在工作中用来划分伦理问题的类别——让我们称之为姿态。模型如图 6.1 所示。在描述图中的八个类别之前，我们先解释构成该矩阵图的两个维度。

伦理的完善——图 6.1 横轴

这里首先描述伦理的完善问题。图 6.1 水平线左端位置代表价值观的清晰度和确定度。达到这个尺度的人能够毫不含糊地认识伦理问题，从而了解自己在某种情境下应该做

什么以及怎样分析和解决伦理问题。而位于尺度右端的人比较容易困惑或绝望(此语见页边码第 168 页第四章)。一个人如果处于这种状态,将感到很难使某个伦理问题的多种看法和谐一致,这种人还常常改变主意。如果完善被定义为个人关于某个问题的思想和谐一致,那么图6.1左栏代表高度完善,右栏代表低度完善。

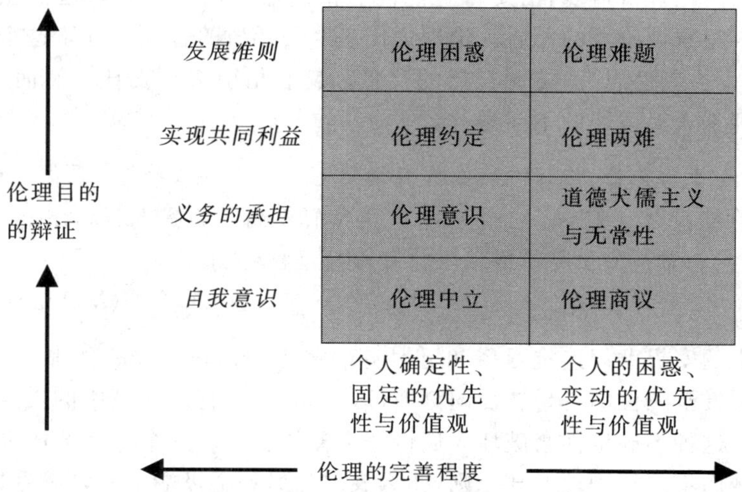

图 6.1 管理者对伦理问题的感知——框架

(来源:Fisher and Rice,1999)

对伦理目的的辩证——图 6.1 纵轴 223

纵轴代表个人的是非意识和观点的辩证发展阶段。它模拟了个人责任——认识工作中存在的伦理问题并解决它们——的发展状况。在初始阶段,即框架的原点处(自觉意识),个人把自己的伦理观为全部。他们认为要对自己负责,但是希望与大千世界的伦理问题保持距离。他们视而不见,以表示自己不愿意承担这种伦理责任。但是个体的伦理孤立只是一种理想:它无法持久;它会同来自他人、老板、同事和客户等的各种要求发生矛盾。

定 义

辩证法 是一种分析方法,在黑格尔(Hegel,1770—1831)的辩证过程中,初始的形式概念(正题)受到其自身内含的现实矛盾(反题)的质疑,直到得到克服或超越了正题与反题的冲突的合题。正题是苍白的理想,因为在现实生活中它没有被实现过。当它直面社会现实时,就被烦琐的生活细节否定了。合题否定了这种否定,辩证法进入一个新的更高级的阶段。合题不消除冲突,而是超越冲突。合题变成正题,周而复始。

承上启下

有关辩证法的举例详见页边码第445—451页。

个人有自己的伦理价值观,出于自卫他们会拒绝对伦理难题采取道德立场。这两者之间的矛盾便是自觉意识阶段的矛盾。伦理责任是这一矛盾的合题。处于这个阶段的人们采取立场,无须多少批判性思考,按照自己的背景和良心指引去尽责任。然而,人在恪守本职时可能会意识到别人对责任的不同理解。

> 宙斯、牧师和父母、部落或城镇的习俗均可发出命令与律法,要你义无反顾、问心无愧和忠实地执行你的义务。但首次冲突让我们看到了安提戈涅(Antigone)[①]和她的问题"你的话也能算是法律吗?"瞬间一切标准被推翻打倒。
>
> (Mabbott,1967:44)

希腊神话中的安提戈涅违抗习俗和舅舅克瑞翁王(King Creon)的命令,凭天理良心勇敢地埋葬了企图推翻王位的哥哥波吕涅刻斯(Polynices)。特定环境中的义务是什么?人们
224 对此不能肯定。这种不确定性会破坏人们恪守义务的思想。这个冲突造成人们在这一阶段要么表现为真诚而不加批判地遵守原则,要么表现为另一个极端——犬儒主义。

由于责任的思想缺乏根据或合法性,导致辩证法的下一阶段是寻求作为道德确定感基础的共同利益。在这个阶段,人们试图用组织的价值观和使命声明、经济效益或公众利益等理念来调和各种冲突的伦理要求。这个阶段涉及关于价值观和优先性问题的艰难辩论。因此,人们力图达成一致意见或共同伦理约定的尝试往往会转化为伦理多元和伦理两难困境。

当(或者,如果)构建共识的尝试受挫或失败的时候,个人可能进入纵轴的最后阶段。在这个阶段中,通过自我分析与辩论,个人建立起一套自己的道德规则与价值观。处于该层次的人意识到道德世界的多元性与碎片化,并选择怎样对此做出反应。他们或许会采取后现代主义路线,以游戏态度对待问题,学会容忍无根基的道德多元性;他们或许会试图通过推理与归类,重新整合碎片,仿佛自己是在玩智力拼图游戏。

我们已对图6.1中的问题作了描述,现在可以给八类伦理问题下定义了。这些分类很重要,因为它们界定了人们对同一伦理问题可能会做出的若干反应。

伦理问题的类别

伦理中立

当人们认为一个困扰他们的伦理问题令他们束手无策时,便把这些伦理问题归类为伦理中立。做出这种反应可能有许多理由。"伦理搁置"(Jackall,1988)或"伦理封闭"(Kärreman and Alvesson,1999:10—11)的运用使人们在正常的伦理标准妨碍他们解决问题的时候,可以悬置这些标准。这样人们便可以说,某个问题——如裁员——并非道德问题,而应被视为实际问题。德·乔治(De George,1999:112)确定了哪些免除条件可以被人们用来为其中立辩解,包括

---

① 安提戈涅:系古希腊三大悲剧戏剧家之一索福克勒斯的著名悲剧中的人物。搜索关键词:李炜光《勇敢的安提戈涅》。——译者注

"缺乏能力"(假如你不会游泳,则不应指望你去救一名溺水者)和"可以原谅的无知"(假如你不知道不作为的后果,你就不应受到惩罚)。

伦理意识

伦理意识是伦理反应的一个类别,指由于某事违反了人们的直觉价值观而引起内心不安。处在这个阶段的个人对自己的义务是什么有一种直觉感知,如马伯特所言:

> 每个人都知道自己在特定情况下应尽什么义务……我知道在各种情况下自己应尽的义务,我知道若不是每个具体情况都能不证自明,我无法说明为什么应该声称这个或那个行动是我的义务,我给不出理由,也没有理由。 225
>
> (Mabbott,1967:45)

在义务的这个阶段,个人知道什么是对,但说不出理由。他们对问题的反应可能只涉及表达自己的感受,但这种反应可能延伸到对拟议中的意见主动表示反对。我们在第二章已讨论过,伦理意识像情感主义。情感主义的一个特征——在伦理意识语境中这一点很重要的——是道德分歧明显无法解决,因为一个人有关某个行动、某个人或某种情境的价值观声明与他人的价值观声明有矛盾。

伦理约定

当你认为,运用公认规范最能妥善解决某个问题时,这个问题就被划归伦理约定这一类别了。伦理约定可以指社会规范、社会期待和职业行为标准,也可以指组织文化和亚文化的约束。约定性伦理规范的一个特征是:非正式、不成文,或如果成文,也是概括表达而非详细规定。一位人事主管在回答问卷时,对我们描述了一件事。她认为在她的组织中有一个规范,即一个人不应该和前来寻求职业忠告和帮助的人敌对。有一位经理当初曾求她帮助处罚他手下的一名员工,而这位经理后来在他自己发起的调查中受到陷害被停职。做这件事情时,她感到有些内疚。

伦理困惑

困惑并非难题,得出数学难题或纵横拼字谜的答案并非易事,需要冥思苦想和刻苦钻研。然而由于能得到最佳解答,所以努力是值得的。困惑只存在于明确的道德语境中,这时,对于适合其解答的价值观几乎不存在争议。例如,有人主张,只要我们在英国国家卫生保健服务系统中有更多的关于临床效果、公众对于医疗优先的看法、成本和医院运转率的信息以及处理数据的更优决策软件,那么像医疗优先这类问题就可能从技术上得到最佳解决方案,无须诉诸乱哄哄的政治争吵来解决价值观的冲突。在政治争吵中,往往是谁闹得最凶,谁得到的资源最多(见案例研究 2.9)。以上例子可例证人们希望把伦理困难转变为伦理困惑。

若决定把一个伦理问题视为伦理困惑,则要求解惑的人能够将这个伦理问题放在一个连贯一致的道德框架内,并且忽略对立价值观的要求。这常使解惑者能够为解决一个问题构建细致的机制与步骤(规则、程序和技术)。

226 **伦理难题**

疑难问题即难以解答的问题，它没有最佳解决方案。可能必须对某个问题采取行动，但是这个行动不能消除困难。困难可以被改善或缓解，但是不可能得到解决。伦理难题是错综复杂的事实存在，按照自身运动规律形成、发展和消失。一个问题有可能被划为伦理难题是因为：它涉及多种价值观及原则——分开来看，它们都具有完善的意义，但把它们放在一起，就会产生冲突。在这种情况下，不同价值概念之间必有一场辩论；而对于将问题视为伦理难题的人而言，部分困难在于确保在辩论中能够严谨公正地辨析不同论点。第三章有关对话伦理学的讨论与这种立场相关。

伦理两难困境

两难困境是一种进退维谷的状态，涉及艰难或不快的抉择。为两难困境提供的选项常常令人不悦，因为它们要求在不同约定之间做出选择。假如一个人决定按照一套约定的规范或规则行动，那么他们将违背另一套约定。正如约定是社会构念一样，两难困境实质上是社会和政治问题。要摆脱两难困境的制约，必须这样选择：支持一个群体——接受其规则和价值观，惹恼另一群体——违背该群体的规则和价值观。所以把一个问题归类为伦理两难困境会导向犹豫不决和不作为。

道德犬儒主义与任性

犬儒主义是在伦理责任变得痛苦难耐时出现的。在伦理意识这个类别中，人按照良心的指引做事。而犬儒主义者则因放弃了这样的奋斗目标而变得性情乖戾。犬儒主义者相信，一切伦理问题的解决方案，都要基本符合利益相关者的个人利益。犬儒主义者认为，有时候与其强求，倒不如听其自然，把问题留给无常的机会。犬儒主义者的目标，除明哲保身外，就是责难那些积极处理问题的人。

伦理妥协

伦理妥协是(避免麻烦，只管干活的)人在寻求保护自身利益时所遵守的方法，他们维持道德中立，结果却发现自己被夹在立场与价值观都不用的权势集团之间。因此，伦理妥协是在不同立场之间达成共识或折中。伦理妥协与一项决定正确与否无关，而与决策过程正确与否有关。换言之，行动的道德性被忽视，只要求通过投票、民意调查、寻求一致、达成协议与谈判商议等手段，使一个行动被广泛接受。对意见的反应比做的正确更重要。2001 年大选期间，由于工党对来自各焦点小组(focus groups)的反馈做出回应，伦理妥协成了频频投
227 向工党的尖刻批评。该类别包括通过回应各个冲突的利益集团的要求实现自保。

实际态度

图 6.1 描述了对工作中的伦理问题的各种态度或反应，但是由于这种描述太概括，在日常生活中我们仍然难以识别它们。表 6.1 定义了各种态度的观点和价值观。人们在讨论中会用到它们。

表 6.1　伦理反应八种类型概览

态　度	定　位	对问题的思考方式	可能采取的行动
伦理中立	置身麻烦之外/循规蹈矩、按部就班 埋头干活	人们决定对不公正视而不见，因为提出问题会给自己惹麻烦。 如，团队领导对有些合同员工不合伦理的行为可能选择不做出反应，因为那样做会打乱精心制订的员工工作计划。	不作为、沉默
伦理意识	个人的尊严	一种流行的康德哲学思想，如果有人认为人被当做手段，且人的尊严未受尊重，就会引发这种思想。	主张并实践自己的价值观。 对别人的不同看法表示惊讶。
	讲真话重要 给奖励	关于永远讲真话的道德命令。 论功行赏。一种值得性原则。一位政府工作者认为餐饮管理软弱无能，当其受竞争威胁时，他并不为之惋惜；但他为一家洗衣店输给外部竞标者而感到不公平，因为他认为这家洗衣店提供了一流服务。	
伦理约定	职业规范	观点：人们应该遵守职业的和组织的规范和准则。	就何为规范和可接受的反应的问题，咨询他人并求助。
	公正	维持平等公正的竞争平台，一视同仁。	应用规范与约定。 22
伦理困惑	方针、规则与程序	相信遵守规则和条例，不准破例违规，才是合乎伦理和正当的行动途径。	应用组织或机构的规则。
	功效性	相信目标或功效的最大化，这是功利主义哲学。	计算行动后果。解决问题的行动的依据是他们拥有正确或最佳解决方案。他们认为，一旦采取正确措施，问题将迎刃而解。
伦理难题	道德判断	运用道德判断而不是功利性的道德计算。道德判断是恰当定义伦理“中道”的能力，是在修养德行的过程中习得的。有人宣称，不必有伦理规范，因为组织中的雇员都是有德行和诚实的。	弄清不同价值观之间的冲突怎么会导致不同的行动或决定。依照自己的最佳判断采取行动。

（续　表）

	向道德榜样学习	论点：如人们有机会学习更好的新方法，可以暂时容忍伦理失误。	
伦理两难	个人关系	在道德缺失的世界中，人们应该专注于发展个人关系。见案例研究 6.1。	强调行动，但主要是坚持讨论问题而不是设法结束问题。当有关问题的冲突严重时，强调的是维持礼貌和人际关系。
	具有嘲弄意味的自由主义与实用主义	源自罗蒂（Rorty，1989），是关于在一个没有价值观根基的世界里如何才能维持心智健全的观点。关键手段是公私分离，首要的是"维持对话"（Mounce，1997：197，207）。	
	相对主义	观点：不同文化中的道德感觉不同，在一种文化或组织中可能不合伦理的事，在另一文化中可能并非如此。	
229	整体主义	力图用整体眼光看问题，最极端的如佛教，相信经过艰苦努力，透过破碎的幻象，可以看到背后的统一（Kjonstad and Willmott，1995：457）。	
道德犬儒主义	做假象	人们认为别人想做出遵守正当招聘程序的假象，但其实他们事前早已定下他们想要的那个人。做假象包括不说实话、相信做生意就是赌博和欺诈（Carr，1968）。	犬儒主义者可能不参加任何行动或决定，却在一旁抨击别人做出的任何行动或决定。
	个人好处和自私	观点：人们为获取私利，歪曲事实和程序。	
伦理妥协	复杂的政治	"这个问题的政治性太强，与我无关，所以我保留自己的观点。"持这种观点者力图在各不同群体的对立要求中走折中路线。分配稀缺的停车场便是一个很好的例子。	揣摩别人的观点并且对此支持或默许，目的是让最有权势者称心如意。
	"躲闪交易"	变通或默许变通，目的是迎合权势集团的利益。	

矛盾的态度:认知失调可能性

很容易看出,人们在处理伦理问题时,会从上文描述的八类伦理反应中选择并遵守其中一种。在实践中,人们可能会改变自己对伦理问题的分类;事实上,他们内心甚至可能并存着冲突的观点。这里先解释后一种可能性。

现在我们讨论一个人怎么会有冲突的观点。当个体在思考一个伦理问题时,他们大概至少会以四种观点来看待问题:

- 有关某个情境的伦理或道德错在哪里?是什么触发人们认为这是一个伦理问题?换言之,是什么触动了他们的**良心**?
- 关于这个情境,做些什么才是理想的?当人们对这个情境进行自己的**伦理推理**时,他们 230
认为正确的行动路线是什么?
- 他们认为所有其他的利益相关者或利益相关各方对这个情境的想法是什么?该情境中的其他利益相关者的迫切**需求与期待**是什么?
- 考虑到"现实"世界里的各种约束和复杂性,人们对此情境应该采取什么实际行动?他们的**行动选择**是什么?

认知失调理论声称人们努力使自己的所有观点和谐一致。但也有人认为,人们可以持有矛盾的观点。我们将对这些观点作较细致的讨论。

良心

因为一个问题的某些方面被视为错误而引起痛苦或难受的感觉被定义为良心。良心可以被定义为一种焦虑感,引起这种焦虑感的原因是人相信某个认知或行动错了。良心是分析人们对道德事件做出的反应的始点。我们的一位受访者说,正是良心让人产生的"道德刺痛",引导我们将一个问题定为伦理问题。良心——即心理分析所谓"超我"——是抑制坏冲动的官能。良心具有这个官能,因为每当诱惑出现,良心会使你满心焦虑;每当坏的冲动占上风,良心会让你充满自责与羞愧。然而,良心并不告诉我们什么是对的;把良心归于社会规范和伦理推理的范畴更加恰当。

伦理推理

个体认为自己应该对某个事件或某个问题做些什么的理性分析就是伦理推理(Snell,1993)。如果良心界定了问题的性质,那么伦理推理则是确认解决问题的方法,即人们根据自己的价值观和分析而认为自己应该采取的行动(或不行动)。

他人的要求和期待

个人从他人的要求和期待的视角出发,进行微型"利益相关者分析"以识别他人言行的动机。千万注意:这种观点不能假装知道他人的动机到底是什么,其焦点在于这个人认为其他当事人在想什么和为什么这么认为。

231 ## 行动选择

假如良心是超我的表达，那么行动选择的观点则是自我表征。在心理分析中，“自我”是自保的本能。正是这个自我对外界产生知觉，并将一个人应有的自保行动合理化。因而，这里所关心的不是道德意义上的应该做什么，而是做什么是合理的和有效的。

这四种观点和伦理反应的八个类别能够被用来分析别人（或自己）对任意特定伦理问题的立场。下面的例子说明了如何做到这一点。

一个伦理问题

本图示以一位受访者(R)描述的一个伦理事件为例，运用上文讨论的四个视角作了分析。

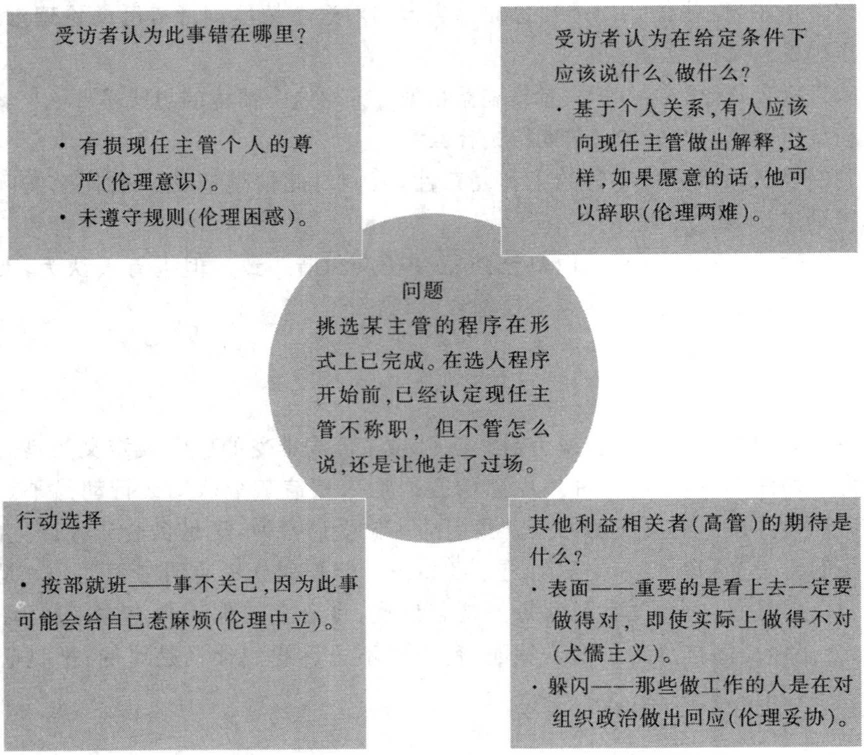

图 6.2 伦理问题的分析

232 ## 观点之冲突

图 6.2 说明了一个人怎么会对一个问题同时持不同观点。人们会以为哪里出了错，他们受到良心谴责，但同时又相信，对此无论怎么做从伦理角度看都是不正当的。斯奈尔(Snell，1993)指出，一个人能进行较高层次的伦理思考，并不意味着这种认知就能反映在他(她)的行动中。伦理推理与行动之间没有必然联系。

当人们因为从这四种观点（之一或全部）出发采取了矛盾的立场而经历冲突时，便会体会到图 6.3 所示的多种失调状态。我们认为，如果人们从这四种观点出发而采取不同且冲突的立场，则可预见某些后果。这里确认了六类冲突。

- **一类冲突** 当良心与伦理推理不一致时，冲突发生，这将导致焦虑感。图 6.2 中没有一类冲突，因为通过个人的做法恢复现任主管的个人尊严，尽管在受访者的良心与伦理推理之间存在差异（有损个人尊严与个人关系）。

- **二类冲突**　可见于图 6.2。受访者感到她的良心告诉她，自己对问题采取中立态度是错误的，会产生负疚、羞耻或自责的感觉。
- **三类冲突**　也在图 6.2 中存在，因为在受访者关于应该采取的行为的观点与实际操作选拔程序者的立场之间发生分歧。受访者认为，应该正当行使选拔程序，对任何候选人是否称职的决定都不应该在事前做出。但是高层管理者却乐于维持假象：表面上照章办事，遵 233
守招聘政策的规则和精神，同时设法确保现任主管下台。这一冲突会降低受访者对高级管理者的信任。如果他们能“整”一个人，那么可以同样轻而易举地“整”其他人。
- **四类冲突**　图 6.2 中受访者在“行动”框中的中立态度，防止与他人的观点发生激烈冲突。
- **五类冲突**　可见于图 6.2，因为受访者责备他人的错误行为。
- **六类冲突**　如果人的行动违背其伦理推理，将破坏个人的正直感，因为他们无法使自己的认知与行动统一。这是图 6.2 中的情境，因为受访者未按照自己的伦理推理要求的去行动。

菲斯汀格的认知失调论（Festinger，1957）认为，并存于我们头脑中的各种冲突的观念会引起如此不快的感觉，以至于我们总要设法让我们的态度与行动保持一致，使它们达成协调和统一。比利格（Billig，1996：202）指出，不和谐的思想本身不是一个认知问题，只有当外部反对者对其进行公开批判时才成为问题。即使是这样，如果认为认知失调是小事，不必认真对待，那么矛盾的认知对于观点暧昧者而言，也未必是个问题。许多人不觉得从不同观点出发采取不同态度会有什么困难。

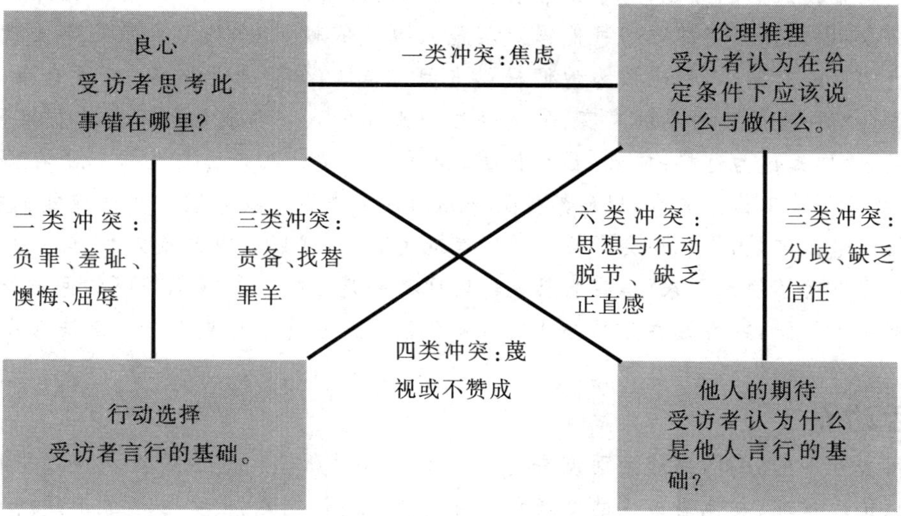

图 6.3　观点冲突的后果：六类冲突

案例研究 6.1

残障通道

对人事经理的访谈节选

事实上，两个场地都不具备必要的方便设施供大多数残疾人使用。所以我们对残疾人通道及其机动性这类问题作了一次小型审计。开始以为这是个小问题,待深入下去,才发现需要大兴土木,因此接下来便是是否投入资金以及应该投入多少的问题。所以当时展开了相当广泛的讨论:那些改动应该在招聘新人之前进行?还是应该等到新招聘的人来后,再加紧修那个通道?从法律上讲,你显然可以等待后面那种情况。于是不同观点的人们明显分成了两个阵营。那些职位较高者,就是那些有影响的人,赞成暂且做些小改动,待确实有必要了,再投入更多资金进行更大改建,因为我们已经有两名符合残疾定义的员工,而这两人在我们现有的设施中就能很顺利地工作。确实还有些人坚决认为,我们应该设置畅通无阻的通道,这样就能吸引更多的人。

我们成立了一个工作小组,一些小组成员的动机不同。一些不常被邀参与工作组的人
234 对此事特别上心,他们觉得你就应该为这件事干点什么。另一些人有亲朋好友是残疾人,基于特别的出发点为残疾人奋争。这下子你跟周围一些人有了伦理争议。你知道,那样做是对的,我们应该那么做。但是应该做的事很多,在某个时刻这些事情必须按一定顺序来处理。我会这么想,有许多工作区域的改建花钱不多,却能使通道更方便,比如,通向接待厅的地方还没有轮椅缓坡通道。既然改建花不了多少钱,且效果显著,能使那些行动不便的人在我们这里行动自如,那么我们就从这里干起。许多人往往假定凡是残疾人都坐轮椅,所以这些设施统统都应与轮椅挂钩。我们知道其实根本不是那么回事。所以我倒更愿意处理那些迫切需要解决的事,比如,在离大门不太远处弄个停车场,修一段缓坡通道,使他们更容易进楼。有些问题是很严重,比如,上楼、下楼,天知道来来回回走过多少走廊,才能到餐厅——那是唯一能买到食物的地方。根据我们已有的有严重残障的两名男员工来看,我们还能对付。不容易啊,我认为很难,特别的难。我最近出席了一个会议,会上,我们雇的一位残疾小伙子强烈主张投入大笔经费,这个观点合情合理,他的态度也很强硬。那天结束时他说,你不依赖别人,因此你应该尽一切可能保障其他人也不依赖别人,残疾人最需要的就是自立。因此无论你有没有能力,都应该为他们提供方便。是的,你很难反驳他,但所有事情都得按顺序处理。有一个显而易见的事实:最适合这个工作的人一年花的钱可能比你实际能支配的钱多得多,你知道为这样的人花钱很值得,但是总得在什么地方打住。知道在哪儿打住,这很难,我并不是工作组成员,但显然他们遇到的许多事得要我处理。我知道他们在那个问题上兜圈子毫无进展,将来还会那样。我们有既定方针,我们没有残疾人预算。为下一年度制订的预算方案已经定下来了,相当长一段时间都将是这样。所以说"行"的问题是,如果买了酱油就买不了醋,或者你去另想办法,是的,我们总是在为某件事而另外想法弄钱。

讨论活动 6.1

运用表 6.1 的分类,描述上面调查访谈中受访者对所述问题的观点。在以下标题下讨论:良心、伦理推理、其他当事人的立场和实际行动。讨论问题:使办公楼适于残疾人使用。

235 建议分析如图 6.4 所示。图中通过引用受访者的原话,说明她对改善方便设施这一中心议题的观点,然后用表 6.1 中的八类伦理立场及一系列价值观将这些观点归类。如果不借助这八种立场,分析可能会更简单,但运用这八类立场,能清楚地阐明四种观点之间的冲突。

受访者不同观点之间的矛盾由图 6.4 中的箭头表示,说明了四种紧张状态。受访者的良心告诉她存在应该修正的重大错误,而她的伦理推理却暗示,如果凡是需要做的事都去做的话,那将是错误的。她的良心使她对员工表达的意见深表同情,而她的伦理推理却不。所以她的行动(赞同她的推理,却不赞同她的良心)与员工向她提出的要求相抵触。这种"冲突

与一致"模式可被描述为消极接纳。她遗憾地认为听从自己的良心或别人的良心办事是错误的(Fisher,1999)。

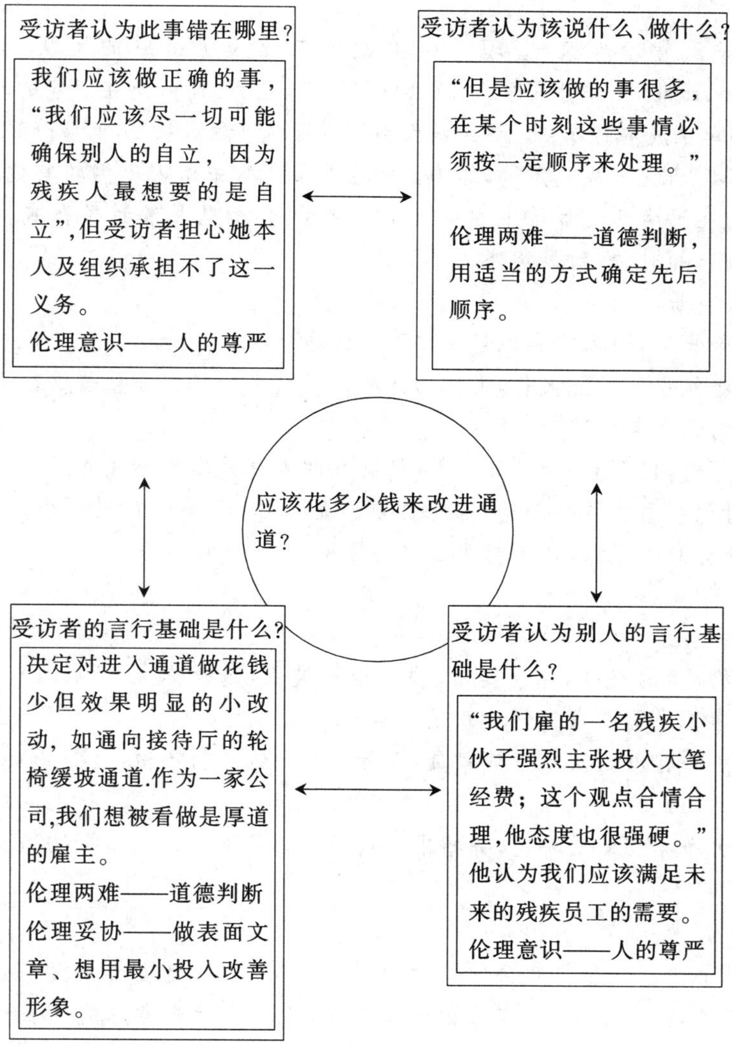

图 6.4　案例研究 6.1 的建议分析

活动 6.1 236

裁员练习工具:人力资源管理者与管理会计的伦理思考

说明

在这份问卷中,你的身份是团队管理者,你面临的压力是必须裁员。按顺序完成这份问卷,勿跳过任何一节,看情节如何发展及结束!

做问卷时须牢记以下几点:

- 向你提供的所有信息均前后一致,即问卷后面部分给你的信息不会与前面部分的信息发生矛盾。

- 问卷中所提问题的答案没有正误之分。问卷的目的是调查对问卷的各种回答，不是为了发现有多少人“做对了”。
- 在接近完成问卷时，请勿返回改变你在前面已做出的决定。

第一节

你是人力资源管理专家，管理一个由四位专业人士组成的团队。一项基准练习(benchmarking exercise)——对此你没有理由怀疑——显示，团队所在组织的单位成本比同类竞争对手个人的单位成本高许多。该组织面临的市场竞争愈演愈烈，市场份额正呈边际下降。

上级管理部门已宣布裁减冗员，你的团队在裁员总数中所占比例较其他团队小，实际只需裁减一个人。在过去几次裁员中你一直比较幸运，你的队员躲过了裁减。当你从小道消息得知最新裁员通知时，感到很意外。

你的团队成员是：

克里斯：勤劳肯干，为团队实现目标立下了汗马功劳。

莱斯里：在组织中的工龄很长，但你已开始对莱斯里的工作分量与质量不甚满意。

菲尔：来公司只几年时间。

尼基：干活不错，但不宜合作，坏脾气(坏脾气的人总是乖戾小气的)。

237 你以前有过为公司裁员的经验，那时你刚参加工作，觉得这事很难办。你毫不怀疑，本次裁员将照样令你身心疲惫，你不想重复这种体验。

总而言之，你会：

采取不满但接受的态度，你会提出，决定谁该被裁，这是你上司的事，因为这事他没有征求过你的意见。 □(01)

万般无奈，你得接受这次不幸的裁员，并开始考虑你不得不做出的决定。 □(02)

四处游说，力争推翻裁员决定，并指出裁员是不合伦理的。 □(03)

请接着做下一节。

第二节

你通过自己的管理职位得知公司本次裁员的内情，你知道有些事情不合伦理。你的组织近年来获利丰厚，然而很明显，在分配增加值时，组织上优先考虑的是股东利益而不是消费者和员工的利益。公司董事长可能也成了“肥猫”，由于薪酬、奖金提高以及优先购股权，他的收入增长率远大于通货膨胀率。你的组织所在地斯格茅斯(Skegmouth)系全国失业率最高的地区之一，那些被裁减人员在本地重新找到工作的机会十分渺茫。

总而言之，你会：

采取不满但接受的态度，你会提出，决定谁该被裁，这是你上司的事，因为这事他没有征求你的意见。 □(04)

万般无奈，你得接受这次不幸的裁员，并开始考虑你不得不做出的决定。 □(05)

四处游说，力争推翻裁员决定，并指出裁员是不合伦理的。 □(06)

请接着做下一节。

第三节

在宣布裁员通知后，你与团队商量此事，大家一致认为，在这种情况下，应该在考虑强制裁员之前，先给大家自愿减员和提前退休的机会。这对你来说是个重要的原则问题。你觉得说不清为什么这对你如此重要，但看来这似乎就是公平、正义的解决方案。

238 克里斯六十开外，想提前退休，看来已是迫不及待。好多年来他一直在跟你谈这个事。在一个近年来总是更多任用女性的机构中，他是团队中唯一的男性。机构中有一种怨气，认为接受自愿减员政策是对妇女的歧视。年龄大一点儿的员工（这批人更可能希望并获准提前退休）主要是占比已经很少的男性。因此，男性从提前退休政策中获益的可能比女性大。不论这个问题是否引起你的不安，显然很难找到在经验和能力方面能替换克里斯的人。

你可能采用拖延手段继续反对裁员吗？ □(07)

如果不，你会拒绝克里斯提前退休吗？ □(08)

同意克里斯提前退休，因为看来这样做合适，且同意克里斯提前退休，你也就摆脱困境了。 □(09a)

请接着做下一节。

第四节

克里斯最近来找过你，他说他和搭档讨论了自己退休计划，虽然他一直很想走，但是他意识到，如果现在退休，他可能就没有经济实力在加勒比海购买自己梦寐以求的养老住所了。所以，他已不无遗憾地撤销了他的提前退休申请，也就是自愿减员申请。如果你在前一节已经同意接受克里斯的申请，现在则不能批准了。由于没有其他队员愿意自愿减员，你得接受这一事实：你必须自己决定裁减谁。所有成员的薪水大致相同，所以不存在通过裁减哪一位能节约更多成本的问题。你还意识到，你必须制定几条明确的指导方针，据此选择被裁人员，以确保这一过程公开、透明、公正。

该机构尚无政策，没有双方联合协定，也没有“迟来先走”或别的标准决定哪些工作岗位可以裁减人员。供你做决策的选择的标准似乎有如下几条。

- **贡献**　对团队和组织目标的贡献——裁减贡献最小者。
- **迟来先走**(LIFO)。
- **值得性**　最不值得保留者，即，应裁掉团队中最不思进取者。
- **事业潜力**　年轻人，有培养前途，因掌握新技术能力有可能做出更大贡献者，不应被 239
  裁减。上了岁数的员工应该是裁员首当其冲的对象。

在彻底琢磨团队成员的评价记录、360°评估反馈[1]、出勤率和工作记录后，你编制了表6.2。此表为你参照有关裁员标准，对每位成员的评价。

表 6.2　团队各成员符合裁减标准计分表

	事业潜力	贡　献	迟来先走	值得性
克里斯	1	4	2	3
莱斯里	2	1	3	4
菲　尔	4	2	1	2
尼　基	3	3	4	1

1 ＝最适合被裁减

4 ＝最不适合被裁减

---

① 360°评估反馈(360°multi-rater returns)：360°评估反馈法是指通过收集与受评者有密切工作关系的、来自不同层面的人员（一般包括上级、同级、下级、客户和本人）的信息，来全方位地评估受评者的工作行为和表现。此方法现已在中国许多企业中得到广泛应用。——译者注

你打算裁减谁？

克里斯 □(10)

莱斯里 □(11)

菲尔 □(12)

尼基 □(13)

或者，你不能决定裁减谁，因为你不知道或不愿意 □(14)

如果你选定了一名团队成员作为裁减对象，接着做下一节；如果你选择了“不知道”，则直接做第六节。

第五节

你发现在第四节中，做出决定很难。如果你接受“贡献”标准，那么莱斯里将被裁减，然而你了解她眼下绩效糟糕是因为她的搭档正处于癌症晚期，她觉得很难集中精力工作。如果你采纳“迟来先走”标准，那么该走的将是菲尔。但是菲尔在购买和安装最新IT系统这件事上举足轻重，而这套系统也是决定公司未来成败的基石。“值得性”标准将使你选择尼基为裁员对象，但是她的贡献也有价值，她常为小组增添些有益的怀疑主义，否则，小组可能会
240 过分裹足不前、过分封闭、眼光狭隘。而根据“事业潜力”标准，克里斯显然是被裁人选，然而他的经验不容易替代。

你在第四节中选定的被裁员工自称有加勒比黑人族源。他们是在刚开始执行一项平等机会政策及选拔培训的规定时被招入公司的，那时开始增加雇用少数族裔。不过，当时没有什么“平权法案”[①]，那些人无疑是靠自身实力被选拔上的，是候选人中的佼佼者。尽管你的机构在招聘提拔少数族裔雇员方面有改善的迹象，但尚无良好的记录。由于少数族裔员工通常是在新的平等机会政策出台后才被录用，所以他们在公司服务的时间普遍较短，如果采用“迟来先走”原则，他们将首当其冲地成为裁减对象。结果，在组织内部，同其他员工相比，少数族裔员工被裁的可能性更大，而被提拔的可能性则变小。

许多人觉得若干裁员标准——不仅是“迟来先走”标准——是歧视少数族裔雇员的。如果不是获得职业发展的机会较少，他们的贡献或事业潜力本应该更大。有时会发生这样的情况，当别人认为他们在团队中格格不入、难以相处、不易合作时，这种失败一半是他们自己的错，一半也是他们的同事下意识的种族主义作祟的结果。

考虑到上文的信息，现在你决定将裁减谁？

确定了被裁减的人员 □(15)

不知道裁减谁 □(16)

---

① 平权法案(affirmative action)：直译为“肯定性行动”。20世纪60年代中期，美国政府启动了平权法案计划，在就业、教育等领域对少数民族、妇女等社会劣势群体给予某些优待和照顾，有力地提高了少数民族和妇女的社会经济地位。——译者注

请接着做下一节。

第六节

由于你对做此决定深感痛苦，所以你跟越来越多的人谈起这事，人们找到你，劝你做出这样或那样的决定。工会代表相信迟来先走是做出决定的唯一公正的办法。平等机会部门认为裁员政策不应歧视少数族裔。高层管理部门坚信，在一个竞争的市场里，根据别的理由而不是功绩——即根据对组织目标的贡献——来决定裁员，是十分荒唐的。你发现当你同这些建议者面谈时，你赞同他们每个人的观点，然而很难从这些互相冲突的观点中找出头绪。

高层管理者们催促你做出决定。次日上午即是向人力资源经理汇报的最后期限。你决定让＿＿＿＿＿＿作为被裁员对象。 □(17) 241

决定向上面报告，团队中谁也不该被裁减，让高层管理者自己做决定。 □(18)

用抽签的办法决定裁减谁。 □(19)

你决定一醉方休。 □(20)

请接着做下一节。

第七节

你不得不做出的决定太复杂了，致使你决定付诸讨论或与人商议，以达成某种折中方案。如果可行，你将与哪一部分人商议，以求得共识？

你可在下面你认为合适的多个框中打钩（如没有合适的也可都不选）。

团队 □(22)

高层管理者 □(23)

平等机会部门 □(24)

工会 □(25)

讨论结束后，你决定了

谁是该被裁减的人。 □(21)

你觉得你根本无法做出决定。 □(26)

本工具练习结束。

关于裁员的计分的说明

- 关于裁员计分的图示（图 6.5）初看十分复杂，但如果按其说明做下去，便不会觉得太难。
- 首先注意，你在练习中打钩的所有方框旁的括弧内都有一个编号，你将用这些来给自己计分。
- 从计分表左侧开始，横向完成表格。从第一节至第四节，在你回答过的那一节的相应框中打叉，如下：

[×]

- 从第五节至第七节稍显困难，因为你必须用框中所述的决策规则来决定哪个框正确描述了你做出的决定。
- 将栏中所有叉号（×）连接起来贯穿表格，代表你在练习中所选的伦理反应的类型。

242

	第一节	第二节	第三节	第四节	第五节	第六节	第七节
道德犬儒主义				如果钩的是 10	如果 15 是克里斯	如果钩的是 19	如果没有钩的是 22、23、24 或 25 都没有被钩，以及钩的是 26
伦理妥协							如果钩的是 22、23、24 或 25 以及 26
伦理两难						如果钩的是 18 或如果 17 与 15 不同，或如果钩 20	如果钩的是 26，或如果 21 与 17 不同，或 21 不同于 15
伦理问题				如果钩的是 14	如果钩的是 18，或如果 17 与 18 不同，或如果钩的是 20	如果 17 与 15 同，或如果在选择 14 后做出选择	如果 21 与 15 同
伦理困惑			如果钩的是 08	如果钩的是 10、11、12 或 13	如果 15 与第四节所选人相同	如果 17 与第四节所选人相同	如果 21 与第四节所选人相同
伦理习俗			如果钩的是 09	所选个人名字	所选个人名字	所选个人名字	所选个人名字
伦理意识	如果钩的是 03	如果钩的是 06	如果钩的是 07				
伦理中立	如果钩的是 02	如果钩的是 05					
伦理犬儒主义	如果钩的是 01	如果钩的是 04	如果钩的是 03				

运用各框中的决策规则为伦理反应归类

信奉态度与价值

艰难选择：实践中的立场及价值观

转变立场 243

前一部分的讨论已经例证了个人怎么会同时对一个伦理问题持有彼此冲突的不同观点。在不断变化的职业生涯环境中，人们随着事态发展和了解更多的细节，可能会强调不同的观点。当然还有一些人可能会始终坚定不移，不改初衷。这是活动 6.1 中探讨的问题。

有关裁员的一些研究结果

费舍尔和罗威尔通过对金融专业人士和会计师的大型抽样调查以及对人力资源经理的小型抽样调查，完成了有关裁员的调查研究(Fisher and Covell,2000)。结果如图 6.6 所示。你也许想把你的结果同这两组抽样的结果做一下对比。

大多数会计师和人力资源专家在第一节开始时采取中立立场。可能会得出这样的结论：裁员是组织生活的平常内容，没有理由怀疑在这种情况下会产生出任何特别的道德问题。在第二节里，对案例研究中那个组织的伦理态度有所怀疑。占勉强多数的人力资源专家改变了观点，采取伦理意识立场，开始抗议裁员措施。大多数会计师继续其中立立场，只有少数转变为伦理意识立场。在第三节，受访者得到机会对情境(通过自愿方式减员)做出伦理约定反应，大多数会计和人力资源专家均采取了这一立场。

在第四节里，当克里斯撤回自己主动提出的自愿减员申请时，做出伦理约定反应的机会随即消失。受访者得到充分信息可将伦理难题处理为伦理困惑，他们还有了许多可用来挑选裁减对象的标准，并可参照各项标准对全体成员进行排序。有了这些，他们便可对究竟裁谁做出理性选择。80%以上的会计和 3/4 的人力资源专家利用了这一机会，根据所提供的信息确定最适当的被裁人选。少量受访者(会计师少于人力资源专家)承认，即使采纳全部提议标准，也无法决定一位“最优化”的裁员对象。简言之，按照全部提议标准，无人堪称“最优化”的候选冗员。这些受访者采取了伦理难题立场，他们承认这些不同的标准代表了不同的价值观，它们之间存在冲突。

该练习第五节提供了进一步的信息，显示出不可调和的价值观之间的冲突。那些根据明显理性的理由选择一位被裁候选人的受访者被告知，他们的选择引起了别的问题和伦理困难。结果，一些会计师转变为伦理难题立场，但大多数会计师忽略复杂的新情况，继续将此问题视为伦理困惑。不过，多数人力资源专家采取了新的立场——伦理难题立场。第六节介绍了更多复杂的情况。多数会计师仍将此问题视为伦理困惑，1/5 的人力资源专家现在视这个问题为伦理两难；1/3 视其为伦理难题，但也有一大批人力资源专家回到了伦理困惑的立场。练习最后一节的模式与前面相同，所提供的信息旨在促使一些 245
人采取伦理妥协立场。但仅有少部分人这样做了。

244

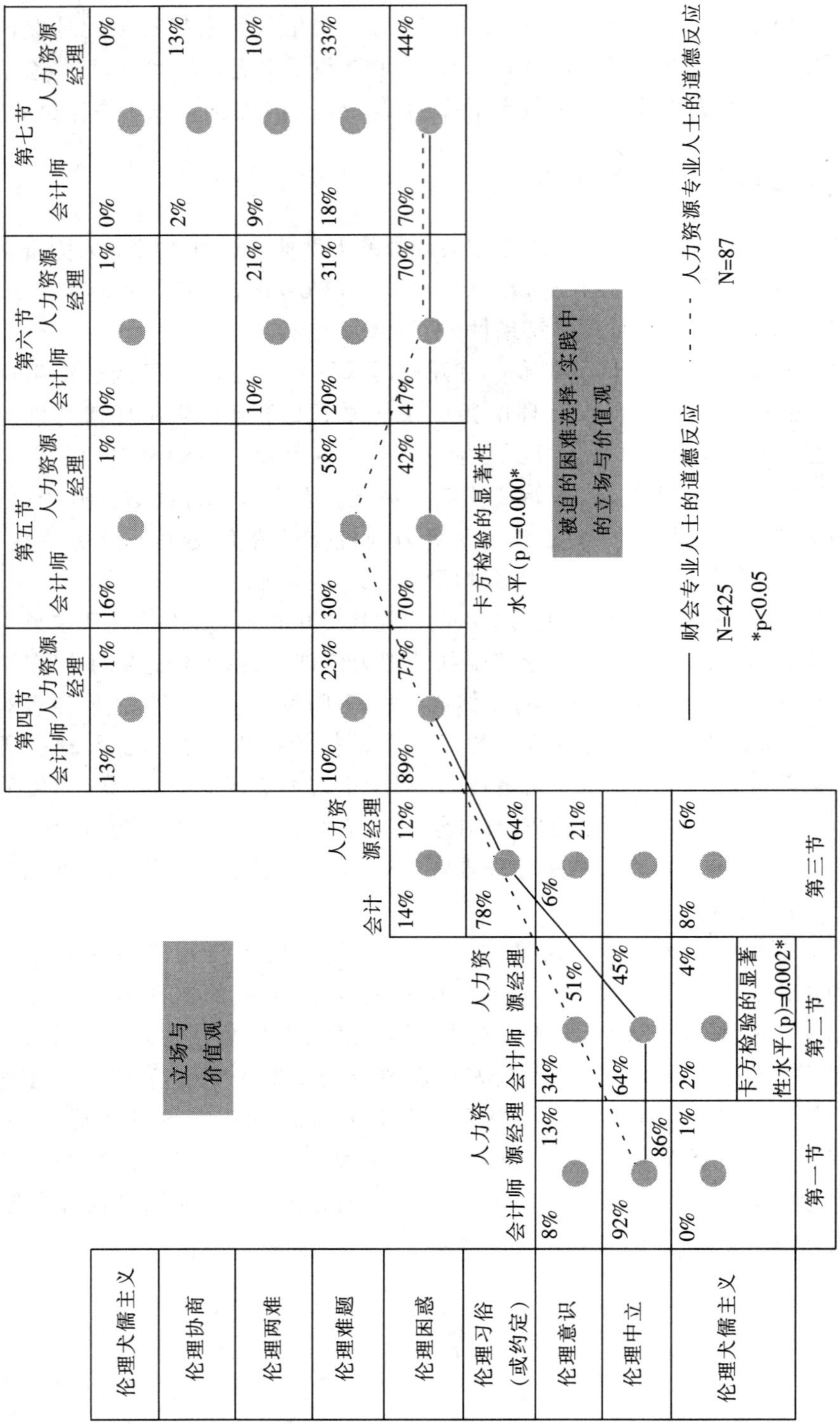

图 6.6 裁员调查结果：财会专业人士与人力资源专业人士在调查的七个节次中选择伦理立场的百分率。

（来源：Fisher and Lovell, 2000）

在该练习的后半部分，多数会计师无论遇到什么伦理困难，仍坚持伦理困惑立场。多数人力资源专家最初对这些困难做出了反应，但随后回到一种实用主义的伦理困惑立场。你可从计分图(图6.5)看出，练习第二部分的结果被归类为“艰难的强迫选择”，而第一部分的结果属于“信奉价值”。信奉价值是指人们希望别人认为自己深信的价值观，通常与人们在实践中尤其是迫于压力采取的价值观形成鲜明对照。

类别化、个别化与八种立场

有关裁员的研究结果显示，有些人将某个问题归于一个类别，且不改变主意；还有些人随着问题的显露而改变观点。这个现象可以用本章开头提到的类别化与个别化予以解释。本章一直在强调类别化，而个别化对解释引起人们对伦理问题持不同立场的那些过程很有用。

类别化是将一个对象置于一个总类别或概念模式的过程。心理学家称这是思维的基本过程。坎特尔等人(Cantor et al.，1982：34)称：

> 类别化的图解使我们得以构建和统一我们关于人与社会世界的总体知识，并使这些知识的各部分形成逻辑、有序和完美的连贯，使人们有望对典型的行为模式、不同类型的人以及他们各自千差万别的独特行动和品质进行类别化。

类别与图解二词词义相近。不过人们普遍认为图解比类别更概括和复杂。譬如，我们可以认为图解是由许多类别构成的。

然而比利格(Billig，1996：154)声称，类别化本身能够导致官僚主义和偏颇的思维方式。据传(可能源出街谈巷议)，一位医生不愿对医院门前人行道上突发心脏病的一位行人实施急救，原因是院方为该医生购买的责任保险范围不超越医院地界。这个故事具有典型意义，可以例证官僚主义的伦理代价。研究(Galton and Delafield，1981)发现，小学教师对被其判定为落后生的谈话和提问方式导致这类学生表现得越发失其水准，这确认了类别化的不利影响。

在与受访者谈及他们在工作中经历的伦理事件时，发现了类别化可能导致官僚主义和 246
偏见的例证。在一些情况下，官僚主义的僵化使组织付出比雇主或消费者更大的代价。在一个案例中，一位年轻的市场营销经理因中风腿脚不便而不能驾车，他的工作需要他在相距很远的两地之间奔波，公司为他支付出租车费和隔夜补贴；但为另一位跟他同样资历的经理配了车，供其免费使用。暑假前，这位市场营销经理向公司人事部提出为他租一辆车，这样他便可以让妻子开车载他到欧洲度假。他辩道，别的经理能免费使用公司的车度假，他也应享受同等待遇。多数人事部门都遇到过类似问题，他们倾向于认为这位经理是在无理取闹，是在谋取私利，钻官僚规则的空子。他们认为官僚规则正在被那位市场营销经理用来实现不公平、不正当的利益。

其他受访者用许多事例说明，类别化还可能导致不公正。他们举例说，一位在职雇员无权享受公司养老金计划，理由是他太胖。在另一些案例中，经理们非法拒绝为年轻妇女安排工作，担心她们日后因怀孕生子耽误工作。

比利格提议，由于类别化可能导致扭曲的反应，所以应将它放在它与它的对立面——构成的紧张的语境中来理解。个别化是识别一个情境的特殊性和独特性的过程，意味着对这个情境不能进行类别化。个别化至少引起了关于如何将一个问题类别化的争议，个别化是对类别化的平衡。那些个别化能力减退的人可能会变得官僚和偏见，他们拒绝公正，或至少对伦理问题反应迟钝和机械。

比较会计师和人力资源专家对裁员的看法（图 6.6，页边码第 244 页）可以看出人们不愿改变自己对一个问题的类别化，归类不一定是组织对伦理问题的主要思考模式。在完成这项工具练习的过程中，人力资源经理改变自己原先归类的可能性比会计师更大。他们更乐意对新的特殊细节做出回应并改变原有的归类。人力资源经理的抽样调查显示，从事人力资源管理的人中，有较大比例的妇女能够表现出个别化的相对优势。有调查（Helson and Wink，1992）显示，妇女随年龄的增长，对道德模糊感的忍耐力增强。如果这一倾向和较容易个别化相关联，那么，正好与男人的倾向变化相反：男人随年龄增长，越来越经常地将事物视为伦理困惑（Fisher and Lovell，2000）。

关键不在于鼓励员工对问题采取类别化还是个别化，而在于帮助他们兼用这两种方法。如温特尔（Winter，1989：171）所指，辩证批判意味着寻找“隐藏在表面区别中的统一以及隐藏在表面统一中的对立”。应该帮助人们对工作中所遇到的伦理问题的类别化方法进行质疑与争论。由于个别化能引发人们挑战习惯的类别化方法，所以应该将个别化与类别化结
247 合起来。比利格（Billig，1996：171）讨论了变换我们的图解和拆开我们的类别的修辞手段。人们将看到，这些修辞手段不是基于个别化的简单过程，而是处在连续的论证动力中，在个别化与类别化之间摇摆。

这个论证动力有两个方面：(1) 辩论在特殊情况下适合用哪个类别，(2) 辩论有哪些类别或它们的含义。我们在调查访谈中遇到的一件事可以例证这一点。一家与发展中国家做贸易的公司规定，公司经理应接受海外代理商赠送的礼品（以避免得罪送礼的代理商），但是经理们必须将赠礼上交公司。该规定使经理们不再为收受礼品的伦理问题所困扰。所收礼品须在年度内拍卖，拍卖收入捐赠慈善事业。这样，通过采用伦理规范，当事经理个人不必再考虑或担忧如何对付这类局面。

虽然经理们因为这一伦理规范而过得轻松些了，但是他们个人的道德责任也随之解除了。由于这个缘故，将此事归类为遵守规则的问题应受到质疑。譬如，它可以被归入伦理意识问题，可以采取“凡被视为腐败的均不得容忍”的观点。既然如此，任何礼品均不得收受。或者，通过重新确认类别，人们或者可以认为“这是遵守伦理约定的问题”，但是遵守的不是公司总部的约定，而是我们生意伙伴所在国的规则（那里允许贿赂）。还有一种可能性。得克萨斯仪器仪表公司的伦理规范（Texas Instruments，1999）规定，凡企图为送礼者谋利的礼物都是不当的礼物。礼物的不当性不在其大小——这一点往往因各国习俗而异，而应该根据送礼者意图来判定。这就将该问题归入伦理难题的道德判断类别。这些可能性导出如下结论：组织中的伦理行为要求员工用情境的特殊性挑战自己的类别化，以调和自己对伦理问题归类或“贴标签”的倾向。

随着情境的某个特殊性突然使人产生顿悟，人们对问题的看法会发生重大改变。案例研究 6.2 显示了这种带来顿悟的特殊性是如何挑战类别化的。

定　义

顿悟　基督教术语，原意为"主显"或"天主显灵"。詹姆士·乔伊斯(James Joyce,1996，但原著实际出版于1914—1915年间)在其小说《一位青年艺术家的画像》(*The Portrait of an Artist as a young man*)中借用此词，喻指某个事物或手势使人一下子豁然开朗。

案例研究6.2 248

个别化与类别化

以下事件的叙述者是我们的一位调查访谈对象。她是一家食品加工公司的高级人事经理。公司有一个货车推销部，负责向小商铺和餐饮业销售产品并送货。这位人事经理间接介入了一场关于一位送货销售员命运的讨论。有人控告那位销售员有偷盗行为，这位人事经理被告知，那位销售员在送货上门的那家商店外的废料场上，将一辆自行车放在送货车上捎回家给儿子。警方逮住他，并指控他偷盗。而问题是，是否应该按照公司的处罚条例将此售货员开除？人事经理认为这位销售员的主管说了大实话。他说自己很不情意开除这位销售员，因为他干得不错。无论如何，"遇到这种情况，难道我们都敢保证自己不会拿走自行车吗？这不过是捡了一辆被人扔掉的车！"主管还说，警方认为开除这位销售人员有失公平，尽管警方已经决定起诉他。这在人事经理看来多少有点滑稽。

人事经理认为，重要的是维护货车销售部诚信可靠的名声。

销售员出门在外全靠自己好自为之，我们只能信任他们。因为店铺老板对我们多少会有些猜疑，所以我们的销售代表必须诚实；同时，树立起一个讲求诚信的公司形象对我们也很重要。

这种想法使人事经理倾向于解雇那位推销员。但是这之前刚出过一些事，有的员工有顺手牵羊之嫌，但均以下不为例从宽处理了，因为他们原本都是好员工。既然拿不准那究竟是偷盗或只是"谁拾到归谁"的问题，所以对销售人员宽大为怀似乎是明智的。据此，人事经理倾向于接受销售部主管想留人的意向。

人事经理好奇地问道：

> "那家被人拿走自行车的商店是经营什么的？"主管理亏地答道："是一大早就开门营业的报刊经销店。"人事经理疑窦顿生："那是报童的车吗？""是的"，对方老实招认，"自行车靠着报刊经销店的侧墙——那个位置靠近废料场，刚好在报刊经销店旁边。"

这个事实足以支持人事经理坚决解雇那位雇员。销售主管很气恼，因为他失去一名优秀的推销员，而招聘新人并非易事。有关自行车归属和停放位置的几个特别细节突然揭晓，使人事经理一下子明白了应该如何将此事归类——显然属于伦理困惑类别，通过应用公司章程便可迎刃而解。这不是一个伦理难题，因为难题需要准确的道德判断。

讨论活动6.2 249

你还能举出其他例子吗？

这个小例子说明了，个别细节怎么对问题的归类提出挑战。

承上启下

个别化对伦理问题决策的含义将在第十三章(页边码第 520 页)探讨。

影响立场选择的因素

识别人们用以划分伦理问题的类别——这是迄今为止本章集中讨论的内容。本章另一要点是:个别性挑战并改变问题的原来类别。现在,我们必须进一步看看这些个别性。本节讨论重点:影响人们选择对伦理问题的立场的因素。我们在前面图 6.1 描述的两个维度已经述及影响这种选择的因素。纵轴显示,对态度的选择将取决于个人的伦理推理水平。横轴显示个人对自己价值观的确定程度也会影响他们的态度选择。

有许多其他因素影响伦理问题的类别化和决策。影响伦理决策的先决条件模式往往包含四个大的方面。它们是:

1. 文化因素

组织的伦理文化或风气的重要性将在第十章讨论。特雷维诺和杨布拉德(Trevino and Youngblood,1990)确认,在组织文化与组织成员采取的伦理立场之间存在关联,他们称之为替代奖励和替代惩罚。他们假定人们的行动将受到以下因素的影响:人们是否目睹他人的不当行为受到惩罚以及他人合乎伦理的行动受到奖励。结论:如果替代性奖励和替代性惩罚大于预期,则它们会影响人的伦理决策。有人提出,人们期待不当行为受到惩罚,但如果惩罚力度不如预期大,他们就会忽视惩罚的效果。反之,人们并不期望好行为受到赞赏,但是当他们目睹好行为受到赞赏时,便能影响他们对自己的好行为可能引来赞赏和奖励这一前景做出积极评价。

2. 情境因素

情境细节也能影响人对伦理问题的反应。一些人的工作及其在组织中的职位使他们比
250 别人更容易采取道德立场。人与伦理问题的关系密切度——或者他们对解决伦理问题所负的形式上的责任——是重要的因素。与问题的关系越密切,则采取行动的义务越大。斯图尔特(Stewart,1984)将此定义为"秋园原则"(Kew Gardens Principle,此处非指英国皇家植物园丘园,而指纽约的秋园公园,在这里,围观者袖手旁观了一桩谋杀案)。"秋园原则"提出了履行见义勇为义务的条件:

- 情况明显紧急;
- 义务主体靠近该紧急情况,所谓"近",是在近处"留意"到了该情况,不是指空间距离近;
- 义务主体有能力帮助遇险人;且
- 现场别无他人可能施助。

承上启下

第十三章(页边码第 525—526 页)将讨论秋园案例。该案例界定了人负有道德义务的条件,并且还提出了人为什么不履行义务的问题。根据艾恩·兰德(见第一章,页边码第 21—23 页)的研究,这是美国伦理学客观主义的一个特别问题。客观主义认为,伦理的善来自减少政府对人民生活的干预,来自给予人民最大限度的自治。正如秋园案例表明的那样,如果不能寄信于人的善行,客观主义的道德基础就受到了破坏。

在我们的调查访谈中,人们往往声称,他们与某个问题存在管理责任上的"距离",而这个距离证明自己在组织的某一不当行为中采取中立态度是正当的。同样,一个人的总体情况,即他们对他人、家庭的责任或他们的经济独立程度,也将影响他们是否愿意超越中立立场。伦理问题的具体情况也将影响人对这个问题的反应。大多数人对偷一盒办公纸的反应不同于他们对严重滥刷公司信用卡所做出的反应。

3. 心理因素

特雷维诺(Trevino, 1986)提出能够影响个人对伦理问题做出反应的许多个体变量,其中包括自我力量——坚持个人信念的倾向。自我力量强大的人不大可能因环境或刺激而改变主意。场地依赖也是一个可能的变量。这是指个人在面对不确定情境时对他人信息的依赖程度。场地依赖性高的人,如果上司要他采取不合乎伦理的行动,并向他保证他们的行动其实并非真的不正当,他们将不会受到谴责,那么他将受上司这些保证的影响。场地依赖性低的人则希望自己不受他人意见左右,自己拿定主意。另一些人(Verbeke et al.,1996)认 251
为,马基雅维利主义作为一种人格特质,可以影响人对伦理问题的反应。

定　义

马基雅维利主义　以尼科洛·马基雅维利(Niccolò Machiavelli,1469—1527)的名字命名,此人的名字(不能肯定是否正确)已成为狡诈、非道德、堕落、玩弄权术的同义词。这样的名声源于其著作《君王论》。在此书中,他大谈政治伎俩——不择手段、玩弄权术。他认为民主是最好的政府形式,但承认不能永远依照最有德行的方式行事。"为了目的不择手段"这句名言就出自马基雅维利。他的意思是,在目的与手段之间没有道德联系,所以手段中的任何恶都能因结果善而得到平衡。这并非指不管手段多么邪恶,只要目的好就能证明手段正当(Mackie,1990:159)。但是,马基雅维利(Machiavelli,1950,第 18 章)认为,"君王虽命运多舛,身不由己,但须有心适应潮流变化,不让自己偏离善,然而若迫于无奈,也可以做坏事。"

洛特(Rotter,1966)的内外心理控制源量表是又一个可以影响伦理选择的心理学概念。该表测量个人自认可掌握或控制命运的程度。一些人相信命运主要由自己掌握,不相信运气,对命运自主性较强。另一些人则不相信自己能掌握命运。他们听天由命,相信偶然事件。特雷维诺分析发现,该因素与人们的伦理选择之间存在一定的关系。分析显示,比起那些相信受制于外在因素的人来说，自认有能力控制行动者更可能做出合乎伦理的决定，而不大可能做出不合伦理的决定。具有内控倾向的人可在一定程度上增强这种关系，他们相信自己的行动能带来满意的结果。

活动 6.3

控制量表计分

你在万维网上可找到各式各样供你填写的内外心理控制源量表，还可以知道你的得分。下面是可供选择的一些网址。

http://uhddx01. dt. uh. edu/-avenf/locus. html

http://home. hkstar. com/～ttyu/psytests/loc. htm

www. ballarat. edu. au/bssh/psych/rot. htm

252 **4. 认知因素**

劳伦斯·科尔伯格(Lawrence Kohlberg，1969、1984)做了有关认知发展层次的研究，并发表了其研究成果。他的研究具有重要意义，其理论源于发展心理学领域。他研究儿童伦理推理能力的发展，后来这个模式被应用于成人和组织人群。无论其关注焦点是儿童还是成人，关键思想是人的伦理认知能力发展常常分三个时期——前习俗时期、习俗时期和后习俗时期[①]。但又不仅如此。科尔伯格最初建议将这三个时期各自再一分为二，共分成六阶段。随后又扩至八九个阶段。我们将一一介绍。

前习俗时期各阶段

1. 阶段零

这个阶段的人完全没有伦理推理能力，不顾后果，只凭冲动行事。

2. 阶段一

处于此阶段的人，当然包括所有幼儿，没有先天道德感，但是他们了解某些行动会得到表扬，某些行动会招致惩罚。他们能对胡萝卜加大棒做出反应，但对于随后的行为却不得要领。该发展阶段包含无意识地顺从有赞许和惩罚能力者的要求。父母显然具有这种能力，组织的管理者和监督者也有这种能力。

3. 阶段二

个人获益——希望不错过好事——是这个阶段的伦理思考的特征。人们根据可能得到的利益来评价选项。这是一个自私自利的阶段，这个阶段的人们在考虑某个情境时不能超越与自己切身利益攸关的东西。在组织语境中，只有能获得更高报酬、晋升或其他利益的前景才值得重视。

---

① 前习俗时期(pre-conventional stages)，也译为“道德成规前期”，习俗期(conventional stages)也译为“道德成规期”，后习俗期(post-conventional stages)也译为“道德成规后期”。——译者注

习俗时期各阶段

1. 阶段三

正是在这一发展水平上,个人通过所谓当一名“乖男/巧女”的伦理思考,对自己的社会角色做出反应。在此阶段,人们接受所属群体的社会规范与期望,并视其为合法。这个阶段不需要对问题进行道德思考。人们遵从社会规范,不是因为经过分析,自己认定这些规范是 253
正确的,而是希望自己被社会接纳。

这些社会规范之一是关怀他人的义务;对关怀的这种较低定位(第三级,而第八级和第九级则代表道德的高水准)一直是科尔伯格模式受到严厉批评的缘由。吉利甘(Gilligan,1982)证明女孩的道德发展与男孩不同(见页边码第 105 页)。女孩比男孩更强调关系、责任、关怀他人。吉利甘认为,关怀不只是对社会规范的回应,从哲学意义上讲,这相当于正义的冷抽象。而我们将看到,科尔伯格将正义置于其模型的顶部,把福祉置于模型的更高点,以此作为对人们批评的回答,但是许多人(Snell,2000:274)认为不能接受这样的回答。

2. 阶段四

在这个阶段,构成个人伦理观的不是社会习俗,而是组织和体制约定和惯例。这个阶段有时被再分为二。在这两个阶段中的较低一级中,道德被框入一个特定组织(如制定了行为守则和伦理规范的公司或专业协会)的规章制度。在较高一级,则是遵从更广大的社会体制的规则。有人认为,规则功利主义(见页边码第 135 页)是这一阶段的定向道德观。总之,这两个阶段的关键要素是对“法律与秩序”明确的承诺。人们经过选择,决定应用规则,因为他们相信规则对于他们个人,以及对于更广大的社会体制都是有益的。

后习俗时期各阶段

1. 阶段五

在后习俗期的各个阶段,人能够诘问和反省自己所遵从的伦理制度和原则。这一阶段被称为以社会契约为价值观取向的阶段,在此阶段,人们对主流伦理观提出质疑,并试图按自己的看法来改变它。譬如,人们可以发起运动改变香烟广告法,因为他们认为这样做会推进社会正义。

2. 阶段六

按照有些划分,第六阶段是该模式的最后阶段。在这个以流行的伦理原则为价值观取向的阶段,人们承认存在正义(后来吉利甘认为是关怀福利)的普遍原则。这种对普遍原则的认知来之不易,是通过与世间非正义进行理性斗争和实际对抗得来的。处于这个阶段的人们只要发现非正义,不畏险阻也要伸张正义。科尔伯格对阶段六的定义是康德主义的(见页边码第 111 页),很严厉且涉及抽象原则。并非科尔伯格的所有批评者都对此感到自在。

后现代主义者尤其怀疑作为元叙事的正义理念。有些人认为阶段六容纳有原则的相对 254
主义,而不是绝对正义。斯奈尔(Snell,1993:20)陈述并在一定程度认同了这种看法。这正好反映了罗蒂(Rorty)的观点(Mounce,1997:185—189),罗蒂强调在处理复杂伦理问题时需要持续对话,要庆幸有怀疑和矛盾,要有幽默的讽刺感。

3. 阶段七

由于这个阶段的超越性，我们感到很难对其下定义，因为你必须达到那个阶段才能了解它。它海纳世界各大宗教，包括基督教、佛教和犹太教。其中一个思想是万物归一，即相信从某种意义上讲，万物均是同一个整体的构成部分。阶段七的伦理思想与万物归一思想相连，它从整个宇宙的观点来考量人的行为结果。这是发展九个阶段中的最后一个阶段(记住第一阶段为零阶段，第四阶段又可以再分)。

科尔伯格模式一直受到许多批评，但是该模式已被证明是严谨的，是核心理论。有人指出，这些阶段可以不分层次。其中一个很中肯的论点是，即使人们已经具备了较高的道德思考能力，也无法保证会按照自己的想法去行动。这种能力也不能保证人们会按照自己的最高思考水平去行动。然而，个人的伦理推理能力将影响他对伦理立场的选择，这一点是明确的。

反　思

对工作中的伦理问题可采取八种回应立场，本章介绍了这八种伦理立场的类别化。人们必须问的问题是：一些立场是否比另一些立场更合乎伦理？这个问题应该分两部分来思考。如图 6.1 所示，第一部分考虑图中较高层次的立场是否比较低层次的立场更合乎伦理。第二部分考虑图右侧的立场是否比左侧的立场更合乎伦理。

科尔伯格认为，伦理认知是分层发展的。据此，我们可以认为伦理困惑和伦理难题比伦理中立或伦理妥协好。但是这种暗示人们总是渴望较高水平的伦理立场的主张。可能会导致古怪的后果。把相对高级复杂的态度应用于相对简单的问题，譬如，你把伦理困惑或伦理难题的立场用来回应顺手牵羊办公用具的偷盗行为，这会是明智的吗？这个问题意味着权变理论可能是明智的。运用权变法，“较高”和较复杂的伦理态度对重大和困难的伦理两难会比较适当。斯奈尔针对科尔伯格道德发展阶段提出建议。他认为，当一个道德发展层次
255 在制造而不是解决问题时，就会产生伦理困难。假如有人的思想处在阶段三(乖男巧女)，而这时如果他们希望取悦的人正在把自己朝反方向拉，那么此人就会处于两难困境。正是思考的层次在制造困难。斯奈尔(Snell，1993：62)建议通过提高至少一个伦理思考层次来克服这种困难。如果社会伙伴的需求不可调和，那么只有通过考虑组织的规章制度(阶段四)来克服这种困难。总原则是，如果我们从认知向行动进展，则我们应该采纳克服伦理困难所必需的最低认知层次或立场。

问题的第二部分是图左边的伦理立场是否比右边的好。图 6.1 的左右两侧可以用类别化与个别化方式来描述：左边的伦理立场以类别化优先，都通过归档问题来进行，这样便可以强调其共性，并给予标准的回应；右边的伦理立场更强调个别化，强调问题的复杂性和模糊性。而复杂性与模糊性是把问题类别化的困难因素。尽管这些伦理立场没有规定解决问题的具体方法，但提出了处理或成功应对不确定性的手段(对判断进行辩论、保持对话的进行、愤世嫉俗地隐退，或者与利益相关者谈判)。左、右两边立场之间的折中很明显。如果采取左边的伦理立场，则可果断选择并实施行动，但可能出现不适当或不公正。矩阵右边的伦理立场对问题的细微差别和复杂性会有更灵敏的反应，但也可能导致敷衍与不作为。裁员练习(活动 6.1)的结果暗示，许多管理者和专业人士对右边的伦理立场感到不适(会计师比人事经理感觉更不适)。或许这很危险，因为正是右边被忽视的伦理立场提供了必要的关键

要素，以限制左边立场的生硬和不公平歧视的倾向。如本章前面所建议，当事者可能需要某种动力，使他们在左右两边的立场——类别化与个别化——之间摆动。

小　结

本章讨论的要点如下：

- 人们为回应工作中的伦理问题而采取的立场可能有八种。
- 人们可以对一个问题采取不同的态度和行动，这取决于他们的良心、伦理推理和对他人 256
观点的理解。
- 一个人的良心、伦理推理、对他人观点的理解与他们行动之间的紧张状态可能会引起心理不适和人际冲突。
- 具体伦理问题的特殊性也会影响个人对立场的选择和改变立场的倾向。
- 人们选择伦理立场时将受若干因素的影响，这些因素包括个人的认知发展水平和人与群体或社会共有的价值观。

快速复习测验

1. 什么是认知失调？
   (a) 当人们不明白事理的时候
   (b)不尊重他人的观点
   (c) 当个人的见解与价值观相互矛盾对立的时候
2. 伦理责任指什么？
   (a) 个人通过冥思苦想而形成的道德原则
   (b) 不是通过批判思考，而是通过背景和良心感知义务
   (c) 服从规则
3. 科尔伯格认为伦理认知能力的发展有几个阶段？
   (a) 9
   (b) 8
   (c) 6
4. 在弗洛伊德的分析中，超我是……
   (a) 我们因受诱惑干坏事而充满焦虑不安的良心
   (b) 通过行动而进行自我保存的本能
   (c) 理性地分析自己面临的伦理选择的那部分自我

典型作业与简述

1. 运用图 6.3 所示良心、伦理推理、他人的期待、行动选择分类框架，分析你所遇到的伦理问题。

2. 运用图 6.1 所示伦理态度框架，讨论裁员的伦理问题。用裁员的具体案例阐明你的论点。

3. 科尔伯格的伦理认知能力发展模式是建立在对儿童研究的基础上的。这对于理解面临伦理问题的经理的行为是否有效？

4. 有哪些因素可以影响一位经理对工作中的伦理问题做出反应的方式？文化因素的影响有多么重要？

257 小组活动 6

下面内容节选自一次访谈，访谈对象是人事经理。以两个情境为例都涉及组织的高管想辞退那些他们认为与本组织文化和价值观格格不入的雇员。作为调解者的人事经理在这两个情境中分别采取了不同的立场。在第一个情境中，她赞成辞退雇员，而在第二个情境中，她认为辞退员工是错的。

读下面访谈，讨论受访者如何解释她在看似所涉原则相同的问题上采取了不同的立场。

1. 如果雇员不适应组织的官方文化，应该辞退他吗？

2. 在这两个事件中，可能是什么特别细节引发了各自不同的归类？

这是最近发生的事。一位零售主管在过去几年中得到一致好评，他的业绩评价也一直不错。但在未来的三年，对他会有什么要求呢？此人有能力继续提高吗？所以此人应该何去何从这是个大问号。因为我们正在谈论的是一位被公司视为高绩效者的人。然而，从他们每天的所作所为来看，可以看出他们没有应变能力，在面临新品牌的挑战时，他们没有能力前进。

但是组织的整体经营作风在变。我们更换了董事长、总经理和高管团队，新团队的工作方法不同，他们强调放权，强调摆脱控制型的组织文化，从控制型管理向比较宽松的管理文化转变，向以销售为导向的经营方式转变，加强销售开发。但此人对开发、提高销售量不感兴趣，固守老一套的控制文化：如果员工不照他说的办，就惩罚、解雇。但是他销售业绩斐然，假如从历年的利润来看，他确实是公司的佼佼者。

困难还在于他以管理强硬著称，全公司无人敢望其项背。所以我们最终得面对这样的事实：企业必须有人滚蛋（具有讽刺意味的是，此人就是那位主管）。这会在雇员关系问题上惹起轩然大波。他拿业绩说话，便可把我们告上法庭。

我们已经决定他必须走。必须了断，他不得不走。我们试图寻找别的途径，但是没有。

我想，从组织文化讲，这是绝对正确的，但是这个人其实已经为公司干了相当一段时间，他以自己的方式对公司负责。所以我认为很可能有这样一种看法，在过去这些年中，这个人
258 多半管理不善，要是他过去管理有方，那么或许我们不会走到今天这一步。是的，我们已经做了他的工作，我们过去六个月中一直在试图说服他。我们实际上等于对他说，就看你的了。是的，虽然我们处理了许多解雇的事，但我总是认为我的良心是安稳的。这是我的工作，我相信，当问题出现时，处理了，对企业有好处，而这只是工作的一部分。我确实就是这么想的。

假如我认为从伦理上讲我不赞成哪件事，那么我通常不会做这件事，或者我会寻求某种折中。是的，董事长觉得我手下人对组织不够负责，因为他不是一周工作七天。董事长对我说我应该对这个人做点什么，我直截了当地回绝了他。我说，他其实比这里的任何人效率都高，我不想失去他。我拒绝那么干。不能仅仅因为你认为我们一周应该干七天，就证明了他们不负责任。所以我不听他的，我说，不，我不打算那么做。我拒绝了，我们顶了回去。我当

时还跟那人讲了董事长的意思，我说，你呀，得考虑一下提升自己的形象，大家都让让步吧。哦，我想我做出那样的回应，是因为那人确实是极有效率的队员，工作效率远远高出平均水平。问题多半出在形象上。就组织而言，那是经营本性，我们企业实际上实行周七制，大家都已经认可了这个不成文的规矩。如果高管向你施压，那么你的日子就会不好过，最后就有人被迫离开。董事长是不讲道理的，完全不讲道理，千真万确。

现在，一切已尘埃落定，但当时我的处境非常艰难。我信奉坚持正确立场这一条，我可不是对什么都说行的人。

参阅建议

本章中的许多重大主题和思想来自于《辩论与思考：社会心理学的修辞》（M. Billig，1996，*Arguing and Thinking.：A Rhetorical Approach to Social Psychology*，2nd edtion，Cambridge：Cambridge University Press），很难读，但非常值得读。R. 斯奈尔著文详细介绍了科尔伯格，他的案例研究将理论与解决实际伦理问题相结合，令人信服：《发展伦理管理的技能》（R. Snell，1993，*Developing Skills for Ethical Management*，London：Chapman and Hall）。

推荐网站 259

主　题	网站提供者	网　址
涉及伦理发展理论的资讯	PSI 咖啡馆心理学网站	http://www.psy.pdx.edu/PsiCafe/Areas/Developmental/MoralDev/
一种定义问题的互动测试，用于评估伦理发展	D. 卫顿（D. Whetton）、K. 卡莫隆（K. Cameron）《开发管理技能的调查》（*Developing management skills surveys*）	http://www.prenhall.com/whetten_dms/chap1_2.html

260

第七章　举报人？证人？

学习成果

阅读完本章并完成相关活动后，读者应能：

- 解释与举报行为相关的诸多问题。
- 辩论举报在公司治理过程中的作用。
- 讨论各种有关举报者困境的解释。
- 评价英国试图保护举报者的立法。

引　言

在第六章中，我们讨论了人们在面对伦理挑战时可能采取的态度或伦理立场。人们在复杂的伦理情境中可能会做出不同的反应，而立场是将这些不同反应归类标注的方式。我们在本章讨论的问题是：一些员工由于多种原因陷入某种困境，他们对其组织的某些行为感到难以容忍，除向他人提起外，已别无选择。这里的他人可以是同事、组织内部的资深人士、家人或组织外部不相干的第三者。这个听取举报的人举足轻重，因为在英国这能影响当事员工受法律保护的程度。但是当事员工无论向谁举报，其行为性质是相同的。这种举动通常被称为举报，举报人被称为告发者。不过由于这可以是一个贬义词，一些作者宁愿选择其他词语，如，毕尔德肖(Beardshaw，1981)将这类员工描述为“有良心的反对者”，而温菲尔德(Winfield，1990)宁愿用“有原则的异议者”。波里和德恩(Borrie and Dehn，2002：5)对未来如何看待举报者的问题提出了自己的观点，并且，为了帮助改变人们的观念，他们建议将该
261 术语换成“证人”，而不是“告发者”。这是一个有意义的建议，因为改变人们对举报人的观念，是改变揭发组织弊端者遭遇的重要一步。

承上启下

在第五章和第六章的基础上，本章讨论的问题和论点集中关注那些个人，他们在组织里遭遇的伦理问题严重挑战自己的价值观和伦理观，可是他们却找不到满意的解决办法。

我们用来描述人或事物的词语很重要，因为它们创造一种初始语境，将我们的情感导向随后将要进行的讨论。由此，如果“举报”一词让我们心中浮现出“告密者”的形象，那么你很可能在讨论某个举报事件时，一开始就倾向于对举报者持负面看法。然而，如果你更喜欢温菲尔德和毕尔德肖等人的用语，因为那才是你对多数举报者的看法，那么你对某个特定事例的“对错”的解释很可能倾向于举报者的立场。我们在本章将客观论述举报及举报者这一论

题，既不用贬义词，也不用褒义词。

在本章，我们将向你介绍围绕举报行为的争议，也向你证实组织内部可能对举报者施加的压力——这种压力能限制潜在的举报者——以及这种“失语”的含义。我们将用实例论证这些观点，反映组织生活中这种常见的混乱。我们将阐释许多各种职位的员工对其组织行为所感到的无奈。这不是为了劝诫人们无批判地接受身处伦理困境时所体验的这种混乱和无奈，也不是为了证明这是正当的。现在我们将讨论与举报相关的疑问、议题和案例。第三章和第四章中讨论的分析工具和不同哲学观点的含意，将帮助你对这些疑问、议题和案例形成理性的判断。

在讨论前，请完成活动 7.1。

活动 7.1

在下面显示的刻度尺上标明你对举报人的感觉。

案例 A

你在参加一场比赛，你方一名队员犯规，未被裁判发觉。但是你方另一名队员突然停下比赛，向裁判报告了队友的犯规行为。

极端支持　　　　　　　　　　　　　　　　　　　　　　极端愤怒

1　2　3　4　5　6　7　8　9　10

案例 B

你从报上得知一家建筑公司员工向一份全国性报纸提供证据，称建筑工地作业违反健 262
康安全立法，并在过去的两年中已经导致了严重的伤亡事故。

极端支持　　　　　　　　　　　　　　　　　　　　　　极端愤怒

1　2　3　4　5　6　7　8　9　10

案例 C

你在一家汽车制造厂工作，一位与你不相识的同事向媒体披露：公司的一款热卖车型存在导致严重安全隐患的设计缺陷。公司宣布该车销量直线下滑，大批员工将被解雇。

极端支持　　　　　　　　　　　　　　　　　　　　　　极端愤怒

1　2　3　4　5　6　7　8　9　10

举报行为何时成立？

人们通常把举报行为理解为将组织的机密情报泄露给外界第三方——通常包括媒体。但是如前所示，举报行为可以是与同事或家人的交谈和议论。只要是向尚不知情的谈话对象披露组织的信息就是举报。如果当事员工未及通过公司正式程序（假定程序存在）提出问题，而麻烦已传到“管理层”那里，员工因其泄露机密遭到解雇，那么，在英国，这些人可能丧失旨在保护举报者的法律，即《公共利益披露法》（PIDA）的保护。本章后面将详述此法。

举报者对构成公共安全的问题或威胁其他公共利益的行为提出警示，而制定《公共利益披露法》就是为了给这些人提供保护。从上文可知，正常情况下，举报是有目的和故意的行为，但也可以是非故意和无意识行为。法律几乎不区别故意举报与无意识揭发。

对组织的某一特定活动或行为做出反应的方式如果不符合《公共利益披露法》(PIDA)
263 的规定，并不意味着在揭发人希望就非法解雇提起起诉时不能诉诸法律。揭发人仍可以提起民事诉讼，只不过得不到《公共利益披露法》提供的保护而已。

为什么举报？

许多举报者都遭受到心理、经济或社会层面的伤害(如，Soeken and Soeken，1987；Winfield，1990；Miceli and Near，1992；Hunt，1995，1998)。举报人丢掉饭碗是常事，重新找到工作的机会十分有限。由于“刺儿头”的名声在企业界不胫而走，一些举报人不可能再找到工作。波里和德恩(Borrie and Dehn，2002)举了以下例子。

案例研究 7.1

沉重的代价

罗伯特·麦克斯韦(Robert Maxwell)是麦克斯韦通讯的首席执行官，他窃取了《镜报》集团一百万英镑的养老金。他解雇了一名质疑养老金去处的工会官员并且利用权势使那位工会官员再也无法在业内找到工作。尽管该工会官员的指控事后来发现确凿无误，但他的报业生涯已经被毁了。

举报者及其家人备受经济和感情方面的折磨，婚姻或合伙的破裂时有报道。举报带来的后果使他们经济和心理状态每况愈下，甚至导致他们自杀(Soeken and Soeken，1987)。即使最终结果是举报人被证明举报属实或得到补偿，仍然难以描述随着情况发展举报人可能经受的巨大创伤。不过，也并非所有举报事件都以不幸收场。莎朗·沃特金斯(Sherron Watkins)是一名会计师，在她向安然的腐败行为“吹哨”之前曾是安然副总裁。自举报以来，沃特金斯的知名度扶摇直上，但是这可能与安然欺诈案的规模有一定关系，与能够轻易确定直接涉案的关键高层人物也有一定关系。如果情节较模糊，媒体追查欠紧，潜在举报人就更容易受到伤害和攻击。事实上，沃特金斯受到了来自同事的敌意。必须承认，揭露组织的违法行为——不论多么腐败，多么罪不容诛，都会使企业承担风险：股价下跌，各种产品或服务市场的信誉一落千丈，从而带来就业风险，同事的饭碗甚至养老金都成了问题。

264 安然众多员工对安然公司股票大肆投资，他们相信公司股票持续上涨七年的神话还将继续下去，这样，到退休时，他们的投资组合将变成可观的养老金。这一事实使安然的情况变得错综复杂。因而任何揭发安然的人都在冒险，他们会被炒鱿鱼，会损失养老金。我们无意小看沙朗·沃特金斯表现的勇气，但是她的情况可能稍微好过一点，因为她在 2001 年 8 月 15 日写给肯尼斯·雷(Kenneth Lay, CEO 兼董事长)的备忘录中首先正式提出了对公司前途的忧虑。仅两月后，安然公开宣布其冲销巨额坏账，仅三个半月后，安然申请破产，安然欺诈案的规模及犯案人迅速得到证实。这并不是举报人常常经历的事态。

《公共利益披露法》似乎确实区别对待了有些案例，现在索赔没有上限(这与此法案公布时情况不符)，对某些蒙冤举报人的赔偿金额相当可观。“工作中的公众关切”组织回顾了该法案生效前三年的情况。在此期间，员工因举报受害而提出1200桩索赔。其中2/3要么庭外和解，要么未经公开听证就撤诉。其余1/3中，54%败诉，23%胜诉。这23%是由于差别就业或区别对待法而得以根据《公共利益披露法》胜诉。所获赔偿金最高为80.5万英镑，最低为1000英镑，而前三年的平均赔偿金额是10.7117万英镑。

虽然《公共利益披露法》提供的保护能鼓励潜在的举报人成为事实举报人，但是，听从良心召唤和追随太平盛世理想的举报人却得不到《公共利益披露法》的保护。那么，怎么解释这种行动呢？答案也许可以从最近发生的多起惨案中找到。我们常常从这些事件中发现如下证据：当事员工都在灾难发生前提出过自己的担忧。如果对这些员工的忧虑采取了相应措施，悲剧本来不会上演。我们审视了英国派波阿尔法灾难、比利时泽尔勒赫港（自由企业先驱号渡轮）惨案、保加利亚工商联合会（BCCI）丑闻、麦克斯韦通讯公司事件、巴罗·克罗斯事件、莱姆湾皮划艇惨案、索夏尔火车相撞事故、克拉潘火车相撞事故、布里斯托尔皇家医院儿童手术高死亡率事件等，从其中每一件惨案中都能找到员工提出忧虑但被忽视的证据。

这些悲剧都具有希腊悲剧的特征。从它们的特定情况来看，这些悲剧本来都是可以预料的，然而惨剧还是无情地发生了。我们提到的境况常常与控制和操作不严以及不能听取员工的担忧有关。员工向管理层报告过有些担忧，但是管理层没有作为；有些则没有报告，这是压制和独裁式管理行为或误导的忠诚感使然。比如，自由企业先驱号渡轮倾覆的原因是渡船离开泽尔勒赫港时，左舱门一直没有关上。事故导致192名乘客和船员死亡。灾难调查报告有下面一段文字：

> 假如这一合情合理的建议……引起了有关方面的认真考虑，这个灾难本来是可以 265
> 预防的。
>
> （Lewis，2000：3）

曾有人建议在船桥上安照明灯，以便看清舱门是否关上。自由企业先驱号在倾覆前，P&O轮渡公司员工针对渡轮离港时舱门关闭不严的危险性，曾五次表达过他们的担忧，但是未见到采取任何行动。这些建议虽然反映到了渡船公司的管理层，但没有传达到公司最高管理层。这些建议似乎"丢失"在组织中层了。上文提到的那些悲惨事件充分营造了一种有利的社会政治氛围，使《公共利益披露法》得以作为一部议会法案于1998年通过，并于1999年实施。

案例研究 7.2

莱姆湾皮划艇惨剧

"悲剧"一词再一次派上用场，因为看来这又是一次眼睁睁等着发生的事故。奥尔有限公司（OLL Ltd）为年纪较小的人推出假日户外冒险活动。两名教师因担心公司对安全问题缺乏重视所以给企业主写信详呈了自己的担忧，但企业主拒绝认真考虑他们的担忧，他们被激怒，被迫辞职。辞职后不久，一群学童在英格兰的莱姆湾被带上由公司提供的皮划艇，但是由于天气与海浪状况变坏，四名学童丧生。由于证据显示曾有人提醒过企业主安全隐患问题（在第八章中有详细讨论），遂可以公司过失杀人罪提起公诉。该公司被处以60,000英镑罚金，企业主被判监禁三年。

对造成他人伤亡的公司和个人实施惩罚，未必能够充分影响人们遵守健康安全条例。斯拉珀、托姆斯(Slapper and Tombs，1999)引用了几个例子来证明这一点。第一个例子与洛伊·艾德温·希尔先生有关，他是一家爆破公司的董事。1994年，公司赢得在布里斯托尔附近的布里斯林顿爆破卢卡斯大楼的合同。厂房已被推土机拆掉，但是他们违反健康安全法，未采取任何防止房顶和拱架内所含石棉及石棉尘扩散的警示措施。1995年，希尔先生被判拘留三个月，处以罚金4000英镑。这样的处罚来得突然，但是可能更突然的是，希尔先生是1993年以来首例根据健康安全法被判拘留的人！

案例研究7.3的细节有点骇人听闻，但它所揭示的那种操作现在仍然十分盛行。

266 案例研究7.3

狄更斯时代工场现代版

麦克尔·波拉德，19岁，被一家制造毡毯纤维的公司雇用，当上了一名重型货车维修工。波拉德先生不是雇来维修厂房设备的。但是那天他接到指示，工厂的一台机器出了故障，要他去处理。安全闸不起作用，波拉德先生不能停机检修。他的手臂卡在齿轮中被齐肩绞碎。健康安全官员立即表示，该公司主管们忽视有关小心使用危险设备的生产操作禁令。公司两名责任人因无视生产操作禁令被送进监狱，但根据有关立法，最长监禁时间仅半年。

案例研究7.4提供了进一步的证据：公司能够用计算法来考量守法是否具有成本效益。

案例研究7.4

命值几何？

詹姆士·霍奇逊21岁。1996年，霍奇逊在清扫油罐汽车化学制品残留物时，因面部被一种毒性化学物质喷射死亡。公司因监管渎职被判有罪并被处以罚金22000英镑(包括公司过失杀人罪的罚金15000英镑)，企业主被判监禁12个月(后因表现好提前释放)。

所以，在回答“为什么举报？”这个问题时，可用上文列举的例子来说明。如果听取了员工对问题的反映并采取了相应措施，或者，当事员工在提出担忧而未被理睬后，将问题继续在较大范围内公开披露，让广大公众意识到这些问题，那么本来可以拯救(许多)生命。这样看来，这些证据可以使赞成举报的论点变成正确、合理和值得鼓励的论点吗？如果是，为什么举报和举报者的行为如此频繁地被人们视为或描绘成社会的消极力量？

面临同样情境，为什么一个人在给定条件下可以选择举报，而另一个人则会选择不同的策略？有一个因素可以解释这些问题，我们在第三章中探讨的问题涉及这个因素。

267

承上启下

虽然没有关于举报者(尤其是受压制的举报者)的伦理取向的实质证据,但是我们可以用我们对伦理理论的理解去假定他们可能的伦理取向。根据图 3.1 显示的伦理理论,那些在伦理问题上义务论倾向突出的人,那些其伦理思考或行动反映了较强原则性的人,如果在遇到伦理两难而确实找不到出路的情况下,他们被迫采取举报行动的可能性较大。

由于任何美德体系都包含正义、诚实、正直、完善这些概念,美德伦理倾向(图 3.1 左上)还表明,假如某个伦理问题被证明无法解决,那么具有这种倾向的人更有可能抗拒妥协。同样,对于一个有康德哲学倾向的人来说,在他面对一个棘手的伦理问题时,举报可能是他的最后出路。

这与下面这种人形成对照:后者的伦理倾向反映了后果主义者的思考方式,也就是说,这种人在采取行动方针之前,会对可能选项的后果进行思量权衡,由此再确定其决策。具有这种倾向的人在选择行动方针时,将依赖每个情境的具体条件。根据历来的举报案例(遭到报复的不仅有举报者本人,还有当事的其他员工和组织),如果当事员工具有后果主义倾向,那么他举报的可能性极小。

以上的讨论假设肯定个人可以自由采用反映自己倾向的伦理推理方式。但这在实际中往往是办不到的,因为有很大的压力在迫使个体压制自己的价值观,并在原则上妥协让步。我们在下面的案例中将讨论这种压力的含义。

活动 7.2

你该怎么办?

如果你明知揭发组织的违规行为,可能导致同事被迫失业,还会殃及他们的养老金,你认为你还能够采取举报行动吗?

什么样的组织问题可能迫使你最终采取举报行动?

承上启下

根据第三章介绍的理论框架,制定并且采用了善意举报程序的组织可以放入图 3.1 的右上区——“伦理学习与成长”。该理论方法反映了一种关心和思考组织发展的倾向,员工被视为组织发展的重要利益相关者和贡献者。这样的方法反映了最佳实践。

何时举报是正当的? 268

一些著者提出了他们认为能使举报行动正当的基本条件。德·乔治(De George,1999)提出六个这样的条件。德·乔治对举报持后果主义立场。因为任何举报行动都可能伤及组织,所以只有在整体效果是正面积极的条件下,举报行动才是正当的。德·乔治没有提到原则或美德。在他看来,决定举报正当性的是整体后果。他认为,在前三个条件(如下所示)

下，可允许但不一定必须举报。如果能满足第四、五个条件，则举报是最具说服力的选项，用德·乔治的话说是“义不容辞”。对于这些条件的另一种解释是，如果举报的后果可能致使举报者既痛苦不堪又徒劳无益，同时组织也会受到损害，那么举报行动不可能具有道德正当性。这六个条件如下：

(1) 一个组织的某个产品或某项政策必须具有对社会某些成员构成伤害的潜在可能性。

(2) 当事员工应首先就自己所知全部情况向顶头上司如实报告。

(3) 如果顶头上司未能采取有效行动，当事员工应尽可能通过一切渠道将问题向上一级管理者报告。

(4) 可能的举报者应持有能够向外界出示的书面证据。德·乔治认为在这一条件下，应有证据显示有关产品或政策将对公众或产品用户“构成严重、潜在的危险”(De George, 1999:255)。

(5) 可能的举报者必须相信自己的举报行动一定会带来必要的改变。

(6) 第六个条件是总条件，举报者的行动必须出于善意，不是出于恶意和报复。

以上条件将用来评价举报者是否可以为自己辩护和自卫。不过，我们首先希望你深思这些条件是否恰当和有用。

活动 7.3

挑战正当举报的条件

上文提到的六条举报条件表明，如果不能满足这些条件，则举报行动不可能是合理正当的。对以上六个条件提出反对意见，证明不具备这些条件的举报仍具正当性。

269 ## 对条件的思考

(1) 一个组织的某个产品或某项政策必须具有对社会某些成员构成伤害的潜在可能性。

初看上去，似乎很难对这项条件吹毛求疵，因为，如果不存在公共安全或公众关心的问题，哪来“问题”的公共利益？揭露的正当性可能是什么？这里必须指出：伤害的解释必须是广义的，不能够仅限于身体伤害。经济损害(如安然和世通等案例)或者心理伤害(如种族性别歧视)可以被视为是与身体伤害一样的伤害。

(2) 当事雇员应当首先就自己所知全部情况向顶头上司如实报告，且

(3) 如果顶头上司未能采取有效行动，当事员工应尽可能通过一切渠道将问题向上一级管理者报告。

由于这两个条件有明显关联，所以二者应结合起来考虑。有人认为，组织应将内部举报程序视为公司内部治理的重要机制。组织希望得知有关危及客户或公众整体福祉的行为，这似乎是个常识。毕竟，树立信誉与品牌需要多年的奋斗和苦心经营，但是好事不出门，坏事传千里。坏事一旦曝光，一切努力都将付之东流。有鉴于此，开明的利己主义者会鼓励内部举报。那么为什么有些组织不大能够接受员工的关心和批评呢？

原因很复杂，其中有一个原因是个人声誉和人际关系。我们说，“组织”希望了解存在隐患的实践或产品。在这里，“组织”一词被赋予了实体含义。在这个语境中，它是不恰当和不合作的。批评产品或实践，实际上永远是批评人——通常指上司。第二个条件是说个人遇事应该与自己的顶头上司商议，即使顶头上司本身就是问题的一部分。于是引出第三个条件。《公共利益披露法》也承认这个潜在问题，并允许举报者绕过其顶头上司，只要能够证明这样做有正当理由。

第三个条件假定某种形式的内部举报程序存在且运行良好。诺丁汉郡议会网站是一个很好的范例。你可从该网站查阅郡议会制定的有关举报程序的报告。郡议会聘请一家外部机构来运作它的匿名举报程序。这是一个值得称赞的办法，该议会的这一开放性政策令人耳目一新。

然而，使人忧虑的原因可能恰恰在于高层管理的政策或行为。譬如，在现存资源不变，甚至减少的条件限制下，要实现提高产量的目标。这种预算压力可能会为产品质量和安全 270
埋下隐患。或者，组织内部各级管理者为取悦上司，纷纷在预算报告中强制推行节约增效计划(De George，1999:244)。在这种情况下炮制出来的有关产量和成本水平的最后预算是完全不切实际的。随之而来的将是处心积虑地为达到实现预定产量和降低成本的目的而偷工减料。员工表达的关心多半会“丢失”在层层管理机制中。要发现问题的症结远非易事。人们期望在“采煤面”干活的员工会有觉悟和信心向最高管理层表达自己的忧虑(假定个人能够确认自己需要走多远才能逃出管理者腐败的怪圈)，但这种期望只是不切实际的假想。在现实生活中，在组织内部表达担忧，只不过让管理者能够追查那些揭露管理者问题的员工究竟是谁。

“工作中的公共关切组织”的网站(www.pcaw.co.uk)报道的多个案例说明了《公共利益披露法》是如何使用的，以及在若干案例中，举报人是如何成为内部披露程序的牺牲品的。

案例研究 7.5

牺牲与结局

在费尔南德斯(以下简称“费”)起诉奈特网络公司案(Fernandes v. Netcom)中，费是美国一家电讯巨头分公司的财务主管。费对于子公司首席执行官所报的费用表示关切。费在美国的联系人最初让他“睁只眼闭只眼”，费开始似乎也如此办理。然而，当那位首席执行官所报费用上涨超过 30 万英镑的时候，费向美国董事会汇报了此事。费(而不是那位首席执行官)立即受到辞职压力，但是费拒绝了。费因批准首席执行官的费用而受到处罚和解雇。费运用《公共利益披露法》将公司告上法庭。与美国母公司的主张相反，英国就业法庭发现费是因举报被解雇，并非因批准首席执行官的开支被解雇，而且由于费已经年届 58 岁，不易找到类似工作，所以他获得了 29.3 万英镑赔偿。

现在回到德·乔治的第二、三项条件。可以认为，尽管第二、三项条件最初为当事员工和开明组织提出了一种开放的沟通渠道，但事实上可能更多地反映了一种想捂盖子的欲望——如费尔南德斯的遭遇。这是在强调一种对组织的忠诚，而历史将质疑这种感恩戴德式的忠诚和承诺。

至此我们已经说明，大量事实使人们对第一、二、三个条件表示疑惑。而这些只是人们认为的使举报行动可以成立的条件。有人认为，使举报行动成为道德义务的这些必要条件并不充分。为达到充分条件，德·乔治认为，需要同时满足第四、五项条件。

271 **(4) 潜在的举报人应持有能够向外界出示的书面证据。**

这里说的是，如果你对你自己的担忧的问题没有确凿证据，你没有义务必须向外界（或内部）披露你的担忧。基本原则是，如果没有有力证据，就不能举报那些令你担忧的违规行为，否则，你可能将自己置于危险境地。任何打算举报的人必须引以为戒，明智审慎地掂量表达担忧可能带来的后果。但是，该条件并不解决当事员工遇到的道德两难问题。

为了证实你提出的担忧，你必须取证。而取证是极端困难的。第一，有关问题的信息所有权很可能属于你的组织。根据财产权立法，复印这类证据是犯罪行为。如果你在不能举证的情况下实行举报，那么你实在是太天真了。多数举报人选择掌握尽可能多的证据，让法庭裁定盗窃公司财产的指控是否是可接受的组织的防卫。

另一个重大问题是，对犯罪事实的取证有时候太困难或根本无法实现。例如在罗伯特·麦克斯韦盗用养老金事件中，由于麦克斯韦通讯帝国的众多子公司盘根错节，案情扑朔迷离，单靠少数员工根本无法找到充分确凿的举报证据。会计师们花了整整两年时间，更多人花了更长的时间，才捅开了麦克斯韦编织的密网。

那么，假如有人对某事非常担忧（如麦克斯韦案中盗用养老金问题），但又缺乏确凿证据，此人的公民责任就被解除了吗？麦克斯韦公司养老金的领取人所遭受的经济损失可谓惨重，有着同样遭遇的还有安然、世通公司员工。这些可不是小小的财务欺诈，成千上万人受到金融方面的打击；在大量的案例中，受害人的生活惨遭无法弥补的损害。

虽然告诫可能的举报人在证据不足时须谨慎从事是明智的，但是假如个人把这项条件视为道德漏洞，借以逃避“揭发还是隐瞒？”的两难困境，那么社会的整体性可能会变弱。在许多案例中收集到确凿证据都是不大可能的事情。这就是为什么在《公共利益披露法》（PIDA）中有以下措辞：举报者应该“合理相信”且应该相信指控是“充分真实”的。英国法律未规定指控必须“真实”，只规定合理相信指控是真实的。

(5) 潜在的举报人坚信，自己的举报行动必定会带来必要的改变。

这里再次强调对举报人的保护。考虑到绝大多数举报者遭遇的负面后果，该条件只是
272 说“假如你的行动可能于事无补，那么你没有义务必须做此揭发。”虽然这个条件表达的意义是积极的，即，“假如第一项至第五项条件存在，而你认为你的揭发将中止违规或有隐患的实践，那么你有揭发的道德义务”，但是也可消极地解释这项条件：这个条件有效地为犹豫不决的举报者提供了一条退路。

(6) 举报者的行动必须出于善意，不是出于恶意和报复。

这是一个有争议的条件。它提出的问题是：“举报者的动机为什么如此重要？”比如说，如果有证据显示举报者曾在过去某时因晋升受阻而耿耿于怀，或因某次违规受到组织处分而心怀不满，这跟他们举报公司的违规操作有什么关系？为什么这会使他们举报公司违规操作的行动无效或难以界定？一些管理者在接受我们的访问调查时指出，假如有理由认为，可能是心怀不满的员工出于恶意撒谎，说存在不正当行为，那么显然，所谓的不正当行为并不是事实，因为根本没有违法违规行为发生。这种恶意的行为是撒谎，不是举报。

我们宁肯相信那些有关组织违规行为的举报是出于高尚理由，而大家认可的举报必须符合一条反复强调的规定：举报者的动机必须是单纯的。但是这个论点令人质疑。在讨论《公共利益披露法》时，你可以看到，该法案规定受本法保护的举报人不得从其举报行动中获

利，即不能因在报刊上公开披露而得到报酬。举报者受利益驱动固然不尽理想，但是人们不得不问，难道拒绝对这类举报者提供法律保护，公共利益便可以得到维护了吗？在抢劫、凶杀、劫持人质等案件中，人们常常奖励导致成功起诉罪犯的信息提供人，此时的检举揭发是受鼓励的，对当事人没有任何不好的评判。我们必须要问：举报组织不正当操作的人与检举揭发其他犯罪的人有什么区别？社会对前者的评价为什么比对后者的评价低？

举报公司违法行为有时候被视为比公司违法行为更严重的"罪行"。一方面，人们对抓捕银行抢劫犯的行为持认可和奖励态度，觉得这是天经地义的；另一方面，人们对揭露公司"抢劫"股东和员工的行为另眼相看。

举报：社会的积极力量还是消极力量？

本章前面提到的惨剧可以表明，组织制定允许员工表达担忧的内部举报程序，由并此建立起早期预警系统，使组织能及时采取行动，这是组织的明智之举。毫无疑问，内部举报系统是良好的公司治理的基础。那么举报是健康、自知之明和自我批评的社会的特征吗？那 273
些揭露公司违规操作的人被认为在积极行使公民权利吗？证据显示我们这个社会有些偏离这个立场，尽管波里(Borrie，1996)认为，"儿童在线"这类组织的出现可能预示着人们关于举报虐待、忽略、漠视同胞健全与尊严的观念正在改变。

斯登伯格(Sternberg，1996)提出，公司应该将举报程序视为良好的公司治理行为的关键要素，波里和德恩(Borrie and Dehn，2002：5)也论及举报文化的发展。他们认为，举报者将被视为"证人，而不是怨妇"。他们认为 30 年前很难见到有哪家公司向顾客征求有关产品和服务质量的意见。而现在，听取顾客意见被视为保持竞争力的核心任务。波里和德恩建议，或许到了 2030 年，举报程序将不仅成为规范，而且会被视为公司情报搜集程序中的关键要素。

承上启下

虽然康德哲学观(见第三章)会将这一发展中基本的工具性内涵视为道德完善的沦落，但是潜在的举报人可能会对这一发展满怀感激。

表达了更大忧虑支持举报的文化的发展人们更加担忧：假如举报文化的正当性是建立在经济而非道德的基础之上，那么如果经济的正当性不复存在(即，如果认定举报程序的运作成本大于因举报衍生的利益)，举报人就会被视为组织竞争力的障碍。

如上所述，莱姆湾皮划艇惨剧和自由企业先驱号渡轮灾难等事件创造了社会政治条件，使《公共利益披露法》得以立法。但是揭露组织不正当操作的个人付出沉重代价的例子不胜枚举。彼得·德鲁克(Peter Drucker，转引自 Borrie，1996：9)称举报者为告密者，他认为鼓励告密的社会都具有某些暴政特征，如罗马帝国皇帝提比留和尼罗、西班牙宗教法庭以及法国大革命的恐怖统治(转引自 Borrie，1996)。还有人认为举报者(即吹哨者)等同于"维护游戏规则"的裁判。但是把举报者(吹哨者)比作体育比赛的裁判是不恰当的，而更近地观察体育比赛中的举报(吹哨)行动，多少可以解释为什么有人反感举报行动和举报人。

体育比赛中的举报人(吹哨者)不是裁判，而是比赛方的某个队员在看到本队队员犯规

时，叫停比赛，并引起裁判和观众的注意。这会被称为是在体现科林斯精神，即，体育的理想
274 与正义高于仅仅赢得眼前的竞赛。球迷和队友是否会完全认同这样的行为，是有争议的问题。

不应夸大二者的类比作用，因为举报牵涉的后果远比一场赛事的比分更加重大。关键在于举报者并未被指定为组织事务的裁判。他们也没有自诩为这种裁判。他们通常是些不幸的个体，不慎被卷入巨大的是非旋涡中，因种种原因无法找到满意的解决办法。于是他们面临困境，要么把自己的担忧压下去，装着没看见；要么向内部或外界人士披露自己的忧虑，试图解决这一难题。有人把举报行动描述为英雄的壮举，然而许多举报者是有苦难言。举报者已经麻烦缠身、身心交瘁，为什么人们还总往他们身上泼脏水，弃之如敝屣，就像干坏事的是他们？

举报者会被人当做“告密者”而遭到冷眼，除此之外，打算举报的人还必须掂量举报后果：你的公司不正当操作的消息一旦传到关键市场——如产品和证券市场，对公司的影响不言而喻。在竞争市场中，一旦输给了对手，也许很难重振雄风，投资者信心一旦丧失也很难恢复。而丢掉饭碗的威胁意味着即使多年同事也不会支持举报人。尽管此种局面的始作俑者是那些违规违法者，但是被推入这种复杂和痛苦漩涡的却是了解这些违规违法行为的无辜员工。在某些方面，他们做（如举报）会遭到同事的咒骂，不做（如保持沉默），则会遭到公众的唾骂，因为由于那些违规违法行为，公众将来会受到伤害。

下面的例子选自作者（Fisher and Lovell，2000）所作的一项调查，该案例表明，这种违法违规操作并非仅限于背街小巷中的血汗作坊，那里的经营者肆无忌惮地剥削压榨毫无保护能力的低技术劳动力。这里所提到的公司是一家享誉全球的大型工程公司。

案例研究 7.6

工程公司及其海外市场

这家公司在国内（英国）、国际的各种市场中经营。至少在一个海外市场中，该公司有时候不得不“安排”与海外代理商的谈判，对出口商品进行重新分类以降低海外国家对这些商品征收进口税的级别。比如，100 万英镑的工程产品订货因发票原因将重新被分类为 70 万英镑的工程产品和 30 万英镑的咨询服务，在英国，咨询服务（即许多别的服务行业“产品”）不征收进口税。

重新分类并未使该工程公司受损失，但进口商支付的商品成本比原来低了（考虑了进口税），唯一受损失的是该国政府。出现这种情况时，该工程公司内部的不成文但心照不宣的
275 程序是，把这种“安排”直接下达给该工程公司的销售部主任与常务董事。这个最终决策单位权衡风险和收益及决策的潜在含义后，确定能否相信与代理商的这笔交易。显然，这种行为是违法的，但也有人认为，这种行为是必要的，是为了在相关市场站住脚，是为了保护英国人的就业机会。据说，该市场的其他经营者也有类似的“安排”。在这里后果主义者的观点是：应该权衡决策的全部含义，以确定它能为最大多数人提供最大利益。该工程公司的管理层认为这个海外国家是一个专制政权的国家，它实施惩罚性进口税是为了支持其庞大的军费和政府开支，这使问题变得更复杂了。

有关这个外国政府的说法无法得到证实，假定果真如此，公司高管的行动向员工说明了

什么？不管外部局势怎样，该工程公司正在采用认可违法活动的标准和决策程序。

有意思的是，英国首相托尼·布莱尔将非洲问题变成他主办 2005 年 8 国集团峰会的重大挑战。此前成立了非洲委员会，该委员会关注的主要焦点是非洲国家政府的腐败问题，以及非洲国家政府与多国公司之间的腐败问题。如果委员会的工作卓有成效，那么案例 7.6 中描绘的事件也许已成为过去的事情，但是历史提示我们，进步可能是缓慢和不平坦的。如果伊万斯（Evans，2004）提供的记录表明了英国政府对非洲委员会原则的承诺，则尤其证明了这个道理。伊万斯报道，2004 年 12 月 22 日在高等法院揭秘的机密文件显示，英国工贸大臣帕特里夏·休伊特（Patricia Hewitt）：

> 在英国工商联（CBI）与劳斯莱斯、英国宇航公司（BAE System）和空中客车飞机制造商（Airbus）等的游说之后，要她的手下减少抑制公司腐败的规章制度……先前，机密文件显示，英国工商联曾经赞赏休伊特夫人和“我们在工贸部的朋友们”在这个非常重要的问题上所表现的“充分介入和持续友好态度”……政府与企业“现在真的玩到一块儿了”！

如果有人认为商业不是精确和规矩的伦理行为，而且人们必须接受在某些情况下“只要目的正当，可以不择手段”，那么他们就在接受这样一种情境：了解不同规则是为了将它们应用于不同的环境。不可能有没有违犯的行为规范，而每一个组织的价值观都是有价的。这不是说一切法律都应受到尊重——不论多么压制性和不道德，但是这家工程公司总裁的违 276
法行为不是出于高尚的理想，而是出于组织的或个人的利益及偏见。

案例研究 7.7

案例研究 7.6 后记

前一个案例有了引人注目的进展，对出口商品重新分类的做法引起了某个外国政府的关注，市场主要经营者（包括英国工程公司）将被要求偿付金额巨大的未申报进口税。许多经营者的产品还可能被禁止销往海外市场。这一进展并没有突然使他们采纳的决策程序失效（他们从前可以根据“目的—手段”论证明自己正当）。一个行为是否合乎伦理，不能仅仅根据公众是否知道其存在来决定。

关于这家工程公司有一个明显的问题：为什么接受我们调查的所有员工都容忍他们的组织环境？解释这个问题的因素很多，似乎该组织的多数高层管理者确实都卷入了这一违法行动。雇员保持沉默的最大理由是，他们担心发出任何不同的声音都将立即被压制下去，并且会妨碍自己未来的晋升。公司里无人站出来举报。应该欢呼和鼓励这种事态吗？中高级管理者怎么或为什么会有这样一种组织无能的感觉？

这家工程公司中的许多人都了解这些操作，但谁也没有勇气和意愿或独立精神（由于需要保住饭碗）在组织内部或向外界提出他们的担忧。违规行为的扩散犹如癌症，腐蚀着本来可以进行伦理判断的人们。一些中低级管理者似乎这样想：“他们（高管）能行，我们也能行”。

尊重员工个体的伦理判断——这是一个善意假设。该工程公司可能只是现代组织生活的一个极端例子，但是令人无法接受的组织行为和相关举报案例（Hartley，1993；Hunt，

1995,1998)提供了源源不断的相反的证据,这些证据与“工作中的公众关切”和“自由关怀”等组织的工作不怎么支持以上的善意假设。

被压抑的举报

当事员工不但可能为揭露组织的违规操作付出代价,也可能为压抑举报而付出代价。
277 后者付出的通常是情感代价和心理代价,是因丧失自尊而付出的代价。图 7.1 对这一点作了图解。洛维尔对该框架有更详细的论述(Lovell, 2002)。

该框架分两层,第一层与两个非组织因素有关,对形成第三要素——个人自主性——有意义。第一层的三要素是:

- 个体的个人价值观体系,源于过去经验,包含家庭价值观(即天性和教养都包括在内)。
- 较广义的社会价值观,不可能是相似或一致的。
- 个体拥有的个人自主感。

第二层也含有三个要素,具有特定语境。它们是:

- 从组织内派生出来的价值观。
- 当事员工对某一特定情境或问题的伦理感觉的强度。
- 来自别人(上司、同事、家人、支援团体、专业协会等)的支持。

在图 7.1 中,六个格子大小相同,但是该图可用来描述在不同潜在举报情境中的六个要素的相对重要性。格子的相对大小依各案例的具体情况而定。

图 7.1 的外框线固定不变,代表组织的边界。如果受到伦理质疑的情境发展下去,遇到麻烦的员工与高层管理者发生争执,那么组织规范/行为力度将加大。在边界固定的条件下,一个或多个其他因素不得不收缩,否则边界会发生破裂。如果发生破裂,那么本来捂在组织内部的问题将再也捂不住,随之产生向外界举报的情形。

如果遇到麻烦的员工希望保住饭碗,但又坚持认为组织的行为是错的,那么他将必须缩小他的个人自主性,以便包容组织/管理利益。由于个人自主性缩小,实施伦理判断的能力消失。

第二层	问题的强烈度	组织价值观/行为力度	别人的支持
第一层	个人价值观	个人自主性	社会价值观

图 7.1　伦理复杂性要素

278 个人自主性有效地承担了类似减震的作用,使问题局限在组织内。然而,由于受到压抑,潜在的举报人的信心可能受到重创。案例 7.6 中描述的情况尤其如此。个人自主性的缩小在案例 7.8 中也很明显。

案例研究 7.8

慈善机构

G 有强烈的宗教信仰,这反映了他的家庭教养。他为一家国际知名的慈善机构工作,该机构的**存在理由**是博爱、理解、容忍和宽恕。初次采访时,G 举了一个当时发生的很有意思的例子。G最近参加了一个关于增值税的研讨会，他意识到该慈善机构的一项活动涉及增值税纳税义务，但该慈善机构从未申报过增值税。从研讨会一回来，G便将此问题向董事们提出，他当时相信正确的方法是通知关税署，与他们讨论此事。G非常清楚该慈善机构现在显然无法偿付已欠关税署的税款，但是G相信，关税署会同意，增值税规定从来不是针对这些慈善机构的，在最坏的情况下，该慈善机构还可以游说议会和财政部修改规则。由于该慈善机构具有国际知名度，并得到公众的广泛支持，G相信这是可行的。

后来与G见面时，他明显不如上次我们会面时那么轻松。他描述了如何从这家慈善机构的律师了解了关于那个违规操作的法律规定，他们证实了G的看法。不过，这家慈善机构的高层管理者对G的态度不是感激，而是冷淡，甚至有些提防。我们与G第三次见面时，他透露这事一直令他很不舒服。律师建议应立即终止这种违规操作，但不要向关税署提及此事。G相信，关税署可能要求偿付所欠税款，而财政部修改规则免除慈善机构未来纳税义务的可能性极低。G想做诚实的人，想跟关税署“了清”，结果人家说他天真，拒绝了他。让他感到特别烦恼的是，现在他被看成是“潜在告密者”。他与慈善机构董事会成员关系也变了，原来亲近友好，现在彼此提防、互不信任。其实他（出于对组织而不是对高层管理者的忠诚）根本不想举报，但是，面对组织的无能，他感到非常痛心，他原来一直以为自己和自己工作都很有价值。

G开始处于伦理两难的时候，他的价值观体系反映他对公正、平等、正义理念的坚定承 279
诺，这是他形成对问题初步推理的基础。他认为这些价值观与更广大社会的价值观及这家慈善机构的价值观是一致的。

承上启下

道德金规

G在这家慈善机构里是一位资深人士，沉默寡言，轻言细语，最初他自以为个人自主性很强，对自己的伦理立场和观点很自信。在采访中，G谈话时甚至提到了“道德金规——己所不欲，勿施于人。”

在G看来，问题的强烈度开始很高，但很快他意识到没有人支持他，尤其最高管理层中没有人支持他。这是科尔伯格第二阶段各要素的混合（问题强烈度高、来自高层的完全抗拒、几乎无人支持），这使问题发生了转化。G原来以为能以正义、平等的理念解决问题，现在转化成伦理两难。G想与关税署沟通此事的打算与董事会发生分歧，他受到孤立，被视为不正常。他既忠于组织，因为他全心全意信奉组织的价值观使命；他也忠于同事，如果关税署确实要求偿付退缴税，同事们的生计肯定将受到影响。

G这样表述他的观点：如果他真相信关税署将要他们补缴税款，他也会赞成隐瞒，因为那会影响慈善机构的工作，使其濒临破产。无论如何，他无法接受这就是最终结果。他相信董事会不希望让别人知道由于董事会做决定时的疏忽导致了那个引起增值税问题的操作。

承上启下

科尔伯格的伦理推理层次

G明显的“违法”意愿未必是一种应受谴责的立场。在G看来，这项特定增值税法是法律草案的失误，是“坏法律”。只要提请有关当局注意，这一失误是能够得到修正的。这种推理在正常情况下会被认为是一种高水平的道德推理，即科尔伯格的阶段五乃至阶段六(见页边码第252—254页)，这取决于G准备何等坚定地为自己的信念斗争。

G认为董事们决定隐瞒，反映了他们想回避的苦心，这正是科尔伯格推理层次的最低阶
280 段。董事会对这一局面的价值观向G提出严重挑战。他要么待在那里，保持沉默，要么走人。出于对家庭的责任以及对慈善事业的坚定信念，G选择留下，但是他的个人自主性遭到沉重打击，他对前途感到悲观和忧惧。图7.2反映了伦理复杂性要素对该案例的影响。

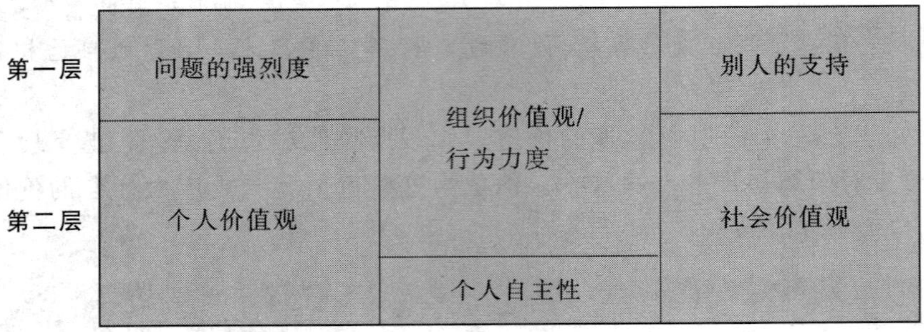

图7.2 伦理复杂性要素(案例研究7.8)

如果举报人揭露了他们认为违反公共利益的组织行为，这种举报行动可以被认为是一种公民行动。在这里，用“公民”修饰“行动”，是指个体公民作为社会或国家成员执行的行动。“公民”一词具有包容性，它将个人置于他人的共同体之中。公民一词强调关联性，而不是个体的完整性与独特性，因为个体消失在群体中。公民既是社会的组成部分，但是它在这个社会中又是可识别和可分离的。

这里并不是说，在这样一个社会里，每一位个体都永无休止、拼命地寻求实现某种天堂般的社会形式——乌托邦式的社群存在。“公民”一词描述这样一种语境：正义与理解是社会关系的根基。由此，在出现(潜在的)严重的非正义时，具有公民思想的个人不会无视非正义或公共危害的存在，从他或她的公民责任面前走开。他们试图改变现实，如果无力改变，则努力引起公众关注。他们的行动是自主的，是一个伦理主体者的行动。许多举报者就是这样声称自己的行动的。这种观点不赞成那种鼓励人人挑战一切的社会和组织的混乱。与人类关系的诸方面一样，有权利，就应该有责任。因此，实施伦理主体者的权利要求个人也要尊重他人的信念，只要这些信念代表被普遍认可的观念。

人们可以把举报者描绘成某种英雄人物，有些著述者确实是这样主张的。我们无意说举报行为是神圣的行为，但毫无疑问，某些具体的举报事例所描绘的那些个人为了制止一个组织性行为或引起公众对对问题的关注，显示出战胜法律、经济、心理、身体障碍的勇气和毅力(见Hoffman and Moore，1999；Hunt，1995，1998；Lovell and Robertson，1994；Matthews，

Goodpaster and Nash，1991；Miceli and Near，1992）。有些人可能会认为举报令人兴奋。保罗·范·布特伦（Van Buitenen，2000）曾是欧盟雇员，他揭露欧盟滥用基金，导致 1999 年欧盟 281
委员会集体辞职。他在自传中披露，虽然这次举报为自己招致伤害，但他也体验了暗中策划和被媒体关注的兴奋。

现在再回头讨论举报的社会作用及其可辩护性，我们以案例研究 7.9 为例。该案例提供进一步的证据以证明举报行动可能对谴责组织不当行为的雇员造成心理伤害。下面这位受害者曾在相关组织位居要职，但被认定对该组织的某些关键人物构成威胁。

案例研究 7.9

举报的代价

W 曾为某组织工作过七年并做到了高级职位——财务副总监。但是有人要他对会计账目作些"调整"，他为此深感不安。加上执行总裁似乎有意提拔一名初级职员，而他又成了中间的障碍。这意味着 W 突然间变了一个"不受欢迎的人"。这令所有受访者感到惊讶，因为除总裁外，每一名受访者都对 W 评价甚高。看来让 W 走人的决定已经做出，巨大的心理压力迫使 W 辞职。不管过去的年度评语多么光彩夺目，但去年的评语指责他业绩不良。W 终于辞职了，尽管表面看来他被解职是出于"建设性"的原因，但是为了消除行业法庭对非法解雇的听证威胁，W 和公司达成庭外解决。W 的话发人深省：

……他们整得你信心全无，你对自己的能力没了信心，好长一段时间你觉得简直不值得。你没有做错任何事情……你扪心自问，我干了什么见不得人的事该受这份罪？直到现在，我对这事啥也没说……你想要事业，你无法确定他们在其余地方还有什么影响——我至今没有找到永久性职位。

W 所在组织的治理结构具有明显缺陷。

本章案例中的核心人物没有一个人真正考虑过诉诸举报行为，因为他们害怕自毁前程。对会计师和人力资源经理的一份调查（Fisher and Lovell，2000）表明，许多人表示憎恶组织机构的某些操作，但是他们感到自己无力回天，很无奈。

一位医院的财务副主任揭露出来的问题令人感到吃惊。

案例研究 7.10

医院案例

向调查者讲述本案例的是某医院的一批中级人力资源管理者和会计师，还有一位医院的财务副主任 H。这是一个令医院众人颇感麻烦的情境（见案例研究 2.21 中的另一位受访者观点）。

该案例涉及卫生署 1998 年发起的缩短候诊时间的倡议。倡议意图是为医院提供能缩 282
短关键科室候诊时间的资金。以下是那位财务副主任的讲述。

政府刚刚把这笔钱全额用于缩短候诊时间运动，让病人减少挂号、候诊、拿药时间。那是纳税人的钱——这笔钱不是为了让医生中饱私囊。理论上讲，那是英国国民保健服务系统的钱，是卫生部门的钱。许多专科医生的反应如人所愿。但是眼科专家却说："行，我们可以照你说的办，不过每个病例你必须给我 750 英镑。我们要分给护士们一半……如果你不按那个标准给报酬，我们就不执行你那个缩短候诊……"于是，眼科医生得手了——这是一笔非常肮脏的交易——护士分得一点，杂务工和清洁工什么也没拿到。眼科医生们能从额外的每张诊治单中得到 15,000 英镑。

除眼科医生外，这家医院耳鼻喉科专家和麻醉师也在缩短候诊时间问题上讨价还价，都为自己捞到了额外好处。当问到何以有·专家能够达成这样的交易时，回答是："他们就跟医院对着干，总裁害怕这些人的势力，所以只好答应他们，他不敢冒险，怕万一没人看病。"

我们请 H 描述他对这种情境的感想，他答道："或许我的想法天真，但我不会让这种事发生，我想所有员工都应该一视同仁。我会跟那些专家顶牛，告诉他们，对不起，我们不干。"

H 有没有想过揭发这些内幕呢？回答是想过。但是他没有真正那么做，因为"我必须尊重总裁的决定。我对他的忠诚，我的责任——我没有做错什么。"

"我没有做错什么。"这话值得深思。

承上启下

用德·乔治有关正当举报的六条标准（见页边码第 268 页），可以认为 H 本来可以对第一、二、四、六项条件做出积极回应。

- 假如 H 当初选择将自己了解的内幕公开，他的行为本来可以很得体（假定他不告诉媒体）（条件 6）。
- 令 H 深恶痛绝的是，那些依仗组织权力的资深专家和医生利用基金中饱私囊的行为（条件 1）。
- 283 H 也和财务主任讨论了这个问题（条件 2），尽管后者似乎迫于现实，已经向医院内部势力屈服。
- 如果 H 选择使用书面证据，他本来是可以出示实质性的书面证据的（条件 4）。
- 但是 H 未和总裁谈起此事，因为总裁是此事的核心人物（条件 3），而且
- 在从最初的义愤冷静下来后，他怀疑自己的举报能引起多大改变（条件 5）。

于是，参照六个标准，即使 H 相信举报也改变不了什么，但是他本来是可以为举报行动找到一定支持的。他认为改变不了什么（条件 5）的想法却为他"保持沉默"提供了正当理由（德·乔治框架）。

H 还担心揭发此事会引起负面宣传并损害医院形象，当时因临床医师渎职事件的披露，全英国的医院正受到媒体的密切审查（见案例研究 2.19）。他担心此事披露后，医院恶名在外，会使"顾客"信心受挫，H 非常担心这会使医院经营亏损。他真的很担心揭露众多有影响的专家医生的贪婪行为，会给"他的"医院带来不好的结果。

在 H 的陈述中，有不少需要进一步探讨的问题。首先是举报可能引起的伤害。尽管存在无法接受的组织行为或质量、安全隐患，但举报行动本身可能使个人和组织遭受损害，包括举报者认识的人。要想明确区分举报的情境，总是严格区分"好人"与"坏人"，给问题贴上"对"与"错"的标签，将引起误导。生活是纷繁复杂的，组织生活有时候更是纷繁复杂的，但

这并不是无所作为的借口。在形成个人决定时，判断力是一个主要因素，但是当这种判断力受失业恐惧制约时，人的道德主体性就受到破坏。这将我们引入第二个要点——漂浮的责任（Bauman，1994）。

> ## 定　义
>
> **漂浮的责任**　指这样一种情境：在此情境中，所有可能与某个事件或问题有牵连的个人都能够解释说，问题的责任不在他们。责任变得无法落实、无法查明，犹如坠入职务描述与职位责任之间的裂缝中。

H 说"我没有做错任何事情"，这句话可以被视为"漂浮的责任"的典型。它变成用组织 284
为个人良心辩护的盾牌。在这种情境下，遵守规章制度和服从上司命令使得责任的识别和划分很困难。"我只是在服从命令"，我们可以听到低级文员向上级军官这样辩解。

需要考虑的第三点是 H 表现的对总裁忠诚。"我必须尊重总裁的决定，我应该对他忠诚，应该对他负责。"除了对总裁忠诚外，H 还在考虑其他同事。案例显示，H 不是唯一的知情者，但是 H 表示别人谁也不愿"捣乱"。那些人宁肯装作什么也没有看见，他们害怕个人承担后果。H 的任何披露都可能严重危及选择装聋作哑的那些同事（及其家人），这是 H 在决定是否举报时心中反复权衡的问题。无论是潜在的举报者，还是那些"事不关己"的人，他们都容易受到伤害并被孤立，这是需要我们反复思考的问题。乔斯说：

> 现代组织要求职工做他们本来可能不会做的事……（它们）破坏工人自己做判断的能力，使他们无法判断自己应该做什么。由于对别人毫无批判地言听计从，职工成为不道德和违法活动及政策的参与者。简言之，职工的自主性，即其作为选择者的身份遇到了危机。
>
> （Jos，1988：323）

乔斯对道德自主性的瓦解发出哀叹，但同时人们也在庆贺政治和社团环境中"个体"的彰显。人们声称个体消费者的愿望至高无上。公共部门和私营部门对消费者喜好亦步亦趋。尼斯伯特（Nisbet，1953）在谈到政治经济问题时，提出了一些很中肯的观点。

> 奴役人的政治要求把人从一切权威和成员资格中解放出来……其作用是在某种程度上将个人隔离于外部政治力量……极权主义对个人意志的支配不是一个神秘过程，不是一种基于某种巨大、不可知的非理性主义的巫术。极权主义对个人意志的支配理性地、无情地通过赋予认同感、创造新的功能、身份和效忠而得以产生并存续下去，把对个人意志的操纵变得像在做一项社会心理学练习……倘若那是个人自由，可能也只留下了个人自由的表象。如果信念和舆论的主要社会背景得到妥善组织和管理，所有这一切都是不重要的，总是有方向的，是可控制的。关键是构建一个功能和忠诚之网，一直伸入人类那萌发思想信念的最隐秘之处。
>
> （Nisbet，1953：202、208）

尼斯伯特因此指出，个人主义的流行观念中所固有的自由主义是一种特别的和偏颇的
个人主义，准确定位于经济领域。然而这种意识形态促进了作为政治演员的人的中性化。 285
而在经济领域又对个人主义作了规定，几乎禁止了某些行动。在一个社会中，受社会两难影

响的人认为自己的两难困境是自己的责任,且只是自己的责任。萨拉松(Sarason,1986)对这种社会有如下评论:

> 假如根据**我的**道德观,你的伦理两难是**你的**责任,那么这与日益盛行的个人权利、责任、选择和自由的意识形态是相当吻合的。假如**我**体验了**你**所体验的问题,那是因为在我的生活中根本没有任何问题可成为**我们的**问题。我说**我们的**,是指一种社会文化网络和传统,从中产生的义务,使我们成为问题和解决问题的一部分。
>
> (Sarason,1986,强调部分为原文所有)

我们的期望不言自明:关于举报的辩论举报是一场复杂和多方面的辩论,对待举报的态度不能脱离与其相关的社会、文化和经济背景。

尽管个人的态度恐难在短期内改变,但是或许人们至少可以对一个文明社会寄予这样的期望:其成员的举报行动如果确实反映了一种公民导向,就应受到法律保护。我们现在来探讨英国有关举报的一部法案——1998年的《公共利益披露法》。

《公共利益披露法》(1998)(PIDA)

我们首先需要了解《公共利益披露法》的两个核心要素。第一,该法案未赋予员工举报权。构建《公共利益披露法》的前提是:该法案的重大原则是公司信息保密,但有少数例外。该法案涉及的正是这些例外。只要符合一定条件,法案便向那些敢于向组织的不正当行为说不(本法案用语:"披露")的人提供保护。制定该法案的目的是鼓励将披露限制在雇用单位内部,如果有人想超越雇用单位界限向外披露,法案提高了必须满足的有关条件。

第二个要素是要求员工承担举证责任,不过举证责任因披露对象不同而不同。从当事员工的角度看,该第二要素减少了该法案的潜在威力。证据显示,如果员工身处受威胁和受压迫的工作环境,要从他们那里获取确凿证据是极端困难的。

"受保护披露"一词关系到举报行为是否在该法案保护范围内。在正常情况下,违规行为必须与雇用单位相关。但是在某些(受限)情境中,受保护披露可以是针对第三方组织的。
286 引人注意的是,除非事关恐怖主义和洗钱,审计师没有报告违规行为的责任,如果他们进行了这种披露,也不受《公共利益披露法》保护。可以这样认为,法案排除了此项保护并删去了报告违规行为的责任(上文提到的两种情况例外),这很适合会计行业的从业人员,因为这使他们避免与客户发生冲突。审计收入只是绝大多数会计公司从审计客户那里赚得的部分收入。要会计公司扮演社会"看门人"的角色去监督客户的一举一动,这样的规定不符合会计公司的利益。

为使披露受《公共利益披露法》保护,披露本身必须关系到特定的违规行为,如:

- 犯罪行为。
- 未遵守法律义务。
- 正义流产。
- 危及个人的健康安全。
- 破坏环境。
- 故意隐瞒上述任意一种行为。

为遵守《公共利益披露法》(以便受其保护),卷入伦理问题的员工必须最大限度地运用组织内部处理此类问题的相关程序。只有在满足下列条件时才可以避开这些程序：

- 该员工在披露时合理相信，如果他们向雇主披露，他们会“受该雇主的伤害”。
- 该雇员担心雇主会隐瞒或销毁有关违规操作的证据。
- 该雇员事前已经向雇主披露过完全相同的信息。

> ### 定　义
>
> 伤害的定义是：被雇主惩处，如罚款、降职、解雇或不予晋升。

假如内部程序有重大瑕疵，由于有理由担心资料被没收或销毁，可以绕开内部程序。其他担心，如压制性和威胁性雇用环境的存在，可能使举证更加困难。这是因为从同事（他们担心失去工作）那里获取确凿证据可能极端困难。

《公共利益披露法》对已作披露的员工的处理也是一个令人忧虑的问题。可能出现如下 287 情况：如果当事员工只是**威胁**披露但尚未披露，但是在充分披露前已经被解雇，则该法案将不保护这位员工。此外，如果一位员工向另一位员工表达了自己对组织（违规）行为的担忧，则可能构成违反保密法（并因此可能遭到解雇），而该员工若在解雇前未向组织管理层提过此问题，则《公共利益披露法》将不会为这位被解雇的员工提供保护。

尽管建立内部举报程序初看起来对任何组织也许都是值得称道的进步，但是在不道德的雇主手中，这种举报程序可能仅仅是符合法律文字而非法律精神的一个工具。沃伦（Warren，1993）对美国公司引入公司规范的基本原则提出质疑。人们同样也可对内部举报程序提出质疑。

举报者获取充足证据以使自己感到有信心有能力向有关方面表达担忧，这也是个问题。在雇用单位内部举报，要求当事员工必须通过两个检验。第一，该员工必须“合理相信”上文列举的违规行为之一已经发生。第二，披露必须是“善意的”。然而，我们在麦克斯韦案件已提到，取证过程可能是个大问题。在这种情况下，很难有能力证明个人有充足证据让自己“合理相信”某种违规行为正在发生。此外，运用内部程序对雇员可能没有吸引力（如麦克斯韦案），这使当事员工只好考虑外部举报程序。然而，必须将举报行为限制在《公共利益披露法》保护范围之内，一旦有人向外界第三方披露自己的忧虑，举证责任便随之增大。假如信息在公司内部披露，那么“合理相信”检验是适用的。但是，如果把担忧的问题向外界第三方表达，则该检验遂变成了“该员工……合理相信其信息及其所包含的声称**充分属实**（强调为作者所加）”。此时，当事员工必须能够说明，有合理理由让他们相信自己声称的“**充分属实**”——这一标准远比“合理相信”苛刻。

即使该条件得到满足，但是如果当事员工因披露违规行为而接受报酬（如接受报社支票），则该员工失去《公共利益披露法》的保护。因此，《公共利益披露法》所提供的保护将受披露动机影响。如前所述，对导致成功起诉罪犯的信息（包括匿名提供的信息）实施奖励，这是可以接受的，那么为什么对举报组织的犯罪活动的处理会有不同呢？

假如当事员工认定雇用单位的内部举报程序不安全，那么该员工通常应该借助指定机构的职能。这类指定机构可以是一个行业监管机构（如，监管自来水公司的供水事务局、监管财务服务公司的金融服务局）。在公营经济部门，这种指定机构存在的可能性较小。对于当事员工而言，重要的是确定是否有处理你所担心问题的相关机构存在。如果你不能遵守

288 规定程序，就可能受到起诉却不受《公共利益披露法》的保护。与此相对应的是，没有关于监管者对当事员工所提供的信息做出反应的规则，只有监管者在正常情况下照章办事的规则。

根据上述，《公共利益披露法》提供的"实际"保护存在不确定性，这是该法案受到关注的核心。"自由关怀"调查的案例证实，《公共利益披露法》不会为那些因举报而失业的员工提供所需保护。

凡在《官方保密法》涵盖范围内工作的员工也不受《公共利益披露法》的保护。中央政府和地方政府都有许多敏感机密的信息，这些信息受《官方保密法》保护。当事雇员必须核实与举报事由相关的信息是否机密信息。

如果《公共利益披露法》的所有规定(包括所主张的违规行为被认为是严重违法行为之规定，以及其他所有关于违规违法行为之规定)均得到满足，该法案将提供原先不存在的保护。《公共利益披露法》的补充条款是：

1. 矫正条款 这是聘用合同中的限制性条款，目的是防止向雇用单位之外的任何人提及组织的性质。在《公共利益披露法》制定前，这对于许多雇员来说是非常现实的问题，但根据《公共利益披露法》(《官方保密法》涵盖范围除外)，这些条款似乎已经无效。

尽管矫正条款表面上被《公共利益披露法》宣告为不合法，但仍须记住，聘用合同的一个默认条件是雇员对聘用单位承担保密职责。正是这个"保密职责"在界定和解释"受保护披露"的大量附加限制条件。只有在判定已符合《公共利益披露法》条件的情况下，"保密职责"才能在上文提及的特定情形下让位于《公共利益披露法》。

2. 临时济助(保留因举报而被解雇者的薪水) 根据《公共利益披露法》第九节，法案延伸了 1996 年《就业权利法》(ERA)中的一个条款。如果员工因"受保护披露"遭到解雇，他应在被解雇七日之内向就业法庭提出申诉。此项保护条款被称为临时济助。如果就业法庭认为其披露符合受保护披露的定义，就业法庭**可以**命令其雇主恢复该雇员的工作。如果雇主不执行该命令，则"该雇员的岗位被视为应予保留至听证会，并有权得到相应薪酬。"

然而，在这些条件对雇员生效之前，还须进一步满足以下三个条件：

(1) 必须在被解雇七日之内提出临时济助要求。

(2) 就业法庭必须首先决定该雇员的披露有希望被证实属于受保护披露，并且

289 (3) 必须向聘用单位发出恢复该雇员工作的命令(这种判决较少)。

于是，尽管临时济助命令看来体现了《公共利益披露法》积极的一面，但实际上其发挥积极作用的时候较少。比如，在迈耶斯和德恩(Myers and Dehn，2000)报道的布雷敦诉阿尔蒙医疗服务公司案中，一份临时济助申请未经听证即遭就业法庭主席驳回。就业法庭主席如是裁定的依据是，他认为申请人(举报人)的案子"不可置信"。而此案在最终听证时，举报人的起诉获得支持，其损失得到赔偿。但是在申请临时济助与法庭听证期间，前雇主一直拒绝发给举报人薪水。

假如一名员工的案子属于《公共利益披露法》的保护范围，那么：

- 如果员工因举报行动(即，该员工尚在聘用单位，但其员工资格已被注销)而受到伤害，该员工将有权得到赔偿。赔偿金额多少依照个案具体情况决定。
- 该员工若遭到解雇，将有权按就业法庭裁定获得赔偿，赔偿率随时间变化。

反　思

本章讨论了有关举报的各方面问题。有些案例说明雇员表达的忧虑在管理层或者遭到冷遇或者“消失”，甚至可能会发生致命的灾祸。我们也能够例证有些对组织违规行为的举报既准确又严肃。尽管如此，那些打算举报的人的前途仍是不确定的。《就业法》和《公共利益披露法》的初衷是保护合法经营组织的商业机密。但因此出现了一种根本的冲突：一方面雇员需要感到自己能够实施道德主体性，引起人们对公共利益的关心，另一方面，组织需要保护其商业敏感信息，需要受到保护、免遭恶毒雇员无根据的指控。如何平衡双方的要求，使之达到适当和可以接受的程度，这个问题需要不断地被审视和关照。

在现代社会中，如果要实现政治和社会目标，强大的和充满活力的经济是极其重要的。不可否定不论是在所谓的发达世界还是在发展中国家，人们的社会理想大都是强大的经济体的建立。所以，企业以及代表企业的压力集团在建立与维护法律框架的过程中的影响很大。在这个背景下，为得到英国议会的充分支持并成为立法，《公共利益披露法》便以我们今天看见的版本出现了。这或许并不奇怪。然而，正因为必须支持和保护企业 290
利益，所以产生了让许多不道德组织有机可乘的漏洞。此外，还有一些组织藐视社会公认的法律，于是产生了这样的问题：应该如何及何时让社会知晓这些违规违法行为？

还有一些问题涉及经济、环境和社会利益之间的关系（后者对未来社会与对现在社会同等重要）。关于组织的作用与权力的假定必须受到质疑，而不应被视为当然，这是非常重要的。与这些假定相关而又独立的，是那些涉及个人主义和公民意识的问题，本章已经间接论及这些问题。需要对这些问题进行不断地审视与回顾，以确保理解问题和辩论自身的重要意义，使之不致被“至高无上”的经济利益压倒。

小　结

我们在本章讨论了以下要点：

- 举报行动包含但不限于向外界揭露组织的问题。
- 举报热线可以是提出伦理问题的重要组织机制，也可以是对不可接受行为的早期预警系统。
- 由《公共利益披露法》向举报者提供的保护是受限制的，但不能因为受限制就使举报行为给举报人带来伤害。
- 有必要对举报行为的贬斥进行反思和理解，尽管没完没了的举报不值得推崇，但是所列举的案例研究中反映的组织无能同样令人反感。
- 把举报者看做证人而不是告密者是一个积极的进步。
- 如果举报组织外的违反法律的人的信息是正确的，为什么举报组织内部违反法律或危害人类生活的行为就不那么正确了？

快速复习测验

1. 举报行动仅限于指对外界第三方披露组织的信息吗？

2. 认为举报者等同于裁判的观点是恰当或有益的吗？

291 3. 能够为揭发违反公共利益的组织不当行为的人提供保护的法案叫什么法案？

4. 警方经常悬赏或奖励举报抢劫或偷盗犯罪的那些人。《公共利益披露法》对那些因举报而获得经济收益的人也持相似看法吗？

典型作业与简述

1. 人们将揭发组织违规行为的人描述为举报人(吹哨人)，有人设法改变这一术语，请对这一观点展开辩论。

2. 为获得《公共利益披露法》的保护，那些揭露组织违规行为者必须满足若干条件，而在其他犯罪调查中，证人则不必满足这些条件，如，不得因举报获利，不得与犯罪有任何牵连。对这些条件的是与非做出批判性评价。

3. 有人认为内部举报程序是任何学习型组织的关键组成部分。请对此观点做出评价。

4. 假定有人对活动 7.1 做出如下回应：他

- 回应案例 A 时表现出极大的愤怒(刻度尺 10 分)；
- 回应案例 B 时表示高度支持(刻度尺 2 分)；而
- 回应案例 C 时表现出比较愤怒(刻度尺 6 分)。

讨论哪些因素引起了这些变化，这些因素可能与伦理观有关。

小组活动 7

思考《公共利益披露法》，建议减少或增加法案涉及的范围。你的提议应能在实践和理论两方面经受住批判性评价。将一张纸划分为四栏，第一栏列出你的提议。第二栏针对每一项提议陈述你提出修正的理由。第三栏确认与你的提议有关的主要目标或问题。最后一栏反映你自己对第三栏所确认的目标或问题的思考强度，以及你是否相信这些目标能够实现，或问题能够被克服。

292 参阅建议

关注本章讨论专题的两位主要著述者是波里(Borrie)和亨特(Hunt)，我们建议你阅读《经济伦理与问责》(Borrie, 1996, Business Ethics and Accountability, in Brindle M. and Dehn, G. 1996, *Four windows on whistleblowing*, pp. 1—23)。工作中的公众关注可参见《举报：新观点》(Borrie, G. and Dehn, G., 2002, *Whistleblowing: The New Perspective*, http://www.pcaw.co.vk/policy_pub/newperspective.html)。《卫生保健服务的举报：问责、法律与专业实践》(Hunt, 1995, *Whistleblowing in the Health Service: Accountability, Law & Professional Practice*, Edward Arnold)和《社会服务举报：公共问责与专业实践》(Hunt, 1998, *Whistleblowing in the Social Services: Public Accountability and Professional Practice*, Edward Arnold)。比较新的一本书是《工作中的举报》(Lewis, D. B., 2000, *Whistleblowing at Work*, Athlone Press)。

推荐网站

主　题	网站提供者	网　址
主要慈善机构的网站，为个人及机构提供有关举报的告诫/组织热线等	工作中的公共关注	http://www.pcaw.co.uk
该网站给人印象深刻，专门为那些支持工作场所言论自由者摇旗呐喊，发布了一篇篇发人深省的重要的时事通讯	自由关怀组织	http://www.freedomtocare.org

第三部分

组织对伦理问题的反应

第八章　公司责任、公司治理及公司公民

学习成果

阅读完本章并完成相关活动后，读者应能：

- 讨论公司社会责任(CSR)的发展以及和公司责任这个概念的最新关联。
- 批判地评价关于公司社会责任的辩论。
- 辩论自20世纪90年代早期以来英美国家公司治理发展的范围与适当性。
- 讨论南非《金氏报告》(King Report)向英美国家公司治理发展提出的挑战。
- 评论《联合国全球契约》(UN Global Compact)及2004年《推进》(*Gear Up*)中反映的发展倾向。
- 弄清**综合社会契约理论**所反映的社会契约概念。
- 就英美两国将法人过失杀人定为刑事犯罪的立场展开讨论。

引　言

“公司责任”一词正在取代术语“公司社会责任”。“社会”正日益从“公司社会责任”一词中略去，以强调所谓商业公司更广义的责任，尤其是在环保方面的责任，这个问题我们将在下一章讨论。

“公司治理”一词由来已久，但是自20世纪90年代初以来，此议题变得日益突出。企业能否担当公民身份？如果能，这是不是人们想要的一种发展？这些也是我们要讨论的议题。296
我们在本章有意将这三个术语放在一起，因为它们各自不同的含义，在英美公司治理改革中，否认它们之间关系的努力虽然艰苦，但基本是成功的。至少在公司责任的定义方面是这样的，更不用说公司公民的概念了。

对公司社会责任的早期呼唤

鼓励甚至规定企业承担更大责任的愿望可以追溯至数十年前，这个愿望反映人们越来越担心企业权力及其对人民生活乃至政府独立与廉政的影响。如，奥伯曼(Oberman,2000)曾提到20世纪20年代围绕公司社会责任的学术辩论。

由于企业权力和影响的权重越来越大，所以要求配备相应机制，使企业承担起更多的责任——不仅对股东，也对更广义的利益群体负责的呼声也日益高涨。人们近年来常用“利益相关者”一词来指代辩题的后半部分——“利益群体”。我们在本章后面将回过来讨论这个题目。

原先要求公司应以对社会更加负责的方式行动，近来则要求将公司视为公司公民，这一

进展反映了人们的愿望:通过官方和法律手段,强制规定企业必须承担公司公民的责任。如下面定义所示,从理论上讲,公民是国家主人,然而公民却几乎或根本无权过问公司事务。由于公司在社会和政治生活的多方面正在发挥日益重要的影响,所以人们对公司提出了更多问责和责任要求,而这种要求不可能降低。

定　义

公民　通常指个人与其所居住的政治国家间的关系。公民的概念含有个人和国家两方面的权利和责任。但是,这种相互关系(即,双向关系)不可能是平等关系。在国家民主理论中,公民对国家拥有最终主权,或至少对那些在政府中代表公民的人拥有主权。然而实践所反映的权力平衡却与此大相径庭。

被描述为公民,其本身不包含什么道德意义。公民是一个名词,需要用"好的"或"道德的"等形容词做定语修饰,才具有正面的社会影响。伍德和罗格斯顿在公司公民辩论语境下提到此议题时,曾经评论了

297 一场区别"公民法律身份"与"公民理想活动"的重要辩论。对公民的最低要求与对"好公民"的要求相去甚远。

(Wood and Logsdon,2001:88)

从古希腊显见的"积极公民"概念(对被授予自由人身份者),到被动接受主权机构(à la Hobbes)或官僚国家政府的统治(à la Weber),公民的角色可以是多种多样的。有关公司公民的辩论对企业提出了不同要求:从对社会的中性影响(最低要求),到积极主动的作用。不过,对社会产生中性影响的论点并未反映真实情况,甚至也不能简单地理解所谓中性的社会影响。譬如,对社会的中性影响是否指:

- (从全球视角看)企业活动的消极和积极效果可能相抵?或者,企业需要在任何时间都不伤害人或物吗?
- 如果许多人都判断法律不适当(由于企业政治游说),仍然按这种法律约束采取行动是可以接受的吗?
- 是不是普遍认为公司确实负有社会责任?

这些辩论尚在进展中,它们代表的只是使整个经济与价值观领域充满活力和生机的那些议题。

霍布斯(参见 Pojman,1998)对人性的看法非常悲观,认为人的本质是自私、不值得信赖的,因此,霍布斯认为主权权力是必要的,人们将效忠和臣服于这种主权权力。在霍布斯的世界里,主权权力对公民是一种征服关系。在这一语境下,作为霍布斯式的国家的公民,与作为 21 世纪所承认的国家公民有很大的不同。然而,如果将公民身份授予公司的思想与人们不信任公司会采取有益于社会的行动的观点相关,霍布斯的公民概念就具有一定吸引力。但这主要取决于宪法和主权权力的组件。

随着社会的发展和政府范围的扩大,缺乏公民积极参与的机会开始被视为现代民主国家理念的一个弱点。在现当代社会,政治公民资格日益被限制在政治代表的定期选举中,而且就连这方面的关联性也正在受到质疑。比如,2001 年英国大选投票率仅为 58%,降至历

年最低。英国地方选举及欧盟选举的选民参与度更低。在这些选举中，大约 2/3 的选民不投票。所以，当使用“公民”一词时，有必要澄清我们正在讨论的公民身份的形式。

活动 8.1

下次当你在研修班、小酒馆或其他社会集会场所时，试着确定在场的人中有多少人在上 298
次大选中投了票，如果你认为能继续进行调查，再确定有多少人在上次独立于大选的地方选举中投了票。你认为你所确定的百分比是一个民主国家应有的状况吗？

人们对现代企业有一种最普遍的担忧：企业拥有相对不受限制的权力，而它们的责任却是有限的（基本上遵守土地法）。当使用“公司公民”这个词时，有必要将其参与国家运作的形式与程度具体化。鉴于在民主（及不民主）国家经济中组织的重要性，必须这样假设：公司公民的概念表示企业承担一定的社会责任，虽然平等赋予公司公民权是否只是设想尚不清楚。

查尔斯·林德布隆（Charles Lindblom）是耶鲁大学前经济和政治科学教授。我们在深入讨论前，应该思考一下他的评论。林德布隆在《政治与市场》（*Politics and Markets*）一书中，用以下段落对大企业与政治体制之间的关系作了分析（也是本书的结论）：

> 民主思想有一个古怪特点，它一直不能勇敢面对表面民主下的私营企业。私营企业资源庞大雄厚……能够要挟政府以满足一己要求，哪怕它们的要求与……公民……背道而驰。更有甚者，私营企业不会让自己丧失公民的资格和作用……它们非同寻常地行使否决权……大型私营企业古里古怪地嵌在民主理论与幻景中。其实它与民主格格不入。
>
> （Lindblom，1977：356）

最后几个字是《政治与市场》的结束句，具有强烈的鞭笞作用。林德布隆极其尖锐地指出，对民主政治制度的渴望，与在许多企业中大行其道的独裁乃至封建体制之间，存在水火不容的矛盾。而绝大多数人恰恰在后者中消磨掉了自己绝大部分生命时光。大企业具有最重大的政治影响力，也对最主要的政治力量施加影响。表 8.1 列举的正是导致人们担心的那些证据。该表反映 2000 年总统大选期间各行业对共和党的部分捐款，以及乔治·W. 布什 2001 年宣誓就职美国总统后随即采取的行动。表中所有行动均为总统在就职后头三个月内采取的。

表 8.1　布什总统当选后采取的行动 299

行　业	捐款（百万美元）	选举后采取的行动
烟　草	7.0	取消美国政府对烟草公司的起诉
木　材	3.2	废除对砍伐路边树木的限制
油　气	25.4	放弃对排放二氧化碳的限制
采　矿	2.6	废除了一些环境清理法规，如，限制供水中砷污染的法规
银行和信用卡公司	25.6	破产法案使信用卡公司更容易追讨破产客户的欠账
制　药	17.8	联邦医疗保险改革中取消价格控制
航　空	4.2	引入联邦政府罢工壁垒；在反托拉斯（合并与垄断）立法方面倒退

（来源：*Guardian* G2，2001 年 4 月 27 日，p. 2）

如果说大家的担心仅涉及美国的“公司—政治”关系，那就错了。下面两个案例表明英国也有类似问题。

(1) 1997 年，即将执政的工党政府宣称承诺全面禁止烟草广告。然而，在 1997—2001 年执政期间，议会从未有过这方面的正式立法。截至 2001 年工党发表宣言为止，人们注意到在其宣言中仍只字未提全面禁止烟草广告的承诺，不过在 2002 年 3 月，英卫生大臣宣布了立法计划，拟全面基本禁止烟草广告和赞助，但有一个例外——世界汽车大奖赛赞助商。也许那只是一个巧合，伯尼·埃克莱斯通(Bernie Ecclestone)有效地掌控着世界汽车大奖赛，他向工党捐款 100 万英镑，后因闹得沸沸扬扬，工党退还了这笔捐款。

(2) 工党的 1997 年宣言还承诺改革公司法，承认“利益相关者”理论(以反对只对股东负责的观点)。当选之初，工党政府设立了一个委员会来考虑如何把有关利益相关者的承诺变得具有可操作性。该委员慎重考虑了近两年。在第一年后公布了一份过渡报告，其中保留了公司的多元决策概念，虽然其措辞已经变得有点儿含混不清了。

300 原则性论点是：现有法律未能充分承认，企业只有在参与者作为团队和谐经营的时候才会产生最大财富，并且经理人应该认识到共同体的更大范围的利益。

一年后，委员会公布其最终报告，不过，删掉了“多元主义”一词，代之以现在的“开明的股东价值观”。取消对多元主义的承诺，致使**美体小铺**的财务总监退出该委员会。他将自己描述为承担社会与环境责任的倡导人，他说，只要委员会用开明的股东价值观取代多元主义，他就不准备继续留任该委员会委员。关于委员会工作结果的新闻报道谈到商业利益集团的疯狂游说，最终导致继续保留股东利益为英国法律正式承认的唯一利益，不仅如此，而且还将委员会有关强制披露公司信息的提议改变成自愿披露，也就是说，由董事自行决定披露事宜。

引用以上例子不是要说明所有企业都是腐败的或正在变得腐败。无论如何，不应该因几例消极或不道德的商业实践的而否定所有企业，也不应该因为几个积极的商业行为就认为商界和政界一切都好。我们的目的，即案例阐明的重点是商业游说集团有效地影响了立法。案例阐明了游说现象这一社会的和民主的程序的恶果，游说现象就其本质而言是不透明的。这意味着：商业利益在经济、政治和社会事务中扮演着主动但并不总是透明的角色。

由此提出的问题是：诉诸自由和个人主义等情感和基本概念的伦理利己主义，在何种程度上成为只是掩饰特权和强权私利的方便借口？

承上启下

我们在第三章里讨论了伦理利己主义，它认为能否保护个人自由是伦理学的试金石。伦理利己主义凭借选择、实力主义和某种正义形式等概念，能够隐藏极端自私、明哲保身和麻木不仁的本质。

由于许多大型企业现在(及一段时间以来)比大多数政府更有影响力，对世界上的绝大多数人来说，公司权力政治的封建本质被罩上了一层民主政治的面纱。所以，如果大型企业要在民主国家中存在，必须且肯定地需要改革和发展，确保企业民主化并降低企业对政治民主和社会民主的威胁。

放在这一背景下的公司治理议题已不再是(如果它曾经是)晦涩干巴的技术性议题了。我们将看到,世界的不同地区存在着不同的公司治理理念,而南非则成了一些最开明思想的发源地。

公司治理议题回顾 301

与公司社会责任概念一样,公司治理问题以前就提出来过。如,1719 年英国制定并通过了“反泡沫公司法”(Bubble Act),缘起一桩涉案金额超过安然与世通公司总值的公司丑闻。

李(Lee,1984)、艾迪(Edey,1984)指出,19 世纪初经理以牺牲企业主利益为代价,操纵公司会计信息;卡利(Carey,1984)提到哈佛大学教授威廉·Z. 瑞普里(William Z. Ripley)的贡献。教授在 20 世纪 20 年代初写道,“公司股东的温顺让自己变成了被诱奸少女”。在提到公用事业时,瑞普里又说,“股东受骗上当”,而说到会计师时,瑞普里则说,“会计师玩转数字的本领已到了令人瞠目结舌的地步”(Carey,1984:243)。

对公司治理的担忧贯通 19 世纪后半叶,直至 20 世纪初。1932 年伯勒(Berle)和米恩斯(Means)的开创性的经典著作使公司治理问题的研究达到了顶峰。在本书中,伯勒和米恩斯详述了现代企业制度中所有权(股东)与控制权(高级管理者)二权分离的历史及含义。尼布尔(Niebuhr,1932)也著书对公司权力及资本主义的剥削和分离倾向提出强烈批判。由于 20 世纪 80 年代末发生了一系列严重的公司财务丑闻,如,麦克斯韦通讯、国际信贷与商业银行和波力派克等公司的丑闻,以及 21 世纪伊始安然、世通公司、环球电讯和帕玛拉特财经弊案等,自 1990 年代以来,人们对公司治理日益关注。我们将回到因公司倒闭及公司丑闻而产生的问题上来,不过我们首先要讨论下面的问题:我们是否应该把公司倒闭只看做是一种经济寿命现象,而不必对此过分在意?

公司倒闭难道仅仅是一种经济寿命现象?

从上文简短的概述中,我们可以清楚地知道人们对公司治理的担忧并不是新问题。但是主要股票交易所、专业会计机构等组织和政府对 20 世纪 90 年代和 21 世纪初的公司丑闻做出的反应似乎比以往任何时候都更明朗、更公开。这能否在某种程度上反映了过去未曾感觉到的脆弱性和敏感性?这个问题很难回答,尽管安然与世通、环球电讯和帕玛拉特等公司的崩溃提出了证券市场的根本性问题。对公司进行投资是一笔风险生意,任何投资者都必须认识并接受这一事实。所以,损失钱财并非问题所在。问题在于市场机制未能为投资者提供他们有权知道的信息和预警。本章提到的所有公司倒闭案例中,当事企业的最新财报中都几乎没有任何有关企业正在经历的财务混乱的线索。

在安然和世通案中,审计师在财务欺诈中似乎一直串通一气,而在麦克斯韦通讯案以及 302
国际信贷与商业银行案(20 世纪 80 年代末 90 年代初的财经弊案)中,导致审计师行为的原因更不透明。无论是什么原因,在市场机制中,审计应有的重要作用(核实提供给股东的财务信息是否可信)都没有发挥出来。财务工作者顶多被看成是一位不可信赖的财务信息检查者。更重要的是,会计师和会计师事务所的独立与正直越来越受到人们的质疑。

除审计功能失败外,市场分析师直到公司倒闭前几天仍在向投资界推荐“买进”安然和世通股票,后来相关的市场分析师的诚信再次被大打折扣。证券市场的失败会使投资者对公正、透明、诚信的信心遭受重创。随之而来的风险是,投资者可能转向其他投资选择,如房地产、货币和艺术品等。所以,哪怕只是为了保护自己,证券市场也承受不起不道德的公司行为。而与此同时,对证券市场的强烈需求又无情地向企业经管者施加巨大压力,迫使他们年复一年、半年复半年,季度复季度地改善公司"财务状况"(利润)。

公司治理的发展

自 20 世纪 90 年代初以来,英国有大量与公司治理相关的活动,图 8.1 是有关报告的一个图示,另外还补充了美国的一个著名的改革——"2002 年萨班斯-奥克斯利法案"。对这些报告有了一个大概了解后,我们就能够探讨有关公司责任和公司治理的争论了。

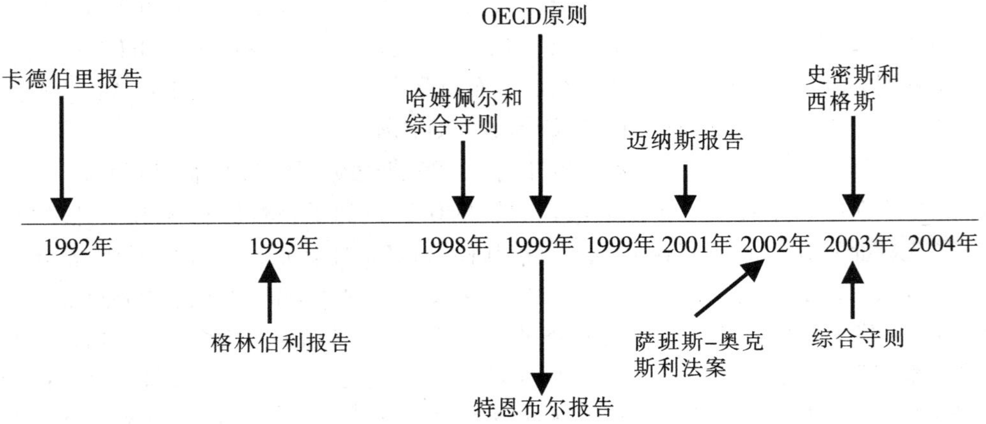

图 8.1 近期公司治理重要报告与进展

303 20 世纪 80 年代末 90 年代初,为回应一些重大公司倒闭及丑闻,如国际信贷与商业银行、波力派克和麦克斯韦通讯财务弊案等,**卡德伯里委员会(Cadbury Committee)**成立。上面对主要会计公司审计功能及其对伦敦股票交易所信心造成严重破坏的恶果作了评议和质疑,你不会奇怪,这些公司是卡德伯里委员会的两家主要赞助机构。该委员会的重要建议包括:(1)增加使用非常务董事,以对抗所谓"代理效应",(2)行政长官与董事长二权分离。

> **定 义**
>
> **代理效应** 源于代理理论。该理论假定,本质上人是不值得信赖的。由于在控制信息方面,执行董事享有股东所不能享有的特权地位,人们认为执行董事有可能为自己利益,滥用权力。这点可能表现在"管理"信息(因而有了审计功能的重要性)和丰厚的薪酬福利上。

成立**格林伯利委员会(Greenbury Committee)**是为调研高管薪酬问题(理查德·格林伯利爵士时任玛莎百货首席执行官,是英国薪酬最高的总裁之一)。甚至在当时,高管薪酬——有时叫做"肥猫薪酬"——也是一个极为恼火的问题,但是格林伯利委员会似乎没有起到什么制约作用，如表 8.2 所示。该表将英国《金融时报》富时(FTSE)100 指数的变化与同期富时前 100 家公司总裁的薪酬平均增长进行对比。如果一家公司市场价值的变化公正地反映了该公司高管的绩效，那么，在合理时期(如三年)内，公司总裁的薪酬变化与其经营的公司市值的变化之间应密切相关，难道这种期待不合理吗？

表 8.2　2000—2002 年间富时前 100 家公司总裁薪酬的变化与同期富时 100 指数变化的比较

年份	总裁薪酬变化	富时 100 指数变化
2000	+28%	-8%
2001	+17%	-15%
2002	+23%	-23%
2000 年 1 月至 2002 年 12 月 31 日总变化	+83%	-40%

美国也有明显的类似情况。20 世纪 90 年代间，随着自我约束的消失，在自由市场的旗号下，“巧取豪夺”被人们频繁地用来谈论公司及高管的行为。在英美两国，认股权本意是将高管薪酬与其公司业绩挂钩，从而将代理效应最小化，后来成为 90 年代高管的重要薪酬福利。针对美国极少数高管持有认股权所导致的财富转移，罗伯特·蒙克斯(Robert Monks，2003)评论道： 304

> 最重要的津贴是赠与认股权，根据 1994 年之后的会计规则，认股权不必作为股票发行公司的支出记账。最典型的是，一家公司前五位高管持有的认股权占赠送认股权总数的 75%；认股权与已发行股票总数之比，90 年代从 2% 上升至 12%。这一定是有史以来最“和平”的财富转移。
>
> (Monks，2003：165)

美国企业股本金的 2% 是一个大数目，12% 则是一个巨大的数目。而这部分美国企业的股本金却在极少数高管手中。

再回到英国公司治理报告上来。成立**哈姆佩尔委员会**(Hampel Committee，1998)的目的是为了评估卡德伯里报告和格林伯利报告，同时建议如何以最佳状态贯彻报告建议。有趣的是，哈姆佩尔报告尽管意识到董事会应该对利益相关者的**关系**负责，但同时感到必须强调董事应该对股东负责。利益相关者问题也是董事们要考虑的，但前提是他们能对股东财富最大化作出贡献。

哈姆佩尔报告导致第一份**“综合守则”**(Combined Code)诞生，该守则于 1998 年由伦敦股票交易所发布。守则详细规定，挂牌公司如果希望在伦敦股票交易所上市，须遵守公司治理行为守则。如果挂牌公司选择不遵守守则，该公司则必须对自己违背守则的行为做出解释，给出基本理由。例如莫里森超市连锁在 2004 年将“西夫韦连锁超市集团”纳入旗下之前，一直将执行董事与董事长二职合并，这违背了 1998 年的综合守则。莫里森声称，二职合并对他们很重要，伦敦股票交易所对此表示接受。

英国对公司治理进展情况采取“要么遵守，要么解释”的方式，这有别于美国的方式。在美国，改动须经立法程序通过，因此具有法律约束力。相关例子如 2002 年《萨班斯-奥克斯利法案》。这是两位议员系统地回应一系列财经丑闻如安然、世通和环球电讯事件等的结

果。该法案具体规定了董事长和首席财务主管对亲自签署的账户的责任。此外，审计公司
305 可能希望为审计客户提供的某些会计业务也被法案禁止。这反映了人们多年来的担忧：会计公司从审计客户那里赚得非审计费收入的做法可能使其独立性与客观性原则受到破坏。安达信（安然的审计公司）从安然赚得审计费收入 2500 万美元，另外还赚得非审计费收入约 2500 万美元。许多人认为这是一种不健康的状态，然而并非只此一例。引人注意的是，安达信公司同时也是世通公司的审计人。

1999 年的**《特恩布尔报告》**（*Turnbull Report*）是关于内部控制和内部审计的，而由英国财政部主持的**迈纳斯委员会**（Myners' Committee）则是为调查机构投资者在公司事务中的作用而成立。由于机构投资者（银行、养老基金、单位及投资信托）是证券市场上最有影响的玩家，所以提高股东利益、挑战董事权力的希望在于机构投资者。简言之，迈纳斯委员会建议机构投资者**应该**更加积极，但不要过分积极。

1999 年和 2005 年经济合作与发展组织（OECD）发布的公司治理原则代表英美国家在这方面的观点，与 1998 年和 2003 年英国的综合守则十分相似。

西格斯（Higgs）和史密斯（Smith）委员会的报告于 2003 年发表，前者关系到非执行董事（NEDs）职务，后者与审计委员会工作职务有关。西格斯建议按比例增加非执行董事的重要性，即绝大多数董事应该是非执行董事，从而进一步将代理效应最小化。报告就执行董事能够掌握多少非执行董事的任命等问题提出进一步的建议，不过这些与我们的讨论关系不大。然而，西格斯报告与公司治理发展总的说来依然没有回答以下三个问题。

(1) 安然董事会中的大多数董事是非执行董事，但是这似乎并没有阻止腐败在安然发生。那么，为什么西格斯报告提出的主要建议是大多数董事应是非执行董事？

(2) 非执行董事每月只有一两天到自己担任非执行董事的公司上班，这不是让更多权力落入常在公司的少数几位执行董事手中？根据代理理论，这些人是不应该得到信任的。

(3) 如果非执行董事的重要作用是最大限度地减小代理效应，为什么绝大多数非执行董事同时也是其主要就业单位的执行董事？为什么作为 X 公司执行董事的 A 应受到代理效应的影响，充当着一名不可信赖的角色，而当他拥有 B 公司非执行董事头衔（其职责是确保 B 公司实务的诚信）时便成为可信赖的人了？是什么将 A 从不可信赖者转变成了可信赖者？

史密斯审计委员会的报告中提出各种建议，但不再要求会计公司停止向审计客户提供
306 任何非审计业务，其约束或处罚作用也远不及萨班斯-奥克斯利法案。

公司治理已经取得了多大进展？

所有这些关于公司治理和经济伦理的报告和建议说了些什么？在许多人看来，这些报告没有说什么，在公司治理问题上谈得并不充分。关于公司治理的一个比较综合的观点认为，经营者漠视股东利益只不过是公司治理中需要解决的一个问题。自 1992 年以来公司治理进展甚微。虽增加了非执行董事人数，也表达了对会计公司的关切，但只做了些微调，除此以外仍是新鞋老路，一切照旧。

政府由于短视与无能在公司治理问题上受挫，未能纠正对童工、强迫劳动、非人工作条件、掠夺环境等深刻的公司治理问题的不适当反应，政府纵容企业和腐败的行为（有关这方面的调查见透明国际的网站）导致了图 8.2 中的一系列其他提案的产生。

金氏委员会公司治理报告

在讨论联合国全球契约组织(UN Global Contract)反映的问题之前,我们先讨论 2002 年发布的《金氏委员会公司治理报告 II》(*the second King Report*)(《金氏委员会公司治理报告 I》于 1994 年公布,文中有时简称为《金氏报告 I》、《金氏报告 II》),涉及南非公司治理问题。有意思 307 的是报告开头部分提到了安·卡德伯里爵士(Adrian Cadbury,1992 年英国《卡德伯里报告》由此得名)的声明,但是这项声明是卡德伯里在世界银行 1999 年的公司治理报告中公布的。

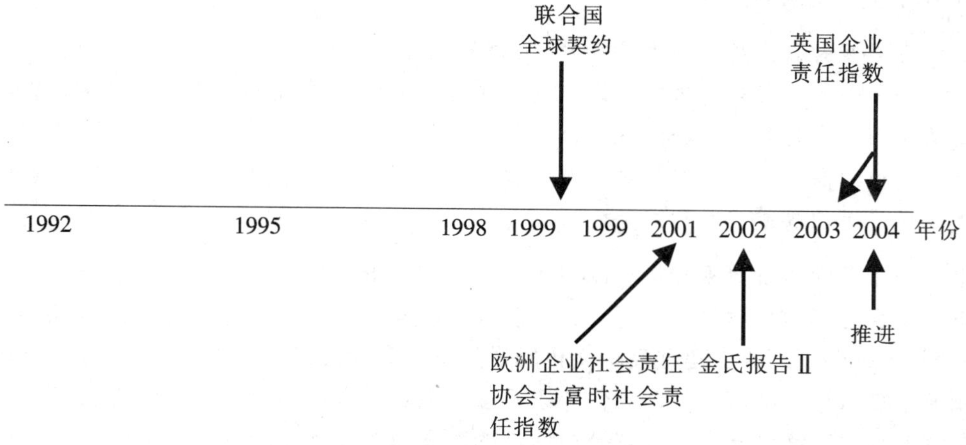

图 8.2　公司治理的其他的有趣进展——未对英美股市的上市要求造成影响

> 公司治理关系到如何保持经济与社会目标的平衡以及个人与社区目标的平衡……目的是尽可能协调个人、企业和社会之间的利益。
>
> (King,2002:6)

这种公司治理观点比 1992 年英国卡德伯里报告,或此后任何其他的英美金融公司的治理报告都更具包容性和广泛性。《金氏委员会公司治理报告》中还有更多重要特征与本章内容密切相关。首先,《金氏委员会公司治理报告 I》(1994 年)的包容倾向在《金氏委员会公司治理报告 II》(2002 年)中得到延续。这一倾向反映在以下摘录中:

> 与当时其他国家相应的报告不同,1994 年的《金氏委员会公司治理报告 I》超越了公司治理财务与管理方面的内容,提倡一种廉洁诚信治理公司的取向,为广大利益相关者的利益考虑,关注良好的金融、社会、伦理和环境实务的基本原则。金氏委员会采纳廉洁诚信参与公司治理的企业体制,1994 年,金氏委员会明确规定,公司必须承认公司行动再也不能独立于自己经营所在的社会和环境了。
>
> (King,2002:6)

相反,英美国家公司治理改革一直专注于企业对股东的责任。金氏委员会对企业的利益相关者采取一种明显包容的观点,不过这份报告不是一份天真的报告,没有忽略或低估公司面临的经济职责。这是一个思想性较强的学术报告,它对"问责"(accountability)与"责任"(responsibility)作了辨析,这是过去的英国公司治理报告中未能阐述的内容。金氏报告不是一份限于南非经济利益领域的标新立异的调查报告。这次调查由南非董事协会主办,尽管是在资本主义市场经济背景下进行的，但是《金氏报告》反映了完全不同的经济社会理念。这一点精彩地反映在第 38 段及其分段中，在这些段落中，报告聚焦于支撑南非社会的那些价值观。这方面的因素被英美国家的公司治理报告所遗漏。由于报告反映了关于经济社会关系的截然不同的全球性观点，目前未得到普遍支持。

金氏报告中考虑的首要价值观是“集体化精神”。第 38.1 段陈述如下：

> 在此，我们赞扬集体化精神胜过赞扬个人主义。这决定了生活的公共性，在公共生活中，家庭是作为相互依赖的近邻而共同生存的。

308 同时考虑的其他价值观是：

> 谦卑和助人比批判他人更重要。（第 38.3 段）
>
> 公平是人类与生俱来的信念。这表现在四海之内皆兄弟的先天倾向中，甚至非洲裔的美国人也是如此。（第 38.6 段）
>
> 道德的高标准建立在历史先例的基础上，家族的亲密血统支撑着它们，而家族血统则是通过对图腾或家姓和绵延的宗族而传承的。（第 38.7 段）

上文关于共同体价值观和信念的主张没有否认若干世纪以来非洲各部落彼此交战的部落历史。不管怎样，它提炼出了共同的价值观：要联合而不是分裂各部落（西方术语为“事实上的微型民族国家”），寻求建立反映文化风俗与价值观的公司治理理念，不允许直接移来在经济领域中被认可的经济价值观和信念以及逐出更具包容性的社区导向价值观。

有趣的是，第 39 段开宗明义，“公司治理的基本问题是领导问题”，接着阐述了领导者应该拥有和展现的基本价值观。这里似乎婉转提到了非洲的“伟大灵魂的人”，在英美的辩论中，没有提到有“伟大灵魂的人”。

20 世纪的非洲社会遭受了巨大创伤。1990 年纳尔逊·曼德拉的释放为野蛮的种族隔离政策敲响了丧钟。我们必须在这样一种社会和文化背景下来认识金氏报告，不应该仅仅把它当做结论来回避或小化。这是一份应该引起我们重视的报告，它表达了一种非同寻常的公司治理理念，即认为经济是社会的一个部分而不是脱离于社会的。这个论点挑战了英美公司治理改革中隐含的假设，也将我们引入关于联合国全球契约的讨论。

联合国全球契约

对在发展中国家开设的企业中存在的童工和非人工作条件等问题，各国政府未能做出适当反应，处理这些问题的进展也不大，而这只是大的跨国公司供应链方面的部分问题。受挫于此，联合国于 1999 年成立了“联合国全球契约”，用全球契约最高执行官的话说，成立全球契约是为了填补真空，以“回应政府不愿意或不能够满足的要求”（Kell，2004）。

全球契约过去是，现在仍是一个旨在通过以下行为影响公司实务的自愿行为守则：

> (i) 领先企业支持并作为成员加入全球契约，然后
>
> (ii) 通过为其他机构树立可效仿的良好实务榜样，提高对公司责任的接受度和参与度

309 全球契约的焦点是 3 类共 9 项公司活动的关键原则。

1. 人权

原则 1 企业应支持并尊重国际公认的人权；并

原则 2 确保它们不与践踏人权者同流合污。

2. 劳工

原则 3 企业界应支持结社自由及切实承认集体谈判权；

原则 4 消除一切形式的强迫和强制劳动；

原则 5 切实废除童工；

原则 6 消除就业和职业方面的歧视。

3. 环境

原则 7 企业应支持采用预防性措施应付环境挑战；

原则 8 采取主动行动，促进在环境方面更负责任的做法；

原则 9 鼓励开发和推广环境友好型技术。

1999 年，负责全球契约的人们看到了通过跨国企业实现社会变革的前景，遂全力以赴，与大企业合作，既获取其支持（赞助），又激发其承担公司责任。他们采取的办法是，突出优秀的实务榜样，这些榜样既"有效"，又是当之无愧的成功企业。

由全球契约高管委托撰写的 2004 年年度报告《推进》的前言反映了这一思想和策略的发展。人们现在似已承认，期待企业独立于政府对全球契约的倡议做出回应是不现实的。一方面，全球契约原本就是对政府失灵做出的反应，另一方面，一个要求企业来修补政府失灵的自愿倡议行动反过来却需要政府的承诺和积极的鼓励帮助，这未免荒唐。因此，《推进》主张为了公司责任的未来发展，企业与政府间进行更多的对话、合作并建立起更亲密的伙伴关系。

一个更具批判的声音来自"基督救助会"(Christian Aid)。在其 2004 年的报告**《揭去面纱》**(Behind the Mask)中，基督救助会拒绝了全球契约，认为它"几乎毫无作用"（第 8 页）。全球契约缺乏透明度，缺乏监控和审核作用，这些使得这次运动缺乏公信力。在"基督救助会"看来，全球契约似乎是公司责任运动最糟糕的反面教员，它有轰动的公众效应和广告效应，但其实不过是只没牙的老虎，几乎没有任何监控和审核的力量与手段。有人认为它只是一个冒牌货，在这场骗局中政府不过是共谋和工具而已。

全球契约包含的承诺与雄心深受许多公司社会责任或公司责任的支持者和倡导者的欢 310
迎，也显示了一些公司责任倡导行动的许多局限性。现在，我们从"基督救助会"在上段表达的重要警示，回到《推进》的关键目标：将企业责任……的倡议与更广泛的可持续发展的挑战联系起来。《推进》与《千年发展目标》(MDGs)（见表 8.3）关系密切。

《推进》通过讨论其发现和案例研究，确定了公司责任六种可能的表现方式。这六种可能性反映了"公司"介入经济和非经济发展的不同水平，是其中一种"倒退"，它代表这样一种可能性：公司公开保证成为变革的催化剂，背后却千方百计地挫败或阻碍发展。

表 8.3 千年发展目标

1. 消灭极端贫穷和饥饿
2. 改善产妇保健
3. 普及小学教育
4. 与艾滋病毒/艾滋病、疟疾以及其他疾病对抗
5. 促进两性平等并赋予妇女权力
6. 确保环境的可持续能力
7. 降低儿童死亡率
8. 全球合作促进发展(此项目标涉及贸易问题,也涉及对发展中国家减免债务和提供负担得起的基本药物)。

承上启下

人们可以以后果论或义务论的论点来支持公司社会责任的发展。根据(i)后果主义观点,以及(ii)义务论观点,简要说出接受公司社会责任的两个理由。如需回顾有关的伦理立场,请参看第三章。

活动 8.2

一个重要问题

你回答了在上面的“承上启下”中提出的问题,请问,要求或期待经济组织承担起纠正社会弊病的责任是否公正、合理且合乎伦理?为承担某种非常具体的经济任务而成立的组织何以能够承担起或至少辅助政府承担本该由政府承担的责任?

311 活动 8.2 提出了一个根本性问题。为探讨这一问题的含义以及人们会怎样回答这个问题,我们现在回到米尔顿·弗里德曼(Milton Friedman,1970)的观点。

弗里德曼的观点:反对要求公司承担社会责任

米尔顿·弗里德曼是诺贝尔经济学奖得主,他的思想在 20 世纪八九十年代对美国和英国影响极大。弗里德曼那篇常常被引用的文章值得一读,他认为企业唯一的社会责任是提高利润,不必迁就社会干预,如赞助公益活动、资助慈善事业、社区活动或其他“善行”。

20 世纪 60 年代末和 70 年代初,要求企业以对社会负责的方式行动的呼声日趋频繁,弗里德曼的文章是对这些呼声做出的回应。人们对“公司权力是没有责任的权威”表示忧虑,除此之外,对“社会负责的方式”的解释含混,确切含义一直不得而知。弗里德曼的批评 30 年后由沃尔夫(Wolf,2000 年)重提,沃尔夫指责那些(仍)在要求公司承担更大社会责任的人说,他们不但歪曲了经济活动,而且混淆和误解了企业宗旨。沃尔夫提出,“优秀企业的作用是获利,而不是拯救地球”。

弗里德曼批评那种主张企业在三条阵线负有社会责任的观点。他首先对附有伦理含义的经济责任大加鞭笞。如果要求公司从事慈善活动,诸如向慈善机构、学校或医院捐款,就会扭曲资源配置效率,即资本赢利率。弗里德曼认为,公司能用持股人的资金赚钱,就是对

持股人负责。成天为支持哪家慈善机构或做哪些善事而烦恼，纯属不务正业，是将“管理的眼睛从旋转的球上移开”，而这只球就是“如何提高利润”。由此，根据弗里德曼的观点，唯一能接受的公司慈善活动是能够表明捐款或善行在改善公司赢利能力方面优于其他投资机会。我们可以认为这是“审慎的利他主义”。更确切地说，这种情况下这笔慈善捐款其实就是一笔商业投资。波特和克雷默（Porter and Kramer，2002）提出同样的观点，但将此种行动喻为“策略慈善”，将弗里德曼文章中关于慈善的观点作了稍许延伸。温泽尔（Windsor，2001）强化了这一观点，他要求所有企业活动，包括“善行”都应该“增加价值”，更确切地说，“增加股东价值”。这是弗里德曼观点的最强烈的表示。

其次，弗里德曼运用伦理学与政治哲学批判道，公司用持股人的资金去支持慈善活动或其他“善事”，是不讲民主。任何这样的捐款都是以减少股东分红、提高价格或降低工资为代价（或三者皆有之）。弗里德曼问：“如果一家公司先是像不领薪水的税务员（即向股东、顾客 312
及雇员征税）那样行动，然后又当一名不负责的施主，这怎么可能合乎伦理呢？”要么由公民选举的人民代表（即，国家或地方从政者）用公共基金向公益设施或慈善事业提供财政支持，要么由个人来决定自己希望对哪些慈善活动进行私人捐助。

最后，即第三个批判是哲学的批判，弗里德曼认为企业不可能承担责任。企业是社会产物，也就是说，社会通过法律，为某些形式的商业协会和结构提供法律保护，企业的存在正得益于此。没有这些法律和社会设施，企业就不能且不会存在。用弗里德曼的话说，能够负责任的只有个人，而不是企业。

活动 8.3

挑战弗里德曼

针对弗里德曼提出的三个批判，试着阐述你挑战弗里德曼主张的论点。注意，仔细思考弗里德曼阐述的观点，不要着急。

对弗里德曼批判的回答

从放任自由（或尽可能放任自由）的市场经济——即我们在第一章所说的新自由主义经济立场或简称新自由主义——的拥护者的眼光来看，最有希望保护个人自由的方式，就是维护开放的市场（即，没有贸易壁垒），以及政府对商业经营的最小干预。

承上启下

政府应该尽可能地减少对经济和社会事务的人为干预，这种立场就是所谓的“消极自由”，即第三章中讨论的所谓“免除”（干预）的自由。

从中长期看，政府的干预不仅在经济上起反作用，而且这种干预本身也被认为是不合乎伦理的。也就是说，他们以“老大哥说了算”的心态对个体的偏爱横加干涉，破坏个体选择的主权。这样，从新自由主义的立场来看，弗里德曼提出的第一条和第二条反对意见都是强烈的反对意见。不做说明地提高税收——不论是由政府还是由公司领导者操作都是扭曲资源配置效率的，有损个体主权和不民主的，因此必须反对。

弗里德曼不认为企业高于法律，他倒是极力主张企业行为不应超越法律规定的最低行
313 为水准。法律代表的是为社会所接受的（企业和个人）行为，如果社会加重企业负担，抬高法定绩效标准（如提高污染控制标准），公司就必须提高自己的绩效水准。这显然未考虑由于正常竞争而必须增效所带来的压力，虽然这种压力与那些源于环境关切的压力往往是抵触的。

新自由主义的支持者承认，经济波动有时候会给人类带来极大的负面后果。例如，严重的经济低迷能够引发大规模裁员以及居高不下的失业率，导致地方基础设施建设受到影响，如教育、健康和交通等方面的开支低于理想水平。这是降低征税和增加社会安全福利的经济后果。这种后果是不幸的，但又是社会为保护整个市场体系的完善所必须接受的不可避免的后果。然而全球化与日俱增的影响，以及世界贸易组织（WTO）在世界范围内强力推行全面放松市场管制，已经提高了在这场辩论中政治的和社会的筹码。

在弗里德曼看来，要么企业总的作用和影响一定是好的，要么就是更传统的观点，即，由于市场动态杠杆的调节和经济进步，市场体制中公认的不公正与不完善被每个人最终享受的进步与好处大大抵消了。每个人都受惠于这些所谓的经济发展的程度不一，这一点没有争议，但是每个人的生活最终在一定程度上都会好转。从这个观点中你似乎看得见罗尔斯立场（已在第三章论及）的影子，即尽管社会的最贫穷者相对而言的确贫穷，但是他们的境遇比在其他任何经济体制下可能都好些。这一观点可以从两层意思来考虑。

(i) 第一层是经验问题。我们所掌握的证据，是否显示全球化以及放松对世界市场的管制导致了人民福祉的整体提升？这方面的提升是否比所有其他选项都重要？

(ii) 第二层是伦理问题。这种方法是否经得起正义、公正、智慧和关怀理念的检验？

要对问题(i)做出回答，我们的证据是不够的，充其量，我们可以说证据是混乱的。最糟糕的是，即使非政治领域，我们也正体验着强权对资源更集中的控制，而有关权力、责任与问责的根本性问题依然未得到回答。

承上启下

美体小铺连锁公司创始人安妮塔·罗迪克（Anita Roddick）的话说得很有意思，她是在回答菲利普·利戈兰（Philippe Legrain）于她的公开信发表的前一天在《卫报》上发表的一篇文章时说这番话的。利戈兰想证明，放松对世界市场的管制和世界贸易组织的行动是一致的，大家应对此表示欢迎，因为最终大家都会从中受益（此论上面已有概述）。罗迪克女士原话见页边码第 464 页。

314 人们可能总是渲染那些作为群体代表的个人或个别企业的恶劣形象。谚语道，有烂苹果并不说明筐中全都是烂苹果。然而，如果有人指出企业或企业集团有效忠和故意操纵权力的趋势，那就不是一只烂苹果的问题了。下面的一组案例说明了这个问题。

案例研究 8.1

烟草业

多年来，医学研究显示，在吸食烟草产品与各种癌症之间存在明显的联系。这些发现受

到全体烟草公司一致强烈反对，尽管他们自己的研究也证实存在这种关联。然而，2000年，雷诺兹烟草公司打破行规，在法庭上宣布对一些烟民的患病承担责任。有证据显示，各烟草公司多年前就已证实在烟草产品与癌症间存在联系，但是他们隐瞒了这些证据。自1990年代初烟草产品在大部分西方国家销售停滞或下滑以来，烟草公司便瞄准了发展中国家（尤其是年轻人），意图使自己的产品市场增长。

尽管烟草公司之前大肆抵赖香烟与癌症的联系，但现在真相大白了，他们承认了这种联系。菲利普·莫里斯这家跨国烟草公司委托的一份调查可以例证以上联系。捷克共和国销售的烟草产品的80%由这家公司生产。有人称，由于与吸烟有关的疾病造成的住院治疗、旷工以及由此带来的税收减少导致了捷克经济上的重大损失。该公司感到必须对这种说法做出回应。公司委托的调查得出结论，香烟没有造成捷克经济的损失，而是每年为捷克政府节约了一亿多英镑，原因是，由于吸烟可导致疾病，吸烟者比不吸烟者早死，这将为政府节省和老年人相关的医疗费用，同时还减少了养老金开支和住房开支。

案例研究 8.2

何时可种植转基因作物？

在包括英国在内的许多西方国家中，种植转基因（GM）作物受到政府的限制，政府严密控制这种作物的种植。在一系列的试验后，英国政府宣布只有一种转基因作物通过了测试。各大相关公司已承诺对试验予以监督，只有在发现充分可靠的证据后才能考虑进行大规模商业种植。而与此同时，在印度安德拉邦，一块384平方公里，人称“基因谷”的土地将被用 315
来生产转基因作物，资金来自英国政府的海外援助基金。英国政府2001年向该项目拨款超过5000万英镑。介入英国对照试验的美国转基因巨人孟山都公司（Monsanto）也被邀请参与安德拉邦开发项目。安德拉邦的农民担心，对草原进行大规模开发，会导致大批小农和劳工涌向城市寻找工作。安德拉邦项目（取名“幻影2020”）是一家美国大型咨询公司调查后的产物，批评者指出，该公司几乎不考虑其他形式——更合理有效地利用资源和提高农业效率的形式。由于该项项目有如此有权势的公司介入，所以，在正式宣布前，已稳获政府支持。安德拉邦的当地农民希望能够掌握自己的命运，他们害怕该计划将在该地区导致社会灾难。

1966年，在苏加诺总统被推翻后，印度尼西亚立即遭到瓜分（见第十二章）。此案例进一步例证了这些事情的发生并非是什么反常情况，而是由企业—社会—政治关系中的结构性问题所导致。

案例研究 8.3

市场、价格和需求

当说到全球市场和跨国企业惹起麻烦或问题的时候，制药行业往往成为最头痛的问题。在其他问题上，制药公司经常因为在“富贵病”的治疗研发方面投入巨额预算而备受批评。譬如，声称能治性无能、脱发、皱纹、肥胖等病的新药源源面世，而治疗疟疾、埃博拉病毒和艾滋病等的药物，要么尚处于调查阶段，要么对于千百万患者来说药价依然太高。制药公司指出，他们是商业企业，须按金融市场规则办事。如果政府希望他们将新药研发预算转移到特定医疗领域，那么公司需要得到对这种转移的机会成本的补偿。对这种要求的一种回应是，普通制药厂家用这些跨国制药公司要价的一小部分（约为其药价的1/8）就能制造出抗艾滋药。制药公司答道，他们需要支付这些新药的研发成本，而普通药厂没有这笔费用。

上述争论中暗示的伦理意义是不同的，我们不打算谈论如何使二者达到平衡，但我们要思考的问题是，制药公司（大药商）如何回应外界对其抗艾滋药政策的批评。

316 2001年，南非政府就抗逆转录病毒药物（抗艾滋药）定价问题在南非将“大药商”（Big Pharma）告上法庭。宣判前一天，制药公司意识到他们将“输掉”判决，便开始有效地讨论协商“庭外和解”，形成了50个字的声明，经过几个月的“辩论”后，这份声明成了措辞极模糊的文件。许多人感到制药公司已反败为胜了。当2003年10月美国参议院宣布“美国反艾滋行动”领军人物是兰达尔•托比亚斯（Randall Tobias）时，更加强了这种感觉。兰达尔•托比亚斯是“礼来”公司（Eli Lilly）——世界最大的医药公司之一原先的头儿。任命时并未要求他卖掉自己所持的制药公司的股份，这意味着，如果托比亚斯先生做出任何不利于制药公司的决定，都会对其财富地位产生负面影响。许多人提出了利益冲突问题，但从未得到充分的解释。

政府与企业之间的关系复杂且亟待仔细研究。这远比来自自由市场原教旨主义者“最小政府”的单纯要求复杂得多。在市场体系中，企业要求拥有对市场信号做出回应的自主权，要求拥有不受政府干预做出商业决策的权利。但这种要求忽略了政府作用：制定财政政策；管理政府借款和宏观经济事务；在地方或国家经济衰退时期支持企业；政府资助纯研究或普通研究；以及资助私人资本无法承担的重大项目。

此外，一般而言维护特定的经济和法律环境对商业有好处。商业组织作为多元政治制度的构成部分而游说政府和议会，以达成对自己有利的条件与立法。有人说，当今世界的压力集团，尤其是商业压力集团，对立法的影响通常远胜于政界。

这个伦理问题是极其复杂的，不仅体现在需分辨极易混淆的正义、公正与彼此关怀这些概念上，而且尚不清楚这个问题是否在所有领域中都存在。大公司的权力与影响似乎统治着政治议程，阻碍着辩论乃至思想的发展。

综上所述，企业凭借经济力量，有行大善之潜力，也有铸大害之可能。联合国全球契约最初是对多国政府不能妥善处理严重的全球性问题所做出的回应，全球契约试图绕开政府，寻求来自大型企业的社会干预。2004年，《推进》中已承认这种方法是不现实的，报告为自己设定了如下任务：努力促进公司—政府双方的更大合作，以应对世界性难题。我们是否正
317 在进入一个新时代？公司总裁能否参与解决世界性的重大的社会和环境挑战而又不损害公司经济利益？现在回答为时尚早，但是有一点很明确，经济伦理问题从未显得如此紧迫，也从未引起过人们如此多的关注。

利润——杠杆与诱惑

有人主张，自由主义的整体效果一定会惠及所有人。而上文有关全球化和放松管制议题的重要案例则对这一主张提出了挑战。依靠受跨国企业（MNC）影响的全球化和世贸组织的规则，而不是用其他更具文化和社会敏感性的方法来解决经济发展问题，以便使穷人过的好一些。这样做的功效——姑且不论其伦理性——会怎样？应用罗尔斯的“原初状态”来检验，其功效值得怀疑。例如，张（Chang，2002）提出，目前资助和主导世贸组织自由贸易政

策的大国在发展自己的经济时，并不服从世贸组织的约束。英国和美国都动用保护主义政策使本国经济增长。

布尔戈和斯图尔特(Burgo and Stewart，2002)以马拉维事件为例，证明强制实行私有化政策导致了食品危机。这是对自由贸易思想发起的一次进攻，但这一次矛头直指国际货币基金组织和世界银行。在第十三章中对此有详细说明(见页边码第 513 页的案例研究 13.13)。总之，20 世纪 90 年代中叶，国际货币基金组织在提供贷款和金融援助之前，力主对谷物和食品代理经销放松管制，结果导致 2001 年粮食供应崩溃，饥荒蔓延。布尔戈和斯图尔特将这一灾难归咎于放松市场管制政策。有意思的是，在七国部长坎昆会议上，英国政府请马拉维工商部长蒙帕苏先生就马拉维经济自由化题目发言，后者起身说："我们开放了我们的经济。这就是我们被搞得一蹶不振的原因。"(Elliott，2003)

从这一讨论中产生的一个新议题是：怎样通过可被社会接受的参数来调和经济规则的需求？这是一个复杂问题。大约两百年前，大卫·李嘉图(David Ricardo，英国经济学思想泰斗)将利润喻为"杠杆与诱惑"。说利润是诱惑，因为它是投资是否成功的指标，因此它担当着诱惑新投资的任务。而说利润是杠杆，是指资本转移除了会产生经济影响以外，还可能产生社会影响。资本从甲地转移到乙地，从一国转移到另一国，搜寻最有利可图的投资机会，使那些受资本流动影响的地区动荡不安。尽管弗里德曼认为"公司社会责任"是反民主的，但那种听任经济自行其是的论点忽视了公司决策的深刻影响及其对千百万人的潜在冲击。公司决策是由那些看不见的决策者制定的，他们中的大部分人是不负责任的。弗里德曼"不民主"论的批评者认为，这些问题对民主进程威胁比弗里德曼提出的问题更重大、更严峻。

弗里德曼的第三个批判 318

进入弗里德曼的第三个批判时，我们发现这一观点在原则、法律论证和经验证明诸层次上都受到质疑。这里提醒一下读者，弗里德曼的第三个批判是企业不可能承担责任，因为它们不是真实的人，而是社会产物，即人造实体。我们接受弗里德曼"企业是社会产物"的观点，但并不否认这样的可能性：时光的流逝可能会赋予经济组织以新的约束、属性、权利及责任。从本质上讲，社会产物是能够重建的。因此，仅凭企业是社会产物这一单纯事实，不能否认这种实体能发展到如此程度，以致社会认为有必要制约企业或赋予其责任。在这样的发展中，不存在任何会在哲学上引起反对的事物或缺陷。尽管如此，这样的进展是否会实现理想的目标仍是另一个截然不同的问题。

除在原则上质疑弗里德曼第三个批判的有效性以外，企业也以自身行动削弱了第三个批判的力量。根据美国宪法，美国企业享有与个人同等的权利。例如，1996 年美国最高法院一致通过废除罗德岛一部沿用了 40 年的法律。该法律禁止企业为啤酒和烈酒价格做广告宣传。最高法院参照第一修正案裁定，企业跟个人享有同样的保护。1998 年，在波士顿第一国家银行诉贝乐蒂公司案中，美国最高法院再次裁定，公司与个人一样，在言论自由方面事实上同样受宪法第一修正案保护。由此，尽管企业是社会产物，但根据美国宪法，涉案公司仍被赋予与美国公民个人同等的权利。

《金氏报告》突出了一个更深入和关键的法律要点。人们习惯上认为法人代表必须以股东利益为重。但是《金氏报告》对这一主张提出质疑：

> 公司成为法律意义上的独立人，没有任何自然人或法人能属于别人。法庭还认为，

> 股东对公司拥有的财产、生意或资产没有任何直接利益,他们唯一的权利是投票权和分红权。股票持有人随时在变更,而公司作为业主却是一直不变的。因此,董事在行使其信托义务时,其行动必须符合公司作为独立人的利益。
>
> (King Report,2002:10)

按照这个逻辑，法人代表保证为公司利益效力的承诺将表明，如果他们认为适当，他们可
319 以包括采取对社会负责的公司行为。这种观点将公司的长期经济生存置于高于一切的地位。股东利益和公司利益通过所谓的“对应原理”过程将达到一致。在这一过程中,投资者根据每个公司已知的目标和绩效,遴选予以投资的公司。这样,法人代表不必担心是否应以股东喜爱的方式行动。如果法人代表的行为符合既定决策和基本原则,那么就将符合股票持有人的利益,因为股票持有人正是在这一基础上决定对该公司进行投资的。

人们也可以争辩,企业作为可辨认的法人实体,如果能够被赋予公民权,为什么不应该被赋予相应的责任?如果这个论点成立,那么就要考虑如何实施更广义的企业责任了,反过来,这预示着我们的话题要转到利益相关方的概念上来了。

利益持有与利益相关者

“利益持有”一词意指一个概念、一项原则或观点,而“利益相关者”则是指某个具体人或特定人群(有时是某种组织形式)。利益相关者的明确含义是:组织的决策如何体现或代表这些人群的利益。辨析这两个概念十分重要,因为对于一些赞成并主张利益持有的著述者而言,实施这一概念会产生极大的问题,而这些问题可能会使人怀疑这个概念的效用。布齐霍尔兹(Bucholz,1998)和罗森萨尔(Rosenthal,1990)是这些批评者的代表,他们支持利益持有概念,但对它在现实中的潜能表示忧虑。

忧虑归忧虑,日益增多的经验证据表明,越来越多的组织正在自己的工作中采取更具包容性的观念,拒绝在决策时只考虑股东利益。这并不意味着股东不再是管理思想与管理行动的重要考虑因素。确实,当利益相关者的利益发生冲突时,经济规则常常或者永远被优先考虑,股东利益或许(仅仅是或许)只是一种最低限制,而不是最大化目标。

从许多方面讲,限制都比目标更苛刻,因为限制总是用某个具体数字来表示,例如,明年最小红利回报必须达到6%,或最低赢利必须达到11%,而“我们的目标是实现股东财富最大化”则是非常松散的表述,没有确切的绩效目标。在“限制”中规定的最小回报必须考虑同时并存的若干投资机会,所以这里所表达的不是“画饼”,不是一相情愿,而是对可能已经渐
320 渐在某些公司董事会上发生的情形的一种解释。因此,如果变化过程反映的是真实和长期的变化,而不是赶时髦,那么这个变化过程不是观点发生戏剧性突变,不是鼓噪和喧嚣,而是不易觉察但更加有效的变化。要对这一点做出更有把握的陈述显然需要有更多的经验证据。

把对股东利益的考虑变成一个“限制”因素,比如把普通股股东视同第一优先股股东,那么管理层会转而考虑“一个组织怎么才能与社会进行更多的互动,而不是脱离社会?”在实践中这种转变如何发生呢?

解决这个问题有各种不同的方式,但是有一条路是行不通的:企业一直等到自己对于实现股东“限制”目标(即,最低分红或赢利)有百分之百的把握时,才开始讨论企业作为社会—经济实体应该如何定位的问题。譬如,往往要到11月或更晚才能确定能否达到最低股东回

报，这样就没有时间让你来思考其他利益相关者的问题了。

如果股东参与的观念既符合实际又很重要，那么制定长期的利益相关者战略就很必要了，这就像市场战略对开发产品或服务一样必要。组织发展则是集二者之大成。为反驳弗里德曼及其追随者伊莱恩·斯特伯格等(Elaine Sternberg et al.，2000)的担忧，许多组织坚持，员工参与组织正常经营范围之外的社会活动，对员工士气有正面影响，也有助于提高组织绩效。事实证明，员工将时间用于"社会项目"，是一种切实有效的"增值"活动。案例研究8.4可以例证这个观点。

案例研究 8.4

一家成功企业的社会定位理念

美国第一资本金融公司(Capital One)是一家信用卡公司。公司不宣传自己的社会计划，因为，仅仅为赢得公众效应而从事社会活动，可能会遭到指责。这令他们不安。公司从事的大部分社会活动都未经报道，所以不为人知，但是下面事例却吸引了媒体，公司承认了自己在项目中担任的角色。

公司参与的项目涉及最新尖端软件开发，该软件是为了方便地方警力查询不同国家的数据库，以追查恋童癖嫌疑人。公司安排大量程序员与当地警方合作数月开发软件。该软件后来被证明是警方工作中的一个重大进步，同时还被其他警力采用。程序师们将自己的大量空闲时间投入该项目。笔者与公司人员交谈时感到，毫无疑问，每个人都非常支持这个项目，此事对员工士气的积极影响很明显，提高了程序开发部门各项工作的效率和创新 321
水平。

弗里德曼的支持者对此可能会做出如下反应：他们认为这个例子很好，正是因为公司相信这样做对股东利益有好处，所以此项活动才能进行。如果不是这样，此项活动就不该进行。有趣的是，高层管理者竭力表示，决定支持该项目并非基于弗里德曼式理由。高管们认为，做出与"社会项目"有关的决定出于非后果主义动机。"社会责任小组"(由四名专职职工组成)确定这些项目，然后由高管审核。有些决定还向全体员工征求过意见，大家共同制定来年的"社会项目议程"。

高层管理者认为，他们将自己公司视为当地社区一员，也希望被别人看成是该社区的一个组成部分。他们希望在别人眼里是好雇主，这样不仅能吸引"好的"员工，而且是有正确方法和奉献精神的员工。这些政策切实提高了组织效率，但是高层管理者认为，这些政策的制定其实更多地反映了一种原则性，而不是工具主义立场。从根本上讲，高层管理者的企业"生存"哲学具有包容取向。

案例研究8.4告诉我们："每个人都是赢家"，未必是略带嘲讽的说法。基本争论可追溯到"公司"的原始概念。"公司"的词源与"利益共同体"，即雇主、员工和投资者互利的伙伴关系有关。这种理论不否认企业在其产品和服务市场及金融市场中的竞争。在以市场为基础的资本主义制度中，利益持有概念似乎会制造出难题，而"股东即限制的观点"为解决难题提供了一个可能的途径。

公司治理与信托

我们将在第十章讨论伦理规范和行为守则。第十章的论点是伦理规范与价值观和德行有关。可以肯定地说，最有效率、最经济的公司治理形式是一种建立在信任基础上的关系，依靠必要的问责机制与公开透明来维持。一旦有人怀疑某人的正直和可信度，监控程序便开始发挥作用，但是这些程序费用高昂，而且其自身可能会激化矛盾和滋生猜疑气氛。

如果一个组织部分为了减少监控程序的成本而希望培养一种基于正直、诚实、客观、公正和公平的文化，那么在实践中强调连贯性，避免双重标准是至关重要的。但不幸的是，如表 8.4 所示，太多时候事实并非如此。

322 **表 8.4　组织的原则与人的行为**

问　题	一般员工	高　管
为别的组织工作	拿出时间做“别的”工作，叫做从事第二职业。为别的组织干活被认为是一种罪恶。	在别的组织担任咨询或非执行董事工作永远被认为是工作能力强，是长处。
工资激励关系	低薪励勤，高薪养懒。	高管需要通过提薪励志。薪酬越高，动力越大。
养老金	指望在退休后仍由国家或组织提供收入是不切实际的。	丰厚的养老福利待遇对于激励主管人尽其才至关重要。
工作条件	总体工作条件符合基本的功能要求就行了，做多了就是在浪费股东资金。	膳宿质量要最好，如果条件较差则对未来即位者缺乏激励。
津贴	极少，即便有，绩效一定与津贴紧密挂钩。没有“免费午餐”。	来路五花八门，从一流的旅游到配备专车（供短时出差用），经理的艺体活动费，公司提供住房和公司贷款。工作午餐虽不免费，但总是“另有人”买单。

辩论的推进

英美在公司治理与公司责任方面进展的研究，使我们现在可以理所当然地提出问题：如果能成功挑战弗里德曼式的公司责任观念，那么如何才能在实践中实施和体现经济伦理的思想？市场是动态的，而且人们对伦理学的认知和立场又各有不同。任何一个这样的框架的核心及可普遍接受的原则必须考虑到人的尊严和权利，但是又要有灵活性，允许因地制宜，做一些“可接受”变革。虽然这犹如寻找“圣杯”①，但人们还是试图在发展这种框架。我们即将讨论的不是在复杂的多元文化背景下发展特定伦理准则的规范法，我们要讨论的是一个大框架，至少能提供一个总体构架，公司能够根据这个构架，着手形成各自对复杂伦理环境的不同的管理方法。

---

① 圣杯(Holy Grail)——一个人只有拥有纯洁的心灵和思想，才可以得到圣杯，而只有上帝才可以评判谁有资格得到它。——译者注

社会契约与经济案例 323

社会契约是一个有趣的概念，远可以追溯到柏拉图(Bosanquet，1906)和亚里士多德(Aristotle，1976)，近可以追溯到霍布斯(Hobbes，1968)、洛克(Locke，1952)和卢梭(Rousseau，1913)。莱斯诺夫(Lessnoff，1986)很好地介绍了社会契约思想和理论的历史。

有人提出公司必须赢得并保住“经营执照”。这是社会契约的最新表述。经营执照代表的不仅是对经济规则的承诺。这种方法没有忽视经济问题，但两个有趣的著述者——托马斯·唐纳森(Thomas Donaldson)和托马斯·邓菲 (Thomas Dunfee)在过去 20 年中出版了多种著述，如，唐纳森(Donaldson，1982，1989，1990，1996)；唐纳森与邓菲(Donaldson and Dunfee，1994，1995，1999)；邓菲(Dunfee，1991，1996)；以及邓菲和唐纳森(Dunfee and Donaldson，1995)等。唐纳森和邓菲吸取社会契约的思想并发展了一种很有特色的理论——“综合社会契约理论”(ISCT)。理论核心是四个规范，亦称四个价值观。图 8.3 是对“综合社会契约理论”的直观图解，中心是基本核心价值观。

四个规范的描述如下。

“最高规范”(超规范)被认为是基本的人权或大多数宗教共同的规定。根据定义，最高规范所代表的价值观为所有文化和所有组织所接受。最高规范具有普遍规范的特点，为便于操作，规范项目较少。是否是最高规范，须经过理性辩论并得到认同，如果被证明不能普遍化，那么就不能成为“最高规范”。普遍规范问题引起了康德伦理学遇到的全部难题，但是，唐纳森和邓菲没有转向与罗斯(Rose，1930)“初确义务”(*prima facie obligations*)类似的东西，而是引入了两个容许“当地”变数存在的“低标准”规范，其中第一项为“相容性规范”。

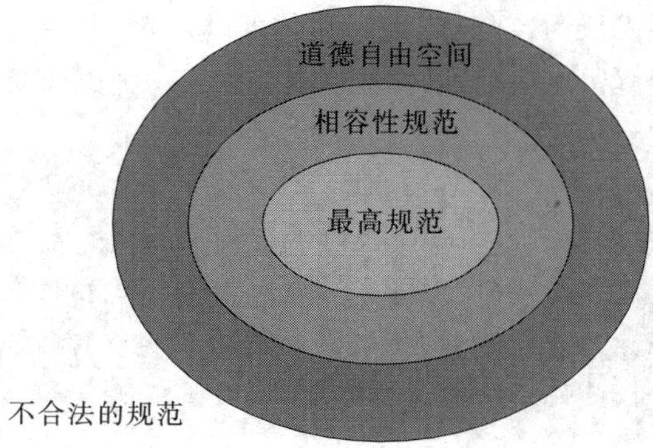

图 8.3 综合社会契约理论(ISCT)

“相容性规范”比最高规范规定得具体，但与最高规范和其他立法标准一致。立法标准被定义为“一种不与最高规范抵触的规范”(Dunfee and Donaldson，1999：46)。唐纳森和邓菲认为公司任务书就是“相容性规范”的例证。

“道德自由空间”这是一个有趣的概念，唐纳森和邓菲用这个概念容纳那些可能与综合 324
社会契约理论中的最高规范发生冲突(或有限矛盾)的规范。使用童工就是一个例子。唐纳森和邓菲所举的两个例子都与李维·斯特劳斯公司(Levi-Strauss)有关。

案例研究 8.5

李维·斯特劳斯公司

第一例，李维·斯特劳斯公司与谭氏家族有生意联系，据报道，他们(谭家)“迫使 1200 名中国和菲律宾女工在有人看守的封闭环境内每周工作 74 小时”(*Clean Clothes Campaign*，1992)。这些做法违反李维·斯特劳斯公司选择生意伙伴的条件。可以说，谭氏家族的行为违背了最高规范中关于人的尊严和公正的原则。

第二例，李维·斯特劳斯公司得知在孟加拉的两家供货商雇用 14 岁(国际公认的雇用年龄)以下童工时的反应。公司未切断与这些供货商的关系，而是选择了另一种方法。公司规定将儿童送学校念书，由李维·斯特劳斯公司支付这些儿童的学费及相关费用，还向其家庭支付这些儿童的工资。所以这些儿童没有受苦——但只是在学校的时候。公司还同意当这些儿童年满 14 岁时重新雇用他们。一方面，必须用最高规范来处理剥削童工的问题，“综合社会契约理论”能够处理这个案例中李维·斯特劳斯公司的行为，因为，使用童工至少一定违背了一项最高规范，但是，这种做法是当地“接受的”惯例，这些惯例暂时可以归入“道德自由空间”。这不是说，对所有公司而言，“正确的”反应都应该和李维·斯特劳斯公司所做的一样。有的公司，对于这种情况是不顾及连锁反应地切断与当事供货商的合作关系。本案例的“道德自由空间”不包含使用 14 岁以下童工，尽管那是当地“接受的”规范。由于“道德自由空间”与“最高规范”及“相容性规范”的关系，“综合社会契约理论”容许这样的反应(行为)。这个例子说明，定义各自“道德空间”内涵的，正是个体的人群或组织自身。

“不合法的规范”无法与最高规范调和。有人认为这类规范可能与某些社会对待妇女儿童的方式有关，而另一些人认为，部分此类“问题”可以归入“道德自由空间”。“道德自由空间”为各方阐释自己的理解留有余地，以使他们能够找到一种更长期的修正“问题”的途径。

325

承上启下

这种应用方法使“道德自由空间”变得有点功利主义(即，在权衡伦理决定时考虑决定的后果，见第三章)，只是应该基于这样的理解：目的是为了实现对违规做法的长期修正，并且，为了有效地实现这一目的，最好是研究这些违规做法，并实现变革。

看来，可以将**最高规范**短期“悬置”起来，在**道德自由空间**进行功利考量。在这一点上有争议，而且这点很可能得不到普遍认同，但是它确实显示了灵活性，而一个具有这种灵活性的框架对于谋求发展的跨国公司至关重要。某些惯例，如裙带关系，不被西方文化所接受的，但是在别的文化，如印度文化中，则是可以接受的，甚至是非常重要的。在欧亚各地区经营的跨国公司应该如何处理这种冲突？他们需要一种长期原则指导下的短期战略。

由于上面这类例子，综合社会契约理论被视为相对主义而遭到批评。唐纳森和邓菲对此予以驳斥，他们认为综合社会契约理论是多元主义的，它既承认普遍行为规范(最高规范)，又承认重大的文化差异(相容性规范和道德自由空间)。作者也承认，在该理论中，个人、企业和共同体必须为各自制定出各种水平的“规范”。

经济伦理更应该被视为一个正在书写的故事，而不是《十戒》那样的道德准则。它能，而且应该……随着时间推移逐渐适应不断发展的技术，并适应特定经济背景的文化态度或宗教态度。

(Donaldson and Dunfee，1999：viii)

唐纳森和邓菲接着说：

社会契约努力的核心就是一个简单的假定，即，我们通过努力了解机构与社会间以及不同的共同体和机构间的公平协定(契约)或隐含契约，就可以更好地理解关键社会机构，如商业或政府的职责。任何社会契约的规范性权威都源于这样的假定，即行为理性的人对于对自己所属的社会或共同体有影响的某项特定条款会表示同意或至少假设同意。这样，契约论利用同意手段(不过常常是假设同意)证明原则、政策与机构的合理性。

(Donaldson and Dunfee，1999：16—17)

为了提供一种有助于实施综合社会契约理论的机制，唐纳森和邓菲采用了罗尔斯“无知 326
之幕”的修正形式。在罗尔斯的“无知之幕”中，那些(在设想中)处于“无知之幕”后面的人对自己的地位、族源、体能、性别、地理位置、政治和经济制度等一无所知；而唐纳森和邓菲的“无知之幕”仅隐蔽了与经济有关的一些特性，如个人技能水平、经济制度、雇用单位类型、工作岗位等。他们这样修正是希望有利于对“客观的”公正进行反思和辩论，“客观的”公正应该是一种经济体制所固有的，也应该是这种体制的伦理道德基础。

综合社会契约理论试图既坚持普遍化规范(放诸四海皆准的最低行为标准)的完整，又避免非后果主义立场的僵硬。这是通过引入相容性规范和道德自由空间来解决的。这个进展很有意义，提供了一种图示(框架)，企业家可以借此框架来探寻特定情境中关键的伦理道德问题。唐纳森和邓菲强调，综合社会契约理论不是不动脑筋拿来就用的框架或方法。究其本质，综合社会契约理论是一种促进讨论、辩论的框架。它不是一个决策工具，因为企业经常面临的伦理挑战情境总是太复杂、太多面，以至于用简单公式和计算根本无法解决。无论如何，综合社会契约理论的思想和范畴确实提供了一种话语和一系列概念，可以帮助决策各方建设性地思考复杂商业情境中的不同问题和内在因素。

法人过失杀人

本章最后的主要话题继续以下主题：尝试使公司对自己的社会作用或影响负责。为进行这方面的讨论，有必要思考企业在这方面的法律立场和哲学立场。

在英国，起诉公司故意疏忽注意义务一直很困难，至少刑事起诉很难。这不同于对个体员工的起诉。通过民事法庭起诉公司已有多年历史，但是由于这类起诉费用大，旷日持久，所以公众极少选择对公司提起民事诉讼。

最新进展

可能是为了与美国刑法看齐，有提案提议在公司过失杀人方面改革英国刑法，这一最新进展表明企业未来可能会因为疏忽注意义务而被追究刑事责任。然而英国布莱尔首相政府不顾1997年宣言的承诺，一直对将该提案提交议会辩论一事保持沉默。2004年的女王演讲 327
中包含了法人过失杀人提案(这是一种宣布提案将在议会会议中讨论的机制)，但这被许多人视为欺骗，因为人们普遍认为，2005 年 5 月将举行首相大选(后来这被证明是事实)，这样一来，所有的提案都成为“扔进废纸篓的议案”。

为什么对公司过失杀人的提案保持沉默？除正在对政府说“那可不是好事”的企业游说团体外，很难看出还有什么别的原因。而在美国，企业可能因法人过失而被强令停业。这种法案叫做营业执照吊销法，虽极少动用，但至少是存在的。在英国，除英国贸易与工业部在特殊情况下以及债权人外，这种可能性不存在。在美国，一介普通公民可以因为公司的不法行为而倡议启动停业清理程序。在那里，对公司谋杀行为的死刑判决与对个人谋杀行为的判决是一样的。英国早已废除了死刑，但对于可否对法人实行死刑判决仍然存在着截然不同的观点。我们在第十三章将提出我们的“刍议”，希望能对经济伦理有所影响。下面我们将略微详细地讨论英国可否制定撤销执照的法案。

“同一视原理”与“指挥头脑”

目前，英国对公司过失杀人提起刑事起诉的第一障碍来自这样一种，也许你已熟悉的观点，那就是企业不是行为人，只有员工个人才是。所以员工个人会因过失杀人而受到指控，比如在火车相撞事故中的火车司机。而起诉相关铁路公司则比较困难。若要起诉公司，必须有人能够证明位居公司决策神经中枢者本应该采取相应防范措施，事实上却疏忽了自己的义务。这在法律里叫做**同一视原理**(identification principle)，即，必须有人能够证明过失行为者个人代表了整个公司。

在法律中，如在其他行业一样，你必须确切表达词义。当我们用短语“位居公司决策神经中枢者”时，我们指的是什么呢？要想起诉公司，必须证明被确认身份的人对诸如健康安全事务或轨道检验等特定公司活动负有完全责任。这项规定是必需的，因为法律迄今为止认为公司只有通过员工才可以对指控做出回应，当事员工必须被确认为是“指挥”公司有关方面活动的人。这就是我们需要识别的第二条法律原理。为了能以法人过失杀人罪起诉一家公司，必须辨明该组织的“指挥头脑”(guiding mind)是谁，还必须证明此人与这一(系列)过失行为有牵连。一些实例可以帮助我们阐明相关问题。

328

案例研究 8.6

自由企业先驱号渡轮

本案例已在第七章提及。P&O 轮渡公司自由企业先驱号渡轮在比利时泽尔勒赫港倾覆，导致 192 人遇难。由于没有在起航前仔细查看舱门是否已安全关上，船长本来应该已经被起诉。无论如何，事实上船员们之前曾五次向上司表达过担忧，有人指出船桥上没有报警灯，导致舱门关上与否不得而知。但这一事实不足以起诉 P&O 轮渡公司，因为无法证明员工的这些担忧确已传达至 P&O 轮渡公司的最高管理层，即“指挥头脑”那里。虽然有可能提供证明 P&O 轮渡公司事前对有关安全措施缺乏作为的比对证据，但是初审法官拒绝了控方律师的请求。控方律师为了将 P&O 渡轮公司的安全操作与其他公司进行比对，要求传唤“海运公司”船长(当时是 P&O 竞争对手)。自由企业先驱号渡轮倾覆四年后，P&O 渡轮公司的安全问题再次被提出，此时有人披露，P&O 渡轮公司船员当时的基础培训费必须自付。一位新手回忆道，“我被送到一所学院，有人发给我几页资料，说明救生艇在渡轮何处，以及怎样在紧急时刻疏散乘员。但是你根本没有任何机会在船上进行实际操作。直到第一次上渡轮时，我才发现疏散位置和乘客救生衣在哪里”(Crainer，1993：67)。

甚至一些可疑行动也未曾引起法官注意。譬如，对 192 名乘客和船员死因调查尚在进行中，自由企业先驱号就已经更名，舱门全部被焊牢，被拖往台湾的一个废料场。肯特警方不得不飞往南非去拦截检查这艘已经更名的船。正如克雷纳(Crainer，1993)所言，“在本案许多当事人眼里，这艘船本身应该是刑事调查的一个重要证据”。

说到“指挥头脑”，P&O 渡轮公司海运主管承认，他曾接受这次灾难的原始调查，在回答第一次得知应在船桥上安装报警灯的建议是在何时这个问题时，他的回答误导过调查。“又据透露，他没有把公司一位资深船长发出的潜在危险警告当回事，因为他认为船长们是在夸大危险。西恩(Sheen，主持原始调查)说德韦林(Develin，P&O 公司海运主管)对船长们的合理担忧的回应是‘轻率、滑稽和昏庸的’”(Crainer，1993)。德韦林资历不够，不配担当 P&O 渡轮公司的“指挥头脑”。

法人代表与运作管理之间存在的类似的断裂在别的例子中也能见到。在调查英国北海派波·阿尔法(Piper Alpha)石油钻台灾难期间，一份在安全杂志上发表的报告这样写道：

> 来自西方石油公司(石油钻台业主)管理层的全部证据描绘了这样一幅画面：他们对存在的问题完全熟视无睹，高层管理对钻台工作人员不提供支持，不提供培训，也不提供指南。他们没有制定操作程序，不与操作人员一起讨论，也不征询员工的意见和看法。 329
>
> [*Safety Management*，1989 年 12 月，见《克雷纳报告》(Crainer，1993：116)]。

类似的，1999 年帕丁顿撞车事故后，金(King，2001)谈到了英国铁路公司高层管理者的行为。

> 不足为怪，近段时间来，英国又遭遇了第二次更严重的恶性铁路灾祸——1999 年帕丁顿撞车事故。据披露，各铁路公司曾抵制引入一项机密报告程序(即“举报”程序)，员工通过此程序报告安全隐患，不用害怕反责。
>
> (King，2001：152)

帕丁顿撞车事故发生刚过一年，2000 年 10 月，又发生一起严重铁路交通事故——一列火车在哈特费尔德脱轨。这次事故造成 4 人丧生，多人受伤。管理层不愿理会有关铁轨质量和轨道维护的担忧，是造成事故的主要原因。但是 2004 年 9 月 23 日，一名高等法院的法官宣布，既不起诉英国铁道公司(后更名为铁路网公司)，也不起诉其三位主管，包括前执行总裁。理由是——缺乏证据。

“总和”问题

与美国情况不一样，英国法庭不接受“总和”原理。这与前面的“指挥头脑”原理相关。英国法庭拒绝接受“总和”，本质上意味着一个组织的指挥头脑必须控制在公司结构的严密范围内。而美国上诉法庭于 1987 年规定：

> 企业对知识进行分类管理，将具体职责和经营的基本单位再分成小组件。这些组件的总和构成公司关于特定经营情况的知识。
>
> (Crainer，1993：122)

美国上诉法庭因此承认公司结构的复杂性，并规定，即使企业某方面活动——如健康与
330 安全——的责任被分散到多个部门，也不能在企业(作为整体)违反安全操作规程时用其作为抗辩事由。这一规定的结果是，企业所有负责安全的部门能被合并在一起(加总)，形成企业健康安全实务的总和(或缺失)。

20 世纪 90 年代，在英国，要求为法人过失杀人定罪的呼声日益高涨频繁，致使英国政府通过内务部于 2000 年公布了《关于过失杀人的立法改革》提案，但议会并未讨论该提案。我们已提及 2004 年秋女王演讲时发生了什么。英国对法人过失杀人的情况尚存争议。企业游说团体施加影响，使提案受阻，这是一个让许多人担忧的问题。

英国政府与欧盟关于法人过失杀人的提案

2005 年英国大选阻碍了议会讨论提案，但政府的提案承认了现行法律的不当，提案引证了四宗重大灾难：自由企业先驱号倾覆；国王十字地铁车站大火；克拉潘火车相撞和索夏尔火车相撞事故。报告含蓄地指出，在每例案件中，本来似乎都可以成功起诉涉案公司，但均受法律阻滞。“同一视原理”被视为成功起诉法人过失杀人的绊脚石。

政府提案的依据是法律委员会第 237 号报告《刑事法则：过失杀人》，主要提议如下：

- 应该有一项特别的法人杀人罪，大体上与所提议的疏忽致死罪对应。
- 只应在企业行为远远低于合理预期时才应以法人犯罪起诉企业(同个人犯罪)。
- 法人犯罪不应该(不同于个人犯罪)规定危险是明显的或被告意识到危险。
- 如果公司管理或组织活动方式未能在活动中或在受活动影响时，保障员工健康和安全，则死亡应被视为由公司行为导致。
- 这种失误将被视为是导致个人死亡的原因，即使直接死因是个人的行为或疏忽。

331 - 除公司应对鲁莽杀人和疏忽致死承担法律责任外，公司中的个人依然可能需要承担法律责任。

举证责任转移给企业

欧洲议会(欧盟)提出了一种不同的方法。这项提议将使公司对员工的一切违法行为负责，但是允许企业通过应有谨慎原则为自己辩护，即，如果企业能够出示证据说明企业为避免或减少该行为已采取了一切防范措施，在这种情况下，企业将被免责。此项提议改变了传统的法律方法，即，初始假定是假定被指控方有罪，被指控方(企业)有举证责任说明自己的行为应被免责。克拉克森(Clarkson，1998)对欧盟的提议表示担忧，因为(从法律的观点看)这将改变判决，应有谨慎的抗辩将会抵消所犯罪行，法院做出的判决可能比过失杀人的判决轻。

公司高级管理部门有可能推卸个人或公司的过失犯罪的责任，这种可能性似乎正在进入一个新阶段。克雷纳于 1993 年评论道：

> 可悲的是，泽尔勒赫港法人过失杀人审判的失败似乎在纵容高层管理者中十分盛行的态度：“别告诉我正在发生什么，因为如果我知道了，我就可能被追究责任。”
>
> (Crainer，1993：142)

克拉克森在评论中也表达了类似观点：

如果公司的组织结构无懈可击，或者，如果公司的政策太粗糙，没有安排任何人具体负责相关方面的活动，那么公司也能够推卸法人刑事责任。在P&O渡轮案中，由于该公司没有负责安全的经理或董事，所以也没有任何个人的行为和知识能够归咎于公司。

(Clarkson，1998：6)

西恩在自由企业先驱号灾难调查报告中，指责该企业"染上了懒散病"（交通部，1987）。克拉克森针对西恩调查报告中的调查发现评论道，"懒散病愈厉害，开脱责任的能力愈强"。克拉克森关于"P&O案"（自由企业先驱号）评语的推论是：审判期间对同一视原理的解释太严格。决定法律起诉结果的不仅是举证分量，审判员如何解释有关举证采信的法律和判决，332
才是司法程序中的决定性因素。

法官有权创造判例，"子午线全球基金管理亚洲有限公司诉证券委员会"的裁决便是一例(Clarkson，1998：3)。审判长裁定，一家公司的"支配头脑和意志"不必一定是地位最高、资格最老的人。只要行为人是被授权代表这家公司并根据公司利益行事的行为人，根据这一判例，身份确认仍然必要，至少现阶段如此，但这点变得很明确：让公司承担过失行为的责任人不必是位高者。(Clarkson，1998：3)。

自由企业先驱号灾难发生12年后，又发生造成人员死伤的克拉潘事故和索夏尔事故，之后，1999年两列火车在帕丁顿车站外相撞，造成31人死亡和400多人受伤。在2001年公布的事故原因报告中，调查委员会主席卡伦爵士(Lord Cullen)谴责整个铁道行业"体制性瘫痪"。铁路营运商英铁公司未能从先前报道过的火车司机冒进酿成灾难的前车之鉴吸取教训，卡伦爵士认为此事"令人悲叹"，他严厉批评其中一家肇事公司——泰晤士客运（其司机在红灯时通行），认为该公司的安全文化"松散而不当"。卡伦爵士还提到"组织内部沟通的重大失误"。

泰晤士客运的火车司机没有经验，而且公司未将了解到的情况通知本人——该司机之前已有八次在帕丁顿车站外冒进（不顾红灯）的险情。问题看起来与信号不明有关——白天有时太阳光线强烈而且道旁树丛遮挡视线。

卡伦爵士还对英国铁道公司培训信号员的质量提出批评，"斯劳（信号控制中心）松垮懒散、刚愎自用"。他还强烈批评铁道稽查，认为铁道稽查"资源缺乏、行动了无生气，过分重视效忠英铁公司"。这些措辞与贸工部主席西恩在自由企业先驱号调查中的用词十分相似。西恩认为应该负责任的远不止出事当晚的直接当事人。"所有相关的管理者都难辞其咎。从上到下整个公司的机体都染上了松散马虎的痼疾。"但没有任何人对当事公司提出过诉讼！

英国政府早前的提案指出，如果个人以及公司没有做到理性、审慎的公司应该做的，那么应该允许对个人及公司提起刑事诉讼。2005年大选后，这个提案从讨论稿到实际法的进展速度令世人关切。在这个问题上美国法律提供了很好的先例。

克拉克森接着又提出追究法人责任的另一份提案，即应用他所描述的"法人犯意"追究公司责任。克拉克森提出该议案的原因是他担心政府的提案中仍存在"同一视原理"和"指挥头脑"的问题。

333
定　义

犯意(Mens rea)　法律术语,即,犯罪意图,或明知一个行为是法律禁止的。因此,法人犯意指以法人名义实施的某个行为或一系列行为(或其缺失)实质上是违法的。

克拉克森认为:

> "同一视"和"总和"等原理涉及假定的归责。真正的问题不在于法人犯意是否涉及假定,而是在所有的假定中,它是不是那个最接近现代公司现实和认知的假定……该方法的要点不是公司中是否有人已经意识或预见到伤害会发生,而是在一个结构合理、组织适当的审慎的公司里,危险是否明显。
>
> (Clarkson,1998:10)

这个观点说的是,"是的,法人责任是一种假定,或者说是一个有问题的概念,但是这样一来,与这个辩论有关的许多别的概念也变成了有问题的概念了"。克拉克森将"同一视"和"总和"这些法律概念看成是假定或有问题的概念,不过提到以下概念时我们很轻松,如,公民身份、民主、财产权、自由贸易、能够维持生活的工资等。财产权完全是一种社会建制现象,但多少世纪以来,它并没能阻止千百万生灵为保护财产而丧失生命。是社会在决定适合自己福祉与发展的法律。从多方面讲,这与法律涉及人还是涉及社会建制无关。

承上启下

我们在本章前面讨论了米尔顿·弗里德曼的一个重要论点。他对于要求企业对其行为承担经济责任之外的"责任"提出批判。他认为,企业作为社会建构不能够承担责任,只有人能够承担责任。如上所述,"是社会在决定适合自己福祉与发展的法律。从多方面讲,这与法律涉及人还是涉及社会建制无关"。用这段话来解释弗里德曼反对企业承担社会责任的观点再恰当不过了。

这样说仍给我们留下了问题:能否将企业解释为公司公民或视其为公司公民?根据海德格尔观点(将在第九章详论),企业不可能是公民,因为企业顶多只应该以工具主义眼光看
334 待自然。海德格尔认为,在某些方面必须控制企业,不能"期望"它们一定以对社会负责的方式行动。温泽尔(Windsor,2001)支持这一观点:

> 公司公民观念将公民(公司不可能是公民)与人(公司只可能是法律意义上的人)合并为一。这种描绘是虚拟的……虚拟的人格不能成为人造公民身份的合理依据。
>
> (Windsor,2001:41)

英国政府看来已接受了法律委员会关于过失杀人的重要提案,这项提案指出,如果管理层未能切实采取合理的安全措施,那么有充分理由以法人过失杀人罪起诉公司。这是一个根本性改变。能否据此起诉英铁公司及泰晤士铁路运输公司,仍是一个有争论的问题。但是,面对企业的作为或不作为而导致员工及公众死亡,企业自身的立场是什么?目前人们正在从根本上对此进行审视。如上所述,我们正拭目以待,法律的改革会不会反映这一根本性改变。

小 结

本章讨论的要点如下：

- 最初使用的“公司社会责任”，正在转向“公司责任”，“公司公民”这个概念也已经被使用。这种术语上的变化反映了人们仍在寻求一个概念，希望它能概括表达商业—社会的关系并使辩论各方满意，但重要的是要能扩展法人代表的责任，使其超越对股东的责任。
- 英国与美国的公司治理改革的焦点是股东利益，这与关注南非公司治理的《金氏报告》的焦点不同。
- 《金氏报告》将价值观与信仰问题作为公司治理中的一个明确因素提出。在南非，这个问题强调亲属关系、社群和“对全人类固有的信任和公平信念”，英美国家公司治理中的价值观问题是隐含的，由伦理个人主义和个人是自利并且天生不值得信任的观念（来自代理理论）支持。
- 1999 年的联合国全球契约反映了联合国与各国政府共同处理公司治理的改革努力受挫。改革集中在基本人权方面，如居住条件、工作中的自由结社、受尊重的工作条件（包括工作小时、童工、强迫劳动和赤贫等）。
- 但是，2004 年度报告《推进》承认，初始的全球契约强加给企业的责任太多，认为企业有责任在相应问题上大有作为。《推进》承认，若要在全球和国家的结构性问题上取得重大成果，政府与企业之间必须存在真诚实在的双方联动。 335
- 综合社会契约理论（ISCT）提供了一个框架，让我们可以确认能够经受普遍化检验的核心的组织价值观，同时框架的灵活性能容纳不同的地方习俗和价值观。
- 根据英国法律，一直很难对法人过失杀人提起刑事起诉。纠正这一问题的提议持续受挫，进展受阻的原因令人对民主原则深感忧虑。英国法律委员会和欧盟就此问题发表了意见，他们的提议正在等待议会讨论。现在是英国政府决定是否行动的时候了。
- 我们也许正在进入或者已经进入这样一个时期：关于商业—社会关系的辩论更为公平。因此，在未来 10 年到 15 年的时间里我们会发现，有限责任公司的发展可能已经快速远离了世纪转折时的状态。
- 在今后的 10 年到 15 年时间里，“股东即限制”——而不是“股东即最大目的”——的观念可能会得到更多的承认，并成为实践的一部分。到那时，持有利益可能已不再是一个实际难题了。经济伦理和价值观从来没有像今天这么相关和重要。

快速复习测验

1. 要求企业承担更大社会责任的呼声只是在过去 15 年中才出现的吗？
2. 查尔斯·林德布隆对于大型企业和民主国家的关系持什么观点？
3. 什么叫代理理论？
4. 非执行董事与代理理论自相矛盾之处是什么？
5. 2004 年年度报告《推进》承认 1999 年的联合国全球契约存在什么问题？
6. “基督救助会”对联合国全球契约的主要批评是什么？

336 典型作业与简述

1.《金氏报告》和《2003 年综合守则》都指出了公司治理过程中的伦理原则和权利问题，但是在权利范围及权利归谁的问题上，二者却存在很大差异。运用对比和比较，进行辩论：你认为伦理性和实用性的重要表现在什么地方？

2. 行为的国际守则反映人们试图将更多的社会问题议程搬进公司的董事会议室。选用三种不同的国际守则

(i) 比较各守则所依据的伦理原则；

(ii) 根据你所选守则的目标（明确或隐含的），分析各守则的效力，并给出充分理由。

3. 你是内阁大臣的一名顾问，该内阁大臣负责回答议会的问题：“为什么政府决定不引入法人过失杀人罪？”你必须向大臣提交一份报告，该报告评价了各观点的伦理依据，可以被用来为政府立场辩护。

4. 使用“综合社会契约理论”也许可以制定一部通用行为守则，适用于多族裔、多民族的跨国公司。对此做出批判性评价。

5. 根据伦理利己主义和罗尔斯“正义即公平”这两种观点，批判地比较“股东是限制不是目的”的观点。

小组活动 8

你在某个小组（有 3—6 名成员）中工作，你们是一家主要机构投资者的高级决策团队。你们的任务如下：在小组会议开始之前，圆满完成任务甲和任务乙。

任务甲 为指导你们的投资策略的准则下定义。为完成该任务，你需要思考以下问题：

(i) 你代表谁做决策？

(ii) 哪类企业你不想投资？

(iii) 你优先考虑投资什么产业？

(iv) 你对你将要投资的公司在沟通和信息更新方面有什么期望？

(v) 你认为在公司治理中应该优先考虑哪些方面？

(vi) 你对于成长与风险的态度是什么？

(vii) 你对于投资回报率的期望和态度是什么？

337 爱马仕（Hermes）是一家主要机构投资者，它公布了自己的投资原则。你可以通过网站看到“爱马仕原则”和许多重要的公司治理读物。

http://www.ecgi.org/codes/country_pages/codes_uk.htm

任务乙 公开你的投资原则后，现在你必须选择构成你投资组合的 10 家挂牌公司。你不必考虑这些企业去年的业绩好坏。目前，你只需挑选 10 家满足你投资原则的公司。

任务丙 你要做好准备，在公开会议上讨论你确立自己投资原则的依据，并解释你挑选那 10 家公司作为投资组合的最根本原因。

参阅建议

你会觉得下列书籍很有帮助。

《国际商业伦理》(Donaldson, T., 1989, *The Ethics of International Business*, New York: Oxford University Press)。

《责任与约束:经济伦理学的社会契约论》(Donaldson, T. and Dunfee, T. W., 1999, *Ties That Bind: A Social Contracts Approach to Business Ethics*, Harvard Business School Press)。

《政治与市场:世界的政治经济体制》(Lindblom, C. E., 1977, *Politics and Markets: The World's Political-Economic Systems*, New York: Basic Books Inc.)。

《推进:从公司责任到良好的治理及更好的解决方案》(Sustain Ability, 2004, *Gearing Up: From Corporate Responsibility to Good Governance and Scalable Solutions*, New York: UN Global Compact)。

推荐网站

主　题	**网站提供者**	**网　址**
公司治理	欧洲公司治理协会	http://www.ecgi.org/
国际公司治理	国际公司治理网络	http://www.icgn.org/
公司治理——《金氏报告》		http://www.ecseonline.com
《推进》	可持续发展组织	http://www.sustainability.com
全球契约	联合国	http://www.unglobalcompact.org

338 # 第九章　可持续性与负责任的企业

学习成果

阅读完本章并完成相关活动后，读者应能：

- 就可持续性概念应用于社会、经济、环境和人类活动领域的重要意义进行讨论。
- 就支持可持续性论的两种立场——基于原则的立场和后果主义的立场——展开辩论。
- 参与有关可持续性的各种全球性倡议的辩论。
- 伦理利己主义赞成以市场为基础、以价格为导向的可持续解决方案，评价该论点的效力。
- 就“技术座架”①思维代表更多的可持续活动、实践和过程的主要障碍这一论题展开辩论。
- 讨论对股东与法人代表之间关系的重建，这种重建可使利益相关者观点变得不那么棘手。

引　言

我们首先必须回答的问题是：“可持续性是什么意思？”即，什么的可持续性？对谁而言？覆盖多长时期？

当可持续性一词最初用于社会和经济活动语境时，专指环境资源的利用和损耗。有许多陈述切中了可持续概念的精髓，其中最早的陈述来自联合国布伦德兰委员会（UN Brundtland Commission，1987）的声明。该声明指出，可持续性是指既能够满足现代人的需要，又不损害后代人满足需求的能力。

339 对该主题的另一种表达是总是将人类看做是这个星球的承租人和守护人。从这点出发，便有了下面的陈述：“我们从我们的子孙那里租借自然资源，而他们则向他们的子孙租借。我们所有人都必须明智地行事。”

意义重大的政治倡议

尝试解决紧迫的（环境）可持续发展问题的政治倡议有许多，其中最重大的协议如《里约热内卢宣言》（the Rio Declaration，1992）、《京都议定书》（the Kyoto Protocol，1997）和《约翰内斯堡世界峰会》（the Johannesburg World Summit，2002）。执行《京都议定书》是为了在解

---

① 技术座架（enframing of technology）：海德格尔认为现代技术是一个无所不在的大网，并用“座架”（enframing）指现代技术。enframing 就是被框起来，纳入框架，全部囊括在内，一切都在按照技术的逻辑运演。“座架”一词表达现代技术这种无所不包的特征。——译者注

决全球气候变化问题上取得重大进展,《京都议定书》规定,截至 2012[①] 年全球温室气体(GHG)排放量将比 1990 年减少5.2%,到 2050 年,减少 50%。

如上所述,《京都议定书》于 1997 年拟定,其计算基线年定为 1990 年。但是随后美国和澳大利亚退出,《京都议定书》的效力遂被削弱。2004 年 12 月,在布宜诺斯艾利斯召开的《联合国气候变化框架公约》(UN Conference on Climate Change)第 10 次缔约方大会上,《京都议定书》的公信力进一步受损。布宜诺斯艾利斯会议的目的是达成《京都议定书 II》,讨论 2012 年后的温室气体排放量。

如果人们不对有关生活方式的观念进行重大调整,目前不可能实现从全球可持续利用自然资源角度看是必要的调整。这句话既未否认许多西方社会现在的生活方式是不可持续的主张,也不否认理性的人无论如何也无法接受一种调整过后的生活标准。但是不得不承认,由于目前伦理利己主义显著地影响着人类行为,如果政治领导人宣布其政策将导致根本性调整,在一些人看来,如果这种调整意味着生活水平的降低那无异于政治自杀。

你也许会问,这里所谓的"调整"指的是什么? 交通运输方式是潜在受影响的一个重要方面。活动 9.1 引述的例子很有意思。

活动 9.1

例:一列市际列车的载客量超过一架国内班机的载客量。2005 年初,从诺丁汉(在英格兰)到爱丁堡(在苏格兰)的往返机票低于 27 英镑(包括机场税),单程距离是 260 英里,往返共计 520 英里,平均每英里 5 便士! 从诺丁汉到爱丁堡的往返火车票(Apex)最便宜的是 50 340
英镑,可是这种票很难买到。次便宜的票价为 85 英镑,标准车厢(不是头等车厢)往返票价为 135 英镑。此外,即使把提前一小时赶往机场的时间计算在内,乘飞机也比乘列车少用三个小时。在这种情况下,你也许想了解自己所在地区的铁路票价与航班票价吧?

家用汽车每跑一英里的平均成本约为 30 便士并继续看涨。由国税署批准的汽车行车可接受的里程抵税折算率为每英里 40 便士,令人特别不解的是,一家航空公司每英里仅收费 5 便士怎么会觉得还有赚头? 形成英国这种价格差的原因之一是不对航空燃油征税。即使对航空公司的这种优惠估计每年要花掉纳税人 60 亿英镑(*The Guardian*,2005),这还不是唯一的优惠。政府也不对机票征收增值税(VAT),所以从这个意义上讲,机票是"有补贴的",尽管航空旅行是污染最厉害的交通运输形式。除食品外,很难再找到哪家私企提供的产品或劳务会免征增值税。这种情形让人不得不对航空业在权力走廊中的影响另眼相看。

虽然价格差的某个因素可能与相关企业的各自效率有一定关系,但是政府只要对可持续性倡议做出承诺,它就必须解决航空旅行的费用问题。有趣的是,机场的所有者(通常是当地权力机构)为促进地方经济发展,有时采取激励措施,鼓励航空公司将机场所在地作为飞行目的地。这再次证明了政府与企业之间的复杂纠葛,也证明了可持续性极易因经济、社会和政治利益而受到破坏。

同样,汽车及其在现代社会中所处的位置不可能不引起政府注意。对公路旅行的各种征税(如燃油税、通行税、再生材料税和不同燃油税等)由于政客们经常插足其中,所以是更深层的问题。在许多社会里,汽车已成为现代生活的一个基本组成部分,有时候,人们几乎

---

① 原文如此,疑为 2010 年。——译者注

不考虑公共交通这一选项。改变态度,减少对汽车的依赖,这是一个里程碑式的任务,而在眼下,则可能变成政治自杀的一种方式。

活动 9.2

运用下面尺度,回答几个问题,考虑一下你的立场处在哪个位置。

1　2　3　4　5　6　7　8　9　10

极不可能　　　　　　　　　　　　极有可能

问题:

341 (1) 你能设想不拥有乃至永远不拥有汽车吗?

(2) 你赞成提高汽车燃油税吗? 即使每升汽油价格会涨一倍。

(3) 你赞成提高汽车燃油税吗? 即使每升汽油价格会涨四倍。

(4) 假定价格调整关系到你可能乘坐的一次航班,你赞成征收航空燃油税吗? 这样一来经济舱机票价格会从现在的 300 英镑提高到 1800 英镑。

(5) 假定价格调整涉及你可能乘坐的一次航班,你赞成征收航空燃油税吗? 这样一来,国内某航班机票可能会从 27 英镑提高到 270 英镑。

(6) 你认为像上面问题中的燃油税提高能在多大程度上解决全球温室气体排放问题?

活动 9.3

道德选择

2005 年 1 月,英国政府环境问题顾问乔纳森·波利特(Jonathon Porritt)在接受电台采访时举例说明了社会伦理与环境伦理的冲突。他说,虽然去纽约参加妹妹的婚礼符合社会伦理,可是他的环境伦理观却使他认为不该参加这个婚礼(但必须不厌其烦地道歉)。你对这话作何反应?

处理 21 世纪初的世界环境问题并非都和上文中的例子一样,需要做出惊人的或生活方式的改变,但循序渐进和深刻的改变是必须的。

回到 2004 年 12 月在布宜诺斯艾利斯召开的《联合国气候变化框架公约》会议。意大利加入了持异议的国家行列(澳大利亚、中国、印度、美国),由此危及先前欧盟团结的立场。这和原先欧洲的协调相比,显然是一个严重的倒退,而英国自己的立场也不完全一致。譬如,英国政府原先宣布,它给自己定的任务是在 2010 年前达到《京都议定书》规定的减排量,这个目标大大高于欧盟同意的减排量。承诺实现更高的二氧化碳减排量,而且比欧盟要求盟员国实现京都目标的时间提前两年,英国政府的这一承诺是严厉的。英国政府这样做等于在宣布自己对环境问题的承诺。

342 2004 年 4 月,英国环境、食品和乡村事务(DEFRA)大臣宣布,2004—2007 年间,英国二氧化碳减排量将达到 7.65 亿吨。可是 2004 年 10 月 27 日,经工业集团重要游说后,大臣宣布英国政府已对基线数作了调整,以便让英国工业保持"竞争力"(也就是说,允许它在温室气体减排上面少花一点钱)。重新计算后的二氧化碳减排量为7.36亿吨。2010 年减排量总目标维持不变,这意味着 2007—2010 年间的减排量要更大,这很可能会成为下届政府的难题!

排放交易方案

对温室气体排放目标的承诺有着良好的初衷，但是人们发现，当遭遇势力强大的工业压力集团时，政治意志便显得欠缺。但是故事并未就此结束。欧盟委员会拒绝接受英国修改目标，坚持恢复原始目标。经过大量“讨论”，英国政府服从了欧盟的裁定，但宣布将在法庭上质疑欧盟裁定。这一决定让英国进入“排放交易方案”(ETS)，却让英国公司必须实现的减排量悬置了起来。虽然英国政府与欧盟委员会之间的争议延迟了“排放交易方案”的启动，但方案仍于 2005 年 1 月 1 日正式运行。

“排放交易方案”是市场对温室气体减排需求做出的反应。作为《京都议定书》的一部分，欧盟委员会责成其成员国到 2010 年时减少温室气体排放量 8%，但是如上所述，英国政府自己承诺到 2010 年实现减排 12%，所以相对而言，这个姿态比欧盟要求其盟员国持有的姿态更雄心勃勃、更保护环境，也更大胆。

每一个欧盟成员国都必须制定二氧化碳排放“国家分配计划”(NAP)。根据各自的“国家分配计划”，二氧化碳生成量超过其排放量标准的企业，必须申请排放许可权，这个许可权可以代表也可以不代表企业目前的二氧化碳排放量。如果企业认为在年度内可能会超过许可排放量，那么它将必须加入“排放交易方案”，购买额外的“排放信用”许可(credits)。如果一家企业相信自己用不完分配给自己的排放信用(也许是因为安装了提高能效的设备和厂房等设施)，那么这家企业可选择将多余的排放信用卖给加入排放交易方案的其他企业。

环保压力集团以及其他机构(包括政府)可能希望通过排放交易方案增加公司压力，迫使它们用更节能的厂房和设备取代现有的厂房和设备。企业被迫进入市场购买排放信用，这样会减少可排放总量，提高可购买排放信用的价格。排放交易方案的意图是通过抬高排放信用价格，使购买高能效厂房和设施的吸引力大于购买温室气体排放信用的吸引力。此外，通过投资高能效的厂房和设施，公司不必花掉全部排放额度，因而能在不断攀升的排放信用市场上高价卖掉自己节约的排放指标。若能看见压力集团或政府等机构像买方那样抬 343
高排放信用的价格，这将是一件很有意思的事情。如果没有这样的干预机制，将很难看到市场如何刺激企业向高能效厂房设施转变的愿望。

这种针对全球变暖的“解决方案”是否理想，甚至是否合适，尚存争议。这是一个商业化的解决方案，而需要解决的问题却具有深刻的社会、政治以及最终生存的重大意义。如上所论，如果一种市场价格未充分反映所有(包括未来社会的)的机会成本和外部成本，那么它就没有完整地表达社会的优先选择。例如，这种机制鼓励以精算态度对待投资高能效的新厂房和设备。凡不遵守排放交易方案和《京都议定书》规定的排放标准的企业，将被处以罚金。精打细算的企业也可以有另外的选择：如果不拥有充足的排放信用，它索性认罚。因此，为使排放交易机制的约定符合经济逻辑，违规罚金必须很高，甚至带有很重的惩罚性质。政府有足够的效力处以如此高额的罚金吗？历史并不鼓励这样做。

如此说来，排放交易方案的信用额度依然只能部分地解决问题，但是却被当成了一个完美的答案提交。在全球变暖问题上可能仍需社会和政府发挥重要的作用。

环境何时珍贵？

“大自然是随我们自由处置的资源，而唯一影响我们利用自然的方式和对待自然的态度的因素，是这些资源会枯竭。”——这是一种非常明确的观念。在本章后面讨论马丁·海德格尔(Martin Heidegger)的思想和观点的时候，我们将探究一种与此相反的观点，现在让我们来思考由斯登曼、斯韦尼所作的一份调查(Sterman and Sweeney，2002)。

作者就美国受访对象对气候变化与全球变暖问题的理解作了调查。他们发现，虽然大部分调查参与者承认，已掌握的事实证明气候变化和全球变暖的说法并非空穴来风，但是他们对不同问题的来龙去脉的理解通常是不合逻辑和非理性的(调查者判断)。除此之外，调查对象对于贯彻执行环境保护政策与实务的普遍首选策略是“等着瞧”。调查人员认为，“等着瞧”的态度是不恰当的，如果仅仅减少对环境的使用，不采取激进的改变措施，那是不可取的。可是受访者不认可这样的立场。对于活动 9.2 所提出的问题，调查人员指出，由于臭氧层被破坏和全球变暖正快速发生，制止某些行动和行为，可以说已到了刻不容缓的地步。

承上启下

如第三章、第八章所论，伦理利己主义认为新自由主义经济学(包含自由贸易、自由市场及无政府干预)为保护个人自由和民主理想展现了最美妙的前景。

344 根据活动 9.2，在用“经济/市场”原则解决温室气体排放以及交通运输方式的选择时，存在着深刻的不民主，这是矛盾和重要的方面。政府通过提高燃油税 2、3、10、20 倍或别的方式来运用价格机制以调整行为，实现对环境的政策干预，同样也会使民主原则受损。

在一定程度上运用价格机制作为行为的调节剂，可维护个人选择的自由。诚如所论，这就是运用价格机制影响选择的伦理观，即新自由主义伦理观。然而，如果只有富人才能享有选择自由，那么这是什么民主？如果广大群众可能永远无法享有这种选择自由，这又是什么民主？

或许，关于民主理想的更深刻问题在于：如果某些实践与活动是造成臭氧层减少和温室气体排放的元凶，并因而殃及绝大多数人，甚至可能威胁许多物种，乃至人类的生存，那么为什么允许少数人对绝大多数人施加伤害？只因为他们能够利用他们的财富，飞扬跋扈地实施他们的自由权？价格机制是否如人们千篇一律描绘的那样，是民主的资源配置工具？

瑞德克里夫(Redclift，1984、1987)对可持续性辩论中的冲突与矛盾作了缜密分析。最早的一份陈述是他于 1987 年在其书中的断言：“……环境，无论其地理位置如何，都是社会建制”(Redclift，1987：3)。他是什么意思呢？

可以用这种方式来理解他的陈述：设想一片林地，有草地、溪流，古树参天，鲜花烂漫，珍禽异兽生活其间。这样的林地在今天可算是珍稀宝地了，可能被指定为“具有特殊科学意义的场址”(SSI)，会因此而被保护起来，不准开发。这是我们今天对它(社会建构)的看法，而一直生活在这片林地附近或林地中的人不大可能持同样看法。有时，它可能被视为一种维系社会和经济生存的来源。从社会、人类存在的层面上讲，林地可以提供柴火，为建造家园提供木材，而动物和灌木则是维持体力的食物。如果对狩猎、栖身和维持体力没有用处，那么这片珍稀宝地将失去意义。林地连同它周围的一切代表从前林地居民所认知的世界——设想他们已经放弃了游牧生活。他们既无时间也没有理由超越林地的基本功能去考虑这片林地。如果这片林地缺少野物，那么当地居民对林地的尊重极有可能降低，他们可能会搬迁到富饶的草原上去。一片林地的价值取决于它维持人类生存的能力。

在其他时刻，林地可能是人们避之唯恐不及的凶险之地，野兽和食人者使那里杀机四伏。拦路剪径者可能在树林中四处游荡，树丛由于给劫匪提供藏身之地而不会被人视为好的事物。林地是具有特殊科学意义的场址的说法在当时会招致嘲笑，而林地却确定是我们今天珍视的事物。这就是所谓"社会建构"的含义。此一时，砍伐树木（去除路匪的掩体）会 345
被认为是合情合理的。彼一时（今天），未经特许砍伐多种树木将被视为犯罪，会受到刑事起诉。说到环境观念，显然我们又必须谈论价值观、伦理观以及并非确凿和毋庸置疑的事实。提到全球变暖和温室气体排放等问题，当我们在讨论（争论）这些"事实"的时候，我们的行为和反应是我们的伦理观和价值观的反映。

可持续性概念的延伸

对许多人来说，可持续性仍然是指人尤其是公司活动对环境的影响。但是，对于另一些人来说，这一概念需要扩展。由于社会和政治制度与经济活动纠缠不清，任何解决剥削人和滥用自然资源问题的希望都必然借助公司和政府力量。此外，解决环境和社会问题时，全国性行动和国际性行动同样重要，美国和澳大利亚拒绝遵守《京都议定书》（现在印度、中国和意大利也拒绝遵守《京都议定书 II》）证明要在环境问题上取得更大进展尚困难重重。无论如何，必须承认大企业的参与十分重要。公司活动（常获政府支持与默许）是造成许多环境和社会问题的主要原因，只是这一点强调得还不够。所有的公司一致积极协作，是解决世界环境和社会问题的一个重要因素。

这个观点的部分证据是：企业为了维持可持续发展（经济可持续发展是对当前辩论有趣的扭曲），必须在社会认可的限制范围之内经营，其中包括企业如何利用和对待环境与人。这是第八章"社会契约"讨论的部分内容。《联合国全球契约》（1999）和《推进》（2004）的目的也是为了引起思索、辩论和行动。

降价大战证明了竞争力量之间的紧张冲突，它本身只不过是人们所说的不可持续的行为的结果。为阐明这一点，我们来思考人们正在对超市行为提出的质疑。

案例研究 9.1

价格低而又低——谁在为此买单？

"特易购"（Tesco）在不到 15 年的时间里从英国第三大食品零售商变成了英国最大的零售商（不仅卖食品）。2005 年，英国人在零售商店中每消费 8 英镑——包括在所有商品上的消费——就有 1 英镑花在"特易购"。这样的增长纪录和业绩令人惊叹不已。"特易购"把经营范围扩大到服装、白色家电（例如，冰箱和冷柜）以及其他电器，物美价廉，让消费者觉得物超所 346
值。例如，"特易购"和"阿斯达（Asda）"的优质牛仔裤只卖 3 英镑一条。别的商店的牛奶不可能比"特易购"的更便宜。然而，某些商品的低价（并非所有商品价格都这么"有竞争力"）是需要付出代价的。有些人对不合伦理甚至违法的经营行为表示了谴责。

英国农场主联盟和相关压力集团指责"特易购"（和其他大型食品零售商）迫使农场主背上牛奶降价的负担。人们指责"特易购"之所以能以那种价格卖牛奶，是因为它向农民施压，有时候甚至要农民以低于生产成本的价格出售牛奶。

"特易购"也承认，高档花园家具的卖价"极具竞争力"，但都是用非法砍伐的印尼雨林木料制造的。2003 年“地球之友”(Friends of the Earth)确认，“特易购”70%的花园家具都是用非法砍伐的木材制造的。马来西亚木材工业所需的木材量超过马来西亚适伐木材供应量，经马来西亚非法走私的印尼被保护林木，获得了暴利。这种现象人人皆知，“特易购”成为“95 十集团”〔由“世界野生动物基金会”(WWF)为保护濒危热带雨林而成立〕签约方之后，也许应该更加谨慎地确保自己不破坏“世界野生动物基金会”发起的运动。一位“特易购”发言人指出：“我们没有明知故犯地去购买非法木材……我们只是没有仔细核实木材来源，这方面我们做得不够好，跟踪能力未达我们的通常标准”(*Independent on Sunday*，2003 年 7 月 13 日)。他没有解释“通常标准”的严格程度。

问题是，虽然消费者可以享受低价，但是为大削价做出牺牲的，不是超市，而是食品生产商、热带雨林居民、某地血汗工厂的成衣工人或电器生产线的装配工。是这些人在承担降价的负担。在那些地方，健康安全标准与西方条件不可同日而语。仅仅用规模经济或学习曲线效应很难对“低”价和降价做出解释。在供应链的某个环节上，有些人正在被狠狠地压榨着，而它永远是链条上最薄弱的环节。

“特易购”和其他超市反驳这种说法，公司与其批评者之间的“辩论”拉锯战尚在进行中。

有趣的是，本内特(Bennet，2005)质问道，对于采纳“海豚友好”捕捞法捕捞的金枪鱼、不恰当养殖的对虾或圈养鸡，消费者表示了极大的关切，可是仅在“特易购”一周就能以每条 3 英镑的价钱卖掉 50，000 条牛仔裤，为什么人们对此却极少感到不安？一提到鱼类和禽类，全国的报纸一哄而上，对农业和渔业口诛笔伐，而对商家大肆抛售物美价廉的服装却大加赞
347 赏，在这些商家中不仅有“特易购”和“阿斯达”，还有时装店“亨尼斯”(Hennes)和“顶级店”(Top Shop)(Bennett，2005：5)。大型服装零售商驳道，他们遵守了当地用工和工资规定条件，且常常高于那里的规定要求。但是人们如果对当地法律和条件稍加研究，便会提出重大质疑：我们能否接受这些规则？譬如，国际公认的《血汗工厂守则》规定，相关公司必须遵守《血汗工厂守则》中有关工作小时的如下规定：除非特殊情况，(i)不得要求员工每周工作超过这两者中较少的一样：(a)48 小时和加班 12 小时，(b)制造商所在国法定工作时限及加班时限。如果制造商所在国的法规未限制工时，则不得超过该国常规工作周加加班 12 小时，(ii)员工有权在每 7 天中享受至少 1 天休假。

但是，许多工厂主视该《血汗工厂守则》的监管力度见风使舵，有的工厂主甚至规定工人每周工作长达 60 小时，他们声称自己情况“特殊”，要么就是当地雇工法规提高了规定上限。在危地马拉、印度尼西亚、中国、印度、萨尔瓦多和柬埔寨等国，大的跨国公司是如何展开有力攻势游说“公司友好”税收政策或对内投资激励政策，又是以何等攻势游说更大的雇工保护立法的呢？了解这些情况是有意义的。

然而，应该成为关注焦点的不应该仅仅是企业。如上文所指，禽类和对虾的生存条件吸引了媒体和消费者的注意力，与此同时，人类对同胞的居住和工作条件却不大重要或根本不关注。如果我们希望市场反映的价值观不同于时下流行的价值观，那么个体消费者应该发出自己的声音，这可以通过购买决定或政治投票以及其他媒体，如广播和电视的热线电话节目来表达。这些问题不仅应该由企业来解决个人也有责任表达自己的观点。把治疗所有社会痼疾的责任都打到法人头上，消费者不承担一丁点责任，这样也太轻松了。如果公司社会责任(CSR)中的“C”(公司)仅指“公司”(corporate)而不指消费者(consumer)，那么如果认真承担广义社会和环境责任的企业承受由此造成的高成本，而消费者继续视价格为消费决策的主要标准，法人就有权指出社会责任大辩论中的双重标准。在这种情形下，“市场”可能需

要来自政府的帮助——对涉及社会责任的产品或组织实行差额征税政策。与市场原教旨主义思想相反，或许这是政府应当干预的合适情形，政府应该奖励那些承担社会环境责任的企业，惩罚那些没有承担相应责任的企业。“市场”不能独立地均衡不同公司的产品成本。正如联合国秘书长在1999年联合国全球契约发起大会上所言，“市场与普遍人权格格不入”。

活动9.4 348

阅读上文后，

(1) 在购买廉价牛仔裤之前，你会三思而行吗？

(2) 是否只有在挣到合适的工资后，你才能成为有鉴别能力的消费者吗？

(3) 你不会担心低价背后的问题，因为你认为，如果“工人”没有工作，境遇会更糟。

有别于公司责任，消费者责任是一个很有意思的问题。我们将回过来讨论这个问题。而此刻，我们将重点讨论环境的可持续性及其多方面问题。

环境的可持续性

人们可能会这样认为，对掠夺和污染环境的速度感到担忧是不久以前才开始的，因为过去的社会经济活动太有限，不至于使人担忧人类活动会对环境造成的影响。你以为下面这段文字是多久以前写成的？

> 人类具有天赋的理智与创造力，所以他们能为自己锦上添花。可是现在他们拥有的不再是创造力，而是破坏力。森林正在消失，河流正在干涸，野生动物正在濒临灭绝，气候正遭到毁灭，随着每一天过去，地球正变得愈加贫瘠、愈加丑陋。

这些话耳熟能详，表达了当代人的忧虑，然而这些话并非写于五年前或十年前，而是写于1897年，出自俄国喜剧作家和短篇小说家安东·契诃夫(Anton chekhov)之手。这是否意味着当前对全球变暖、森林破坏、海平面上升和污染程度的担忧不过是古来有之的担忧的持续？或者，这些担忧低估了环境对人类无节制行为的应对能力？

即使对上面问题的答案都是“不”，也就是说，自然资源的耗尽与气候变化和全球变暖对政治、社会和经济结构的确造成了威胁，人们仍有疑问：“这些问题真是伦理和道德问题吗？”我们不能把污染程度、气候变化和自然资源枯竭的问题仅归于常识问题吗？这些方面发生 349
任何逆转，难道不会促使人们采取合理的行动吗？哪怕仅仅出于开明的自利目的？

我们将分别讨论这些问题。楷体字表示我们的回答，标准字体表示总的讨论。

问题1　我们对环境恶化和环境被掠夺及其后果的严重程度是否反应过度或估计过高？

有人认为那些有关环境恶化与环境被掠夺的后果的大多数(如果不是全部)断言都是夸大的。有趣的是，促成这场辩论的竟是恐怖犯罪小说家迈克尔·克莱顿(Michael Crichton)。他在《恐惧之邦》(Michael Crichton, 2004)中讲述了一个虚构却又有调查依据的故事——关于环境的新闻失真、夸大，具有操纵性。故事反映对《京都议定书》持异议国家的许多论点，也有一些新论。不过大量证据支持与此相反的论点，这些相反观点的论据突出了气候变化、全球变暖和自然资源枯竭速度以及触发这些变化的可能因

> 素。所有这些证据表示，变化看来是根本性的，具有毁灭的潜力。考虑至此，这些证据将有力地支持如下观点：为了我们的子孙后代，我们应该深刻地改变我们个体和集体的行为与实践。

从伦理学的视角，用基于道德原则（义务论）和后果论（功利主义论）的论证可以证明对上面陈述的回答是合理正当的。

基于道德原则的论证

许多人认为不可持续的环境消耗和污染与批评决策者的双重标准有关，而“自然正义”是反对这种观点的依据。这一争论的一个重要因素是产权问题。我们（社会）创造了产权这一社会建制，用以管理我们生活的重要部分。这一进展在经济发展中是一个意义重大的力量，但它不是一个普遍化取向。在历史长河中，各式各样的群落和社会常常（并非永远）处于游牧状态，与许许多多当代社会相比，在他们眼里，人与自然的关系更值得尊重，更具象征意义。千姿百态的大自然常常被他们当做神来敬畏和崇拜。只有通过祭品和虔诚的宗教仪式，才能从神那儿拿取。

财产权这一社会建制无视当代宗教（和世俗）的自然观，把对自然资源（见下文定义）的掌控置于少数人之手，这些人或者有着较多个人财富，或者在经济或政治组织中身居决策要职。一种自然正义观认为这样的“安排”——因为它至少影响到非政治人——是不民主的。不仅对于那些因产权立法的存在而被排除在重要决策之外的当代社会成员（譬如，因为他们不拥有公司股份）是不民主的，而且对于那些可能因年龄、性别或种族背景，甚至家庭出身而被拒绝参与的社会成员也是不民主的。

350

定　义

“资源”是一个承载价值观的概念，它有某物将被利用的含义。“利用”通常也被认为仅是经济方面的利用。这是一种“看”自然的特别方式——自然即资源，即某种有待开发利用的东西。我们在讨论马丁·海德格尔思想的时候，将更深入地探讨自然作为资源的概念。

规划法的制定解决了部分这类问题，但是在规划决策中，“经济逻辑”的力量如此强大，以致国家和地方政府常常无力抵抗那些开发利用自然资源或建筑项目（包括大规模采石）的提案，那些开发与采掘将毁灭秀丽风景或地方特色。对就业的承诺以及相关经济利益或提案失败的后果，可能是影响环境和其他规划考虑的强大理由。就连英国副首相们似乎也感觉到有必要指示规划编制人员在考虑规划的应用时要重视“开发商”的商业论证（Russell，2005）。

双重标准论证

此观点认为，做出这些决策的人其生活与这些决策并不接近，也极少受这些决策的影响。实际上，他们永远居住在风景如画的地区，他们好斗并总是有效地为“他们的”居住环境而战。他们有便捷的政治人脉，有动用有力的法律或其他资源的超常能力，他们捍卫自己的环境不被他人开发利用的成功几率远比常人大。可能会有人为这种事态辩护，理由是这是一个向所有人开放的体制。然而，这是一个非常特殊的民主逻辑，因为许多人并不拥有有效使用“体制”的关系网和经济资源。

之所以称上文为“基于道德原则的论证”，是因为这个观点不受后果论影响。不会因为那些决策的特殊后果而归因于具体决策“错”还是“对”。一个基于道德原则的论据必须是这样：从总的和全社会范围来看，这些决策及决策的过程是不适当的和不公正的。

后果主义论证

可持续发展问题源于后果论，制定对可持续性问题造成冲击的决策将招致反对和批评，这是因为决策后果将对各种人群产生影响。由于这种计算取向的结果，后果主义的观点是一种既可用来支持又可用来谴责剥削环境的立场，这主要取决于人对受影响或相关个体及人群的边界划分。一个人应如何周全地考虑才能使各方利益都得到充分权衡和照顾，以便 351
让功利主义正义观的假设尺度显示争论的平衡点在何处？

这些决策及决策过程决非易事，虽然功利主义的考虑常常是政治决策和规划决策的核心。下面案例例证了这种决策的复杂性。

案例研究 9.2

哈里斯岛上采石

哈里斯岛位于苏格兰大陆西北，紧邻刘易斯岛，是外赫布里底群岛的一部分。哈里斯岛景色绮丽，具有重大的自然考古学和地质学意义。与构成外赫布里底群岛的其他岛屿不同，哈里斯岛原来不在苏格兰大陆，它现在的位置是地球板块运动历经千年“漂移”的结果。世界上类似岩石的形成和结构只能在新西兰和南非发现。写作该案例之前不久，苏格兰议会宣布已拒绝了一份要求在哈里斯岛山区采石的申请。此事的经济、社会及政治影响重大，苏格兰议会已经做出的决议不大可能是最终决定，好戏还在后头。

这里所指的山区位于岛的东南角，岩石结构。岩石极坚硬（正在风化），有发光质，是用于道路建设的理想石材。采石完成后，山体将不复存在，地上将留下巨坑，周围很大范围将布满坑坑洼洼。人们认为（害怕）到时候这里将成为苏格兰包括有毒废料在内的废料倾倒场。

笔者曾于2004年前往哈里斯岛度假，对北部岛民尤其是新居民反对提案的激烈程度有深刻印象。他们的反对立场基于环境和（较少的）经济考虑，反映了他们对大规模采石以及倾倒石料将妨碍旅游的担忧。然而当笔者访问南部岛屿时，当地居民的反应不一。大多数岛民（在一次极不科学的调查中！）竟然赞成该项提议。他们的推理？——反映了本地人对年轻岛民纷纷涌向大陆寻找工作的担忧（不过有人认为就业问题完全可以通过其他途径处理）。该岛正在变成老人（通常是英国老人）颐养天年的地方，也成为缓解现代生活压力的一个去处。用那些赞成提议的岛民的话说，随着年轻人向大陆不断迁移，该岛正在死去。

如果在哈里斯岛问题上采用功利主义观来作出具有伦理意义的决定，以下是我们需要 352
关注的一些难题。

(1) 后果主义观的平衡点在哪里？

(2) 简单的计算能解决问题吗?

(3) 是否只需数一数可能受此决定影响(正负两方面)的人数,然后选择那个对大多数人有正面影响的方案就可以了?

(4) 或者,是否应该选择那个对少数人有负面影响的选项?

(5) 根据问题(3),如果最高价值观是避免伤害,那么避免对人造成负面影响将在(政治)权衡中占较重分量,由此可能会做出不同的决定。

(6) 应该对决定的经济含义给予多大关注与重视?

(7) 如果哈里斯岛的规划申请遭到拒绝,苏格兰别的地方或英国其他地区的居民可能会因居住地附近的垃圾填埋而受影响,人们应该如何考虑这些人的境况?

(8) 站在功利主义立场,应该更加重视本土岛民的意见还是"新来者"的意见?

这是一个令苏格兰议会大伤脑筋的真实案例,如果有人对规划遭拒提出上诉,议会还将对提案重新审议。

为了突出在重大的环境可持续问题上的黑暗和政企勾结,我们用梅爵士(Lord May)的文章来结束本节的讨论。作者是2005年皇家学会会长,1995—2000年英国政府首席科学顾问。下面案例是对该文的概括。

案例研究 9.3

一位知情人的看法

20世纪90年代,美国石油业的部分财团通过所谓"全球气候联盟"(GCC)资助了一个专业怀疑者游说团体。该游说团体反对通过减少温室气体排放解决气候变化的措施。2001年,布什总统刚一明确表示拒绝《京都议定书》,"全球气候联盟"随即"解散",但游说团体依然活跃,该团体于今日抵达伦敦。

由于政府把气候变化作为本年度(2005年)八国政府峰会的焦点,英国已成众矢之的。对这项决定起关键作用的人物是首席科学顾问戴维·金爵士(Sir David King),他成为该游说团体的头号公敌,因为他将气候变化的威胁描绘得比恐怖主义的威胁更严重。

353 (2004年)12月,总部设在伦敦的"科学联盟"与乔治·C. 马歇尔学会(后者的名誉主席是威廉·沃基菲)联合发布一份题目委婉含蓄的文件"气候议题与质疑",这份文件加剧了围绕气候变化的科学的不确定性,削弱了它本应产生的影响。

该文件与"国际气候变化专业小组"(IPCC)的发现形成鲜明对比……该委员会(IPCC)是有关温室气体排放效果的世界最可靠信息来源。

(来源:Lord May, 2005)

梅爵士指出,美国主要石油企业组成的强大利益集团正在资助一些组织,旨在破坏那些以证据说话的相关科学机构,如"国际气候变化专业小组"(IPCC)。你可以觉察到,如果乔治·C. 马歇尔学会等组织的主张缺乏根据或有掺假,将遭到嘲笑。而一个人在如此强大的经济利益受到威胁之时不应该相信理智和逻辑能够取胜。

罗德·梅在文章后面部分表达了他的忧虑:英国各大报纸2005年刊载文章和社论,诋毁"国际气候变化专业小组"基于证据的论证。公众舆论受到了这些报纸的影响。美国烟草业数十年来否认吸烟与各种癌症之间存在因果关联。20世纪90年代中期,七大烟草公司所有首席执行官在议会听证会上作证，认为其间不存在因果关系，尽管烟草业自己的（私人）研究揭示二者之间存在联系。只是当其中一个烟草公司自己的科学家“揭发”他们隐瞒证据时，烟草公司才承认了其间的联系。石油工业无法隐瞒有关气候变化的公开信息，所以，才又想出另外的对策来挑战和破坏证据与论证。

在所有关于环境可持续性的讨论中，美国人的观念至关重要。美国人口的只占世界人口的 4%，而它排放的温室气体却占世界排放总量的 22.5%，所以获得美国政体的支持十分关键。换个位置讲，任何一届美国总统若将环境议题作为重大政治选举议题，都将是不可思议的，很艰巨，很危险，无异于政治上自取灭亡。

有意思的是，英国首相托尼·布莱尔 2005 年 1 月 26 日在瑞士达沃斯世界经济论坛开幕式上的发言，已软化了把气候变化作为自己主要挑战的承诺。他声称，气候变化“未被普遍接受”。伊利亚特(Elliot，2005)评论道：“在那么多美国公司老总当听众的情况下，（布莱尔）说：‘证据尚存争议。’”布莱尔先生继续声明，如果经济行为的任何重大调整威胁到经济增长，就不应该做这样的调整。这可以是也可以不是经济和政治立场的识时务的评估（所谓实力政策），但是这样的声明让人既困惑又担心，因为无论从基于道德原则的观点还是从后果主义的观点，它都既忽视了道德原则，也忽略了对环境掠夺和恶化“无所作为”的客观后果。

问题 2　只靠开明或理性的自利来驱动可持续性公司行为和实践的含意是什么？

多年来有各种证据凸显对环境掠夺与浪费的速度再也不可持续下去了。但是到目前为止，这些证据和官方回应对实践的影响却十分有限。如，20 世纪 90 年代初，为了对二氧化碳排放问题做出回应，“政府间气候变化专业委员会”呼吁到 2050 年将二氧化碳排放量减至 1999 年排量的 50%。考虑到 1990 年到 2050 年期间全球经济活动可能增长，这样的减排量表示消费将发生重大变化，而如果没有新技术、新实践，如果不修正经济增长假设，这一目标将无法实现。并且，1990 年至 2004 年间，二氧化碳排量实际增加了 8.9%！这种（怠惰的）行为和实践可能在一定程度上影响到人类的每一个成员，而受害最大的可能是我们的子孙后代。因此，只是建立在理性的自利基础上的决定不能处理更广义的个体选择和决策。当我们的行为与实践影响他人的时候，这些行为和实践便具有伦理的含义。

关于二氧化碳排量的计算含有关经济增长速度的假定，这已成为无可争议的经济思维 354
定式。虽然迪克森(Dickson，1974)、索耶(Sawyer，1978)和谢尔(Schell，1982)等对 20 世纪七八十年代经济增长假设的智慧与可持续性提出质疑，但今天这些观点已较少提及，即使经济增长假设已被超越。这就是经济基础对上层建筑的主宰作用。决策的短期行为——无论是否涉及政治或经济决定（事实上经常有联系）——是这些辩论的中心议题，且可以说反映了一种伦理自利主义观点。这一点我们将在下文讨论。

活动 9.5

设身处地为“他人”着想

拒不承认存在有关环境恶化和环境掠夺的证据，这是一种具有伦理意义的行为。决定什么也不做也是一个决定。如果现在这种资源消耗和掠夺速度持续下去，到 2105 年会是什么结果？假如到 2105 年你仍然活着，对于生活在 2005 年拒绝或无法控制自己只消费有限的自然资源，而且对解决全球变暖和气候变化问题无所作为的人们，你将会是什么态度？

355 伦理自我主义(有时叫做占有性自我主义)依赖市场信号反映社会偏好,所以它对环境问题最多将表现出矛盾的态度。

伦理自我主义与可持续性

根据伦理自我主义观,基于市场的经济和社会活动的协调是基本自由的基石。市场机制能够协调的人的全面互动越多,其结果越能反映所有参与者的独立、"自由"的选择。如第三章所论,这个观点具有某些效力,但忽略了重要的结构性问题,而结构性问题对于观点的正直(基于道德原则的反对)和功效性(基于功利主义的反对)提出了质疑。

允许市场成为了解社会偏好和选择的支配形式,其假定是价格包含所有相关信息,且市场不会因力量失衡而过度地走入歧途。然而,正如哈里斯岛案例所示,在有些情况下,特定人群的意见和观点可能比其他人群的意见和观点对决策过程产生更重大的影响。如果让简单的市场行为来反映这些不同的权衡,那么经济力量雄厚者会占据优势,他们可能剥夺那些有较高原则性的人伸张正义或值得性的呼声。

我们已经在本章论述道,子孙后代的声音是包括在这些辩论中的一个复杂的声音,但是,除了依靠政府代表子孙后代征税,去支付"打扫环境"、减毒去毒、恢复元气等补偿性费用,几乎无法想象价格机制怎样反映子孙后代的观点。然而,假如真能听见子孙后代的声音,那声音可能是他们一致全盘否决这个决定,因而没有必要支付补偿费或其他这类权变计划了。指定特殊科学意义场址,是一种为当代和后代保留某些环境的方式,但是这些指定区域容易受到强势利益的侵害甚至蹂躏。如表 8.1 所示,为石油钻探而开发原先阿拉斯加北极圈的一个保护区便是一例。

市场信号的应用在环境保护语境中似乎很有限,可以说是一种"市场失败",从而使政府作为人民代表和调解人的干预变得至关重要。然而,政府对经济和社会事务的干预令市场原教旨主义者厌恶,任何违背这一原则的做法都被视为危险大滑坡的开始。对那些更接受政府干预的人来说,他们所担心的主要是政治的腐败。政治,在他们看来,极易受强势个人和企业的侵袭。

356

承上启下

参看表 8.1,回顾 2000 年美国总统大选期间共和党接受政治捐款以及布什当选后立即对法律进行修改的案例。

关于环境问题的不同观念

回顾第一章的三种公司理论——古典自由主义经济理论、多元(甲和乙)主义理论以及社团主义理论,每一种理论都将商业企业定位于资本主义驱动的市场经济范畴。每一种观点都承认企业必须通过立法寻求为股东赢利的新途径,而其他利益集团(员工、顾客和供货商)则因这种公司活动而以不同方式受益。这些观点认为自然万物即资源,任由全社会和企业处置调用,只要社会和法律允许,均可用来促进经济活动。

在详细讨论这些问题之前，希望你用几分钟时间完成以下任务。

活动 9.6

主体和客体

试着确认一个对你具有特殊意义的地点或物品。这个地点或物品可以是非常平常的（如，戒指、饰物、书、照片），也可以有一点儿不同寻常，比如一个地点。无论是什么，只要对你而言很特别就可以。如果你不能确定这样一个地点或物品，试着确定一个你认为对别人（譬如你的父母、兄弟、姐妹）特别的地点或物品。然后，如果要求你为那个地点或物品定价，你如何用一个数额来表示其价值？也就是它的货币价值是多少？

在活动 9.6 之前一直支持本章论述的是如下观点：我们自己（主体）与我们周围的客体世界有清楚的区分。我们已经假定我们与自然是分离的，自然与我们是分离的。我们拥有控制、操纵和支配自然的技术，而且我们有随心所欲处置自然的能力，有人认为还有权利。财产权法律（另一社会建制）巩固了这一信念。土地所有者可以禁止他人进入自己的地界，因为法律允许这种禁止行为。国家与国家之间因矿藏和其他有价资源而争吵打仗，目的是为了拥有土地和海洋权（如，北极和南极地区）。甚至月球也因矿藏而遭遇产权要求。目前，有公司在寻求解码人类 DNA，以使自己获得专利并“拥有”这些编码。人类能够受惠于这种 357
“破解密码”的研究，也不得不接受由这些医学成就而来的商业剥削。在某种程度上，这与专利权和著作权的限制并无二致，这种限制存在于企业活动的许多领域中。当人们在思索可能缓解人类重大苦难（如遗传基因疾病和残疾）的知识突破时，有必要进行更深刻的哲学讨论。

你身边几乎每一样东西，你所见所闻、你触摸的东西或你的穿戴，都代表着人类活动对自然界的某种形式的干预。这并不意味着这些干预一直是坏的或错的，问题是我们如何看待自然。而我们如何看待我们自己与自然的关系，这也是同样重要的问题。

马丁·海德格尔（Martin Heidegger，1959，2000 年的译本）最认同我们即将讨论的观点，这个观点被称为现象学。

定　义

现象学　现象学相信只有通过亲身体验，我们才能理解我们周围的世界。这个世界不存在于这些体验之外。我们根据我们拥有的价值观、观点和信念将自己的理解与解释加诸于那个世界或别的世界。我们与自然的关系是一种共生关系（即相互依赖），不是互不依赖的关系。这种观念与本章前面关于人们不同时期对林地认知不同的讨论发生了强烈共鸣。

海德格尔并非挑战主体与客体截然二分概念的第一人，但是他的分析比他的前辈如老师埃德蒙德·胡瑟尔（Edmund Husserl，1931、1965）更激进。海德格尔于 1976 年辞世，所以根据著名哲学家的标准，他的观点相当新颖。

上面的定义表明，海德格尔的主要论点是：我们不能脱离我们的体验去理解自然。大自然不存在于我们对它的体验之外。我们可以通过第一手的知识、故事、记录、电影、报纸、书籍、互联网、对话等获得这些体验。当看见或听见什么的时候,我们会先对这些所见或所闻进行过滤,然后再通过许多微妙的过程对信息进行加工和理解。这些过程包括情感、技艺、现存价值观、信念和理解力——至关重要的是我们的体验。譬如,当我们看见一家遵守英国国民医疗保健制度的医院时,我们观察到了什么?有人说他们看到了一个场所,一个救死扶伤的地方。另一些人可能认为那家医院大楼是文明社会的象征,文明社会创造的这个设施照顾和关怀一切伤病患者,无论其能否支付医疗费。还有一些人可能将这栋医院大楼视为无法满足医疗服务需求的一堆资源。在后者看来,医院正经历着艰难的伦理两难选择:在这些需求中,孰轻?孰重?

358 同一个物品对于不同的人代表不同的愿景。回想活动 9.6。为什么你选择的地点或物品具有特殊意义?答案将与这个地点或物品的历史有关,它可能拥有你的重要记忆。这个地点或物品让你与你想抓住不放的人或东西维持联系。对于这种讨论来说,历史和语境具有关键意义。你能够为你选择的地点或物品赋予货币价值吗?对有些人来讲,这个东西或物品的重要性因它所揭示的记忆、所代表的意义而不可计算。

对同一个物品或地点仁者见仁,智者见智。谁也不会质疑这个明智的观点。你也许会问:"我们是否都在接近这样的观点:我们评价各个东西的意见很可能相左——对这一点,我们的意见是一致的。"既如此,这怎么能帮助个人和公司在自然资源的利用上做出选择呢,无论是热带雨林、地方公园、运动场或农民菜地,或是某个幸存的濒危动物物种?海德格尔未提供魔术配方,但是他提出一种被证明是有益的新思维,一种观察方式。

海德格尔所关切的是他所描述的"技术座架",或我们所谓的"技术智力",也就是把自然界视为纯粹工具,只是达到目的的手段。如果自然界仅仅代表赚钱机会,如果那就是自然对于我们的全部含义,那么在海德格尔看来,社会在情感和精神上已经破产。

定　义

如果从纯粹工具角度来看待一个物品,那么它的价值仅在于它的实际用途,即,它的价值可以通过出售这个物品或将其换成另一种可交易物来实现,仅此而已。它纯粹是达到目的的手段。这里所说的目的就是赚钱,虽然这不是能被考虑的唯一"目的"。

海德格尔并不反技术。他承认科技发展对人民生活已经和正在作出的贡献。卫生、保健、教育等的改善可被视为直接或间接受益于科技发展。海德格尔认为,我们与自然的关系是共生关系,即人类与自然的关系是相互依存的关系。当我们开发自然的时候,我们无法避免对我们自己造成的程度不一的影响。在该语境中,"我们自己"是广义的,表示受影响的不一定是我们这一代,而且包括我们的子孙后代。

以纯工具态度对待自然的不仅仅是那些营利性组织。"技术座架"也不仅限于资本主义制度。在"进步"的名义下毁灭环境,这种例子可在许多不同政治、经济背景下发生。然而,在一种经济制度中:

359 (a) 商业企业"存在的目的"就是追求股东利益最大化,而且

(b) 竞争性资本主义的本质在于,如果一家公司因采取令人称赞但并非法律规定的污染控制而使公司蒙受额外成本,致使自己在成本和利润方面处于竞争劣势,这家公司很可能倒闭。

人们不得不问:“企业能不能不用工具方式而用别的方式来对待自然?”此外,如果我们不能指望人人都似我们一样看重那些我们视为重要的东西,或反之亦然,那么

- 一家企业怎么可能不以工具价值来衡量一个物品对公司的价值?
- 物品对于企业怎么可能具有超越功能价值或工具价值之外的意义?
- 企业的记忆竟会让自己对那些超越工具价值的物品赋予情感——哪里会有这样的企业记忆?
- 在一位房地产开发商看来,古希腊巴台农神殿遗址的市场价值几何?或者,如果一个具有特殊科学意义的壮观的峡谷中蕴藏着珍贵的矿产资源,那么这个峡谷对于一家矿业公司的市场价值是什么?

片刻的思考

我们在接近可持续性、公司社会责任和企业公民问题的一个关键点,当然是从海德格尔“技术智力”的观点来讨论这个问题的。企业记忆可能会在哪里?或者,一家公司能否对物品赋予情感?提这样的问题意味着将人的特点赋予工商企业,许多人会认为这完全不现实,很愚蠢。专门术语叫“物化”,即,将抽象概念转换为一个物品(如,公司),把物的价值视为人的价值。我们这里所说的“企业”,是指高级决策者。一个企业的“记忆”与个人共存,或以公司的故事与传奇的形式存在。

如果企业只能将物品视为工具,那么社会就不能期待企业按社会所希望或要求的方式来评价和对待自然。重复一遍,这里不是说社会的全体成员对自然界的特定方面都应持相同看法,但是至少,在利益相关各方之间可以对有争论的不同选项的优点进行辩论,这个辩论将包含许多超越工具价值的价值观体系。

海德格尔之后,基本的反对意见是,企业**不可能**充分担当社会责任,因为企业的自然观是极端受限的。只要企业已以当今形式建制,那么与海德格尔观点一致的社会自然观就会被企业拒斥。企业不可能是公民,因为企业的价值观体系极端受限,且不可能超越工具意义 360
去处理价值观概念。企业的观点“被框入技术座架”。然而,这并不是把企业当做与现代生活不相干的东西解散。显然,商业以其多种形式从根本上影响着我们的生活方式。商业在很多方面是现代社会的支配力量。关键问题是企业与社会的关系,但是在这场辩论中,公民概念是现实和适当的吗?韦尔夫德(Welford,1995)在论及可持续发展问题时提到这个问题,他认为,如果在六个方面需要转换思维的话,那么关键的转换是从“客体到关系”的转变。

关于自我与他人的思考

任何有关客体与主体的辩论的核心都是自我概念。我们已在本章多处提及伦理自我主义,前一章表8.2(页边码第303页)对此有精辟的说明。该表将2000—2002年间富时指数(FTSE)100家公司执行董事涨薪(增加84%)与这些公司同期股指变动(下降40%)作了对比。有趣的是,人们接受法人代表的行为,认可他们的薪酬,接受富人拥有许许多多耗油的轿车。有时候,他们接受的依据是“没错,换了我,也会那么干”!为什么欣然接受这些行为?为什么不把自己的伦理观当回事?这似乎与代理理论和伦理自我主义宣扬的自我即自利、短视、自私的个人有一定关系。

定　义

代理理论

此处指企业所有权和控制权分离，股东作为资本所有者是委托人，经理层作为管理者是代理人。由于人的行为被认为本质上是追逐私利和以自我为中心的，经理层“享有”超越股东的信息特权，如表 8.2 所示，次优决策体现了这种控制权的行使（从股东的视角看）。

这种关于人性的看法为托马斯·霍布斯（Thomas Hobbes）和大卫·休谟（David Hume）等人所赞同。两位均为杰出的哲学家，但是他们对此问题的立场是一种观点，不是事实。我们对这个问题的立场究竟是什么，须由个人和集体共同做出决定。如果我们认为关注自身利益既是“自然的”，也是决定我们对可持续性集体态度的首要或唯一的驱动力，那么谁为那些失语者、无依无靠者和子孙后代代言？下面段落摘自《伯明翰 2000—2005 年可持续战略与行动规划》，清晰论述了这些问题。伯明翰是英国第二大城市，地方政府，如伯明翰市政议
361 会，制定可持续战略的任务十分艰巨，因为这种可持续战略必须是连贯和相辅相成的。

> 市政议会的可持续发展战略可谓宏大，涉及几乎每个部门的每一项政策和策略。显然，这将是不受欢迎的，是棘手的。社区安全和自然保护策略、残疾人、就业、平等政策以及市政府对终生学习的承诺等，不一而足，而这些仅仅是我们有关可持续发展行动的现行政策、策略和措施的一小部分（第 3 页）。

在含蓄地表达了市政议会面临任务的复杂性之后，接着对“挑战”作了明确说明。

> **挑　战**
>
> 要在发达世界的一个大都市谈论可持续性，不是一个轻松舒适的话题。这是在为世代之间的利益分配做出选择，是代替子孙后代否定当代人的利益。这种决定绝不会得到普遍欢迎。永远存在着拒绝采纳可持续性路线的特别理由。有时候甚至在两个可持续选项之间也存在紧张与冲突。勇敢面对这种两难困境是市政议会必须处理的最大的挑战之一。
>
> (Sustainabity Strategy and Action plan 2000—2005, Birmingham City Council, p. 4)

伯明翰市政议会引用布伦德兰委员会对可持续性的定义（见本章开头）来定义他们所理解的可持续性。在“英国政府可持续社区”议案里，对“可持续社区”做了很有意思的定义，反映了对可持续性观念的复杂性的洞察。

定　义

可持续社区

人们现在和未来希望在其中居住和工作的地方。这样的地方能满足现在和未来居民形形色色的需求，对环境反应灵敏，能促成高质量生活。这样的地方不仅是安全和包容的、经过周密规划的，而且修建和管理得井井有条，向所有人提供平等机会和优质服务。

定义反映了对可持续性的承诺所涉及的挑战，但是伦理自我主义立场的哲学观在现代西方社会是一个极有影响的观点，我们必须对此问题作更深入的研究。随后，我们将通过市场资本主义之父——亚当·斯密——提供的透镜来探讨这些问题。

亚当·斯密生活在18世纪，是苏格兰著名学者，与大卫·休谟相识，在许多领域都有极高 362
造诣，而让人们永世铭记的是他的经典之作《国富论》(*The wealth of Nations*)。这部经济学巨著指出了市场资本主义作为社会和经济协调基础的重要性。亚当·斯密认为，市场是将个人从君王的命令、政府和宗教的干预中解放出来的主要手段，亚当·斯密的主张是有条件的，取决于两个要素：**竞争的**市场资本主义和**受约束的"自爱"。**

亚当·斯密被称为"古典经济学家"，这意味着他的视角比新古典经济学的视角更广阔、更具有社会包容性。1751年，28岁时，亚当·斯密任格拉斯哥大学逻辑学教授。一年后，改任道德哲学教授。正是从道德哲学的视角出发，亚当·斯密完成了两部经典著作：已提到的《国富论》和《道德情操论》(*The Theory of Moral Sentiments*)。重要的是，在《国富论》中，亚当·斯密没有细说的"自爱"概念，在《道德情操论》中得到了详细说明。《道德情操论》比《国富论》初版早16年出版，而《道德情操论》最后一版于1790年出版，同年亚当·斯密辞世。由此可见，"自爱"概念是亚当·斯密在长达40余年的呕心沥血的研究中形成的。《道德情操论》让我们懂得，亚当·斯密关于"自爱"的思想不是那种打着自私旗号，谬种流传至今的扭曲概念，也不是被某些作者讹误的意思，如莱维特(Levitt,1956)所言，

> 重要的是，追求自利已经变得制度化……这对于资本主义的未来具有极其重大的意义。
>
> (Levitt,1956:109)

如上所示，虽然亚当·斯密将竞争置于其经济学思想的核心，但是他并未让自己的经济学理想任由贪婪的个人、人群或市场条件的缺陷摆布。亚当·斯密同意柏拉图和亚里士多德关于"自制"(self-control)是人类美德核心的思想，他在经济理论中对"自制"重要性的强调是原则性的。在他的经济图示中，"自制"处在支撑经济失衡形势的关键位置。"自制"不是造成遗憾，而是对人类行为的必要制约。"自制"与自由有关，但不仅是"自我"的自由。亚当·斯密赞同亚里士多德的观点，认为对"他人"的理解也很重要。

亚当·斯密承认"他人"不光是出于同情心承认他人的困境。他用"同情"一词来描述"同感"、"共感"。下面是《道德情操论》开篇之语：

> 无论人们认为某人怎样自私，这个人的天赋中明显的存在这样一些本性，这些本性 363
> 使他关心他人的命运，把他人的幸福看成是自己的事情，虽然除了看到别人的幸福而引起的快慰外，他一无所得。
>
> (Smith,2000:I,3)

承认他人及他人利益，虽不等同于利他主义，但导向了亚当·斯密的重要机制——实施"自制"理念。"同感"的观念被称为"想象的同情心"(Wilson and Skinner,1976)，努力透过他人的眼光来看待自己的行为，以便理解他人，为他人设身处地着想，如威尔逊所论，

> 为了用亚当·斯密的想象，我们学习像一位公正的，充分知晓我们的动机的旁观者那样观察我们自己的行动社会中的每个人，与陌生人一样，都是独立、平等的，因为他们能彼此交换角色。
>
> (Wilson,1976:74)

亚当·斯密用“陌生人”或“旁观者”来表达想象中的不受偏见和成见束缚的独立仲裁人。

> 性情始终不一或坚定平和，对于亚当·斯密来说，比博爱、慷慨的美德更宝贵，是通过社会获得的，在社会中，每个人都不断努力使自己的情感有所节制……每个人都习惯于思考“他人”会怎样判断自己的行动和情感，并据此采取行动……必须重申，如果没有陌生人的判断，亚当·斯密的“自制”就不能成立。
>
> (Skinner and Wilson，1975：122)

斯金纳和威尔逊在脚注里补充道，

> “陌生人”不是我们可以期待其任何特殊关照和同情的朋友，但也不是我们完全不可指望其同情的敌人。这位著名的不偏不倚的陌生人就是未参与活动的旁观者。
>
> (Skinner and Wilson，1975：122)

亚当·斯密认为人们渴望得到“他人”尊重，但这不是确保行为适当的充分条件。因此，亚当·斯密还认为人们受两种管辖，良心和“旁观者”(Smith，1776/1982：20/1)

上文展现了亚当·斯密对“自我”观念的描绘，这与“人是自利、原子化的自我主义者”的先验假定相对立。对于后者，自爱等于自私，是能在伦理自我主义和代理理论中发现的特
364 性。而新古典经济学中具有强大支配力量的个人原子化，也可在其他理论中发现。早在五十多年前，尼斯贝特(Nisbet)便对政治科学中作为消费者(而不带其他政治色彩)的“自我”的提升做了诠释。

> 奴役人的政治要求把人从一切权威和成员资格中解放出来……其作用是在某种程度上将个人隔离于外部政治力量……极权主义对个人意志的支配不是一个神秘过程，不是基于某种巨大、不可知的非理性主义的巫术。极权主义对个人意志的支配理性地、无情地通过赋予认同感、创造新的功能、身份和效忠而得以产生并存续，把对个人意志的操纵变得好像在做一项社会心理学练习题……倘若那是个人自由，可能也只留下了个人自由的表象。如果信念和舆论的主要社会语境组织管理得当，所有这一切都是不重要的，是可指引并能够控制的。关键是制造一个功能和效忠之网，一直伸入人生生活中萌发思想信念的最隐秘之处。
>
> (Nisbet，1953：202、208)

萨拉松对尼斯贝特的关切做出回应。下面段落是对萨拉松思想的解释，表达了他对个人主义现代概念的关切。

> 假如根据**我的**道德观，你的伦理两难是**你的**责任，那么这与日益盛行的个人权利、责任、选择和自由这一意识形态相当吻合。假如**我**体验的问题如**你**的问题，那是因为在我的生存中完全不存在能使其成为**我们的**东西。我说**我们的**，是指一种社会文化网络与传统，这种社会文化网络与传统生成一种义务，使之构成了问题及其可能的解决方案。
>
> (Sarason，1986，强调部分系原文所有)

有人认为，“自我”第一的观念因为受到心理学，尤其是心理分析师的关注而被强化，患者被引导对自己的问题进行“内省”，以寻求解决途径，这些形式造成了对“自我”的过多关注——太多的自我意识和自我实现。瓦拉赫夫妇(Wallach and Wallach，1983)引古德温语

评论道：

> 个人主义的意识形态如此强大，以致我们……视盟约为束缚，视价值观为别人的意见和偏见，视习俗为被迫接受的负担。
>
> (Goodwin，1974：75)

在这个观念中，“自我”被视为一个充分自主的单元，在建立超越行使自我意志——自愿且希望做的事情——的关系时，不必对任何权威承担应答义务。允许“社区意识”或“共同社会目的”的存续社会协议“因束缚自由、阻塞自我张扬而受到抨击”(Goodwin，1974：75)。正 365
当的生活模式应该是自我的——发现自我，不让任何人任何事干扰自我实现。这就是伦理自我主义的原始形态。

心理分析师专注于“自我”，而不顾更广大的社会关系和行为。瓦拉赫夫妇对此提出质疑，他们称，

> 假如……人的奋斗目标不全为自己，若真能如此，事实上对他们更好，那么或许不妨重新调整一下通常的治疗建议。一般以为导致人们寻求心理治疗的问题和麻烦源于没有自我表达、没有自我实现或自我满足，其实更恰当地说，是源于他们缺乏一种充实的生活，源于除了关心自己，不关心、不参与别的事，不为别的事做奉献。
>
> (M. A. Wallach and L. Wallach，1983：274)

代理理论和伦理自我主义认为，人的天性是自利的和以自我为中心，除了考虑自己的福祉，几乎不考虑其他。在接受这种理论和主义之前的，或许我们需要三思而行。正如在心理分析中，我们需要重新思考这一立场的经验的和哲学的正当性。代理理论和伦理自我主义中关于人的行为的假设对公司高管行为作了解释，但这些假定不过是为掩盖那些作威作福者贪婪的哲学伪装而已。

亚当·斯密看见了竞争资本主义的危险，因而鼓吹“自制”这一在许多董事会议室中都十分缺乏的德行(如表 8.2 所示)。问题可能是，太多法人代表缺乏亚当·斯密提倡的竞争市场资本主义的基本品质。在温室气体排放、大企业权力、全球贫困以及剥削弱者和政府腐败诸多问题以及发展与挑战上，当代法人代表(及政客)具备了处理这些问题所必需的品质和价值观吗？

前景一片暗淡？

现代体验中有许多令人忧心忡忡、心情沉重的东西，但如果说法人代表个个都贪得无厌，毫不关心环境，或者说，公司活动对社会或环境只有负面影响，我们就错了。虽然能举出一两个说明个人及公司活动“不是好东西”的突出例子，但是必须意识到地方和个人(包括公司)已经开始提出一些极好的措施，着手解决可持续发展问题，有些措施已经实施多时。下面我们举例说明一些组织与企业一道，制定和提出了一些更利于可持续发展的程序、实践、态度和思想信念。最后两个元素可能是最重要的元素，因为如果没有它们，对程序和实践的 366
改变很可能短命或难以执行和组织。

案例研究 9.4

第一资本公司

第一资本公司(Capital One)是一个大型信用卡公司,四位全职人员组成了"公司责任"小组,由一位"公司社会责任经理"负责。建立这个小组的提议来自董事会,是为了复制美国母公司有关公司责任的信念。承诺"公司责任"不是因为公司恶名在外,形势所迫,必须"有所表现"。从某种意义上可以这样认为,公司展示的一切都是一种"开明的自身利益",因为良好的公司行为,可望吸引高素质人才来公司求职。公司不否认自己希望吸引"更好"的人来求职,但是主要刺激是高层管理者相信"这是公司应有的行为表现"。公司没有公开自己参与的许多项目,理由是它不希望被指责参与项目是为了博得对自己有利的公众形象。这似乎有点像是"第 22 条军规"的困境,公司做也不对,不做也不对。

公司的编程小组与诺丁汉警方有一个合作项目。在英国索汉地区发生两女童被杀案后,诺丁汉警方希望建立恋童癖嫌犯数据库,但是他们缺乏这方面专业技术。第一资本公司的编程小组经过数月努力,开发了这个数据库,现已被英国其他警力采用。最初公司对参与此项目保持低调,当系统在许多其他警察部门铺开使用时,公司才公开承认自己是合作者。

案例研究 9.5

西铁城集团

西铁城集团(Citizen Group)是著名的手表和其他计时器的生产厂家,其引人注目的特征不在它的具体"善行",而在于公司对企业公民理念的明确承诺。公司总裁在组建于 2003 年 10 月的"西铁城公司社会责任委员会"中亲自挂帅,制定了代表公司价值观和伦理观的《西铁城员工行为守则》。该守则有八条承诺,1～4 条分别涉及产品与服务、公开竞争、公司
367 信息及尊重人的环境政策。这是值得赞赏的,有希望也有理由成为承诺的典范。在我们看来,一些企业的行为似乎正在超越特定的和地方性的公司社会责任行动,西铁城集团 5～8 条的承诺,表明自己的确是一个"言出必行"的企业,是名副其实的"公民集团"①。

	承　诺
5	作为良好的公司公民,重视与地区社会共生,努力为社会作贡献。
6	确保安全和良好的工作环境,同时尊重员工人格和个性。
7	对反社会和腐败的行为做出果敢回应。
8	重视并尊重外国不同的文化和习俗,为当地作贡献。

下面陈述节选自该公司《2004 年环境与社会报告》(第 26 页)。

依我所见(公司社会责任委员会主席),公司社会责任行动是构成我们整个企业活动不可分割的部分。这不是我们必须从头开始的新事物,相反,在我看来,我们需要做的只是把企业活动置于我们与支持西铁城的各利益相关者的关系中来,我们应该在这一背景下,以一种新的眼光来看待我们的企业活动,并且扪心自问,我们怎样才能将公司社会责任这一新观

① 公民集团:与"西铁城集团"(Citizen Group)一语双关,西铁城英译"Citizen"系"公民"之意。——译者注

念融入我们的企业活动……去年，当日本别的公司纷纷被丑闻困扰之际，我感到西铁城文化是我们的宝贵资产，它帮助我们避免了那些麻烦。现在，西铁城宣布，公司社会责任是我们管理的重要支柱，我将竭尽全力，帮助继承发扬我们的公司文化、我们的活力、诚信和开放精神。

案例研究 9.6

“深海”连锁鱼馆

深海连锁鱼馆建于 2005 年。鱼馆的菜单仅限于那种未列入“濒危”名单的鱼。所以你在菜单上不会发现大西洋鳕鱼、黑线鳕、蓝鳍金枪鱼、鮟鱇鱼和大比目鱼。但是鱼馆有鲱鱼、鲭鱼和绿鳕，以及其他不属于濒危物种的鱼类。这家连锁鱼馆承诺只出售可持续政策允许捕捞的海鱼。有意思的是，由于用小鲱鱼制成团子饲养鲑鱼，再加上健康安全问题，养鱼场被视为不适当的供货源。此外，深海连锁鱼馆明确表示，每张账单增收 1 英镑，用来向著名压力集团捐款，该压力集团正在游说议会，力争制定全世界鱼类可持续政策。

这些是公司领域令人鼓舞的进展。在非营利组织领域也取得了许多有意义的进展，下 368
面的例子说明了这方面的进展情况。

案例研究 9.7

自然之步组织

“自然之步组织”(Natural Step Organization)由瑞典重要肿瘤学专家(癌症专家)卡尔·亨德里克·罗伯特博士(Dr. Karl Hendric Robert)于 1989 年创建。罗伯特博士当时对瑞典某些地区儿童白血病剧增深感忧虑，他跟踪和探究导致环境中毒素上升的原因。这些毒素似乎一直是某些特定生产过程的结果。罗伯特博士对此忧心忡忡，因此创建了自然之步组织，以处理环境问题的系统性原因。社会对商业活动的特殊偏爱使我们耳畔回响起海德格尔的“技术座架”或“技术思维定式”。

在 50 位瑞典科学家的帮助下，罗伯特博士制定了一份达成共识的文件，文件描述了地球的功能及人类与地球互动的基础知识。据该组织网站介绍，文件经过 21 次易稿，定稿后寄送至瑞典每一个家庭和学校。

20 世纪 90 年代初，罗伯特博士同物理学家约翰·霍姆伯格(John Holmberg)合作，根据热力学定律和自然循环法则为可持续社会定义了一套指导性原则。这些可持续性原则是自然之步组织工作的内容和理论纲领。该组织现在许多国家设有中心，其在美国的机构建立于 1995 年。自然之步组织与企业和政府一道制订可持续工商活动计划，但是这并不等于它的四项指导性原则容易被许多公司在经营实践中吸纳。变革是必需的。

案例研究 9.8

可持续发展协会

可持续发展协会(Sustainability Institute)创建于 1996 年，它的声明引人注目且富于哲理。

> 不可持续性并非产生于愚昧、非理性或贪婪，它在很大程度上是理性和好意的决策积重难返的结果，因为决策者受制于体制——从家庭到社区到企业、政府和经济，使人很难或根本无法对受影响的今人和后代采取充分负责的行动。
>
> (http://www.sustainabilityinstitute.org)

“技术座架”思维定式问题又一次左右着人的观点。在可持续体制、社区、经济和社会等方面，有哪些可能性？什么是可以接受的？我们需要从许多方面改变人们对这些问题的假设。然而必须强调，可持续的未来将取决于人，取决于个人和集体的协商、谈判、辩论和共同努力。可持续发展协会的使命声明正是采纳了这一推理思路。该声明共有三个要素，即：

- 转换思维定式——价值观、态度和信念，如果它们已不适应一个并非无极限的星球和控制全球的人类。
- 重建体制，如果体制的奖励和激励与社会、环境和经济的长期目标不一致；以及
- 增强在复杂环境、社会和经济体制中的管理和学习能力。

案例研究 9.9

可持续工商协会

可持续工商协会(Sustainable Business Institute)(SBI)是又一组织，它寻求与企业合作，共同应对经济、社会和环境的可持续发展挑战。

可持续工商协会创建于 1994 年，宗旨是教育高级主管，使他们了解“什么是可持续性”，以及如何跨行业有效实施可持续的实践。可持续工商协会赞同全球契约传播良好实践的方法，十分重视和强调利用工厂、论坛和媒体，尤其是电视节目，在高管中传播协会的思想和方法。

369 ## 案例研究 9.10

国际可持续发展协会

国际可持续发展协会(International Institute for Sustainable Development)(IISD)始建于 1990 年，其宗旨是通过在以下各方面进行政策推荐，为可持续发展作贡献：

- 国际贸易与投资，
- 经济政策，
- 气候变化，
- 测量和指标，以及
- 自然资源管理。

通过利用互联网通信，国际可持续发展协会旨在报告通过与全球伙伴合作而得到的国际谈判和经纪人信息，最终在发展中国家进行更多的严谨研究、能力培养及更好的南北对话。

案例研究 9.11 370

市场向可持续性转变协会

市场向可持续性转变协会(The Institute for Market Transformation to Sustainability)(MTS)是承诺探索、认定和支持可持续经济活动的又一组织。不过该组织极其乐观向上,坚信市场将成为激活改革的力量。在它的网站上有如下声明。

> 市场向可持续性转变协会利用市场机制,集合可持续产品制造商、环境组织和关键国家及地方政府领导人一道,增加可持续发展产品的销售和市场份额。我们已经就有关可持续产品达成共识(草案),如"FSC 国际森林木材认证[1]"、"有机食品认证"和"清洁汽车标准"。达成共识后,下一步旨在提高意识,增加此类产品销售,直到利润动机和其他市场激励机制驱动市场转变。人的认识和产品的销售是能够控制的……因为100家最大企业生产的产品占世界产品的90%以上,我们的使命是能够实现的。所有公司都想在增加利润的同时促成一个不受污染和比较安全的环境,并且改善公共福利等……可持续产品在提升社会整体福利的同时也提高公司利润,因为产品的制造成本更低廉、管制条款更少,税收更低,进入市场更快,并且更为公众所喜爱。
>
> (http://mts.sustainableproducts.com)

对"市场是可持续发展的第一(如果不是唯一)驱动"这一观念是有争议的,因为这种取向要求

(a) 所有显著事实均可用数字形式表示;

(b) 所有显著信息(包括与子孙后代选择权有关的信息)均可用最终"市场"价格明确表达;并且

(c) 所有的决策只是使资源利用达到"正确平衡"的技巧或科学,而且将资源放在能够支付最高价格的人手中,是最恰当的"解决方案"。

前两点涉及制定总价和单价的可行性,最后的第三点提出了政治和伦理的深刻哲学问题。

提到学术界,我们发现许多大学已经建立了可持续性研究中心,如

- 美国密歇根技术大学可持续未来学院;
- 加拿大英属哥伦比亚大学可持续发展研究院;
- 世界可持续发展工商理事会,与澳大利亚皇家墨尔本技术学院有密切联系;
- 英国诺丁汉特伦特大学工商可持续发展学院;以及 371
- 苏格兰福勒斯大学可持续发展研究中心,与苏格拉兰圣安德鲁大学和苏格兰高地与岛屿大学有密切联系。

所有这些学院和协会以及更多的学院和协会标志着可持续发展的重要的发展。地方草根倡议活动对于可持续发展团体和协会的形成必不可少。但是,要充分处理国家和全球可持续发展议程,不可避免地需要大型企业与政府的积极认真的参与。如市场向可持续性转

---

① 森林管理委员会(Forest Stewardship Council,FSC),非政府组织,致力于鼓励对世界森林进行负责任的管理。——译者注

变协会网站的声明，最大的100家公司的产出占世界产量的90%以上。没有这些企业“带动”，没有政府积极的支持鼓励和实施可持续经济、社会和环境政策，所有个别的促进行动，无论意义多大，都不足以充分解决迫在眉睫的可持续性问题。

三重底线

21世纪初的一个流行词是组织应有“三重底线”。三重底线有别于传统上仅用于利润的“账本底线”。三重底线包含对经济、社会和环境的关切，但是其表述与可操作性仍比较困难。解释“三重底线”意义，并不表示对三要素予以同等重视。伯奇(Birch，2001)在评论英国石油澳洲分公司起草的公司公民章程草案时，提到其中一段陈述，这段陈述出现在“可持续发展”标题之下：

> 英国石油公司的商业政策保证成为一个承担社会、环境和经济责任的企业。这意味着，为创造财富和可持续的就业机会，我们要使利润最大化，永远准备为社会和环境积极效力。
>
> (Birch，2001：62)

这里提到利润最大化很有意思。在章程草案中，没有试图讨论对利润最大化的承诺与对社会和环境问题的承诺(在章程草案另一处提及)之间的冲突。不过伯奇提到了早些时候与英国石油澳洲分公司的讨论，在那些讨论中似乎已经提出了这些问题。

> 按照当前的定义，资本主义与民主制度之间的紧张因素若无重大变革则不可调和。我们同意，若不实行变革，便不能实现长期可持续发展。因而工商业需要有明显的政策方向，以使这样的变革不仅在工商业范围内，而且在全社会范围内得以发生。
>
> (Birch，2001：59)

372 “工商业需要……有重大的政策方向”一语直接提到需要霍布斯所谓的“主权者权力”。这并不是指我们可以假定企业能靠自己解决这种紧张冲突。在这一语境中，市场那只“看不见的手”被视为太不可靠，不能听任这只手自行其是。

“三重底线”原则源于“全球报告倡议组织”(Global Reporting Initiative)，后者是一个自愿倡议组织，迄今为止已推出两版《可持续发展报告指南》。就在我们写作本书第二版时，“全球报告倡议”小组正在接受来自使用者和制定者的评论与建议。评论与建议内容涉及“全球报告倡议组织”应如何为将来制定报告指南。这一过程是开放的，反映了“全球报告倡议组织”承诺按照利益相关者理论来制约公司报告行动。2006年将制定更新后的第三版《全球可持续发展报告》。

“全球报告倡议组织”目前规定企业就公司环境、社会和经济业绩信息做出报告，实质上是企业可持续发展的业绩。“全球报告倡议”有五个框架文件，它们是：

- 可持续发展报告指南(系对所有报告机构的核心规定)。
- 行业补充(配合指南为不同行业提供补充信息)。
- 技术准则(提供个别指标、详细定义、公式和参照数据，最大限度地减少不同报告在指标问题上产生的可比性问题)。
- 专题指引文件(针对一些非行业的具体议题，例如“多样性”和“生产力”等，编制专题指引，为报告机构在按照指南和行业补充组编信息时提供更多模式)，以上文件体系最终导致：

- 《全球可持续发展报告》产生。

双向社会契约

每一个可持续性和公司责任倡议都必须承认和接受的是，无论你有多么美好的愿望，工商企业及其总裁必须在各自的市场显示竞争力。直到消费者不仅表示愿意企业超越法律最低要求，而且在某种情况下已准备好为（比竞争对手产品）更具社会、环境敏感的产品和劳务支付稍高价钱，在这之前，法人代表会觉得在许多有关公司责任的辩论中存在太多的虚伪和双重标准。我们在第八章已经讨论过，社会契约往往是单向的，也就是说，契约中的条件只是针对企业的，即要求企业为保住他们（理论上的）"营业执照"而遵守契约条件。这就提出一个很有意义的根本性问题。

373

一个根本性问题

是否正如在全球契约中阐明的那样，要解决全球环境和社会问题，我们就必须更缜密地考虑双向社会契约的概念？

这意味着什么呢？

生产能力向较不发达经济转移，这不仅反映资本在挑选更有利可图的机会，而且也是永恒的降价压力的证明。许多产品的"实际"（扣除通货膨胀因素）成本一直呈下降趋势。对于大多数消费者而言，假如质量差别不太显著，那么价格就是关键购买标准（之一）。法人代表必须对此感到放心，假定能够用本企业更具环保和社会敏感的政策来解释自己的产品与竞争对手产品之间的价差，那么消费者会对此举表示敬重，从而不会对公司更具可持续意义的政策怀有偏见，将自己的购物忠诚转移到价格较低但不大实行可持续发展政策的公司。政府在这方面将发挥潜在重要作用，要么奖励那些率先奉行环境和社会政策的公司，要么惩罚那些在这方面无所作为的公司。可以通过补助金、退税或补罚税款来实现这一干预。这种方法可能使市场原教旨主义者恨之入骨，但是，在这种情况下，"市场"（具体一点，"消费者"）作为协调机制可能太反复无常，不能被视为资源配置的主要工具。是否需要有"消费者社会责任"一说呢？

这些问题反映了非常重要的辩论，而这些辩论越来越有必要成为政治和社会议题的组成部分。

小　结

本章讨论了以下要点：

- 可持续性观念应该被看成是社会、经济和环境议题之间的共生关系。
- 可以用不同伦理立场来支持特定的可持续性立场。
- 然而，用功利主义分析来权衡不同主张可能极端成问题。并非所有与某项决定有关或受其影响的事物都必然具有同等的重要性。

- 所有政治领导人都必须具备应对赤贫、童工、非人的工作条件、全球变暖、温室气体排放和政治腐败等可持续议题和全球性危机的领导能力。
- 374 但是，全球契约决定绕开1999年政治程序，直接争取最大企业的积极支持，以应对全球性挑战，事后看来这一决定是有缺陷的。尽管政府以往做得很差，但政府是处理许多可持续问题的战略的关键部分。
- 只依靠价格机制来裁夺和反映有关可持续发展问题的社会偏好，有许多深刻的弱点。
- 必须成功挑战“技术座架”的思维定式。
- 消费者和政府能够或必须发挥作用，支持企业采用可持续和负责任的实践与方法，目前关于可持续公司行为的辩论与要求倾向于排斥消费者和政府的这种作用。
- 我们面临的选择涉及许多议题，但是这些选择应首先符合支撑我们社区和社会的伦理观和道德观。

快速复习测验

1. 在处理全球变暖问题上，价格机制作为决定社会偏好的关键机制是完美无缺的吗？
2. “技术座架”是什么意思？
3. “环境是社会建制”是什么意思？
4. 人们通常将“技术座架”与哪位哲学家联系起来？
5. 亚当·斯密的“自爱”概念与自私有何区别？
6. 什么是“消费者社会责任”？
7. 什么是三重底线？

典型作业与简述

1. 针对全球变暖问题，讨论价格机制是否适于作为资源配置的主要民主工具。
2. 批判性地评价海德格尔的“技术座架”观点有助于预报全球经济增长率的辩论。
3. 就“消费者社会责任与公司社会责任一样重要”的观念展开讨论。
4. 评价亚当·斯密的“陌生人”对法人代表行为与可持续商业实践的用处。

375 小组活动 9

在进行小组活动8的时候，你确立了10家公司的投资组合。思考第九章讨论的议题后，请你现在执行下列任务。

1. 重新思考你的投资原则，考虑你是否希望修改、补充或减少你原先所赞成的原则。

2. 确定你对投资组合中的这10家公司是否有安全感。允许你可随意改变组合，但你的投资组合中最后必须保持有10家公司。

3. 在小组会上，将为你提供两组摘自报纸金融版的有关上市公司的股价信息，一组是过去7天的信息，另一组是过去12个月的信息，两组都有各自的板块指数。如能查到分红信息，你可在计算时也包含这个因素，不过这对于该项练习并不是关键因素。

4. 在小组内，你可简要讨论你对自己投资组合业绩的满意度，以及你是否希望对你的投资组合作进一步修改。

5. 无论你是否打算调整，以及你决策的根据是什么，你应该准备好讨论你们小组对你的投资组合业绩的判断。

6. 你应该（完全开诚布公地）考虑可持续性和社会实践问题

- 在你最初挑选的投资组合中的分量；以及
- 在你们考虑小组根据第一年的财务业绩可能做出什么改变时的分量。

7. 你还应该了解这一情况：在你被聘为投资组合经理期间，你个人薪酬待遇的40%与业绩挂钩，即根据小组的投资组合的财务业绩来支付你薪酬的40%。这笔报酬每三个月计算一次，即不根据投资组合全年的业绩来计算，而是每季度计算一次。

参阅建议

对本章讨论的问题最有帮助的书籍是《可持续发展：探究矛盾》（Redclift，1987，*Sustainable Development*：*Exploring the Contradictions*，London：Routledge）。

推荐网站 376

主　题	**网站提供者**	**网　址**
可持续发展	可持续发展协会	http://www.sustainabilityinstitute.org
	可持续工商协会	http://www.sustainablebusiness.org
	可持续发展国际协会	http://www.iisd.org
	可持续发展未来协会	http://www.sustainablefutures.mtu.edu
	可持续发展研究中心	http://www.sustainableresearch.com/about-sustainable-research/news.asp
	可持续发展工商协会	http://www2.ntu.ac.uk/susdev/about_us.htm

377 # 第十章　伦理的一致性：守则、标准、文化、领导者与公民权利

学习成果

阅读完本章并完成相关活动后，读者应能：

- 讨论组织使用行为守则的紧迫性。
- 区别各类守则。
- 描述在草拟守则时面临的实际问题。
- 了解赞成和反对在组织使用行为工作守则的各种观点。
- 认识到行为守则有时候可能彼此冲突，制造组织内部的紧张关系。
- 理解组织的文化与不成文行为守则的意义和力量。
- 评价伦理领导的作用。
- 评价公众压力对维持组织良好行为的作用。

引　言

本章讨论的发展，随着人们对经济伦理问题日益关切已变得不言自明。一般说来，这些发展表现了人们对一个或更多的妨碍特定公司或工商部门的问题所做的反应。由于受政府或压力集团影响，有时候发展的表现形式可能是组织及公司集团纷纷拟定工作守则和行为守则。

国际劳工组织(ILO)指出，全世界对公司行为守则的关注最早是被20世纪80年代美国
378 国防工业丑闻和华尔街的贪婪所唤醒。国际劳工组织将经济伦理视为公司提高自律、阻止政府干预及可能的管制的一种手段。

公司利益迅速导致经济伦理计划的制度化，这些计划主要由行为守则、伦理官员及伦理培训构成。但是布莱丁(Britting，1997)引用蔡斯公司(Zeiss)的例子说，该公司在1896年就已经为职工制定了行为守则。穆勒(Mill)写道："是经济伦理告诉我们什么是我们的责任以及通过什么检验手段我们得以知道自己的责任。"穆勒这段话写于1861年，引用者沃伦(Warren，1993：187)。有人认为，最近公司行为守则发展速度加快与这种行为守则具有降低公司因过失索赔而遭受惩罚性损害赔偿的潜力有关。沃伦以美国情况为例评论道：

> 《量刑改革法案》(1984)和美国量刑委员会1991年制定的《针对组织的联邦量刑指南》规定，如果公司能够证明自己已拥有有效防范和阻止违法活动的计划，则可以减少该公司的赔偿金，减少额度可高达95%。

企图减少过失赔偿金并非组织着手解决自己经营伦理行为的唯一理由。跨国公司

(MNCs)不仅影响日益强大,而且欢迎各方对自己在世界各地的业务进行严格监督。跨国公司在遍布全球的各机构组织中,对经营业务实行和谐化与标准化管理,从而将违规风险最小化,这是既得利益的需要。目前跨国公司为处理自己及其供应网的业务问题,正在采取积极措施。这个问题我们将在本章后面讨论。

概述:组织伦理发展的紧迫性

图 10.1 反映组织迫于各种压力必须使自己的伦理行为制度化和正规化。

图 10.1 绘制的所有连接关系中,唯一未受阻断的是"政府"与"组织"之间的连线。这反映了法律的强制性,与其他关系相反,其他关系由框架、协定、规范、协议或章程等约定,都不具有法律约束。政府与跨国企业之间的协定——即框架文件——反映了政府尤其是发展中国家政府所面临的两难困境。跨国企业在东道国出现,能够为这些国家带来经济加速发展的前景。但是面对其他国家也同时向跨国企业提出引资邀请的情况,东道国政府必须同意跨国企业提出的支持、激励的条件,而这些要求可能会削弱东道国政府讨价还价的能力。在这种情况下,用立法来控制跨国企业的经营,不大可能被视为"适当的"手段。而更具适应力和协商性的工具如框架协议或守则便成为标准模式。无论有没有压力团体和涉利慈善机构的干预,都可以制定无法律约束力的协定或业务守则。 379

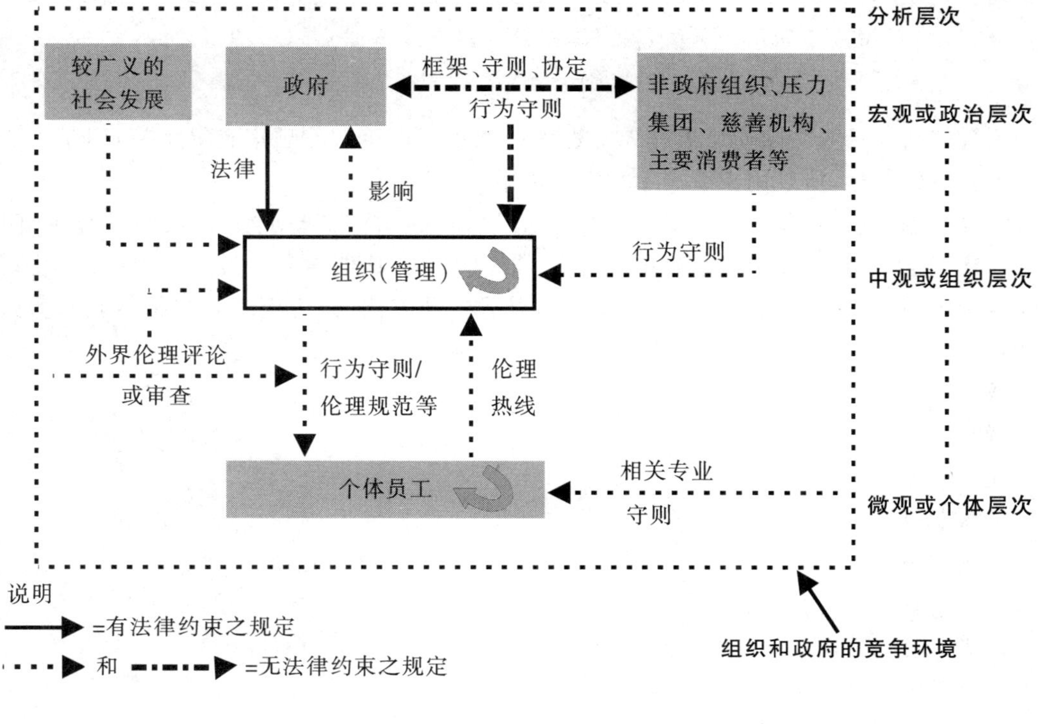

图 10.1　伦理行为的官方与非官方压力

而非政府组织(NGOs)、压力集团和慈善机构反过来又通过为工商组织制定他们选择的业务守则,然后用这些守则与特定组织的行为进行比较,达到能够独立于政府对这些工商组织施加压力的目的。这种比较能够揭示他们所崇尚的行为与实际行为之间的重大差距,而且在国内、国际舆论的监视下，还可能引发有关变革的讨论。从“非政府组织、压力团体”方框到“组织”方框的虚线反映了这种关系。绿色和平(Greenpeace)、地球之友(Friends of the Earth)和国际婴儿食品行动网(IBFAN)等是这方面著名的组织。

工商组织不必等到有了外部压力后，才采取行动改善自己的实践和行为。在下面引用的伦理倡议中，这些倡议似乎都起源自组织内部。虽然可以预见，如果组织不以某种方式对伦理问题做出反应，那么政府或压力集团将会干预。

许多例子说明了在政府与压力集团之间、压力集团与组织或行业之间，以及政府、压力集团与商业组织之间，存在合作与协作，而这些合作与协作似乎对解决伦理问题很有效。但是我们也强调了一些表面上的“好”例子，经过仔细考察后，发现它们可能并不像初看起来那么好。

380 在图10.1中，组织采用公司行为守则，用一个向下的箭头表示，目标指向“个体员工”。这是因为这种守则总是“自上而下运动”的结果，非高层管理者极少或根本不会介入这种行动。这些守则往往是陈述公司或高管对员工行为所作的规定。

承上启下

不过，一些公司也可以开通“伦理热线”，让关心具体经营业务中的伦理问题的员工表达他们的关切(如我们在第七章所论)。这些组织性沟通渠道既是当事员工表达关切的重要机制，也是组织有效的早期预警系统，可以预报具有潜在破坏性的实践和行为。

伦理热线和行为守则均可被外界伦理评论如年度或定期伦理审查等支持，但是由于这些都不具有强制性，所以用虚线表示它们的关系。

需要强调一点：连接“组织”与“个体员工”之间的“行为守则等”不仅涉及行为守则。“等”字还包含一系列交流、灌输和培育公司价值观的其他途径。麦克唐纳和尼基霍夫(McDonald and Nijhof，1999年)进一步引出以下各种方法，作为组织影响价值观和实践的范例：

- 培　训
- 说故事
- 奖励制度
- 监督制度
- 沟通渠道
- 岗位设计
- 伦理官员
- 信息系统
- 招聘选拔政策与程序，以及
- 组织的策略

这些方式可以变成“这里的办事方式”而被接受。在这些元素中，有许多来自内部的所谓组织文化。这是一个很有意义的领域，有关著述很多。在本章结尾部分，我们将讨论涉及价值观和伦理观的组织文化中的一些重要问题。

在“组织”与“个体员工”间的反向箭头表示，无论组织或个人都不应期望或被动地等待外力对伦理行为发展的影响。如果“学习型组织”和“反思型实践者”等术语确有意义的话，那么很明显，组织和个人必须对自己的行为进行批判性思考。从多方面讲，组织和个人诚实 381
反省自己的伦理观是图 10.1 的基本要素。变化，若仅仅依赖于外部刺激，而不是内省和行动的结果，那么这种变化是一时兴起的变化，是迫于压力的变化，未必植根于严谨的原则和价值观。

从“组织”指向“政府”的箭头表示，在制定影响公司实践的法规时，工商组织不是被动或冷漠的旁观者。这个箭头肯定了特定组织、工商部门向政府和通过的法规施加重大影响的能力。同样必须强调，整个图 10.1 的背景是商业的和竞争的环境，这种环境对个人、组织和政府的行为与实践产生影响。

分析的层次

图 10.1 右侧列出三个层次：宏观或政治层次、中观或组织层次以及微观或个体层次。研究人员与研究机构在研究、分析大量经济伦理和价值观议题时，往往从这三个层次中的一个层次来进行观察分析。进行宏观政治层面分析的人试图理解政治体制和特定的经济体制对国家和社会问题的可能的影响。国家和国际政府的监督机构有“透明国际”(Transparency International)和“世界共同信托”组织(One World Trust)，其各自网站名可在本章末“推荐网站”中查到。

在中观或组织层面，我们发现了压力集团、专业协会、行业机构和劳工组织等。它们致力于监督、分析、了解、支持、捍卫和发展组织的商业实践伦理。做这一层次分析的研究者的研究议题包括：伦理意识与培训计划、制定公司行为守则与伦理规范一些有争议的问题，如香蕉的生产、分销与销售，母乳替代品在发展中国家的零售以及血汗工厂与童工问题等。关于组织层面的伦理发展，除章末提供的网站资源外，还有舍恩(Schein，1992)、沃森(Waston，1994)、费恩曼和加布里尔(Fineman and Gabriel，1996)、麦克唐纳和尼基霍夫(McDonald and Nijhof，1999)、加布里尔、费恩曼和西姆斯(Gabriel，Fineman and Sims，2000)以及斯登伯格(Sternberg，2000)等人的一些重要思想和论证。

在微观或个体层次，我们找到了有关组织的道德主体可能性的辩论与研究。本书多处论及这一层面问题，在第七章还作了专题讨论。

行为守则与伦理规范 382

在竞争力具有重大意义的市场背景下，组织在经营上的全方位协调势在必行。为了激励、培养和维护员工行为的协调一致——也反映组织期望员工采用的行为标准，组织常常制定行为守则和伦理规范。区别伦理规范与行为守则可以帮助人们审视这些不同类型的表述的作用，虽然对于二者还没有被普遍认同的区分方法，比如你会发现有些组织使用的伦理规范，根据我们的定义，似乎应该归类于行为守则，它使人能够了解其目的。法雷尔和科宾(Farrell and Cobbin，1996)的一份调查讨论了行为守则与伦理规范的不同，这份调查的发现为区别二者提供了更多的证据。人们发现，被调查的行为守则中的规则条款(平均为 30.6 条)比伦理规范严格得多，后者所包含的规则平均为 16.5 条。

定　义

行为守则　大都是一些有关行为的说明或规则。所以，可能会对员工的一些具体行为给予合理的规定与禁止。行为守则确认必须遵守（规定性）或必须避免（禁止性）的行为。然而，一部行为守则就能涵盖应对各种局面的方法令人怀疑。

伦理规范　其含义与措辞趋向于合理的概括，鼓励员工展现特定的素质，如忠诚、诚信、客观、廉洁和正直。伦理规范通常不确认具体的决策，而是鼓励运用所谓“美德”，虽然对美德的看法因时代不同而不同（如第三章所论）。但即使岁月流逝，诚信与正直的概念相对恒定，而公正和忠诚这类概念则较有争议性。

从以上定义显见，如果能充分自信地预见员工可能面临的各种情境以及与这些情境相关的所有环境条件，那么可以制定一部具体的行为守则，因为伦理判断已变得多余。然而，如果不能够细致地预见员工可能面临的各种情境，那么最好诉诸总体的品质与原则，也就是说，此时运用伦理规范比较适当。

混淆这两者的风险在于，如果一部行为守则不能处理某位员工实际面临的特定情境，那么该员工可以将守则在相关问题上的“沉默”解释成一种信号：用工单位对该决定的伦理问题漠不关心。

383 在讨论中，可以说（或认为）员工在道德上是不成熟的，需要一部行为守则或伦理规范作为参考以供不时之需，而这正是守则的意义所在。公司颁布这种守则意味着公司对所有员工是否都能做到不必有行为守则或伦理规范感到信心不足。这种守则可能引起某些乃至多数员工的反感，但是对于一家跨国和跨文化的企业而言，必须就公司对经营行为的预期和实践做出明确陈述，这是公司压倒一切的需要。

行为守则和伦理规范的目的

从某种意义上讲，行为守则和伦理规范可以被视为高层管理者必须制定的合法和必需的工具，他们借此可以将自己对全体员工行为的期望明确化、具体化。一个组织的每一名员工将被外界视为该组织的一名代表。因此，员工们表现出来的行为应该与该组织期望他们表现的人格面貌和声誉相符。在这一语境中，有些著述者将行为守则主要看成是为实现管理目标的有原则的控制手段。史蒂文斯（Stevens，1994：65）论述道：“有些伦理规范其实是法律屏障与自卫机制；另一些伦理规范则是影响和塑造员工行为的尝试”。更早的此类评论家还有马修斯（Mathews，1988）和沃伦（Warren，1993）等。

我们在下面列举公司守则的八大作用，作为对鲍伊和杜斯卡（Bowie and Duska，1990）研究工作的发展与补充：

- 限制伤害赔偿——当公司因一位员工的过失而被指控时，能使法院在判决时将赔偿金减少。
- 指南——“参照”作用，类似帕斯默（Passmore，1984）所称的“提醒作用”，在员工面临伦理混乱局面时，是他们的备忘录。
- 管制条例——系指规定和禁止的作用，对最基本的品质做出明确规定，如独立、客观等，也对被禁止的行为做出明确规定。

- 纪律与申诉——当一个组织或专业机构确定一名员工或会员是否已有违规行为及随后该予以何种处罚时,守则起到一个基本准则的作用。另外,守则可成为被指控者申诉的依据。
- 信息——守则向外界传达一个组织对员工行为的预期标准。
- 宣言——系指"信息"的回声作用,但是其作用更接近专业机构制定的行为守则。为达到"专业"水准,行业协会通常应缓解公众对某些特定商业或社会活动的垄断授权(如,审计、行医等)的担忧。伦理规范将试图保证这些垄断特权不被滥用。
- 谈判——此作用无异于"指南",因为在与专业人士、同事、雇主、政府等(以及各方之间) 384
的谈判和争端中,公司守则可用作一种工具。
- 压制——这是用来对付员工伦理关切的内部程序,这种内部程序关注的是对内部异议的抑制,而不是对内部纷争的疏通。亨特(Hunt,1995、1998)调查研究了健康与社会服务领域的举报,大量例子说明了行为守则和内部举报程序的这一作用。

组织和研究人员都关注行为守则,这说明这种守则是个"好"东西,且对个人和公司行为有积极影响。针对后者,马修斯(Mathews,1988)认为在伦理规范与公司行为之间只存在着微弱的关联。卡瑟尔、约翰逊和史密斯(Cassell,Johnson and Smith,1997:1078)也对这点发表了评论:

> 许多关于公司守则的著述有一个重要(但含蓄的)假设……这种守则对行为的确有"实际"效力。这似乎被视为当然,但这一假设在随后的调查中并未得到验证……公司守则的接受者,即那些必须按规定弄懂守则、对守则做出反应的人,把守则理解成一大堆早就存在的正式和非正式控制程序中的又一管理新招。所以,在这些控制程序中必须确定守则的影响。就像使用任何正式的组织控制手段一样,实际效果(与预期效果相对)可能受谈判和讨价还价过程的影响。

史蒂文斯(Stevens, 1994)认为制定守则或规范

- 主要是因为担心员工行为可能对公司造成伤害,也就是说,守则或规范有自我保护倾向,并且
- 具有守法取向。

大量守则和规范的遵纪守法倾向已被许多著述者,包括法瑞尔、科宾(Farrell and Cobbin, 1996)论及。科宾区分了美国、澳大利亚和英国的公司行为守则。法瑞尔、科宾得出的结论是,澳大利亚的公司守则往往反复强调个人运作和组织经营的法律环境,强调不做任何有损于招聘单位声誉的事情的重要性。美国的公司守则包括但超越了这一倾向,强调了消费者、平等机会和内幕交易问题。而英国的公司守则比澳大利亚或美国的公司守则更频繁地提到社区、顾客利益和环境。但这一切都是相对的,"各国守则和规范中对伦理内容的具体指导水平都很低"(Farrell and Cobbin,1996:54)。由于这些守则时常由律师制定(30%),所以守则的守法倾向就不以为怪了。

385 ## 妨碍守则影响力的因素

为什么个人行为可以与组织期待的行为一致？卡瑟尔等人(Cassell et al., 1997)结合霍普伍德(Hopwood,1974)与克尔曼(Kelman,1961)的研究，对这个问题确认了以下三种解释：

(1) **内化**，在内化状态下，个人把守则规定的行为当作自己的行为而接受，尽管这些行为是由外部设定的。但这也表明，如果对组织价值观的信守不是出自个人内心和深层次需求，那么表现出来的伦理价值观将服从和接受更多的外力影响。

(2) **遵从**，因遵从而表现的行为与“趋奖避惩”欲望有关。只要当事者个人认为奖罚分明且可兑现，那么遵从行为就会持续下去。遵从行为因而不是基于伦理的，而是工具的、精于计算的且不可靠的。

(3) **认同**，在此过程中，个人根据自己所认同和崇拜的人和群体的行为来决定自己的信念和行为。由于行为的基本原则的坐标是由工具和外力定位的，所以行为的可靠性令人质疑。

在这三种可能的解释中，只有第一种解释展现了组织协调共存的前景，另外两种因外部腐败而不可靠。如果事实如此，那么个人必须自觉和有意地吸纳组织价值观，因为要么

- 个人现在的价值观与组织信奉的价值观非常吻合，因而个人几乎无须改变自己的价值观，要么
- 个人从组织的价值观中认可一系列原则，这些原则不仅超越了自己的价值观，而且是自己热烈追求的价值观。

但是内化的实现不是有意识的，而是无意识的，是靠组织的形象和话语潜移默化形成的。在现在看来这一可能性似乎很遥远，但是笔者之一想起自己为一群攻读硕士的经理们上的一次伦理学研讨课。其中一位经理为一家著名零售公司效力。这家公司受人景仰之事不少，如公司为员工提供的福利待遇非常可观。在这次研讨课上，大家对自己企业的经营实践的各个方面做了评论，这位经理认为自己就业单位的家长式关怀是善意的，但后来他转变了观点，认为家长式关怀更有压迫性和操纵性。他的解释发生转变不是因导师提问引起的，
386 而是因与其他同学的一系列互动练习引起的。这位经理已为他的公司干了十五年多，其间，他一直很认可这家企业的内部刊物、他所参加的管理会议以及其他公司实务，他认为那都是他雇主良好意愿的证据。他现在的批判性解释并未一下子把雇主说成是“坏”雇主，因为前15年他的雇主一直都是“好的”。使他不安的是，他在过去这些年居然完全不加批判地接受了有关这个组织某些行为和决策的某种解释，有些行为和决策与他自己原先对组织的毫不批判的玫瑰色描绘并不相符。

根据戈夫曼(Goffman,1959)的戏剧理论，个人可以被比喻成人生舞台上的表演者，每个人都关心如何在众多观众面前塑造他人能够接受的形象。在人生舞台上把自己最好的形象表演出来，将别人对自己美好印象的信息保留在“舞台中心”，而不是“舞台侧翼”。印象操纵的概念在经济伦理学文献里随处可见，尤见于一些有关经理们如何处理伦理问题的人物志(如 Jackall,1988；Schein,1992；Toffler,1991；Watson,1994)。有意思的是，在论述这个问题的资源中，“管理”和“组织行为”领域的文献比经济伦理领域的文献更丰富，更有学术权威性。

杰克尔（Jackall，1988）认为，经理的不合乎伦理的行为不是由于个人的道德差异造成的，而是由于现代官僚结构鼓励经理的行为不讲伦理。有些人赞同这一观点，如，列德卡（Liedtka，1991）。她的结论是，根据调查她发现，许多经理被迫要么必须选择保持与公司的关系（在组织的政治模式内运作），要么选择追求自己的价值观（运用价值驱动的模式），他们被迫在二者之间做出选择。我们现在用卡瑟尔等（Cassel et al.，1997：1088）的话来结束我们对这个议题的讨论：

> 我们的论点是：虽然个人心理因素和人口因素会影响守则行为，但是相对于行为发生的组织背景和文化而言，前者作用较小。

卡瑟尔等（Cassel et al.，1997）确认了三个要素，他们认为这三个要素将决定一部守则对组织成员行为的影响，这三个要素是：

> （1）守则的性质、内容及其设计、制定和执行的程序。
>
> （2）组织的控制机制（正式和非正式的）。如，员工是将（新）守则的引入视作雇用单位想要决定个人行为的又一机制呢？还是真诚地尝试帮助员工处理他们在日常工作中面临的复杂伦理问题？
>
> （3）个体影响——专注于感知与自律过程。

因此，如果个体员工出于遵从或认同动机而按组织守则行动，却对上述的要素（1）和要 387
素（2）持怀疑态度，那么新引入的行为守则或工作守则在整个组织中的前景难料且可变。应该规避守则或规范的这两种后果。

伦理规范的编写

编写伦理规范的困难在于，编写完成后，守则看上去平庸而空洞，人们会说："得了，不都是些常识嘛"。当你把精简后的守则制成像信用卡一样可以被夹在钱夹里的卡片交给全体员工时，那种套话的意味会更浓。关于信赖、正直、诚信与公正的准确而重要的陈述当然也是套话。发卡意图非常明确：员工应随身携带这些卡片以作提醒，这意味着全体员工需要不断告诫自己应诚实守信或诸如此类。在我们的调查采访中，一位受访者报告了焦点小组的一次辩论。辩论题目是在新的伦理规范中应该包含哪些内容。正方认为应该把"员工诚实守信"包括进去。反方认为这样的要求众所周知，无须陈述，如果把这一条加进去，就等于说管理层认为他们的员工可能不诚实。最后决定不把这条包含进去。

绝大部分组织费尽周折地确保自己的伦理规范是特别针对组织自身及其经营条件和环境条件的与众不同，但是大多数伦理规范看起来其实都大同小异。几乎没有守则或规范是反习俗或违反周围社会标准和体制的。表 10.1 试图通过对美国《强生公司信条》（Johnson & Johnson）中的伦理规范与白色女巫协会《女神盟约》（Center for the study of Ethics in the Professions，2003）中的伦理规范进行比较，来说明这一现象。

由于不同组织的伦理规范有许多共同基础，所以可以确定那些最常见的主题。表 10.2 分析的例子选自《强生公司信条》、《英国公务员守则》（The Cabinet office，2004）、英国石油公司的商业政策和卡博陶业公司（Carbo Ceramics）核心价值观的声明（2002）（系笔者从手中资料随意选择）。请注意，以上公司虽无一家用了"伦理规范"一词，但其实这些规定就是伦理规范。

388 **表 10.1 美国《强生公司信条》中的伦理规范与《女神盟约》中的伦理规范的比较**

共同主题	美国《强生公司信条》中的伦理规范	《女神盟约》中的伦理规范
规范的基础——信条	“我们的责任是运用基于信条的价值观和判断来指导我们对临床研究与结果的设计、行为、分析和解释。”	“盟约成员应永远牢记我们宗教的融合与多元。”我们将按照彼此的尤其是我们宗教的传统律法，来理解和解释该伦理规范。
相近的时间	强生公司信条首次发布于 1943 年。	现代巫术作为宗教出现约是 20 世纪二三十年代，当时时兴魔法与德鲁伊教，比强生信条出现稍早。
不伤害	“我们最基本的责任是通过适当平衡风险与利益，将病人利益置于首位，并且确保使用我们产品的病人和医生得到最大关照。”	“如不伤人，凡事皆可自由为之。”
尊重差异和他人自主权	“我们的责任是理解跨文化价值观的差异，适当改变我们的行为，又不放松我们的伦理原则。”	“每一个加盟者将尊重各女巫团的自主权与主权，以及各女巫以自己的方式主持其盟员和学员的精神、心理、情感和身体发展的权利，并对任何侵犯这一权利的行为保持合理的谨慎。”
公开与保密	“我们的责任是确保公司所有医药产品信息公平对称、准确全面，公众能对我们的产品做出充分知情的风险收益评估。”	“所有盟员均应尊重我们宗教传统的保密信条。”
合理回报权	未写入守则，但在信条中陈述道：“如果我们按照这些原则经营，股东们就会获得合理的回报。”	“每个人都有权对所提供的服务收取合理费用以维持生活，只要不滥用我们的宗教。”
执业者的专业标准	“我们的责任是奉行良好的临床试验的原则。”	“由于我们宗教及其特有的艺术与实践是神赐天赋，有天赋者将免费获得盟员资格并接受地方女巫团的培训，但这只针对被认为值得接受盟员资格和培训的人。”

389 **表 10.2 伦理规范的共同主题**

主 题	范 例	来 源
廉洁	从对公务员的宪法规定及其实际角色来看，公务员都应以廉洁、诚实、公正和客观的态度，通过制定政府政策、执行决议和管理自己负责的公共行政事务来帮助合法政府[1]应对任何政治局面。	《英国公务员守则》
	我们按最高伦理标准行使公务。我们信守我们的承诺与责任，并以此为荣。	卡博陶业公司
忠诚	公务员是王权臣仆。宪法规定，所有政府部门都是王权的组成部分，都受本守则条款管辖，公务员必须效忠自己服务的政府。	《英国公务员守则》
毋伤害及风险管理	我们相信我们首先要对医生、护士和病人，对父母亲以及所有使用我们的产品和接受我们服务的人负责。为了满足他们的需求，我们所做的一切都必须是高质量的。	《强生公司信条》

① 原文如此。——译者注

（续　表）

主　题	范　例	来　源
	我们将定期确定与我们活动有关的隐患，评估其风险。我们将采取适当措施管理风险，从而预防或减少潜在事故或事件的影响。	英国石油公司行为守则
尊重个体员工	我们要对世界各地和我们一起共事的男女同仁负责。每一位同仁都应被视为独立的个体。我们必须维护他们的尊严，赞赏他们的优点。要使他们对其工作有一种安全感。薪酬必须公平合理，工作环境必须清洁、整齐和安全。我们必须设法帮助员工履行他们对家庭的责任。必须让员工在提出建议和申诉时畅所欲言。对于合格的人必须给予平等的聘用、发展和升迁机会。我们必须具备称职的管理人员，他们的行为必须公正并符合道德。	
尊重法律	我们将尊重东道国的法律。	英国石油公司行为守则
信赖	我们承诺与我们所有生意伙伴建立互利关系，这样人们将信赖我们并且希望与英国石油公司打交道。	英国石油公司行为守则
与利益相关者的关系	我们将使我们的顾客、政府、社区和我们自己人都参与一场新的建设性对话。我们旨在实现极大的公开性——一个新公司的新取向：透明、争论、灵活、永不停滞和包容性。	英国石油公司行为守则
	我们的供货商与经销商应该有机会获得合理的利润。	《强生公司信条》
发展	我们要对我们所生活和工作的社会，对整个世界负责。	
社区	我们必须做好公民——支持对社会有益的活动和慈善事业，缴纳我们应付的税款。	
	我们必须鼓励全民进步，促进健康和教育事业。我们必须很好地维护我们所使用的资产、保护环境和自然资源。	《强生公司信条》
目标与成就	我们设定远大宏伟的目标，并努力超越目标。我们看重并庆贺个人取得的高水平成就和团队的业绩。	卡博陶业公司　390
股东回报	最后，我们要对全体股东负责。企业经营必须获得可靠的利润。	《强生公司信条》
环境的可持续性	我们保证①尊重自然环境，努力实现无事故、不伤害任何人、不损害环境这一目标。	英国石油公司行为守则
政治活动与政治献金	英国石油公司决不在世界任何地方以现金或其他形式提供政治献金。	英国石油公司行为守则
个人利益	公务员不应为了私利或他人利益而滥用职权或滥用在行使职权过程中所获悉的信息。他们不应从第三方收受任何形式的好处，否则将被视为有损其个人的廉洁或判断。	《英国公务员守则》
对外部标准的承诺	英国石油公司拥护《联合国人权宣言》的原则，并将尊重2000年国际劳工组织《关于跨国企业和社会政策之三方宣言》以及2000年国际经合组织(OECD)《跨国企业指导纲领》。	英国石油公司行为守则

① 原文如此。——译者注

反对采用行为守则和伦理规范的观点

活动 10.1

虽然在思考行为守则和伦理规范时，我们已经认识到它们在实践中的局限，也提出了我们对守则和规范"在现场"的实际作用表示怀疑的证据，但是我们并不认为制定和采用守则的作用是消极的。然而这种观点确也存在，在讨论这些观点之前，我们希望你想一想可能会是一些什么样的观点。

尽量列举制定一部行为守则或伦理规范的消极因素。

一方面人们直觉上希望采用守则，与此同时，我们确认了反对制定和采用守则或规范的五个可能的理由。

391 **(1) 正当性**

正当性与缺乏普遍认可的共同准则和伦理规范相关。如果把"一切都是相对的"当成逻辑结论，且守则只能对文化和社会方面特定的事情作出规定，那就意味着人们拒绝了普遍规律这个概念，而"公司能够拥有一部行为守则"的观点也随之被拒绝。如果一家跨国企业制定了一套反映其基本价值观的守则，那么根据定义，这意味着这家跨国企业希望普遍化——至少在其全球经营中，某些基本概念是存在的。但这可能吗？这就变成了一个区别可协商的与不可协商的价值观的问题：在地方习俗、传统与人的价值观发生冲突时，个人怎样以及何时才能在二者之间找到平衡？例如，什么时候送一件礼物变成了贿赂行为？我们将在下一章里具体讨论这个问题。

(2) 规则的无能

如果守则不能保证人们改变行为，而又缺乏守则能满意地塑造人们行为的实证，那么当组织不信任员工的消极信号被传递给员工时，它将对守则的引入造成持久影响吗？如果是，一部守则的整体作用可能是消极的。

承上启下

重读第八章"综合社会契约理论"(页边码第 323—326 页)，并思考该理论如何处理涉及普遍伦理或相对伦理的问题。

(3) 支持结构

组织内部必须有(却缺乏)支持结构，使员工感到能够按照具体的行为守则行事。沃伦(Warren, 1993: 189)认为，在确实存在行为守则的地方，

> 管理层频繁地制定员工的伦理规范，而努力把公司打造成共同体或制定公司统一目标的重要性却被忽视了。

沃伦(Warren, 1993)谈及企业关系问题时说，证据显示，若要使管理企业关系的规则真正发挥作用，即奖惩分明，这些规则需要集体协商(如，Terry, 1975)。该观点得到伯德和沃特斯(Bird and Waters, 1989: 83)的支持。他们提出，只是谈论伦理议题不可能增进其意义，除非找到"连接守则语言与业内人士的经验和期望"的机制。伯德和沃特斯(Bird and

Waters,1989:84)说,

> 商人将继续回避公开讨论实际道德问题,除非有一种机制,保证管理者不会因表达自己合法异议而受到谴责、批判、排斥或惩罚。

伯德和沃特斯发现,与管理者的个别谈话揭示,他们的许多担心都涉及伦理性质。但是 392
当被问及在管理同仁中是否有人曾正式或随意地提过这些问题时,他们回答说没有。管理者们对于在伦理议题上出现的管理层集体失语,自有一大堆解释。这种谈话被认为威胁到:

- 效率(即,实施严格的规则和管理条例);
- 权力与效力的形象(即,先前的尝试已导致有异议的管理者自显其组织上的无能);以及
- 组织的和谐(即,关于工作中的道德问题的讨论被视为有碍于组织正常行使职能)。

因此,适合引入行为守则的环境应该是这样的:在这个环境中,如果有人对特定做法表示担忧,将不会被认为是在"反公司"或"怨天尤人"。如果没有这样的环境,则可能滋生犬儒主义,而守则的整体效果将是消极的。

(4) 守则的边缘性

守则往往被视为"附加物"、是对行动的束缚,因此在公司活动中的作用是边缘性的。为达到预期效果,必须将守则摆在公司信念的中心位置,或更具体地说,如果公司行为守则或伦理规范所反映的价值观和信念已浓缩在公司文化中,那么守则便是多余的。如果守则被弃置或在边缘游走,则可把它理解为公司活动的一个必备配置(摆设),只是一个在某些情况下可以绕开或"协商"的摆设。如果这样,有关公司动机的犬儒主义便会加剧,而守则的整体效果将是消极的。

(5) 个人责任减小及最终消失

为特定情境制定具体行为守则的目的是试图突破伦理困境做出判断。尽管这样做有利于整个组织行为的标准化,潜在的将不可接受行为的风险最小化,但也存在如下风险:当个人接受对有争议事件的质询时,他会用"我只是在执行组织命令"做借口。鲍曼将这种推卸责任的行为称为"漂浮的责任",我们在第七章已经讨论过此问题。漂浮的责任把组织变成了个人良心的挡箭牌。遵守规则和服从上级命令,这两种责任难以分开定义。对特定作为或不作为的责任鉴定落入岗位描述与岗位责任及行为守则的缝隙之间。道德观(或道德的定义)成了别人的责任。个人行动变成机械的、无须思考或判断的行动。实际情况往往复杂
多变,个人所处的微妙境况不是一部守则所能充分应对的,但是守则的存在以及守则的"失 393
灵"都为个人提供了推脱责任的逃路。服从指令不如行使道德判断那么严厉,更没有那么危险。

鲍曼(Bauman,1994)确认了一个第二倾向,即组织行为的超道德——既不好也不坏,只是正确或不正确——的倾向。在这个语境中,行为守则的使用可能会将本来透明的东西变得模糊。守则可以不用那么多道德措词而仅用技术措词来表述,这意味着用守则处理问题的道德中立性。

编写行为守则的困难:电子通讯伦理观

随着电子通讯和信息传播新形式,尤其是电子邮件和互联网的出现,组织内部产生了新的伦理问题。由于出现新情况,组织试图制定新的行为守则,对电子通讯加以管治,以便最大限度减少滥用情况。他们对新问题做出反应的尝试例证了上一节讨论的许多有关行为守

则的问题和困难。这不是一个可以等闲视之的问题。1998 年，一位 IT 管理者被炒鱿鱼，因为她在工作时间用公司电脑预订度假(Wakefield，1999)。2003 年四位律师转发一份有关自己同事口交的邮件，这份电子邮件随即在全世界 2000 万人中蔓延。这四个人因此丢掉了伦敦一家顶级律师事务所的饭碗。一年后，利物浦皇家太阳联合保险的十位行政人员被解雇，因为他们在网上传递有关巴特·辛普森[1]和一头驴的淫秽卡通(*Observe*，2004)。人们无法控制自己通过电子邮件发送的东西，比如，他们可能一不留神(或如他们所称)便下载了色情图片。即使他们立即删掉，但是在这个网络时代，记录会保留他们接收过这种图片的踪迹。他们在事后有口难辩，无法证明自己只不过是被愚弄的无辜受害者。

据估计，36%的员工都有一个由雇主提供的电子邮件地址。由于访问电子邮件和互联网的手段已经如此方便，有关的伦理问题变得更加重要。我们列举几个主要问题：

(1) 雇主的误用

- 雇主有能力但并非总是愿意监视员工用互联网干活时的每一个行动。员工的网上冲浪和电子邮件通信都有记录。问题是：在哪种程度上这样的监视既合乎伦理又合法？何时能够说员工的隐私权被侵犯了？2003 年，英国政府通过的《规章与调查权力法案》(The Regulation and Investigatory Powers Act)规定，未经员工本人同意而监视其电子邮件将被视为非法。但是英国贸易与工业部发布的指导纲领对该法案的解释是，如果雇用合同包含允许雇主监视电子邮件和网络使用，则准予监视。雇主提出，他们需要这个权力，因为他们对所有经他们系统发出的邮件负有法律责任，这就是为什么现在经过
394 组织的系统发出的大多数电子邮件都有一份免责声明(常常比信息本身还长)，是为了表示组织拒绝承担任何这方面的责任。
- 假定雇主通过给全体员工发邮件的方式与员工交流，那么即使累得精疲力竭也无法与员工进行有效交流。

(2) 员工的误用

- 占用雇主时间，用工作时间在网上冲浪。
- 利用电子邮件和互联网设施达到不正当目的，如散布种族主义信息或淫秽资料。
- 用雇主的系统做私事。
- 用电子邮件打扰别的员工，这是行业法庭认为违法的行为。
- 将内部电子邮件发送至外部机构。比如，一名受到骚扰的员工将查尔斯王储告上工业法庭，诉其性别歧视，她用查尔斯的家庭内部邮件作为其案件的支持证据。
- 滥用在线招聘测试，冒充自己是潜在的雇主。在 2003 年，6%的组织机构利用某种在线测试达到招聘目的。

(3) 滥用良好的通讯手段

- 电子邮件通信是不正规的；一方面，它被视为快捷而随意，另一方面它又是一种可以用于法庭的通信记录。这导致人们在与他人通电邮时缺乏礼仪，而在打电话或面对面交

---

① 巴特·辛普森(Bart Simpson)：我行我素的刺儿头酷男孩巴特·辛普森，是美国最受欢迎的电视动画片《辛普森一家》的长子。——译者注

流时人们不会这样（Taylor，2001）。

- 人们常用电子邮件，以避免当面把坏消息告诉别人。在2004年的一个案例中，一大批员工通过电子邮件被告知自己已被裁员。
- 电子邮件的随便和距离，使人们变得更加无礼，在生气时用电邮讨论不快之事，往往比面对面处理问题更粗鲁。信实工业（RIL）是一个很大的家族企业。创建人去世时，两个儿子之间爆发的权力斗争，几乎全都是以向媒体透露电子邮件的形式进行的。公司董事长认为，靠电子邮件永远无法解决这场纠纷，他们说，

> [我们]认为电子邮件的方式不适当。他们应该首先选择传统邮件，而不是电子邮件，他们应该坐下来面对面好好商量。
>
> （*Hindustan Times*，2004：1）

使用电子邮件最粗暴失礼的方式是，有人写电子邮件，抱怨受到另一个人的伤害，然后复制这份邮件，转发给全公司。这样做可能有好的一面，比如当邮件与全体员工有关时。但 395
是如果需要对某个人群保密，可是又转发给了全体职工，这就可能在全体员工中引发激烈争论。电子邮件有可能成为激烈辩论的论坛。

- 过度使用群发和抄送功能，大量发送对他人无意义的电子邮件，造成邮件泛滥。

编写涵盖这类问题的行为守则的困难在于，多数员工希望在员工的权利与雇主的权力之间找到合理的平衡点。大部分组织乐意让员工利用电子邮件和互联网处理私事，但是，正如一部守则所述，

> 这不应该干扰办公或与其发生冲突。员工对于如何才是“合理使用”应该做出正确判断。

一位特别的雇主提供了一个垃圾邮件组合，这样员工便能发布“寻租启事”或“寻卖启事”之类的信息。只有少数组织走极端，禁止员工用互联网和电子邮件办理私事。美国一所大学这么做了，引起教师公愤（Woodbury，1998）。雇主实施某项决定的一个理由是，许多职业团体的办公文化及习俗惯例认为用信息和通信技术处理私事并不违反职业道德。斯泰利亚诺等（Stylianou et al.，2004）的调查显示，研发人员认为（在使用信息与通信技术时）通过开放渠道获取数据和知识，即使违反知识产权（IPR）和隐私权也无大碍。譬如，编程员认为可以接受剽窃（无视知识产权），但是不能接受违反员工个人隐私权。行为守则中的一些有关使用电子邮件和网络的标准条款可以包含如下内容。

- 任何电子邮件或通信不得违反法律或公司政策。
- 员工应该谨慎维护密码安全，小心密码被盗。
- 以违法方式获取和使用版权信息将受到处罚。
- 不得将内部机密信息向外公布。
- 不得发送和转发连锁信息。
- 电子邮件应简明、礼貌，只发送给相关的人，不得群发。
- 员工应被告知其电子邮件和用网情况将受监视的程度。
- 除非为求证违纪违法行为，且经高层管理者授权，不得对某人的私人电子邮件进行常规监视（这一条特别具有争议性）。
- 雇主应就误用的问题对员工提出警告，使惩罚明朗化。柯罗宁（Cronin，2004）就这种警 396
告的效力所进行的调查研究引人注目。

当然,一旦有人开始草拟这样的规章,为防止某个问题而制定一条规则,马上又会产生一个新问题。例如,不得使用电子邮件散发政治信息。这是否意味着工会官员不能用组织的电子邮件向会员发布信息呢?另一个问题是电子通讯的创新速度。每一个新的发展都可能为误用创造新的机会,这是制定行为守则的人无法预料的(见页边码第 6 页德里男孩的故事)。

活动 10.2

- 在一家由少数 IT 专业人员组成的调查咨询公司里,以及
- 在一家处理客户服务和其他咨询服务的大型呼叫中心里。

在以上两个工作场所中,为治理电子邮件和互联网而制定的行为守则可能有所不同吗?不同在哪些方面?为什么?

行为守则何时会相互抵触

各种类型的组织,尤其公共部门和非赢利组织遇到的一个基本问题是,不同专业人群的行为守则以及各守则可能制造的潜在冲突。譬如,会计内部信息的作用是支持管理信息系统,该作用使会计师成为管理结构中的角色。这并不是把会计师和组织管理结构内的专业人士摆在与管理结构外的专业人士对立的位置上。但是这样一来却制造了冲突的可能性。保密原则是《国际会计师联合会伦理规范》(International Federation of Accountants' Code of Ethics)所依据的六项原则之一,也反映在英国所有职业会计机构行为守则中。这里特别强调即使在雇用合同终止后,仍须履行对公司信息的保密义务。

其他专业人士必须遵守的行为守则或伦理规范也存在发生冲突的可能性。例如,《全英护士、助产士及健康访视护士中心理事会声明》,“每一位注册护士、助产士和健康访视护士无论何时都应保护、促进病患和当事人利益”。二十多年来保健工作一直饱受经费短缺制约,在这样一个环境中,许多案例凸现保健工作者所面临的极端困难,他们很难“为个体病患
397 和当事人提供有效、适当的医疗保健服务”。如果为护士等医务人员设立管理岗位,只会加剧这种紧张局面。亨特(Hunt,1995、1998)列举了保健和社会服务案例,在这些案例中,一些人试图直言自己的关切,但是到头来发现自己从此举步维艰,前途处处受挫。

护士行为守则与会计师行为守则的性质决定了潜在冲突的范围。护士守则要求护士得到病人支持,而会计师守则反映忠诚导向。在美国内部审计师协会(American Institute of Internal Auditors)和美国财政官员协会制定的行为守则(Harris and Reynolds,1993)中,明确提到要效忠雇主。菲舍尔和洛维尔(Fisher and Lovell,2000)调查访问的人力资源经理对组织的效忠度甚至超过了典型的人们对人力资源经理的要求。

职业会计和保健工作者必须遵守的行为守则,独立地看,既可理解,也具有防卫性。但是如果把两种守则放在一个组织背景中,则明显存在发生冲突的可能性。

甚至在同一部行为守则中,也常常有冲突存在。普罗克特等(Proctor et al.,1993:166)突出介绍了社会工作者面临的矛盾局面:

> 守则的序言承认,多重原则能影响任何一种工作局面……因此,职业价值观潜在的冲突是必然的,并且反映在该职业的伦理规范中。

至少社会工作者职业机构的守则承认这些紧张关系。会计师既需要履行公司信息的保密义务，也需要尊重公众利益。人们通常不承认这两种需要正在为会计师们设下两难困境。

有趣的是，《项目管理职业行为守则》(1996:2)第四款包含了以下规定：

> 职业的项目管理人须保护公众的安全、健康和福祉和**仗义执言**，反对该专业中妨碍公众利益的滥用行为。

有人告诫说，在考虑职业协会雄心勃勃的宣言时，需要保留更多的谨慎，但显然，这家热心的职业机构期望其成员应从公众利益出发。这项行业协会的声明非同寻常的清楚明确。

上面的讨论引出了另一个问题——职业协会伦理规范问题。大量文献论及职业的兴起(有关该问题的讨论详见 Durkheim，1992；Koehn，1994；Larson，1977)以及伦理规范对职业兴起的影响。任何获得法定权利、可以控制会员在某方面的活动的行业协会(如，英国医药协会与行医实践；法律协会与特定法律执业；某些专业会计机构与审计工作)都须拥有一部 398
要求会员遵守的伦理规范。行业协会必须有伦理规范，这是行业协会的基本要素，行业协会以此为据，控制那些希望像医生、律师、审计师等“专业人士”一样从业的人。伦理规范之所以是行业协会的基本要素，是因为行业协会需要消除公众对自己滥用国家授予的权利的担忧。相关“职业”机构都要求其会员，一旦发生利益冲突，应首先采取符合公众利益的行动。

“公众利益”是一个非常不好把握的概念。它指公众的整体利益，但不是简单的“绝大多数”，而是指在对某种情况进行理性、客观、长期评估时，应按是否符合公民社会的普遍利益来考虑。当使用了行为守则的职业机构中的职业人士被卷入重大丑闻时，这会使人们对守则的诚实性和目的性产生严重怀疑。这样的例子很多，如，卷入安然破产丑闻的安达信国际会计公司，其卷入程度之深，在作者写作本书时才初露端倪；会计职业未能对其高级会员的痛苦做出任何有意义的反应；还有，在布里斯托尔心脏外科医院——人称人体器官屠宰场——这类案例中，医生似乎将职业利益和同行的地位置于公众利益之上(见案例研究 2.19)。然而，为了维持“本职业”的会员资格，会员个人必须努力避免玷污本行业的声誉。如前所述，尽管分开来看，一部职业伦理规范有其存在的合理性，但如果将它与别的守则同置于特定组织环境中，则可能产生冲突。

在菲舍尔和洛维尔(Fisher and Lovell，2000)的调查中，几乎没有会计师和人力资源专业人士以前学习过本行业的职业伦理规范，他们也未感觉到学习些规范的重要性。从某种意义上讲，随着职业形象变糟，关心和研究行业协会的伦理规范问题的实际意义已经降低，行业协会宣称自己代表公众利益，只是装装门面而已，掩盖的是背后的阴暗和既得利益。

假定本节提出的论点是反对伦理规范，则可以问，“那么守则和规范还有未来吗？”从组织制定守则的数量显著增加来看，守则显然拥有现在。安达信和伦敦商务学院在 1999 年作了一项调查比较 1996 年与 1999 年行为守则的流行度。1996 年被调查公司中，有 59％承认采用了行为守则，到 1999 年，该数据已增至 78％，而且 1999 年 81％的被调查公司还拥有价值观或使命声明。问题是，近来对守则兴趣的高涨是否只是为了抗衡潜在的法律诉讼而做出的防御性反应？或者，比如以公共部门的机构为例，他们对守则的高涨兴趣只是对诺兰委员会[①]报告的结果所必须做出的应答？在“质量控制圈”、“企业流程再造”、“平衡记分卡”、

---

① 诺兰委员会(Nolan Committee)：即公共生活标准委员会，是英国政府内设的行政监督机构，负责提出改革现行制度以确保公务人员高度廉洁的建议方案。——译者注

"学习型组织"等之后，管理部门对行为守则的关注只不过反映了最新的管理时尚吗？

399

承上启下

诺兰原则见诸《首次诺兰公共生活标准委员会报告》，见页边码第 71 页。

到现在为止，我们已集中讨论了如下问题：组织通过制定和采用各种不同形式的工作守则对伦理问题做出回应。我们现在开始讨论那种不大明显、比较微妙，但可能更有效的塑造组织行为的方法。这便是(或单一或多元的)公司文化概念。特定文化的培育不排除采用行为守则。的确，那种包含特定文化的默契永远具有行为规则的作用。每个组织都会有自己"行之有效的方法"，虽然这些方法也许是多样的和不同的，而且其所提倡的行为有时候会与实际行为有偏差。

伦理文化与风气

人们在讨论这样的伦理议题：以文化为工具，鼓励人们以一种或另一种方式行为，这样做适当吗？然而，如果我们暂时假定允许管理者培养一种鼓励伦理行为的文化，这样的文化会是什么样子呢？施奈尔(Snell，1993、2000)在讨论这个问题时，没有用"伦理文化"，而是用了"道德风气"一词。他将道德风气定义为一组"力场"，

> 所有力场都会撞击成员对善与恶、对与错的理解、判断和决定。
>
> (Snell，2000：267)

施奈尔认为，道德风气来自这些力的相互作用。例如，如果对忠诚的要求低，便会在组织内鼓励一种支持批评、秉持正义的开放风气。相反，组织若要求效忠，则可能有碍于秉持正义。从组织的视角看，忠诚也许是最应该在员工中培养的重要行为。威尔莫特(Willmott，1998：82)强调指出行为守则的争议性以及忠诚在守则中的地位，他说：

> 采纳行为守则的价值视守则对经营目标的贡献而定。这意味着原则上要计算守则对经营目标的持续贡献，然后再根据计算结果决定是完善还是弃置这些守则。
>
> 守则不大能够处理"正义"原则。例如，一部遵守公司各项保密制度的守则或规则在任何情况下都可能与广义的社会正义发生冲突。

400 与科尔伯格的道德推理阶段论相呼应，施奈尔(Snell，1993：第六章)确认了组织内部可能产生的六类道德风气，它们是：

(1) 担惊受怕的风气。其行为特征是强迫、盲从、短视，为了组织的生存不计任何代价。

(2) 利益驱动风气。雇员因对组织贡献最大而获奖，即使过程可能涉及欺骗、耍手腕、损人利己。此种风气鼓励拉帮结伙、偷偷摸摸和捞取个人好处。

(3) 行会风气。此种风气要求效忠和有难同当，以便向外界显示良好形象。傲物恃才者将被驯化服帖。对内强调群体成员凝聚力的倾向可能会助长家长作风、性别歧视和种族主义。

(4) 遵守规章的风气。此种风气的典型特点是规章与问责。行为守则已形成文字，员工通常对自己服从规则的情况自查自省。

(5) 追求品质的风气。此种风气寻求鼓励人人努力实现最高伦理标准。通过训练、培养鼓励员工就“应然标准”展开辩论和争论。此种风气可能造成自大感和过度承诺。

(6) 追求灵魂的风气。此种组织风气支持一种注重精神学习，强调正义和不断进行伦理对话的共同体。

假定能够以可操作的方式运用公司文化，那么普遍流行的公司伦理问题

> 最终将在道德思想与自省过程中化解于未然。对伦理观的这种理解强调思想先于行动，为使行为合乎伦理标准，行动之前的思想过程很重要。
>
> (Sinclair，1993：69)

于是，一项决定的伦理性不在于表现出的行为或做出的决策，而在于行为或决定之前的先见。这暗示我们需要对文化概念作更批判的思考。施奈尔所指的“力”可以是看得见的力(如，个人行为)，也可以是较微妙、不大可以明显看出的力(如，指导行为的假定与信念)。由此有人认为，文化在不同层面发挥作用，对于经济伦理具有重要意义。

承上启下

科尔伯格的道德发展阶段论在页边码第 252—254 页(第六章)中论及，读者可同时参看施奈尔的伦理风气发展阶段论。

文化的层次 401

舍恩(Schein，1992)的分析反映了文化的三个层次，每个层次的能见度不同。顶层或第一层是能见度最高的文化层次。属于该范畴的如标志、符号、成文的守则、称谓(即，应该如何称呼长者或上司、同辈和晚辈或下级)、衣着(正装、便装)、故事与神话(通常是关于过去领导人的)、仪式、公司地盘上的建筑物与装饰格调。这些看得见的标志、实践和形象被描述为“文化人造物”。舍恩认为，虽然这些是最明显的文化迹象，但不容易总能被外界观察者解读。通常需要经过启蒙和“学徒期”，人们才能充分解读这些人造物的意义。

文化的第二层次由一个群体推崇的价值观来代表，推崇的价值观是明确表述的信念，是有声的信念。有时这些信念可以是一种“大胆干”的人生哲学，鼓励员工“抓住时机”、“全力以赴”。人们是否衷心相信这些价值观尚成问题，但是如果规定的价值观或信念使你实现了你追求的目标，那么信念的可信度将会增大，并被当成“这里的办事方式”而得到认可。举一个有趣的例子，是关于如何用语言创建特定态度和文化的：一家大型保安公司不允许员工使用“失败”一词，这反映了高层管理者拒绝接受员工任何程度的“无所作为”，或者说，拒绝接受员工把命令和要求看成是无法实现的。

舍恩称第三层次为基本假定，是组织中的潜信仰，是能见度最低但又无处不在的文化形式，因为它们代表的是对以下问题深刻思考的方式：人性的本质、人与环境的关系、真理的本质和人类活动的本质等。基本假定是难以发现和难以质疑的，因此它们在潜意识中活动并能破坏道德主体性的思想，而道德主体性需要自觉、审慎的深思。假如公司能在潜移默化中影响员工的基本假定，那么这将是对道德主体性的严重威胁。然而，高层管理者是否拥有这

么大的能量？或者，他们引导企业文化的尝试是否指可能导致不可预期的变化？对这些问题的争论很大。公司能够塑造员工的信念，这是毋庸置疑的；能否为了公司利益控制这种影响，至少在短期内是令人怀疑的。

如何培养企业的伦理风气？这引出了下一个议题：伦理的领导。

伦理领导者

什么被认为是组织内部可以接受的实践？高层管理者在这方面提供的方向和榜样必须指导和塑造他人的行为。多数教科书指出，领导者的任务是勾画组织的愿景和核心价值。英国政府通过“公司社会责任学会”(CSR Academy)公布了一套评价公司是否有能力胜任公
402 司社会责任的标准。这种能力可以被视为一种工具，用来建立支撑公司社会责任文化发展的一系列组织行为和核心价值观。用舍恩的话说，这是文化人造物。确认能力的目的是为了使公司社会责任成为大小公司的企业活动的主要部分。这种资格(CSR Academy, 2004)

- 集中在个人素质、态度和思维方式上，管理者需要学习并用来促进和改善经营绩效嵌入
- 应该嵌入到对管理者和员工的教育、培训和发展中
- 是评价公司在企业功能的所有方面的表现工具

具有这种能力：

(1) 能理解社会以及企业在社会中的角色与义务
(2) 能在组织中培养和加强有效的、负责任的工作能力
(3) 能经常就经营提出质疑
(4) 是利益相关者关系
(5) 是战略观点，并确保在决策时考虑社会与环境关怀
(6) 是驾驭多样性的能力

与这种能力并存的是一套基准指标，可以用它来评估公司员工是否

- 具有公司社会责任意识
- 懂得有关公司社会责任的问题
- 将能力用到工作中去
- 将能力融入公司文化
- 能够领导全公司指公司社会责任方面的工作

“能力”通常指能够胜任某事。与其他能力不同，公司社会责任能力大约是指要理解只有按较高标准努力才能在较低层次上实现目标。公司社会责任能力作为文化人造物，对组织的价值观和基本假定的影响程度是有限的，至多可以被视为一种途径，通过这种途径可以促使企业尤其是小型企业重视公司社会责任，并创造了公司社会责任培训课程的市场。

卡南高和门东卡(Kanungo and Mendonca, 1996)指出，员工不会信任有伦理缺陷的领导者，而且这种领导者的价值观不会被接受。他们建议，伦理领导者必须是利他的，将组织中他人的福祉置于私利之上。然而，两位作者指出，西方文化因其强调利己主义而非利他主
403 义而著称。人力资源管理功能已被(Connock and Johns, 1995:159)确认为“组织良心”的天然仓库，虽然在一项调查中发现，在那些将经济伦理归置于某个特定部门的公司里，社会责任被交给了多个部门(Arthar Andersen and London Business School, 1999:19)。

哪里有一拨德才兼备的高层管理者，哪里全体员工就会自动效仿他们理想的从业榜样。这种提法是天真的。但是，如案例研究 7.1 所示，高层管理者不道德行为的消极榜样将像癌

症一样扩散，对组织的伦理行为造成致命性破坏。案例研究 7.1 中组织的高层领导者似乎容忍了那种令人不齿的行为与信条，在公司总部弥漫着道德漠然的气氛。

任何一个公开承诺在所有商业往来中遵循伦理高标准的组织所面临的一个严重问题是：任何偏离这种高标准的行为都可能吸引媒体的高度关注，从而使人们怀疑组织的全部活动。如果真发生这种情况，不仅公众反应会异乎寻常的严酷（当然取决于所指称违规行为的性质与程度），而且对事件的分析报道还可能失真。即使这种违规行为最后被判定为当事员工个人（不论职位多高）故意的不道德行为，不过是个人的违法行为，是个人的判断错误，未必是体制痼疾所致的非伦理实践。在这种情形下，组织对公认的公司伦理行为的承诺将受到更严峻的考验：组织的高层管理者将如何对违规行为做出反应？他们将采取什么补救措施？简言之，人无完人，但是在错误发生，或者说在误判被揭露之后，个人和企业该怎样做出反应与回答？个人和组织公开承认错误或问题，吸取事件的教训，比在任务声明或公司报告中虔诚地主张伦理高标准，更可以反映公司对伦理实践的深刻承诺。越是在紧张或遇到挑战的时刻，越能昭示公司的伦理能力。组织学习是一个自我评价但也非常苛刻和充满挑战的概念。管理的过程相当于这样一种途径，布齐霍尔兹和罗森萨尔用它解释了他们有关组织道德发展的观点。

> 自我与他人之间的调整过程，不是将一个观点同化为另一个观点，也不是将各种观点不分彼此融合为一。对这种调整最好的理解可能是“适应性参与”，在适应性参与中，每一位参与者通过可以接受的适应手段，创造性地影响他人和受他人的影响……由于这样的发展史，领导者既不能“脱离”于自己身后的群体，也不是群众思想的组织者，相反，领导能力的本质是能与群体进行动态的互动，且双方都因这种互动而处在一个不断转化的过程。
>
> (Buchholz and Rosenthal, 1998: 418—419)

承上启下 404

“适应性参与”(accommodating participation)与第三章（页边码第 119—121 页）中讨论的学习型组织和伦理学习有密切联系。

这一过程论和“适应性参与”的途径代表了伯德、沃特斯(Bird and Waters, 1989)以及洛维尔(Lovell, 2002)调查的那类管理者的观念根本转变。过程论一方面指出了道德混乱的前景，另一方面又为道德主体性展现了最美好的希望。说它指出了道德混乱的前景，是因为过程模式意味着领导仅要有一定程度的成熟与谦逊，而且还要有信念和信心的力量，但许多管理者和领导者都达不到这种要求。如果通过避免教化的方法能实现某种适应，那么显而易见，辩论也许非常有助于处理本书提出的许多伦理问题。

对更公开和更透明的公司交易的一个重要警告是诉讼。对上市公司各方面提出的更严格的要求，标志着社会的成熟。公众对发生违规行为的企业采取法律行动的倾向也随之增大。在这种背景下，企业变得战战兢兢，生怕暴露“家丑”的信息被人利用，也就不奇怪了。这些错综复杂的议题，只有通过辩论并在以下两点之间找到平衡感，才会有所进展：

- 一方面，对因个人或组织不符合标准的表现或明显过失造成的任何“伤害”予以补偿，以及

- 另一方面，承认“事情”可能且有时的确不尽如人意，如果“失误”是无辜过失，且为避免发生失误，确已事先采取了一切合理措施，则应避免惩罚，以鼓励和培养汲取经验与教训的学习风气。

说者容易做者难。这些话写出来轻松，付诸实践很困难。但这是组织面临的挑战。没有折中和现成的解决方案，只有不断行动，不断关注我们社会所认可的行为水准，我们才会有前途。

最佳实践标准

在过去十年里，人们制定了许多经济伦理标准。这些标准与行为守则不同，因为经济伦理标准应用广泛，不是为特定组织或专业团体编写的。更重要的是，守则决定行为的规则或
405 原则，而标准设定组织可以参照、比较和判断的最低行为基准。达到最低标准的组织可以通过认证授权。我们将在第十二章讨论以会员为基础的组织（通常被称为契约组织），以及涉及改善国际经济伦理标准的国际性协议。

《AA1000 审验标准》（AA1000）

AA1000 是一项质量保障标准。也就是说，该标准所关注的不是企业行为是否合乎伦理，而是企业是否有良好的制度来鉴别其行为是否合乎伦理以便使自己能够行端坐正。与《ISO 9000 质量管理标准》一样，《AA1000 审验标准》也是一项过程标准，但是 ISO9000 是一项涉及整个质量保证体系的标准，不是仅专注于伦理问题的标准。AA1000 于 1999 年由英国“社会与伦理责任研究院”颁布和指导。该标准包括基本原则与一系列企业评定标准。责任议题总是提出向谁负责的问题，在 AA1000 中，你要对利益相关方负责。一个能使组织对其利益相关方负责的系统应该包含：

- 计划
- 会计
- 审计与报告
- 融合，以及
- 利益相关方参与

“融合”指确保组织中的每个人都能认真对待达到伦理和社会标准这一任务，将其和日常工作融合。与此相反的，是人们对所有标准的猜疑：企业只是在被认证或重新认证的时候，才重视各种标准，而且他们的认真只表现在正确填写表格方面。该标准也关注实质性问题，即，审验体系中包含以下诸议题：

- 环境议题
- 工作场所与就业议题
- 健康与安全
- 供应链上的伙伴的行为
- 员工介入
- 训练和培养人才
- 融入社区
- 可持续发展

2004 年，有 22 家公司应用该项标准，其中，16 家公司提供保障服务。与 2003 年使用该项标准的 55 家公司相比有所减少（AccountAbility），2004。国际标准组织（ISO）于 2004 年报告说，该组织将制定一套公司社会责任标准。 406

全球报告倡议组织（GRI）

全球报告倡议组织创建于纽约，虽然其初衷是为美国企业提供指南，但它的总部现设在阿姆斯特丹。原发起者是“对环境负责的经济体联盟”（CERES），该组织在获得了联合国的资助和支持后，得到了进一步发展。该组织的目的是为组织机构报告企业在经济、环境和社会方面的业绩提供指南。全球报告倡议组织提供了一系列绩效指标，并建议企业公布这些指标。其中一些指标被认为是核心指标，其他为选择性指标。两类指标均可分成：

- 经济指标：朝向利益相关者的货币流动，如，对社区、公众社会或其他人群的捐赠
- 环境指标：如，公司活动在生物多样性方面对敏感地或保护地的影响
- 社会指标：如，高层管理团队的结构和男女比例等

绩效指标是

- 对政策与程序的描述，或
- 对影响和后果的测量数据

完整条目可见于《可持续发展报告指南》（Sustainability Reporting Guidelines）。简言之，该指南为那些需要编写三重底线报告文件的人提供了框架。

《社会责任标准体系 SA8000》（SA8000）

《社会责任标准体系 SA8000》是公司行为的国际标准体系。该标准体系为规划和比照组织的活动与绩效确定了一系列基准依据。制定 SA8000 的目的是使该标准（以及标准中的信念、价值观和伦理观）能够无例外地在全世界得以应用。因此，SA8000 是企业制定一部关于就业条件和企业实践的、具有普遍适用性的详细标准的尝试。

该标准由美国经济优先认可委员会（CEPAA）制定。2000 年该委员会更名为社会责任国际（SAI）。社会责任国际随时对该标准进行审查、更新并诚征批评与建议。一旦读者访问该网站，便可以在网上就该标准的全面性与权威性发表自己的看法。

该标准分以下九类： 407

(1) 童　工
(2) 强迫劳动
(3) 健康与安全
(4) 结社自由与集体谈判权
(5) 歧　视
(6) 惩罚性措施
(7) 工作时间
(8) 工资报酬
(9) 管理体系

以上类别各自含有若干副标题，譬如，“强迫劳动”只有一个副标题，其陈述如下：“公司不可使用或支持使用强迫劳动”。而“管理体系”下则有 14 个副标题。虽然该标准不具有任何国家法律效力，但人们希望，随着该标准被越来越多地用来评判公司业务与行为，人们将

以它作为准则。

由于 SA8000 是新近制定的，所以只有少数公司已经通过了认证。虽然在制定标准时广泛征询了公司、政府和非政府组织的意见，但是一些关注国际劳工标准的非政府组织批评该委员会的观点太接近于企业的观点。尽管如此，该标准仍不失为企业和组织制定普遍化伦理标准的良好尝试。

伦理实施管理系统标准(ECS2000)

ECS2000 由日本丽泽大学(Rietaku)经济研究中心于 2000 年制定，完全致力于企业伦理行为的经济意义。该标准假定，通过持续的改善过程，非伦理行为可能会减少，这有利于公司的经济和金融利益。由于日本是全员质量管理(TQM)运动和“改善”(Kaizen)理念的发源地，所以他们将类似方法用于经济伦理报告并不出人意料。该标准提出了创建伦理实施系统的四个阶段：

- 制备一本伦理实施手册并阐明组织的伦理观和价值观。
- 指定负责伦理管理的专职干部或部门，检查手册的执行情况。
- 对手册的执行情况进行独立审查与监督。
- 根据审查结果，找出存在的问题，拟定发展与改善方案。

408 该标准强调过程，不能评价公司的行为是否合乎伦理，因为各公司将

- 制定伦理标准，并根据自己的传统和管理信念来执行这套伦理标准(伦理规范)，而且
- 根据自己的工作内容、规模、经营品种和服务项目，制定对公司而言特别适合和重要的规则和规章条例(行为守则)。

(Reitaku Center for Economic Studies，1999：8)

本标准只能评价公司是否正在履行自己的诺言。

企业的社会、伦理责任质量项目(Q-RES)

这是一个意大利的倡议活动；读者可获得有关文件的英语版。该标准(草案)于 2001 年发布，并先在七家公司试点，目的是提供以下各个方面的指导纲领：

- 拟定伦理规范和行为守则草案；
- 改善社会责任事务的培训和交流；
- 出具外部认证报告。

该项目已确定多项指标，可用来显示与下列利益相关人群有关的社会和伦理绩效(Tencati et al.，2003：19—21)：

- 人力资源
- 成员/股东/金融共同体
- 顾客/消费者
- 供应商
- 金融伙伴
- 政府机关与地方政府
- 社　区
- 环　境

在试点阶段确定的指标是质量指标、定量指标，尤其是经济测量指标的混合。

活动 10.3

试比较上文讨论过的最佳实践标准,确认每项标准的相对优点及弱点。你愿意向跨国企业推荐哪一项标准?

公民的挑战 409

我们在第八章讨论了由个人公民的(理论)概念发展而来的企业公民思想的含义,在第九章也讨论了相似的发展过程。许多评论人士将这一过程视为个人观念的减少和削弱,这个情况特别反映在利己主义的消费者身上。然而反常的是,反对特定公司行为的人群为了改变这种行为,已把注意力投向消费者。美国埃索石油公司(隶属美国埃克森集团)与皇家壳牌都成了联合抵制的对象。埃索石油公司的问题是公司在北极圈进行钻油活动,而皇家壳牌的问题则是在尼日尔三角洲产油区的老问题。

其他具体的例子有:

- 2000 年 9 月,“根除冲突钻石运动”的成员在纽约第五大道顶级珠宝店卡地亚(Cartier)担任联合抵制活动的纠察员。

  当数千名潜在购物者经过的时候,示威者正挥舞着印有被反叛者砍断双手的儿童的图片的标语牌。那些反叛者在塞拉利昂正在进行一场残酷野蛮的战争。“你的钻石与它有染吗?”标牌上的问题触目惊心。后来得到黄金时段电视广告声援的此次抗议活动,其目的是迫使美国钻石业支持立法,遏制非法钻石流通,从而截断塞拉利昂和安哥拉反叛者的主要经费来源。这场根除冲突钻石运动通过将钻石工业与这种极端暴力相联系,力图使钻石标志爱与忠诚的光泽黯然失色…… 非政府组织已经意识到,最切实有效的办法是通过把目标对准顾客、投资者,或既是顾客又是投资者的人,对公司实施直接打击。

  (Alden,2001:11)

- 我们在第二章(案例研究 2.26)讨论了针对亨廷顿生命科学研究中心(HLS)的抗议活动。2002 年,许多主要客户公司因这层合伙关系而蒙受损失,所以取消了对亨廷顿生命科学研究中心的惠顾。
- 批评耐克公司等在印度尼西亚和其他第三世界国家的经营活动。为回应负面的公众形象和公众对自己产品的抵制,包括耐克在内的一些企业已同意向某些非政府组织支付款项,用以监视供应商的经营活动,以确保遵守一致同意的生产守则。
- 反过来说,博览会一类零售活动的兴起,说明消费者已开始有能力和机会显示他们对坚持伦理经营的企业的偏好。
- 同样可以认为,美国和英国养老基金、单位信托和投资信托的意义已经提升了资本、证券市场作为非政府组织的潜在杠杆的重要性。这方面最活跃、最著名的伦理投资基金 410
  是加州公共机构雇员养老金(CalPERS)。2001 年 7 月,《金融时报》宣布推出四种指数,用以反映公司实践的伦理水准。伦理股指出现。其中一种指数涉及在英国经营的公司,一种涉及在欧洲经营的公司,第三种与美国的公司有关,第四种涉及在全球经营的公司。在英国经营的公司指数于 2001 年 7 月最先“诞生”。

公司为了能被纳入这种指数,必须达到一系列标准,包括就业、生产及销售产品的类型、经营所在国的人权记录、健康和安全以及社区融入等。用金融时报传统指数衡量的英国100强公司中,第一次公布时有36家未被纳入伦理股指,这些公司均在某些方面未达到伦理股指标准。

英国工业联合会(CBI)对这种指数持保留态度,他们担心那些被排斥在这种指数之外的公司会被认为是“坏”公司,而任何排除也许都只反映了术语或定义上的差异。但是压力集团则对把某些公司纳入这种指数表示担忧。

欧盟在这方面取得了深入进展。2001年,欧盟部分资助了一家名为“欧洲公司社会责任协会”的工商组织,该组织的宗旨是推动公司社会责任的发展。欧洲公司社会责任协会的责任是在全欧洲促进公司社会责任,在2005年时以“欧洲公司社会责任年”掀起高潮。一方面,自由市场的批评者指责欧洲公司社会责任协会反资本主义、反市场,另一方面,左翼观点对欧洲公司社会责任协会一直持批评态度,认为那只是一个“摆设”,因为它“允许大型企业空喊负责任,实际上除了缴纳会费以外什么也不干。工会主义者担心,自愿行动不可能为工人提供充分保护”(Cowe,2001)。

最初支持欧洲公司社会责任协会的公司有耐克、皇家壳牌和英国石油公司的商业政策等。这些公司的口碑和公众形象亟待改善,他们加入欧洲公司责任协会的理由各异,考伊(Cowe, 2001)评论道,“尽管社会责任远远不只是慈善活动,但它仍是在拿钱说事儿,而不是道德。”英国电讯公司人事经理有如下高论:“谈公司社会责任其实在谈生意:说服我们的顾客购买我们的产品,说服我们的雇员为我们卖命,同时说服我们的社区接纳我们。”

无论是基于保护人权或动物权利,还是涉及环境问题,公民压力集团的兴起都是一种进步。这种进步中蕴含了积极潜能和消极潜能的种子。积极方面表现在对不合伦理的公司行为提出挑战(有时是颠覆)。运动与抗议能够反映公民积极参与国家和超国家的社会、政治和经济的进步。不利的潜能是伴随这些进化而来的三重风险。

411 (1) 第一重风险涉及未被充分代表者的能力,这些在政治、经济上受排斥的人群能否表达自己的关切并让人听见自己的声音。普选权保证了每人都有投票权。但在压力集团政治下,精良的组织、传媒的攻势、精于政治操作的压力集团拥有的优势大大超过缺乏组织的人群。这时候,“强权即公理”会大行其道,而这绝不是伦理完善的取向。

(2) 第二个担忧是,如果要有效控制和利用稀缺资源(这是正当的伦理关切),那么企业的决策制定就不能因规章和无休止的会议或无法达成共识而受到妨碍。

(3) 第三个担忧涉及对公司或政府行为表示反对的方式。八国峰会在日内瓦、西雅图和伦敦遇到的暴力冲突令许多人深感震惊。非蓄意暴力可被视为一种民主表达方式,但是在这几次峰会上出场的许多压力集团也对暴力表示了担忧,不仅因为示威方式发展到后来的地步绝非他们的本意,还因为那些暴力活动转移了人们对重要信息的注意。

社会在处理企业公民关系这方面的问题时,逐渐形成了自己的方式,这些方式对社会的发展具有根本的重要意义。

思　考

根据霍布斯哲学关于人类行为的观点,如果不畏惧惩罚报应,人不会依照道德行事,由此得出结论,必须要有规则,行为守则就是规则。鲍曼认为基于理智的规则和规范导向一种

与法律(商法和官僚法)相关的道德规范,这种坚持程序理性的做法要求,

> 必须缓解或驱逐其他一切情感……被放逐的最突出的情感是道德情操,那种充满活力和不驯服的"良心之声"。
>
> (Bauman,1994:8)

值得注意的是,鲍曼指出,当"伦理"一词出现在官僚术语中时,它总是与"职业伦理"相关。当一名成员表现出对组织或(组织的)同事不忠诚时,大家就认为这是违反了"职业伦理"。于是,"诚实"的合理理解变得至关重要:"诚实"即信守诺言与契约义务。这些能够为组织提供可预见性和连贯性——这是极其重要的管理需要。当"诚实"与"漂浮的责任"观念相结合,便会为那些面对尴尬的组织问题、希望寻求宁静生活的人提供一条逃路。

克拉特巴克(Clutterbuck,1992:100—101)指出,人的工具主义思想被视为受到鼓励的东西,他劝告组织以金钱奖励模范行为,"公开惩罚违规行为;利用能够影响、促进和获取资源的关键激发要素"。这种关于人性和管理理念的过分简单化的观点假定,工具主义是人的行为的唯一决定要素,或至少是最有影响的解释。从纯工具主义观点看,也是一项昂贵的选择。在管理人际关系时,信赖是最不昂贵的一种选择,胜过契约主义或金钱刺激,但问题是信赖是否可靠。如果与忠诚的观念联系起来,信赖则变得愈加值得怀疑。例如,你知道了你的雇用单位有某个产品对消费者健康构成威胁,在这种情形下,下面哪一条对你最重要,是你对 412

- 工作伙伴的忠诚,
- 雇用组织的忠诚,
- 家庭(他们靠你养家糊口)的忠诚,
- 消费者的忠诚,还是你对
- 公众的忠诚?

这个有关忠诚的问题颠倒过来应是这样:"在这种情形下,在以上人群中,哪一个人群有权利信赖你和你的行动?"

或许至少可以说,在面临伦理挑战的时刻,当组织的实践引起严重关切时,伦理规范可以为有道德原则的员工提供一个参照点。在最佳情况下,一部只做了原则性规定的守则能够反映组织对预期道德行为的诚实表述。从这个意义上讲,原则性守则胜于用规定或禁止语气写成的守则。这种守则将鼓励员工发挥道德主体的作用,也将得到制度的支持,这类制度能让当事员工(最好在外界顾问的指导下)在一个中立、匿名的论坛上提出自己的伦理关切。

守则与协议在跨国企业、政府与供应商网络之间的作用,是有关行为守则的辩论中的重要而有趣的组成部分。与此同时,由于许多商业职业名声败坏,并引起普遍关注,过去关于伦理规范与职业守则的辩论主要是学术活动,已变得不大适应现在的情况了。

在现代工商企业复杂的竞技台上,行为守则、伦理规范及(各种)流行文化将成为许多企业活动参与者或受企业活动影响者的重要参照点。人们会发现本章讨论的守则的作用将在不同时刻发生效力。如果伦理观念渗入组织文化,成为组织实践的核心和组织存在的理由,那么成文的守则就不那么重要了,其防卫倾向渐小,因为它们从性质上已变成了伦理规范。

413 小 结

本章讨论的要点如下：

- 行为守则与伦理规范之间的区别虽未得到普遍或一致认同，但二者之间的区别对于明确制定守则的意图是有助的。
- 工作守则可以成为使工商企业成功达到自己的社会位置的重要机制。
- 工作守则在组织中的作用是多样的，但未必相互排斥。
- 制定工作守则，一方面可以理解为企业的发展，另一方面也反映了企业对员工的诚信和依赖缺乏信任。
- 有人反对在制定工作守则时，把伦理实践摆在组织活动的核心位置并使其成为“工作方式”。
- 凡是公司能够承诺的各种国际和公共伦理最佳实践标准，都有各自不同的优先考虑和重点。
- 组织的文化与领导者对于理解一个组织的实际价值观（区别于推崇价值观）至关重要。
- 组织起来的游说公民团体对企业的挑战也是监督公司伦理表现及其对规范的遵守程度的重要手段。

快速复习测验

1. 确认伦理规范可能的作用。
2. 反对在组织内采用工作守则的论点是什么？
3. 组织除了采用行为守则和伦理规范外，还可采用哪些沟通和教化手段？

典型作业与简述

1. 为什么伦理规范在企业中已经很常见？其用处有多大？

414 2. 草拟一部包含电子通讯（电子邮件、网络使用等）的行为守则。对你所提议的守则做出解释，并说明其合理性。

3. 与伦理规范相关的缺点和问题是什么？
4. 讨论领导者与组织文化在企业发展为对社会负责的企业的过程中的作用。

小组活动 10

在互联网上搜索一部可以下载的伦理规范。最容易的方法可能是查找一家你听说过的公司的行为守则，这样最便于搜索，然后通过下列问题对该守则进行分析：

- 这是一部行为守则，还是伦理规范，抑或二者兼而有之？
- 它是与别的守则并无二致的标准守则，还是根据组织自身情况制定的守则？
- 这部守则是否承认它有达到宏伟目标的强烈愿望？
- 它是一部清晰、没有歧义的守则，还是为推诿责任留下了大量“余地”的守则？如果是，那些"附加因素"有必要吗？

- 它看起来是像一份公关文件，还是像一部对员工确有帮助的守则？
- 假如你是该组织的员工，你认为这守则中蕴含着组织对员工的什么看法？

参阅建议

《经济伦理学：超越原则通向过程的实用主义道路》(Buchholz and Rosenthal, 1998, *Business Ethics: The Pragmatic Path Beyond Principles to Process*, London: Prentice Hall)是一本有用的书。《阐明公司价值观——哪项标准适合作的公司？》(Deborah Smith, 2002, *Demonstrating Corporate Values—Which standard for your company?*)，经济伦理协会发布，这是各种有关企业伦理经营的守则和标准的最佳比对指南。有志于深入研究本章议题者，可阅读以下文章：《揭开暗箱：组织语境中的公司伦理规范》(Cassell, Johnson and Smith, 1997, Opening the Black Box: Corporate codes of ethics in their organizational context, *Journal of Business Ethics*, 16, 1077～1093)、《伦理规范背后：刺激组织中道德的负责的行为的整合框架》(McDonald and Nijhof, 1999, Beyond Codes of Ethics: an integrated framework for stimulating morally responsible behavior in *organizations*, *Leadership & Organization Development Journal*, 20(3), 133—146)、《伦理规范：无米之炊》(R. C. Warren, 1993, Codes of Ethics: Bricks without straw, *Business Ethics: A European Review*, 2(4), 185—191)、《管理者的正直人格：寻求组织生活中高尚的人性价值》(S. Srivastva and D. L. Cooperrider, 1988, *Executive Integrity: The Search for High Human Values in Organizational Life*, San Francisco: Jossey-Bass Inc., 1—28)。

推荐网站 415

主　题	网站提供者	网　址
公司社会责任资格的框架	公司社会责任学会	http://www.csracademy.org.uk/competency.htm
AA1000 审验标准	AccountAbility	http://www.accountability.org.uk/aa1000/default.asp
世界共同信托网站	世界共同信托	http://www.oneworldtrust.org/
透明国际网站	透明国际	http://www.transparency.org/
全球报告倡议组织网站	对环境负责的经济体联盟/联合国	http://globalreporting.org/
社会责任标准体系 SA8000 网页	社会责任国际	http://www.cepaa.org/SA8000/SA8000.htm
伦理实施管理系统标准(ECS2000)	丽泽经济研究中心	http://www.ie.reitaku-u.ac.jp/～davis/assets/applets/ecs2k-e.pdf
企业社会责任伦理责任质量项目(Q-RES)		http://www.biblio.liuc.it:8080/biblio/liucpap/pdf/95e.pdf
此处能找到专业、政府和组织的伦理规范副本。尤其有趣的是女巫伦理规范(《女神盟约》)。该网站中的绝大多数守则或规范都是绝对严肃的	职业伦理研究中心	http://www.iit.edu/department/csep/PublicWWW/codes/

一个有趣的公司伦理网站	得克萨斯仪器公司	http://www.ti.com/corp/docs/company/citizen/ethics/benchmark.shtml
伦理/价值观规范问题简介	社会责任事业	http://www.bsr.org/CSRResources/IssueBriefDetail.cfm?DocumentID=395
加拿大壳牌公司:经营原则	加拿大壳牌	http://www.shell.ca/code/values/commitments/principles.html

第四部分

国际背景

第十一章　全球和地方价值观及国际商务

学习目的

阅读本章并完成相关活动后，读者应能：

- 描述不同国家和社会的伦理和经济价值观的区别。
- 就不同国家的特定价值观和伦理标准之有效性展开辩论。
- 对于因国际商务和全球化产生的伦理议题和两难困境的回应选项进行评价。
- 将这些议题同关于伦理普遍主义和伦理相对主义的辩论联系起来。
- 理解当拥有重合而独特价值观的人们互动时所发生的学习过程。

引　言

不同社会和国家的经济伦理观与价值观可能不同。社会或国家内部及社会或国家之间均可存在经济伦理观和价值观的异同。

- 各国可以因为不同宗教、哲学传统和文献已确立的严格伦理观而对经济行为和组织生活抱有不同理想。一个地方可以根据文化传统，把经济增长和获利视为目的本身；而在别的地方，经济目标可能被视为其他目的的从属。
- 在一个国家或社会里，可能存在竞争性经济及管理价值观。譬如在穆斯林国家，现代派与传统派之间可能存在差异，前者致力于实现全球经济价值观，而后者可能希望将穆斯林价值观运用于经济实践。
- 即使国家和社会拥有共同价值观，实践这些价值观的程度也会存在差异。两国在正式场合可能都认为贿赂不道德，但是甲国在履行经济行为时会遵照这一标准，乙国则 420
不会。
- 在一个国家和社会里，其高贵传统中体现的价值观与日常生活中运用的价值观之间也可能存在差异。

承上启下

人们对于价值的看法有所不同。在现代社会里，价值观是天衣无缝的整体还是分崩离析的碎片？我们在第四章（页边码第 157—163 页）中讨论过这个问题。那些把价值观视为碎片的人未必认为这是一个问题。

国家内部和国与国间的这种差异产生了若干问题，而这些问题正是本章讨论的主题。

(1) 第一个问题，不同国家和社会的经济伦理原则与实践之同异是什么？

(2) 第二个问题，能否证明这种差异为正当？用伦理术语来讲，这个问题是伦理相对主义与伦理普遍主义之间大辩论的一个具体范例。简要地讲，伦理普遍主义论认为，世界上只能有一套放之四海而皆准的伦理原则；伦理相对主义论则认为，不同地方可以有适用于该地方的不同价值观与原则。

(3) 第三个问题，在社会、社区之间，多元价值观能否作为一种组织学习资源变成国际商务的优势？

定　义

本质主义

在深入本章的讨论之前，我们必须仔细思考一个伦理问题。该问题产生于一个已有的假定：国家和社会有自己独特的、为其全体成员所共享的价值观和伦理标准，这个假定叫做本质主义。根据本质主义理论，一个社会乃至一个国家，拥有一系列内在连贯而稳定的价值观，其变化非常缓慢。因此，本质主义者倾向于强调不同社会价值观的差异，而淡化一个社会内部价值观的差异(Holden，2002：27)。从某种意义上讲，这只是一个简单化的结果，是出于高度概括地讨论跨文化价值观问题的需要。然而，批评人士指出，对不同社会价值观的这种概括可能会产生更有害的结果。把复杂的社会简单地贴上伊斯兰或非洲的标签，用几个核心思想给它们定义——这些核心思想常常与西方商人声称的思想相对立。由于这种简单化手段，西方管理者在伊斯兰或非洲国家管理企业和组织的任务就被简化和刻板化了。这些经理于是无须应付复杂的局面，只需对刻板的典型做出回应就行了。

另一种观点强调社会内部价值观的差异，认为影响个人价值感和是非感的因素很多，不
421 仅来自家庭和社区，而且来自国际媒体。个人应专注于过程，在过程中理解这些影响的意义。

本章可能会被指责为本质主义。但这并非幼稚的本质主义。例如，有调查显示，躲闪，不提供你对有关问题的充分信息，这在香港地区不被认为是错(Yeung et al.，1999)，而在美国则被认为是错(McCornack et al.，1992)。但是如果说，香港地区无一人觉得不完全讲真话是错，或者说美国无一人会选择性地说出真相，那将是愚蠢的。

一个成熟的本质主义观点依赖于明智地理解平均的思想。个体多元性能构成一种总体模式。“香港地区的人认为保留信息不是撒谎”，这句话是对那个群体平均的看法。在平均之中，可能有一系列实际观点。许多香港人会认为不全讲出真相是一件很可怕的事。正如香港人在不同时间、不同情况下，对问题可能采取不同立场一样。当然，一个人在概括大实体(如印度)时，认识到这一点是很重要的，即大实体中会有更多的价值观和原则差异。本章乃至本书有关本质主义的陈述应被视为这样的声明：属于某个人群特有的观点或原则在任何时刻都极可能被该人群中的每个人所接受。相信个体会构建和改编自己有关对错的故事的信念并不排除对人群的整体概括。然而，坚定的反本质主义者极可能认为这个观点无法接受，因为它没有完全对个性让步。

第二章所提供的案例研究例证了许多伦理议题，这些议题可能源自国际多元伦理价值观。如，案例研究 2.4 讨论了使用童工的问题，而有些国家的有些人认为可以接受童工。问题是，是否应该制定普遍适用的具有道德权威或国际法制裁力的行为守则，以防止公司在世界市场的胡作非为？这种普遍适用的规定在伦理上可能被视为是必要的，但也可能被看成

是一种伦理殖民主义形式。西方跨国企业乃至非政府组织利用经济实力，推行伦理殖民主义，强迫其他社会接受并非自己的价值观。贾格尔和卡南高(Jaeger and Kanungo，1990：1)除在道义上反对这种方法外，还对此进行了实际的批评：

> 不加批判地向以西方意识形态和价值体系为基础的管理理论和技术转变，从许多方面讲，应归咎于发展中国家的组织无能和低效。

譬如，西方组织关心员工选拔程序中的平等机会，可能与地方上看重亲友关系的义务相矛盾。这种局面可能导致员工经历心理冲突——本社会的价值观与西方雇主强加给他们的价值观之间的冲突(Tripathi，1990；Viswesvaran and Dashpande，1996)。这并不是随着全球 422
跨国组织的发展新近才出现的问题。西方价值观的支配地位早已得到承认，同时也引起了争议。19 世纪印度民族主义者和宗教领袖维维肯南达(Vivekenanda)说：

> 我想奉告诸位一点人生感悟：凡来自印度的都可以视为真，除非你发现令人信服的理由，才可以怀疑它。凡来自欧罗巴的是假，直至你发现令人信服的理由才可以相信它。
>
> (转引自 Chakraborty，1999：4)

本章分成三部分，对引言中提出的问题一一作答。

- 第一部分描述国与国之间及一国之内的经济伦理标准、价值观和实践的差异程度。本部分还讨论那些努力制定经济伦理普遍化标准的尝试。
- 第二部分进行规范讨论：如果不同国家有不同的伦理体系，这很重要吗？它提出了伦理普遍主义者(相信正确的伦理体系只能有一个)与伦理相对主义者(相信文化的伦理差异是正当的)之间的哲学辩论。讨论指出，相对主义并不意味着“什么东西都行”，因为存在经济伦理有效差异与无效差异的判断方法。
- 第三部分讨论的问题：在一个普遍适用的经济伦理观尚未确立的世界里，在一个各国的经济伦理观存在有效差异的世界里，人们应该如何行动？

不同国家和社会的经济价值观和管理价值观

本章本节评估了价值观和伦理观在经济和组织领域的普遍化程度，也评估了国家社会间价值观和伦理观的差异程度。

普遍价值观

有一些传统的伦理规范和价值观为诸多国家所共有，有时候它们反映了共同的文化，比如伊斯兰国家的情形。有时候这是人类天性和境遇的共性巧合或反思的结果(Wines and Napier，1992)。人们一直尝试建立这样的标准，并将其典籍化，作为一种普遍化指南公之于众。

联合国 1948 年通过的人权宣言是一个重要典范。该宣言随后于 1966 年分成两个独立 423
公约，一是《公民权利和政治权利国际公约》，另一个与我们的领域比较相关的是《经济、社会及文化权利国际公约》。

人权普世宣言

该宣言包括以下权利：

- 不被奴役的权利；
- 不受酷刑或侮辱性待遇的权利；
- 在法律前人人平等的权利；
- 使本人和家人安享宁静生活条件的权利；
- 工作的权利和公正及良好的工作条件的权利；
- 同工同酬的权利；
- 有享受休息、闲暇、定期带薪休假的权利以及其他权利。

（来源：United Nations，1948）

另一些尝试则集中反映在制定国际商务标准上。公司和行业有时候发布一些守则，他们相信这些守则适用于其世界范围的企业经营。这类标准中涉及招聘实务，供公司的国际供货商参照使用的标准就其一致。有人主张，创建于1995年的世界贸易组织〔前身系关贸总协定（GATT）〕应该担负起这一伦理责任，因为它是管理世界贸易的机构。措加斯（Tsogas，1999）特别指出，但世贸组织应发布和治理全世界的劳动标准。但世贸组织尚未承担起这一责任。

国际机构考克斯圆桌（Caux Round Table）在明尼苏达公司责任中心的参与下，制定了一套国际经济伦理准则。该机构由法国商学院（INSEAD）的奥利维尔·吉斯卡尔·德·斯坦（Olivier Giscard D'Staing）和飞利浦电子公司董事会主席弗雷德里克·菲利普斯（Frederick Philips）于1986年创建。他们承认，法律与市场没有为行为提供充分的指导纲领。因此他们定义的伦理原则是基于日本的“共生”（Kyosei）理念，即，合作——为实现共同繁荣与人类尊严（Caux Round Table，2001）。

承上启下

全球性企业治理的普遍守则是我们在本书中反复讨论的主题。这种守则或规范也在第十章（讨论守则的实际利益与用途时）中论及，并在第十二章（讨论守则与处理全球化导致的伦理问题的相关性）中再次论及。

424 当然，即使有了跨国标准意向性协议甚至普遍化伦理标准的正式协定，并不等于这些标准已经得到了贯彻执行。霍夫斯特德（Hofstede，1991：9）用“值得渴求的”（desirable）和“想要的”（desired）这两个概念的差别来解释崇尚价值观与实际价值观之间的差别。“值得渴求的”是伦理规范，表述什么是对与善，“想要的”表述人实际上寻求实现什么。最恰当的例子就是贿赂和腐败。世间多数社会都视贿赂与腐败为不可欲；但这并不妨碍社会上有许多人想要得到贿赂与腐败带给他们利益。

贿赂与腐败问题需要更细致的思量。特定条件下的有些形式的贿赂也许并非不道德。让我们参考下面尺度来衡量贿赂的不当性。

贿赂和腐败的量度

- 礼品—表达友谊和善意，公开赠与，价值低廉，通常带有答谢性质。
- 小费—随意决定的，是对服务表示满意的奖赏。
- “润滑剂”（有时称打点费）—习惯上可以接受的小额费用，用来鼓励别人完成他的职务工作，不是用钱使他做不该做的事。“润滑剂”常用来补偿薪水低廉者，而他们愿意接受这种诱惑。英国《反恐怖主义、犯罪暨安全法案》2001年，规定，英国公司若向外国官员支付这种打点费（或任何其他形式的贿赂）将被定罪。英国政府并不希望海外机构在那些视打点费为正常的国家中支付这些费用。
- 佣金—是经济活动中的一种劳务报酬，是中间人在经济活动中为委托人提供服务所得报酬。通常为大额费用。可以是支付专业服务的干净钱，但如果这种付款不成比例，则可能成为委托人对代理人的一种行贿方式。
- 贿赂—为鼓励他人办理不该办理的事而付的费用。

在判断贿赂的违法性时应考虑以下若干因素：

是否给予行贿者不公正优势或使其获得本来无法获取的资源或利益。

- 贿赂金额是否远超过商业惯例。
- 行贿机会对所有人是不是同样公开，当不同人或人群不得不为行贿支付不同金额时？
- 其文化影响是否破坏了一个社会的信任与诚信。

可以这么认为，贿赂政府官员比贿赂公司和私人更坏。这是因为如果一个政府机构或一名官员因为受贿而对私人和部门利益做出回应，那么这个政府机构或官员对全体人民的 425
福祉便欠下了无法偿还的特别债务。经合组织（OECD，2001）发表公约，宣布在国际商务谈判中贿赂政府官员为非法。相反，可以认为私人或私人公司只对本人、密切合作者及其股东负责，在这种情况下，行贿、受贿造成的损失可能较小。

尽管多数国家正式禁止基于上述原由的行贿受贿，但是腐败仍在许多国家盛行。非政府组织透明国际从行贿、受贿两方面，对许多国家的贿赂和腐败情况进行了调查。他们根据对知情人的调查提出两项指标。这两项指标不测量腐败的实际频度，而是测量人们对腐败频度的看法。

《2004年清廉指数》[①]节选如表11.1所示。该指数对99个国家和地区作了分析，但因篇幅所限未显示全部。全部结果可在透明国际的（Transparency International，2004）网站上见到。该指数采用0～10计分标准，0表示高度腐败，10表示非常清廉。

① 2004年清廉指数：2004 Corruption Perceptions Index，也译为2004年腐败感知指数。——译名注

表 11.1　2004 年透明国际清廉指数(CPI)

国家或地区	排　名	CPI 分值	国家或地区	排　名	CPI 分值
芬　兰	1	9.7	萨尔瓦多	51	4.2
丹　麦	2	9.6	中　国	71	3.4
新加坡	5	9.3	埃　及	77	3.2
英　国	11	8.6	印　度	90	2.8
中国香港地区	16	8.0	俄罗斯	90	2.8
美　国	17	7.5	印度尼西亚	133	2.0
意大利	42	4.8	孟加拉国 & 海地	145	1.5

（来源：Transparency International，2004）

第二个指数“行贿指数”是透明国际根据一项对 21 个国家和地区的调查产生的。受访者按要求回答：来自指定国家或地区的公司通过行贿赢得或维系生意关系的可能性有多大？结果如表 11.2 所示。指数中的 10 代表低度贿赂感知，0 代表高度贿赂感知。

对行贿部门的调查发现，最有可能行贿的部门是公共工程和建筑业（第一），其次是军火与国防。排行第三、第四的分别是石油天然气以及银行与融资。

426 **表 11.2　2002 年透明国际行贿指数(BPI)**

国家和地区	排　名	CPI 分值	国家和地区	排　名	CPI 分值
澳大利亚	1	8.15	西班牙	11	5.8
瑞　典	2	8.4	法　国	12	5.2
瑞　士	2	8.4	美　国	13	5.3
奥地利	4	8.2	日　本	13	5.3
加拿大	5	8.1	马来西亚	15	4.3
荷　兰	6	7.8	意大利	17	4.1
比利时	6	7.8	中国台湾地区	17	3.5
英　国	8	6.9	韩　国	18	3.9
德　国	9	6.3	中　国	20	3.5
新加坡	9	6.3	俄罗斯	21	3.2

（来源：Transparency International，2002）

表 11.3 涉及发展中国家和地区的反应以及它们受到捐助国行贿和施压的经历。这些压力如外交压力、融资压力、捆绑外援、以减少外援相威胁，以及捆绑武器交易。在几乎所有案例中，受援国均称以上形式的施压显著增加。调查时规定所有受访者确定 3 个政府，把它们与刚才提到的那些施压形式联系起来。调查一共产生了 567 个回答，22 个国家和地区被确认采用了一些或所有这些不公正的做法。表 11.3 中的百分数表示该国家被提及的频率。

在某种程度上，居于表 11.3 上面的国家（或有些在下面的国家），其排名并不让人感到吃惊，因为这些国家是建筑行业和军火行业巨头，不过百分数差异特别具有说服力。

人们正在更努力地尝试制定具有普遍适用性的国际经济伦理规范，但尚需做大量工作。即使克服了公布守则和规范的困难，如何遵守守则和规范也仍是问题。意图与执行之间的差距和寻求普遍的守则的最终观察有关。这种守则主要处理的正是这些终极价值观，即关于人生与人的活动的最终目的是什么的价值观。关于腐败的讨论表明，经济伦理强调工具价值观——涉及我们应该如何对待对方。工具价值观问题正是商业价值观中的大部分文化差异所在。此问题我们将在下一节讨论。

表 11.3　透明国际"使用其他不公正手段赢得或维系生意的国家" 427

国　家	排名	%
美　国	1	58
法　国	2	26
英　国	3	19
日　本	4	18
中　国	5	16
俄罗斯	6	13
意大利	10	5
加拿大	15	3
澳大利亚	19	1
瑞　典	22	<1

(来源:Transparency International,2002)

承上启下

"终极价值观"和"工具价值观"是洛基奇(Rokeach)的新造词。洛基奇对价值观的研究见第四章(页边码第 152—154 页)中的讨论。

相对价值观

不同社会和文化中的经济和组织生活领域的价值观和伦理标准有多大程度的不同？这是本节探讨的问题。吉尔特·霍夫斯特德(Geert Hofstede,1991、2001)对组织的民族价值观差异作了开创性的实证研究。他对美国国际商用公司(IBM)的国家子公司员工做了一次问卷调查。回答来自位于 72 个国家的子公司员工,时间分别是 1968 年和 1972 年。他对从较小子公司得来的调查结果忽略不计,最终分析比较了 53 国员工的个人价值观,并确定了不同国家员工的价值观在四个方面的差异。

- 权力距离(Power distance)——组织中权力较小的成员预期和接受权力不平等分配的程度。
- 个人主义(Individualism)——如果一个国家中的个人关系松散,每个人被期待自扫门前雪,则该国的个人主义程度高。在集体主义国家,个人主义程度低,因为在那里人们融合、凝聚成强大的集体,每个人都被期待效忠集体,用以回报集体对自己的保护。
- 男性化(Masculinity)——如果在一个社会中,性别角色明显,这个社会期待男人自信、 428
强硬、专注于物质成就,期待女人更谦卑温顺和关心生活质量,则这个社会的男性化程度高。
- 不确定性规避(Uncertainty avoidance)——社会成员感受不确定性或未知情况的威胁程度。不确定性规避程度低的社会对模糊状况感到轻松安逸;不确定性规避程度高的社会则竭力要回避不确定性。

表 11.4 显示美国、英国和印度的相对排名,以及每项指数得分最高和最低的国家。

表 11.4　部分国家员工的价值观差异及得分、排名

国家指数	权力距离指数	个人主义指数	男性化指数	不确定性规避
最高分值国家	马来西亚(104)	美国(91)	日本(95)	希腊(112)
美　国	38/53(40)	—	15(62)	43/53(46)
英　国	42/53(35)	3/53(89)	9(66)	47/53(35)
印　度	10/53(77)	21/53(48)	20(54)	40/53(40)
最低分值国家	奥地利(11)	危地马拉(6)	瑞典(5)	新加坡(8)

(括弧内数字为国家分值排名)

(来源:Hofstede,1991:26、53、84、113)

价值观差异不一定造成伦理困难。譬如,关于不确定性规避的价值观差异或时间感知不一定会引起重大伦理问题;但是其他价值观差异则可能引起伦理问题。例如,唐本纳和汉普登-特纳(Trompenaars and Hampden-Turner,1993:144—145)确认,在对待大自然的态度上,民族差异影响着人类利用还是滥用物质世界。从历史上看,北美文化兴起于大陆上的一个小小社会,其价值观强调控制自己的环境、掌握自己的命运,这是成功的关键因素。在"后京都"(post-Kyoto)世界,这些价值观似乎是对环境可持续性的威胁。在霍夫斯特德确认的这些价值维度中,权力距离、男性化和个人主义都对善的本质以及人与人之间的道德关系提出了伦理质疑。

不同国家的各种领导方法可能与各自的价值观有关。霍夫斯特德具体着眼于两个维度来反映这些差异,其分析数据如图 11.1 所示。

429 该图显示了人们对用四种国家的文化处理企事业人际冲突的预期。法国人接受较大的权力距离并且讨厌不确定性,是通过指挥链条来处理和解决问题的,人们期待处在金字塔顶部的人解决发生在其属下之间的争端。德国人也崇尚秩序和可预测性,但是不太接受较大的权力距离。德国人处理冲突的方法是改善程序,消除引起冲突的原因。英国人容忍模糊状况,但不容忍较大的权力距离,他们宁可通过反对者之间的非正式协商来处理问题,人们

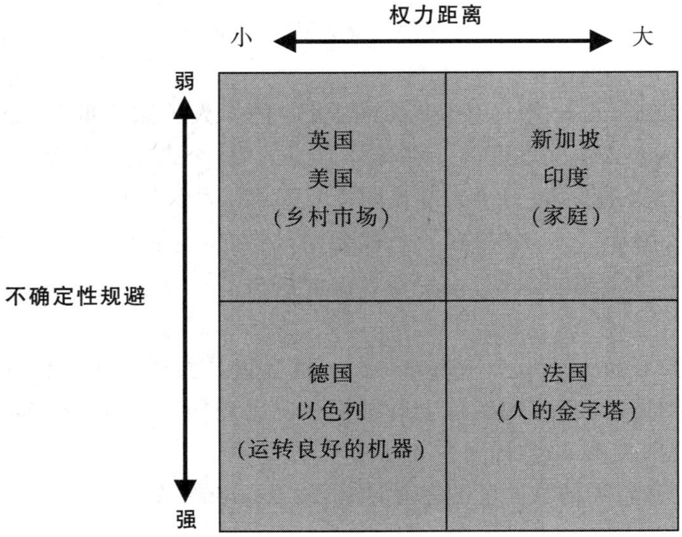

(来源:Hofstede,2001:377)

图 11.1　霍夫斯特德文化维度与国家领导风格之间的关系

愿意像乡镇集市上的农夫那样讨价还价。在其他国家如印度，是以一种整体的而不是功能的眼光看待关系，这一点可以通过他们对友谊的态度得到解释。杜威（Dewey，1993）对20世纪早期在印度的英国公务员以及他们与印度人的关系做了调查，发现他们对友谊的观点是对立的。英国人关于友谊的观点来自牛津剑桥教员休息室和绅士俱乐部，那些人认为友谊除了需要谈话投机外，几乎不承载其他义务。而印度人则视友谊为能派上用场的纽带，承载着必要时为朋友两肋插刀的义务。毫不奇怪，杜威发现英国官员与印度人交友的意愿往往以失败收场——被对方斥为背信弃义。霍夫斯特德给经理们在印度这样的国家解决冲突的建议，反映了印度人重视个人义务的取向。他主张经理们运用一句解决家庭问题的隐喻：解决问题或者听从一家之主的意见，或者接受朋友提出的要求。

霍夫斯特德（Hofstede，1991）考虑到上述对IBM的调查问卷是以西方文化观点编写的，所以又准备了一份根据中国人观点编写的调查问卷，并使用它调查了全球23个国家的受访者。

调查的结果支持霍夫斯特德的三个价值维度，但第四项“不确定性规避”得不到统计数 430
据确认。霍夫斯特德认为可以通过确立真理来规避不确定性。对于这项调查“不确定规避”，可以用中国人强调美德而不是真理来解释。霍夫斯特德提出第五个价值维度——“儒家动力论”。儒家学说是中国的传统哲学，与建立宗教真理无关。就像印度教，更关注实践而不是信仰。追随儒学或印度教，不必一定信仰某个信条，但是必须遵守一定的行为方式。这便将它们与基督教和伊斯兰教区别开来，后者在提供日常生活规则的同时，还要求笃守某个信条。儒家思想强调遵从“五常”（君臣、父子、兄弟、夫妇、长幼）、善待他人和俭、勤、学等重要德行。表11.5显示了儒家价值观。

表11.5　儒家价值观

长期儒家价值观	短期儒家价值观
·坚　忍	·庄重
·贵贱有别	·重“面子”
·节　俭	·尊重传统、礼尚往来
·知　耻	

（来源：Hofstede，1991：165—166）

儒家动力论标准有效地衡量了一个社会看重长期取向而不是短期取向的程度。然而依照霍夫斯特德的观点（Hofstede，2001：363），接不接受整套儒家价值观，是东西方伦理取向的重大分界线。西方伦理取向的焦点是以义务论或结果论的方法来确认道德真理。东方传统更关注德行，提倡培养个人洞察力和判断力，而不是知识。如第三章指出的，许多著者认为，美德伦理的取向比西方道德哲学更适合西方商业和组织。

承上启下

价值观在伦理决策中的重要性已在第五章中论及。

变迁的价值观 431

这个论点到目前为止所依据的假定是：国家和社会拥有可以定义、不连续的伦理信念与价值观。但是如果把这解释为国家和社会拥有的伦理体系是固定的和统一的，那就错了。在各个社会和国家中，对共同价值观会有相互矛盾的解释，也会有关于这些价值观应该如何变化和发展的观点。因此，谈起美国价值观、英国价值观或印度价值观来仿佛它们是权威定论，那永远都是危险的。

印度管理价值观的发展可作为这一辩论进程的范例。由于印度许多商业和管理教育都是根据美国模式而来，所以，印度管理者通过培训具备了一套美式商业价值观，这毫不奇怪。许多印度学者和商人认为这是对印度古代文明的贬低，并开始发展一种基于印度思想和传统的本土管理方法(Gopinath，1998)。这当然很难，因为作为价值观源泉的宗教和哲学史在印度种类繁多，各不相同。印度教是主流宗教，但是伊斯兰教(Islam)、锡克教(Sikhism)、耆那教(Jainism)、拜火教(Zoroastrianism)以及其他宗教在印度思想中都有重要体现。拜火教是一个特别重要的元素，因为它是帕西族群落的宗教，而许多企业家都来自那里。我们将重点讨论人们依据印度哲学渊源建立现代商业价值观的尝试。

在印度教思想中，有四大人生目标：礼法(daharma，正义)、财产(artha，财富创造)、愉悦(kama，快乐和物质需要)和超脱(moksha，从短暂到永恒与无限的救赎)。人们通常认为是这种思想将商业和创造财富变成伦理命令——条件是必须有责任感和伦理感。因此，这与弗里德曼反对企业社会责任的经济伦理观相对立。后者主张企业的责任就是为股东赢利，不应给企业强加别的责任。查克拉伯蒂(Chakraborty，1993、1999)根据印度吠檀多(Vedanta)哲学和瑜伽流派，发展了一套详细完整的经济伦理和价值体系。他把这套价值体系作为印度公司咨询和管理发展的依据。吠檀多是根据成书于公元前五世纪至八世纪期间的印度神学理论文稿《奥义书》(*Upanishads*)，而《奥义书》的基础是至高无上或绝对的神婆罗门的存在。在那些视印度教为多神宗教的人看来，令人惊讶的是，吠檀多强调一神信仰，相信唯一至高无上的存在。婆罗门是唯一真实。我们通过感官而感知的世界——多少依赖于人所信奉的吠檀多流派——是一个幻象。由于无视婆罗门，个体只能相信其自身的独立存在和重要性，而这种自我感是人生一切烦恼之源。宗教努力的终极目的，是将个体从个人主义的这种错觉中解脱出来，并真实地感知到自己与绝对的婆罗门融为一体。在瑜伽中，可以把这种融为一体解释为“灵魂”(purusha)与“原初物质”(譬如 prakriti)融为一体。“灵魂”是世俗和主动的，而“原初物质”是静寂和冥思的。阿罗宾多·高斯(Aurobindo Ghose)的观
432 点是，融为一体的目的是创造双重意识，一个意识进行表层活动，陷入昏暗与挣扎；而背后的另一个意识则一直保持平静和强大的境界，是无须费力“自然悟得”的(Chakraborty，1999：6)。一旦达到这种融为一体的感觉，人生便被导向了一种无私服务的人生，查克拉伯蒂正是基于这一点，对西方管理价值与伦理观提出批评。他认为，要改进管理不应该强调技术和计算，而应鼓励和激发管理者与员工的精神发展。人只有当经历了自己的心路历程后，才能在工作中做出伦理决定。这是大部分印度管理文献中的一个重要主题。马黑什(Mahesh，1995)和第维蒂(Diwedi，2000)(Saini and Khan，2000)强调伦理领导和具有“东方灵魂”的领导人。查克拉伯蒂特别举例道，那些已经得到超脱的人会以不同的眼光来看待西方教科书提倡的那种经济变化。他批评在经济增长名义下不断使商业发生变化的那些时尚行为。这种变化只会导致国与国、人与人的不和谐。他提出(Chakraborty，1999：24)了一些可以应用于组织变化的吠檀多思想原则：

- 自然变化，即出生、成长和死亡，是好的，而人为的改变常常会发展为与自然变化作对，并对环境和人际关系造成不可修复的伤害。

- 为发展人们的双重意识，从传统发展而来的结构和制度必须保持衡定。组织结构和程序的不断变化将给人们的心理发展带来困惑。
- 组织和商业的变化常常意味着用一个更接近永恒的条件去换来一个短暂和瞬间的状况。专注于可测算价值而牺牲不可测算价值——组织的这一倾向将尤其削弱组织自身的伦理性。

查克拉伯蒂的研究基于一种复杂的意图，他不仅想对西方和美国价值观的提出批评而且想提出特别适合于印度的经济价值观。如果他的研究将在印度引起了辩论和挑战的话，那么没有别的原因，只是因为他的研究建立在印度的一个宗教尤其是印度教的基础之上。

其他著者从印度典籍的各源头汲取信息，并确认了一些别的经济伦理体系。共同的源头是考底利耶(Kautilya)的《治国安邦术》(Rangarajan，1992)。这是一部讨论经世济国统治术的鸿篇巨著，大概成书于公元前3世纪，是为君主制定的指南。关于作者是谁，众说纷纭，甚至也无法肯定本书是否出自一人手笔。这是一部实用书籍而不是神学典籍，常被拿来与马基雅维里(Machieavelli)的《君主论》(*The Prince*，见页边码第173页)相提并论。该书的大多数批评人士意识到，如马基雅维里一样，考底利耶承认为了国家利益，有时候不得不采取邪恶手段。一些著者认为，《治国安邦术》中的训诫与现代西方策略思想的价值观不谋而合。斯塔兹尔与迪尔(Starzl and Dhir，1986)认为，现代商业世界类似于公元前3世纪竞争激烈的印度封建采邑社会。他们还认为可以将考底利耶原则应用于策略规划。库马尔和拉 433
奥(Kumar and Rao，1996)将《治国安邦术》解释为基于现代价值观的管理良方。他们在此所指的是由皮特斯和沃特曼(Peters and Waterman，1982)提倡的管理风格。这种管理风格需要定义公司价值观并且确保员工遵守所界定的公司价值观。他们没有将考底利耶视为马基雅维里式的权谋家，而是将他的著作视为“伦理、道德和基于价值观的指南的源泉……这将有益于现今的管理和组织。”

有些人认为考底利耶提出了不合伦理然而实用的统治权谋告诫；有些人则认为，他是以价值观为基础的管理处方的源泉。但无论怎样，考底利耶都被视为接近于西方管理思想的价值体系的源泉，这种本土的管理方法与发渊于印度吠檀多的查克拉伯蒂的方法是相对的，后者激烈批判西方经济价值观。这一矛盾例证了为什么不应该假定国家或社会拥有单一、明确和被一致同意的经济伦理。

这里讨论的两种印度人的观点只是印度管理界和学术界的观点。印度出版的大量管理书籍的主流理论都基于并有助于与世界管理思想和方法保持一致。印度管理技术专家在管理方面总体面临的伦理挑战是工具理性，它过分强调手段，而不关心手段所要达到的目的正当性。萨哈伊和沃尔沙姆(Sahay and Walsham，1997：432)对地理信息系统(GIS)和卫星影像系统的研究旨在惠及印度农民。他们的研究确认，除了有关新技术的工作外，科学家对其他事情缺乏兴趣。他们看不见人们为了保证如期实现农业利益而正在滥用技术。印度优秀的信息技术和软件带来了很大利益，但是也产生了一种观点：建立软件包——如客户关系管理(CRM)系统，可以彻底解决与客户建立关系的问题，却全然不过问应该建立何种性质的关系。

当然，印度的管理著述者并未简单接受西方管理著述者的“处方”和技术。印度人对于几乎已经完全取代工业国旧的人事管理概念的美国人力资源管理理念做出的回应，便可说明这个问题。人力资源管理(HRM)的前身——人事管理被视为一个必需的行政功能，而人力资源管理的关键思想则不仅包含这一功能，而且还有重要的核心决策功能，能够直接对组织的财务和其他成就作出贡献。这在印度是一种新思想，因为印度人一直强调人事管理、行业关系和人力资源开发(Saini and Khan，2000)。拉奥(Rao，2000)指出了一窝蜂采用人力资源管理的一些伦理问题。人力资源管理忽视背景、尤其忽视印度强大的工会的传统，也无视“紧缩”的非法性——在印度，紧缩意味着自愿退休，是最常见的裁员办法。采用不信任工会的人力资源管理和集体减员的策略(如根据印度工商联建议)是不明智的，因为那只是在美国行之有效。拉奥还指出了人力资源管理的道德伪善。

434 员工被告知，他们是组织中最有价值的资源，但是紧接着他们发现自己已被列入裁员名单。他们可能遭到各种参与性管理、团队和基层运作方式的侵害，同时也会受到好斗的反工会政策的侵害。

(Rao，2000:116)

具有讽刺意味的是，在世人眼里，印度典型的民族形象是一个精神圣地，是高僧修行云集之处，因此拉奥(Rao，2000:333)指责美国式人力资源管理思想是“伪精神”，因其所依据的是美国价值观而并非科学研究，将导致印度走向长期灾难。印度另一些人力资源管理评论家(Dwivedi，2000)则试图吸取人力资源管理的“员工授权”等观点，他们还通过四阶段[卡利 Kali，达瓦帕拉 Dvaper，特塔迪亚 Tretya 和萨堤耶 Satya]发展的概念，从古典印度哲学中寻找人力资源管理思想的根源(在印度教思想中，卡利、达瓦帕拉、特塔迪亚和萨提耶是构成永恒历史的四个年代，每个年代都有自己的精神特征。我们现在处于卡利年代[①])。印度采用人力资源管理的方式体现了不同的管理价值体系与伦理观的复杂关系。是完全接受美国人力资源管理思想？还是简单拒绝它？或者完全代之以印度的观点？问题并非如此简单。相反，这是一个互动意会的过程，在这一过程中，某种截然不同却未从其前身分离出来的东西显现了出来。

迄今为止，我们在本节集中讨论了有关印度经济伦理观应该是什么样的正式和规范的文献。我们可以从 20 世纪后期激剧变化的漫长历史中发现印度实际上采用的经济价值观。从 1947 年印度独立到 1991 年，印度的经济政策专注于孤立主义与自给自足。正如独立印度第一任总理尼赫鲁所言：“拥有本国制造的二流货色要比拥有一流舶来品好。”这种经济发展取向也反映了圣雄甘地对自给自足的道德观的偏爱。这一时期的政策反映了印度的价值观拒绝让经济增长处于至高无上地位。

1991 年，印度政府改变政策，开始实行自由化市场经济。许可证制度被废除，贸易壁垒降低，外国投资变得比从前容易。外国直接投资金额从实质为零增至每年 20 亿美元。自由化市场经济鼓励印度公司采用西方经济价值观，而在西方跨国公司工作的印度人也表现出西方经济价值观(Singh，1990:92)。印度经济政策改革所鼓励的，可能是考底利耶的伦理观而不是吠檀多的伦理观。

本节小结

虽然人们试图制定普遍适用的伦理标准，但这些努力尚未对国际经济产生重大影响。
435 有证据表明，不同国家的人民应用于经济的价值观不同。一般来讲，在西方的商业和文化中

① 卡利年代(kaliyuga)：根据瑜伽经典记载，现今年代称为“卡利年代”，即零星的黑暗年代，充满虚伪与暴力。受卡利年代文化的影响，我们难以独处，难以放弃欲求和拥有，这是堕落年代的文化特征。——译者注

的主导价值观与发展中国家许多人的愿望之间存在对话，存在意会过程。因为发展中国家希望看见经济伦理观反映自己本土的伦理传统和宗教传统。

关于经济伦理语境中普遍主义与相对主义的规范辩论

规范的含义和论点

由于不同的社会和国家中存在不同的伦理标准和价值观，所以关于伦理学的规范和哲学的思考便出现了困难。如果不同国家拥有自认为不同但有效的惯有价值观，那么就破坏了哲学家界定善与对的努力。跨国企业必需遵从“入乡随俗”座右铭。但是，假设我们觉得在某些国家被视为允许的东西是错的，我们该怎么办？相对主义观点是否意味着一个社会的任何实践或价值观只要泛着传统光辉，就必须被人接受？可以提出许多话点来限制相对主义伦理观的明显武断。

对标准的普遍需要

虽然各个社会可能有不同的伦理实践和价值观，但是他们都普遍要求拥有这样的规范(Blackburn，2001：22)。当孩子到了年龄，各社会可以以不同方式对待他们。有的给孩子买汽车，送他们到尽可能远的地方去上大学，有的打发孩子外出谋生，有的要求孩子加入家庭企业，而有些则要求孩子尽快结婚。但所有人都需要一些关于如何对待自己刚成年的孩子的伦理标准。这与组织的情形相似。譬如，如何对待同在一个组织中工作的家庭成员，所有的组织都需要伦理标准。在有些文化中，任人唯亲会令当事人感到难堪或内疚。在另一些文化中，人们会觉得优待亲友是应该的。在有些文化中，如果家庭成员被认为对组织中别的家庭构成威胁，这些家庭成员则可能受到较不利的待遇。但是，所有这些文化都承认：必须借助某些标准来帮助人们对付这些特殊情况。这等于承认需要一个普遍化命令作为伦理多样性的依据。

在某些情况下，如果只有一个规则，那么这个规则是什么实际上已经不重要了。一个国家的全体驾驶员必须靠右或靠左行驶，这是非常重要的；而他们选择左或右却无关紧要。经济和管理价值观中的许多差异都属于这一范畴，在该范畴中，价值多样性不会引起伦理问题。对待工作时间和假日的态度便是一例。美国人用于工作的时间普遍比欧洲人多，且二 436
者之间的差距正在拉大，美国人的假期较短，与此形成对比的是，西班牙人午休时间为两小时，晚饭吃得晚，睡得晚，七八月份享受很多公假，且假期很长(*Director*，2001：32)。这可以由美国人和欧洲人的文化价值观中的不同来解释。前者认为增加收入比闲暇更重要，而且有证据表明，美国人认为额外劳动带来较高收入的想法是对的。一份调查显示，额外劳动确实带来晋升和加薪(Koretz，2001)机会。欧洲人很重视闲暇。这些价值观差异带来的经济后果可能有好有坏——假如欧洲人采纳美国人的价值观，他们的情况可能会更糟，但是这些价值观差异属于伦理中立问题。只要大多数欧洲人陶醉于欧洲人的价值取向，而大多数美国人陶醉于美国人的价值取向，那么他们选择什么样的价值从伦理上讲就无关紧要。由于美国人与家人共度的时间较少，可能会造成他们幸福感缺失，但是决不能肯定地说这种缺失得不到弥补：有的家庭因为家中有一位热爱工作的人，家人会感到更加幸福，因为努力工作的人赚钱更多，因而，家人手头会更宽松，生活更舒适惬意。

然而，国与国之间的有些价值观差异也确实产生了伦理问题。人们对某些人群受歧视所持的态度往往不同，这可能会成为跨文化的冲突点。例如，各国对歧视妇女的接受程度是不一致的。下一节我们将描述可以评价这种差异的一种方法。

权变论

迄今为止我们讨论的问题是，所有社会都普遍需要某些价值观和标准，但实际上，不同社会采纳的特定价值观是不一样的。这种相对主义并不意味着什么都行：不能因为不存在一套最佳价值模式，于是所有价值模式都具有同等效力。如果一个价值体系是相对的，它必须与某个东西相对；如果确实如此，那么一定可以这样认为：一些伦理体系比另一些伦理体系更适合于“这个东西”。当然，困难的问题是伦理规范可能适合的是“那个东西是什么”。有若干答案。从英国神学发展而来的“场合”伦理学的观点（Fletcher，1966）是“这个东西”就是爱，是以爱心善待他人的义务。另一个可能的答案在商业和管理语境下可能特别有用，那便是人们所在的经济和社会环境。虽然有人会提出，一套伦理标准多多少少会适合于某些特定场合，但是自然主义谬误让我们不能断言这样的标准是真，同样不能断言真正的标准能够得自爱的概念。这是因为不可能从一个“实然”陈述导出一个“应然”陈述。关于某个社会的经济和社会的说明是一种描述性陈述，所以由此不可能导出道德命令。爱是一个规范的道德概念，它只能够成为定义普遍化价值观的基础。不过，一种
437 权变法把相对主义伦理观从无辨别力的状态下解救了出来，这种权变法确实能够让人判断一些伦理模式优于另一些伦理模式。

定　义

自然主义谬误　由哲学家G. E. 摩尔（G. E. Moore，1873—1958）定义。自然主义相信正确行动的判断标准是，世界的有些属性是能够被描述的，诸如人的幸福。摩尔认为这是错误的，并采取一种直觉主义的观点，认为道德认知或思考的某种特殊能力可以直接理解基本的道德真理。道德思考，正如数学思考一样，是一种先验，它独立于我们对世界的感知而存在。一加一等于二这个知识并不基于实验。可以解释善，但不可定义善，因为它太简单，这犹如不可定义黄色。概括地讲，自然主义谬误用来指，不能将“应然”与“实然”混为一谈，不能从对事物的自然属性的描述中求得有关善与对的道德陈述（即“应然”）。例如，说一个国家采纳的某项伦理规范使这个国家国泰民安，这并不意味着那些价值观和标准是道德的。

权变思想是管理理论中常见的思想。该思想认为没有做好某件事的最佳方案，也没有普遍适用的答案，但认为，对于不同环境，会有不同的最佳方案。领导的风格、组织结构与文化及策略选择，都可以随机制宜，根据组织的性质和环境的特殊性做出随机制宜的方案。这一思想可以应用于经济伦理。

一切社会都需要一套伦理价值观和标准，这个体系应该多多少少具有效力，能够创造出使人感到安全的经商环境。这些价值观和标准应鼓励人和组织同他人合作所必需的信任；或者当信任被破坏时至少能提供补救和制裁手段。而为缺乏信任的生意合同保险，则可通过各种不同的价值观和规范体系来实现。在不同地点，不同时间，这一目标可以通过以下手

段实现：

- 依靠合同和法规；
- 依靠家庭和友谊，只与那些肯定值得信任的人做生意。在中国这叫“关系”，即巩固生意关系的个人和家族联络网；
- 与生意对象培养私人关系；
- 做生意时，表达信任可使双方互惠。

这一切手段的伦理目的都一样，各种手段在特定环境中可能都会产生效力。权变思想提供了一种可能的基准，参照这个基准便可以判断伦理标准体系的优点。所以，尽管我们不 438
可以说某一特定价值体系是正确和确定的，任何其他价值体系都是不可以的，但是我们可以认为某套价值体系比另一套价值体系更适合于随机制宜的环境。如安伯托·艾柯（Umberto Eco，1992：52）所言，“如果没有规则帮助我们确定哪些解释‘最佳’，至少有一个规则确定哪些解释是‘坏’的。”

看看印度和中国在亚洲经营的海外企业，便可探究这一思想。东南亚（印度尼西亚、马来西亚、泰国和菲律宾等）企业的一个特点是，他们都拥有中国和印度家族企业的人际网。构建这些人际网的家族企业常常是大型联合企业。G. T. 海利和 U. C. V. 海利（Haley，G. T. and Haley，U. C. V.，1998）指出，这些人际网存在的策略环境不同于大多数大型西方企业。

- 中国人和印度人在海外做生意时，有作为异族人的不确定感，而印度人对于本族群 1972 年在乌干达被逐的记忆，提醒他们不忘身为异族的危险。
- 当地政府往往是大型企业完全所有者或部分所有者，出于策略考虑，成功地接触或利用当地政府官员尤显重要。
- 在东南亚有一个“信息空白”地带。相对于西方经济，这里缺乏基于客观、统计、调研的市场和商业信息。
- 怀疑法制能力，有时也怀疑“背景体制”是否适当和充分，而这种体制支持着经济交易中的信任感。

这些特点使海外企业家的策略环境变得不确定和困难重重。在东南亚，印度人和中国人的人际网认为合同与法律提供的安全保障很差。相反，他们通过家族或社区人际网创造自己所必需的信任。在家族或社区人际网中，信任得到传统社区价值观及家族关系的保障。中国和印度的人际网都有一个共同信条——孝敬父母。中国人的儒家思想将孝敬父亲确认为“五常”之一。在印度人际网中也同样强调对家族忠诚。印度“达摩”（*dharma*）的概念要求必须实现经济成功才能对家庭尽责任（Gidoomal and Porter，1997；Haley and Haley，1998：310）。但是他们也指出，海外印度人际网在与西方大公司打交道时通常感到不确定性较少，他们确实认为自己的合同义务具有伦理约束力。中国人际网也重视与家族外的个人发展私人关系。

中国和印度人际网的存在，使他们经营企业的方式不同于西方企业。他们不张扬，保持低调。他们依靠本家族的人际网寻求支持、融资和忠告。其人际网的成员不是根据客观调 439
查做出决策，而是经常依靠他们信赖的成员的主观判断和经验。印度海外企业经常利用人脉为自己提供风险资金，由此避开传统银行系统。这是一种被称为“弘第”（*hoodie*）的印度传统的金融工具。“弘第”是人际网内部发行的汇票，而该融资系统的根基是系统内部人员的荣誉和名声。印度和中国海外企业依赖内部网络资源——包括与当地政府的可靠接触——以及能够迅速得到核实的定性判断，得以迅速做出决定并采取行动。G. T. 海利和 U.

C. V. 海利(Haley, G. T. and Haley, U. C. V, 1998:314)认为,这些印度和中国企业家从人际网获悉经济环境的变动情况,极其迅速地制定回应这些变化的应急策略。这些企业还通过四通八达的人际网络,努力影响地方政府,以便获得和保持有利于自己的经济环境和政府联络。印度和中国人际网高度重视家族和私人关系而不是法律的或公司的关系,这种选择虽具有争议性,却适合他们自身的情况。

表 11.6 东南亚海外生意网的价值属性

属 性	中 国	印 度	日 本
公 司			
商 贩	受唾弃	专门化	受赞扬
长子继承权	无	极 强	强
公司寿命	短	中	长
忠 诚			
家庭定义	血 缘	血 缘	角 色
焦 点	个 人	群 体	体 制
强 度	低	高	高
忠 孝	相对立	无 关	相 等
商业信用			
伦理基础	五常与社会和谐	达 摩	互 利
伦理焦点	道	家 庭	为长者服务
利益期待	即时、一次性回报	即时、一次性回报	延迟回报

(来源:G. T. Haley and U. C. V. Haley,1998)

440 如表 11.6 所示,日本商业价值观不同于海外印度和中国企业网的商业价值观。日本社会看重商人,而中国和印度的文化却质疑商贩的道德品行。日本重视长子继承权,这意味着日本的家族企业比中国的家族企业寿命长久。在日本的企业文化中,信誉建立在合同义务和私人及公司实力上,而在中国和印度的环境中,更重要的是私人关系的义务。日本商人更有可能从长远利益考虑,而海外中国和印度生意网则期望更即时的回报。G. T. 海利和 U. C. V. 海利(G. T. Haley and U. V. C. Haley, 1998:307)认为,与中国和印度的海外生意网相比,日本不同的商业价值观适合自己不同的策略环境。如前所论,前者在一个信息空白地带做事,即在东南亚地区市场经营企业,而日本公司却将出口瞄准北美和欧洲市场。他们没有在中印海外生意网所经历的信息空白地带经营,他们强调的合同义务和互利虽有分歧,但非常适宜同西方经济体打交道。

这并不意味着在欧洲、北美与日本之间没有文化冲突。唐本纳与汉普登-特纳(Trompenaars and Hampden-Turner,1993:196—197)举例说,一个美国人在与一家日本公司总裁打交道时,由于忽略了角色与礼节,结果给谈判带来麻烦。这位美国人试图铁板钉钉,把那次交易的细节搞定,却怠慢了这位日本公司总裁。由于日方在回答细节问题时含糊其辞,他感到受挫,便心不在焉地将这位总裁郑重其事递给他的名片卷起来掏指甲缝。这位日本总裁因此大为不悦。不过,由于双方共同强调将合同义务和公司互利作为信赖基础,所以两国之间的生意关系仍会因此普遍受惠。

活动 11.1

上面的讨论确认了许多可以在生意和谈判中信任他人的不同的基础。

- 合同与互利
- 家庭与家族关系
- 人际关系

如果来自不同社会和文化背景的商人发现自己在商务谈判中对他人信任的基础与对方不同时，可能会有什么问题或利益？

(1) 合同和互利………………家庭与家族关系

(2) 合同和互利………………人际关系

(3) 家庭与家族关系…………人际关系 441

(4) 家庭与家族关系…………家庭与家族关系
（但二者来自不同家族网络）

伦理理论中的权变法并不是说环境驱使人接受特定价值观和伦理规范。东南亚的经济环境并不是海外中国和印度生意网采纳其特定价值观的原因。这些东西来自他们自己社区的传统价值观。而他们的价值观与策略环境之间的契合的确形成了某种“进化的”压力，这种压力维系了这些特定价值观。

人们的思想、辩论和权力游戏调和了情境因素和社会伦理规范之间的关系。如果人们发现自己的价值观与环境条件不协调，他们只能着手改变自己的价值观。个体产生这种意识并不容易，只有通过世代变迁才会产生。情境与伦理规范之间的影响也可能交替发生。情境可以影响规范的改变，规范也可以促使情境发生改变。这些互动通常只有在长期中才能起作用。基督教和伊斯兰教对贷款利息的态度可以例证这一点。

利息是为借款支付的货币，是现代金融体制的基本特征。然而《圣经》却明确宣布，放贷收利息错的。“高利贷”(usury)一词原指为贷款支付的利息，但现在只用来指不合理的利率。《旧约》禁止以色列人彼此索要高利，但是却允许他们向“外邦人”索利(《圣经·申命记》23:20)。可以这样推理：在古代社会，多数人借贷都是为了消费，为了挨过苦日子，而不是为创业活动融资。在这种情况下，索利是错的。《新约》也视放贷索利为错，它暗示甚至向“外邦人”索利也是错的。作为“爱你的敌人”的一部分，应该向急需者放款而不索要利息。中世纪的人们以极其认真的态度对待《圣经》的这些禁令。利息被认为是不公正的，因为那意味着一笔只能用一次的钱，却要不断地被索要租金(Buckley，1998)。

这样一种伦理立场对欧洲改革时期与日俱增的商人和企业家没有帮助。慢慢地，官方对高贷款的立场开始转变，认识到它对企业是有益的。人们意识到，用于消费的贷款与用于投资的贷款之间的合法差异。按照传统，如逾期不能还债，债权人可以获得补偿性支付。而现在这一理论发展了：债权人从贷款伊始便可以因为钱被人借用而接受补偿性支付。但是，对创业的人放贷的债权人有权索要无风险的利息，商人则承担创业的所有风险，这个思想在当时未被接受。人们觉得融资人应该分担风险。

吉恩·卡尔文(Jean Calvin)生活在16世纪商业高度发达的城市日内瓦，虽然其著述在 442
传统的观念上没有多大改变，但引发了基督教对利息观念的改变。他主张仍然应该给穷人无息贷款，但只要利率合理，担保不太过分，贷款索利也是可取的。他不接受《圣经》对利息的谴责，因为谴责利息的社会完全不同于他所生活的重商社会(Tawney，1966：115—116)。卡尔文的伦理观作的调适虽小，却使人们开始广泛接受利息，认为只要利率公平，利息就是公正的。议题从利息伦理转变而为利率伦理。这个例子阐明了伦理规范可能受新环境的影响而发生改变。

而这种改变并非不可避免。譬如,伊斯兰教对利息的观点与《圣经》中的观点相同。但是与基督教不同,伊斯兰教谴责利息的禁令一直延续至现代社会,这使穆斯林沿袭而成的融资方法至今仍在没有利息概念的情况下发挥作用。伊斯兰教禁止利息或“利剥”(*riba*)——即贷款或投资的无风险回报率。根据伊斯兰法沙里阿(*sharia*),贷款索利是被禁止的(Failaka International,2000)。伊斯兰教将货币定义为本身没有内在价值的交换手段。只是由于交换和交易才产生了价值。由此得出结论,钱不应该生钱,因为这犹如“空手套白狼”一样。伊斯兰教不反对创业活动,但认为应该正当地通过合伙融资协议(*Mudaraba*)进行创业活动。根据这种协议,创业者和融资者按合同约定的比率共同分享利润、承担亏损。

由于伊斯兰教禁止“利剥”,所以穆斯林认为与基于利息思想的西方银行和金融工具发生接触是不正当的。信用卡是一个特别问题。有学者提出,穆斯林只要每月偿清债务,避免引起利息收费,就可以开信用卡账户。还有人(Al Andalusia,2001)认为,开立信用卡账户时,所签的合同使信用卡持有人承诺了某种情况下必须支付利息。穆斯林不应该签署这种违背教义的合同。不过可以开发别的避免“利剥”的融资技术。譬如,他们允许“拜穆阿贾尔”(*Bai Muajjal*)这种合同形式,即,银行或资本供给者代替一家企业所有者购买商品或资产。然后他们按约定价格将该商品卖给客户,这个价格包括一定百分比的利润。这是正当的,因为如果因付款延迟而提高价格,这在基督教也是可以接受的。至少有一家银行以这种合同形式提供了一种伊斯兰信用卡(Failaka International,2001)。多家银行现在提供避开“利剥”的私人和商业融资(Arif,1988,Lariba. com,2001)。据报道(Anon.,1995)由伊斯兰银行掌管的存款资金已从1985年的50亿美元增至1995年的600多亿美元。伊斯兰金融工具的发展是形势和环境能够随机应变适应伦理原则体系的一个例子。

443

利益相关者理论

除权变原则外,还有一个标准可以用来判断经济伦理与价值体系的相对优点。这就是,谁是特定伦理模式的受益者?作为这种标准的依据,应该绘制出一幅利益相关者详图,列出受某项伦理主张影响或与其相关的人群和顾客。如果应用该项伦理主张,谁受益,谁受损?确认这一标准能够检验该伦理主张的有效性。参看我们在第二章讨论的罗尔斯观点,可以帮助我们解释这个问题。罗尔斯提出的原则之一是:社会与经济上的不平等须以满足以下两个条件为前提:社会和经济的不平等(1)应对每个人都有利,并且(2)它们所附着的职位与工作对所有人都是开放的。罗尔斯称这个陈述的第一个部分为差异原则。不同经济伦理体系可以用差异原则来检验。如果经济伦理体系不能惠及所有利益相关者,则可以被判定为无效。

我们可以当前印度的招聘实践为例。传统印度社会被分成不同的“加堤”(jati)或种姓,是延伸的家族关系,一共可分为四个种姓:牧师、武士、商人和苦力。在印度,个人的种姓已不再决定其职业,但仍具有社会和地位意义。对于排除在种姓之外的人群尤其如此,这类人叫达力人,即传统上所谓无种姓和不可接触的贱民,来自印度的部落地区。在印度,这些族群通常在经济上和社会上最受排斥(Dhesi,1998)。种姓歧视在印度被视为非法。政府运行了一套“积极区别对待”的制度,为达力人和部落族群保留一定的政府机关和国有企业的工作岗位及大专院校职位。这一政策怎么对抗差异原则呢?它明显惠及达力人和部落人群,但如果没有这样的政策,这些族群将处于不利处境。可以说,哪怕仅仅出于防止国家动乱这个原因，克服社会上对穷人的歧视也对大家有利，因为歧视穷人会导致社会动乱。然而该政策可能违反了罗尔斯第二原则的第二部分，即这些职位与工作对所有人都是开放的。布拉克伯恩(Blackburn，2001：27)建议，在判断一项地方性伦理标准是否可以被接受的时候，只考虑“自命为自己文化发言人的牧师和长老”的观点是不够的，需要考虑更大范围的利益相关人群，特别是该项伦理标准的受压迫者和受损害者。基于罗尔斯差异原则的利益相关者分析，为判断某一经济伦理立场的有效性提供了一种机制。

不同社会和国家的经济价值观和伦理观的多样性并不意味着任何伦理立场都有正当性。接受伦理相对主义立场也不是说，凡是本土的或传统的价值观，都必须接受。本节推荐了若干检验方法，供管理者用以决定应该将某个地方性伦理立场视为有效，还是无效。当然必须承认，这还不足以说服一位伦理普遍主义者，因为他会认为，只可能有一个正确的伦理体系，而且所有人都应该采纳它。

当不同的组织和管理价值体系相遇时 444

简　述

一般认为，不同国家的不同价值观和标准在世界贸易增长的时候会成为问题。从一个国家突然到另一个不同文化中工作，这种经历被称为文化冲击。因此对跨国公司和组织来说，不同的民族价值观的存在是一个亟待解决的管理问题。

霍顿(Holden，2002：284—285)指出，这一传统消极观念是无助和不必要的。他认为旧观念建立在一种过分简单的思想上，即各民族文化和价值体系是截然不同、相互碰撞摩擦和格格不入的。他在书中阐明，最好将不同文化理解成国家内部和国家之间的思想、价值网络的重叠。确实，许多人将会积累一些价值体系，但这些价值体系在他们心中未必完美嵌合。一家西方公司的一位经理在印度工作，他可能生于印度，但在美国长大并接受教育，曾分别在英国和阿塞拜疆工作过一段时间，常在西班牙度假。这种人的价值观将构成一个复杂的网络。他们的部分价值观将建立在印度某个种姓的家庭教养基础上。他们的教育以及对美国的赞美会增强他们在某些方面的价值观，削弱另一些价值观。他们在阿塞拜疆的工作经历可能使他们特别讨厌苏联和印度的某些价值观，如自动地尊重年长者。少时的经历将同样会加强这些观念，但是他们后来作为高层管理者的工作经历可能会修正其少年时的经历带给自己的价值观。当这些人管理在印度的公司时，这种价值体系链只会成为他们的财富。他们的文化意识会帮助他们在协商从贿赂的作用到合适的领导作风等问题时游刃有余。霍顿(Holden，2002：284)的理论是，文化混合应被视为一种组织资源。在他看来，跨国企业的跨文化管理应该被视为知识管理的一个方面，它使人们能够向周围的多元文化学习。

当人们拥有的价值体系部分叠合部分相异之时，就会发生学习的过程。下一节，我们将试图分析这种学习的过程。

辩证分析

自从苏联解体并分解成较小的独立国家以来，西方的培训者一直尝试向这些新国家的管理者们灌输西方的经济价值观，他们见证了许多竞争的价值体系发生冲突的案例。作者在本节提出，从阿塞拜疆的一个案例可知，这个过程完全可以理解为黑格尔辩证法问题。 445

定　义

自觉意识、领主与奴隶及苦恼意识的辩证法

辩证法的基本结构见页边码第223页的解释。在这个定义框里,我们将描述一个特定的辩证序列,属于黑格尔在《精神现象学》(Hegel 2003:104—130)描述的一种广义的辩证法。这三个辩证是:

(1) 自我意识的辩证

(2) 主人与奴隶的辩证

(3) 苦恼意识的辩证

当自觉的思想作为自我意识的纯抽象受到无处不在的存在属性质疑之时,就开始了第一个辩证——自我意识的辩证(Hegel,2003:第107页)。这种双重性将自我意识变成了一场生死搏斗(黑格尔用"双曲"来表达)。各种其他存在的出现同它自身绝对存在的每一个自我意识感发生矛盾,所以它必须消解另一个意识。我们将用这个辩证关系来探讨西方专家与他们指定到新学院的受训者之间,以及裁判者与他们想要影响的当地管理人员之间的初始关系。

一个自我意识通过获得力量和控制权消解了另一个自我意识,于是这第一个双重性被克服了。这便开始了主人和奴隶的辩证。

> 这是两个对立的意识形态或模式。一个是独立的,它的本质是独立存在:另一个是依附的,其本质是为前者而生存或存在。前者是主人,后者是奴隶。
>
> (Hegel,2003:108)

在这种等级关系中,主宰方拿自己高尚地位与从属方卑贱地位相比,借以确立自己高傲优越的地位。矛盾的是,这使得主宰的一方依赖于从属的一方。这个镜像——在镜像中弱小者显得伟大,优越者显出弱小——与主人形式上的优越相矛盾,因为它揭示了主人对奴隶实用性和身份确立的依赖。当奴隶通过体力劳动意识到自己对主人的重要性时,二元论便因此决定:

> 在劳动中——此时似乎只涉及某个旁观者[主人]的头脑和思想,奴隶通过自己对自己的再发现,意识到自己拥有并成为自己的头脑。
>
> (Hegel,2003:111)

446

该辩证关系将被用来分析西方专家与阿塞拜疆受训者关系的一个阶段,此时,西方专家发现自己作为裁判者的角色依赖于阿塞拜疆受训者;而受训者又发现自己依赖于他们正在训练和培养的阿塞拜疆管理者。

在苦恼意识的辩证中,新的自我意识在其自身内(而不是在自己与他者之间,如前一辩证关系)体验了斯多葛主义与怀疑主义的冲突。这种冲突因缺乏更好的东西而转化为接受某个东西。斯多葛主义与怀疑主义的冲突再次成为虚空形式与混乱特性之间的冲突。

> 怀疑主义在斯多葛主义那里仅仅是概念的东西的实现,并且是所谓自由思想的现实经验……
>
> 这种意识[ ][1]恰恰只是一个绝对偶然的混乱,是永恒的由自找麻烦造成的晕眩。
>
> (Hegel,2003:118,119—120)

---

① 原文如此。——译者注

当引进的西方专家遇到前来接受公共管理学院新教工培训的阿塞拜疆人时，就会出现相互学习的情形。我们将用在阿塞拜疆新建一所公共管理学院的案例研究来探讨这个问题。该项目是苏联解体之后的许多项目之一，目的是通过用西方民主和自由市场体制取代其原有体制，使新的共和国实现现代化。公共管理学院将向政府官员提供包括硕士学位在内的一系列课程计划，目的是创造西方风格的公共服务组织机构。该学院的前身在苏联一所办不下去的研究院里，该院保留了苏联时期任命的院长、行政人员和技术人员，但没有保留教师，而是招收了许多当地受训者，经过西方专家的培训他们将成为新学院的教学科研人员。

该项目以阶段模式为基础，类似但不是有意基于麦考莱在《教育备忘录》中的经典表述。在印度，其目的是用英语教育来形成

> 一个阶层，印度肤色和印度血统，但是有英国品位、见解、道德和智力……这个阶层的人可以是我们与我们所管辖的百万庶民之间的解释者。
>
> (Keay，2000：431)

该模式必定包含三个主要利益相关方：西方专家(欧盟官员坚持要这样称呼)、阿塞拜疆人员(被招收到该学院接受学院师资培训)及前来接受新学院新教师培训的阿塞拜疆企业经理。由于这些经理绝大多数是在苏联时期指定的，所以他们分为两种类型，一类是受共产党
保护的特权统治阶层，叫做诺曼克拉图拉(nomenklatura)；一类是执行党的方针政策的政工 447
人员(apparatchiks)。不过我们在此书中只讨论西方专家与阿塞拜疆受训者之间的关系。

这种关系发展的方式如表 11.7 所示。

自我意识的辩证

在阿塞拜疆项目中，西方专家与当地受训者(未来变革代理人)之间的关系开始被认为
是平等和开诚布公的。但初期，双方视彼此为异己的认知就与理想的关系发生了矛盾。与 448
自我意识的辩证关系一样，他们之间相互怀疑，彼此缺乏认同感(Mabbott，1967：38)。辩证始于西方专家抽象和不加区别的仁爱思想。从形式上，他们认为自己的任务是为阿塞拜疆带来民主、公共服务和市场的利益。他们表达了一种形式的和普遍化的仁爱之心，然而他们不了解地方背景，这使他们在努力中感到茫然。直接将西方理想移植到苏维埃的土壤是不可能的，加之他们对地方情况的无知，这就传达了一种意思：西方专家们认为劝诱改变信仰比提出实际建议容易。马伯特(Mabbott，1967：38—39)注意到了这种矛盾通过的后果，认为如果这些人做好事(相对于谈论好事)，也仅仅事出偶然。

广济的理想与实际的无能是西方专家的自我意识，是造成他们挫折的外因，他们认为自己的良好意图被当地变革代理人的利己思想破坏。他们相信，接受培训的人参与项目只是为了他们能够获取资源(美元、汽车和电脑)或在阿塞拜疆找到一份西方组织的工作，甚至在欧美找到美差。正是当地员工热衷英国和欧洲之行，以及渴望学得待价而沽的 IT 及英语技能，使西方专家怀疑受训者的私心。而参与类似项目的其他人则冲着访问欧洲国家的目的而参与的。博德沃德等人(Bedward et al.，2003)认为这些手段让人们得以学习西方而又无须接受强加给他们的教训。在当地受训者受训期间和之后，可以发现他们在仕途上追逐私利的盘算。在招入新学院的 23 名当地受训者中，6 人离开了阿塞拜疆，到西方工作和学习，9 人在项目期间得到了设在巴库的西方组织的工作。

表 11.7 西方专家与当地变革代理人的辩证

	论 题	反 题	合 题
自我意识的辩证	西方专家表达一视同仁和普遍主义的慈善，认为当地与西方能够拥有平等和互惠的伙伴关系。	实际上，当地与西方都有自我意识并提防对方。他们指责对方的个人主义，各方一门心思达到自己的意图。这便导致了信任缺乏。	在双方间建立起一种等级关系，可以克服新人缺乏的问题。西方专家被视为主宰者。
主人与奴隶的辩证	西方专家被视为地位高的人，他们的任务是向当地人介绍新的西方价值观和技术。	虽然形式上西方专家是上级、权威，但实际上却依赖于当地受训人的配合。从社会意义讲，当地人对西方人的需要超过西方人对友谊的需要。	西方专家和当地变革代理人意识到他们的相互依赖并发展了更平等的工作关系，这种关系建立在西方价值基础上。
苦恼意识的辩证	西方专家和当地变革代理人都坚定地认为，必须使阿塞拜疆与西方自由市场模式接轨。	但是双方现在都怀疑，将西方价值观和实践简单移植到阿塞拜疆是否可行或有效。他们对如何使这两块模板啮合的问题有争议。	根据和而不同的理念连接两块模板。不论这一过程现状如何，总归会持续一段时间。

西方专家对受训者的怀疑通过受训者对西方专家的怀疑映照出来。当地代理人注意到西方专家宣称的意图与其对当地人的态度之间的矛盾。他们得出结论：西方专家到他们国家来不是出于利他主义，而是为了就业和改善个人状况。这并非该项目才特有的孤立现象。伦克和戴维斯（Lenke and Davies，1995：23）关于西方在匈牙利主导的管理开发计划的报道指出，当地人正在议论着西方专家盛气凌人、殖民主义和高高在上的态度、他们对匈牙利情况的无知，以及他们与社会隔离等。

有一件事可以例证这样的怀疑。有两位西方专家在阿塞拜疆工作期间自吹，他俩在谈恋爱，并说他们同意为此项目工作只是因为想摆脱各自配偶，享有俩人在海外度假的机会。另外两名团队工作人员对这一对表示抱怨。事关原则，他们反对那一对假公济私，不尊重团队其他成员劳动的行为。他们更担心阿塞拜疆搭档——他们已经知道了他俩的事情，正在对那一对缺乏责任感的行为提出疑问呢。这些都威胁着该项目的可信度。

人人都猜疑对方，发展下去的结果导致两个团体相互猜疑。西方出资在乌兹别克斯坦 449
建立公民社会的体制，阿卜拉姆森（Abramson，1999）确认了一种类似的辩证——“接受与颠覆”，对西方的这些尝试作了分析。他认为西方代理机构，通过创建非政府组织（它们将为国家提供一种社会行动焦点的选择），形成新的精英群体。这些新的精英保持了沿袭的为个人利益摧毁制度的倾向。“公民社会概念失去了普遍理解的任何意义与价值”（Abramson，1999：241），因为新的精英人群在具体贯彻公民社会理想时，只把西方的计划视为谋求私利的手段，正如拿着优厚工资的美国年轻人和怀揣赚钱合同的（西方企业）一样。大量的自私的个人行为使这项发展项目的官方意向流产。

矛盾的合题是接受西方专家与当地变革代理人的等级关系。在此关系中，西方专家是主宰者（毕竟他们控制了资助资源的流向），而当地代理人是依赖者。缺乏信任是一种缺失。限制西方专家与当地代理人建立起任何关系的自我意识的消除，使他们之间产生了一种等级关系。缺乏信任被双方自觉的约定取代，虽然这种约定并不平等。这个合题变成了下一个辩证的始点，即论题。

主人与奴隶的辩证

在西方专家与受训者关系发展的第二个辩证中，论题是：专家主宰当地人，因为他们是实现阿塞拜疆公共服务现代化所必需的新思想、新价值的来源。反题是：在实践中，专家依赖于受训者，因为如果没有受训者或没有受训者的合作，他们的工作就无法进行。后面这一点成为冲突的主要原因。当地受训者从阿塞拜疆政府那里只得到一小部分薪水，他们需要挣外快养家糊口。而西方人需要他们来上课，来参加研修班，需要他们准时露面。项目组不断努力寻找方法，改善当地受训者的上课率，但是其成效总是有限。西方专家形式上的支配地位被自己实际上依赖于当地代理人的事实所否定——那些人表现出对准时的漠视。

人们发现在西方专家与当地受训者之间出现了紧张。中东国家以及当地人给予西方专家的尊敬是后者在自己文化中无法得到的身份感。这导致西方专家与当地代理人之间社会关系的不对称。如前所论，杜威（Dewey，1993）确认东西方社会对友谊的不同理解。西方中产阶级的友谊观认为友谊是一种有限的关系，它所要求的不过是相互愉悦和礼貌——有所约束的文明举止。这是多数西方专家的观点。阿塞拜疆人所拥有的东方观对友谊的期望几 450
乎是无限的。他们认为友谊产生个人义务，譬如西方朋友有义务帮助他们在西方人的公司里找到工作，或者帮他们联系海外大学让他们学习。当地员工视西方专家为潜在的庇护人，并因此遵从他们。作为对他们遵从的报答，阿塞拜疆人期望从西方人那里得到大笔的金钱回报。西方人是形式上的支配者，但要回应友谊的沉重需求。这种社会关系的倒置是主奴关系的另一个版本，因为阿塞拜疆人对西方专家的期待超过了西方人认可的对阿塞拜疆朋友的义务。

西方专家作为“主人”与当地受训者作为“奴隶”之间的矛盾，随着后者意识到西方专家依赖自己而减弱。随着专家优越地位的减弱，二者关系趋近平等。主人与奴隶意识到，他们将从相互合作中受惠。扬科维兹和多博斯兹（Jankowicz and Dobosz-Bourne，2003）从对前华沙条约国现代化项目的调研中发现，只有当西方专家与当地学习者彼此存在有意义的协商时，切实有效的跨文化知识转移才能发生。若干当地项目的参与人在项目的三年半期间从受训者转变为学术同仁,彼此间的平等关系代替了庇护与被庇护的等级关系。西方专家对一些当地受训者逐渐产生了尊敬,这导致西方项目组尝试着把权力从自苏联时期起一直把持学院的院长那转移到较年轻的当地人手中。当有必要指定一位公共管理学院的院长时,被指定的人是一位年轻女士,是从当地员工中选拔出来的。必须承认,当与以老龄化男性为特征的顶层官场打交道时,她会感到困难。西方项目组承认,部分当地受训者能够担当这样的职务。新院长被视为是专家能够与之配合默契的人。

苦恼意识的辩证

西方专家与当地受训者关系的最后阶段可以被视为苦恼意识的辩证。刚独立的受训者——现在应被称为培训者了——坚定地认为在恶行与美德之间没有中间道路,他们接受了西方制度模板,但是怀疑这种模板能否全盘照搬到阿塞拜疆,这就导致了他们苦恼的意识状态——某种忧郁的接受状态。此时的矛盾是专家与当地同事心中的矛盾。他们在相对主义与普遍主义的伦理疑问中挣扎:西方商业与管理模板到处都适用吗?每个社会是否都应该发展自己的经济价值观和体制?霍顿(Holden, 2002)认为这种情境是有助的,因为它不再坚持某种单一的普遍化价值体系,不再坚持认为只有那一个体系才是放诸四海而皆准的
451 真理,现在的情境已经改变,需要相互学习了。然而,正如辩证分析所示,这个学习的过程不是一帆风顺的,是必须努力解决一系列矛盾和误解的过程。这不仅需要表现得体,而且需要有用别人的价值观和伦理原则参与活动的能力。

活动 11.2

如果你是人力资源经理,负责改善员工(他们来自不同的文化背景,但都在你工作的那家跨国公司的一个团队里)之间的合作与交流,你愿意为培训和发展活动提出哪些实用建议,以帮助他们平稳渡过难关,培养一种互相理解和赞赏对方价值观的氛围?

表现得体与参与能力

经理们应该如何处理前一节描述的种种紧张因素?经理应该如何配合自己为之效劳的组织,对这一复杂性做出回应?在与别国打交道时,或在别国工作的经理人应该接受别国文化,表现出得体。这不意味着经理们应该变成不讲原则、态度暧昧的人,对价值观忽而承认忽而拒绝。的确,霍夫斯特德指出(Hofstede, 1991:237),除非人们在自己的价值观中感到安全,否则人们是不可能容忍他人的价值观的。容忍是必要的,如果优先考虑和实践中的差异并未提出严峻的伦理困难,容忍更加必要。表现得体意味着努力从别人的视角看清情势,体察别人的焦虑,尽你所能,让别人轻松自在。表现得体有一个更加正式的用语,叫"参与能力"(Hofstede,2002:273—274),霍斯特德把这种能力定义为:

> 在多文化环境中实现平等条件下的互动的能力,在这种互动中,知识得以分享,专业经验得以增强。

很好地参与不同国家的活动的能力要求各种技能和敏感性。在印度,需要能够快乐而不太认真地接受赞美。在法国,要高兴地接受午餐休息比会议更重要,为了午餐可以突然中止会议。做到这些就能提高参与能力。对这种能力而言,共同理解尤其重要,即,即使彼此在理解上存在明显问题,但是,可以分享交流的基本结构,都有着共同的推断力,不仅可以根

据语言，而且可以根据声音、表情、态度和行动的互动作出推断。在多国文化中相遇的双方努力理解这种相遇的意义，并利用各种暗示以达到共同的理解。

下面是一些有助于培养参与能力的建议，主要以德·乔治（De George，1999）的建议为依据。这些建议万变不离其宗，都依照一条著名的伦理原则：首先不伤害原则。 452

定 义[①]

首先不伤害原则 是一条道德古训，据称源于希波克拉底誓言，是古代医生必守的伦理准则。但事实并非如此。与该原则意义最接近的誓言陈述如下，“我愿遵守此约，愿以自身能力及判断力所及，遵守为病患谋利之信条，并检束一切堕落及害人行为”。当今几乎没有医生被要求这样起誓。

同理心（Empathy）与幽默

要想习得礼貌和教养，需要学习遵守各种规矩，其中一个规矩是承认我们都拥有广泛的价值观，它使我们能够设身处地体谅别人的立场。人们常说中国人最怕丢“面子”。可是，一个西方的经理在同事或老板面前丢了丑，也会感到羞耻。在价值冲突中领悟幽默，也能够帮助和解。

案例研究 11.1

学院院长的新车

该案例是我们在阿塞拜疆建立新的公共管理学院的项目中的部分经历（见页边码第446—451页），是关于学院院长的事情。他的事业始于苏联政权时期，现在是新学院院长。他已经六十多岁了。作为一揽子计划的一部分，项目配给新学院两辆崭新的西方制造的汽车：一辆是微型车，另一辆是高档轿车。按项目规定，两辆车都归西方项目小组使用。实际上，那辆微型车用处更大，因为它很能对付糟糕的路况，还能接送全组人员并捎带他们的装备。校长使用那辆轿车的时间渐渐多起来，轿车似乎成了他的私产。这对他来说很容易，因为两位司机都是听命于他的员工。这成了一个问题，因为这位院长显然已经将这辆小车视为他为项目提供方便而回报他的“佣金”。如果西方拨款机构发现这个问题，他们会认为这是在滥用项目资金。这个问题成了院长与项目小组之间的争端。有一天，小组中有人看见 453
一个泥水匠被带进院里，神速地在学院操场上建起一个歪歪倒倒的停车房。停车房最牢固的部分是那扇上了锁的钢门。只有那位院长手里拿着开门的钥匙。项目小组看见了事情好笑的一面，并记起了他们千方百计地捍卫从自己上级机构那里好不容易要来的特权和额外津贴的时刻。幽默释放了小组成员的愤怒，他们达成了关于这辆轿车的使用权的妥协交易。

① 同理心（Empathy）——EQ理论的专有名词，指正确了解他人的感受和情绪，进而做到相互理解、关怀和情感上的融洽。

对东道国伦理标准和价值观的特殊性做出回应

这一指导方针比表现得体走得稍稍远一点，也就是说，除非有适当的理由不那么做，否则组织应该学习并尊重东道国的价值观和伦理实践。这一点做起来不容易。在国外工作的员工经常挨批评，因为他们总是想恢复自己在本国的生活模式，而不着手了解东道国文化并与之妥协。这个问题被认为是国际非政府组织的问题。刘易斯(Lewis，2001：105)指出，当来自北方国家的外国非政府组织职员与南方国家的非政府组织搭档一道工作时，管理难题出现。他问，这些职员应该受本人价值观还是受伙伴组织的价值观驱动？但是他并未回答自己的问题。

承上启下

在决定如何对伦理问题做出反应的时候，个案的特殊性非常重要。这和第十三章有关殊案决疑的讨论有关。

案例研究 11.2

一家新西兰公司对毛利员工的吸毒检查

一家雇用毛利人和非毛利人的公司决定，他们打算开始一项计划——检查员工是否滥用毒品。他们的理由是改善工厂的安全记录，履行对新西兰健康安全法的义务。然而，当检查员工是否滥用毒品时，关于员工隐私权的伦理问题出现，而根据新西兰法律，这种检查的合法性尚不能确定。与其他员工相比，毛利员工对这项提议更多地持批评的态度。特别厉害的冲突点是公司试图与员工分别协商，以争取他们同意进行检查。毛利文化是集体文化(见页边码第 241 页)，员工要求他们与公司之间的问题应交由集体协商。

(来源：Blackburn，2000)

454 **活动 11.3**

什么时候，国家的要求和期待或价值观胜于宗教、民族或族群的价值观和社会期待？

- 什么时候，国家的健康安全法表明在生产厂房里穿着民族服装意味着健康隐患？
- 什么时候，国家的世俗主义信仰因穆斯林妇女坚持戴头巾而受到挑战？这个问题在 2004 年很突出，因为法国通过了一项法案，禁止穆斯林女学生在学校戴头巾。

思　考

公司和组织机构的国际工作会涉及不同的价值观和伦理标准的冲突。本章所关切的是，这种多样性的伦理的有效性及企事业组织机构的人员应如何对此做出反应？有两个有效的过程，一个是尝试普遍化，创造一个能够被全世界接受的核心原则。另一个是地方化，在地方化的过程中，调整和修正有些人认为普遍化的价值观，使之满足特殊环境的需要。但是这两个过程都需要判断与选择，并不表示不加批判地承认现存价值观和原则必然具有同等价值，必须受到保护。威克(Weick，1995、2001)将经理们介入的过程称为“会意”过程。按照威克的说法，“会意”是一种回顾活动，被行动触发，受暗示和启发的影响。霍顿指出，如果该过程被视为一种组织资源，那么组织机构必须把学习过程表面化，对多文化互动采取开放和欢迎的姿态。发展和培养威克“会意”方面的参与性能力，其中有些问题值得思考。

承上启下

威克的“会意”过程理论也在页边码第155—156页(第四章)中论及。

- **行动与社会背景** 只有当人的环境条件迫使他们理解情势的意义时，他们才这么做。把人放入多文化的讨论会，这需要他们互动且修正自己的观点。
- **身份确认** 从历史眼光看，来自特定社会的人在定义自己身份时，所参照的那个“他人”是他们自己假定的并不了解的“他人”(见页边码第485页“东方主义”定义)。直接面对 455
真实的人，拒绝固定观念，这将使不同价值体系的人们聚在一起学习时更轻松。
- **暗示** 别人的处世方法会对你产生暗示，人们理解价值观差异的方式就是观察这种暗示，并且注意其结果。如果那些对别国采取传统的“外派专家”观点的人获得提升，其暗示就很容易解读。
- **看似有理** 人们对自身体验的“意会”必须看似有理。对别人文化和价值观的“意会”可以看似有理实际是错的，除非他们不得不与来自其他社区和社会的人一道工作。

如果经理们只根据自己组织、人群的或民族文化所提供的暗示和环境来理解世界价值多元的意义，那么他们只知坚持陈规陋矩，并未获得参与能力。

小 结

本章讨论的要点如下：

- 国际经济的普遍化标准已有成文，但是尚未被普遍接受，也未涵盖所有相关议题。
- 不同国家和社会拥有的经济伦理标准与价值观有些是共同的，有些是不同的。
- 在西方工业圈之外的一些国家存在着一个对话的进程，尤指在“意会”过程中，美国经济价值观的被融合和被挑战。
- 接受伦理多元性，并不意味着任何价值观只要是地道本土的，都必须被接受。
- 虽然极端的普遍化主义者和相对主义者可能会拒绝这种想法，但我们能否用权变理论，或者利益相关者理论和罗尔斯理论区分适当与不适当的当地伦理标准，这是一个值得讨论的问题。
- 如果真是如此，那么是应该采用还是挑战所在国的经济伦理标准？对此，跨国公司必须做出自己的道德判断。如果这些公司的经理将自己所面临的价值观多样性视为组织学习的资产和机遇，而不是必须克服的文化冲突问题，那么会有助于这一过程。
- 这一学习过程——不同群体间互相学习不同地域的不同价值观，可以理解成一个辩证的过程。
- 处理这些问题时，跨国组织需要表现出：

456 ——言行得体，

——愿意对东道国特殊的伦理标准和价值观做出回应。

快速复习测验

1. 什么是自然主义谬误？

   (a) 一切自然的东西都是道德良好的。

   (b) 自然法则是基本的人权。

   (c) 是一种信念：关于什么是合乎伦理的陈述可衍生于有关人的行为的陈述。

2. 根据透明国际清廉指数，世界上最不腐败的国家是哪个国家？

   (a) 芬兰

   (b) 美国

   (c) 德国

3. 《联合国人权普世宣言》发表于何时？

   (a) 2000 年

   (b) 1995 年

   (c) 1948 年

4. 伊斯兰教对索取利息的立场是什么？

   (a) 道德错误

   (b) 道德上可以接受

   (c) 如果利率不太高，道德上可以接受

典型作业与简述

1. 一家公司在什么情况下应该接受与自己核心价值观不同的当地价值观和实践？什么时候不应该接受？举例说明你的回答。

2. 可以根据各自展示的不同管理和组织价值观，对国家进行分类。这个论点有多大用处与效力？

3. 当来自不同社区拥有不同价值观的经理们发生接触时，可能发生什么事？应该怎样管理这一过程？

4. 是否存在这样的经济和管理领域，在那里一般的标准和原则能够普遍适用？

457

小组活动 11

如果你有一群学生，他们具有不同的族群背景，或生活在不同的国家，选取两个国家，集中讨论和比较两个国家中以下人群：

- 每个国家的少年与年轻人
- 每个国家的少年与他们的父母
- 关于麦当劳和其他的快餐外卖
- 跨国公司作为雇主

- 信用卡
- 为特定社会阶层或族群的人保留一定比例的大学、政府机关和国有企业的工作岗位
- 商业行为中的个人关系的重要性

等方面的观点。

参阅建议

《驾驭文化浪潮》(F. Trompenaars and C. Hampden-Turner, 1993, *Riding the Waves of Culture*, 2nd edtion, London: Nicholes Brealey),本书讨论了因不同文化造成管理的误解等问题。《跨文化管理：一种知识管理视角》(Nigel Holden, 2002, *Cross Cultural Management. A knowledge Management Perspective*, Harlow: Pearson Education),本书提出一种有趣的基于知识管理原则的视角。他对一般的假定——文化差异是造成问题的一个原因——提出质疑。

推荐网站

主　题	**网站提供者**	**网　址**
透明国际主页	透明国际	http://www.transparency.org/
联合国普世人权宣言	联合国	http://www.unq.org/Overview/rights.htm
印度伦理项目	印度普恩管理研发学院	http://www.imdr.edu/research/values_project.htm
伊斯兰金融	Sala@m	http://www.salaam.co.uk/themeof-themonth/november02_index.php 458
有关哥特·赫斯特德的网页	国际商业中心	http://geert-hofstede.international-business-center.com/index.shtml
网站的"灵感"区,由私人顾问主办,有有趣的自我测试材料	唐本纳、汉普敦-特纳咨询	http://www.7d-culture.nl/index1.html
考克斯圆桌网站	考克斯圆桌会	http://www.cauxroundtable.org/about.html

459

第十二章　全球化与国际商务

学习目的

阅读本章并完成相关活动后，读者应能：

- 定义全球化及因此产生的伦理议题。
- 评估有关世界贸易自由化对经济影响是否公平的论据与论题。
- 评价跨国企业在经济伦理实践体系发展中的角色。
- 确认跨国企业与政府的密切关系可能有损于有伦理责任的商务实践。
- 识别跨国企业在政治军事不稳定地区的经营可能对和平稳定造成影响的风险。
- 判断以下两种观点：跨国企业应留在有伦理问题的国家并努力从内部改善局势？还是应该撤离这样的国家？
- 模拟辩论：全球化的社会与文化影响。
- 鉴别制定国际商务行为守则和契约的各种理论之优缺点。

引　言

对于多数人而言，全球化的伦理学仍停留在功利主义的细枝末节上。全球化带来的伤害多于益处吗？如果全球化既带来了许多伤害，也带来了许多益处，但是不同人群对于伤害和益处的感受各异，那么应该怎样权衡一些人感受的益处和对另一些人造成的伤害？仅仅指出益处总体上多于坏处，可能不足以安抚那些处境不利的人群。

460

承上启下

功利主义是重要的伦理理论之一，我们在页边码第127—136页(第三章)中讨论过功利主义。那些有人权理念的人(也在第三章论及)没有从功利主义观来探讨全球化的伦理问题，而是简单地认为在全球市场经营的公司应该注意尊重人权。

因此，在思考全球化伦理以及跨国企业在全球化中的角色时，必须包含对全球化带来的冲击的分析。冲击的可能范围可以由全球化的定义推断出来。

定　义

全球化　是一个过程，这一过程将原先经济、政治和文化多元的社会带入趋同状态。全球化的实现需要以下几方面的结合——资本主义的成功、共同的大众文化的成长〔麦克卢汉和鲍尔斯(McLuhan and Powers,1989)的"地球村"〕，以及全世界人民通过合理抉择而选择同样的奋斗目标的希望。这一过程影响着三个领域：政治领域、经济领域和文化社会领域。

全球化社会问题世界委员会(WCSDG,2004：§132—135)确认全球化有以下特点：

- 国际贸易自由化。
- 外国直接投资增长和大规模资金跨边界流动。
- 信息和通讯新技术的发展，使国与国之间通讯便捷。
- 货物运输的容易使全球市场成为可能。

最后这个特点赋予全球化一个不同的定义，即认为它不是在描述一个过程，而是公司可以选择采用的一个策略。公司可以决定为全球市场生产和营销自己的产品和服务(Holden,2002:44)。

本章通过以下标题评述全球化的冲击及伦理思考。

- 点滴渗透？纯粹欺骗？开放国内市场，增加国际贸易，会使所有国家受益吗？
- 改善体制建设还是占便宜？跨国公司是在寻求(通过鼓吹和实行良好的用工实践，并按照高标准经营企业)改善东道国的体制建设，还是在设法利用发展中国家薄弱的商业管制体制和法律框架，企图乘虚而入，从中获利？
- 制造国内及国际政治紧张局势。跨国公司的介入——许多跨国公司的营业额高于发展 461 中国家的国内生产总值(GDP)——加剧了地区政治的不稳定性，制造了政治动乱与不安吗？
- 留在原地，还是撤回？跨国企业可能发现自己的经营已经与东道国令人无法容忍的不公正和滥用人权的行为沆瀣一气，而他们必须决定去留。
- 文化多元化还是文化同质化？跨国公司的全球行为是否威胁到本土文化及价值观？并将所有社会都导向有损人类多元文化的单一标准化文化？

人们尝试创造一种全球治理框架，借以对国际贸易及其全球化后果的适当性和公正性予以指导与监管。本章其余部分将讨论这方面的各种尝试。

然而，全球化伦理并不是一个新议题。在荷兰和英国东印度公司等殖民地公司的行动中就能发现这些伦理议题。这些殖民地公司在十八九世纪的强大影响和称霸全球的程度，犹如当今的跨国公司。上文列出的现代主题能在18世纪和19世纪初英国东印度公司的历史中找到其对应部分。

- 对英国东印度公司掠夺印度的指控。18世纪，该公司疯狂掠夺印度并将印度财富转移至英国的行径受到一致谴责。人们谴责这种掠夺造就了印度和英国的新贵(被称为在印度发迹的富豪)，而印度普通大众则过着忍饥挨饿的生活。1786年，当议会弹劾总督沃伦·黑斯廷斯(Warren Hastings)时，谴责与指控明朗化，弹劾事由就是今天所谓的"公司治理"问题。1795年，他被判无罪。

- 利用东道国薄弱的体制进行剥削。18 世纪东印度公司在印度创建之初，名义主权属于衰落中的莫卧儿帝国(Moghul)。东印度公司利用其体制弱点，获得行使正式政府职能的权利，从中获利。如接受孟加拉的帝旺尼(*Diwani*)一职，征收孟加拉税收。
- 加剧地区的政治紧张局势。莫卧儿帝国的衰落引起了军事和政治的紧张冲突，因为不同群体都在寻求填补政治真空。东印度公司遂成为其中一股势力，后来还建立和发展了武装力量，18 世纪东印度公司在印度的不断战乱中度过了大半光阴。
- 留下或撤回的决定。东印度公司的经营一直扩张到中国，从中国进口茶叶，再销往英国。茶叶款项必须支付，于是他们顺带将鸦片运往中国——那里真是一个好市场，然后用卖鸦片的货款购买茶叶。好景不长，中国政府于 1729 年禁烟，因为鸦片烟毁了吸食
462 者的健康。东印度公司遂正式退出非法贸易，但又将鸦片卖给加尔各答的私人贸易商，然后，当这些私人贸易商冒险向中国出口鸦片时，东印度公司则睁只眼闭只眼。18 世纪鸦片贸易收入仅占东印度公司营业额的 5%，而到了 19 世纪 30 年代则变得愈加重要，英国政府在中国实行炮舰外交，不仅保护鸦片贸易，而且保护其愈来愈重要的目标：全面独霸在华贸易。
- 文化多元性还是文化全球化？威廉·达尔林普(William Dalrymple，2002)在书中提到东印度公司与莫卧儿王朝少数精英阶层之间的勾结。该书讲述了一段发人深省的历史。最初，许多在印度的英国人醉心于莫卧儿宫廷文化，接受其习俗，娶莫卧儿女人为妻，变成了“白皮肤的莫卧儿”。但是到了 18 世纪末，尤其是在维多利亚时代，英国人变得鄙视印度文化，保持一种高高在上、不屑一顾的姿态，结果，那些希望从公司提供的机会中受益的印度人不得不适应英国人的思想、价值观和习俗。

全球化社会问题世界委员会(WCSDG，2004：§134)指出，十八九世纪的全球化与今天的全球化有一个区别，即早期包括大规模移民——非洲人向美洲移民，印度人向东南非移民，威尔士向巴塔哥尼亚移民等。这些迁徙中的大部分本身就产生了道德问题，因为移民是奴隶贸易所致，是迫于无奈的移民。在目前的全球化中，跨边界自由移动的是货币和商品，一般来说不是人。然而，这并非说全球化没有制造迁徙问题。人们仍然从道德上谴责人员流动只对第一世界有利，对第三世界不利。英国国家卫生服务系统的例子是一个例证。英国国家卫生服务系统短缺医生。即使扩大医学教育，尚需若干年才能充分供应合格的医务人员并满足卫生系统需要。为填补急需，国家卫生服务系统从别国，尤其是非洲招聘医生。2004 年，英国 2/3 的新注册医师来自国外。许多非洲国家迫切需要自己培养的医生留下来，哪怕只是为了对付当前猖獗流行的艾滋病。但是以赞比亚为例，自独立以来培养的 600 名医生中，只有 50 名尚留在国内行医。这样的流失对英国也有好处，因为它无须为大量招聘医生支付培训费。英国政府和英国医药协会都认为这样的流动存在伦理问题。然而这种流动并非强迫流动。非洲培养的医生必然会被英国的薪水和工作条件吸引(BBC，2005)。

虽然有需要从历史语境的角度看待全球化带来的新伦理问题的断言，但是全球化加快了世界经济一体化步伐，提升了人们对由此引起的伦理问题的意识。帕特里克(Petrick，2000：1)对此表达了如下看法：“高速发展的全球市场既复杂，又有挑战性。”国际市场现在能
463 实时运作——就像世界股票市场一样——国际市场的通讯不再像过去那样，受时区限制了。这是现阶段的全球化与历史上的全球化的另一个主要区别。

跨国企事业与非政府组织形成了全球竞技网络，在这里可能会产生这样的问题，即不同社会和国家的商业文化可能彼此接触。定义它们之间的差别非常有意义。

定　义

跨国企业（MNEs）分为三种类型（Harzing,2000）：

- **跨国本土化公司**，在不同国家经营的自治子公司联盟。
- **全球公司**，比较而言，它们认为自己是在世界市场经营，其产品和服务几乎很少向不同国家市场的特殊性妥协让步。
- **网状结构的跨国公司**，往往没有具体国籍或基地，虽然其法律意义的总部设在某国。典型的跨国公司有全球咨询和会计公司。这类公司的运作通过国际管理进行，愿意将总部迁至任何有利于公司经营的地方（Hirst and Thompson,1996:11）。

既然已对关键词下了定义，我们接着便可以思考全球化的伦理议题了。

"点滴渗透"？纯粹欺骗？

全球化和放松贸易管制对世界市场有什么作用？我们所掌握的相关证据是否显示人民的福利得到了总体提升？现在能获得的证据顶多给人含混的答案。而最糟糕的是，我们正在经历政治舞台之外对资源更集中的强权控制。同时，权力、责任与问责机制等问题尚未得到回答。在这方面，美体小铺连锁公司（Body Shop）创始人安妮塔·罗迪克（Anita Roddick）在回答菲利普·利戈兰（Philippe Legain）（在她发表公开信的前一天）在《卫报》（*The Guadian*）上的一篇文章时说的话很有意思。利戈兰想证明，放松对世界市场的管制是和世界贸易组织一致的行动，大家对此应该持欢迎态度，因为最终所有人都将是受益者。案例研究 12.1 是罗迪克女士的原话。

案例研究 12.1 464

安妮塔·罗迪克眼里的全球化

1999 年 11 月，我在西雅图一个大学师生宣讲会上作了一个关于全球化的发言，并对世贸组织表示和平抗议，我很可能是唯一一个"站错队"的国际零售商。防暴警察向我挥舞警棍，施放催泪瓦斯。那是一次可怕的经历，使公司对现实的把握显得糟透了。或许警方对我反对世贸组织持有偏见，他们对我的激进显然反应过度。利戈兰先生重谈"自由贸易人"那些耳熟的妄语，说全球化就是让穷人富裕起来。不，利戈兰先生，是让富人更富……我只能假定，他足不出户，从未走出国际会议中心，进入贫民窟和棚户区，那是最穷和最受人剥削的人居住的地方。他津津乐道孟加拉女裁缝未受剥削，因为"她们挣的钱比她们当农民时多"，除此之外，他还能谈些什么？我最近去了尼加拉瓜，这个国家正在按照世界贸易组织和国际货币基金组织的经济进步远景规划进行重建。在那里我遇到了来自自由贸易区的工人，他们每天工资不足 5 美元，把牛仔裤和衬衫出口到美国，再廉价出售。那点儿工钱会使他们过得体面一点吗？一间 10 平方英尺、泥土地面、没有进水管和排污管的棚屋，如果这也算体面的话，可能可以。

我还去过尼加拉瓜偏远地区一个种植芝麻的农民合作社。1993 年芝麻价格暴跌。美体小铺与“基督救助会”一道，目前正与这家合作社进行社区贸易，使农民们能够维持生计并保存自己的文化，他们也许并不富裕，但是他们脱离了共同市场的过山车，真正过上了有尊严的生活。只有当世贸组织促进公平贸易之时，我才可以“抛弃我的偏见”。

（来源：Antia Roddick, *letter to the Guardian*, 2001 年 7 月 13 日）

讨论活动 12.1

2005 年，在苏格兰格伦伊格尔斯（Gleneagles）举行的八国峰会对发展中国家的国际自由贸易及其影响的态度是什么？自 1999 年西雅图峰会以来态度发生变化了吗？

这场辩论的双方为：

(1)“点滴渗透”论——将国际贸易从束缚中解放出来，增加世界财富总量，尽管这必将使少数精英阶层受益，但财富的甘露也将同时滋润所有人。该论点的依据是标准经济理论。该理论提出，自由国际贸易鼓励各国专门出口那些本国占有比较优势的产品和服务，不生产那些别国能够更有效生产的东西。这就造成了以下情形：所有国家都在竭尽全力生产最高附加值，不因为无效率生产一些本可以从其他地方进口的东西而浪费资源。这将使世界财富最大化，人人受益。

465 (2) 对立的观点——尽管“点滴渗透”论也许符合逻辑，但是国际贸易市场存在的诸多缺陷将阻碍这些预期利益兑现。第一个缺陷是，工业国的大公司拥有的议价权力比作为卖方的发展中国家小公司和小贸易商的议价权力大。因此，前者在国际贸易中最占优势，获利最丰。第二个缺陷是工业国要求发展中国家不设置国际贸易壁垒，但又不对此作相应回报。最明显的例子是，欧盟共同农业政策对欧洲农产品实行补贴，造成发展中世界的粮食生产商更难将其农产品出口到欧洲。第三个缺陷是，为规范国际贸易而建立的全球性机构，如众所周知的世界贸易组织（WTO），并未公正地代表成员国的多方利益。这些机构更多地对工业国的需求做出反应，而工业国拥有自己的全球机构，如八国峰会。这些机构对发展中国家的声音做出的回应较少。这些缺陷造成的后果是，国际贸易并不一定需要履行自己的许诺，许诺只是诡计和花招，是想掩盖这样的事实：最贫穷国家的穷人并未从贸易自由化中得到好处。即使国际贸易确实使得一些穷国好过一些，但也不能保证利益被全体大众公正地分享。尼日利亚的大部分石油出口来自尼日尔三角洲地区，各大石油公司在本地区的行动历来十分积极，而石油工业的收入占尼日利亚政府收入的最大比例。然而，三角洲人民并未在经济上受惠。石油生产破坏了农业土地环境，使他们本来贫穷的生活雪上加霜。

现在，有必要谈谈与这场辩论相关的证据。一些研究者试图确认，在世界贸易增长与各国收入不平等差距变化之间是否存在统计学相关性。调查研究的结果通常不一致。兰德伯格和斯奎尔（Lundberg and Squire, 2003）发现，国际贸易越开放，国与国之间收入越不平等。而多拉尔和克拉伊（Dollar and Kraay, 2002、2004）则发现，国际贸易增长很少或几乎不影响收入不平等。雷瓦利昂（Ravallion, 2004）调查研究了各国贫困线（按照 1993 年价格每天的消费低于 1.08 美元的人口的百分比）与各国国际贸易增长（根据出口额在 GDP 所占百分比测算）的数据，他发现二者之间存在负相关，也就是说，一个国家的贫困水平随着该国贸易增长而降低。不过其相关性太弱，不足取信。

人们常以中国为例，说明自20世纪80年代初执行“开放政策”以来，其国际贸易发展很快，而这是中国战胜贫困的一个关键因素(World Bank，2002)。雷瓦利昂和陈(Ravallion and Chen，2004)对统计数据进行分析后得出结论，贸易增长与贫困减少之间的相关系数为－0.75。无论如何，假定统计学意义包含某种因果关系，这是很危险的。20世纪80年代初，由于实行自由贸易，中国的贫困大幅减少。1985年贫困率从1980年的76%下降至23% 466
(Ravallion，2004：9)。然而，这段时期也是在农业非集体化后农业生产一个大幅增长时期。中国对外经济开放的最大变化发生在贫困率已经下降的1985后之后。几乎毋庸置疑，贫困的改观主要归因于土地所有制改革，不是贸易自由化。雷瓦利昂还研究了2001年中国加入世贸组织，大幅降低关税的影响。他的分析表明在2001年至2007年期间，

- 预计75%的农业家庭的收入将减少，但城镇家庭只有10%的收入将减少。
- 中国某些地区的收入将会减少，而另一些地区将增加。
- 在农村，从贸易自由化中大家庭将比小家庭受益更多。
- 在都市地区，从贸易自由化中受益更大的小家庭比大家庭多。

在其他国家也能发现类似模式。在印度，一些邦已经从自由贸易和IT行业的增长中受益匪浅。另一些邦，如恒河平原上的比哈尔邦则继续着只能维持生存的经济，贫困率持续增长。同样，从国际贸易增长中受益的是都市地区，大多数农村人口则是受害者。世界银行完成一份调查——为保护摩洛哥谷物生产而降低关税可能产生的影响。降低30%关税将大大改善城市家庭生活，但同时大大提高了农村生活成本。

对国家开放国际贸易与贫困水平之间的关系的一般结论是：贸易开放不一定是减少贫困的关键因素，但是在特定国家范围内，其影响依不同地区、不同人群而变化。

因此，似乎不大可能根据世界贸易自由化对减少贫困的影响来判断其道德正当性。相反，发展中国家的国际贸易自由化可能会造成双轨的经济和社会体制——有时称二元经济，有时称非正式经济。

二元经济？非正式经济？

英帝国和荷兰王国最初在南亚——英国在印度，荷兰在现今的印度尼西亚——遵循的便是二元经济。该术语指在一个地方有两种经济体制并存，但是相互间没有联系和互动。19世纪在亚洲各个帝国存在典型的资本主义种植园经济，它通过向西方出口原材料和雇用当地劳动力而融入国际贸易。与它同时并存的是自给自足、艰难维系极少参与市场活动的农业产业。人们常常提到一个观点是，种植园经营者的行为方式具有经济理性，而农民生产者则呈现向后弯曲的劳力供应曲线；换言之，他们挣得越多，越不想干活。但随后人们承认， 467
结构性障碍对这一现象做出了解释。结构性障碍使仅能维持生存的生产者几乎不可能花力气生产有风险的商品作物，这对它们而言太难了。如果市场不能向他们提供适合的价格，他们自己又不能吃掉这些作物——他们只能卖给买家垄断的中间商，这种结局的可能性极大。这种情形的现代版被称为非正式经济。非正式经济存在于许多国家，由小规模制造业、服务业和农业生产组成，其特点为：

- 得不到承认且不正规：这些企业不提交账目或没有法律许可，它们不承认法律法规。在许多国家，这些企业会非法接入电网盗电。非正式市场常常专门从事买卖盗版产品，如磁带和CD片。这是一种可容忍但非常脆弱的企业形式。
- 无法获得正规信用资源。

- 它们不得进入更广泛的地区、国家和国际性市场。
- 在这种企业中工作的人缺乏权益保护和法律保护。
- 妇女在非正式劳力中占很大比例。
- 工资和收入处于或接近于贫困线。
- 企业的创新力和能量帮助它们对市场需求做出非常快速的反应。

全球化社会问题世界委员会(WCSDG,2004)指出,全球化有很大的潜能,但这个潜能尚未完全实现。他们的愿景是一种道德愿景。

> 我们达成一致共识,为了实现共同的目标:一个为所有人创造机会的公正的全球化。我们希望使全球化成为扩大人类福祉和自由,将民主与发展带给各个人居社区的一种手段。[]①我们最关切的是:全球化应该惠及所有国家,应该提高全世界人民的福祉。
>
> (WCSDG,2004:§3、171)

显然,国际贸易的自由化不会通过“点滴渗透”过程自动实现这一道德愿景。

- 1985年至2000年间,16个发展中国家人均收入增长率大于3%,32个发展中国家增长率小于2%,23个国家呈负增长。中国和印度是高增长率的处在转型中的国家。
- 最穷国与最富国人均GDP的差距拉大。20世纪60年代,20个最富国人均收入是20
468 个最穷国人均收入的50倍。截至新千年为止,该数据已增至110倍。
- 在发达国家,尤其在英国和美国,排名前10%的最高收入者与排名前10%的最低收入者之比于20世纪80年代中期和90年代中期间在英国增加了35.1%,在美国增加了36.8%。
- 在发展中国家,外国直接投资流动为国家带来新的工作岗位,最明显的是呼叫中心从西部转移到了南亚,但是这也减少了这些移动行业的工作稳定性。(WCSDG,2004:§210)

如果不采取全球行动来分配由贸易增长带来的切实利益,就会导致不公正。

改善体制建设还是占便宜?

跨国公司为了经济利益而剥削利用当地条件的倾向引起了大量的伦理批评。实际上,发展中国家对就业、污染监控、健康安全条件和其他许多涉及管理和商业的因素的期望比较低,法律也较弱。问题在于要确定为获得商业利益在何种程度上利用这些条件才是正确和适当的。也有极端的例子让人可以毫不怀疑地说,这种利用是不道德的。一家公司在第三世界市场倾销一种产品,而这个产品在原产地已被宣布为不宜使用或消费,就是这样的例子。如果一家公司将自己的制造活动搬迁到一些劳力成本低得多的国家,判断这件事的性质可能会难一些。很明显,他们是在利用低工资占便宜。公司对这类指责的典型回答是,外商投资可以为那些人提供就业机会,否则他们就会没有饭吃。因此公司让他们有活干是在做好事,不应该期望公司付给他们过高的工资。如果跨国企业按高于劳力市场的比率付给雇员薪酬,当地雇主也会反对并声称他们受到伤害。不过,通常会出现某种形式的二元经

① 原文如此。

济，在发展中国家经营的跨国企业与当地公司并存于这种二元经济中，但跨国企业是一个经济上的“独立王国”。与当地公司相比，他们支付的工资较高，提供的就业条件较好。这样的情况随着印度信息技术业的发展似已发生。《经济学家》(*Economist*,2001)报道，大部分印度新经济与印度旧经济各行其道。印度信息技术业重镇邦加罗尔的软件工程师在技术园区的良好条件下工作，同时，有些经济体则在较差或很糟糕的条件下经营。这种二元经济产生了自身的伦理问题，而批评者需要知道，为什么外国投资的利润没有在社会中进行更广泛的分配？西方公司雇用印度工商管理硕士的薪酬相当于印度公司支付的三倍，但仍低于在美 469
国付给同等人才的薪酬，查克拉伯蒂(Chakraborty,1999:20)对由此带来的冲击发出悲叹，因为那些不能幸运地受雇于跨国公司的人可能因此心怀不满。

案例研究 12.2

博帕尔事故

这是一个悲惨而经典的经济伦理案例。美国联合碳化公司(Union Carbide)拥有印度中央邦博帕尔一家杀虫剂厂 50.9%的股份。印度政府显然太想得到这项外国投资，以至于政府设法绕开了印度立法——当时允许海外公司在其所投资的印度公司中拥有的股份不得超过 40%。1984 年 12 月 2 日至 3 日，40 吨毒气从厂里泄漏，弥漫到博帕尔的空气中。毒气肆虐，灼烧了人们的眼睛和肺部，侵入了人的血液，严重损坏了千千万万人的生理系统，导致三千多人死亡，两万多人受伤。大批人至今仍因这次事故造成的结果而备受煎熬。

导致这次泄漏事故的因素似乎有许多。主要因素与工厂降低成本的企业文化有关，该厂当时处于亏损状态，只有 1/3 的生产力在运行。灾难发生当夜，为防止泄漏而设计的六个安全设施要么不合格、要么失灵、要么关闭。之前的安全检查已经暴露出重大安全隐患，但一直未采取相应措施。这些都提出一个问题：联合碳化公司想靠低水准的安全监控来节约成本以牟取利润，这种行径已发展到何等程度？

一心只顾节约成本的特点，还反映在这家公司的灾后处理行动中。该公司的法律小组先于医疗队几日到达博帕尔(Bhopal. net,2001)。事故之后的一个议题是，本案应如印度政府所期望的那样，在一家美国法院结案；还是如这家公司所期望的那样，在一家印度法庭结案。本案最终在印度法庭结案。公司对事故责任百般推诿，于五年后与印度政府达成庭外和解，同意向印度政府支付 4.7 亿美元赔偿金。平均每个死者家属得到 550 美元赔偿金。假如这样的死亡发生在美国，家属得到的赔偿可能百倍于这个金额(De George,1999:511)。伤者协会至今仍在为得到进一步补偿而斗争(*Corpwatch*,2001)。由联合碳化公司办的博帕尔网站(Bhopal. com)却申辩说，1989 年的庭外和解让印度从投资方那里获得了用以提供补偿的充足资金，那笔赔偿金远远高于印度法律规定所需支付的金额。公司将这一庭外和解视为完全和最终结案。

2004 年，即事故 20 周年成了一个盘点的时刻。厂址于 2004 年归属于印度政府。事故 470
现场尚未清理，据报道，现场仍含有有害化学品。美国道氏化工公司(Dow Chemicals)购得联合碳化公司，宣布自己不再对印度继续承担责任，而印度政府仍在通过印度法庭坚持其要求：道氏化工公司应该清理事故现场。

有一个指控联合碳化公司前总裁沃伦·安德森的著名刑事案件。印度中央调查局(CBI)曾寻求将已退休的此人从美国引渡到印度受审。但是美国政府没有做出回应，仅指出了指控的技术困难。不过,印度中央调查局仍在追查此案(*Times of India*,2004)。

博帕尔的穷人承受着毒气释放的可怕后果,现在仍然住在工厂附近。联合碳化公司的赔款只有部分发给了受害人。截至2004年为止,余额为1.74亿美元(由于利息缘故,赔偿基金15年来已经增长)。由于鉴别受害人和决定每人应得赔偿金额的比例问题,现已停止赔付。2004年印度最高法院发布命令,政府应按人均收入向受害人支付赔款(Brown,2004),这意味着每一位受害者将得到300美元。博帕尔的激进分子对受害人最终会不会拿到这笔钱持怀疑态度。

一个名为"好好先生集团"的激进团体精心安排了一场闹剧,当英国广播公司制片人按约定安排采访道氏化工公司(联合碳化公司的继任公司)的一名代表时,结果和他对话的是一个戏弄者。在广播中戏弄者表示,道氏化工正在承担博帕尔灾难的全部责任。后来他又说,他在"以某种方式代表道氏化工发言。我正在表达的意思也是他们应该表达的"(Well and Ramesh,2004)。当听到道氏化工最终承认自己的责任时,博帕尔居民哭得晕了过去,毋庸置疑,他们了解事情真相后,也会晕过去的。

讨论活动 12.2

博帕尔毒气泄漏这类事件造成的伤害可能影响许多年;然而因渎职而应对此伤害负责的企业,作为经济组织,不能容忍自己的资产负债表上出现绵绵无休的债务。讨论题:当伤害很大且波及面很广时,有人相信通过最终庭外和解的一次性赔付便能结束所有责任吗?

博帕尔案例显示跨国企业有能力利用不同国家、不同体制背景决定自己选择服从哪种
471 刑事管辖权。有时候组织机构企图占便宜但未能如愿。例如,俄罗斯石油大亨尤科斯(Yukos)被俄政府指控逃税。政府强制出售尤科斯的最大资产——尤甘斯克公司(Yuganskneftegaz)。该公司生产的石油占尤科斯石油生产量的2/3。俄罗斯天然气出口总公司(Gazprom)很可能会成为买家并已为这笔交易向德意志银行筹措借款。恰巧这时,美国法庭宣布拥有在美经营公司的全球破产管辖权。因此尤科斯在达拉斯开设了办公室并在其美国账户存入2,000万美元,然后向达拉斯法院申请临时破产保护。申请获准,美国法官遂发出禁止令阻止俄罗斯的拍卖。虽然拍卖继续进行,但是美国司法系统的不满足以吓跑俄罗斯天然气出口总公司的西方金融资助者,德意志银行也撤回其金融支持。禁止令使希望与俄罗斯天然气出口总公司合作的任何公司都成为非法,德意志银行在美国拥有巨额业务,该银行已向美国法庭申请撤回禁止令(Mortished,2004)。

在一些案例中,跨国企业避免工业国的制度性安排,如麦当劳在欧洲的经营。多数欧洲国家已有关于工人参与的立法,目的是使员工能对公司决策产生影响,这叫"共同决策"。在德国,这种立法兼顾了监事会与工委会。监事会是公司内部的策划机构,而拥有二千多名员工的公司,监事会中应该有员工代表。如果在德国经营的麦当劳在德国注册,则必须有监事会;但是它是美国母公司独家开设的分号,所以不必设监事会(Royle,2000:124)。但是若员工要求,麦当劳必须允许设立一个工场级别的工委会。公司在德国拥有350家独家开设的分号和650家专营店,每家都有权拥有一个相当于公司级别或小组级别的工委会。但实际上,1999年1000家餐馆中没有一家有小组或公司级别的工委会,只有40个至50个工场级别的工委会。麦当劳管理层曾用多种办法阻止员工成立工委会。最简单的办法就是向餐馆派遣经理机动小组,说服员工放弃成立工委会,采用麦当劳自己的沟通与反馈系统。有时候

公司会在控股公司之间转让一家公司的所有权，这种行动可以延迟工委会的选举。最常见的情况是，他们会用现金"买断"工委会代表，然后提名自己的候选人以便掌握工委会，使其按照管理层意图行事（Royle，2000：126—127）。据 1995 年报道，麦当劳花 25 万美元买断了 46 名工委会委员及其支持者。习惯于"非管制劳力市场"的美国公司必然会发现欧洲劳力市场不对自己口味，有时候他们甚至会试图规避合法的、制度性的规定。

总之，有许多例子提到过跨国公司利用发展中国家迫切希望得到外国直接投资的愿望，472 利用发展中国家薄弱的体制。利用体制弱点乘虚而入是否是占便宜？这一点可以争论。在一个体制薄弱、治理很差的国家投资和经营，从长计议，弊大于利。正如《非洲委员会报告》（Report of the Commission for Africa，2005：24—25）指出的，如果那些发展中国家能够发展制定一种鼓励投资的有效治理形式，跨国公司和发展中国家都将从中受益。所谓有效的治理形式是指：

- 安全及和平
- 合法健全的经济政策
- 收税并提供充分的公共服务
- 充足的基础设施，如交通和通讯
- 切实有效的法制，尊重合同与产权
- 维护人权
- 对政府行为的恰当的法律约束。

跨国公司应该在经营所在国当好企业公民。他们应该在制定伦理规范、标准和商业实务中发挥作用。这在发展中国家尤其重要，因为由于缺乏资源或机会，它们没有制定鼓励经济伦理行为的法律和自愿框架。

政企勾结

自从艾森豪威尔 1961 年发明"军事—产业联合体"一词以来，人们一直担忧美国政府与美国大公司，特别是那些涉及战略性产业的大公司已经变成相互依赖的关系。这种关系有损于政府能力，使其不能确保市场按照公平与合乎伦理的方式运作。任何政府均可用自己的判断力做出决定，以不公正手段从那些在他们国家经营的公司处获取利益。政府支持国内公司出口的行为常令批评界担忧。

2005 年发生在英国的事是一个例证。人们发现，英国政府虽一直公开支持为防止英国公司在海外给"方便费"而提出的议案，但同时又在支持反控制的商业游说（Eaglesham and Tait，2005）。2004 年 5 月英国出口信贷担保署（为英国公司的出口提供保险）引入了严厉的反腐败规则。这些规则强迫公司保证其合资伙伴不得有腐败行为，还强迫公司披露给付代理商的佣金。许多英国公司包括空中巴士、劳斯莱斯和英国 BAE 系统公司都游说反对此类规则。他们认为，如果此类规则成立，就会丢掉重大合同。英国工贸大臣让步并同意达成一套新规则以删除这些规定，尽管下属曾告诫她，任何改动都应公之于众，征求公众意见。473 结果，由于没有咨询反腐败组织——"拐角楼"（Corner House），所以该组织以上法庭相威胁，主张恢复旧规则。这次，工贸大臣向反腐败的游说妥协了，同意达成一个公共咨询程序。但是如果不是因为某些文件走漏风声，那么为保护某些大公司利益，或如某些人说，也是为保护英国利益，那些管理条例早已不声不响地被改动了，而因此付出的代价将是默许在世界市场上通过贿赂达成秘密交易。

承上启下

赌赂，尤其是“打点费”的性质已在页边码第 424—427 页（第十一章）中论及。该问题将在第十三章重提。

案例研究 12.3

印度尼西亚

有关印度尼西亚自 1965、1966 年以来的命运的材料，系由皮尔格（Pilger，2001）提供，这是证明公司资本与西方政府内外勾结的最令人厌恶的案例之一。先是密谋策划政变，接着是传授经济政策与方法，目的是为了控制一国的自然资源开发。在西方全力支持下，苏哈托将军于 1965 年至 1966 年间推翻了前总统苏加诺。废黜苏加诺是一个伟大的意外收获。谈到印度尼西亚，美国前总统尼克松说，“这个呈弧形分布的 300[①] 英里的千岛之国有一亿人口，是该地区自然资源最丰饶的聚宝盆，印度尼西亚是西方在东南亚的最大战利品”。

英国也是既得利益者，它希望看到一个比苏加诺及其执政的共产党更亲西方的当权政府。1964 年，英国外交部出台一份地区分析，“要求‘捍卫’西方在其必需品重要产地东南亚的利益”。该地区生产的天然橡胶、锡、干椰肉、铬矿分别占世界产量的近 85%、45%、65%和 23%（Pilger，2001：26）。

英美串通合谋苏哈托的政变，造成可怕的血腥大屠杀（据报道，大约一百万人头落地），皮尔格对此作了记载（Pilger，2001）。美国中央情报局报呈，“根据被杀人数来看，此次屠杀堪称 20 世纪最骇人听闻的大屠杀之一”（Pilger，2001：24）。

苏哈托掌权后，一些大公司——主要是美国公司，也包括一些英国公司和欧洲公司——与印度尼西亚政府举行了一次会谈。用皮尔格的话说，“印度尼西亚的经济被一块一块地瓜分
474 了。甲分到的地盘是森林；乙分到的地盘是矿藏。自由港公司（Freeport Company）分得西帕普瓦一座铜山。一个美欧银团得到了西帕普瓦的镍。美国铝业公司分得最大一份印尼铁矾土。一个美、日、法集团得到了苏门答腊、西帕普瓦和加利曼丹的热带雨林。此外，在苏哈托催促下，法典中增加了一部外国投资法，允许在印尼经营的外国公司至少在头五年内免税”。

在随后的三十年里，世界银行向印度尼西亚提供贷款融资额达 300 亿英镑。据世界银行估计，其中高达 100 亿英镑的贷款落入苏哈托个人或其亲信的腰包。

“1997 年，一份世界银行的内部报告证实，世界银行向印尼贷款的至少 20%～30%已通过不正当付款方式落入印尼政府官员和政客手中”（Pilger，2001：22）。

近年来，人们开始关注印尼工厂工人悲惨的工作条件和报酬（每小时约 72 便士），这些工人为耐克（Nike）、阿迪达斯（Adidas）、锐步（Reebok）和加普时装（GAP）等大公司加工和生产产品，他们在位于“经济加工区”（就是加工厂区）附近的临时帐篷中悲惨度日。1998 年，印度尼西亚首都雅加达示威游行队伍不断扩大，群众举行大规模集会，对他们贫困和绝望的生活境况发出抗议。之后，苏哈托下台，卷走多年来世界银行向其国家提供的数十亿英

---

① 原文如此，疑有误，可能是 3000。

镑。这个国家必须在开始偿还本金之前不断为这笔钱支付利息。

苏哈托倒台本来可以标志着印度尼西亚苦难的终结,但并非如此。2001 年国际货币基金组织向后苏哈托政府提供数百万美元“救援一揽子计划”。然而贷款有附加条件,包括取消主粮进口关税,“向国外开放所有大米市场,允许外国大米自由进入国内”(Pilger,2001:24),印尼与国际货币基金组织达成的意向书如是规定。肥料和农药的农业补贴减少了 70%,致使许多农民无法继续留在土地上。他们迫于无奈,尝试着进城打工,而在城里,寻找工作的失业“市民”早已人满为患。然而,“他们却要为世界粮食大公司进入印度尼西亚大开绿灯”(Pilger,2001:24)。

讨论活动 12.3

用互联网搜索以下材料:美国哈利伯顿石油公司(Halliburton)与美国布什政府之间在萨达姆·侯赛因倒台后伊拉克重建问题上有什么关系?讨论案例中提出的问题——政府与全球企业关系甚密。

制造国际国内紧张局势 475

由于跨国公司的势力往往胜过许多国家,所以他们频频以主权机构的身份亮相国际权力政治舞台。

定　义

权力政治　(Realpolitik)一词源自 1853 年德国,用来描述建立国家关系的一种手段,并非指赤裸裸的自利或使用权力,而是包含了如下意义:伦理思索必须在可能性——在权力平衡时——与自利之间找到平衡。这是一个古老的思想,可以在考底利耶的《治国安邦术》中找到。

> 如若你的领土与敌手的领土接壤,君主,你须与他结盟。
>
> (Rangarajan,1992:555)

换言之,我们敌人的敌人是我们的朋友。这是跨国企业不得不遵循的原则。它会解释为什么在以下案例中的石油公司发现自己竟与军事独裁的尼日利亚联邦政府结盟。

贸易公司的天然目的是实现政治稳定,这样他们的贸易计划就不会有麻烦了。然而,自欧洲殖民贸易公司起——荷兰东印度公司、英国东印度公司、哈德逊湾公司和许多其他公司——国际贸易公司一直被吸引到权力争斗激烈的国家和地区。其野心可能是利润,但是若要追求这一目标,他们就必须扮演政治实体的角色,而且有时候必须表现出具有一定主权的样子。作为地区冲突的额外因素,它们有机会采取行动来弱化或者点燃这些争端。当公司为自己的商业目标而干预地方及地区政治和冲突时,它们并不能确信结果是否真能遂其所愿。公司的意图可能是良好的,但是其行动却可能使问题变得更糟。所以公司有关政治行动的决定往往有严肃的伦理意含;它们可以严重扰乱社区、社会的和平与繁荣。

案例研究 12.4

石油工业与尼日尔三角洲

尼日利亚油田位于该国东南部的尼日尔三角洲，这里多年来一直是政治是非之地。自2001年以来的四年中，穆斯林与基督徒之间发生的族群暴乱已导致5000人丧命。本地土著部落与政府之间也发生了冲突，导致该地区大规模军事力量的存在。其实政治不稳定多半
476 是地区中存在国际石油公司的后果。三角洲人民感到自己从这些公司的存在中并未受惠，反而受损。他们通常以对生活过得比自己好的人群的憎恨来表达那种被掠夺的感觉。这种被掠夺的感觉再加上三角洲部落的多样性，增大了社会动荡的可能性。这当然不是石油公司的愿望，于是公司与尼日利亚军事独裁政府结盟，支持对他们所谓酝酿动乱的三角洲社群的贪婪予以军事打击，因为那些人的目的是想从石油工业中榨取最大利益，是为了损害石油工业。而石油工业对整个尼日利亚的经济繁荣来说，是不可或缺的。

三角洲的两大族群是奥戈尼部落(Ogoni)和依角(Ijaw)部落。奥戈尼部落发起行动，反对石油工业造成的环境破坏、社会排斥和贫困问题。这些麻烦在1995年引起了世人注意，当时激进分子认为壳牌公司染指了军事审判和奥戈尼首领萨罗-威瓦的被处决(Planet Ark，2004)。还有人认为政府挑起了奥戈尼与邻近部落——安多尼、澳柯日卡和恩多尼——的暴力冲突。这些暴力冲突授政府以口实，使其可以动用安全力量来对付奥戈尼。后因头领内讧、分裂以及一心只顾满足金钱和政治野心，奥戈尼起义以失败告终。截至20世纪90年代末期，依角的青年人展开了反对石油企业的斗争，后来发展成所谓的第一次和第二次“伊戈巴苏”之战。

国际石油公司的存在是尼日利亚不同人群间及其与尼日利亚政府之间的暴力冲突的焦点。我们并不是说，只有消灭石油公司才会出现和平，但可以认为，如果石油公司不对社群所关切的问题做出反应，而与政府联手，那么石油公司的存在只会把事情弄得更糟。正在对壳牌提起的集体诉讼指控公司董事支持尼日利亚前政府于20世纪90年代在尼日尔三角洲对奥戈尼分裂主义采取军事行动。

2003年壳牌委托一家设在拉格斯(Lagos)的冲突调解咨询机构，就公司在尼日尔三角洲的麻烦准备一份报告。这份93页的报告于2004年发布。在该年度可持续性报告中，社区发展经理伊曼纽尔·厄托尼(Emmanuel Etoni)写道，他承认石油工业“无意中成为促成”该国冲突的因素；他还承认

> 我们奖励合同、获取土地以及同社区代表交往的方式，有时实际上是在为冲突推波助澜；我们用以减少冲突的安全装备非常糟糕，但冲突严重地削减了我们社区发展计划的效果。

咨询师的报告认为，族群暴力将导致壳牌公司于2009年之前撤出该地区(Hope，2004)。

(来源：Ibeanu，2000；Ojefia，日期不详)

讨论活动 12.4 477

在政治动乱地区经营的企业常需得到当地政府的支持。这种情形会导致这些企业产生一种假想：自己盟友的敌人也是自己的敌人，从而导致他们与当地反政府的社群发生冲突，而他们经营企业其实是需要得到这些社群支持的。讨论：企业如何才能避免这种两难困境？

本节关注石油公司是自然的，因为它生产的是世界上最具战略意义的产品。石油已经成为国际政治的重要驱动力：美国试图保证保护其石油的供给，因为其石油主要来自那些它并不认同的国家和地区。俄罗斯努力保持对中亚油田的控制，而中国则拼命寻找石油，以解急速工业化的燃眉之急。案例研究 2.14 讨论了石油公司对一国国内政治的影响，而案例研究 12.5 则研究了石油公司对国际关系的影响。

案例研究 12.5

巴库-第比利斯-杰伊汉(BTC)输油管道

跟巴尔干地区一样，高加索地区长期以来充满了民族主义、种族主义和宗教的对峙。当这个区域隶属于苏联时，这些紧张不安因素处于被控制状态。该地区的每个民族都拥有主权领土，而少数不拥有主权领土的民族(如南奥塞梯和车臣)则在寻求主权领土。这导致他们之间处于剑拔弩张、一触即发之势。如果在现有麻烦上再添上具有国际意义的里海油田战略新发现，那么急需石油的工业国和需要经营的跨国石油公司也已被卷入这场所谓“新的大博弈”——“大博弈”(Great Game)一词出自 19 世纪沙皇俄国与英帝国为争夺亚洲腹地控制权的殊死较量(Kleveman，2003)。

阿塞拜疆成为这场博弈的核心角色。现代石油工业起源于 19 世纪 80 年代阿塞拜疆首府巴库，这里盛产石油的繁荣景象一直持续到 1905 年。第二次世界大战后，巴库重振石油工业，其时，阿塞拜疆构成苏联石油工业的重要部分。1991 年阿塞拜疆独立后，希望事实上和法律上都独立于俄罗斯。阿塞拜疆实现其目的的唯一资产是国有石油公司——阿塞拜疆国家石油公司(SOCAR)。新生国家与英国石油公司(BP)、美国石油公司(AMOCO)结成伙伴关系，成立了阿塞拜疆国际石油公司(AIOC)。英国石油公司后来接管了美国石油公司，成为在阿塞拜疆作业的主要西方石油公司。

如果阿塞拜疆地形好一点，石油能更方便地输送到西方，那么问题会少一些。但是阿塞拜疆是内陆国家，需要绵长的输油管道，有若干可以选择的线路：

- 通往土耳其黑海海岸：土耳其拒绝这一选择方案，因为这样一来，油轮将通过连接黑海 478
和地中海的狭窄的博斯普鲁斯海峡，土耳其不能接受污染隐患。
- 经亚美尼亚到黑海或地中海海岸：阿塞拜疆和亚美尼亚为纳戈尔诺-卡拉巴赫打过仗，亚美尼亚至今占领着纳戈尔诺-卡拉巴赫。虽然两国间的敌意已经消失，但两国间的和平对话仍然没有什么进展。
- 经俄罗斯：阿塞拜疆试图从自己的前主人那里独立出来。
- 经伊朗：美国不希望把自己的输油管托付给伊朗，它与这个原教旨主义什叶派国家的外交争端由来已久。
- 经格鲁吉亚：由于车臣叛军袭扰北部以及阿布哈兹和南奥塞梯的内部分裂运动，格鲁吉亚政局极不稳定。

最终选定路线：从巴库始，经格鲁吉亚，再经土耳其，最后到达地中海海岸。英国石油公司和其他石油公司由于必须采取迂回的路线而抱怨输油管道的成本。附加成本也使石油公司愈发担忧修建和营运该管道的潜在政治问题。

这种不安全感或许导致石油公司坚持用国际合约而非商业合同来治理输油管道。结果，由英国石油公司的律师草拟、签署了一份政府间协议和三份东道国政府协议（HGAs）。压力集团，如“拐角楼”组织认为，这些协议实际上将漫长的输油管道所经过的土耳其、格鲁吉亚和阿塞拜疆的领土主权也赋予了石油公司，英石油公司及其合伙人现在和将来在三国均得到法律豁免权——如果法律与输油管道项目发生冲突的话。如果任何法律或税收对管道的财务生存力不利，那么政府必须补偿英国石油公司。银团也被赋予权力制止在管道区进行建筑开发和限制牲口流动。大赦国际（Amnesty International，2003）提出，土耳其签署的东道国政府协议形成了土耳其改善人权的障碍。如果项目受到任何经济破坏，土耳其必须向银团支付补偿。这些经济破坏的形式可能是当地对管道的抗议活动，特别是在三万人将不得不放弃家园的产权而给管道让路时。为避免支付补偿费，土耳其政府可能准备牺牲抗议者的人权。这些协议使 1998 年因公众反对而流产的经合组织（OECD）《多边投资协议》重新生效（Friends of the Earth，1997）。

尽管有这些条约、条款，一些高加索国家仍在摩拳擦掌，准备反对石油公司。2003 年，谢瓦尔德纳泽被“玫瑰色革命”赶下台。2004 年，新政府命令英国石油公司停止波日奥尔密
479 的管道施工，此地区是格鲁吉亚自然风景区，是格鲁吉亚矿泉水产地，其矿泉水占格鲁吉亚出口的相当大比例。政府认为，英国石油公司没有提供充分的环境评估（Malhiason，2004）。

输油管道的存在将加剧管道贯通地区的政治和军事紧张局势。管道经过之地靠近纳戈尔诺-卡拉巴赫、南奥塞梯，也靠近存在军事冲突的土耳其库尔德地区。该地区所有国家都是俄罗斯和西方国家争夺地区影响的冲突地带。管道可能成为军事或恐怖袭击的焦点，为避免这种可能性，西方军队将派驻军保护管道，并在输油管道沿线建立军事管制地带。即使明知军事力量的存在可能会增加管道遭袭的可能性，石油公司对此也只能感激不尽了。

在政治不稳定地区从事项目建设的公司面临两难困境。他们的存在使自己成为不同政治派别和利益争夺的目标，迫使他们寻求保护投资的手段。但是他们采用的手段，如驻扎军队、签署东道国协议等，都遭到当地人的反对和抗议，这使他们愈加成为政治和军事冲突的焦点。

（来源：baku-ceyhan Campaign，2003a、2003b，日期不详）

讨论活动 12.5

过去，西方政府有时候为保护贸易命脉而在他国行使主权权力。列举两例：美国政府与巴拿马运河及曾经控制苏伊士运河的英法政府。用互联网搜索，你会发现这两个例子的历史后果。然后讨论下面问题：巴库-第比利斯-杰伊汉（BTC）输油管道这类项目能从这些例子中吸取什么教训？

留下还是撤走？

然而，跨国公司面临的问题可能不仅是尚未制定在经营所在国的企业行为规范，公司可

能发现东道国的政权是专制和侵犯人权的。这就产生了一个问题：私人公司有义务向国家的不道德行为挑战吗？墨菲（Murphy，2001）提出的仁爱理论认为，如果人人都尽了自己一 480 份责任，大家（他不是在讨论公司）就没有超出本分解决世界问题的道德义务了。换言之，即使别人未尽其本分，大家（以及公司？）也应只尽自己的那份责任，这样就留下大量个人或公司能做的事了。

然而，不讲伦理的国家可能会设法对国际公司的经营方式施加影响。如果公司被要求采纳不可接受的雇用规则，或者政府将外国投资作为奖励给予自己的政治支持者，那么公司可能被迫考虑继续呆在该国是否是合乎伦理的。

英国石油集团首席执行官布朗尼勋爵（Browne of Madingley，2004）提出了一项明确的原则。

> 公司必须遵守我们经营所在地的法律，如果我们发现那里的法律无法接受并与我们的价值观不符，我们就不应该在那个地区里继续经营。

从一个令人失望的或暴虐的国家撤走，可能符合伦理要求，因为组织将不再成为恶行的共谋，但是这样的行动可能使该国人民的处境恶化。塔利斯曼（Talisman）是活跃在苏丹的一家加拿大石油公司。苏丹是一个饱受内战之苦的国家，北部穆斯林与南部基督徒、非洲万灵教徒对峙达二十余年。人权组织指责塔利斯曼加剧了该国内战，它购买石油的钱被用来购买武器，人权组织还指责该公司开采石油导致成千上万人失去家园。2003 年，塔利斯曼撤出大尼罗河石油作业公司（NPOC）。塔利斯曼曾与中国石油公司、马来西亚国家石油公司和苏丹国有石油公司共同拥有大尼罗河石油作业公司股权。塔利斯曼将股份卖给印度石油天然气公司的一家子公司。现在拥有大尼罗河石油公司股权的组织均为国有企业。它们既不在国际市场筹集资金，也不对股民负责。西摩（Seymour，2003）指出，这些组织从苏丹政治动荡中大发国难财，竭力逐出西方竞争对手（自从 2005 年和平协议结束内战以来，西方石油公司对苏丹又重感兴趣）。西摩还认为，由于这些公司的所有权在政府，而政府通常不能容忍自己国内的批评声音，所以这些企业对人权组织的要求都不予理睬。这正是促使塔利斯曼从苏丹撤走的原因。

> 批评者曾肯定地说塔利斯曼公司曾有意尝试说服苏丹政府采取温和政策，现在，[][①]塔利斯曼公司卖掉股份撤走了，而剩下的公司都积极支持苏丹政府打击南部居民的战争，也积极支持它滥用人权的一切行为。道德推论于是更加复杂，而我们对塔利斯曼撤走的庆祝也彻底消失了。
>
> （Seymour，2003：5）

案例研究 12.6 481

种族隔离时代的企业与南非

20 世纪 50 年代，南非实施了一系列种族隔离法。种族隔离法隔离了黑人和有色人种居住点，限制他们的求职范围。在南非有许多外国公司长期存在，它们必须遵守种族隔离法。外界一致认为种族隔离政策是邪恶政策，但是南非的外国公司却对此束手无策，于是问题产生了：从道义上讲，这些外国公司是否应该从南非撤资？1977 年，通用汽车公司（其时在南

---

① 原文如此。——译者注

非有一家子公司)董事莱昂·苏利文(Leon Sullivan)提出一套治理公司在南非业务的原则(Minnesoto Center for Corporate Responsibility,2001)。遵守这套原则实质上就是拒绝服从种族隔离法。原则规定在该公司的各个厂内不准实行种族隔离,公司根据员工业绩而非种族付酬或提升。他们还规定必须改善公司经营所在社区的生活质量。许多在南非做贸易的美国公司签名遵守这一原则。人们希望,签名人如此众多,这将使南非政府无法以破坏种族隔离法为由起诉这些公司,他们的努力将会导致种族隔离制度土崩瓦解。

然而1987年苏利文宣布,种族隔离政策未显示有任何削弱迹象。他声称美国公司应该从南非撤出业务。是年,通用汽车公司出售了在南非的财产。1991年,南非开始推翻种族隔离政权,1994年,纳尔逊·曼德拉当选南非总统。

跨国公司对种族隔离时代所负的道德甚至法律责任问题一直是个遗留问题。这个问题在2004年尤显突出(见尤科斯斯案,页边码第471页),因为美国法庭当时主张某些情况下的全球司法管辖权。《1789年美国外国民事诉讼法》(The Americas Alien Tort Claims Act of 1789)让美国法庭能起诉在他国犯法的美国公司。美国最高法院2004年的裁定证实了该项法律的有效性。一家美国律师事务所代表南非库鲁玛尼支持组织对美国国际商用机器公司(IBM)提起诉讼,声称美国国际商用机器公司曾向当时的南非政府提供计算机,帮助政府得以通过了将个人按照种族分类和决定其去向和工作的法律,并使其生效。通过法律是种族隔离制度建立的核心,如果说美国国际商用机器公司不能因提供硬件而承担法律责任——因为他们无法确定电脑用途,那么诉讼方还称美国国际商用机器公司提供了软件(Robins,2004)。

虽然许多人权组织支持此案,但是南非政府却对此案表示反对。他们指出,跨国公司在恢复和康复种族隔离受害者的工作上大力配合政府。同时,保持与跨国公司的关系,毫无疑问将有利于南非的经济增长,是符合南非国家民族利益的。

482 **讨论活动 12.6**

草拟并讨论指导方针,使之能够帮助一家公司判断在经营所在国是否存在腐败政府和机构以及公司是否必须从该国撤走。

文化多元性还是文化同一性?

全球化社会问题世界委员会(WCSDG,2004)确认了大量由全球化导致的广义文化方面的问题,主要涉及他们所谓的"相互连接"(interconnectivity)(WCSDG 2004: § 218)。电信和互联网,尤其是电视和娱乐业的迅速发展,已使每个角落的人都愈加了解彼此的野心、期望和条件。全球化过程使相对贫穷者产生一种"被遗漏感",假如他们的眼界依旧局限在狭小的当地范围,他们本来不会产生这种感觉。对于相对富裕的人来说,这一过程增添了他们的"特权感",这种感觉也可能使他们滋生对较不幸运者的某种义务感。也许这能适当地解释非政府组织和国际慈善活动的发展以及反全球化活动与日俱增的原因。旅游是增强"相互连接"的一种方式。许多欧洲人到泰国旅游,这个事实可以通过2004年亚洲海啸得到证实:当时有许多欧洲人丧生,西方世界对海啸表现出了强烈的同情心。

常言道,旅行使人心胸开阔。但具有讽刺意味的是,我们利用打折机票旅行的地方越多,我们的伦理视野可能变得越狭窄。如果去的地方是旅游热点,我们就只能看见地方文化的迪斯尼化版本——希腊民俗晚会、在的的喀喀湖的浮岛上与土著民一道用餐,你误以为那一切都是真的。朱利安·巴纳斯(Julian Barnes,1998)在喜剧小说《英格兰,英格兰》中探究了在怀特岛复制英格兰以吸引旅游者的想法。仅仅为了饱眼福而飞来飞去,说明了缺乏可持续性意识。由于免征航空燃油税,所以比起要征税的其他交通工具来说,乘飞机比较便宜。因此,由于对航空旅行特别是节假日航空旅行的需求与日俱增,飞机成为全球变暖的主因之一。所以,我们对旅行的欲望可能到头来,会使我们大家都遭殃。

对全球化的一点具体批评是,强国和大公司倾向于把自己价值观强加于弱势社会。有时候这种倾向被称为"麦当劳化"(McDonaldisation)。西方品牌和组织的方法、结构通过麦当劳化过程取代了地方产品,由此减少了选择性与多样性。

对麦当劳化和品牌化的指控定义了因文化和社会的全球化而产生的伦理问题。如果在这些过程中当地文化被破坏,取而代之的是北美的价值观,这是不是一件坏事?

483

定 义

里兹(Ritzer,1993)在其《麦当劳化》(*McDonaldisation*)中,将麦当劳在全球大获成功作为大众文化在全世界发展的典型。里兹认为,麦当劳化过程代表着工具合理性的扩张。工具合理性追求效率至上、可预计性、可计算性和可控制性,对正在追求的目的没有丝毫怀疑。麦当劳化是典型的现代大众文化,人们批判大众文化,认为它使人满足于"低俗的单一化"(Harrington,1965:188)。据称,广告和声刺(sound-bite)[1]通讯已经削弱了大众实施道德主体性的能力,他们丧失了鉴赏力,不知好歹、不辨美食糟糠,也分不清高贵人生与拜金主义。

瑙米·克莱恩(Naomi Klein,2000)的《不要品牌》(*No Logo*)对这一现象进行了批判,赢得了好评和欢迎。她认为全球化尤其是消费品品牌全球化,限制了全世界人民的选择。而这一切是通过以下手段实现的:

- 用市场取代文化与教育。品牌使人转移了对自己正在购买的产品和服务的注意,而专注于购买与品牌相关的身份与价值感。她说人们购买星巴克的咖啡,并不是在购买咖啡,而是想感受休闲一族坐沙发、听爵士乐的温暖闲适的沙龙气氛。因此购买咖啡不再是个人价值观的理性表达,而是一个情感诱捕过程。也许情况一直就是如此。如果有人用弥漫着烟味的屋子、懒洋洋的隔间和暖烘烘的俱乐部取代爵士乐和沙发,他是在描述18世纪伦敦最早的咖啡店。
- 使人在缺乏安全感和成就感且报酬低廉的岗位上工作,这种情形不仅发生在发展中国家,也发生在工业化世界。这是通过雇用外籍临时工、弹性工时和雇用兼职工而实现的。有趣的是,这又回到了18世纪英格兰劳力性质的老路。

而克莱恩不仅是观察者,她的意图是报告和鼓励反全球化的力量及反品牌斗士的活动。

---

① sound-bite—俗称"声刺",指新闻采访的原声摘要、电视录像片断播放。——译者注

承上启下

关于麦当劳化和品牌化的具体问题的讨论反映了一个更普遍的问题，这个普遍性问题曾在第十一章论及，“不同国家或文化群体希望在何种程度上发展或保持自己关于经济和管理的价值观与侧重点”。

全球化损害本土文化和地方文化吗？

这个问题由于是实际问题所以处理起来稍微容易一些。跨国公司可能采取一系列措施，让自己的国际品牌进入新的国家。

484
- 以传统形式引起品牌和产品。如可口可乐在全球的营销。
- 引进品牌，但是根据当地的品味和偏好修改产品。如麦当劳在希腊，按照当地口味，主要使用羊肉；在印度，由于宗教禁忌，麦当劳绝不卖牛肉或猪肉馅饼。
- 不进入市场，而是等待并观望当地的需求是否有了发展变化。尚无一家大的西方咖啡连锁店在印度开业出售浓咖啡和拿铁。但是在德里和其他大城市，“巴里斯塔”(Barista)等当地咖啡连锁店的生意却在扩大。
- 在有些情形下，跨国公司可能阻挠某项西方产品或服务进入某国，以免触怒政府。
- 全球化社会问题世界委员会所称的本土和部落民族的问题(WCSDG，2004：§311)是一个特别棘手的问题。世界上尚有少数完全与世隔绝的社群。问题是，这些社会应不应该受到保护，不仅不受公司的侵扰，而且不受包括旅游在内的其他各种形式的侵扰？

案例研究 12.7

麦当劳油炸食品

麦当劳炸鸡最初用牛油烹制。这当然会引起素食主义者和印度教徒的反对，因为印度教徒视牛为圣物。1999年，麦当劳宣布未来所有油炸食品都用植物油煎炸。然而到了2001年，人们却发现事实并非完全如此。在北美，所有炸品都在中心加工厂用牛油炸过，然后冰冻，之后再运到各个店铺，用植物油再炸第二遍。麦当劳宣布“这事并没有闹到我们已不能道歉的地步”，只是过去给消费者的信息不完全。印裔美国人已经开始寻求赔偿。其他消费者认为使用牛油没有问题，甚至还有人认为那会让油炸食品更好吃。麦当劳在印度有近三十家分店，在那里，麦当劳汉堡是用羊肉而不是牛肉做成，麦当劳向印度消费者保证它是严格按素食者的要求烹制食品的。

(来源：Evans，2001)

因此，这不是简单的强迫接受西方品牌和产品的问题，其中隐含着西方价值观对当地文
485 化的侵略。这样的观点无论如何意味着天真和东方主义对东方和西方的区别：东方是精神的，而西方是物质的。这样的观点还意味着这样的假设：东方人简朴和非物质的生活被粗鄙的西方商业价值观给毁灭了。社会和经济史指出，东方人和东方社会像西方人一样关心物质和利润。有关市场——集市——在19世纪和20世纪印度恒河平原当地人民生活中的重要性的记载详见扬(Yang，1998)的著述。

定 义

东方主义(Orientalism)

由埃德华·萨伊德(Edward Said,1978)新造的词,用来解释一种套话似的观点:西方帝国主义对其正在殖民的东方社会的帝国霸权。

> 这是东方主义者自命不凡的极致。没有一句泛泛之谈不含真理;没有任何一种想当然的东方特征不能在东方人的现实行为中找到影子;一方是西方人,另一方是阿拉伯东方人;前者是理性、和平、自由、逻辑,有能力拥有真正的价值观,毋庸置疑;而后者什么也不是。
>
> (Said,1978:49)

萨伊德认为,这种套话是支持殖民主义者剥削东方的思想工具。

承上启下

东方主义的概念与第十一章(页边码第 420 页)讨论的本质主义概念有密切关联。

全球化与消费选择

让我们来做一个大胆假设,西方品牌和产品正在改变发展中国家的地方价值观和家庭价值观。这是一件坏事吗?我们不回答这个问题,但是我们努力设想对这个问题所有可能的观点。

- 如果受影响的人没有意识到变化及其意义,只是愚蠢地接受这一过程,那么这是坏事。
- 或者,假如该过程破坏了某些公认的伦理准则,那么这是坏事。

主要评论家对这些问题采取的立场各不相同。 486

- 克莱恩认为品牌与市场营销是手段,通过符号与情感吸引人,诱惑人们做出非理性选择。她还认为,品牌和市场营销在西方的作用与在发展中国家一样强大,甚至比在发展中国家的作用更强大。因为人们意识不到自己正在经历的变化,所以品牌被视为坏事。这个论点是马克思主义"假性意识"概念的版本(Sklair,1995),它表明在资本主义社会,大众被剥削,却错误地相信自己生活在最美好的世界。他们认识不到自己受压迫的境遇。
- 里兹的麦当劳化(见页边码第 483 页)不是说在消费社会中,人们没有做出理性选择,而只是认为他们运用了错误的理性。工具理性——即所谓消费者所运用的理性——是有意识的和经过计算的,但是工具理性专注于达到不道德的目的。现代消费者并不按照西方亚里士多德的要求及许多其他哲学家和宗教的规定去追求美好人生,相反,他们满足于设计标签和最新时尚小玩意儿。从本质上,这是一种韦伯式分析。这种分析认为现代组织的日常运作将人的行动局限于执行的手段,并误以为那些是目的。根据这一点,可以认为消费主义正在破坏一条重要的伦理原则,因此应该被视为坏事。
- 第三种立场认为,在新的地球村里,不同社会的人们自由地享受着苹果生产的 MP3 播放器、电脑游戏、上网和拿铁咖啡带给他们的好处与舒适。这是柯尔等人(Kerr et al.,1960)的观点。根据这个观点,全球化及其带来的标准化的情趣和品味,应该被视为好事。

> **定 义**
>
> **韦伯式** (Weberian)一词源于社会学家马克斯·韦伯(Max Weber)的姓氏,是形容词。马克斯·韦伯将“官僚”定义〔以下定义主要根据沃森(Watson,2002:240—242)的解释〕为一种取代传统方法的特定的组织和决策形式。在官僚机构中,人们制定决策时采用工具理性或规范理性,即通过计算找到最符合理想的目标。这种取向有许多好处。例如,它使医生研究更复杂的人工授精手段。但是韦伯也指出,依赖技术会导致忽视所追求目标的价值的讨论。这是他的“铁笼”(stalhartes Gehause)思想。在所举的例子中,工具理性可以意味着,如果克隆人的技术被研究出来,那么将来使用这项技术的时候将无须考虑这样做是否正确。

487 全球化的实际结果似乎会使发展中国家和转型中国家的人们日益对产品和服务抱有共同的期待与需求。国际贸易和外国直接投资(FDI)的扩大加速了全球化,增加了世界财富。然而,这些利益影响的分布是不均衡的。有些地区,特别是亚洲、拉美和加勒比海,得到的外国直接投资比非洲和东欧等其他地区多得多(International Labour Organisation,ILO 2004:28)。在发展中国家,精英阶层比大多数人受益更多,在某些情况下,大多数人的情况甚至不如从前。从道义上讲,这些后果违背了罗尔斯正义原则(见页边码第 115 页);它甚至制造了某种不稳定局面。在这种局面下,许多人的期待在增加,条件却在变糟。联合国、八国集团以及许多其他国际组织机构承认,这种局面是不公正的,是酝酿世界范围冲突的隐患。因此人们对国际性企业的治理问题进行了大量讨论,我们现在转入这个话题。

全球治理

在第二次世界大战结束之际,通过一系列国际会议,建立了全球性基本治理机构,如,联合国、世界银行、国际货币基金组织和关贸总协定(GATT)。自那以后世界发生了一些变化,如,关贸总协定于 1995 年被世界贸易组织(WTO)取代。虽然主权国家数量在增加,从 1945 年的 50 个增至现在的 190 个,但是全球治理制度几乎没什么变化。全球化社会问题世界委员会(WCSDG,2004:§340—352)承认治理制度存在欠缺。

- 西方工业公司对全球治理官方机构的影响超出正当的限度。新兴工业国家如中国、印度和巴西采取一致行动时,能够对这些机构施加影响,但是西方国家的影响仍是最大的,而发展中国家的影响甚微。即使在类似世贸组织的机构的内部,情况也是如此,尽管在世贸组织内发展中国家与工业化国家形式上是平等的。
- 发展中国家往往不能参加影响全球治理的许多国际会议,也没有必需的技术专家强烈表达他们应该表达的意见。
- 自二战结束成立非政府组织(NGOs),如国际慈善游说组织、绿色和平组织以来,已经出现了国际公民社会。这些组织在治理机构中担当正式角色。

488
- 跨国公司(MNEs)在世界上变得更加重要。它们已变得更大和更加全球化,通过私人游说和公关活动可以对全球治理产生极大影响。然而他们并未正式加入机构,没有承担正式成员应该承担的责任。

- 许多影响全球治理的决定只由专门机构制定，如八国政府峰会(G8)和欧洲经济合作与发展组织(OECD)。
- 全球治理系统是脱节的、不连续的，许多机构各自为政——他们经常做许多好事，如制定国际问责标准。然而，这些倡议行动常常互不相关，权威性也各有差异。全球治理协议在有些方面具有国际法地位和国际条约义务：它们中有由公共组织如联合国支持的自愿性协议，也有私人公司、非政府组织与政府间的自愿性协议。

全球治理是由国际社会为治理政治、经济和社会事务而制定的一系列规则，国际社会由政府、公司、非政府组织和官方组织构成。下一节将讨论这个问题。

承上启下

第十章对伦理规范作了总体讨论。在本章中，我们集中讨论与国际贸易结果有关的标准和守则。

自愿性规范和守则

本章前面部分已经提到，各国政府，尤其是发展中国家政府招商引资时，有时会面临两难困境：他们希望鼓励跨国公司对本国投资，但同时又希望对在本国经营的跨国公司的活动保持某种形式的影响(如果不是控制的话)。立法的时候常常会出现两个极端，要么对某些方面的经济或公司活动加以管治，要么采取完全自由放任的取向。在这两极之间往往需要寻求某种中间立场。行为守则和规范、协议以及框架文件便是这种“中间立场”的例证。

即使一部跨国公司行为守则得到主权国家的支持，这也并不意味着这部守则包含的议题已成为国际法。只要守则未成为国家法律，它们对跨国公司就没有法律约束力。因此，一部守则所提出的义务只是道德义务，而不是法律义务。

下面举一部引起世人普遍关注的守则为例，这是一部关于在发展中国家销售母乳代用品的工作守则。

案例研究 12.8 489

母乳代用品销售国际守则

母乳代用品销售国际守则是第一部销售此类产品的国际守则，世界卫生组织(WHO)从1981年开始采用该守则、世界卫生大会(WHA)于1984年开始采纳。本守则旨在控制那些从事生产与销售母乳代用品和相关产品(如奶瓶)的人员的从业行为，特别是在发展中国家，因为发展中国家往往出生率较高，但经济薄弱。可以这么认为，当婴儿有了不需支付成本而营养更丰富的天然母乳时，将经费用于母乳代用品其实是在滥用国家资源。但是，对于生产这类产品的大公司来说，发展中国家市场代表着巨大的赢利机会。在某些非洲国家，问题变得如此尖锐，以致母乳喂养几乎绝迹。国际母乳代用品销售守则禁止在医院免费供应母乳代用品；因为一旦母亲们出院，母乳代用品就不再免费。然而据报道，1996年重要的母乳代用品生产厂商雀巢公司向中国昆明的医院提供了免费和低成本婴儿配方奶粉。“拯救儿童”

组织(Save the Children)曾报道：

> 昆明六家医院随处可见“力多精”婴儿配方奶粉，雀巢认准这些医院的保健医生，向他们提供免费和折价配方奶粉。雀巢的这一行为刺激保健工作者不仅在医院内使用这些配方奶粉，而且还积极鼓励新生儿母亲使用这些奶粉。“力多精”一直在一些医院陈列出售。我们在中国的工作人员和当地卫生工作者的报告称，“力多精”奶粉的消费有所增长，而母乳喂养率已经下降。
>
> 尽管要求公司签约加入国际婴儿食品制造商协会(IFM)，1991年就要求他们保证绝不供应免费和折价婴儿食品，但是一份题为《违反规则还是放宽规则?》的督察报告发现，在被调查的31个国家中，有19个国家明显违反了这一保证。此外，1998年对巴基斯坦的调查发现，医生被“公司收买”，免费婴儿食品正在被广泛使用和散发。
>
> (来源：IBFAN，日期不详)

甚至在工作守则已经订立后，跨国公司也没有自动遵守守则，而强制其遵守可能很困难，母乳代用品在马拉维的销售情况可以例证这一点。

案例研究 12.9

母乳代用品在马拉维

490 1994年马拉维卫生部同雀巢公司讨论了有无必要用马拉维国语齐切瓦语在雀巢产品上书写说明。这是一条符合国际母乳代乳品销售守则第9.2款的规定。讨论归讨论，雀巢并未做出积极反应，说明依旧用英语写成。马拉维国民识字能力不高，能读懂英语的妇女仅占识字妇女的一半。

根据国际母乳代用品销售守则第9.2款，母乳代用品标签不得有母乳喂养的含义。但是雀巢在其某品牌婴儿奶粉的一条醒目的“重要告知”上竟赫然声称，“在无法进行母乳喂养的情况下，婴儿配方奶粉可从婴儿初生之日起使用，或作为母乳喂养的补充”。尽管人们普遍认为，用母乳代用品的时间应是在没有母乳之时，但该说明将母乳代用品作为婴儿营养的唯一来源的时间提前了。

讨论活动 12.7

案例研究12.8和12.9显示，执行自愿性守则或规范有困难，应该对此做出以下哪种回应?

- 更加努力地说服公司遵守那些守则和规范

  或是
- 在公司总部所在国通过立法，使不遵守这些守则或规范的行为成为非法。

人道主义援助又为母乳代用品进入脆弱但有利可图的市场提供了一个机会。国际婴儿食品行动联盟(IBFAN)称：

> 婴儿食品行业普遍利用紧急情况促销产品，将人道主义援助当作进入欧洲和前苏联新兴市场的一种途径。

（国际婴儿食品行动网，日期不详）

这些案例例证了在那些得不到法律或有效制裁保障的"保证"、"守则"或"框架协议"内在的问题。

另一个争议与使用童工有关。跨国公司在陈述其有关供应商网络使用童工的公司政策时，往往反映了以下四种选项中的一种：

(1) 为供应商招聘雇工规定最低年龄。

(2) 参照所在国有关劳工最低年龄的国家法律。

(3) 参照国际标准；或

(4) 结合以上部分选项或全部选项。

但是，有些公司的政策声明，禁止在生产其产品时使用童工，但这些政策并未就其所谓 491
童工给予确切定义，因而把判断与裁决留给了当地供应商。这就迫使我们必须考虑以什么力度来执行和监督生产守则，尤其是涉及海外供应商的生产守则。

实施跨国公司生产守则

跨国公司生产守则可以是多种形式。国际劳工组织指出确定跨国公司守则可信性的三要素：

(1) 已经采用并支持守则的政府，已经"签署"守则的跨国公司。

(2) 守则是否对本企业活动的关键议题有实际针对性。

(3) 所采用的监督机制以及可动用的制裁力是否切实有效。

英国国际商会(ICC)积极为世界级商业运作寻求一种自律框架。国际商会订立的标准承认，在任何竞争的市场环境中必然存在紧张因素。以下陈述选自国际商会发布的一份文件。

> 经济的全球化以及由此带来的激烈竞争，要求国际商界采用标准化规则。采用这些自律性规则，是在市场日趋自由化的形势下，商界领袖们用以展示其社会责任感的最佳方式。

(International Chamber of commerce, 1997)

为处理和解决具体的全球商业问题，人们制定了大量的提案和守则，如：

- 20 世纪 90 年代，一些协议的范围已经扩展，包含了更广泛的社会问题。日本经济团体联合会(Federation of Economic Organizations)便是其中一例。该联合会成立于 1996 年，涉及许多问题，如，慈善活动、抵御破坏社会凝聚力的组织、丰富员工生活的政策、安全舒适的工作环境、尊重个人尊严和个人"特色"以及公司的透明度。
- 1996 年，英国玩具与业余爱好协会制定了一套生产守则，禁止在玩具生产中使用强迫劳工、契约工或未达法定年龄的劳工。协议还提及员工的工作和生活条件。1996 年晚些时候，国际玩具商协会采用了经过修改的这套守则。
- 1997 年 2 月，国际劳工组织、巴基斯坦锡亚尔科特商会与联合国儿童基金会达成一项协 492
议：截至 1999 年，应根除在巴基斯坦生产足球时使用童工。该项协议是足球生产使用童工在全世界曝光的产物，不过并未特别点名批判其他产品或产业。这项提议看来即使未取得完全成功也已获得基本成功。此事备受媒体关注，于改善现状有利，甚至是必要的。

- 在美国，其他行业也制定了类似守则，如《服装企业反血汗工厂与童工守则》于1997年采纳。
- 经济合作与发展组织（OECD）也为跨国公司规定了有关劳工关系的指导方针。
- 各种组织已发起制定《血汗工厂和洁净服装守则》，涉及劳工关系、健康与安全问题、结社自由、工资与福利及工时。
- 有关跨国公司的原则宣言于1997年制定，涉及国际劳工组织。这部守则处理的问题包括结社自由、工作条款与工作条件等。

初看起来，有这些守则比完全没有守则好。然而仔细研究这类守则，就会对这个假定质疑。譬如，在《血汗工厂守则》中，关于“工资与待遇”的规定措辞如下：

> 雇主须按当地法规要求或行业普遍工资水平（参照其中工资水平较高者）向员工支付最低限度工资，并同时提供法定福利待遇。

这样，制定提高工作与就业条件的法规这一责任多半就推给了政府。政府必须听取商业组织——包括跨国公司——对政府展开的游说。在政治谈判桌上，往往无人能真正代表那些在血汗工厂卖命者的利益。与此同时，全球性组织和发展中国家制成品的西方客户们继续自由自在地利用各地的成本差异。是的，许多西方服装公司之所以移师菲律宾、印度、洪都拉斯等地，其真正原因正是为了利用第三世界的成本优势，而成本优势常常与血汗工厂和童工紧密关联。

关于“工作时间”，《血汗工厂守则》有如下规定：

> 除非特殊情况，（一）不得要求员工每周工作超过（a）48小时，加班12小时，或超过（b）制造商所在国法定工作时限及加班时限，若制造商所在国法规未限制工时，则每周
> 493 工作时间不得超过该国每周常规工作时间加12个加班小时，（二）员工有权每7天享受至少1天的休假。

这样，除非当地法律另有规定，雇主可规定其员工每周工作60小时却仍然遵守了《血汗工厂守则》。员工有权每周休假一天，但是他们能否得到这天休假则是另一码事。此外，当产品需求量增大时，工作周时可能延长至60小时以上，但必须局限于“特殊情况”，而“什么是特殊情况”，并无定义。精明的雇主则利用这些漏洞让工人每周一连工作七天，每个员工工作60小时以上。《血汗工厂守则》本可以站在员工（其中绝大部分往往是妇女）一边，提出严格得多的要求，但是有一点可以肯定，工资率和工作条件越是与西方水平靠近，最初想在发展中国家生产和获利的决定的经济意义就越小。

有些组织看来是在严肃而努力地实施自己的守则。例如国际劳工组织报告，利维-斯特劳斯公司（Levi-Strauss）为保证其审计经理熟悉内部守则，正在领导一项年度全球培训计划。他们在多米尼加共和国对聘用期内的审计师实施为期五天的培训计划。丽诗加邦（Liz Claiborne，美国妇女时尚零售公司）也报告，它正在加紧努力鉴别与消除劳工滥用情况。

麦克唐纳和尼基霍夫（McDonald and Nijhof，1999：140）曾提到一家企业。该企业有6000名员工，其首席执行官努力在整个组织全面铺开一项提高伦理意识的计划，需要用英语和汉语双语写成行为守则，然后训练一批培训师，以确保在联营车间实施这一计划。培训

师有一份首席执行官的录像资料。首席执行官在录像中声明，他宁可让企业失去一份合同，也不会让人破坏这部守则。该项计划在全公司遂得以贯彻。在首席执行官看来，“这部守则不是纸上谈兵，而是要融入生活”。麦克唐纳和尼基霍夫指出，这次行动起初没有提到年度伦理审查和伦理热线，之后是否补充不得而知。

跨国公司实施本公司生产守则（尤其是在自己的供应商那里实行生产守则）的执行力度似乎各不相同。其中，丽诗加邦公司在萨尔瓦多的一位服装承包商说，“这些守则在童工问题上特别强硬”。他对美国劳工部说，丽诗加邦的视察员“每月大约到厂两次，检查质量控制，并确认规则和条例是否得到贯彻”。丽诗加邦公司必须为此支付大量费用，这种开支似乎令其他企业（也许是竞争对手）招架不住，至少不敢与它较劲。卓洛服饰（Zoro Garments）是一家印度公司，其75%的产品销往美国市场，下面引用该公司一位经理的原话：

> 美国客户代表偶尔也为质量控制光临卓洛的工厂，（但是）大多数的造访均属走马观花，只是泛泛地提几个关于使用童工的问题，在检查时并未列出详细的检查清单。
>
> （ILO，日期不详）

跨国公司从海外供应商那里采购产品，跨国公司对有些供应商实行买方独家垄断，但对另一些供应商来说，这家跨国公司也许只是许多客户中的一个，因此问题变得复杂起来。如果一家跨国公司只是偶尔从某些供应商处采购产品，那么它也应该对这些供应商的工作条件和劳工问题负责吗？不管你对这个问题的立场是什么，但有一点是肯定的：由于发展中国家供应商的生产成本比西方竞争者的生产成本低得多，所以工资率和工作条件不可能是平等的。因此，对跨国公司或任何其他形式的组织来说，假装不知自己供应商的工作条件，等于不懂得逻辑。他们不应该假定一切都令人满意，相反，他们必须懂得发达国家与发展中国家供应商之间的成本差异本身即暗示了一种默认态度——不可能一切尽如人意，而且需要拿出证据来证明那种一切令人满意的假定是错误的。 494

制定一部公司行为守则是一回事，将其变为日常工作行为则是另一回事。1996年美国劳工部调查了42家服装公司，以便确定其中有多少家公司曾努力确保其海外供应商的工人了解他们的生产守则。“很少有被调查者表示他们做过这种尝试”。只有三家公司坚持要把自己的守则贴在供应商的告示牌上。国际劳工组织报告说，在他们的一项深入调查中，70家供应公司中有23家（33%）表示他们不知道自己美国客户发布的公司行为守则。

美国劳工部也视察公司，国际劳工组织还将视察萨尔瓦多、多米尼加共和国、洪都拉斯、印度和菲律宾等国的情况发布在自己网站上。在一项对70家公司的调查中，只有47家公司经理说自己知道有这样的守则，而这其中只有34位能够出示守则副件。这意味着在受访点中，能出示其主要客户公司守则的不足一半。可是美国零售商仍然说，他们的供应商在现场出示的这些守则证明，他们（美国服装零售商）履行了自己对海外供应商伦理行为的承诺。

萨尔瓦多对这些守则的了解程度最高。在那里，受访的9家公司中，有6家的经理知道这些守则，而在印度，在受访的7个生产现场中，只有2家公司的经理了解情况。甚至在承认知道守则的地方，知道守则和接受守则、遵守守则也并不能画等号。正如国际劳工组织所言，

> 虽然有许多供应商知道《美国公司行为守则》，但是在受访国家会见工人及其代表的情况间接表明，只有较少工人知道存在行为守则这码事，理解其中含义的就更少了。

联合国全球契约

该项国际标准值得单独讨论，因为这是1999年在达沃斯世界经济论坛上由联合国秘书长倡议的。这是一次非正式会议，与会者为政治家、跨国公司总裁、非政府组织代表和公开
495 亮相的游说团体。《全球契约》得到国际劳工组织(ILO)、联合国人权委员会办公室(OHCHR)、联合国环境计划组织(UNEP)、联合国工业发展组织(UNIDO)和其他机构的支持。因此，《全球契约》(UN Global Compact)得到世界上许多全球治理机构的拥护，虽然它也是一个自愿性守则。

承上启下

公司在加入《全球契约》时所必须同意的原则已在第八章页边码第308—310页中论及。该章还评估了《全球契约》的影响。

从全球化视角对《全球契约》的一个主要批评是《全球契约》涵盖的议题范围太狭窄。譬如，《全球契约》没有讨论本章提出的若干问题，如，国际贸易治理的正义与公平，以及跨国公司可能会加剧其经营所在地区的政治和军事的紧张局势等。

其他伦理标准和公司社会责任标准采用保证形式(在方框里打钩)，而《全球契约》正在尝试发展一种与众不同的形式。《全球契约》更像是一个学习网络，这个网络讨论和探索的内容是理解和学习有关如何对社会和环境负责的问题，网络鼓励那些签署了《全球契约》的公司参加研讨会、担当顾问、加盟网络以及合伙参与项目执行。许多世界著名大公司如英国石油、宝马、渣打银行、耐克、瑞士诺华制药、壳牌、瑞银华宝和联合利华等，都签署了《全球契约》。

2001年，《全球契约》政策对话的主题是"冲突地区公共部门的角色"。所以，尽管《全球契约》常常受到批评，但是它的确在处理全球化与冲突问题。参与者来自企业、非政府组织、工会和联合国。改善冲突的工具和技术，如社区发展的风险评估和多方利益相关者等方法(见页边码第475页"壳牌案例研究")。人们还同意建立合作项目，努力在选定地区实施改革(McIntosh et al.，2003：182)。《全球契约》还进行了扩张活动，试图将城市政府和中小型公司也包括到契约之中。

思　考

从许多方面讲，跨国公司已经变得如此之大，以至于企业作为个体已能对所在社区、国家和地区的繁荣与安宁产生影响。这种影响赋予了它们相当于这样的权力。如果他们拥有
496 这样的影响，那么他们也应该做出相应的问责交代。历史上有过大企业变成政府的事。如，英国东印度公司17世纪成立之初是由一群商贩组成的公司，到19世纪已逐渐变成了印度的政府。发展全球治理的任务是发现能够使大企业对其全球影响承担责任的机构与机制。

企业对自己在国际交易中的行为负有伦理责任，但是行使这种责任的则是跨国公司和国际非政府组织中的管理者个人。在案例研究12.6中，正是莱昂·苏立文个人对种族隔离的反应推动了社会发展。

小 结

本章讨论的要点如下：

- 全球化关注由国际贸易和国际互联扩展而产生的政治、经济和文化影响。
- 围绕全球化的伦理议题包括：跨国公司是否违反人权；在追求全球业务的过程中，跨国公司在使自己和另一些人从中获利时，是否使其他人境遇更加悲惨？
- 赞成世界贸易自由化的标准论点是，世界贸易自由化使世界财富总量增加，通过“点滴渗透”效应使全体受惠。证据显示世界贸易增加的利益呈块状分布，有些国家，尤其是中国、巴西和印度，是受益者，而其他国家的经济业绩则每况愈下。在发展中国家和转型中国家，一些人群为贸易自由化付出了沉重代价，另一些人群则从中受益。
- 跨国公司选择自己的经营地点的目的是从将给他们带来更多投资回报的机构和法定管辖权中受益。
- 国家政府的对外、对内政策可能会被跨国公司的需要和需求所扭曲，从而减少公共利益。
- 跨国公司在发展中国家的经营可能会加剧所在国国内政治和族群的紧张局势。当他们的经营延伸至互相仇视的若干国家和地区时，跨国公司的存在或会使紧张加剧，或者至少会成为反对者的众矢之的。
- 跨国公司可能发现自己经营所在国的政府是专制和蔑视人权的政府，这就产生了伦理问题：当局势变得太糟之时，公司是否应该撤出该国？
- 全球化部分地减少了世界文化的多样性，在全球范围助长了一种消费主义和品牌导向 497
的文化。由此产生的伦理问题是：这种变化是人们自由参与和充分知情的变化还是因其符合跨国公司的利益，人们被操纵而认可了这种变化？
- 然而，文化变化是一个不可预测的过程，且各种不同文化都有可能汲取西方的消费主义价值观，以意外的方式改变自己，并使自身适应这种变化。
- 自愿性守则已有很大进展，这些守则旨在为跨国公司和世界贸易的全球治理提供一种框架。虽然这是一个良性发展，但是当需求与商业指令发生冲突时，贯彻执行这种标准和守则是一个困难的过程。
- 《全球契约》是一个发展，预示着一种崭新的全球治理取向，是建立在学习网络基础之上的，而不是基于遵守官僚标准的保证和许诺。

快速复习测验

1. 什么是跨国公司？
   (a) 进行全球贸易的公司。
   (b) 进行国际贸易但几乎不对各国市场的特殊性做出让步的公司。
   (c) 基于网络的国际组织，几乎没有或根本没有具体国籍。
2. 什么是苏利文原则？
   (a) 公司不应该继续在某国经营，如果该国的政府和治理制度低于最低的、可以接受的伦理标准。

(b) 即使公司经营所在国无视人权或破坏人权，公司也应该努力为员工的人权而工作。

(c) 公司应该努力改变其经营所在国的政府和治理制度，如果它们低于最低的、可接受的伦理标准。

3. 当二元主义用在发展中国家时，它指什么？

(a) 一种先进的国际经济体制与一种非正式的地方经济并存而彼此无关的经济。

(b) 一种符合国民经济和国际公司双方目标的经济体制。

(c) 一种改变国际品牌，使之适应国家市场的商业策略。

498 4. 管治巴库-第比利斯-杰伊汉(BTC)输油管道的东道国政府协议(HGA)……

(a) 规定如果输油管道受到破坏，政府须对石油公司给予补偿。

(b) 规定对东道国的社会和文化发展投资。

(c) 使当地社区拥有对管道特定位置的否决权。

典型作业与简述

1. 在何种情况下，一家跨国公司应该因为伦理理由而撤出一个国家？举例说明你的观点。

2. 联合国《全球契约》在何种程度上代表跨国公司治理的一种创举和有效手段？

3. 跨国公司有何责任帮助国家制定公平有效的治理制度？

4. 国际贸易的扩大使人人受惠吗？如果情况并非如此，问题严重吗？

小组活动 12

为达到该项活动目的，你假定大部分台式电脑在亚洲各国制造。分成三方，就制定一部从业守则展开讨论，这部从业守则涉及本地供应商和跨国公司电脑买家的活动。

从业守则将包含跨国公司在有关国家的运作规则。这三方分别是：电脑制造商与装配商协会发言人、东道国贸易和工业部代表及电脑制造商和装配商工人压力团体(WMAC)的代表(也是当地工会代表)。

将研讨小组再分成三个小组(每个小组代表一方)。每个再分小组应对以下议题提出自己的立场，即认为以下议题中否在

(a) 道德上是正当的，以及

499 (b) 是有可能实现的。

议题如下：

- 标准工作时间；
- 可接受的加班；
- 养老金领取权；
- 事故伤害保护与家属抚恤待遇；
- 在正常与非正常情况下的连续工作日数；
- 健康安全标准(等同于西方标准吗？)；
- 就业权利(如，雇主和雇员双方约定的通知期)；

- 最低就业年龄；
- 社会基础设施支持（如，对当地学校、体育俱乐部、青年俱乐部、医疗设施的支持）；
- 投诉程序。

然后，整个小组针对三种不同立场展开辩论。

参阅建议

《全球化：批判的导言》（Jan Aart Scholte，*Globalisation：a critical introduction*）与《全球化转变读者》（Held and McGrow，2000，*The Global Transformations Reader*）对全球化作了精彩介绍。另一本受欢迎的书是《全球化及其不足》（Joseph Stiglitz，2004，*Globalization and its Discontents*）。《公司公民资格》（McIntosh，Thomas，Leipziger and Coleman，2003，*Living Corporate Citizenship*）是一本优秀读物，描述了大多数国际商务的主要标准，同时对全球契约以及和公司所从事项目有关的大量案例研究作了非常广泛的讨论。特别要指出的是有两本半官方出版物很好地介绍了全球化。第一本是《公平的全球化：为所有人创造机会》（WCSDG，2004，*A Fair Globalisation：Creating Opportunities for All*），第二本是《非洲委员会报告》（Report of the Commission for Africa，2005），本书由英国政府资助国出版。

推荐网站 500

主　题	网站提供者	网　址
一个很有用的网站，可链接商业与人权资料。材料按主题、地区、部门、公司、法律和原则分类	商业与人权资源中心	http://business-humanrights.org/Home
国际济贫措施	Povcal 网站	http://www.iresearch.worldbank.org/povcalnet
拐角楼反腐败组织	拐角楼	http://www.thecornerhouse.org.uk/
全球契约	全球契约秘书处	www.unglobalcompact.org
企业与人权	大赦国际商业小组	www.amnesty.org.uk/business
私人部门关于劳动与社会条件的行动	商业与社会行动数据库	www.oracle02.ilo.org/dyn/basi/vpisearch.first
苏利文原则网站	苏利文原则组织	www.globalsullivanprinciples.org
世界贸易组织	世贸组织	www.wto.org/
全球化国际论坛	全球化国际论坛	http://www.ifg.org/
关于全球化的大量资料目录	罗宾逊·洛贾斯档案数据库	http://www.rrojasdatabank.org/dev3000.htm

501

第十三章　道德主体性和改善经济伦理之刍议

学习目的

阅读本章并完成相关活动后，读者应能：

- 确认与经济伦理在管理与经营中的地位与作用有关的主要挑战和议题。
- 思考若干旨在着手面对这些挑战和议题的提议。
- 评估关注案例细节和运用道德想象的方法，认为它比例行公事地对一切伦理问题做出反应，能导向一种更合乎伦理的立场。
- 识别某些阻碍人们按良心行事的障碍。
- 确认某些方法，通过这些方法，那些鼓励人们像道德主体一样行动的习惯和文化能在组织中得到发展。

引　言

标题中的“道德主体性”有点含糊其辞。它可以指道德主体在组织和工作中的角色和重要性，也可以有道德主体如何起作用的含义，即涉及道德主体的过程。这两方面问题我们在本章中都会论及。本章是最末章，把贯穿本书的个人分析和公司分析结合起来。如果经济组织和管理机构要承担社会、伦理和环境责任，两种视角都必须予以注意。为了能在公司一
502 级认真行使道德主体性，我们想提出一个案例和一系列建议，我们还想建议一些方法，供个人用来针对工作中的道德难题选择和采取伦理行动。我们的刍议针对这两方面的问题。

对现代组织中道德主体性的挑战

我们力图在本书中全面介绍关于各种关键议题的观点。这并不表示我们已赋予每种观点以同等重要性，因为我们不能保证每个观点都具有重要作用——或因涉及各种对立观点的论据的分量，或因其错综复杂性。

我们必须理清我们研究分析的议题和论据，如果不想使已经明摆着的问题变得失控和不可收拾——倘若还未失控的话，那么必须恰当地应对这许许多多的挑战。我们确认下面的问题十分重要（不过未经排序）。

- 企业与民主理想的关系，以及经济、社会与国家间的关系。
- 经济行为和经济组织的可持续性。

—全球变暖及其含义。

—提高公共水平，再次讨论将经济发展置于其他一切考虑之上的可防御性和智慧。

- 挑战狭隘的"自我"概念，尤其是：
  —技术座架思维定式；
  —自恋和短视，"自我崇拜"，几乎不考虑"他人"；以及
  —主要在保护消费者权益运动的范围的定义个体的概念。
- 基于上面各条，还有个人不怕报复或反责行使道德行为主体的能力。

以一方面伦理理论告知人应该如何行动，另一方面人的社会价值观和特定的组织文化又可以影响他们的行动。在经济组织中，这二者之间可能存在极大的冲突，这是本书的主题。我们在末章提出的所有议题，无论是属于个人、组织、国家，还是国际层面的问题，最终都将通过个人行动，即个人独立行动，或各种集体行动予以解决或不解决。这样说，不是否认结构——意识形态、话语、群体价值观以及最关键的权力问题——的重要意义。我们趋向于吉登斯(Giddens，1984)的结构化理论概念，即，我们承认结构的支配地位，但也认为行为主体能够对变化产生影响，这点在危急时刻表现得更为显著。通过承认主体在变化进程中的意义，我们进而能够承认并集中讨论道德主体性问题。

503

定　义

结构/主体性辩论(霍顿，2002：44)。

该问题是社会科学、哲学和历史学关心的问题，也是汲取所有这些学科理论的经济伦理所关心的问题。当人们行动的时候，下面哪项对他们的行动产生更大的影响？

- 事物(泛指结构)之外的东西，如社会、文化规范，经济结构与条件及历史力量与趋势，或者
- 人们独立分析的自我意愿和力量(对主体的更广泛的定义)。

用历史研究的观点看，该问题可以精练如下：是不是只有某些人——从前通常指伟大的男人，现已扩大到伟大的女人——行使主体性，而其他人只不过是随历史潮流而动？正如在大多数这类辩论中，也如吉登斯所言，答案是：在主体性与结构之间存在错综复杂的互动。结构化思想认为，人的行动存在二重性。它能够受规则、资源和社会关系的支配，但是根据第二个观点也可以说，人的行动既能定义也能改变那些结构。

我们还认为，尽管在经济伦理学里几乎不同问题都存在对立的立场观点，然而支持不同立场的论据不可能同样有力、有理或包含同等质量的伦理论证。我们的态度是探究不同的伦理立场，让读者在充分知情的情形下做出明智的判断。我们并不企图提供经济伦理学的"圣杯"[①]，但是我们为经济伦理总结了一些粗浅建议，供读者参考。在提出建议之前，让我们先思考上面提出的主要问题。

企业与民主理想

让我们回顾米尔顿·弗利德曼提出的重要批判。他认为企业唯一的社会责任是利润最大化，他反对要求公司承担追求利润以外的社会责任。他批评道，鼓励和支持这样的发展将

---

① 圣杯(Holy Grail)：是保存基督的血的容器，它是完美的象征，具有启迪大众的神力。——译者注

会破坏民主理想。正如我们在批评弗利德曼的分析中所指出的，就弗利德曼在这方面的具体批评而言，我们认为他站在“正义”的一边。的确，新自由主义经济学的中心论点是诚实地恪守维护民主理想尤其是个人自由的信念。但矛盾的是(姑且不论企业社会责任论)，现代社会中企业的角色和地位提出了关于民主理想的深刻而又令人困扰的问题。新自由主义经济学的民主托词在别人看来是极大的欺骗。

在第八章，我们提到了查尔斯·林德布隆(Charles Lindblom)的评论，

> 民主思想有一个古怪的特点：它一直不能勇敢地面对表面民主下的私营企业。私
> 504 营企业规模宏大，资源雄厚……能够要挟政府以满足一己需求，哪怕它们的要求与……公民……背道而驰。更有甚者，私人企业不会让自己丧失公民资格和作用……它们非同寻常地行使否决权……大型私营企业古里古怪地嵌在民主理论与幻景中。其实它与民主格格不入。
>
> (Lindblom，1977：356)

电影《解构企业》(*The Corporation*)(Achbar, Abbott and Bakan，2003)根据巴肯(Bakan，2004)一部大受欢迎的同名著作改编而成。巴肯对企业的刻画入木三分，他把企业比作已经变得失控的怪兽。

> 政府创造了企业，就像弗兰肯斯泰因博士亲手创造了他的怪兽。然而，一旦赋予其生命存在，企业就像那个怪兽，摆脱创造者的控制并最终毁灭创造者。
>
> (Bakan，2004：149)

巴肯认为，如果企业具有人形，它将是一个精神变态者——为了股东利益而欺骗、撒谎乃至杀人。请看最新例子：英国罗孚汽车公司(British GM Rover)曾隶属宝马(BMW)。宝马认定罗孚长桥工厂没有足够生产经营能力，敌不过其他汽车制造商的竞争，于是以 10 英镑象征性价格将公司卖给英国私人投资商凤凰控股集团(Phoenix)。凤凰除得到这家公司外，还得到宝马倒贴的大笔现金和资产。凤凰的四个合伙人未将这些钱用来引入新车型，以使产品保持竞争力；也未用这些钱去填补员工养老基金的空洞，相反，凤凰合伙人在凤凰巨亏的同时却领着高薪、享受着巨额保险年金，确保自己得到丰厚报酬，他们拿 1000 万英镑贷款证犒劳自己，为自己设立 1200 万英镑的退休基金，拥有一家有利可图的融资企业的私人控股的，通过出卖土地和知识产权，剥离和盗空了罗孚公司的资产。正如《金融时报》指出的那样，

> 这是最丑陋的资本主义。而且没有迹象反映凤凰有任何违法行为。他们干了任何一个歹毒企业家在那种情形下都会干的勾当：物质激励，剥离资产，提前拿走现金。然而他们背叛了自己的员工、政府和公众对他们的信任。是的，他们让企业苟延残喘达五年之久，但他们烧的是别人的钱，却没有拿出本来可以挽救罗孚的新一代车款——他们根本不给罗孚一线生机。
>
> (*Financial Times*，2005：10，版权属金融时报有限公司，使用已获允许)

虽然巴肯引用了支持其描述的所有证据，但是这种夸张可能会引来蔑视与反对。巴苏、明兹伯格和西蒙(Basu, Mintzberg and Simons，2002)用比较平静的语言，在一封致 CEO 们的公开信中写道，资本主义正面临危机并且只是简单重复“股东利益，只有股东利益”的咒语(在大多数人看来，“高管利益，只有高管利益”也许更贴切)，这是令人无法接受的。在巴苏

等人看来(Basu et al.,2002),这必须改变,且必须从根本上改变。

20 世纪世界著名经济学家加尔布雷斯(J. K. Galbraith,2004)指出,新自由主义经济学 505
一直以其天真的假定和对个人贪婪的掩饰在进行欺骗。在加尔布雷斯看来,早在 19 世纪末 20 世纪初,欺骗就已初见端倪。其时,紧接公司崩溃与欺诈问题之后,人们开始寻求为资本主义更名。

> 由于“资本主义”出了问题,所以人们着手寻求新的术语。美国试过“自由企业派”,欧洲有“社会民主派”——资本主义与社会主义友好的混合。但是美国过去不能(现在仍然不能)接受社会主义。在随后几年里又提出“新政”(New Deal);但显然,“新政”过分地等同于弗兰克林·罗斯福及其同仁。于是顺理成章地有了“市场体制”这一学术性术语。对此没有反面历史,事实上根本就没有历史。的确,要找到一个比这更无意义的名称十分困难——这便是选择的理由。
>
> (Galbraith,2004:18)

加尔布雷斯接着说,

> 把市场体制说成是资本主义的良好替代,这是苍白的和无意义的,它掩盖了更深刻的公司现实——生产者权力无限扩大,影响乃至操控消费需求。但不能这么说。在当代经济学的讨论与教科书中都没有强调…… 但是谁也不怀疑,从某种程度上已避开了不受欢迎的“资本主义”,成功地为体制重新命名了…… 重复一遍,说市场体制是无意义的,是错误、苍白的花样……现在,没有一家公司、一位资本家被认为拥有权力;大部分经济学教科书中甚至根本不提市场服从于熟练的综合管理。这里就是欺骗。这个体制的受益者和敏感的朋友不希望把绝对权力赋予企业。还是说市场好点儿。
>
> (Galbraith,2004:19—20)

加尔布雷斯还对更微妙的话语改变作了评论,指出改动或操纵公共话语的方式。

> “垄断资本主义”一词一旦被广泛使用,便脱离了学术和政治语汇。消费者不再慑于垄断力量;他或她现已成为主宰或被描述为主宰……正如投票权赋予公民以权力,在经济生活中,需求曲线赋予消费者以权力。这两种情形中都存在着严重欺骗。作为投票者和购买方,公众的反应受到了可怕的操纵——这种操纵有强大的资金作后盾。在广告和现代促销的时代,情况尤其如此。这是一种被认可的欺骗,不仅仅是学术上的欺骗。
>
> (Galbraith,2004:24)

我们强调企业的消亡既不可预测,也非必需。但是,如果民主的理想与渴望很重要,且 506
必须认真对待,那么,像巴肯、巴苏等人及加尔布雷斯一样,我们认为必须就“改变”展开辩论,然后付诸行动,虽然这种公开、对等和充分发表意见的辩论的前景如何难以预料。例如,2003 年,美国俄勒冈一个妇女食品合作组织在联邦选举时请愿,试图争取足够的签名,以便被允许对更新食品标签标准,使之符合欧盟的标签规定(譬如,在标签上注明产品转基因成分)这项提议进行投票表决。但是生产转基因食品的跨国公司投入 500 万美元发动一场广告战来反对这项提议,声称这种标签将增加工作成本。这项提议没有争取到规定的签名人数,“辩论”胎死腹中。

全球化始终被描述成技术发展不可避免的后果,是无法逃避的现实。更可争议的是把它视为发展的衍生物。长久以来，外部成本一直是商业—社会关系的一个问题。可以认为，放松管制是将更多公司成本转嫁给社会的方式。外部成本是公司活动造成的成本，不是公司必须产生的成本。这种成本由个人和广大社会群体支付。譬如，从事交通运输服务的企业造成的空气和噪声污染的结果就是外部成本。不健康和不安全的公司行为通常导致员工或消费者受伤害，这也是外部成本，除非能得到充分补偿，虽然失去亲人能否“补偿”值得争论。在发展中国家经济中，水源、森林和栖息地被掠夺的形势虽不能得到充分控制，但也得到了一定程度的控制，如下文有关废物处理的说明便是一例。许多发展中国家在这方面的管制极差，而代价是要由当地人及其子孙来承担的。基于以上及其他更多现成的例子，公司利润被过分夸大了，而股票持有人获得的利益过多，是因为部分公司成本由“别人”承担了。

政府很少强迫公司关停，即使在已经发现它们有过失犯罪行为之时。譬如，至今未正式要求安然(Enron)停止交易。巴肯(Bakan,2004)引用了一个例子，涉及有关吊销公司营业执照的美国法律。重新发现的这些已被遗忘的法令提出了一些引人注目的问题和观点。关键在于，企业日益将旨在保护个人公民的法律——如美国宪法——用来保护自己，而在其他很多方面企业却被视为高于法律。比如，在英国打一场公司过失杀人的官司是极其困难的，这与美国的情况不同。英国政府自 1997 年以来一直警告要“宣布”公司过失杀人立法，但拖延至今仍未付诸行动。批评者指责政府缺乏行动，政府对此也只能搪塞。公司依然强烈地影响着政治，而政客们对公司仍旧言听计从。

507 案例研究 13.1

法律教授采取公民行动

罗伯特·本森(Robert Benson)是芝加哥罗约拉大学法律教授，他提出申请，请求加利福尼亚州检察长以吊销执照的方式解散加州联合石油公司(Unocal)。巴肯写道，

> 在写给检察长的长达 127 页的申请书上，本森列举了加州联合石油公司的违法行为：公司与缅甸非法军政府在一个输油管项目上合作，后者曾在管道项目中使用奴隶，并强迫整个村庄搬迁；公司与阿富汗前塔利班政权有合作项目，该政权因在美国发起对阿战争之前因长期侵犯人权而臭名昭著；申请书称，该公司一直违反加利福尼亚的环境与员工安全条例。
>
> (Bakan,2004:157)

申请在三天后遭检察长驳回，本森对此一点也不感到惊讶。本森的目的是让公众意识到，企业不是高于法律的，企业也会被判“死刑”。

> 我们让加利福尼亚人蒙在鼓里，……大家错误地以为，我们必须尽力控制那些再三发生的恶劣的公司犯罪，一会儿是毒液排放，一会儿是临时解雇，一会儿是侵犯人权。但是法律总是允许检察长起诉解散一个有违法行为的企业，然后将其资产卖给别的维护公共利益的企业去经营。
>
> (Mokhiber,1998)

本森的举动是个人行动的典范。为回应任何可能认为他天真的想法，本森解释道，

> 我们不是政治上天真，也不认为加州联合石油公司很快就会被解散，虽然确实应该

这么做。提出申请是为了改变法律和政治文化。在此，我们的根本目标是改善有关企业对人民的控制力的公共话语和媒体认知，传播“人民主宰企业”的思想。

(Mokhiber,1998)

案例研究 13.2

法官采取公民行动

阿拉巴马巡回法官威廉·韦恩(William Wynn)申请吊销美国五大卷烟公司的执照。韦恩在阿拉巴马伯明翰德州法院提出起诉，要求吊销菲利普·莫里斯(Philip Morris)、布朗和威廉森(Brown & Williamson)、雷诺兹(R. J. Reynolds)、利盖特集团(Liggett Group)和洛里那德公司(Lorilard)的执照。韦恩对阿拉巴马拒绝参加22州起诉烟草公司的行为感到愤怒，为了找到迫使阿拉巴马采取行动的途径，他花了大半年时间钻研法律。他发现了19世 508
纪的一条法令，该法令赋予公民向州申请一种“凭何权利”(writ of quo warranto)的法律依据，使公民有权对任何企业提出控告，公民会发问：你事实上正在违反法律，你凭什么还握有公司特许经营权？

韦恩法官披露，他认为卷烟公司已违反多项法律，包括导致未成年人对烟草依赖、非法向未成年人销售有害物、危害儿童福利、轻率危及他人、欺诈性商业行为以及导致儿童犯罪等。尽管阿拉巴马州没有对以上的公司犯罪行为提起起诉，但韦恩法官说，他“正在呼吁对这些不法行为采取刑事强制措施”。一经发现公司违法，他将呼吁吊销其经营执照。或许，对这场官司最令人惊讶的反应来自阿拉巴马州最有影响的报纸《伯明翰新闻》(*Birmingham News*)。该报不仅对这场官司作了跟踪报道，而且刊登了理查德·格罗斯曼(Richard Grossman，长期提倡运用吊销执照法)的一篇题为《终结大烟商》的长篇大论。主流读者很容易受典型而激进的格罗斯曼风格影响，他们认为，韦恩法官有可靠的法律依据要求阿拉巴马州为其公民提供适当的补救措施，结束公司侵占人民权利的状况。

(Mokhiber,1998)

我们想用以上证据和例子证明，大公司不仅远远不是民主理想的中流砥柱，而且是民主愿望的严峻的和难以逾越的障碍。

可持续性

我们现在即将思考的问题尽管是独立的，但都可以松散地归于可持续性题目之下。

可持续性概念有许多小标题。首先是环境可持续性问题。我们在第九章提到马丁·海德格尔在探索“存在”意义时的想法与论证。“存在”是指某物或某人在别人眼中最根本的价值、重要性和意义。“存在”是一个十足的社会建构，具有内涵价值意义，而后者本身就是社会的建构。譬如，20世纪初一枚弗洛林硬币(其面值相当于今天的10便士)含银，在特定时期，当金属市场的银价居高不下时，一枚弗洛林银币的内涵价值则超过其面值。内涵价值之所以存在，是因为我们的社会把银评价为贵金属。如果我们不这样评价，则这枚硬币的内涵价值为零。这里，硬币的内涵价值与票面价值是社会建构，尽管有时候会有所不同。它们之 509
所以存在是因为社会决定了它们的价值。

同理，一块灌木林地的表面价值/经济价值可能非常低，地产开发商可以用一小笔钱将此地购来修建房屋、办公大楼或其他不动产。然而，这块灌木林地也可能是某种珍稀濒危植物、昆虫或哺乳动物物种的生长环境。濒危物种价值多少？我们难以确定，因为我们必须考虑到各种实际情况，而有时候可能有人认为生态的或环境的考虑不应该起支配作用。我们在此不存偏见，而是提出一系列和各可持续性领域一致的标准。

第一个标准是“财产权”问题。该社会建构是过去两百年来经济发展的重要引擎，与1856年有限责任公司制度在英国诞生具有同等意义。我们是在主张废除产权观念吗？我们是在主张一切财富“归公”吗？回答是不，但我们也不认为应该认可目前的现状。

作为社会建构的法律，尤其是考虑到我们的目的，其对商业企业的需求、约束及松动可以随时间推移而改变且已经改变。正如主导价值观已经改变，个人自治同样也已随时间而发生改变。然而，正如我们在第四章所论，虽然不同组织、不同群体、不同文化和不同国家可能有不同的价值观，但是伦理理论却是倨傲社会的。假如某个理论不被一般人群接受，这对于这个理论的效力并不重要。不可能用民意调查来判断一个伦理理论的真理性。

废物的生成与处置这个议题听上去不像是一本经济伦理学专著所应涉猎的问题，但是当你研究这个题目时，它将揭示出一系列重大伦理议题。大部分废物是作为个人消费结果产生的。而个人消费与生活方式的选择有关。例如，人们大多数时候不是因为东西用光了或者不能再用了才购物，而是因为拥有最新款式和玩意儿的欲望(如，汽车或手机)。生活如此匆忙或者说时间分配如此不均，以至我们为了吃现成的，宁可付出更多加工费，却不愿自己做饭。明明可以在本地种植蔬菜水果，却偏要从世界各地通过长途运输送来，从而加剧了全球变暖。然而，在当地购买蔬果，又拒绝了发展中国家经济体中农民们拼命想要得到的需求市场。伦理选择并非总是和谐的，并且我们行为的伦理含义并非永远称心如意。

2004年，德国公民循环利用了废物的40%，英国同年同比数据为17%，这就解释了为什么英国人仍然被称为“欧洲脏人”。然而，将分析提升到“英国”这个层面上，在一定程度上开脱了个人罪责。这就是为什么我们说是德国公民而不是德国循环利用了废物的40%。不是国家，而是它的公民在采取行动。

510 塑料包装的处理一直是一个严重问题。垃圾填埋场地正在耗尽，而由于计划许可问题，新的场地又难以得到。如果焚烧废物，尤其像塑料瓶和其他塑料包装等化学制品，会向空气中释放二恶英，而二恶英是危险致癌物。

为了努力控制有害废物的处理，英国政府已采取双管齐下策略，第一是在少数严格控制的场地集中处置有毒废物，第二是价格机制。自2000年起，处置所有废物尤其是有毒废物的成本大幅提升，目的是为了抑制化学制品的使用。但是出现了不尽如人意的后果，虽然这个结果其实不难预料。由于合法处置变得越来越专业化与地方化(伦敦没有正式有毒废物处理场)，而且越来越昂贵，非法处置已呈大规模蔓延趋势。大搞非法处置有毒无毒废物的公司被称为“生态黑手党”(eco-mafia)。这些人像真正的运营商一样，经营着整列整列的车皮。实际上，他们通过低价投标得到合同，在收集废物后，只是将其倾倒在空地上、江河中或任何可倾倒的地方，然后将本该用来付给正式处理场的处置费揣入自己腰包。这是一群歹毒的无耻之徒。

有毒废物倾入河道溪流，再进入地下水，最终进入我们的饮用水系统。固体废物(包括焚化后含二恶英的灰烬)被肆无忌惮地倾倒在空地上，没有任何关于废物成分和来源的记录。废物管理与处置是最胡作非为的行业。据一档电视节目《假如……有毒定时炸弹爆炸》

(*If... the toxic timebomb goes off*)(BBC,2005),1994 年至 2004 年间,仅英国的非法废料处理产值估计达 900 亿英镑!这个行业意味着豪赌、暴利及令人毛骨悚然的后果。在意大利,估计非法处置的废料占全部废料处置的 30%。

爱尔兰规定,顾客每用一个塑料袋,超市必须收费 10 便士。结果塑料袋耗费明显下降,而"永久购物袋"的使用则迅速增加。这样一来,由于没有别的选择,成本和利润都低,对生活方式的影响甚微,价格机制发挥了理想的作用。但是在工业废料处理方面,生态黑手党的影响却是盘根错节的。

部分"解决方案"必须包括重新考虑废料处理的方式、场地和价格,但是人们越来越关注废料产生的问题,而这个问题包括并涉及个人公民。他们——也是我们——在形成这些深刻问题的解决方案时,不得不考虑自身的角色。我们在第九章论及企业与消费者之间的双向社会契约时谈到,我们能够通过我们的购买选择表达自己的"声音",同样,这些"对话"需要包括公司所选择的包装。于是,我们提出的第二项标准是个人的作用——作为雇主、作为员工、作为消费者、作为公民的作用。

经济可持续性 511

任何关于经济可持续性的讨论都将包括上文提到的那些议题,但是讨论也会集中在另外两个关系上。第一个关系是企业与其外部环境的关系。这些关系中将包含利益相关者的利益,但如上所论,一个企业与政治程序和政客打交道的方式,及其对待环境资源的方式,越来越影响着主要人群对该企业的认知和尊重。第二个关系是企业与内部环境的关系。这类关系中包含企业员工,如员工的任用以及监督机构。

我们在第八章至第十二章已经讨论过,(全球)企业越来越受到国际行为守则的监督,如联合国《全球契约》、《经济合作与发展组织(OECD)对跨国公司的指南》、《伦理贸易倡议》(ETI),以及针对具体行业或具体问题的守则,如《血汗工厂守则》和《代乳品守则》。然而,一方面守则的数量在增加,另一方面人们对此类守则的担忧也在增长。

"基督救助会"(Christian Aid,2004)提供了三个双重标准伪善和/或双面派的案例研究。它们分别是壳牌的与其石油开采地——尼日尔三角洲人民之间由来已久的问题;美英烟草公司与肯尼亚、巴西的患病烟民;以及可口可乐被指控(滥)用印度普拉奇马(Plachimada)一个村庄的水源。

承上启下

壳牌及其在尼日尔三角洲的石油开采作业案例在页边码第 475—476 页(第十二章)中有详细描述。

此类公司每家都提出了高伦理标准,每家都提交了社会责任报告,而且英国烟草公司和壳牌公司被认为是社会责任报告的先锋和楷模。然而,《全球契约》所主张的自愿报告与问责的形式已受到基督救助会的批评。基督救助会认为,往好处讲这些东西没有意义,往坏处讲这不过是让其成员装装门面而已,其实什么也没有改变。斯特林传媒学院的戴维·米拉尔(David Millar)为基督救助会对公司社会责任缺乏信心的说法提供了证据。

公司社会责任的关键是：第一，通过引导企业参与合乎伦理和可持续的活动，促使进一步放松管制；第二，表明对"多方利益相关者"与公民社会的对话，不必进行约束性管制。

(Christian Aid,2004:15)

类似的，只不过这次是回应发源于欧盟的公司社会责任倡议，英国最大电信公司的(BT)人事主任评论道，

512 公司社会责任是一门生意经，它劝说顾客买我们的东西，劝说员工甘心为我们卖命，也说服我们的社区接受我们。

(Cowe,2001)

因此，从最愤世嫉俗的观点来看，公司社会责任与自愿发布社会责任报告的规定只是让人摆姿态、装门面，却将法律规制玩弄于股掌间，让政客声称积极的发展正在进行，而企业则安心大搞营运活动，为他们的"存在理由"——他们事业中的事业，生意中的生意——奔忙。

也有人反对对这一进展持悲观看法，我们在第八章和第九章中已有讨论，但问题是基督救助会(Christian Aid, 2004)的那些调查研究所揭示的证据可能更多地反映了普遍的实践与态度。使人们更担心的是，壳牌、英国烟草和可口可乐等都是知名度极高的跨国公司，他们拥有承担社会和环境责任的资源，而所谓有社会责任感的企业正在被"鼓励"承担这种责任。如果公开基督救助会的那些证据，这些企业会因为被公众疏远而损失惨重。在这一背景下，与这三家跨国公司相比，那些不大知名、不大受舆论严格监督的企业的活动该付出什么代价？

经济的可持续发展必须依托以"共生"为核心的情境。共生指一种相互依赖——社会(包括公司与其员工的关系)、环境、政治(这里的"相互依赖"有时候必须更慎重、更疏远)与企业本质上毋庸置疑是竞争的，之间的相互依赖关系。因为在这些关系中存在内在的、有时候会变得非常麻烦的紧张与冲突，这就意味着，当紧张与冲突极度动摇这些关系时，需要一种或若干种黏合剂来捆绑这些关系。这些"黏合剂"必然是多成分的，是由程序、规则、法律、自愿行动和问责交代合成的，这种问责交代将对疏于遵守或选择不遵守制度的个人和企业予以充分惩处。

我们认为，黏合剂最重要的成分可能是渗入个人、社会和公司行为的伦理与道德观。如我们在第四章至第七章所论述的，伦理道德是通过一个人的价值观和信仰表现出来的。我们也承认，个人的价值观最终能够反映在自己的决定和行动中，而其反映的程度无疑将由个人所处的组织环境来决定。《公共利益披露法》在某种程度上为那些揭露组织违规行为的员工提供了保护，虽然自该法案进入法典以来，已取消了最高奖励限额。但是《公共利益披露法》仍需增强力度，更重要的是，该法案本身需要保护，因为有些人竭尽全力企图削弱该法案的保护范围和保护力度。

513 质疑经济学、政治学及人类行为的核心假设

这个标题下面的内容涉及一些深刻的议题，如果不充分说透这些议题，就会使许多其他议题或关切显得离题。新自由主义经济学指导着重要世界机构尤其是国际货币基金组织、世界贸易组织和世界银行的行动。在"自由贸易或自由市场"通过点滴渗透效应使人人受惠

的外表下，意识形态高于社会和政治目标。新自由主义认为，通过鼓励人人为自己，经济将得到繁荣。自私自利不是魔鬼，它将导向众生受益，或者说，那是神奇的咒语。

承上启下

页边码第 463—467 页（第十二章）对“点滴渗透效应”作了详细讨论。

可以将有些反常现象解释成为非故意后果。如，欧盟对农场的补贴（以及由其他政府向其土地所有者支付的补贴）可以被解释为“过渡补贴”，这能够将农业耕种推进到一个更有效、更现代的时代，同时最大限度地减少了农业社区的社会分裂。然而，“过渡补贴”与贸易壁垒或反自由贸易补贴之间的区别并不总是十分明确。当有人考虑到西方资助机构——世界银行、国际货币基金组织和世界贸易组织——对欠发达经济体及其出口粮食产品施加的限制时，事情变得更加复杂。对后者来说，许多（如果不是绝大部分）贷款都有一个基本要求：取消地方补助，地方市场面向世界竞争。强制放松地方市场管制，就像强制推行私有化一样。

案例研究 13.3

马拉维及其放松谷物市场管制和私有化的后果

2002 年，马拉维经历了自 1949 年以来最严重的饥荒。一份由世界发展运动组织（World Development Movement，2002）发布的报告将这次饥荒主要归咎于国际货币基金组织（世界银行承担较少的责任）。马拉维农业发展和购销公司（ADMARC）曾经是马拉维国有公司，统管中央粮库，对谷物价格实行统一管制。这份报告的作者（Owusu and Ng'ambi）承认对马拉维农业发展和购销公司实行改革的时机确已成熟，但是他们认为，国际货币基金组织无视了必须保护该公司的社会目的。自 1996 年以来，国际货币基金组织、世界银行和其他资助机构一直在马拉维推行一项厉行节俭、放松管制和私有化的计划，但没有同时建立起相应的问责基础结构和良性治理体制。2002 年，马拉维负债高达 7000 万美元，超过马拉维政府教育、卫生和农业经费的总和。粮食歉收（并非第一次），而且粮食总库存根本无法应 514
付人民的需求。资助者把责任推得一干二净，声称“粮食短缺的原因是复杂的，包括政府的早期预警系统失灵、国内市场扭曲以及粮食储备管理不善”。他们没有承认，在他们强制推行私有化和放松市场管制的时候，其谷物市场并不具备一个有效运作市场所应具备的必要条件。信息不对称、滥用多元买卖方的缺席而自肥、缺乏替代品、缺乏建立一个市场清算价格的有效机制，以及没有应急计划，因而不能对付市场失败和解决口粮这一基本的人权问题。

如果没有任何形式的市场管制，则应该由捐助机构实施其他形式的管制，然而他们没有。在市场动力不足的情况下，必须要有相应的市场管制，正如英国对气、水、电供应实行管制一样。透明的问责交代和有效的政府管理既不存在，也没有这方面的诉求。捐助机构本应该强烈坚持这类管制形式，但是这样的行动是违背新自由主义意识形态的。

第九章提到，当英国政府要求马拉维工商部长蒙帕苏先生（Mpasu）在坎昆七国政府部长会议上讲讲马拉维经济自由化的好处时，蒙帕苏先生站起来说："我们开放了我们的经济，这就是我们一蹶不振的原因。"但是伊利亚特(Elliot，2003：25)说得更深刻，他问道：

> 七国政府能够向非洲输出新自由主义政策，而联合国却连做梦都不想接受对自己运转失灵的经济进行结构性调整，怎么会这样？假如一个像赞比亚这样的国家偏离了国际货币基金组织强加给它的计划会受到惩罚，而法国对稳定与增长公约嗤之以鼻(像德国一样)却什么事儿也没有……这岂非咄咄怪事？谈论全球化时，充斥着"民主、自由贸易和分享技术进步"等话语。而现实都是由精英们制定的规则、重商主义和自私自利。

以上案例表明缺乏基本的正义。此外，由于将新自由主义意识形态置于民主原则之上，民主被放在第二位考虑。

在发达国家，尤其是英国和美国中，金融机构(如银行和养老基金)普遍拥有价值巨大的土地，其结果是，欧盟和其他西方政府支付的大部分农场补贴并未发到农民个人手中，而是落入金融机构。虽然总是说独立的农场主得到了补贴，乡村田园因农民继续耕种而得到了保护，但事实并非如此。在美国，80%的农场补贴付给了公司。在英国和美国，纳税人向国
515 家政府支付五花八门的税款，政府然后把这些税款中的大部分以农场补贴形式分给了拥有土地的大公司。于是，所谓通过"过渡补贴"和反对进口粮农产品，对当地农民实施保护，其实主要是对大公司有好处。然而，企业对其土地承担的义务是纯工具性的。他们的承诺不是对土地的承诺，而是对英镑、欧元或美元的承诺。如果各种政体或他们的代表无法控制现代社会的资产，那么哪里有民主的完善和民主的愿景？人们一定会问，我们可否接受大企业的权势或他们所向披靡的影响力？或者，我们可否接受公司拥有(而不是公有或私有)社会财产和权力杠杆的现状？

影响经济伦理的刍议

下面内容汲取了巴肯(Bakan，2004)的思想，同时也是我们为解决当前商业—社会关系中的反民主性问题所提出的建议，分为四个部分。

1. 加强监管体制

与巴肯(Bakan，2004)和加尔布雷斯(Galbraith，2004)一样，我们知道在没有强力监管框架的情况下，上文提出的问题不可能有任何重大改进。正如加尔布雷斯(Galbraith，2004：67)所论，"谁也不应该以为有董事和股东参与监督就够了。补救与安全措施必须具有法律效力"。为实现这一目的，我们主张：

- 加强政府对公司治理的监管，以一种更包容的取向，按照《金氏报告》(见页边码第307页)精神来定义公司义务；
- 提升公民高于企业的基本权利意识；
- 向监管机构提供适当资源，例如(但不局限于)健康安全检查人员；
- 可通过议会审议，坚持使监管机构对公众做出切实有效的问责交代；
- 对公司违规行为的罚金须达到惩前毖后的效果；
- 必须依法追究反复违规的企业，如吊销执照、不准董事将来对企业专权等处罚；

- 引入公司过失杀人罪，对特定法律的任意违犯都将依法追究，处以吊销执照、不准董事将来对企业专权等处罚。
- 环境和健康安全法的依据是预防原则，体现立法的预见性，不是反应性；
- 在适当条件下，监管体制的职能和权力必须更加分散，最大限度降低“监管俘虏”①和过 516
分官僚主义。
- 职工协会/工会和消费者团体的监督作用必须得到加强。

2. 加强政治基础建设

- 所有政治选举的资金必须公开。企业给予政治党派的经费支持和企业对政治程序的介入（或反过来，政治程序介入企业）在美国比在欧洲更成问题，但是现在也日益成为欧洲的问题，尤以意大利最严重。
- 必须对游说体制进行全面审查，必须大幅提高透明度。

3. 创建健全的公共领域

- 必须展开关于人类活动与发展领域不应受公司剥削的公开辩论。虽然这并不排除公共服务私营化，但是政府应更多地介入以下过程：控制公共服务的质量与水准；评估提供公共服务的私营企业的实际状况。健康、教育、能源与水、基因及其他生物物质都属于此类。

我们认为公开辩论十分重要。我们无意声称唯我们才知晓“正确”的体制或其明确界线在何处。由于20世纪80年代初至90年代期间对学生膳食供应的私营化和放松管制，导致英国学生膳食质量变差。2005年全国就此问题展开热烈辩论，那正是我们希望见到的辩论。

4. 挑战国际新自由主义

- 各国应共同努力转变世界贸易组织、国际货币基金组织和世界银行等国际机构的意识形态和实践，使之脱离市场原教旨主义及其对放松管制和私有化推波助澜的做法。国际机构的思想和实践多是为西方企业利益着想，并不符合发展中国家的经济利益。如果压力集团不进行重大干预，便不会产生这种转变与进展。我们所谓的压力集团不仅包括消费者权益观念，而且包括非政府组织，如基督救助会（Christian Aid）、红十字会（the Red Cross）、世界野生动物基金会（World Wildlife Fund）、绿色和平组织（Greenpeace）、地球之友、牛津饥荒救济委员会（Oxfam）和世界宣明会（World Vision）。
- 当然，那些努力挑战新自由主义舆论的非政府组织也应该负起责任来。由于人们越来
越不信任政府和国际机构，所以各非政府组织竞相抛出各自观点，造舆论，这存在一定 517
风险。非政府组织彼此争夺舆论阵地之时，会不惜一切手段，不遗余力地贬损异己观点，鼓吹自己的观点。正如伯克（Beck，1999：137）所言，

> 远处，未来可怕的幽影正朝着现实日益逼进，这阴影的威胁愈大，今日戏剧性地夸

---

① 监管俘虏（regulatory system）：监管者让被监管者俘虏，成为被他们合法供赋或非法贿赂的对象，最后他们都成了监管的既得利益者。——译者注

大危险所惹起的震惊便愈咄咄逼人。

(Beck,1999:137)

考虑到这一危险性,非政府组织需要对自己的声明及其可能产生的非故意后果承担责任。

- 在一定程度上,以上的提议是关于实际可能发生情况的一个观察结论,不过,若暗示它已成为公认的理论,将被众人视为离经叛道。股东被视为第一顺序优先股东,这是一种约束,而不是公司的主导或唯一目标。如上所论,从许多方面讲,与其说约束是目标,不如说是条件。从数学意义讲,约束是一个自变量,譬如12%的投资回报率。而目标是一个变量,后者只在设定限制范围内——如投资回报率——才能实现。所以在某种程度上,股东仍是企业考虑的重要因素,而资本市场则被视为重大的企业议题/约束。然而,该提议使我们走出了无果的辩论——"公司这不能做那不能做,因为(高管们)必须唯股东利益是从"。由这一提议带来的变化前景似乎微不足道,但这些变化实际上推动我们着手讨论眼下尚不许提上董事会议事日程的那些商业可能性和选项。

道德主体的过程

纵观全书,我们常常回归到同一个问题:经济体制——自由市场、资本主义制度——其本身是否道德?有人认为,基于实施个人选择的自由市场究其本质而言是好的。有人对此表示反对。还有人相信自由市场绝非不道德,但是需要规范调节。有人认为对于商业道德问题,不可能找到答案。他们声称,不可能存在经济伦理这么回事(Parker,1998b:294),因为每一次定义伦理经济的努力都会使我们陷入哲学辩论或篡改数据的痛苦中。

如果我们悲观地假定市场体制是不道德的,或者说我们无法定义市场体制应该如何运行才道德,那么这是否意味着在市场体制内不可能有合乎伦理的行为?在一个恶浊世界里品行端正是否行得通?或者说,承认自己处在一个恶浊世界是否意味着摆脱不了大染缸污染?这种悲观主义否认行为主体的潜能——那是个人(以及个人集合体)影响变革的能力,
518 行为主体通过直接行动或间接行动如游说政府,对商业活动实行更大的法律控制。

虽然迄今为止本章的焦点是大型企业,且太多经济伦理文献都专注于公司社会责任,但是,只要个人在决定我们社会、环境、经济和政治生活上的辩论中只是被动、超然和事不关己的旁观者,那么不会有任何明显改观发生。这就是为什么我们在此书中主要致力于关注经济伦理问题,因为经济伦理问题影响着个人也受到个人的影响。由许许多多的个人定形、激发并最终执行的发展也许是走向更好,也许是变得更糟。有些人将采取集体行动,有些人则采取单独行动。有些人会赞成这个结果,另一些人则会赞成另外的结果。问题总是复杂、多方面、相互冲突且不易解决的,独一无二的解决方案不会成为永远的选项。相反,需要某种妥协或折中。在有些人看来,这样的前景是没有吸引力和感召力的,因为它要求更加主动积极地参与不同的决策过程和不同的议题。然而,个人越是退出决策过程——包括商业组织内部的决策过程,民主的理想越容易受到损害并最终消失。

关于积极参与解决工作中的伦理问题,由两部分组成:

(1) 思考问题并决定某事是否极其恶劣,以至于我们不得不做点什么,以及决定我们应该具体做什么。

(2) 提高付诸行动和做应该做的事情的意愿。

我们想在这两个方面提出一些建议。

想通问题，采取最佳行动

大多数人在自己工作生涯中，不会自觉地应用伦理理论和哲学论证。价值观是思考伦理议题的手段，也是伦理理论的常识反映，因为对这些启迪我们思想的伦理理论，我们无争辩地接受。柏拉图曾用“洞穴”来隐喻我们的感知所传达的真实世界是何等的不充分、不适当。想象有人从小待在洞中从未离去，他们浑身被捆绑着，只能看到自己眼前的墙壁，阳光将洞穴外面的世界投影到这堵墙壁上。他们相信这就是世界的本来面目。这个隐喻将价值观定义为伦理理论(第三章中已讨论)的模糊反映。这也许并非坏事。这意味着人们在浑浑噩噩地应付着身边的伦理问题。另一种选择取向是，当面临困难的道德问题时，机械地运用预定的规则或原则做出应对方案的选择。毫无疑问，在经济和组织生活中有些伦理议题是 519
非分明，什么是对，什么是错，一点不含糊。本书中我们对案例的讨论以及我们对管理者和员工的访谈表明，在许多问题上，有关什么是对，什么是错至少存在着对立的观点，而在那些当事人的感知中，这些问题常常被视为两难困境。个案的特殊情况往往挑战着我们的价值观和伦理原则。我们认为应该更好地理解伦理学与道德行为的理论，鼓励对为我们行为提供信息的价值观做批判的思考。这将使我们每个人有更大机会降低驾驭复杂伦理情境的难度。正如奥斯卡·王尔德(Oscar Wilde，1996)所讥讽的那样，“一般的道德意味着什么也不是”。

有趣的是，基于人工智能(AI)、运用神经网做出决定的电脑似乎也是浑浑噩噩的，其效率似有似无。神经网具有归纳能力，也就是说，它们能够学习。它们随着自己对许多具体个案及其后果的处理而逐渐进化。两个神经网从同一案例材料得到的发展不一定相同，但是它们将具有“冗余浪费和奇怪排列”的共同特征(6，2001：410)。它们也会工作。神经网通过丰富分类系统进行工作；开始的时候它们设法将情境对号入座地归入现有类别，然后，在分辨特征的过程中，它们又创造了新的类别。形成我们提议的基础的东西就有点类似这一过程。

我们建议，思考伦理问题的一个良好途径可由以下三个要素构成。

(1) 道德想象——挑战将新问题强行纳入我们从前对问题的处理和归类(即“范例”)的倾向，从前对问题的处理方式为我们提供已经尝试过和检验过的解决方案。

(2) 殊案决疑(Casuistry)①——要求将每个伦理问题作为独立、特殊的个案区别对待，弄清每个问题的细节和特殊性。

(3) 对话与辩论——与所有利益集团进行对话与辩论，因为他们对议题可能持有不同观点。

威尔汉(Werhane，1999)最早用“道德想象”一词来描述对道德难题的一种思维方式，这

① 殊案决疑(casuistry，亦称诡辩)：由拉丁文 casus(“个案”)一字而来，乃指法律对个人特殊案件的处理。目的是要去除模糊不清、不分黑白，推卸事情的弊端。殊案决疑有两种作用：一是积极的，将个人带到律法真义的判断中，让人无可推诿地面对律法；一是消极的，让各人有自辩的机会，在将普遍性的律法用于个人的行为时有斟酌性的考虑。这也就是说，定案时，既考虑了律法的尊严，又兼顾了个人的特殊情境，这样一来律法的公平和公义才能得到全面的肯定。——译者注

种思维方式运用创造力来避免陷入道德泥潭。威尔汉论证的始点是,我们大家都通过社会建构的思维定式或图式来观看世界。当我们遇到一个问题时,我们无意识地由它联想到过去经历的类似问题。如果我们能够简便地将这个问题归类为过去的和类似的那些问题,我们就会轻易地得出结论:过去有用的,对解决当前问题也有用。威尔汉指出,每一情境的细节都有别于其他情境,在决定该做什么的时候,这些差异性可能比以往案例的相似性更重要。道德想象是用新思维方式解决当前问题的过程,这一过程使新的解决方案和行动选择得以显现。威廉•哈兹利特(William Hazlitt,2004:84—85)在一篇他写于1826年的文章中用极富洞察力的比喻表达了这一观点。他说,没有想象力的人

> 520 眼睛紧盯住目录,从不打开心灵的书卷。他们要的是地图,不是我们生活在其间的世界画卷:可以这么说,对事物的鸟瞰中包含着真理,完整的真理,除了真理,没别的。

道德想象需要画卷与激情,不单是地图。

承上启下

我们在第五章讨论启发式时,已经详细探讨了思维定式和图示在思考伦理问题时的重要性,启发是一种得自过去经验的架构,它使人能够有效地决定应该做什么。笔者在第五章论道,启发式既有效又可以是切实有助的决策手段,但是在棘手的道德两难困境中,启发式往往达不到预期目标。第六章通过归类与殊化的概念对同样问题作了探究。

鲍威和威尔汉(Bowie and Werhane, 2005:120—121)在他们关于道德想象的定义中包含了以下内容:

- 感知个案细微的伦理差异。
- 跳出眼前的直接问题,了解限制人理解问题的心理模式(圣吉语)。
- 幻想新的可能性。
- 用道德的观点评价新的可能性。

究其平常意义而言,殊案决疑论是应该避免的东西。殊案决疑意味着歪曲和曲解论点,支持一个先前因其他(不光彩)理由而已经赞同的结论。殊案决疑其实含有更正式、更少贬损的意义。琼森和图尔民认为,殊案决疑是一种道德推理方法,这种道德推理方法从个别案例的具体处境着手,反对在个案中套用一般伦理理论和原则。他们的表述如下,

> 仅根据一般规则和普遍原则建立的道德规范太容易变得专横和不相称……只有那些学会"公正地允许"在看似相似的处境中存在细微个体差异的人,才会对伦理学有着最深刻的真情诉求。
>
> (Jonson and Toulmin, 1988: 341)

承上启下

在殊案决疑思想的理念与最高道德发展阶段之间，存在许多相似之处。最高道德发展层次理论在页边码第253页科尔伯格道德发展理论中论及。

在道德想象与殊案决疑论之间存在以下关键衔接点： 521

- 应以个别案例为基础思考道德议题；
- 强调表面相似个案之间的细微差异；
- 通过个案比较，能够识别特殊性；
- 案例之间的差异可以用作道德双向学习的基础。此概念由艾格利斯（Argyris，1993）提出，用以定义质疑我们习惯性思考模式的学习行为。当我们质疑某个问题的假定、目标和规则，但又找不到解决问题的有效方法（被称为单向学习）时，就发生了双向学习行为。

到目前为止所提出的所有论题都表明，经济伦理学问题不能通过生硬地套用规则和守则来解决。所以我们有必要进行关于经济伦理的对话与辩论，但是在这里我们遇到一个悖论。一方面本书通篇一直强调对话与辩论的重要性，另一方面我们也提出，调查研究表明道德行为其实并不是管理者热衷讨论的东西。管理者持续的道德失语使人们有理由担忧，这也是改善经济组织内部道德主体前景的严重障碍。

应该同谁进行这种对话？答案是：同利益相关者。对话不应该仅限于拥有财产权的那些利益相关者，也不应该只在当事的焦点组织与涉利各方之间双边进行。利益相关者地图上的焦点组织还应该使讨论得以在各种利益相关团体之间进行。鲍威和威尔汉（2005：117，131—133）举了一个有趣例子，涉及由美国石油巨头埃克森美孚（ExxonMobil）牵头的项目——在非洲国家乍得钻井采油，并通过由乍得经邻国喀麦隆的输油管道输出原油。由于钻井采油和铺设输油管道使部落领地受到威胁，谁该得到石油公司的补偿？得到多少补偿？遂成为引发班图（Bantu）与巴库拉侏儒（Bakula Pygmy）之间冲突的导火索。这些部落过去一直争斗不断。在此形势下，鼓励两个部落的对话尤为重要，因为两国法律和体制建设甚弱，埃克森美孚似乎必须支持各非洲国家政府之间以及政府与国际非政府组织之间的对话。这样也许能帮助这些国家进行体制的制定与安排，使之能监督、支持政府间和部落间达成的任何协议。

承上启下

利益相关者理论是本书反复论及的主题，见于页边码以下页目：16—18，131，315—318，443。

单靠对话与辩论不足以改善道德主体性，还需要有支持结构，如，提出当前伦理关切的正式机制，以及一种传导良好意图、善于表达关切，善于培养伦理行为的组织文化。没有这些支持结构，辩论与对话只会使犬儒主义者、怀疑主义者和悲观主义者觉得自己更有理。 522

图13.1尝试将

- 道德想象，
- 殊案决疑，
- 利益相关者之间的对话与辩论

这三个主题整合成一个问题序列。根据道德判断的过程，人们可以用这个问题序列来指导自己思考棘手的道德问题。

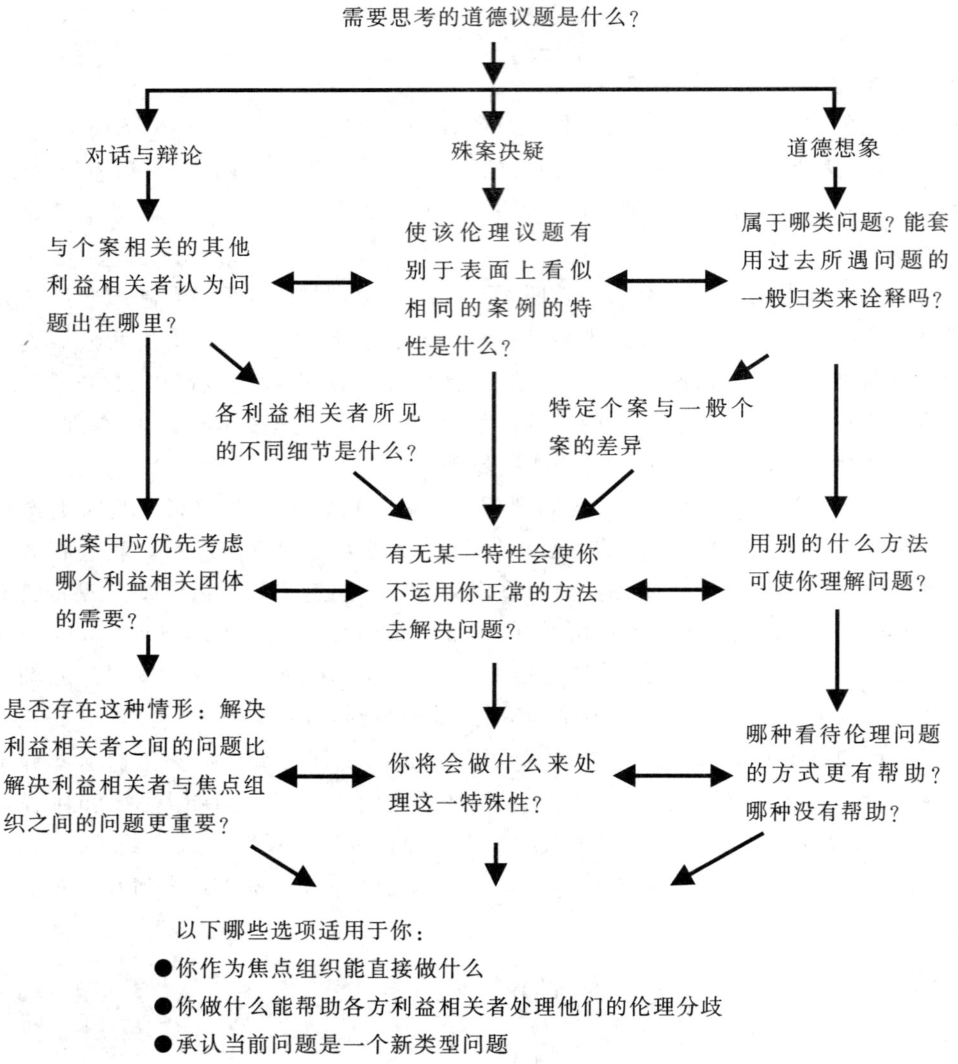

图 13.1　问题序列——原则判断指南

523 **活动 13.1**

以下案例根据英国罗孚汽车公司(MG Rover)的故事(见页边码第 504 页)编写，但具体细节属于虚构。

假定你是中国国有大型汽车制造商中国西安汽车公司(CXAC)的董事。一年来你参与了与最后一个英国国有大型汽车制造商盎格丽兰切斯特公司的洽谈。五年前，盎格丽兰切斯特公司属于德国汽车公司。后来德国汽车公司认定盎格丽兰切斯特不宜发展为大型汽车制造商，希望将其转为生产赛车的小车型生产商。这将在英国中部地区造成大量失业。在政府鼓励下，盎格丽兰切斯特以虚价卖给雷鸟协会。新业主并未设法在随后五年研发唯一能使企业起死回生的新款系列。雷鸟与西安汽车公司在洽谈中细商合作前景：中方投资研发新款车型，作为投资回报，中方将获得在中国生产盎格丽兰切斯特系列的商标和技术。

但是西安汽车公司的醉翁之意并非是英国的车厂。他们想要的是在中国进行汽车生产的品牌、车型和生产技术，以满足日益扩大的国内市场的需求。谈判期间，他们没有从雷鸟购买与盎格丽兰切斯特系列车型相关的知识产权。西安汽车公司没有意识到如下事实：如果他们撤回交易，盎格丽兰切斯特将极有可能破产，届时，西汽不费吹灰之力便能以地板价从行政管理者那里买到他们想要的东西。然而，若交易通过，英国政府将提供一大笔软贷款[①]，使盎格丽兰切斯特公司得以幸存。

问题：你应该

- 做成这笔交易，以便保住盎格丽兰切斯特，并保护许多工作职位，还是
- 撤回交易。

现在考虑下面几种特殊情况。其中，哪些特殊情况会影响你的决定？做出决定：如果下面各组情况其中一个或另一个条件存在，是否会改变你对正确行动的观点。

英格兰中部居住着大量华裔，当一个曾经是英属殖民地的印度洋国家被占多数人口的土著推翻后，这些华裔迁徙至此。他们中有许多人为盎格丽兰切斯特公司工作。	←→	英格兰中部与中国之间没有多大民族或文化联系。	524
英国比中国富裕，所以应该对其公民的福祉承担责任。	←→	想象一下，中国是一个富裕的工业化国家而英国是发展中国家，盎格丽兰切斯特大量员工失业将使该国受到沉重打击。	
西安汽车公司曾购买知识产权，既是它建立信誉的手段，也表明它有诚意做成这笔生意。	←→	西安汽车公司曾购买知识产权，因为盎格丽兰切斯特的业主使劲游说促成这笔买卖，竭力使公司不致破产。	
盎格丽兰切斯特的业主雷鸟车协的四个合伙人甚至在盎格利兰切斯特濒临破产之际，从盎格利兰切斯特公司那里赚得可观财富。	←→	为使盎格丽兰切斯特继续运转，雷鸟所有者曾向盎格丽兰切斯特投入巨额私人资金。	
职工养老基金充足，将为你的中国职工提供超过预期的养老金。	←→	如果交易停止，养老基金将破产。如果你撤回交易，盎格丽兰切斯特的职工将失去养老金。	

我们十分强调道德主体的概念，因为如果没有这一概念，个人就消失了。组织是大多数人度过大半人生的处所。如果他们不能听从自己的良心召唤行使道德主体性，而是因害怕报复被迫做明知错误的事，那么好则造就一个是非不分的超道德社会，坏则造就一个不道德的社会。

运用亚里士多德所用的中道，为避免道德主体性的沉迷或忽略这类极端行为，我们主张 525
一种道德主体性，它能识别和避免拘谨过度或行义过度。我们称这种中道或平均为“原则性

---

① 软贷款(soft loan)：借款国可以用本国软货币偿还的一种外国贷款。软贷款被认为是硬货币和赠款之间的折中。发展中国家获得这种贷款比较多。——译者注

判断”。由于修正错误使道德主义者的良心到安慰，所以尽管纠错可能造成伤害，修正“错误”仍被视为具有正当性。这个例子证明道德主体正越过中道之界，进入了行义过度的沉迷。原则判断是道德无能与行义过度之间的中道或平衡。

“行义”要求人的良心做内省式搏斗，意味着它更关心人的心灵状态，而不是世界的状态。这似乎与别的东西发生了不平衡，因为

> ……当那些因其特殊德行而闻名的人在场时，我们感到极不自在，因为他们弥散着一种受苦受难的气息。
>
> (Jung，1953)

另一方面，道德无能意味着一种失败——那倒不一定是个人的错。尽管道德无能感可能是个人失败的结果，但是道德无能也可以是由个人无法控制的因素导致的后果。在后面这种情况下，一个极权政府，再加上没有结构性支持的组织文化，可能使个体员工在面对使自己感到不安的情境时变得无助。然而，一个人能否对道德无能的根源做出判断，多半依赖于个案条件。

鼓足勇气，正确行动

知道应该做什么是一回事，付诸行动则是另一回事。经济伦理所要面对的问题是，人们常常不做自己明知应该做的事情。秋园案例（页边码第250页第六章论及）精辟地阐述了这个问题。1984年[①]在纽约秋园，基蒂·吉诺维斯（Kitty Genovese）在附近公寓38位邻居众目睽睽之下，被凶手用刀刺死，旁观者无一人采取行动。无一人对基蒂施救，连打电话报警的人也没有。这是因为人们麻木不仁、漠不关心吗？或是因为他们害怕惹火烧身吗？对于这些邻人的袖手旁观，一个涉及社会证据思想的解释颇引人注目（Silk，1999）。明摆着出事了，而此时人们却假设：这不可能，并同时寻找更令人宽慰的解释。或许，自己眼前发生的不是谋杀，只是在拍一个电影镜头，摄影师肯定隐蔽起来了。在接受最糟糕的解释之前，人们在寻找那是事实谋杀的社会证据。西尔克指出，如果火警声响起，我们环顾四周，想看看别人
526 是否认真对待，然后我们才决定是否真有危险并撤出大楼。在秋园事件中，或许所有旁观者都在等待别人最先喊出来，然后自己才能对亲眼所见的谋杀有确定感。有关社会证据的一个问题是，如果有许多目击者，他们意识到彼此存在，但是相互没有直接交流，就像秋园的旁观者，他们每个人都从自家公寓的窗户往外张望，他们都假定别人会采取行动，所以自己没有采取行动。

承上启下

社会证据的概念非常接近鲍曼的“漂浮的责任”（见页边码第283页第七章）。

一位剑桥学者于1908年出版了一本含沙射影的大学政治学指南。他认为人类天生会选择诚实与善良。他将违背天性的行为倾向归因于人对他人作为或不作为的预期。

> 无赖的人数约等于诚实行为者的人数，这个数量很小。大多数人愿意做诚实行为

---

① 此处疑有误，似应为1964年。——译者注

> 者，但他们却没有顺从这种天性，其原因在于：他们害怕别人不愿采取诚实的行动；而别人不顺从这种人类的天性，则是因为他们自己也害怕对方行为不诚实。于是便成了这样的情境：虽然看上去不诚实的行为相当普遍，但是十足的不诚实却如勇气一样罕见——这里所说的勇气是指向邻人表示信任以唤起其善意的那种勇气。
>
> （Cornford，转引自 Johnson，1994：103）

人们不愿看见眼皮底下发生坏事，这一倾向是他们对社会情境感知的结果。如果这是事实，那么可以通过建立增强个人责任感的组织和体制环境，来鼓励人们承担伦理责任。从这个角度看，当前强调团队是组织的基本单位，可能是导致员工不能鉴别伦理问题和对其做出反应的原因，因为识别伦理问题并对其做出反应的责任已经通过团队而发散和减弱了。

伯尼·埃博斯（Bernie Ebbers）的故事可以例证改变体制何以鼓励个人承担责任。伯尼·埃博斯是世通首席执行官，他把一家小型电信公司发展成为美国第二大长途电话公司。网络泡沫破灭后，企业压力日增，部分靠欺诈勉强对付。公司夸大收益，误报开支，竭力维持股票价格。该公司破产成为美国历史上最大的破产案。2005 年，伯尼·埃博斯（Bernie Ebbers）被判犯有共谋、欺诈和伪造文件罪（BBC News，2005）。审判期间，伯尼·埃博斯的抗辩词是“我不知道发生了什么”，但是他的抗辩无效（Evans，2005）。埃博斯将自己描述成不知道公司会计详情的首席执行官。他只是一名推销商，知道如何降低成本，但要说弄懂复杂的公司财务和会计，他还不够老辣。他把那些事务交给他的财务总监去打理，此人的欺诈罪一定是成立的，但是“什么也不知道”的埃博斯不够老谋深算，他干不了欺诈那等事。检察官认为，埃博斯能够从无到有创办公司，竟然对财务一窍不通，这不可思议。抗辩可以被解释 527
为社会证据论的一个例子。埃博斯本来可以盯住自己的高级财务官——假如这些人做出一付没错的样子，那么就一切没错。虽然埃博斯将对定罪提出申诉，但是成功的起诉将向外界别的首席执行官们传达某种体制方面的信息：“我不知道发生了什么”的抗辩将不会奏效。这可以使他们鉴别伦理问题并对其做出回应，因为他们知道，自己不能利用他人的行为缺失来原谅自己的不作为。在体制层面和组织层面上，我们都应该健全机制，制定规范，使管理者不能够轻易回避其道德义务。

小　结

本章讨论的要点如下：

- 一些强有力的论据显示企业是实现民主理想的刹车，应使企业在民主过程中更加负责。
- 对可持续性问题做出回应，需要审视不断增长的特权和财产权，需要设计市场机制，从而阻止公司的不可持续性行为。
- 有必要就意识形态的设想和选择爱好展开世界范围的公开辩论，使之成为国际组织的组成部分，以便监督和指导世界贸易和经济发展。
- 在伦理问题中，“魔鬼藏在细节中”，应依据个案妥善处理问题，应关注问题的特殊性。
- 应鼓励组织决策者在审视伦理问题时，也像对待多数管理决策一样，采用“道德想象”方式。
- 应在社会和组织两个层面健全体制与结构，以克服人们低估伦理问题或不能对其做出反应的倾向。

快速复习测验

1. 上市公司的有限责任何时被引入英国？
   (a) 1920 年
   (b) 1856 年
   (c) 1578 年

528 2. 意大利非法处置废料的百分比是多大？
   (a) 95%
   (b) 68%
   (c) 30%

3. 秋园效应是……
   (a) 相信跟人讲话，就像跟植物讲话一样，鼓励健康成长与发展
   (b) 人对坏人坏事视而不见的倾向
   (c) 证明人能够路见不平拔刀相助

4. 奥斯卡·王尔德挖苦道……
   (a)“绅士偏爱风度而不爱道德”
   (b)“道德少了危险，道德多了致命”
   (c)“一般的道德意味着什么也不是”。

典型作业与简述

1. 致力于加强企业社会和环境责任的非政府组织，是否比他们所批评的企业更讲伦理、更不需要做问责交待？

2. 应否制定这样的法律：一旦发现企业有不道德行为并造成伤害，便能顺利终止其经营业务？

3. 什么是道德想象？怎样把它应用于公司决策？

4. 用什么方式可以进行体制和组织改革，从而鼓励管理者鉴别组织的伦理问题并对其做出反应？

小组活动 13

看一段根据巴肯同名著作改编的电影《解构企业》(*The Corporation*)的视频或 DVD。按照电影网页的建议讨论：解决企业问题应该采用以下哪种途径？

- 改写——改变企业的法律形式和特权；
- 监管——创造更多的监管企业的方法与机构；
- 改革——鼓励组织进行更好更多的伦理管理；或许(回到本书引言主题)，通过表彰组织和首席执行官选择伦理行为的善意和英雄故事，可以鼓励企业朝这方面努力。

参阅建议 529

本章的两部重要参考书是:《企业:病态追求利润与权力》(Bakan, J., 2004, *Corporation: Pathological Pursuit of Profit and Power*, London: Constable),以及《道德想象力与管理决策》(Patricia Werhane, 1999, *Moral Imagination and Management Decision-making*, New York: Oxford University Press)。读者若不想读巴肯的书,可看电影《解构企业》(*The Corporation*)。

推荐网站

主　题	网站提供者	网　址
大量的关于电影的信息,包括大纲和教育资源	电影《解构企业》的网站	http://www.thecorporation.com/index.php
1964年基蒂·吉诺维斯在秋园遭谋杀一案激起的热烈的伦理辩论	维基百科	http://en.wikipedia.org/wiki/kitty_Genovese
维基百科网站提供的辩论空间;在另一个具有更明显派系思想的网站上,兰德式客观主义者担心其伦理哲学所造成的后果	克里斯丁·西尔克,客观主义者中心	http://www.objectivistcenter.org/navigator/articles/nav+csilk_why-kitty-genovese-die.asp

参考文献

6, P. (2001) 'Ethics, regulation and the new artificial intelligence, part Ⅱ', *Information, Communication & Society*, 4(3), 406—434.

ABC News Online (2005a) *Shareholders' group opposes tsunami donations*, World Wide Web, http://www.abc.nrt.au/news/newsitems/200501/s1278005.html. Site visited 17 January 2005.

ABC News Online (2005b) *Shareholders' group clarifies tsunami donation stance*, World Wide Web, http://www.abc.nrt.au/news/newsitems/200501/s1278362.html. Site visited 17 January 2005.

Abramson, D. M. (1999) 'A critical look at NGOs and civil society as a means to an end in Uzbekistan', *Human Organisation*, 58(3), Fall, 240—250.

Account Ability (2004) *AA1000 series*, World Wide Web, http://www.accountability.org.uk/aa1000/default.asp. Site visited 19 September 2004.

Achbar, M., Abbott, J. and Bakan, M. (Directors) (2003) *The Corporation*, a film, New York: Zeitgeist Films.

Adair, J. (1980) *Management and Morality. The Problems and Opportunities of Social Capitalism*, Farnborough: Gower.

Al Andalusia, S. C. (2001) *Credit Cards*, World Wide Web, http://www.islamzine.com/carlo/shari33.html. Site visited 20 August 2001.

Alden, E. (2001) 'Brands feel the impact as activists target customers', *Financial Times*, 18 July: 11.

Alvesson, M. and Willmott, H. (1996) *Making Sense of Management. A Critical Introduction*, London: Sage.

Amnesty International (1997) *The 'Enron project' in Maharashtra-protest suppressed in the name of development*, World Wide Web, http://web.amnesty.org/802568F7005C4453/0/73E2D8C20C9F126F8025690000693183? Open& Highlight=2,enron. Site visited 22 January 2002.

Amnesty International UK (2003) *Baku-Tbilisi-Ceyhan Pipeline Project Puts Human Rights on the Line*, World Wide Web, http://www.amnesty.org.uk/business/btc/press.shtml. Site visited 12 March 2005.

Anon. (1995) *Principles of Islamic Banking*, World Wide Web, http://cwis.usc.edu/deptMSA/economics/nbank1.html. Site visited 20 August 2001.

Anon. (1997) 'Branson to tell EU of "illegal" BA practices', *Financial Times*, 11 November.

Anon. (1999a) 'Brussels gets tough with British Airways', *Financial Times*, 15 July.

Anon. (1999b) 'US judge throws out last Virgin complaint against BA', *Financial Times*, 26 October.

Anon. (2001) 'Cancer research hampered after Alder Hey', *Guardian Unlimited*, 22 May, World Wide Web, http://www.societyguardian.co.uk/alderhey/story/0, 7999, 494612, 00hl. Site visited 12 March 2003.

Argyris, C. (1993) *Knowledge for Action. A Guide to Overcoming Barriers to Organizational Change*, San Francisco: Jossey-Bass.

Arif, M. (1988) 'Islamic Banking', *Asian-Pacific Economic Literature*, 2(2), September: 46—62.

Aristotle (1976) *The Ethics of Aristotle*, trans. J. A. K. Thompson, Harmondsworth: Penguin.

Armstrong, M. (1998) *Performance Management*, London: Kogan Page.

Arthur Andersen and London Business School (1999) *Ethical Concerns and Reputation Risk Management. A Study of Leading UK Companies*, London: Arthur Andersen.

Badaracco, J. L. Jr (1997) *Defining Moments: When Managers Must Choose Between Right and Right*, Boston: Harvard Business School Press.

Bakan, J. (2004) *The Corporation: The Pathological Pursuit of Profit and Power*, London: Constable.

baku-ceyhan campaign (2003a) *Conflict, militarization, human rights and the Baku-Ceyhan Pipeline*, World Wide Web, http://www. bakuceyhan. org. uk/more_info/humanrights. htm. Site visited 24 January 2005.

baku-ceyhan campaign (2003b) *Environmental Risks in the BTC*, World Wide Web, http://www. bakuceyhan. org. uk/more_info/impacts. htm. Site visited 24 January 2005.

baku-ceyhan campaign (n. d.) *Colonialism and the Baku-Ceyhan Pipeline*, World Wide Web, http:// www. bakuceyhan. org. uk/more_info/colonialism. htm. Site visited 24 January 2005.

Baldwin, S., Godfrey, C. and Propper, C. (eds) (1990) *Quality of Life: Perspectives and Policies*, London: Routledge.

Barber, T. and Parker, A. (2004) 'Parmalat suspects deny fraud role', *Financial Times*, 5 January 2004, 1.

Barlow, T. (2001) 'Body and mind: Treatments that cost an arm and a leg', *Financial Times*, 7 April.

Barnes, J. (1999) *England, England*, London: Picador.

Barr, N. (1985) 'Economic Welfare and Social Justice', *Journal of Society and Politics*, 14(2), 175—187.

Barry, B. (1989) *Theories of Justice: A Treatise on Social Justice*, Hemel-Hempstead: Harvester-Wheatsheaf.

Bartlett, R. (2000) *England under the Norman and Angevin Kings, 1075—1225*, Oxford: The Clarendon Press.

Basu, N., Mintzberg, H. and Simons, R. (2002) 'Memo to: CEOs'. Reprinted in *Fast Company*, 59, April: 117.

Bauman, Z. (1993) *Postmodern Ethics*, Oxford: Blackwell.

Bauman, Z. (1994) *Alone Again: Ethics After Certainty*, London: Demos.

Bauman, Z. (1995) *Life in Fragments: Essays in Postmodern Moralities*, Oxford: Blackwell.

BBC News Online (2004a) *Dizaei to face a police tribunal*, 30 March, World Wide Web, http://www. bbc. co. uk/1/hi/England/London/3583107. Site visited 10 February 2005.

BBC News Online (2004b) *Cleared officer returns to work*, 30 October, World Wide Web, http://www. bbc. co. uk/1/hi/England/London/3226687: Site visited 8 February 2005.

BBC News Online (2005) 'NHS taking away Africa's medics', 15 March, World Wide Web, http://www. bbc. co. uk/go/pr/fr/-/1/hi/health/4349545. Site visited 16 February 2005.

BBC News Online (2005) 'Ebbers guilty of Worldcom fraud', 15 March, World Wide Web, http://news. bbc. co. uk/1/hi/business/4351975. stm. Site visited 17 March 2005.

Beardshaw, V. (1981) *Conscientious Objectors at Work*, London: Social Audit.

Beck, L. W. (1959) *Immanuel Kant: Foundations of the Metaphysics of Morals*, Indianapolis: Bobbs-Merrill Educational Publishing.

Beck, U. (1999) *World Risk Society*, Cambridge: Polity Press.

Bedward, D., Jankowicz, A. D. and Rexworthy, C. (2003) 'East meets West: a case example of knowledge transfer', *Human Resource Development International*, 6(4), 527—546.

Belbin, R. M. (1981) *Management Teams: Why they Succeed or Fail*, London: Heinemann.

Bennett, C. (2005) 'Where's the fair trade in £3 jeans?', G2, *Guardian*, 31 March: 5.

Bennett, R. and Voyle, S. (2001) 'Supermarkets facing more scrutiny after election: The relationship between food suppliers and retailers is likely to be probed', *Financial Times*, 11 April.

Bentham, J. (1982) *An Introduction to the Principles of Morals and Legislation*, eds J. H. Burns and H. L. A. Hart, London: Methuen. Original edition 1781.

Bentham, J. (1994) 'The Commonplace Book', in *The Works of Jeremy Bentham*, Vol. X, ed. J. Bowring, Bristol: Thoemnes Press. Original edition (1843), Edinburgh: Tait.

Berle, A. and Means, G. (1932) *The Modern Corporation and Private Property*, New York: Macmillan.

Beyond Strategy (1998～2001) *Feng Shui and the Beyond Strategy Logo*, World Wide Web, http://beyondstrategy.com/aboutus/ourlogo.htm. Site visited 24 April 2001.

Bhopal.com (2001) *Bhopal incident review and the settlement*, World Wide Web, http://www.bhopal.com. Site visited 15 October 2001.

Bhopal.net (2001) *The Union Carbide Disaster. Quick Fact Tour*, World Wide Web, http://www.bhopal.net/intro2.html. Site visited 25 October 2001.

Billig, M. (1996) *Arguing and Thinking: A Rhetorical Approach to Social Psychology*, 2nd edition, Cambridge: Cambridge University Press.

Birch, D. (2001) 'Corporate Citizenship: Rethinking Business beyond Corporate Social Responsibility', in Andriof, J. and McIntosh, M. (eds), *Perspectives on Corporate Citizenship*, 53—65, Sheffield: Greenleaf Publishing.

Bird, F. B. and Waters, J. A. (1989) 'The Moral Muteness of Managers', *California Management Review*, Fall: 73—88.

Blackburn, M. (2000) 'Managing the cross-cultural aspect of workplace privacy' paper presented at *Cross-cultural Business Ethics*, 2nd *International Conference*, 17—19 April, University of Westminster, London.

Blackburn, S. (2001) *Being Good. A Short Introduction to Ethics*, Oxford: Oxford University Press.

Blanchard, K. and Peale, N. (1988) *The Power of Ethical Management*, New York: Fawcett Crest.

Borrie, G. (1996) 'Business Ethics and Accountability', in Brindle, M. and Dehn, G., *Four Windows on Whistleblowing*, 1—23, London: Public Concern at Work.

Borrie, G. and Dehn, G. (2002) *Whistleblowing: The New Perspective*, London: Public Concern at Work, World Wide Web, http://www.pcaw.co.uk/policy_pub/newperspective.html.

Bosanquet, B. (1906) *A Companion to Plato's Republic*, London: Rivingtons.

Boseley, S. (2001a) 'Arrogance of Doctors led to organ scandal', *Guardian*, 11 January: 3. *Guardian* and *Observer* on CD-ROM.

Boseley, S. (2001b) '50,0000 Organs Secretly Stored in Hospitals', *Guardian*, 11 January: 1. *Guardian* and *Observer* on CD-ROM.

Bowe, C. (2001) 'Firestone cuts ties with Ford over tyre recall', *Financial Times*, 22 May: 36.

Bowie, N. E. and Duska, R. (1990) *Business Ethics*, Englewood Cliffs, NJ: Prentice Hall.

Bowie, N. E. (1999) *Business Ethics: A Kantian Perspective*, Oxford: Blackwell Publishers.

Bowie, N. E. with Werhane, P. H. (2005) *Management Ethics*, Oxford: Blackwell.

BP (2001) *BP's* 2001 *Environmental and Social Report*, World Wide Web, http://www.bp.com/environ_social/review_2001/index.asp. Site visited 28 March 2002.

Bradley, S. (2000) 'Villagers not sweet on 7-day sugar plan', *Bury Free Press*, 30 June.

Bridges, J. (Director) (1979) *The China Syndrome* (DVD), UCA.

Brigley, S. and Vass, P. (1997) *Privatised Ethics. The Case of the Regulated Industries*, in Davies, P.

W. F. (ed.), *Current Issues in Business Ethics*, London: Routledge.

Brindle, M. and Dehn, G. (1996) *Four Windows on Whistleblowing*, London: Public Concern at Work.

British Airways (2000) *British Airways Social and Environmental Report 2000*, London: British Airways.

Brown, P. (2004) 'India ordered to pay out Bhopal fund', *Guardian*, 20 July: 11.

Brown, J. M. (1972) *Gandhi's Rise to Power: Indian Politics 1915～1922*, Camb-ridge: Cambridge University Press.

Brown, M. (2001) 'Capitalism: Reconstruction theory', *Financial Management*, November, 20.

Browne of Madingley (2004) *The Ethics of Business-The Botwinick Lecture*, Columbia Business School, 19 November 2004, World Wide Web, http://www. bp. com/genericarticle. do? categoryId=98* contended-7002497. Site visited 2 December 2004.

Brunsson, N. (1986) 'Organising for Inconsistencies: On Organisational Conflict, Depression and Hypocrisy as Substitutes for Action', *Scandinavian Journal of Management Studies*, May: 165—185.

Brunsson, N. (1989) *The Organisation of Hypocrisy: Talk, Decisions and Actions in Organisations*, Chichester: John Wiley & Sons.

Brytting, T. (1997) 'Moral support structures in private industry-The Swedish case', *Journal of Business Ethics*, 16, 663—697.

Buchholz, R. A. and Rosenthal, S. B. (1998) *Business Ethics: The Pragmatic Path Beyond Principles to Process*, London: Prentice Hall.

Buckley, S. L. (1998) *Usury Friendly? The Ethics of Moneylending—a Biblical Interpretation*, Cambridge: Grove Books.

Burgo, E. and Stewart, H. (2002) 'IMF policies led to Malawi famine', *Guardian*, 29 October.

Burns, J. and Shrimsley, R. (2000) 'Racism "remains rife" in the Met: Complaints of discrimination at all levels add to ethnic recruitment crisis says report', *Financial Times*, 14 December.

Burrell, G. (1997) *Pandemonium: towards a Retro-organizational Theory*, London: Sage.

Burt, T. (2004) 'Breeden report opens the floodgates: Hollinger Chronicles', *Financial Times*, 4 September: 11.

Cabinet Office (2004) *The Civil Service Code*, World Wide Web, http://www. cabinet-office. gov. uk/central/1999/cscode. htm. Site visited 13 March 2002.

Cadbury Schweppes (2004) *Cocoa procurement: Free Trade*, World Wide Web, http://www. cadburyschweppes. com/EN/EnvironmentSociety/EthicalTrading/ CocoaProcurement/fair _ trade. htm. Site visited 22 December 2004.

Cantor, N., Mischel, W. and Schwartz, J. (1982) 'Social Knowledge: Structure, Content, Use and Abuse', in Hastorf, A. H. and Isen, A. M. (eds), *Cognitive Social Psychology*, New York: Elsevier.

Carbo Ceramics (2002) *Mission Statement*, World Wide Web, http://www. carboceramics. com/1024/company/mission. html. Site visited 10 December 2004.

Carey, J. L. (1984) 'The Origins of Financial Reporting' in Lee, T. A. and Parker, R. H. (eds), *The Evolution of Corporate Financial Reporting*, 241—264, New York & London: Garland Publishing Inc.

Carr, A. Z. (1968) 'Is Business Bluffing Ethical?', *Business and Society Review*, 100(1), 1—7.

Carroll, C. B. (1990) 'Principles of Business Ethics: their Role in Decision Making and an Initial Consensus', *Management Decision*, 28(8), 20—24.

Carter, C. (2004) 'Parmalat subsidy superior to CAP', *Financial Times*, 25 February, Letters to the Editor: 18.

Cassell, C., Johnson, P. and Smith, K. (1997) 'Opening the Black Box: Corporate. Codes of Ethics in

Their Organisational Context', *Journal of Business Ethics*, 16, 1077—1093.

Casson, M. (1991) *The Economics of Business Culture: Games Theory, Transaction. Costs and Economic Performance*, Oxford: Oxford University Press, Clarendon Paperbacks.

Caulkin, S. (2004) 'Money for less than nothing', *The Observer*, *Business*, 12 December: 10.

Caux Round Table (2001) *Caux Round Table Principles for Business*, World Wide Web, http://www.cauxroundtable.org/ENGLISH.HTM. Site visited 26 October 2001.

Center for Public Enquiry (2000) *The Public I: Major tobacco multinational implicated in cigarette smuggling, tax evasion, documents show*, World Wide Web, http://www.public-i.org/story_10_013100.htm. Site visited 3 June 2000.

Center for the Study of Ethics in the Professions (2003) *Covenant of the Goddess Code of Ethics*, World Wide Web, http://www.iit.edu/departments/csep/codes/coe/COG-CoE.html. Site visited 2 December 2004.

CEPAA (1997) *Guidance Document for Social Accountability 8000*, London: CEPAA.

Chakraborty, S. K. (1993) *Managerial Transformations by Values*, New Delhi: Sage.

Chakraborty, S. K. (1999) *Values and Ethics for Organisations. Theory and Practice*, New Delhi: Oxford University Press.

Chandler, D. (2001) *Semiotics: the Basics*, London: Routledge.

Chang, H. J. (2002) *Kicking away the Ladder*, London: Anthem Press.

Chaudhuri, N. C. (1987) *Thy Hand, Great Anarch! India* 1921～1952, London: Chatto and Windus.

Christian Aid (2004) *Behind the mask: The real face of corporate social responsibility*, London: Christian Aid.

Clark, A. and Borger, J. (2001) 'Cheaper drugs for Africa: Manufacturer to relax its patent on two Aids remedies', *Guardian*, 15 *March*: 3. *Guardian* and *Observer* on CD-ROM.

Clark, D. (2004) *The Rough Guide to Ethical Shopping*, London: Rough Guides.

Clarke, K. (2000) 'Dilemma of a cigarette exporter', *Guardian Unlimited*, 3 February, World Wide Web, http://www.newsunlimited.co.uk/bat/ 0,2763,131913,00.html. Site visited 12 August 2001.

Clarkson, C. M. V. (1998) 'Corporate Culpability', *Web Journal of Legal Issues*, Blackstone Press Ltd, World Wide Web, http://webjcli.ncl.uk/1998/issue2/clarkson2.html.

Clean Clothes Campaign (n. d.), World Wide Web, http://www.cleanclothes.org/companies/levi5-5-98.htm

Clutterbuck, D. (1992) *The Role of the Chief Executive in Maintaining an Ethical Climate*, London: Clutterbuck Associates.

CNN International (2003) *Parmalat to decide on bankruptcy*, World Wide Web, http://editioncnn.com/2003/BUSINESS/italy.parmalat/index.html. Site visited 8 February 2005.

Commission for Africa (2005) *Our Common Interest. Report of the Commission for Africa*, World Wide Web, http://news.bbc.co.uk/1/shared/bsp/hi/pdfs/11_03_05africa.pdf. Site visited 2 April 2005.

Connock, S. and Johns, T. (1995) *Ethical Leadership*, London: Institute of Personnel Development.

Corpwatch (2001) *Personal Appeal from Bhopal to Shareholders of Union Carbide: You Can Still End the Disaster in Bhopal*, World Wide Web, http://www.corpwatc.org/trac/bhopal/shareholder.html. Site visited 25 October 2001.

Covey, S. R. (1991) *Principle-centred Leadership*, New York: Summit Books.

Covey, S. R. (1992) *The Seven Habits of Highly Effective People: Powerful Lessons in Personal Change*, London: Simon and Schuster.

Cowe, R. (2001) 'Europe Rises to Social Challenge: Corporate Citizenship', *Financial Times*, 19 July.

Crainer, S. (1993) *Zeebrugge: Learning from Disaster*, London: Herald Charitable Trust.

Crichton, M. (2004) *'State of Fear'*, New York; HarperCollins.

Cronin, J. (2004) *DBA dissertation*, Nottingham Business School, Nottingham Trent University.

Crouch, C. and Marquand, D. (eds) (1993) *Ethics and Markets: Co-operation and competition within capitalist economies*, Oxford: Blackwell Publishers.

CSR Academy (2004) *The CSR Competency Framework*, London: CSR Academy, World Wide Web, http://www csracademy. org. uk/competency. htm. Site visited 28 February 2005.

Cyert, R. M. and March, J. G. (1992) *A Behavioral Theory of the Firm*, 2nd edition, New Jersey: Blackwell.

Czarniawska, B. (2004) *Narratives in Social Science Research, London: Sage.*

Czerny, A. (2004) 'Support for "ethical" testing', *People Management*, 11 March: 10.

D'Entreves, A. P. (1965) *Aquinas. Selected Political Writings*, trans. J. G. Dawson, Oxford: Basil Blackwell.

Dallas, M. (1996) 'Accountability for Performance-Does Audit have a Role?' in *Adding Value? Audit and Accountability in the Public Services*, Public Finance Foundation and Chartered Institute of Public Finance and Accountancy (CIPFA): London.

Dalrymple, W. (1999) *The Age of Kali. Travels and Encounters In India*, London: Flamingo Press.

Dalrymple, W. (2002) *The White Mughals*, London: Flamingo.

Davies, P. W. F. (ed.) (1997) *Current Issues in Business Ethics*, London: Routledge.

De George, R. T. (1999) *Business Ethics*, 5th edition, New Jersey: Prentice Hall.

De Pelsmacker, P., Driesen, L. and Rayp, G. (2003) *Are Fair Trade Labels Good Business? Ethics and Coffee Buying Intentions*, University of Ghent, Faculty of Economics and Business Administration, Working Paper, World Wide Web, http://www. feb. ugent. be/fac/research/WP/Papers/wp_03_165. pdf. Site visited 22 December 2004.

Degli Innocenti, N. and Reed, J. (2004) 'Anger at delay to AIDS drugs in South Africa', *Financial Times*, 21 January: 9.

Department of Transport (1987) *MV Herald of Free Enterprise, Formal Investigation by Hon. Mr justice Sheen, Wreck Commissioner, Court Report 8074* (The Sheen Report), London: HMSO.

Derrida, J. with Bennington, G. (1985) 'On Colleges and Philosophy', in Appignanesi, L. (ed.), *Postmodernism. ICA Documents*, London: Free Associates Books.

Dewey, C. (1993) *Anglo-Indian Attitudes: the Mind of the Indian Civil Service*, London: The Hambledon Press.

Dhesi, A. S. (1998) 'Caste, Class Synergies and Discrimination in India', *International Journal of Social Economics*, 25(6, 7, 8), 1030—1048.

Dickson, D. (1974) *Alternative Technology and the Politics of Technical Change*, Fontana/Collins.

Director (2001) 'Spanish Shuffle', *Director*, February: 29.

Dollar, D. and Kraay, A. (2002) 'Growth **is** Good for the Poor', *Journal of Economic Growth*, 7 (3), 195—225.

Dollar, D. and Kraay, A. (2004) 'Trade, Growth and Poverty', *Economic Journal*, 114(493), F22—49.

Donaldson, T. (1982) *Corporations and Morality*, Englewood Cliffs, NJ: Prentice Hall.

Donaldson, T. (1989) *The Ethics of International Business*, New York: Oxford University Press.

Donaldson, T. (1990) 'Morally privileged relationships', *journal of Value Enquiry* 24,1—15.

Donaldson, T. (1996) 'Values in tension: Ethics away from home', *Harvard Business Review*, 74 (5), 48—56.

Donaldson, T. and Dunfee, T. W. (1994) 'Toward a unified conception of business ethics: Integrative social contracts theory', *Academy of Management Review*, 19(2), 252—284.

Donaldson, T. and Dunfee, T. W. (1995) 'Integrative social contracts theory: A communitarian conception of economic ethics', *Economics and Philosophy*, 11(1), 85—112.

Donaldson, T. and Dunfee, T. W. (1999) *Ties That Bind: A Social Contracts Approach to Business Ethics*, Boston, MA: Harvard Business School Press.

Donaldson, T. and Preston, L. E. (1995) '*The Stakeholder Theory of the Corporation*; Concepts, Evidence and Implications', *Academy of Management Review*, 22(1), 65—91.

Donaldson, T. and Werhane, P. H. (1979) *Ethical Issues in Business: A Philosophical Approach*, New Jersey: Prentice Hall.

Done, K. (2003) 'Branson's Concorde bid grounded by Airbus Chief', *Financial Times*, 30 April: 3.

Done, K. (2004) 'Airlines battle for profitable Indian routes', *Financial Times*, 11 November: 6.

Donner, W. (1991) *The Liberal Self: John Stuart Mill's Moral and Political Philosophy*, New York: Cornell University Press.

Doran, J. (2004) 'The bank in American backwaters that has the answers to your prayers', *The Times*, *Business section*, 11 December: 70.

Doran, J. and Mansell, I. (2004) 'Shell settlements "bolster" billion-dollar class actions', *The Times*, 26 August: 50.

Dorff, E. N. (1997) 'The implications of Judaism for business and privacy', *Business Ethics Quarterly*, 7 (2), 31—44.

Dugatkin, L. (2000) *Cheating Monkeys and Citizen Bees*, Cambridge, MA: Harvard University Press.

Dunfee, T. W. (1991) 'Business Ethics and extant social contracts', *Business Ethics Quarterly*, 1 (1), 23—51.

Dunfee, T. W. (1996) *Ethical challenges of managing across cultures*, Invited plenary paper presented at the Ninth Annual European Business Ethics Networks Conference, Seeheim, Germany.

Dunfee, T. W. and Donaldson, T. (1995) 'Contractarian business ethics: Current status and next steps', *Business Ethics Quarterly*, 5(2), 173—186.

Durkheim, E. (1992) *Professional Ethics and Civic Morals*, trans. C. Brookfield, London: Routledge.

Dwivedi, R. S. (2000) 'The paradox of employee empowerment: Illusion or reality?' in Saini, D. S. and Khan, S. A. (eds) *Human Resource Management. Perspectives for a new era*, New Delhi: Response Books, Sage.

Dworkin, R. (1977) *Taking Rights Seriously*, London: Duckworth.

Dyer, G. (2003a) 'Taking action to head off its critics', *Financial Times*, 28 November, FT Report, Business and AIDS section: 18.

Dyer, G. (2003b) 'South Africa revives patent drugs issue', *Financial Times*, 17 October, International economy section: 12.

Eaglesham, J. and Tait, N. (2005) 'DTI backs down on bribery rules', *Financial Times*, 14 January: 1.

Eagleton, T. (1996) *The Illusions of Postmodernism*, Oxford: Blackwell.

Eastwood, A. and Maynard, A. (1990) 'Treating Aids. Is it Ethical to be Efficient', in Baldwin, S., Godfrey, C. and Propper, C. (eds), *Quality of Life: Perspectives and Policies*, London: Routledge.

Eco, U. (1985) *Reflections on the Name of the Rose*, London: Secker and Warburg.

Eco, U. with Richard Rorty, Johnathan Culler and Christine Brooke-Rose, ed. Stefan Collini (1992) *Interpretation and Overinterpretation*, Cambridge: Cambridge University Press.

Economist (2001) *The Plot Thickens: A Survey of India's Economy*, 2 June.

Eden, C., Jones, S. and Sims, D. (1979) *Thinking in Organisations*, London: Macmillan Press.

Edey, H.C. (1984) 'Company Accounting in the Nineteenth and Twentieth Centuries' in Lee, T. A. and Parker, R. H. (eds), *The Evolution of Corporate Financial Reporting*, New York and London: Garland Publishing Inc. pp. 225—230.

Elkington, J. (1999) 'Triple Bottom Line Reporting: Looking for Balance', *Australian CPA*, March, World Wide Web, http://www.cpaonline.com.au/03_publications/02_aust_cpa_magazine/1999/03_mar/3_2_3_31_reporting.asp. Site visited 12 June 2001.

Elliot, L. (2003) 'Policy made on the road to perdition', *Guardian*, 13 October: 25.

Elliot, L. (2005) 'Oil firms fund campaign to deny climate change', *Guardian*, 27 January: 1.

Elshtain, J. B., Aird, E., Etzioni, A., Galston, W., Glendon, M. A., Minow, M. and Rossi, A. (n.d.) *The Communitarian Network. A Communitarian Position Paper on the Family*, World Wide Web, http://www.gwu.edu/~ccps/pop_fam.html. Site visited 15 November 2001.

Erturk, J., Froud, J., Sukhdev, J. and Williams, C. (2004) *Pay for corporate performance or pay as social division: re-thinking the problem of top management pay in giant corporations*, University of Manchester and Royal Holloway College, London University.

Etzioni, A. (1988) *The Moral Dimension: Towards a New Economics*, New York; The Free Press.

Etzioni, A. (1993) *The Spirit of Community*, New York: Crown.

Evans, R. (2004) 'Hewitt weakened rules against corporate graft', *Guardian*, 23 December: 8.

Evans, S. (2001) 'McDonald's grilled over "veggie" fries', *BBC News Online*, World Wide Web, http://news.bbc.co.uk. Site visited 24 May 2001.

Evans, S. (2005) 'Blow dealt to the "Aw Shucks!" defence', *BBC News Online*, 16 March, World Wide Web, http://news.bbc.co.uk/1/hi/business/4337543.stm. Site visited 17 March 2005.

ExecutiveCaliber (2004) *Parmalat*, World Wide Web, http://executivecaliber.ws/sys-tmp/parmalat/. Site visited 8 February 2005.

Failaka International Inc. (2001) *Glossary of Islamic Financial Terms*, World Wide Web, http://www.failaka.com/Glossary.html. Site visited 20 August 2001.

Farrell, B. J. and Cobbin, D. M. (1996) 'A Content Analysis of Codes of Ethics in Australian Enterprises', *Journal of Managerial Psychology*, 11(1), 37—55.

Festinger, L. (1957) *A Theory of Cognitive Dissonance*, New York: Row Peterson.

Financial Times (2000) 'Leading article: Spy trap', *Financial Times*, 22 August.

Financial Times (2001) 'Leading article: Changing Track', *Financial Times*, 9 May.

Financial Times (2005) 'Leading article: A tale of greed and gullibility', *Financial Times*, 9 April: 10.

Fineman, S. and Gabriel, Y. (1996) *Experiencing Organisations*, London: Sage.

Firestone Tire Resource Center (n.d.), World Wide Web, http://www.citizen.org/fireuf/index7.htm. Site visited 22 May 2001.

Fischer, F. (1983) 'Ethical Discourse in Public Administration', *Administration and Society*, 15(1), 5—42.

Fischoff, B., Slovic, P. and Lichtenstein, S. (1977) 'Knowing with certainty: the appropriateness of extreme confidence', *Journal of Experimental Psychology*, 3(4), 552—564.

Fisher, C. and Lovell, A. T. A. (2000) *Accountant's Responses to Ethical Issues at Work*, London: CIMA Publishing.

Fisher, C. M. (1998) *Resource Allocation in the Public Sector: Values, Priorities, and Markets in the Management of Public Services*, London: Routledge.

Fisher, C. M. (1999) 'Ethical Stances: The Perceptions of Accountants and HR Specialists of Ethical

Conundrums at Work', *Business Ethics: A European Review*, 18(4), 236—248.

Fisher, C. M. (2000) 'The ethics of inactivity: human resource managers and Quietism', *Business and Professional Ethics Journal*, 19, 55—72.

Fisher, C. M. (2001) 'Managers' Perceptions of Ethical Codes: Dialectics and Dynamics', *Business Ethics: A European Review*, 10(2), 145—157.

Fisher, C. M. and Rice, C. (1999) 'Managing Messy Moral Matters', in Leopold, J., Harris, L. and Watson, T. J. (1999) *Strategic Human Resources. Principles, Perspectives and Practices*, London: Pearson Education.

Fletcher, J. (1966) *Situation Ethics*, London: SCM Press.

Floodgate, J. F. and Nixon, A. E. (1994) 'Personal development plans: The challenge of implementation-a case study', *Journal of European Industrial Training*, 18(11) 43—47.

Forster, E. M. (1975) *Two Cheers for Democracy*, New York: Holmes & Meier.

Foster, N. (2001) *The Foster Catalogue 2001*, London: Prestel.

Francis, D. and Young, D. (1979) *Improving Work Groups: A Practical Manual for Team Building*, La Jolla, CA: University Associates.

Friedman, J. (1994) *Cultural Identity and Global Process*, London: Sage.

Friedman, M. (1970) 'The Social Responsibility of Business is to Increase its Profits', *The New York Times Magazine*, 13 September, 33, 122—126.

Friends of the Earth-US (1997) *OECD Multilateral Agreement on Investment: Fact Sheet*, World Wide Web, http://www.globalpolicy.org/socecon/bwi-wto/oecd-mai.htm. Site visited 25 January 2005.

Fukuyama, F. (1993) *The End of History and the Last Man*, Harmondsworth: Penguin.

Gabriel, Y., Fineman, S. and Sims, D. (2000) *Organizing & Organizations*, 2nd edition, London: Sage.

Galbraith, J. K. (2004) *The Economics of Innocent Fraud: Truth for Our Time*, Allen Lane: Penguin Books.

Galton, M. and Delafield, A. (1981) 'Expectancy Effects in Primary Classrooms', in Simons, B. and Willcocks, J. (eds) (1981) *Research and Practice in the Primary Classroom*, London: Routledge, Kegan and Paul.

Gamble, P. R. and Kelliher, C. E. (1999) 'Imparting Information and Influencing Behaviour: An Examination of Staff Briefing Sessions', *Journal of Business Communications*, 36(3), 261—280.

Giddens, A. (1984) *The Constitution of Society*, Cambridge: Polity Press.

Giddens, A. (1985) 'Reason Without Revolution? Habermas's Theorie des Kommunikativen Handelns', in Bernstein, R. J. (ed.), *Habermas and Modernity*, Cambridge: Polity Press in association with Oxford: Blackwells.

Gidoomal, R. and Porter, D. (1997) *The UK Maharajahs: Inside the South Asian Success Story*, London: Nicholas Brealey.

Gigerenzer, G., Todd, P. and the ABC Research Group (1999) *Simple Heuristics that Make us Smart*, Oxford: Oxford University Press.

Gilligan, C. (1982) *In a Different Voice: Psychological Theory and Women's Development*, Cambridge, MA: Harvard University Press.

Goffman, E. (1959) *The Presentation of the Self in Everyday Life*, New York: Doubleday Anchor Books.

Gompers, P., Ishii, J. and Metrick, A. (2004) *Incentives vs. Control: An Analysis of U. S. Dual-Class Companies*, NBER Working papers no. 10240, Cambridge, MA: National Bureau of Economic Research.

Gonella, C., Pilling, A. and Zadek, S. (1998) *Making Values Count*, Research Report No. 57 of the

Association of Chartered Certified Accountants; London: Certified Accountants Educational Trust.

Goodwin, R. N. (1974). *The American Condition*, New York: Doubleday.

Gopinath, C. (1998) 'Alternative Approaches to Indigenous Management in India', *Management International Review*, 38(3), 257—275.

Gosling, P. (2004) *Accountability in the Public Services*, London: ACCA.

Greenawalt, K. (1987) *Conflicts of Law and Morality*, Oxford: Oxford University Press.

Gregory, M. and Rufford, N. (1994) *Dirty Tricks: Inside Story of British Airways' Secret War Against Richard Branson's Virgin Atlantic*, London: Little Brown.

Greimas, A. (1987) *On Meaning: Selected Writings in Semiotic Theory* (trans. Paul J. Perron & Frank H. Collins), London: Frances Pinter.

Griseri, P. (1998) *Managing Values*, London: Palgrave.

Gross, J. (1987) *Oxford Dictionary of Aphorisms*, Oxford: Oxford University Press.

Guardian (1999) 'Leading article: 'Mr Aitken pays the price', *Guardian*, 9 June: 21.

Guardian and *Observer* on CD-ROM.

Guardian (2004a) 'Damned in detail-but let off lightly', *Guardian Unlimited*, 25 August, World Wide Web, http://www. guardian. co. uk/online/news/0, 12597, 1377968, 00. html. Site visited 21 December 2004.

Guardian (2004b) 'Solitary part-timer conducted group audit', *Guardian*, 25 August: 22.

Gudex, C. (1986) *QALYs and their Use by the Health Service*, Discussion paper No. 20, Centre for Health Economics, York: Centre for Health Economics, University of York.

Guerrera, F. (2001a) 'Hit squad to tackle animal rights activists', *FT. com*, 27 April.

Guerrera, F. (2001b) 'Huntingdon seeks nominee structure to protect holders', *Financial Times*, 12 May.

Gustafson, A. (2000) 'Making sense of postmodern business ethics', *Business Ethics Quarterly*, 10(3), 645—658.

Haidt, J. (2003) 'The Moral Emotions', in Davidson, R. J., Scherer, K. R. and Goldsmith, H. H. (eds) *Handbook of Affective Sciences*, 852—870, Oxford: Oxford University Press.

Haley, G. T. and Haley, U. C. V. (1998) 'Boxing with Shadows: Competing Effectively with the Overseas Chinese and the Overseas Indian Business Networks in the Asian Arena', *Journal of Organisational Change Management*, 11(4), 301—320.

Harding, L. (1999) 'The fall of Aitken: from Eton and Oxford to the Ritz and the Old Bailey', *Guardian*, 9 June: 4. *Guardian* and *Observer* on CD-ROM.

Harding, L. 'Delhi Schoolboy sparks global porn row', *Guardian Online*, 21 December 2004.

Harrington, M. (1965) *The Accidental Century*, Harmondsworth: Penguin.

Harrington, S. (2003) 'Stringing us along?' in *AccountancyAge. com*, World Wide Web http://www. accountancyage. com/Features/1137242. Site visited 13 September 2004.

Harris, C. and Michaels, A. (2004) 'Shell Board blames crisis on human failings', *FT. com*, 19 April, World Wide Web, http://www. FT. com. Site visited 12 June 2004.

Harris, J. E. and Reynolds, M. A. (1993) 'Formal Codes: The Delineation of Ethical Dilemmas', *Advances in Public Interest Accounting*, 5, 107—120.

Harris, L. C. and Ogbonna, E. (1999) 'Developing a Market Oriented Culture: A Critical Evaluation', *Journal of Management Studies*, 36(2), 177—196.

Hartley, R. E. (1993) *Business Ethics: Violations of the Public Trust*, Chichester: John Wiley & Sons.

Harvey, D. (1989) *The Condition of Postmodernity*, Oxford: Blackwell.

Harzing, A.-W. (2000) 'An empirical test and extension of the Bartlett and Ghoshal typology of multinational companies', *Journal of International Business Studies*, 31(1), 101—120.

Hazlitt, W. (2004) *William Hazlitt on 'The Pleasure of Hating'*, London: Penguin Books.

Heelas, P. and Morris, P. (1992) (eds), *The Values of the Enterprise Culture: The Moral Debate*, London: Routledge.

Hegel, G. W. F. (2003) *The Phenomenology of Mind*, trans. J. B. Baillie, a reprint of the 1910 2nd, revised edition, New York: Dover.

Heidegger, M. (2000) *Introduction to Metaphysics*, trans. G. Fried and R. Polt, Yale: Nota Bene.

Held, D. (1987) *Models of Democracy*, Oxford: Polity Press.

Held, D. and McGrew, A. G. (2000) *The Global transformations reader: An Introduction to the Globalization debate*, Cambridge: Polity Press.

Helson, R. and Wink, P. (1992) 'Personality Change in Women from the Early 40s to the Early 50s', *Psychology and Ageing*, 7(1), March.

Herman, S. M. (1994) *The Tao at Work: On Leading and Following*, San Francisco: Jossey-Bass.

Hindustan Times (2004) 'Ambanis told to talk', *The Hindustan Times*, 2 December: 1.

Hirst, P. and Thompson, G. (1996) *Globalisation in Question*, Oxford: Polity Press.

Hobbes, T. (1968) *Leviathan*, Harmondsworth: Penguin.

Hobbes, T. (n. d.) ed. M. Oakeshott, *Leviathan or the Matter, Forme and Power of a Commonwealth Ecclesiastical and Civil*, Oxford: Blackwell.

Hoffman, W. M. and Moore, J. M. (1990) *Business Ethics: Readings and Cases in Corporate Morality*, London: McGraw-Hill.

Hofstede, G. H. (1991) *Cultures and Organisations. Softwareof the Mind*; London: McGraw-Hill.

Hofstede, G. H. (2001) *Culture's Consequences*, 2nd edition, London: Sage.

Hogarth, R. (1980) *Judgement and Choice*, New York: John Wiley & Sons.

Holden, N. J. (2002) *Cross Cultural Management. A Knowledge Management Perspective*, Harlow: Pearson Education.

Holland, L. and Gibbon, J. (2001) 'Processes in Social and Ethical Accountability: External reporting mechanisms', in Andriof, J. and McIntosh, M. (eds), *Perspectives on Corporate Citizenship*, 278—295, Sheffield: Greenleaf Publishing.

Hollinger International Inc. (n. d.) Hollinger International Inc. home page, World Wide Web, http://www.hollingerinternational.com/. Site visited 15 September 2004.

Hollinshead, G. and Michailova, S. (2001) 'Blockbusters or bridge-builders? The role of western trainers in developing new entrepreneurialism in Eastern Europe', *Management Learning*, 32(4), 419—436.

Home Office (2000) *Reforming the Law on Involuntary Manslaughter*, London: The Home Office.

Hope, C. (2004) 'Shell advised to retreat from Nigeria', *Business Telegraph*, 11 June.

Hopwood, A. (1974) *Accounting and Human Behaviour*, London: Prentice-Hall.

Hosking, P. (2004) 'Ousted Shell chief takes FSA to court', *The Times*, 17 September, Business section: 25.

House of Commons (2004) *The Future of the Railways*, Select Committee on Transport, seventh report, HC 145, London: The Stationery Office, World Wide Web, http://www.guardian.co.uk/business/story/0,3604,821285,00.html. Site visited 3 November 2004.

Hunt, G. (1995) *Whistleblowing in the Health Service: Accountability, Law & Professional Practice*, London: Edward Arnold.

Hunt, G. (1998) *Whistleblowing in the Social Services: Public Accountability and Professional Practice*,

London: Edward Arnold.

Husserl, E. (1931) *Ideas: General Introduction to Pure Phenomenology*, trans. W. R. Boyce-Gibson, London: George Allen & Unwin.

Husserl, E. (1965) *Phenomenology and the Crisis of Philosophy: Philosophy as Religious Science and Philosophy and the Crisis of European Man*, trans. Q. Lauer, New York: Harper Torchbooks, Harper & Row.

Ibeanu, O. (2000) 'Oiling the friction: Environmental Conflict Management in the Niger Delta, Nigeria', Environmental Change and Security Project Report, Issue 6, Summer.

IBFAN (International Baby Food Action Network) (n. d.) *How Breast Feeding is Undermined*, World Wide Web, http://www.ibfan.org/english/issue/bfundermined01.html. Site visited 17 February 2002.

Independent Police Complaints Commission (IPCC) (2004) *IPCC decision on Superintendent Dizaei*, World Wide Web, http://wwwipcc.gov.uk/news/ pr160604_dizaei. Site visited 8 February 2005.

International Chamber of Commerce (ICC) (1997) *International Code of Advertising Practice*, World Wide Web, http://www.iccwbo.org/home/ statements_rules/rules/ 1997/advercod.asp. Site visited 13 March 2002.

International Labour Organisation (ILO) (2004) *Codes of Conduct for Multinationals*, World Wide Web, http://www.itcilo.it/english/actrav/telearn/ global/ilo/guide/main.htm. Site visited 17 February 2002.

Investor Responsibility Research Centre (IRRC) (2004) *Investigation of governance at Hollinger reveals 'corporate kleptocracy'*, IRRC news item 10 September 2004, World Wide Web, http://www.irrc.org/index.html. Site visited 15 September 2004.

IRC (International Relations Centre) (1998) *The Fair Trade Movement: Making Commerce Work for the Poor Majority*, Bulletin No. 50, World Wide Web, http://www.irc-online.org/content/bulletin/bul150.php. Site visited 22 December 2004.

Jackall, R. (1988) *Moral Mazes: The World of Corporate Managers*, New York: Oxford University Press.

Jaeger, A. M. and Kanungo, R. N. (eds) (1990) *Management in Developing Countries*, London: Routledge.

Jankowicz, A. D. and Dobosz-Bourne, D. (2003) 'How are meanings negotiated? Commonality, sociality, and the travel of ideas', in Scheer, J. (ed.), *Crossing Borders*, *Going Places*, Giessen: Fischer-Verlag.

John Paul II (1991) *Centesimus Annus: Encyclical Letter of the Supreme Pontiff John Paul II on the One Hundredth Anniversary of Rerum Novarum*, World Wide Web, http://listserv.american.edu/catholic/church/papal/jp.ii/jp2hundr.txt. Site visited 11 June 2001.

Johnson, G. (1994) *University Politics*, Cambridge: Cambridge University Press.

Johnson and Johnson (n. d.) *Our Company*, *Our Credo*, World Wide Web, http://www.jnj.com/our_company/index.htm. Site visited 2 December 2004.

Jones, J. E. and Pfeiffer, J. W. (eds) (1974) *The 1974 Handbook for Group Facilitators*, Iowa City: University Associates.

Jonsen, A. and Toulmin, S. (1988) *The Abuse of Casuistry*, Berkeley: University of California Press.

Jos, P. H. (1988) 'Moral autonomy and the modern organisation', *Polity: The Journal of the North-Eastern Political Science Association*, XXI(2), Winter.

Joyce, J. (1996) *Portrait of the Artist as a Young Man*, London: Penguin.

Jung, C. G. (1953) *Psychological Reflections*, *An Anthology of the Writings of C. G. Jung*, J. Jacobi (ed.), London: Kegan Paul.

Kahneman, D., Slovic, P. and Tversky, A. (eds) (1982) *Judgement under* Uncertainty: *Heuristics and*

Biases, Cambridge: Cambridge University Press.

Kaler, J. (1999) 'What's the good of ethical theory?' *Business Ethics-A European Review*, 8(4), 206—213.

Kanungo, R. N. and Mendonca, M. (1996) *Ethical Dimensions of Leadership*, London: Sage.

Kapner, F. and Minder, R. (2004) 'Police arrest three more of the Tanzi family', *Financial Times*, 18 February, Companies International section: 28.

Kapner, F. (2004a) 'A hole dug over 30 years', *Financial Times*, 20 February, Companies section: 26.

Kapner, F. (2004b) 'Fast-track Parmalat trial rejected', *Financial Times*, 25 March, Companies section: 30.

Kärreman, D. and Alvesson, M. (1999) 'Ethical Closure in Organisational Settings-the Case of Media Organisations', paper presented at the 15th EGOS Colloquium, *Organisations in a Challenging World: Theories, Practices and Societies*, The University of Warwick, 4—6 July.

Keats, R. (1993) 'The Moral Boundaries of the Market', in Crouch, C. and Marquand, D. (eds), *Ethics and Markets: Co-operation and Competition Within Capitalist Economies*, 6—20, Oxford: Blackwell Publishers.

Keay, J. (2000) *India: A History*, London: HarperCollins.

Kell, G. (2004) *Gearing Up: From corporate responsibility to good governance and scalable solutions* in SustainAbility, New York: UN Global Compact.

Kelman, H. (1961) 'The Process of Opinion Change', *Public Opinion*, 25,57—78.

Kemm, J. R. (1985) 'Ethics of Food Policy', *Community Medicine*, 7, 289—294.

Kerr, C., Dunlop, T. J., Harbison, F. and Myers, C. A. (1960) *Industrialism and Industrial Man*, Cambridge, MA: Harvard University Press.

King Committee on Corporate Governance (2002), Institute of Directors, South Africa.

King, C. (2001) 'Providing Advice on Whistleblowing', in Lewis, D. B. (ed.), *Whistleblowing at Work*, London: The Athlone Press.

Kirchenbaum, H. (1977) *Advanced Value Clarification*, La Jolla, CA: University Associates.

Kirk, G. S. (1974) *The Nature of the Greek Myths*, Harmondsworth: Penguin.

Kirkpatrick, J. (1994) *In Defense of Advertising: Arguments from Reason, Ethical Egoism and Laissez-Faire Capitalism*, Westport: Greenwood.

Kjonstad, B. and Willmott, H. (1995) 'Business Ethics: Restrictive or Empowering', *Journal of Business Ethics*, 14, 445—464.

Klein, N. (2000) *No Logo*, London: Flamingo.

Kleveman, L. (2003) *The New Great Game. Blood and Oil in Central Asia*, London: Atlantic Books.

Knights, D. and Willmott, H. (1999) *Management Lives: Power and Identity in Work Organizations*, London: Sage.

Koehn, D. (1994) *The Ground of Professional Ethics*, London: Routledge.

Kohlberg, L. (1969) *Stages in the Development of Moral Thought and Action*, New York: Holt Rinehart and Winston.

Kohlberg, L. (1984) *Essays in Moral Development, Volume 2, The Psychology of Moral Development*, New York: Harper and Row.

Koretz, G. (2001) 'Why Americans work so hard. How pay inequality galvanizes effort', *Business Week*, issue 3736, 6 November.

Kumar, N. S. and Rao, U. S. (1996) 'Guidelines for Value Based Management in Kautilya's Arthashastra', *Journal of Business Ethics*, 15(4), 415.

Lambur, M., Rajgopal, R., Lewis, E., Cox, R. and Ellerbrock, M. (2003) *Applying Cost benefit Analysis to Nutrition Education Programs: Focus on the Virginia Expanded Food and Nutrition Education Program*, Virginia Cooperative Extension, publication no. 490—403, World Wide Web, http://www.ext.vt.edu/pubs/nutrition/490—403/490—403.html. Site visited 2 March 2005.

Lane, J.-E. (1995) *The Public Sector. Concepts, Models and Approaches*, 2nd edition, London: Sage.

Lariba.com (2001) *Lariba Concept*, World Wide Web, http://www.lariba.com/concepts.shtn. Site visited 20 August 2001.

Larson, M. S. (1977) *The Rise of Professionalism: A Sociological Analysis*, Berkeley, CA: University of California Press.

Lee, T. A. (1984) 'Company Financial Statements: An Essay in Business History 1890～1950' in Lee, T. A. and Parker, R. H., (eds), *The Evolution of Corporate Financial Reporting*, New York and London: Garland Publishing Inc., pp. 15—29.

Legge, K. (1995) *Human Resource Management: Rhetoric and Realities*, London: Macmillan.

Legge, K. (1998) 'Is HRM Ethical? Can HRM be Ethical?' in Parker, M. (ed.), *Ethics & Organisations*, 150—172, London: Sage.

Lenke, S. and Davies, G. (1995) 'Cultural, social and organizational transitions: the consequences for the Hungarian manager', *Journal of Management Development*, 14(10), 14—31.

Lessnoff, M. (1986) *Social Contract*, London: Macmillan.

Levitt, T. (1956) 'The Lonely Crowd and the Economic Man', *Quarterly Journal of Economics*, February: 109.

Lewis, D. (2001) *The Management of Non-Governmental Development Organisations*, London: Routledge.

Lewis, D. B. (2000) *Whistleblowing at Work*, London: The Athlone Press.

Liedtka, J. (1991) 'Organisational Value Contention and Managerial Mindsets', *Journal of Business Ethics*, 10, 543—557.

Lindblom, C. E. (1977), *Politics and Markets: The World's Political-Economic Systems*, New York: Basic Books Inc.

Locke, J. (1952) *The Second Treatise of Government*, The Library of Liberal Arts.

Lookatch, R. P. (1991) 'HRD's failure to sell itself', *Training and Development*, 45(7), July, 47—50.

Lovell, A. T. A. (2002) 'The vulnerability of autonomy that denies the exercise of moral agency', *Business Ethics: A European Review*, 11(1), 62—76.

Lovell, A. T. A. and Robertson, C. (1994), 'Charles Robertson: In the Eye of the Storm', in Vinten, G. (ed.), *Whistleblowers*, 146—173, London: Chapman and Hall.

Lundberg, M. and Squire, L. (2003) 'The Simultaneous Evolution of Growth and Inequality', *Economic Journal*, 113, 326—344.

Lyons, D. (1984) *Ethics and the Rule of Law*, Cambridge: Cambridge University Press.

Lyotard, J.-F. (1988) *Le Postmodernisme Expliqué aux Enfants, Correspondance 1982—1985*, Paris: Editions Galilée.

Mabbott, J. D. (1967) *The State and the Citizen*, 2nd edition, London: Hutchinson and Co.

Machiavelli, N. (1950) *The Prince and the Discourses*, introd. by M. Lerner, New York: Modern Library.

MacIntyre, A. (1967) *A Short History of Ethics: A History of Moral Philosophy from the Homeric Age to the Twentieth Century*, London: Routledge.

MacIntyre, A. (1987) *After Virtue: A Study in Moral Theory*, London: Duckworth.

Mackie, J. L. (1990) *Ethics: Inventing Right and Wrong*, Harmondsworth: Penguin.

Maclagan, P. (1996) 'The organisational context for moral development: questions of power and access', *Journal of Business Ethics*, 15(6), 645—654.

Maclagan, P. (1998) *Management & Morality*, London: Sage.

Maclagan, P. and Snell, R. (1992) 'Some Implications for Management Development of Research into Managers' Moral Dilemmas', *British Journal of Management*, 3, 157—168.

Maguire, K. (2000) 'Clarke admits BAT link to smuggling', *Guardian Unlimited*, 3 February, World Wide Web, http://www.newsunlimited.co.uk/bat/article/0,2763,131957,00.html. Site visited 24 August 2001.

Mahesh, V. S. (1995) *Thresholds of Motivation*, New Delhi: Tata McGraw Hill.

Mahoney, J. (1990) *Teaching Business Ethics in the UK, Europe and the USA: A Comparative Study*, London: The Athlone Press.

Malhiason, N. (2004) 'BP's pipeline to nowhere: Georgia halts oil giant's $2.4b project', *The Observer*, 25 July.

Marchington, M., Parker, P. and Prestwich, A. (1989) 'Problems with Team Briefing in Practice', *Employee Relations*, 11(4), 21—30.

Marcuse, A. H. (1991) *One-Dimensional Man*, 2nd edition, London: Routledge.

Marx, K. (1963) *The Eighteenth Brumaire of Louis Bonaparte*, first published 1852, International Publishers.

Marx, K. and Engels, F. (1962) 'Critique of the Gotha Programme' in *Selected Works*, vol. II, Moscow: Progress Publishers.

Maslow, A. H. (1987) *Motivation and Personality*, 3rd edition, New York: Harper Collins.

Mathews, M. C. (1988) *Strategic Intervention in Organizations*, Sage Library of Social Research, No. 169, London: Sage.

Matthews, J. B., Goodpaster, K. E. and Nash, L. I. (1991) *Policies and Person: A Casebook in Business Ethics*, 2nd edition, London: McGraw-Hill.

May, B. (2005) 'Under-informed, over here', 'Life', *Guardian*, 10.

McCornack, S. A., Levine, T. R., Solowczuk, H. I., Torres, H. I. and Campbell, D. M. (1992) 'When the alteration of Information is viewed as deception: an empirical test of information manipulation theory', *Communication Monographs*, 59, 17—29.

McDonald, G. and Nijhof, A. (1999) 'Beyond codes of ethics: an integrated framework for stimulating morally responsible behaviour in organisations', *Leadership & Organisation Development Journal*, 20 (3), 133—146.

McGreal, C. (2001) 'Crucial drug case opens in Pretoria', *Guardian*, 6 March:17.

McIntosh, M., Thomas, R., Leipziger, D. and Coleman, G. (2003) *Living Corporate Citizenship. Strategic Routes to socially responsible business*, Harlow: FT Prentice Hall.

McKinley, A. and Starkey, K. (1998) *Foucault, Management and Organization Theory. From Panopticon to Technologies of Self*, London: Sage.

McLuhan, M. and Powers, B. R. (1989) *The Global Village. Transformations in World Life and Media in the Twentieth Century*, Oxford: Oxford University Press.

McMylor, P. (1994) *Alisdair Maclntyre: Critic of Modernity*, London: Routledge.

Meade, J. E. (1973) *Theory of Economic Externalities: The Control of Environmental Pollution and Similar Social Costs*, Leiden: Sijhoff.

Meikle, J. (2001) 'Professor quits over tobacco firm's £3.8m gift to university', *Guardian*, 18 May: 6.

Meirovich, G. and Reichel, A. (2000) 'Illegal but ethical: an inquiry into the roots of illegal corporate behaviour in Russia', *Business Ethics: A European* Review, 9(3), 126—135.

Miceli, M. P. and Near, J. P. (1992) *Blowing the Whistle: The Organisational & Legal Implications for Companies and Employees*, New York: Lexington Books.

Michaels, A. (2001) 'Inside Track: Big pharma and the golden goose: interview Hank Mckinnell, Pfizer: Cheaper drugs would mean less money to spend on research and innovation, Pfizer's chief tells Adrian Michaels', *Financial Times*, 26 April.

Mihil, C. (1990) 'Thatcher shuns out of court deal for haemophiliacs with HIV', *Guardian*, 9 November: 2.

Mill, J. S., (1971) *Utilitarianism*, Harmondsworth: Penguin (reprint of 1861 edition).

Mill, J. S. (1998) *On Liberty and other Essays*, ed. John Gray, Oxford: Oxford University Press.

Milmo, C. (2001) 'Watchdog warns Virgin over misleading adverts', *Independent*, 30 May.

Minnesota Center for Corporate Responsibility (2001) *The Global Sullivan Principles*, World Wide Web, http://tigger. stthomas. edu. mcer/SullivanPrinciples. htm. Site visited 26 October 2001.

Mokhiber, R. (1998) 'The Death Penalty for Corporations Comes of Age', *Business Ethics*, 12, November-December.

Monks, R. A. G. (2003) 'Equity Culture at Risk: the threat to Anglo-American prosperity', *Corporate Governance: An International Review*, 11(3), July, 164—170.

Moon, C. J. (2003) 'ENRON: economics and ethics', Proceedings of the 7th EBEN-UK Annual Conference *The Challenge of Business Ethics*, Selwyn College, Cambridge, 7—8 April.

Moore, G. (2001) 'Corporate social and financial performance: an investigation in the UK supermarket industry', *Journal of Business Ethics*, 34(3, 4), 299—315.

Moore, G. (2003) 'Hives and horseshoes, Mintzberg or MacIntyre: what future for corporate and social responsibility?', *Business Ethics: A European Review*, 12(1), 41—53.

Moore, G. and Robson, A. (2002) 'The UK supermarket industry: an analysis of corporate social and financial performance', *Business Ethics: A European Review*, 11(1), 25—39.

Moore, O. (2000) 'Day of peace plea to sugar factory', *Great Yarmouth Mercury*, 7 July.

Moray Sustainability Forum (2005) *Moray Sustainability Forum: The Rough Guide to Moray's Future*, Keith, Banffshire: Moray Sustainability Forum.

Morgan, O. (2004) 'Dutch helm disease gets blame at Shell', *Observer*, 25 April.

Mortished, C. (2004) 'Deutsche Bank attacks Yukos court protection', *The Times*, *Business section*, 30 December: 43.

Mounce, H. O. (1997) *The Two Pragmatisms: from Peirce to Rorty*, London: Routledge.

Murphy, L. B. (2001) *Moral Demands in Non-ideal Theory*, Oxford: Oxford University Press.

Myers, A. and Dehn, G. (2000) *Whistleblowing: The first cases and practical issues*, World Wide Web, http://www. pcaw. co. uk/news/press/_14. html. Site visited 17 February 2002.

NICE (National Institute for Clinical Excellence) (2001) *Interferon Beta/glatiramer Speculation*, World Wide Web, http://www. nice. org. uk/nice-web/rticle. asp? a=1370. Site visited 23 May 2001.

NICE (National Institute for Clinical Excellence) (2002) *NICE issues guidance on drugs for multiple sclerosis*, World Wide Web, http://www. nice. org. uk/article. asp? a = 27619. Site visited 7 March 2002.

Niebuhr, R. (1932) *Moral Man and Immoral Society*, New York: C. Scribner.

Nisbet, R. A. (1953) *The Quest for Community*, Oxford: Oxford University Press.

Nolan Committee (1995) *Standards in Public Life*, *Volume* 1. *First Report of the Committee on*

Standards in Public Life, London: HMSO.

Nozick, R. (1974) *Anarchy, State, and Utopia*, New York: Basic Books.

Oberman, W. D. (2000) Book review of Mitchell: 'The Conspicuous Corporation', (1997) *Business and Society*, 329(2), 239—244.

Observer (2000) Leader article 'The mob should never rule', *Observer*, 17 September.

Observer (2001) 'Beware-you' ve got mail', *Observer*, 7 January, World Wide Web, at *Guardian Unlimited*, http://www.guardian.co.uk/freespeech/article/0,2763,418935,00.html. Site visited 18 March 2004.

Observer (2004) 'Noble gesture', *Observer*, 2 September.

OECD (Organisation for Economic Co-operation and Development) (2000) *The OECD Guidelines for Multi-national Enterprises*, World Wide Web, http://www.oecd.org/daf/ investment/guidelines/mnetext.htm#6. Site visited 12 December 2001.

Ojefia, I. A. (n. d.) 'The Nigerian State and the Niger Question' *22nd Annual Conference of the Association of Third World Studies*, Americus, Georgia. Paper available on the World Wide Web, http://www.deltastate.gov.ng/oyefia.htm. Site visited 17 December 2004.

Pagels, E. (1982) *The Gnostic Gospels*, Harmondsworth: Penguin.

Paris, G. A., Savage, G. W. and Seitz, G. H. (2004) *Report of the Investigation by the Special Committee of the Board of Directors of Hollinger International lnc. (The Breeden report)*, Washington DC: US Securities and Exchange Commission. Available on the World Wide Web, http://www.sec.gov/Archives/edgar/ data/868512/000095012304010413/y01437exv99w2. htm. Site visited 16 September 2004.

Parker, A. (2004) 'Audit team had "lack of warnings": Hollinger Inquiry', *Financial Times*, 2 September: 28.

Parker, M. (1998a) 'Business Ethics and Social Theory: Postmodernizing the Ethical', *British Journal of Management*, 9, September: 27—36.

Parker, M. (1998b) 'Against Ethics', in Parker, M. (ed.), *Ethics & Organisations*, London: Sage.

Parsons, T. (1999) 'The traditional square of opposition', *The Stanford Encyclopedia of Philosophy (Spring 1999 Edition)*, Zalta, Edward N. (ed.), World Wide Web, http://plato.stanford.edu/archives/spr1999/entries/square/. Site visited 25 October 2003.

Passmore, J. (1984) 'Academic Ethics', *Journal of Applied Philosophy*, 1(1).

Pateman, C. (1985) *The Problem of Political Obligation: A Critique of Liberal Theory*, New York: John Wiley & Sons.

Pava, M. L. (1999) *The Search for Meaning in Organisations: Seven Practical Questions for Ethical Managers*, Westport: Quorum Books.

Pereira, J. (1989) *What does Equity in Health Mean?* Centre for Health Economics, Discussion paper No. 61, York: Centre for Health Economics.

Peters, T. J. and Waterman Jnr, R. (1982) *In Search of Excellence*, New York: Harper Row.

Petrick, J. A. (2000) 'Global human resource management competence and judgement integrity: towards a human centred organisation, paper presented at Third Conference on Ethics and Human Resource Management, Towards a Human Centred Organisation, Imperial College, London, 7 June.

Petrick, J. A. and Quinn, J. F. (1997) *Management Ethics. Integrity at Work*, London: Sage.

Pilger, J. (2001) 'Spoils of a massacre', *Guardian Weekend*, 14 July: 18—29.

Pilling, D. and Timmins, N. (2000) 'Medicines arbiter delays decision on betainterferon clinical excellence. Multiple Sclerosis Society angry that drug ruling is only likely after election', *Financial Times*, 23

December.

Planet Ark (2004) 'Shell says it unwittingly fed conflict in Nigeria', World Wide Web, http://www.planetark.com/avantgo/dailynewsstory.cfm? newsid=25486. Site visited 1 November 2004.

Plant, R. (1992) 'Enterprise in its place: the moral limits of markets', in Heelas, P. and Morris, P. (eds) *The Values of the Enterprise Culture: The Moral Debate*, Routledge, 85—99.

Plender, J. (2004) 'The insidious charms of Shell's dual votes: But just one factor in the foul up', *Financial Times*, 21 June: 22.

Pojman, L. P. (1998) *Classics of Philosophy*, Oxford: Oxford University Press.

Pollitt, M. and Ashworth, H. (2000) 'Beet lorry victory for villages', *Eastern Daily Press*, 21 July: 63—77.

Porter, M. and Kramer, M. R. (2002) 'The Competitive Advantage of Corporate Philanthropy', *Harvard Business Review*, December, 56—68.

Preston, L. and O'Bannon, D. (1997) 'The corporate social-financial performance relationship. A typology and analysis', *Business and Society*, 36(4), 419—429.

Preuss, L. (1999) 'Ethical theory in German business ethics research', *Journal of Business Ethics*, 18, 407—419.

Proctor, E. K., Morrow-Howell, N. and Lott, C. L. (1993) 'Classification and Correlates of Ethical Dilemmas in Hospital Social Work', *Social Work*, 38(2), 166—177.

Project Management Profession (1996) *Code of Ethics for the Project Management Profession*, World Wide Web, http://www.pmi.orh/pmi/mem_info/pmpcode.htm.

Pusey, M. (1987) *Jürgen Habermas*, London: Routledge.

Ramesh, R. (2004) 'Bhopal is still suffering, 20 years on', *Guardian*, 29 November, available at *Guardian Unlimited*, World Wide Web, http://www.guardian.co.uk/international/story/0,,1361551,OO.html. Site visited 25 January 2005.

Rangarajan, L. N. (ed.) (1992) *Kautilya: The Arthrashastra*, New Delhi: Penguin Books India.

Rao, E. M. (2000) 'Human Resource Management: The Road to neo-Taylorism in Management Thought', in Saini, D. S. and Khan, S. A. (eds), *Human Resource Management. Perspectives for a new era*, New Delhi: Response Books, Sage.

Raphael, D. D. (1970) *Problems of Political Philosophy*, London: Methuen.

Ravallion, M. (2004) *Looking beyond Averages in the Trade and Poverty debate*, World Bank Policy Research working paper 3461, Washington DC: World Bank Development Research Group.

Ravallion, M. and Chen, S. (2004) *China's (Uneven) Progress against Poverty*, Policy Research Working paper 3408, Washington DC: World Bank, World Wide Web, http://econ.worldbank.org/files/38741_wps3408.pdf. Site visited 10 January 2005.

Rawls, J. (1971) *A Theory of Justice*, Cambridge, MA: Harvard University Press.

Rawls, J. (1999) *A Theory of Justice* (revised edition), Cambridge, MA: Harvard University Press.

Redclift, M. R. (1984) *Development and the Environmental Crisis: Red or Green Alternatives?*, London: Methuen.

Redclift, M. R. (1987) *Sustainable Development: Exploring the Contradicitions*, London: Routledge.

Redfern Report (2001) *The Royal Liverpool Children's Hospital Report*, House of Commons Parliamentary Papers, World Wide Web, http://www.rlcinquiry, org.uk/.

Rees-Mogg, W. (2004) 'Not quite as Black as he's been painted', *Mail on Sunday*, 5 September: 59.

Reitaku Centre for Economic Studies (1999) *Ethics Compliance Management Systems. ECS 2000. Ethics Compliance Standard*, Reitaku Centre for Economic Studies, World Wide Web, http://www.ie.

reitakuu. ac. jp/～davis/assets/applets/ecs2k-e. pdf. Site visited 12 December 2004.

Ritzer, G. (1993) *The McDonaldization of Society*, California: Sage.

Robins, J. (2004) 'Should business bat for apartheid?', *The Times*, *Law section*, 28 September: 5.

Rokeach, M. (1973) *The Nature of Human Values*, New York: The Free Press.

Rorty, R. (1985) 'Habermas & Lyotard on postmodernity', in Bernstein, R. (ed.), *Habermas and Modernity*, Cambridge: Cambridge University Press.

Rorty, R. (1989) *Contingency, Irony and Solidarity*, Cambridge: Cambridge University Press.

Rorty, R. (1990) *Philosophy and the Mirror of Nature*, Oxford: Blackwell.

Rorty, R. (1992) 'The Pragmatist's Progress', in Eco, U. with Richard Rorty, Johnathan Culler and Christine Brooke-Rose, ed. Stefan Collini (1992) *Interpretation and Overinterpretation*, Cambridge: Cambridge University Press.

Ross, W. D. (1930) *The Right and the Good*, Oxford: Oxford University Press:

Rotter, J. B. (1966) 'General Expectancies for Internal versus External Control of Reinforcement', *Psychological Monographs*; *General and Applied*, 80, 1—28.

Rousseau, J. J. (1913) *The Social Contract*, London: J. M. Dent & Sons Ltd.

Royle, T. (2000) *Working for McDonald's in Europe*: *The Unequal Struggle*?, London: Routledge.

Rubin, S. (2004) 'Hollinger trial to test dual-class structures', *National Post*, 18 February.

Russell, J. B. (1985) *The Devil in the Middle Ages*, Cornell: Cornell University Press.

Russell, J. (2005) 'The glue is coming unstuck', *Guardian*, 23 April: 20.

Sahay, S. and Walsham, G. (1997) 'Social structure and managerial agency in India', *Organisation Studies*, 18(3), 414—444.

Said, E. W. (1978) *Orientalism*, London: Routledge, Kegan Paul.

Saini, D. S. and Khan, S. A. (eds) (2000) *Human Resource Management*: *Perspectives for the New Era*, New Delhi: Sage.

Sarason, S. B. (1986) 'And what is the public interest?' *American Psychologist*, August.

Sartre, J.-P. (1957) *Existentialism and Human Emotions*, trans. B. Frechtman, New York: Philosophical Library.

Sawyer, G. C. (1978) *Business and Society*: *Managing Corporate Social Impact*, Boston, MA: Houghton Mifflin.

Schein, E. H. (1985) *Career Anchors*: *Discovering Your Real Values*, San Diego, CA: University Associates.

Schein, E. (1992), *Organizational Culture and Leadership*, San Francisco: Jossey-Bass.

Schein, E. (1993) *Career Anchors*: *Discovering your Real Values*, revised edition, San Diego: Pfeiffer.

Schell, J. (1982) *The Fate of the Earth*, Picador, in association with Jonathan Cape.

Scholte, J. A. (2000) *Globalisation*: *A critical introduction*, London: Palgrave.

Schreier, M. and Groeben, N. (1996) 'Ethical Guidelines for the Conduct in Argumentative Discussions: An Exploratory Study', *Human Relations*, 49(1), 123—132.

Schwartz, M. (1998) 'Peter Drucker and the denial of business ethics', *Journal of Business Ethics*, 17 (15), 1685—1692.

Scruton, R. (2000) *Animal Rights and Wrongs*, 3rd edition, London: Metro.

Seedhouse, D. (1988) *Ethics*: *The Heart of Healthcare*, London: John Wiley & Sons.

Senge, P. M. (1990) *The Fifth Discipline. The Art and Practice of the Learning Organisation*, London: Century.

Seymour, L. (2003) 'Talisman is out... What now?' *Review*: *The North-South Institute Biannual*

Newsletter, Winter 2002—2003: 5, World Wide Web, http://www.nsi-ins.ca/english/pdf/review_winter_2002.pdf. Site visited 6 April 2005.

Shaw, W. H. and Barry, V. (1998) *Moral Issues in Business*, 7th edition, Belmont, CA: Wadsworth Publishing Company.

Shell Group (2004) *Notes to corporate governance arrangements*, *Shell Annual Report 2003*, World Wide Web, http://www.shell.com/html/investor-en/reports2003/st/g/g8.html. Site visited 13 September 2004.

Showalter, E. (1997) *Hystories: Hysterical Epidemics and Modern Culture*, New York: Columbia University Press.

Silk, C. (1999) 'Why did Kitty Genovese die?', *The Navigator. An Objectivist review of Politics and Culture*, World Wide Web, http://www.objectivistcenter.org/navigator/articles/nav+silk_why-kitty-genovese-die. Site visited 8 March 2005.

Simon, H. A. (1952) 'Comments on the Theory of Organizations', *American Political Science Review*, 46, 1130—1139.

Simon, H. A. (1953) 'Notes on the Observation and Measurement of Political Power', *Journal of Politics*, 15, 500—516.

Simon, H. A. (1955) 'A Behavioural Model of Rational Choice', *Quarterly Journal of Economics*, 69, 99—118.

Simon, H. A. (1983) *Reason in Human Affairs*, Oxford: Basil Blackwell.

Simpson, D. (2005) 'Caring big business or a wolf in sheep's clothing?', *Online Opinion* (email journal), World Wide Web, http://www.onlineopinion.com.au/print.asp?article=2913. Site visited 17 January 2005.

Sinclair, A. (1993) 'Approaches to Organisational Culture and Ethics', *Journal of Business Ethics*, 12, 63—73.

Singer, P. (1983) *Hegel*, Oxford: Oxford University Press.

Singh, J. P. (1990) 'Managerial Culture and Work-related Values in India', *Organisation Studies*, 11(1), 75—101.

Skapinker, M. (1998) 'BA says sorry to Branson', *Financial Times*, 17 May.

Skapinker, M. (2001) 'Michael Skapinker examines the issues raised by Luc Vandevelde's recent decision to turn down a generous pay bonus', *FT.com*, 4 May, World Wide Web, FT.com. Site visited 23 June 2004.

Skinner, A. S. and Wilson, T. (1975). *Essays on Adam Smith*, Oxford: Clarendon Press.

Sklair, L. (1995) *Sociology of the Global System: Social Change in Global Perspective*, Hemel Hempstead: Harvester Wheatsheaf.

Slapper, G. and Tombs, S. (1999) *Corporate Crime*, London: Longman.

Sloan, K. and Burnett, A. (2004) *Enlightenment: Discovering the World in the Eighteenth Century*, London: British Museum Press.

Smircich, L. (1983) 'Concepts of Culture and Organisational Analysis', *Administrative Science Quarterly*, 28, 339—358.

Smith, A., 1776/1982, *An Inquiry into the Nature and Causes of the Wealth of Nations*, with an introduction by Skinner, A., London: Penguin Books.

Smith, A. (2000) *The Theory of Moral Sentiments* (originally published 1799), New York: Prometheus Books.

Smith, M. (1977) *A Practical Guide to Value Clarification*, La Jolla, CA: University Associates.

Snell, R. S. (1993) *Developing Skills for Ethical Management*, London: Chapman and Hall.

Snell, R. S. (2000) 'Studying Moral Ethos Using an Adapted Kohlbergian Model', *Organisation Studies*, 21(1), 267—295.

Soeken, K. and Soeken, D. (1987) *A Survey of Whistleblowers: Their Stresses and Coping Strategies*, Laurel, MD: Association of Mental Health Specialties.

Sokal, A. and Bricmont, J. (2003) *Intellectual Impostures*, London: Profile Books.

Solomon, R. C. (1993) *Ethics and Excellence: Cooperation and Integrity in Business*, Oxford: Oxford University Press.

Spaemann, R. (1989) *Basic Moral Concepts*, trans. T. J. Armstrong, London: Routledge.

SpeakersUK (2005) *home page*, World Wide Web, http://speakers-uk. com/. Site visited 15 February 2005.

Spurlock, M. (2004) *Super Size Me*, film, Samuel Goldwyn Films.

Srivastva, S. and Cooperrider, D. L. (1988) 'The Urgency for Executive Integrity' in Srivastva, S. (ed.), *Executive Integrity: The Search for High Human Values in Organisational Life*, 1 — 28, San Francisco: Jossey-Bass.

Starzl, T. W. and Dhir, K. S. (1986) 'Strategic planning 2,300 years ago', *Management International Review*, 26(4), 70—78.

Sterman, J. D. and Sweeney, L. B. (2002) 'Cloudy Skies: Assessing Public Understanding of Global Warming', *Systems Dynamic Review*, 18(2).

Sternberg, E. (1996) 'A Vindication of Whistleblowing in Business', in Brindle, M. and Dehn, G., *Four Windows on Whistleblowing*, 24—39, London: Public Concern at Work.

Sternberg, E. (2000) *Just Business: Business Ethics in Action*, 2nd edition, Oxford: Oxford University Press.

Stevens, B. (1994) 'An Analysis of Corporate Ethical Code Studies: "Where Do We Go From Here?"', *Journal of Business Ethics*, 13, 63—69.

Stewart, D. W. (1984) 'Managing Competing Claims: An Ethical Framework for Human Resource Decision Making', *Public Administration Review*, 44(1), January/February, 14—22.

Stiglitz, J. (2004) *Globalisation and its Discontents*, London: Penguin.

Stokes, E. (1959) *The English Utilitarians and India*, Oxford: The Clarendon Press.

Stylianou, A. C., Winter, S. and Giacalone, R. A. (2004) 'Accepting unethical information practices: the interactive effects of individual and situational factors', paper presented at the *Academy of Management Conference: OCIS division*, New Orleans, August.

SustainAbility (2004) *Gearing Up: From corporate responsibility to good governance and scalable solutions*, New York: UN Global Compact.

Tait, N. (2003) 'Cleared police chief accuses Met of witch-hunt', *Financial Times*, 16 September: 5.

Taki (2004) 'A publisher and a gentleman', *The American Conservative*, 15 March.

Tawney, R. H. (1966) *Religion and the Rise of Capitalism*, Harmondsworth: Penguin.

Taylor, C. (2001) 'How to be diverse. The need for a "looser" us to accommodate "them"', *Times Literary Supplement*, No. 5116, 20 April: 4.

Taylor, D. (2001) 'E-mail: good, bad and ugly', *Computer Weekly*, 8 March.

Tencatti, A., Perrini, F. and Pougtz, S. (2003) 'New Tools to foster corporate socially responsible behaviour', *European Business Ethics network-16th Annual Conference*, Budapest, 29 — 31 August, World Wide Web, http://ethics. bkae. hu/html/documents/Tencattietalpapernew. doc. Site visited 9 December 2004.

Terry, M. (1975) 'The Inevitable Growth of Informality', *British Journal of Industrial Relations*, 1(3), 76-90.

Tester, K. (1991) *Animals and Society: The Humanity of Animal Rights*, London: Routledge.

Texas Instruments (1999) *Ethics in the Global Market*, World Wide Web, http://www.ti.com/corp/docs/company/citizen/ethics/market.shtn. Site visited 12 November 1999.

Texas Instruments (2001) *The TI Ethics Quick Test*, World Wide Web, http://www.ti.com/corp/docs/company/citizen/ethics/quicktest.shtml. Site visited 19 November 2001.

The Cabinet Office (2004) *The Civil Service Code*, World Wide Web, http://www.cabinetoffice.gov.uk/propriety_and_ethics/civil_service/civil_service_code.asp. Site visited 2 December 2004.

The Corner House and 14 other NGOs (2003) *Review of the Environmental Impact Assessment for the Baku-Tbilisi-Ceyhan oil pipeline*, World Wide Web, http://ifiwatchnet.org/doc/btceiareview.pdf. Site visited 28 November 2004.

The Times of India (2004) 'CBI struggling to extradite Anderson', 20 July, World Wide Web, http://timesofindia.inditimes.com/articleshow/784941.cms. Site visited 25 January 2005.

Thomson, A. (1999) *Critical Reasoning in Ethics. A Practical Introduction*, London: Routledge.

Tilney, L. H. (2000) 'Peter Pan and the big bad wolf', *Financial Times*, 5 August, Book section: 4.

Tinker, T. (1985) *Paper Prophets*, Eastbourne: Holt, Reinhart and Winston.

Titmuss, R. M. (1970) *The Gift Relationship: From Human Blood to Social Policy*, London: Allen & Unwin.

Todd, E. (2003) *After the Empire*, New York: Columbia University Press.

Toffler, B. L. (1991) *Managers Talk Ethics: Making Tough Choices in a Competitive World*, New York: John Wiley & Sons.

Transparency International (2002) *Bribe Payers Index* 2002, World Wide Web, http://www.transparency.org/cpi/2002/bpi2002.en.html#bpi. Site visited 13 February 2005.

Transparency International (2004) *Corruption perceptions Index* 2004, World Wide Web, http://www.transparency.org/cpi/2004/cpi2004.en.html#cpi2004. Site visited 13 February 2005.

Trevino, L. K. (1986) 'Ethical Decision making in Organisations: A Person-Situation Interactionist Model', *Academy of Management Review*, 11(3),601-617.

Trevino, L. K. and Youngblood, S. A. (1990) 'Bad Apple in Bad Barrels: A Causal Analysis of Ethical Decision-Making Behaviour', *Journal of Applied Psychology*, 75(4), 378-385.

Tripathi, R. C. (1990) 'Interplay of Values in the Functioning of Indian Organisations', *International Journal of Psychology*, 25, 715-734.

Trompenaars, F. and Hampden-Turner, C. (1993) *Riding the Waves of Culture. Understanding Cultural Diversity in Business*, 2nd edition, London: Nicholas Brealey.

Tsogas, G. (1999) 'Labour Standards in International Trade Agreements: A Critical Assessment of the Arguments', *International Journal of Human Resource Management*, April, 10(2), 351-375.

Turner, C. T. (2001) *The Real Root Cause of the Ford-Firestone Tragedy: Why the Public is Still at Risk*, Public Citizen and safetyforum.com, World Wide Web, http://www.citizen.org/fireweb/index7.htm. Site visited 3 June 2001.

United Kingdom Central Council for Nursing, Midwifery and Health Visiting (UKCC) (1996) *Code of Professional Conduct*, World Wide Web, http://www.ukcc.org.uk/codecon.html. Site visited 8 May 2002.

United Nations (1948) *Universal Declaration of Human Rights*, World Wide Web, http://www.un.org/Overview/rights.html. Site visited 8 February 2002.

United Nations (1989) *Convention on the Rights of the Child*, World Wide Web, http://www.unicef.org/crc/crc.htm. Site visited 30 March 2002.

United States District Court: Southern District of New York (2003) *Opinion in the case of Pelman and Bradley against McDonald's Corporation*, World Wide Web, http://tajnedokumenty.corn/MDpelmandismissal.html. Site visited 29 September 2004.

Van Buitenen, P. (2000) *Blowing the Whistle. One Man's Fight Against Fraud in the European Commission*, London: Politico's Publishing.

Vardy, P. and Grosch, P. (1999) *The Puzzle of Ethics*, revised edition, London: Fount.

Verbeke, W., Ouwerkerk, C. and Peelen, E. (1996) 'Exploring the Contextual and Individual Factors on Ethical Decision Making of Salespeople', *Journal of Business Ethics*, 15, 1175—1187.

Viswesvaran, C. and Deshpande, S. P. (1996) 'Ethics, Success and Job Satisfaction: a Test of Dissonance Theory in India', *Journal of Business Ethics*, 15(10), 1065—1069.

Vroom, V. H. (1964) *Work and Motivation*, New York: Wiley.

Wakefield, J. (1999) 'Surfing results in sacking', *ZDNet UK News*, 16 June, World Wide Web, http://news.zdnet.co.uk/intrnet/0,390220369,2072304,00.htm. Site visited 18 March 2004.

Wallach, M. A. and Wallach, L. (1983) *Psychology's Sanction for Selfishness: The Error of Egoism in Theory and Therapy*, San Francisco: W. H. Freeman and Company.

Walzer, M. (1983) *Spheres of Justice: A Defence of Pluralism and Equality*, Oxford: Martin Robertson.

Warren, R. C. (1993) 'Codes of Ethics: Bricks without Straw', *Business Ethics: A European Review*, 2 (4), 185—191.

Watchman, R. (2004) 'FSA probes scandal of "missing" Shell reserves', *Observer*, 14 March.

Watson, T. J. (1994) *In Search of Management. Culture, Chaos and Control in Managerial Work*, London: Routledge.

Watson, T. J. (1998) 'Ethical Codes and Moral Communities: the Gunlaw Temptation, the Simon Solution and the David Dilemma', in Parker, M. (ed.), *Ethics & Organisations*, 253—269, London: Sage.

Watson, T. J. (2002) *Organising and Managing Work. Organisational, Managerial and Strategic Behaviour in Theory and Practice*, Harlow: Pearson Education.

Weaver, M. (2000) 'Chummy protest hides drivers' grim resolution', *Daily Telegraph*, 14 September.

Webley, S. and More, E. (2003) *Does Business Ethics Pay?*, London: Institute of Business Ethics (IBE).

Weick, K. E. (1995) *Sensemaking in Organizations*, London: Sage.

Weick, K. E. (2001) *Making Sense of the Organization*, Oxford: Blackwell.

Welford, R. (1995) *Environmental Strategy and Sustainable Development: The Corporate Challenge for the Twenty-first Century*, London: Routledge.

Wells, M. and Ramesh, R. (2004) 'BBC reputation hit by Bhopal interview hoax', *Guardian*, 4 December: 1.

Werhane, P. H. (1999) *Moral Imagination and Management Decision-making*, New York: Oxford University Press.

Wheen, F. (2003) *How Mumbo-jumbo Conquered the World*, London: HarperPerennial.

Whysall, P. (2000) 'Addressing the Issues in Retailing: a Stakeholder Perspective', *International Review of Retail, Distribution and Consumer Research*, 10(3), 305—318.

Wilde, O. (1996) *A Woman of No Importance*, Harmondsworth: Penguin.

Willmott, H. (1998) 'Towards a New Ethics? The Contributions of Poststructuralism and Posthumanism', in Parker, M. (ed.), *Ethics and Organisations*, London: Sage.

Wilson, B. (2004) 'Proximate cause and fries to go', *Times Literary Supplement*, 24 September: 17.

Wilson, J. (1999) 'Aitken "will not be a priest"', *Guardian*, 10 June: 10.

Wilson, T. and Skinner, A. S. (1976), *The Market and the State: Essays in Honour of Adam Smith*, Oxford: Clarendon Press.

Windsor, D. (2001) 'Corporate Citizenship, Evolution and Interpretation', in Andriof, J. and McIntosh, M. (eds), *Perspectives on Corporate Citizenship*, 39—52, Sheffield: Greenleaf Publishing.

Wines, A. W. and Napier, N. K. (1992) 'Towards an Understanding of Cross-cultural Ethics: A Tentative Model', *Journal of Business Ethics*, 11, 831—841.

Winfield, M. (1990) *Minding Your Own Business: Self-regulation and Whistleblowing in British Companies*, London: Social Audit.

Winstanley, D. and Woodall, J. (eds) (2000) *Ethical Issues in Contemporary Human Resource Management*, London: Macmillan.

Winstanley, D., Clark, J. and Leeson, H. (2001) 'Approaches to Child Labour in the Supply Chain', paper presented at *4 th Conference on Ethics and Human Resource Management: Professional Development and Practice*, Middlesex University Business School, 20 April.

Winter, R. (1989) *Learning from Experience. Principles and Practice in Action Research*, Lewes: Falmer.

Wolf, M. (2000) 'Sleepwalking with the Enemy: Corporate Social Responsibility Distorts the Market by Deflecting Business from its Primary Role of Profit Generation', *Financial Times*, 16 May: 21.

Wood, D. J. and Logsdon, J. M. (2001) 'Theorising Business Citizenship', in Andriof, J. and McIntosh, M. (eds), *Perspectives on Corporate Citizenship*, 83—103, Sheffield: Greenleaf Publishing.

Woodall, J. and Douglas, D. (1999) 'Ethical Issues in Contemporary Human Resource Development', *Business Ethics: A European Review*, 8(4), October, 249—261.

Woodbury, M. (1998) 'Email, Voicemail, and privacy: What policy is ethical?', paper presented to *The Fourth International Conference on Ethical Issues of Information Technology*, Erasmus University, The Netherlands, 25—27 March, World Wide Web, http://www.cpsr.org/~marsha-w/emailpol.html. Site visited 18 March 2004.

Woodcock, M. (1979) *The Team Development Manual*, Aldershot: Gower Press.

Woodcock, M. (1989) *50 Activities for Team Building*, Aldershot: Gower.

World Bank (2002) *Globalization, Growth and Poverty*, Washington DC: World Bank.

World Commission on the Social Dimension of Globalization (2004) *A fair Globalization: Creating Opportunities for All*, Geneva: International Labour Organization.

Wyschogrod, E. (1990) *Saints and Postmodernism*, Chicago: University of Chicago Press.

Wyver, J. (1989) 'Television and postmodernism', in Appignanesi, L. (ed.), *Postmodernism: ICA Documents 4*, London: Free Association Books.

Yang, A. A. (1998) *Bazaar India: Markets, Society, and the Colonial state in Gangetic Bihar*, University of California Press.

Yeung, L. N. T., Levine, T. R. and Nishiyama, K. (1999) 'Information manipulation theory and perceptions of deception in Hong Kong', *Communication Reports*, 12(1), 1—13.

Young, K. (1977) 'Values in the Policy Process', *Policy and Politics*, 5, 1—22.

快速复习测验答案

第一章

1. 道德主体性是个人不担心就业、晋升而自主行使道德判断与行为的能力。
2. (i) 理性只有通过客观的理性的过程才能认识现实中的事实。客观理智始于感知，继之以逻辑法则。

   (ii) 合理的私利是客观的道德规范。客观主义否认利他主义(即，为他人服务是最大的善)，认为利他主义是无益和不合逻辑的人性特征。只要不损害他人利益，个人一定追求自己的幸福。这与伊萨·伯林(Isaiah Berlin)所谓两种自由形式之一的消极自由如出一辙，它是一种"摆脱束缚"的理论方法，这种理论方法赋予人们免受他人——包括政府——干预的自由权利。

   (iii) 自由放任的资本主义是客观的社会制度(注意：不只是经济制度)。
3. 该假定认为，人的偏好和行为是新自由主义经济学的基础，却反映不了人类实际行为的复杂多变性。
4. 规范理论是事物应该如何的理论(如古典自由主义经济学观点)，而描述理论是关于事物实际表现如何的理论。

第二章

1—b;2—b;3— a 和 b;4—a

第三章

1—a;2—c;3—a;4—a

第四章

1—b;2—b;3—a;4—c

第五章

1—a 和 b;2—a;3—b;4—a、b 和 c 全选

第六章

1—c;2—b;3—a、b 和 c 全选;4—a

第七章

1. 不是。所谓举报行为仅指向同事披露自己对某不法实践或个人的担心，而不是向组织内部投诉或揭发程序正式报告自己的关切。
2. 我们认为不。裁判是官方任命的，在体育比赛中承担维护赛场秩序、执行比赛规则的任务(我们可以将裁判比作"法官")。举报者不是官方任命的。他们所担当的维护规章法律的角色是非官方的、常常是不情愿的。而这就是他们麻烦的关键。然而，也不应该将举报人说成是"自命"法官。这一词语含有正当和高尚的态度，而根据我们的经验，却是一个错位的假定。举报人常因语境、环境和时限而造成自己卷入程度的不同。
3. 《公共利益披露法》，缩写词 PIDA，1998 由议会批准，于 1999 年写入法令全书。
4. 不。一个人如果因向新闻界出卖"故事"而获利，则不受《公共利益披露法》保护。此

人仍可向法庭提出“不当解雇”的起诉，但是该起诉不受《公共利益披露法》保护。

第八章

1. 不是。据奥伯曼(2000)鉴定，20世纪20年代就已有类似表述。
2. 他认为大型企业不符合民主国家的观点。因此，如果大企业存在于民主国家，就必须做出某些改进：使这些企业民主化，减少它们对政治民主和社会民主的威胁。
3. 代理理论反映了企业所有权(许多人认为应由股东负责)应与企业控制权(少有人不赞成应由高级管理层负责)分离，但比这又更进一步。代理理论认为，所有个人都是自私自利的，而存在于管理层与股东之间的权力不对称，使管理层在谋取私利的同时，作为和方针并不总与股东的作为和方针相符(如主管薪酬)。
4. 非执行董事(NEDs)在英美公司治理发展中发挥着根本性作用。非执行董事被视为是迫使执行董事在企图谋取私利时循规蹈矩的力量(代理理论)。但是在其他公司里，大多数非执行董事也是执行董事，那么，又该用什么方式将一位不值得信赖的执行董事转变为值得信赖的执行董事呢？
5. 不能期望企业依靠自己的力量解决世界性难题，如赤贫、童工和奴隶、贿赂与腐败等。尽管先前成员国政府在这方面的努力受挫，但联合国必须依靠企业与政府合作，努力解决这些看来棘手的问题。
6. 全球契约是一只无牙齿的老虎，因为它缺乏有效监控和证实其成员国主张的资源及信念。基督救助会还批评全球契约的成员资格缺乏透明度，以及成员组织为得到成员资格和维持参与活动的所作所为。

第九章

1. 新自由主义经济学认为，价格机制是最民主的市场(或社会)调和形式。然而，在全球变暖情况下，富人乘飞机旅行，这本身就存在伦理问题，而从伦理观看，更重要的是使用什么道德规范。空中旅行是污染最厉害的旅行形式，而价格机制却不去阻止少数人(加重全球变暖)伤害大多数人。这又怎能叫民主？
2. 不同时期看待环境的方式不同。本章以林地为例，说明其重要性与价值随时间推移而改变。林地(或任何其他元素)的物质性可维持合理恒常，但对待它的方式可能存在重大差异。此论点可能含有对自然的工具主义观点，但是问题的关键是再次说明我们的未来在我们自己手中。我们居住的世界以及我们将为后世留下的遗产，将由我们个人和集体来决定。
3. 用纯工具的观点将自然“看”成是实现目的的手段，这个目的通常——而非永远——是赚钱。
4. 马丁·海德格尔。
5. 亚当·斯密的“自爱”观是一种对自我利益的信念，这个信念不是建立在损人利己之上的。亚当·斯密的自爱受制于自我控制，而自私自利倾向于无约束、自我短视。在亚当·斯密看来，自我是社会的组成部分，而自私自利者认为自我脱离于社会。
6. 人们过多地强调企业承担社会责任。如果企业认真履行公司责任，比竞争者付出更大的努力，建立起一套行之有效的工作实践和关系，反映了一种更敏锐、更文明和更受人尊重的处理业务和关系的倾向，那么消费者应该用实际行动支持这些企业。然而，如果消费者真的关心大型企业供应链的股票、声誉和公正，他们也应该准备为这些努力可能要求的成本付出额外代价。因此，消费者是否也有社会责任支持和奖励那些实践了公司社会责任的企业呢？

7. 三重底线试图转移人们对利润的唯一专注，后者被称为“账本底线”。三重底线要求不仅关注和考虑企业公布的利润业绩，而且关注和考虑企业活动的社会和环境影响。

第十章

1. 伦理规范可能会发挥如下作用：
   - 限制伤害赔偿(Damage limitation)
   - 指南(Guidance)
   - 管制条例(Regulation)
   - 纪律与申诉(Discipline and appeal)
   - 信息(Information)
   - 宣言(Proclamation)
   - 谈判(Negotiation)
   - 抑制(Stifling)
2. 反对在组织内采用工作守则或规范的理由是
   - 正当性——我们能够就价值观、伦理、行为方式达成被普遍接受的一致意见吗？
   - 规则无力管制行为——人们担心(也无明显证据表明)守则或规范事实上能否影响行为？
   - 支持结构——缺乏守则或规范的支持结构。
   - 守则的边缘性——守则或规范极少成为行政管理部门的运行机制。
   - 个人责任减小及最终消失——外部强加的守则或规范可能会降低个人的责任。
   - 矛盾——守则或规范可能彼此冲突。
3. 组织除了采用行为守则和伦理规范外，还可采用以下教化手段，以实现其理想的职业规范、价值观和信念。
   - 培训计划
   - 奖励制度
   - 监控制度
   - 沟通渠道
   - 岗位设置
   - 伦理办公室
   - 信息制度
   - 选拔招聘方针与程序，以及
   - 组织策略

第十一章

1—c；2—a；3—c；4—a

第十二章

1—c；2—b；3—a；4—a

第十三章

1—b；2—c；3—b；4—c

索 引

（说明：索引中的页码为英文原著页码，即本书页边码。）

A

B

C

D

E

F

G

H

I

J

M

N

O

P

Q

R

S

T

U

V

Y

Z

Z